普通高等教育风景园林专业系列教材

园林花卉学

U0188147

主　编　潘远智

副主编　姜贝贝　年玉欣　毛洪玉
　　　　李　政　袁龙义　周秀梅

参　编　刘柿良　邬梦晞

主　审　李名扬

重庆大学出版社

内容提要

本书是根据风景园林学科定位、行业发展及风景园林本科专业教育教学改革和创新人才培养要求而编写的。全书分为14章,详细介绍了园林花卉的分类、生长发育规律与环境影响因子、花卉的繁殖与栽培管理,重点阐述了常见园林花卉的生态习性、繁殖与栽培管理要点、观赏特点与园林用途等方面的基本理论和基本技术。

本书是城市绿地系统规划、园林规划设计、园林设计、园林植物种植设计、生态修复等课程重要的先修课,既可作为园林、风景园林等专业的专业基础课教材,也可作为园艺、林学、农学等专业的选修课教材,还可供园林花卉爱好者学习参考。

图书在版编目(CIP)数据

园林花卉学 / 潘远智主编. -- 重庆:重庆大学出版社,2021.4
普通高等教育风景园林专业系列教材
ISBN 978-7-5689-2562-4

Ⅰ. ①园… Ⅱ. ①潘… Ⅲ. ①花卉—观赏园艺—高等学校—教材 Ⅳ. ①S68

中国版本图书馆 CIP 数据核字(2021)第 025948 号

普通高等教育风景园林专业系列教材
园林花卉学
YUANLIN HUAHUI XUE

主　编　潘远智
副主编　姜贝贝　年玉欣　毛洪玉
　　　　李　政　袁龙义　周秀梅
主　审　李名扬
策划编辑:张　婷

责任编辑:陈　力　　版式设计:张　婷
责任校对:刘志刚　　责任印制:赵　晟

*

重庆大学出版社出版发行
出版人:饶帮华
社址:重庆市沙坪坝区大学城西路 21 号
邮编:401331
电话:(023) 88617190　88617185(中小学)
传真:(023) 88617186　88617166
网址:http://www.cqup.com.cn
邮箱:fxk@cqup.com.cn(营销中心)
全国新华书店经销
重庆长虹印务有限公司印刷

*

开本:787mm×1092mm　1/16　印张:27.5　字数:706 千
2021 年 4 月第 1 版　2021 年 4 月第 1 次印刷
印数:1—3 000
ISBN 978-7-5689-2562-4　定价:69.00 元

总　序

风景园林学,这门古老而又常新的学科,正以崭新的姿态迎接未来。

"风景园林学(Landscape Architecture)"是规划、设计、保护、建设和管理户外自然和人工环境的学科。其核心内容是户外空间营造,根本使命是协调人与自然之间的环境关系。回顾已经走过的历史,风景园林已持续存在数千年,从史前文明时期的"筑土为坛""列石为阵",到21世纪的绿色基础设施、都市景观主义和低碳节约型园林,都有一个共同的特点:就是与人们对生存环境的质量追求息息相关。无论中西,都遵循一个共同的规律,社会经济高速发展之时,正是风景园林大展宏图之势。

今天,随着城市化进程的飞速发展,人们对生存环境的要求也越来越高,不仅注重建筑本身,而且更加关注户外空间的营造。休闲意识和休闲时代的来临,使风景名胜区和旅游度假区保护与开发的矛盾日益加大;滨水地区的开发随着城市形象的提档升级受到越来越高的关注;代表城市需求和城市形象的广场、公园、步行街等城市公共开放空间大量兴建;居住区环境景观设计的要求越来越高;城市道路在满足交通需求的前提下景观功能逐步被强调……这些都明确显示,社会需要风景园林人才。

自1951年清华大学与原北京农业大学联合设立"造园组"开始,中国现代风景园林学科已有58年的发展历史。据统计,2009年我国共有184个本科专业培养点。但是,由于本学科的专业设置分属工学门类建筑学一级学科下城市规划与设计二级学科的研究方向和农学门类林学一级学科下园林植物与观赏园艺二级学科;同时,本学科的本科名称又分别有园林、风景园林、景观建筑设计、景观学等,加之社会上从事风景园林行业的人员复杂的专业背景,使得人们对这个学科的认知一度呈现较为混乱的局面。

然而,随着社会的进步和发展,学科发展越来越受到高度关注,业界普遍认为应该集中精力调整与发展学科建设,培养更多更好的适应社会需求的专业人才为当务之急,于是"风景园林"作为专业名称得到了共识。为了贯彻《中共中央国务院关于深化教育改革全面推进素质教育的决定》的精神,促进风景园林学科人才培养走上规范化的轨道,推进风景园林类专业的"融合、一体化"进程,拓宽和深化专业教学内容,满足现代化城市建设的具体要求,编写一套适合新时代风景园林类专业高等学校教学需要的系列教材是十分必要的。

重庆大学出版社从2007年开始跟踪、调研全国风景园林专业的教学状况,2008年决定启

动"普通高等学校风景园林专业系列规划教材"的编写工作,并于2008年12月组织召开了普通高等学校风景园林类专业系列教材编写研讨会。研讨会汇集南北各地园林、景观、环境艺术领域的专业教师,就风景园林类专业的教学状况、教材大纲等进行交流和研讨,为确保系列教材的编写质量与顺利出版奠定了基础。重庆大学出版社的编辑和主编们经过两年多的精心策划,以及广大参编人员的精诚协作与不懈努力,"普通高等学校风景园林专业系列规划教材"将于2011年陆续问世,真是可喜可贺!

这套系列教材的编写广泛吸收了有关专家、教师及风景园林工作者的意见和建议,立足于培养具有综合创新能力的普通本科风景园林专业人才,精心选择内容,既考虑到了相关知识和技能的科学体系的全面系统性,又结合了广大编写人员多年来教学与规划设计的实践经验,并汲取国内外最新研究成果编写而成。教材理论深度合适,注重对实践经验与成就的推介,内容翔实,图文并茂,是一套风景园林学科领域内的详尽、系统的教学系列用书,具较高的学术价值和实用价值。这套系列教材适应性广,不仅可供风景园林类及相关专业学生学习风景园林理论知识与专业技能使用,也是专业工作者和广大业余爱好者学习专业基础理论、提高设计能力的有效参考书。

相信这套系列教材的出版,能更好地适应我国风景园林事业发展的需要,能为推动我国风景园林学科的建设、提高风景园林教育总体水平起到积极的作用。

愿风景园林之树常青!

编委会主任　杜春兰

编委会副主任　陈其兵

2010 年 9 月

前　言

　　园林花卉学是以可观赏的植物为研究对象,主要研究园林花卉的种质资源与分类、生长发育规律与环境影响因子、繁殖方式与栽培管理、观赏特点与园林用途等方面的基本理论、基本技术的一门科学。园林花卉是美好事物的象征,是美化装饰环境的重要材料,是色、香、姿、韵兼具的有生命的园艺产品,具有品种繁多、色彩丰富、姿态各异、用途广泛的特点。随着风景园林行业发展及风景园林专业教育教学改革的不断深入,有必要针对农林类之外的高等院校的园林、风景园林专业开设花卉学课程,侧重园林花卉的识别,重在园林应用。本书希望在此方面得到初步尝试。

　　园林花卉学不仅是一门应用学科,同时还是城市绿地系统规划、风景园林规划设计、园林设计、园林植物种植设计、生态修复等课程的先行课程。而本书是园林、风景园林等专业的重要专业基础课教材,也可作为园艺、林学、农学等相关专业的选修课教材。

　　本书的编写以识别为基础、繁育栽培为中心、观赏特点及园林用途为最终目的,主要突出以下特点:

　　①繁殖栽培简明扼要,注重实效。

　　②突出花卉的习性、观赏特点和园林用途。

　　③花卉种类的介绍采用总—分—总(表格)结构。

　　本书的编者来自全国不同院校,充分考虑了目前本课程的教学情况。编写人员具体分工为:第1、3、14章由潘远智、刘柿良、邬梦晞编写,第2、8章由姜贝贝编写,第4、6章由李政编写,第5、9章由毛洪玉编写,第7、12章由年玉欣编写,第10、11章由袁龙义编写,第13章由周秀梅编写,最后由潘远智负责统稿和整理工作。

　　本书编写得到了重庆大学出版社、四川农业大学、沈阳农业大学、西南大学、长江大学、河南科技学院等单位的大力支持,全体编者付出了艰辛劳动,教材在编写过程中参考并引用了同行大量有价值的资料,在此一并致谢!

　　由于编者水平有限,书中错漏及欠妥之处在所难免,诚望广大读者及同行予以批评指正。

编　者

2021 年 1 月

目　录

园林花卉学

第1章 绪 论

【内容提要】

　　本章介绍了花卉的概念、栽培历史、生产与应用概况以及花卉在人民生活及国民经济中的地位和作用。通过本章的学习,了解国内外花卉生产栽培历史与应用概况,掌握我国和世界花卉产业特点及发展趋势。

1.1　花卉的含义与范围

　　花卉是大自然的精华,园林花卉是色、香、姿、韵兼具的有生命的园艺产品,常被作为美好事物的象征而出现在人们的生活中。

1.1.1　花卉的含义

　　何为花卉? 在《辞海》(1999年版)中,称花卉为"可供观赏的花、草"。在《中国农业百科全书·观赏园艺卷》中指出,花卉即观赏植物(Ornamental plant),二者是同义词。一般而言,"花"是指种子植物的有性生殖器官,引申为有观赏价值的植物,"卉"是草的总称。因此,狭义的"花卉"仅指具有观赏和应用价值的草本植物,也即花花草草。广义上,不管是草本植物还是木本植物,只要经过人工栽培驯化并具有观赏价值的植物,都称为花卉。

　　花卉在园林中应用广泛,因此又称为园林花卉。花卉的观赏性十分广泛,包括观花、观叶、观果、观芽、观根、观茎、观色、观韵、观姿、观趣及品其芬芳等,还可以用于园林造景,体现群体景观效果。

1.1.2　园林花卉学及其研究范围

　　园林花卉学是园林、风景园林专业的一门极具实践性和应用性的专业基础课程,它是建

立在生物学、环境科学及其他相关学科的基础上,研究花卉(草本和木本)的种类、形态、种质资源分布、生物学习性、繁殖技术、栽培养护管理、生产经营及园林景观应用的一门课程,也是园艺、林学、农学等专业的专业选修课。由于篇幅限制,本书重点介绍草本花卉和部分传统木本花卉。

通过本课程理论学习,可掌握花卉的分类、识别、自然地理分布和生态习性等理论知识,并可通过实践掌握园林景观应用或花卉生产的基本原理和技能。

1.1.3　花卉生产栽培发展历史

1) 中国花卉栽培历史

中国花卉植物资源丰富,花卉生产栽培历史悠久,因丰富的经验、精湛的技艺享誉中外,中国也被誉为“世界园林之母”。

从浙江余姚的“河姆渡”遗址可考证,7 000多年前我们的祖先已经开始种植花卉。3 000多年前殷商时期,甲骨文中出现“园”“圃”,说明那时有了园林的雏形。2 500年前春秋战国时期,在《诗经》《楚辞·离骚》中就有了花卉栽培的记载,如“吴王夫差建梧桐园,广植花木”。2 100年前秦汉年间,统治者大建宫院,广罗各地奇果佳树,名花异卉,根据《四京杂记》所载,当时搜集的果树、花卉已达2 000余种,其中梅花就有侯梅、朱梅等不少品种。1 800年前西晋时期,嵇含撰写的《南方草木状》记载了各种奇花异卉如茉莉、睡莲、菖蒲、扶桑、紫荆等的产地、形态、花期,并以经济效益为前提,将中国南方81种植物分为草、木、果、竹类,此分类方法比瑞典林奈的植物分类系统早1 400多年,该书也成为中国历史上第一部花卉专著。1 300年前唐朝,花卉种类和栽培技术有了很大发展,牡丹、菊花的栽培盛行,出现了盆景,并有了多部花卉专著,如王芳庆的《园林草木疏》,李德裕的《手泉山居竹木记》等。

1 000多年前的宋朝是中国花卉栽培的重要发展时期,花卉种植已成为一种行业,而且出现了花市。该时期不仅花卉的种类和品种增多,而且栽培技术有了极大的发展:如菊花的嫁接,可培植出一株能同时开放上百朵花的大立菊和塔菊;唐(堂)花艺术,即利用土炕加温、热水浴促进植物提早开花等。有关花卉专著已增加到31部,这些专著记载和描述了许多名花品种,还论述了驯化、优选以及通过嫁接等无性繁殖方法来保持优良品种特性的育种和栽培技术,如范成大的《苑林梅谱》、王观的《芍药谱》、王学贵的《兰谱》、陈思的《海棠谱》、欧阳修的《洛阳牡丹记》等,又如陈景沂的《全芳备租》收录了267种植物,其中120多种为花卉,并对其形态、习性、分布、用途等进行了阐述,可谓是中国古代史上的花卉百科全书。

明朝至清初是中国花卉发展的第二个高潮时期。花卉专著达到50多部,如有明朝王象晋的《群芳谱》、王路的《花史左编》,清朝陈昊子的《花镜》、刘景的《广群芳谱》、袁宏道的《瓶史》等巨著。花卉开始商品化生产,生产的花卉不仅满足宫廷,也为市民所享用。如北京丰台的十八村(现黄土岗乡)是当时北京花卉名产地,宣武门是北京最大的花市。

100多年前因鸦片战争,帝国主义入侵,中国花卉栽培业遭受了极大打击,丰富的花卉资源和名花异卉(如大树杜鹃)被大肆掠夺。外国商人、传教士、医生、职业采集家和形形色色的探险家,从中国采集了大量植物标本和种子、苗木,从而极大地丰富了欧洲的园林。但是,这些外

国人为了满足自身的需要,也输入大批草本花卉和温室花卉百余种,使中国的花农开始学习国外的栽培技术,在上海一带还出现了花卉装饰。

中华人民共和国成立以后,中国的花卉事业受到了越来越多的重视,尤其是改革开放之后花卉产业发展迅速,花事活动也十分活跃。1986 年天津《大众花卉》编辑部发起评选中国十大名花活动,按得票多少评出牡丹、月季、梅花、菊花、杜鹃、兰花、山茶、荷花、桂花、水仙花为十大名花。1987 年举办了第一届全国花卉博览会。1999 年在昆明举办了世界园艺博览会,获得国内外有关学者及专家的高度赞誉。各地纷纷成立花卉产业协会,积极组织、引导花卉产业的生产栽培由露地栽培逐步转入设施栽培,由传统的保护地栽培转入现代化设施栽培,由传统一般盆花转入高档盆花,由国内市场转入国内、国际市场并举,在野生花卉资源的开发利用,新品种选育与引进,商品化栽培技术研究,现代温室改进与应用,花卉的无土栽培、化学控制、生物技术、工厂化育苗技术等方面均取得了可喜的进展。

2)西方花卉栽培历史

据考证,在 3 500 多年前,古埃及帝国就已经在容器中种植植物了。在金字塔里发现了茉莉的种子和叶子。埃及、叙利亚等国在 3 000 多年前已开始种植蔷薇和铃兰,并在宅园、神庙和墓园的水池中栽种睡莲等水生花卉。在古埃及,宅园中除了规则式地种植埃及榕、棕榈、柏树、葡萄、石榴、蔷薇等树木外,还有装饰性的花池和草地以及种植钵的应用。以夹竹桃、桃金娘等灌木篱围成规则形植坛,其内种植虞美人、牵牛、黄雏菊、矢车菊、银莲花等草本花卉和月季、茉莉等木本花卉,也用盆栽罂粟布置花园。

古巴比伦虽然有茂盛的天然森林,但人们仍然崇敬树木,在园林中人工规则栽植香木、意大利柏木、石榴、葡萄等树木,在神庙使用树林。建于公元前 6 世纪的“空中花园”,曾经是古巴比伦的重要建筑,据说采用立体造园手法,在高达 20 多米的平台上栽植各类树木和花卉,远看犹如花园悬于空中。

古希腊园林中栽植植物的种类和形式对以后欧洲各国园林植物栽培应用都有影响。考古发掘的公元前 5 世纪的铜壶上有祭祀阿多尼斯时祭祀场所布置的各种种植钵和栽植图案。可看出在阿多尼斯花园中,其雕像周围四季都有花坛环绕;在神庙外种植树木——圣林,在竞技场中布置林荫路。据记载,当时园林中不仅种植有油橄榄、无花果、石榴等果树,还有月桂、桃金娘等植物,同时也重视植物的实用性,使用绿篱组织空间。到公元前 5 世纪后,随着国力增强,除蔷薇外,草本花卉如三色堇、荷兰芹、番红花、风信子、百合等开始盛行,同时,芳香植物也受到喜爱。

在古罗马早期的宫廷花园中有百合、蔷薇、罂粟等花卉组成的种植坛,但花卉的主要用途是栽培。在公元前 190 年,古罗马征服被叙利亚占领的希腊后,接受了希腊文化,园林得到发展,观赏园艺也逐渐发展到很高的水平。大量资金被投资在乡间的花园或农场上、庄园中。花园多为规则式布置,有精心管理的草坪,在矮灌木篱围成的几何形花坛内栽种番红花、晚香玉、三色堇、翠菊、紫罗兰、郁金香、风信子等。

罗马衰亡后的中世纪,西欧花卉栽培最初注重实用性,以后才注意观赏性。修道院中栽培的花卉主要是药用和食用,由于教堂的行医活动,药用植物研究较多,种类收集广泛,形成了最早的植物园,但形式很简单;只有少量鲜花用于装饰教堂和祭坛。此外还对果园、菜园、灌木、草

地进行布置。城堡庭院的花园中有天然草地,草地上散生着雏菊,有修剪的矮篱围护;内部用彩色碎石或沙土等装饰成开放式花园,或栽种各种色彩艳丽草本花卉塑造封闭式花园。花坛最初主要用于采收花朵,种植密度低,以后密度提高,注意整体装饰效果;花坛形状也从简单的矩形到多种形状,从高床到平床,可设在墙边或街头。园林中常见花卉有鸢尾、百合、月季、梨、月桂、核桃及芳香植物。十字军东征时又从地中海东部收集了很多观赏植物,特别是球根花卉,丰富了花卉种类。

文艺复兴时期(15—17 世纪),花卉栽培在意大利、荷兰、英国兴起,成为很多人的业余爱好,花园中的花卉被切取后常用于装饰室内。文艺复兴初期,意大利出现了许多用于科学研究的植物园,研究药用植物,同时引种外来植物,丰富了园林植物种类,促进了园林事业的发展。

18—19 世纪,英国风景园出现,并影响了整个欧洲的园林发展。这一时期,植物引种成为热潮。美洲、非洲、澳大利亚、印度、中国的许多植物被引入欧洲。据统计,18 世纪已有 5 000 种植物被引入欧洲。英国在 18—19 世纪通过派遣专门的植物采集家广泛收集珍奇花卉,极大地丰富了园林植物种类,也促进了花卉园艺技术的发展。

19 世纪,公园和城市绿地等出现,并成为观赏植物的主要应用场所。林荫道、花架、草坪、花坛、花境、花卉专类园为常见应用形式。19 世纪中叶,园林植物热传到北美,当时建立了许多私人植物园和冬季花园。19 世纪 30 年代出现的小玻璃罩,改进了世界各地的植物运输,促进了外来植物的引种和栽培。

中国花卉传入西方,对西方花卉生产和园林发展做出了重大贡献。中国的花卉很早就通过丝绸之路传入西方,如原产中国的桃花、萱草约在 2 000 年前就传入了欧洲。进入近代后,西方如英、法等国随着社会经济的进步,园林艺术发展迅速,对海外的奇花异草有了更多的需求。在 18 世纪下半叶,西方国家通过各种途径从中国包括石竹、蔷薇、月季、茶花、菊花、牡丹、芍药、迎春、苏铁、银杏、荷包牡丹、角蒿、翠菊、侧柏、槐树、臭椿、栾树、皂荚和各种竹子等。其中荷包牡丹、翠菊、角蒿是后来非常普遍栽培的花卉植物,其中很多还被冠以颇为动听的名称,如荷包牡丹被西方人称为闪耀红心,颇富浪漫色彩。翠菊是中国特产的美丽花卉,在西方很受欢迎,被西方人称为"中国紫菀"。一些树木也有类似的情况,如臭椿也是欧洲普遍栽培的绿化植物,被称为天堂树,栾树在西方被称为金雨树。进入 19 世纪后,英国派出的相关人员又从中国的广东沿海等地收集了大量的棣棠、栀子、忍冬、蔷薇、杜鹃、紫藤和藏报春等的种苗送回英国。

21 世纪,法国、德国、荷兰、意大利等欧洲国家的花卉园艺不断发展。近几年国际花卉市场异常活跃,行业产值(包括鲜切花、盆花、盆景、绿化苗木、草皮等)每年以 10% 以上的速度递增,2017 年,世界花卉产值达到 400 多亿美元。目前,欧美发达国家花卉产业结构合理,花卉生产中广泛使用先进的栽培设施,采用穴盘育苗、无土栽培、采后保鲜处理等新技术,采用科学化、专业化生产管理,产品不断地根据市场要求更新。值得注意的动向是,近年园林植物生产量逐年升高,苗圃植物和花坛花卉用量正在逐年上升,表明人们对环境建设中绿化美化的要求在提高。

自第二次世界大战以后,伴随着经济的复苏,花卉产业以其独特的魅力,保持着旺盛的发展势头,成为世界上最具有活力的产业之一。随着世界花卉生产的不断扩大,市场竞争日趋激烈,各国都在利用自身优势,采取相应对策,保住或开拓国际花卉市场的份额。

1.2 花卉生产与应用的意义和作用

随着经济的快速发展和人民生活水平的提高,社会对花卉产品的需求量也在逐渐增加,促进了花卉产业的发展。花卉生产是指以花卉为主要生产对象,以获取经济效益或美化环境为主要目的,所从事的育苗、栽培、养护管理等一系列的生产活动,主要包括切花、盆栽植物、花坛植物、种苗(球)、苗木等的生产栽培。

1.2.1 园林花卉在人民生活及国民经济中的作用

1)在园林绿化中的作用

园林花卉是绿化、美化和香化环境的重要材料。园林花卉具有生命色彩,季相丰富,在园林中常作为视觉焦点,用于重要绿化地段,在美化环境中起到画龙点睛的作用。花卉在园林绿化中的作用主要有以下几点。

(1)覆盖露地,形成景观

建立人性化的生态家园需要精心、巧妙的设计,其中常绿观叶草本花卉与乔木、灌木的配置,是比较常用的"乔、灌、草"相结合的设计方法。只有充分发挥它们各自的功能,才能组成多层次的绿色空间,既充分利用了土地,又能覆盖乔木和灌木下裸露的土地,从而美化了环境并形成了良好的视觉景观。可供利用的草本花卉有吉祥草、万年青等,其资源丰富,繁殖容易,且抗逆性强,可片植。丛植于石旁、石缝等处。尤其是一些色彩艳丽的草本花卉,不仅美化了环境,而且会带来馥郁的芳香,使人轻松愉快,陶醉其中。

(2)增加绿化层次,丰富园林景观

草本花卉生长一般比较低矮,在园林造景中具有较好的可塑性,可大面积应用于园林中。利用其绚丽的花色,能与乔木、灌木形成丰富的平面和立面图案,大大增强园林绿化面的植物层次,配植出一幅幅生动的画面,其观赏价值极高。此外,因为草本花卉色彩艳丽,有明显的色彩和季相变化,可大大丰富和提高园林绿地的观赏价值。

(3)改善环境,涵养水源

草本花卉作为地被植物或用于配置成花坛、花柱,增加了城市绿化量,从而起到净化空气的作用。许多草本花卉,如鸡冠花、萱草、金鱼草、矮牵牛等,能吸收空气中的二氧化硫、氟化氢和氯气等有毒有害气体。草本观叶植物多为浅根性,根系紧紧"抱"住土壤,任凭风吹雨打,也不会使表土流失。新种的乔、灌木下,更应种植常绿观叶草本植物,覆盖表土,减少阳光对表土的直接辐射,从而也间接减少了水分蒸发,有利于乔、灌木的成活。如麦冬、一叶兰、金边麦冬等,耐瘠薄、抗逆性强,是常绿观叶草本植物中的佼佼者。

(4)改良土壤理化性状和肥力

由于常绿观叶草本植物根部发育,促进了根际间微生物的大量繁殖和活动,改善了土壤的理化性状和肥力,形成了大量的团粒结构,使土壤中的空气和水分平衡,具有良好的通透性,也

有利于草本植物自身的正常生长发育。如豆科的白三叶草等,其根具有固氮作用,不仅可改良土壤结构,还可改善土壤肥力。

(5)充分协调人与环境的关系

应用草本花卉绿化美化园林或居住小区的环境,应用常绿观叶草本植物覆盖地表,有利于减轻或消除人们的视觉疲劳。特别是在学校、医院等地,这种作用更加明显和突出。应用常绿观叶草本植物覆盖裸露的地表,极大地减短了噪声通过地表辐射的距离,同时也在一定程度上吸收和减弱了噪声,对保护人们的听觉起到了一定的作用。如马蹄金、玉簪等草本花卉种植在乔木、灌木林下,耐寒耐阴,四季常青,自然清秀,非常美观。由于常绿观叶草本植物,一般多数为多年生植物,用于园林或居住区造景,可避免每年换地被植物而造成的资金浪费,也不会造成土壤流失及板结等问题,可谓受益连年。

2)在文化生活中的作用

随着国民经济的发展和人们生活水平的提高,人们对花卉的需求也日益迫切,花卉已经成了现代人生活中不可缺少的消费品之一。花卉除了大量应用于园林绿化外,也可用作盆花、切花,用于厅堂布置、室内装饰,使人们足不出户即可领略大自然的风光。花卉美化了人们的生活环境,增加了人们的审美情趣,提高了人们的文化生活水平。

花卉在人们交往过程中,具有联络感情、陶冶情操、增进友谊、促进交流的作用。中国人把养花称为"玩花",一个"玩"字,形象地表明"莳花弄草"是一种闲暇活动,它可以丰富、调节我们的日常生活。花卉有着丰富的文化内涵,案头上的一枝梅、茶几边的一枝兰、餐桌上的一束百合……在欣赏它们美丽的同时,不由地领悟到描写此类花卉的词句等蕴含的深刻寓意,在愉悦身心、陶冶情操的同时,提升思想境界,提高知识修养。

中国很多传统的节日与花都有着紧密的关系。春节时,人们喜欢在家里摆放一些象征吉利、祥和的花卉,增加节日的喜庆氛围,这样的花卉被形象地称为年宵花。如寓意财源广进的金钱树、生意兴隆的蝴蝶兰、红火喜庆的凤梨、雍容华贵的牡丹等,都深受人们的喜爱,也常被当作节日礼物互相赠送。端午节时,人们用丁香、木香、白芷等草药装在香袋内,可赏玩、可避蚊虫。中秋节是桂花相继开放的时节,中秋的桂花和明月成为团圆之夜品赏的极好对象。"桂子月中落,天香云外飘",因为有了桂花,中秋的团圆之夜更多了一份清新与浪漫。此外,情人节的玫瑰、母亲节的康乃馨……因为有了花卉的衬托,这些节日变得更加多彩与温馨。

花卉不仅具有极高的观赏价值,还具有丰富的营养价值和药用价值。如鸡冠花、桔梗、荷花、芍药等,它们的根、茎、叶或者花都能入药,是很好的药用植物。有些种类,如米兰、白兰,茉莉、珠兰等,它们花香馥郁,可熏茶;有些种类如玫瑰、晚香玉等能提取芳香油、香精等;还有很多种花卉可食用,如菊花、百合、金针菜、菊花脑等。各种花卉点心、花卉酒、花卉饮料等,都让人们的饮食选择更加多样化,也让饮食文化更加丰富多彩。

3)在经济生产中的作用

花卉还具有巨大的经济效益。如盆花生产、鲜切花生产,种子、球根、苗木等的生产,经济效益远远超过一般的农作物、水果、蔬菜。鲜切花一般每公顷产值为 15 万～45 万元,种苗生产的

效益会更高,所以,花卉生产是一项重要的经济来源。花卉还能出口换取外汇,如漳州水仙、兰州百合、云南山茶以及荷兰的郁金香、风信子,日本的百合、菊花、香石竹、月季等。花卉已成了高效农业之一。

1.2.2 常见花语及用花礼仪

在现代社会,花卉往往也成为交往中的一种高雅礼品,其主要以花束、插花、装饰花(胸花、头花、腕花等)和礼品盆花等形式应用。

1)花语

花语就是花的语言,中文意义就是花的象征性。它是人们用花所表达的一种意向,将花人格化,借花寓意、借花传情、以花喻人。

自古以来,人们把长期对各种植物形态上、习性上的种种认知和感受,变成神话、传说、诗歌以及特定的语言流传下来,久而久之便形成了各种植物的象征和花语。如竹子历来被中国人视作全德君子,就是因为竹竿有节,节象征气节和骨气,竹竿中空,寓意谦逊,竹根盘根错节,非常稳固,寓意立场坚定。因此人们不仅喜欢竹子青翠挺拔的外貌,更崇敬其高风亮节、谦虚有余、雨打不折、风吹不倒的品格。

由于历史文化、民族信仰、风俗习惯以及审美观念的不同,各个国家和地区对每种植物都有各自的象征意义和花语。

常见花卉的花语:

百合——顺利、心想事成、祝福、高贵　　郁金香——爱的表白、荣誉、祝福永恒

菊花——清净、高洁、真情、长寿、吉祥　　康乃馨——母亲我爱您、热情、真情

牡丹——圆满、浓情、富贵　　芍药——依依不舍

中国水仙——多情、想你　　牵牛花——爱情、冷静、虚幻

樱花——生命、等你回来　　蒲公英——勇敢无畏

茉莉花——和蔼可亲　　向日葵——崇敬之情、沉默的爱

茑萝——相互依附　　满天星——清白

紫罗兰——美丽、纯洁　　木棉——英雄

翠竹——胸怀坦荡　　昙花——刹那的美丽,一瞬间永恒

萱草——忘忧　　鸢尾——绝望的爱

木槿花——朝开暮落　　桔梗——真诚不变的爱

凌霄花——人贵自立　　黄月季——胜利

雏菊——愉快、幸福、纯洁、天真、和平、希望　　山茶花——可爱、谦让、理想的爱、了不起的魅力

2)用花习俗

由于不同国家受不同文化及生活方式的影响,形成了各异的用花习俗,而且不同民族和不同地区也有各自特有的用花习俗。

（1）用花颜色的习俗

在中国，人们喜用红色花表示喜庆，如常选红色牡丹、红色的月季、红色的蜀葵、香石竹等用于婚礼、生日和庆典的场合；白色花表示哀悼，如选白菊花、白百合、马蹄莲等用于送葬、扫墓；黄色花被视为皇家和佛教的色彩，如黄色牡丹、黄色月季、黄色芍药、黄色菊花等曾用于宫廷插花中。

（2）不同节气的用花习俗

中国民间有很多节气，在不同节气用花有所不同。如清明节常采折娇柔的柳枝和明媚的桃花用于扫墓；五月初五端午节，常采折带有香味的菖蒲和艾蒿等草药，扎在一起挂在门上，"驱虫避邪"；九月九重阳节，以赏菊饮酒表示庆贺。另外，民间还常用柏枝来插花，以象征冬至的到来。

国外的不少节日都有其特殊的含义和内容，而且发展至今，在庆祝纪念时，也都离不开花。情人节（2月14日）以赠送玫瑰来表达情人之间的感情；复活节（3月22至4月25日），常用白色的百合花，象征圣洁和神圣，用以表达对上帝的崇敬之意；母亲节（5月的第二个星期日）通常以大朵粉色的香石竹作为用花；父亲节（6月的第三个星期日）通常以送黄色的玫瑰花为主，而在日本，父亲节时必须送白色的玫瑰花，枝数和造型不限；儿童节（6月1日）一般用多头的浅粉色或淡黄色小石竹花作为儿童的最佳花卉礼品；圣诞节（12月25日）通常以一品红作为圣诞花，花色有红、粉、白色，状似星星，好像不凡的天使，含有祝福之意，可用一品红鲜花或人造花做成各种形式的插花作品，伴以蜡烛装点环境，增加节日的喜庆气氛……

1.3　世界花卉生产与应用概况

第二次世界大战以后，世界花卉产业迅速发展起来，作为一门现代新兴产业，被称为"花卉经济"。花卉生产经营在国际范围内迅速崛起，一直呈现出持续发展、欣欣向荣的局面。从占有面积看，排名前五位的依次是中国、印度、日本、美国和荷兰。着眼花卉产业的特长，全球最具代表性的十个国家和地区分别是荷兰（种苗、球根、切花）、美国（种苗、草本花卉、盆花、观叶）、日本（种苗、切花、盆花）、哥伦比亚（切花、观叶）、以色列（种苗、切花）、中国台湾地区（盆花）、意大利（切花）、西班牙（切花）、肯尼亚（切花）以及丹麦（盆花）。从中不难看出：荷兰、美国、日本等发达的花卉生产国，其共同的产业特长是种苗，由此控制了花卉业的"咽喉"，从而居于花卉生产主导地位。

1.3.1　世界花卉产业发展现状

1）花卉产品成为世界贸易大宗产品之一

随着世界花卉业迅速发展，世界各国花卉业的生产规模、产值及贸易额都有了较大幅度的增长，花卉产品已成为世界贸易的大宗商品。20世纪50年代初，世界花卉的贸易额不足30亿

美元,1985 年发展到 150 亿美元,1990 年为 305 亿美元,1991 年上升到 1 000 亿美元。世界贸易中心、联合国贸易和发展会议、世界贸易组织的数据表明:仅世界鲜花产业的贸易额,1998 年就已超过了 1 800 亿美元,其比例为:切花 49%、活植物和插条 43%、切叶和其他新鲜植物材料 8%。到 2000 年,世界花卉贸易额达到 2 000 亿美元,其比例为:鲜切花 60%、小盆花 30%、观赏植物 10%。

2)世界花卉业的产销格局

经济发达国家仍主导着世界花卉业的发展,但一些第三世界的国家逐渐追了上来,在世界花卉领域的地位明显提高。世界花卉的产销格局基本形成:花卉的主要生产国为荷兰、意大利、丹麦、比利时、加拿大、德国、美国、日本、哥伦比亚、以色列、肯尼亚和印度;花卉的消费市场则形成了欧共体(以荷兰、德国为核心)、北美(以美国、加拿大为核心)、东南亚(以日本、中国香港地区为核心)的三大花卉消费中心;四大传统花卉批发市场为荷兰的阿姆斯特丹、美国的迈阿密、哥伦比亚的波哥大、以色列的特拉维夫。另外,亚洲也凭借热带花卉、本土性花卉和反季节的中档鲜切花逐渐成为一个新的国际性花卉集散中心。

3)世界花卉的生产情况

以荷兰为代表的发达国家在当今世界花卉的生产和市场竞争中仍占据主导地位,引导世界花卉产业的发展。荷兰是世界上鲜花出口量最大的国家,又是世界花卉贸易的中心。荷兰花卉占了世界花卉出口总额的 55% 以上,荷兰的鲜切花生产更是占全世界的 58%,其中以郁金香、风信子和唐菖蒲等球根花卉的生产为主;哥伦比亚作为花卉生产的新兴国家,从 20 世纪 70 年代后期开始从事花卉生产,现已成为仅次于荷兰的世界第二大鲜花生产和出口国,主要生产月季、玫瑰、香石竹、大丽花等,销往美国并占有美国切花市场的 60%,另外也有大量的鲜花出口欧洲市场和日本市场;以色列是世界第三大鲜花出口国,其鲜切花出口占世界鲜切花出口总量的 6%,虽然以色列的花卉生产规模相当小,但因其以国际市场为导向,以科技为动力发展生产,收益相当高,其鲜花生产以玫瑰和香石竹为主,年出口花卉及观赏性植物 2.11 亿美元。

4)世界花卉的消费现状

花卉的消费与经济的发展程度有直接的关系,在经济发达的地区形成的三大花卉消费中心所进口的花卉占世界花卉贸易的 99%。许多国家是先进的花卉生产国,但是生产量满足不了需求,每年都要进口大量的花卉,其中主要的花卉进口国有德国、美国、法国、英国、荷兰、瑞士、意大利、比利时和日本等国。以德国、法国、荷兰为代表的欧洲花卉市场是世界最大的消费市场,占整个世界花卉消费的 80%,每年鲜花消费 92 亿美元,人均年消费 30 美元左右。

欧洲的花卉消费有悠久的历史,人们爱花已成习惯,鲜花不再是奢侈品,与其他一些日常用品一起出现在超市和商店。据预测,欧洲花卉消费将以年均 4% 的速度增长。德国是鲜花消费最多的国家,全年花卉消费量达 30 亿美元。以生产花卉见长的荷兰人,仅鲜切花人均年消费就达 150 支,支出约 48 美元。浪漫的法国人人均年消费也达 80 支,连保守的英国也达 50 支。

以美国为中心的美洲花卉市场占世界花卉贸易的13%。虽然美国人均花卉消费额只有50美元,但由于人口众多,国民花卉消费水平越来越高,使其成为世界最大的花卉消费市场之一。美洲市场的花卉以鲜切花的消费为主,目前美国还是一个高收入、低花卉消费国,其消费增长势头不可低估,特别是新城镇的继续开发、新住宅区的转移、市场销售形态的改变、高花卉消费人口数的增长,以及对利用植物提高生活质量的重视,美国花卉消费市场将以每年8%~9%的比例快速增长。

亚洲的花卉消费以日本、中国香港地区为中心。国民生活水平的提高及人口的增加,使日本成为重要的花卉消费大国,日本的花卉消费占世界花卉消费的6%。近几年日本的花卉消费渐趋稳定,总量上有所增长,但由于国民财富的积累,贸易自由化的实行,日本花卉不断向高、新、奇及多样化发展,其市场发展趋势令世界瞩目。

1.3.2　世界花卉产业发展的趋势

1)花卉生产由发达国家向低成本国家或发展中国家转移

发达国家土地和劳动力成本的增加、环境保护压力的增加,能源与环保、肥料和农药等方面的限制,使得花卉生产成本不断增加。从而使花卉生产逐渐向相对低成本国家或发展中国家转移,低成本就成为发展中国家挤占国际市场的强有力武器。例如,荷兰的花卉生产逐步转移到邻近的西班牙、意大利等南欧国家;日本市场消费的大量中高档花卉的生产转移到澳大利亚、新西兰以及中国等国;同时地处赤道上热带高原的发展中国家,如哥伦比亚、肯尼亚、厄瓜多尔等由于气候条件适合周年鲜切花发展,再加上廉价的劳动力和土地,产品在国际市场极具竞争力。

2)发达国家和发展中国家发挥各自优势参与竞争

在国际花卉市场竞争中,发达国家的策略和发展中国家有所不同。发达国家花卉业一般起步较早,基础好、资本雄厚,多依靠高科技和高投入;而发展中国家则主要是利用适宜的气候条件(可以减少能源和设施的投入)、廉价的劳动力和土地资源,以优质、低价的产品来参与市场竞争。

在发展中国家花卉生产增长的同时,也将逐步摆脱发达国家的控制,并形成自己的特色。如哥伦比亚和肯尼亚利用本国土地、劳动力及气候资源优势,采用发达国家的品种和栽培技术高起点地发展花卉业,随着国家经济的发展和实力的增加,这些国家的花卉生产与贸易正在依据本国的实际情况走向独立自主的发展道路。针对目前全球花卉生产由发达国家向发展中国家转移,花卉产销分离的趋势,发达国家在不断调整策略:一方面针对发展中国家对一些高档花卉、新品种的种苗(种子、种球)和生产技术的迫切需求,依靠先进的育种技术和生物技术培育名、优、奇、特的花卉品种,严格控制种苗市场。另一方面为了巩固已形成的国际花卉贸易格局,一些发达国家,特别是荷兰、美国和日本启动了以"三个保护"为核心的市场竞争策略,即提高产品质量、保护消费者利益,提倡生产和经营环保型花卉产品,保护人们的生存环境,尊重知识

产权,保护品种专利。以"三个保护"为核心的市场竞争策略,抬高了发展中国家进入国际市场的门槛。

3)花卉生产朝着工厂化、现代化与专业化方向发展

工厂化生产可以进行流水作业、连续生产和大规模生产;专业化生产不仅可以提高种植者的专业技术知识,而且也有利于机械化。如荷兰花卉生产的一大特点就是其高度的专业化水平,不少种植者专门生产一种花卉,甚至是某一种花卉的一个品种。设备的现代化,大大有利于栽培技术的科学化。先进的花卉生产国大都拥有很大面积的花卉生产温室,温室已实现全程电脑控制,温室管理水平已达到定量化,对不同的花卉种类在不同的发育时期所需要的营养元素的种类和浓度、光照强度、二氧化碳浓度、生产基质的 pH 值等都研究得相当透彻,并由计算机控制自动调节。技术先进的国家凭借着工厂化、专业化与现代化的生产显著提高产品的质量与产量,从而获得优厚利润。

4)花卉产品向多样化、新奇化方向发展

没有特色就难以挤占花卉市场,这已逐渐为花卉界的共识。新技术的应用、新品种与新产品的开发与推广已成为世界花卉产业关注与竞争的热点。花卉生产的品种由传统花卉向新优花卉发展,世界切花品种从过去的四大切花为主导发展为以月季、菊花、香石竹、百合、郁金香、大花蕙兰等为主要种类。鲜切花也逐渐成为产品的组成部分,而一些明信片、花瓶、蜡烛等附加产品也逐渐成为鲜切花产品销售的重要组成部分。

野生花卉资源越来越受关注,如主产切花的以色列,近年来科学利用气候资源,从澳大利亚、南非大量引进野生花卉新品种,经驯化、选育、示范,推出了蜡花、银莲花属等不少特色花卉,促使新种类比重由 27% 上升到 57%。澳大利亚也努力开发野生花卉作为切花新品种,已初步掌握了毛蕊老鹳草的育种和催花技术。

利用基因工程改善品种特性、发展基因品种是各国花卉产业日渐重视且前景被看好的途径之一。目前,已经明确了催化花色素生物合成关键步骤的基因,通过过度表达或抑制表达编码色素生物合成途径中关键酶的基因,或转入新的改变花色的基因可以改变花卉的颜色。不仅如此,利用基因工程技术,还能改变花卉的形态与株型,开发具抗病、抗旱、抗除草剂、花期长、具香味的花卉新品种。在自然界中不存在的蓝玫瑰是园艺学领域的"圣杯",日本三得利公司经过十几年的研究,利用移植的基因和三色紫罗兰中的蓝色色素合成培植出了世界上第一株蓝色玫瑰,于 2009 年首次在日本销售,2011 年进入北美市场。

5)健全花卉流通体系

现代花卉的主体切花是全球性的,盆花则以消费区域而分布。一些先进的花卉生产国家的花卉批发、拍卖市场起着国际化枢纽的作用,二、三级市场销售则以批发、零售为主。在经济越发达的高消费国家,其零售店就越多、销售量就越大。流通体系不但包括各类市场,还包括为花卉市场销售服务的各种服务中介组织。如荷兰的拍卖市场,不但包括销售,而且还有分类、分级包装、质检、冷藏储运等一系列的服务;哥伦比亚有帮助花卉出口进行多方位服务的花卉出口协

会;美国的电报购花公司和中央批发市场提供从包装冷藏到储运的一系列服务中介。这些服务中介公司与其他行业联系密切,其生产资料、运输、咨询等服务体系高度社会化,生产者与消费者(各国)不直接联系,并通过社会化服务得以实现。

1.4 中国花卉生产与应用概况

1.4.1 中国花卉产业特点与发展趋势

近20年来,中国花卉产业发展速度惊人,已成为前景广阔的新兴产业。2020年全国花卉种植面积已达150万公顷。从目前生产格局和中远期发展前景看,云南、上海、广东等省市已成为鲜切花的生产地和集散地,基本形成了大生产、大市场、大流通的格局。随着采后低温技术和远距离运输业的迅速发展,云南、广东、海南等省的气候优势将更加明显。

目前,中国花卉消费主要有四个特点:①具有显著的地域性,花卉消费主要集中在城市特别是大城市,农村花卉消费几乎为空白;②具有集团性,花卉消费还处于以集团消费为主的阶段,没有形成成熟、稳定的个人(家庭)消费;③礼品性突出,作为节日礼物送人和看望朋友是中国居民花卉消费的主要目的;④具有节日性,花卉消费一般集中在节日。这些消费特点影响着花卉产业化发展,与经济发达国家相比,中国年人均花卉消费水平极低,仅为0.49美元,这也极大制约着中国花卉产业的发展。

从国内市场看,对花卉产品的需求迅速增长。随着国民经济的发展,人们收入水平的提高,对花卉的消费也会增加。据统计,荷兰人年均消费鲜切花150支,法国人均80支,美国人均30支;中国按城镇人口统计人均不足5支、全国人均不足3支,花卉消费空间巨大。同时,随着城市规模的扩大、生态环境的建设和人居环境的改善,在相当长的时期内,花卉苗木将保持旺盛需求。据统计,近几年全国花卉消费额以年均16%的速度递增。

1.4.2 中国花卉产业存在的主要问题及应对措施

1)花卉产业主要存在的问题

(1)研究开发工作落后

尽管中国的鲜切花产业发展迅猛,种类和品种增加快,鲜花产品质量也有大幅度提高,但与国际同行业比较仍存在种类少、品种单一老化、质量较差等问题。由于品种的专利权问题,国内种苗的生产繁殖方式至今还未与国际接轨,国外的大多数公司出于自身利益保护,不愿将新优及国际流行品种销售到中国。目前国内基本上没有自主知识产权的花卉品种,生产用的较为优质的种子、种苗、种球大多依赖进口。据报道,中国已引进的商品性花卉有500多种4000多个品种,约占荷兰与日本花卉目录中刊载品种的80%。

目前中国花卉生产沿用的仍然是传统技术,现代生产技术如先进的繁育技术、栽培技术、花期调控技术、采收技术、包装保鲜技术和储运技术等远没有普及,相关技术也不配套,这是目前

中国花卉产量低、质量差,有些引进的优新品种和现代生产设施没有很好利用的主要原因之一。

（2）技术推广普及滞后

花卉是技术密集型产业。目前中国花卉产业科技含量较低,有投入不足的原因,也有科研与生产脱节的问题。大多数科研单位重研究、轻开发,只顾成果,不问转化。用科学方法(如杂交育种)进行花卉育种,在中国花卉园艺中已具有一定的基础,且目的性较为明确,应用手段也较为先进(如杂种胚的离体培养及各种诱变等),但严重缺乏后劲,致使大多数杂交育种(如百合、石蒜的杂交育种)工作停留在科研阶段未能完成成果转化。

（3）贮运、营销及售后服务落后

目前,中国花卉批发市场主要分布在花卉集中产区和主要消费区,昆明斗南花卉市场、成都三圣乡花卉市场、广州岭南花卉市场等,都是以生产基地为依托。这些市场档次低、设施简易,基本上是农村集贸市场水平。存在的主要问题有:一是花农、花卉企业市场信息不灵,盲目生产,缺乏市场意识,重生产轻产品开发和市场开发;二是市场建设一哄而起,缺乏合理规划和布局,缺乏有效的管理和服务;三是设施不够完善,交易方式陈旧落后,市场经营单一;四是市场商品交易行为的规范化程度很低;五是缺乏有效的科技和基地作为依托。

（4）信息服务落后

花卉业较先进的国家都非常注重信息工作。利用先进的手段,建起一套迅速有效的信息交换系统。中国花卉信息相当闭塞,可以用“四不”来形容,即不系统、不全面、不及时、不准确。由于信息不灵,政府实行宏观调控缺乏科学依据,企业制订生产经营计划时心中无“数”。尽快建立花卉信息网络,收集、整理、提供各种产业信息,对指导和推动花卉业的健康发展十分有利,也非常必要。

2）应对措施

针对花卉产业中所出现问题,应从如下方面开展好工作:首先,制订合理的全国性花卉生产区划。花卉生产坚持适地适花的原则,根据每一地区的气候特点,以最适合的花卉作物进行生产,才能起到降低成本提高质量之目的。其次,建立完整而合理的产业结构。合理的产业应包括切花、盆花、盆景、露地草本花卉、种子、种球、种苗。每一种产品占多大比例应根据市场的需求来决定。再次,健全花卉的市场流通体系,减少中间流通环节,缩短流通时间,使花卉产品的流通高效而有序地进行。目前在许多大城市虽然有了较为集中的花市,但没有大公司组织花卉的货源,一些相对零散的生产企业的产品远销存在一定的困难。故应在条件成熟的地区建立大型批发市场,扶植专业化的花卉物流企业,培育第三方物流企业,使花卉产品集约化、高效化;并且要规范物流服务程序,建立花卉物流行业标准;最后,逐步实现电子商务与现代物流的结合。

总的来看,中国花卉业虽然起步较晚,但发展迅速,在新的历史时期已呈现出旺盛的发展势头,并逐渐成为发展中国农村经济新的增长点,成为许多地区调整产业结构、振兴乡村经济的支柱产业之一。尽管目前中国花卉的生产和消费水平与发达国家相比尚存有较大差距,但更应该看到中国发展花卉业具有许多独特优势和条件,发展花卉业的前景无限,只要找出制约发展的原因,并采取相应发展措施,积极应对国际、国内市场的竞争、挑战,中国将最终发展成为世界花卉生产、消费和出口大国。

思考题

1. 什么是花卉？它有何作用？
2. 简述国际花卉产业发展特点及趋势。
3. 简述中国花卉产业面临的主要问题及应对措施。
4. 思考中国花卉业应重点研究的问题。

第2章 花卉种质资源及其分类

【内容提要】

本章介绍了花卉种质资源的概念,我国花卉种质资源概况及特点,花卉分类依据及方法等。通过本章的学习,了解我国花卉种质资源概况和花卉常见分类方法,掌握花卉品种资源发展趋势和新品种资源保护方法,花卉按原产地气候型划分的主要类型及原产地分布的主要花卉。

2.1 花卉种质资源

2.1.1 种质资源及其自然分布

种质资源(germplasm resource)又称遗传资源(genetic resource),是指能将其特定的遗传信息传递给后代并有效表达的遗传物质的总称。花卉种质资源包括具有各种遗传差异的野生种、半野生种和人工创造的栽培品种、中试品种、育种中间材料等栽培类型,其载体可以是活植物、种子,也可以是花卉的块根、块茎、鳞茎等无性繁殖器官或根、茎、叶等营养器官,还包括愈伤组织、分生组织、花粉、合子、原生质体及染色体和核酸片段等。

地球上已发现的植物约50万种,其中近1/6具有观赏价值。野生花卉资源广泛分布于全球五大洲的热带、温带及寒带,但其分布是不均匀的。花卉原产地或分布区的环境条件包括气候、地理、土壤、生物及历史诸方面,其中又以气候条件,主要是降水和气温起主导作用。以气温和降水情况为主要依据,Miller与塚本氏将野生花卉的原产地按气候型分为七大区域,在每个区域内,由于其特有的气候条件又形成了不同类型花卉的自然分布中心。

1)中国气候型(大陆东岸气候型)

中国气候型地区气候特点为:冬季寒冷,夏季炎热;雨季多集中在夏季。属于本气候型的地区有中国大部、日本、北美东部、巴西南部、大洋洲东南部、非洲东南部。根据冬季气温的高低不同又分为温暖型和冷凉型。

(1)温暖型(又称冬暖亚型,低纬度地区)

该气候型地区包括中国长江以南、日本西南部、北美洲东南部、巴西南部、大洋洲东部及非洲东南角附近等地区。本区是喜温暖的一年生花卉、球根花卉以及不耐寒宿根花卉、木本花卉的自然分布中心,代表种类有矮牵牛(*Petunia hybrida*)、中华石竹(*Dianthus chinensis*)、蜀葵(*Althaea rosea*)、百合属(*Lilium*)、唐菖蒲(*Gladiolus hybridus*)、马蹄莲(*Zantedeschia aethiopica*)、天人菊(*Gaillardia pulchella*)、非洲菊(*Gerbera jamesonii*)、福禄考(*Phlox drummondii*)、杜鹃花属(*Rhododendron*)、山茶属(*Camellia*)、栀子花(*Gardenia jasminoides*)等。

(2)冷凉型(又称冬凉亚型,高纬度地区)

该气候型地区包括中国华北及东北南部、日本东北部、北美洲东北部等地区。本区主要是较耐寒的宿根花卉和木本花卉的自然分布中心,代表种类有菊花(*Chrysanthemum morifolium*)、芍药(*Paeonia lactiflora*)、荷包牡丹(*Dicentra spectabilis*)、蛇鞭菊(*Liatris spicata*)、金光菊(*Rudbeckia laciniata*)、随意草(*Physostegia virginiana*)、鸢尾属(*Iris*)、醉鱼草(*Buddleja lindleyana*)、牡丹(*Paeonia suffruticosa*)、蜡梅(*Chimonanthus praecox*)、贴梗海棠(*Chaenomeles speciosa*)、广玉兰(*Magnolia grandiflora*)等。

2)欧洲气候型(大陆西岸气候型)

欧洲气候型地区气候特点为:冬暖夏凉,年温差较小;雨水偏少但四季都有。属于本气候型的地区有欧洲大部、北美西海岸、南美西南部及新西兰南部。本区是较耐寒的一、二年生草本花卉及部分宿根花卉的自然分布中心,代表种类有羽衣甘蓝(*Brassica oleracea* var. *acephala* f. *tricolor*)、三色堇(*Viola tricolor*)、金盏菊(*Calendula officinalis*)、雏菊(*Bellis perennis*)、耧斗菜(*Aquilegia vulgaris*)、毛地黄(*Digitalis purpurea*)、宿根亚麻(*Linum perenne*)、飞燕草(*Consolida ajacis*)、紫罗兰(*Matthiola incana*)、满天星(*Gypsophila elegans*)、勿忘我(*Myosotis sylvatica*)、铃兰(*Convallaria majalis*)等。

3)地中海气候型

地中海气候型地区气候特点为:冬不冷、夏不热;冬春多雨,夏季干燥。属于本气候型的地区有地中海沿岸、南非好望角附近、大洋洲东南和西南部、南美洲智利中部、北美洲加利福尼亚等地。本区是多数夏季休眠的秋植球根花卉的自然分布中心,代表种类有郁金香(*Tulipa gesneriana*)、风信子(*Hyacinthus orientalis*)、小苍兰(*Freesia refracta*)、唐菖蒲属(*Gladiolus*)、水仙属(*Narcissus*)、网球花(*Haemanthus multiflorus*)、欧洲银莲花(*Anemone coronaria*)、仙客来(*Cyclamen persicum*)、葡萄风信子(*Muscari botryoides*)、地中海蓝钟花(*Scilla peruviana*)、雪钟花(*Galanthus nivalis*)、秋水仙(*Colchicum autumnale*)等。

4)墨西哥气候型(热带高原气候型)

墨西哥气候型地区气候特点为:四季如春,年温差小;四季有雨,或雨水集中在夏季。属于

本气候型的地区有墨西哥高原、南美洲安第斯山脉、非洲中部高山地区及中国云南等地。本区是不耐寒、喜凉爽的一年生草本花卉、春植球根花卉及温室花木类的自然分布中心,代表种类有波斯菊(*Cosmos bipinnatus*)、万寿菊(*Tagetes erecta*)、百日草(*Zinnia elegans*)、大丽花(*Dahlia pinnata*)、报春花属(*Primula*)、旱金莲(*Tropaeolum majus*)、球根秋海棠(*Begonia tuberhybrida*)、晚香玉(*Polianthes tuberosa*)、藿香蓟(*Ageratum conyzoides*)、一品红(*Euphorbia pulcherrima*)、鸡蛋花(*Plumeria rubra* cv. Acutifolia)、云南山茶(*Camellia reticulata*)等。

5)热带气候型

热带气候型地区气候特点为:周年高温,月均温差小;雨量丰富但分布不均。属于本气候型的地区有亚洲、非洲、大洋洲、中美洲及南美洲的热带地区。本区是不耐寒的一年生草本花卉、温室宿根花卉和观叶植物、春植球根花卉及热带花木类的自然分布中心,代表种类有凤仙花(*Impatiens balsamina*)、鸡冠花(*Celosia cristata*)、紫茉莉(*Mirabilis jalapa*)、长春花(*Catharanthus roseus*)、彩叶草(*Coleus blumei*)、蟆叶秋海棠(*Begonia rex*)、非洲紫罗兰(*Saintpaulia ionantha*)、红掌(*Anthurium andraeanum*)、凤梨科(Bromeliaceae)、竹芋科(Marantaceae)、绿萝(*Scindapsus aureum*)、花叶万年青(*Dieffenbachia maculata*)、虎尾兰(*Sansevieria trifasciata*)、美人蕉(*Canna indica*)、朱顶红(*Amaryllis vittata*)、大岩桐(*Sinningia speciosa*)、变叶木(*Codiaeum variegatum*)等。

6)沙漠气候型

沙漠气候型地区气候特点为:周年少雨,气候干旱;昼夜温差大。属于本气候型的地区有阿拉伯、非洲、大洋洲及南北美洲等的沙漠地区。本区是仙人掌类及多浆植物的自然分布中心,常见种类有仙人掌属(*Opuntia*)、金琥(*Echinocactus grusonii*)、生石花(*Lithops pseudotruncatella*)、芦荟属(*Aloe*)、龙舌兰属(*Agave*)、条纹十二卷(*Haworthia fasciata*)、褐斑伽蓝(*Kalanchoe tomentosa*)、长寿花(*Kalanchoe blossfeldiana*)、棒叶落地生根(*Kalanchoe tubiflora*)等。

7)寒带气候型

寒带气候型地区气候特点为冬季漫长而严寒,夏季短促而凉爽;多大风,植物矮小,生长期短。属于本气候型的地区包括寒带地区和高山地区。本区是耐寒性植物及高山植物的自然分布中心,代表种类有马先蒿属(*Pedicularis*)、圆穗蓼(*Polygonum macrophyllum*)、绿绒蒿属(*Meconopsis*)、龙胆属(*Gentiana*)、点地梅属(*Androsace*)、雪莲(*Saussurea involucrata*)、假百合(*Notholirion bulbuliferum*)、单花翠雀(*Delphinium monanthum*)、钟花杜鹃(*Rhododendron campanulatum*)、川滇杓兰(*Cypripedium corrugatum*)等。

2.1.2　中国花卉种质资源在世界园林中的地位

中国幅员辽阔,各地区气候、土壤及地形差异较大,地跨亚热带、温带、寒带三个气候带,复杂的自然生态环境孕育了极其丰富的植物种质资源,拥有高等植物 30 000 余种,是世界物种资源最丰富的国家之一,也是世界重要栽培植物的起源中心。

中国被誉为"世界园林之母",其丰富、优质的种质资源为世界园林做出了重要贡献。

(1)中国物种多样性丰富,特有的花卉种质资源被引种到西方各国以丰富其园林

中国拥有许多北半球其他地区早已灭绝的古老孑遗植物,特有的属、种很多。在已栽培的花卉植物中,初步统计原产于我国的约有 113 科 523 属,达数千种之多,而且其中将近 100 属有半数以上的种均产于我国。目前在世界园林中广泛应用的许多著名花卉为我国特有,如银杏属(*Ginkgo*)、金钱松属(*Pseudolarix*)、水杉属(*Metasequoia*)、珙桐属(*Davidia*)、观光木属(*Tsoongiodendron*)、水松属(*Glyptostrobus*);百合属、龙胆属、绿绒蒿属、萱草属(*Hemerocallis*)及兰属(*Cymbidium*)的多个种;以及牡丹、黄牡丹(*Paeonia delavayi* var. *lutea*)、芍药、菊花、荷花(*Nelumbo nucifera*)、梅花(*Prunus mume*)、桂花(*Osmanthus fragrans*)、翠菊(*Callistephus chinensis*)、蜡梅、金花茶(*Camellia chrysantha*)、南天竹(*Nandina domestica*)等,中国产花卉种类与世界种类总数见表 2-1。

表 2-1　中国产花卉种类与世界种类总数的比较

属　名	学　名	世界产种数	中国产种数	中国产种数占世界产种数的百分数/%
翠菊属	*Callistephus*	1	1	100
蜡梅属	*Chimonanthus*	3	3	100
铃兰属	*Convallaria*	1	1	100
珙桐属	*Davidia*	1	1	100
四照花属	*Dendrobenthamia*	10	10	100
银杏属	*Ginkgo*	1	1	100
棣棠属	*Kerria*	1	1	100
独丽花属	*Moneses*	1	1	100
紫苏属	*Perilla*	1	1	100
桔梗属	*Platycodon*	1	1	100
蓝钟花属	*Cyananthus*	28	25	89.3
石莲属	*Sinocrassula*	7	6	85.7
山茶属	*Camellia*	280	238	85
木犀属	*Osmanthus*	30	25	83.3
含笑属	*Michelia*	50	41	82
萱草属	*Hemerocallis*	14	11	78.6
绿绒蒿属	*Meconopsis*	49	38	77.6
金粟兰属	*Chloranthus*	17	13	76.5
石蒜属	*Lycoris*	20	15	75
檵木属	*Loropetalum*	4	3	75
点地梅属	*Androsace*	100	71	71

续表

属　名	学　名	世界产种数	中国产种数	中国产种数占世界产种数的百分数/%
紫藤属	*Wisteria*	10	7	70
吊钟花属	*Enkianthus*	13	9	69.2
独花报春属	*Omphalogramma*	13	9	69.2
蜡瓣花属	*Corylopsis*	29	20	69
蚊母树属	*Distylium*	18	12	66.7
剪秋罗属	*Lychnis*	12	8	66.7
沿阶草属	*Ophiopogon*	50	33	66
马先蒿属	*Pedicularis*	500	329	65.8
杓兰属	*Cypripedium*	50	32	64
金莲花属	*Trollius*	25	16	64
树萝卜属	*Agapetes*	80	51	63.8
连翘属	*Forsythia*	11	7	63.6
蓝雪花属	*Ceratostigma*	8	5	62.5
紫荆属	*Cercis*	8	5	62.5
龙胆属	*Gentiana*	400	247	61.8
兰属	*Cymbidium*	48	29	60.4
雨久花属	*Monochoria*	5	3	60
报春花属	*Primula*	500	293	58.6
苹果属	*Malus*	35	20	57.2
菊属	*Dendranthema*	30	17	56.7
杜鹃花属	*Rhododendron*	960	542	56.5
虎耳草属	*Saxifraga*	400	203	50.8
绣线菊属	*Spiraea*	100	50	50
百合属	*Lilium*	80	39	48.8

自 19 世纪初,大批欧美植物学工作者来华搜集花卉资源,我国特有的优质植物资源开始流向世界各国。由英国皇家园艺协会派遣的罗伯特·福琼(Robert Fortune),在 1839—1860 年曾 4 次来华调查,引走了秋牡丹(*Anemone hupehensis* var. *japonica*)、桔梗(*Platycodon grandiflorus*)、金钟花(*Forsythia viridissima*)、枸骨(*Ilex cornuta*)、石岩杜鹃(*Rhododendron obtusum*)、云锦杜鹃(*Rhododendron fortunei*)、柏木(*Cupressus funebris*)、阔叶十大功劳(*Mahonia healei*)、榆叶梅(*Amygdalus triloba*)、溲疏,以及十二三种牡丹栽培品种、两种小菊变种。其中云锦杜鹃在英国近代杂种杜鹃的育种中起了重要作用,目前就英国爱丁堡皇家植物园中仍有从我国引种的活植

物 1 500 种之多。美国博物学家爱尔勒斯特·亨利·威尔逊（Ernest Henry Wilson）于 1899—1918 年 5 次来华采集、引种。威尔逊在 1929 年出版的著作《中国乃世界花园之母》（CHINA,Mother of Gardens）中介绍了中国丰富的花卉植物资源及他引种的工作经过，刺激和推动了世界各国纷纷来华收集和引种。意大利引种中国的花卉植物约达 1 000 种，德国露地栽培的花卉植物约 50% 的种源来自中国，荷兰近 40% 的园林植物自中国引入。

（2）中国花卉植物遗传品质突出，被广泛应用于世界园林花卉新品种的培育

中国花卉种质资源不仅丰富，而且还有许多独特的优良性状。花期方面：早花和特早类型多，如梅花、蜡梅、迎春（Jasminum nudiflorum）、瑞香（Daphne odora）、金缕梅（Hamamelis mollis）、连翘（Forsythia suspensa）、二月蓝（Orychophragmus violaceus）、寒兰（Cymbidium kanran）等；四季或两季开花类型多，如四季桂（Osmanthus fragrans var. semperflorens）、四季米兰（Aglaia duperreana）、月季（Rosa chinensis）、小叶丁香（Syringa microphylla）等。花香方面：芳香种类众多，且各具特色，如蜡梅、梅花、水仙（Narcissus tazetta var. chinensis）、玉兰（Magnolia denudata）、栀子花、桂花、茉莉花（Jasminum sambac）、结香（Edgeworthia chrysantha）、瑞香、夜来香（Telosma cordata）、含笑（Michelia figo）等。花色方面：金花茶、黄牡丹、黄凤仙、蜡梅以及梅花品种"黄香梅"等黄色种被世界视为珍贵的植物资源。此外，奇异的类型和品种也非常丰富。如变色类的品种、台阁类型品种、龙游品种、枝条下垂的品种、微型与巨型种类与品种等。而抗性强的种类和品种也较多，如抗寒的疏花蔷薇（Rosa laxa）、弯刺蔷薇（Rosa beggeriana）、"耐冬"山茶，抗旱的锦鸡儿（Caragana sinica）、耐热的紫薇（Lagerstroemia indica）、荷花，抗病耐旱的玫瑰（Rosa rugosa）、榆树（Ulmus pumila），耐盐的楝树（Melia azedarach）、沙枣（Elaeagnus angustifolia），适应性强的水杉（Metasequoia glyptostroboides）、圆柏（Sabina chinensis）等。

原产中国的花卉植物因其早花种类多、四季开花的种类多、芳香种类多及抗逆性强的种类多等特点，被广泛应用于世界园林花卉新品种的培育，进一步发挥其在世界园林中的重要作用。如杂种杜鹃（Rhododendron×intricatum）的亲本就是中国的隐蕊杜鹃（Rhododendron intricatum）和密枝杜鹃（Rhododendron fastgiatum）；杂种维氏玉兰（Magnolia×veitchii）的亲本是原产中国的滇藏木兰（Magnolia campbellii）和玉兰（Magnolia denudata）；原产中国的野蔷薇（Rosa multiflora）和光叶蔷薇（Rosa wichuriana）是欧洲攀缘蔷薇杂交品种的祖先；欧洲现代月季努瓦赛迪蔷薇（Noisette）品种群、波邦（Bourbon）蔷薇品种群、杂交茶香月季（Hybrid tea）品种群均含有原产中国的巨蔷薇（Rosa gigantea）和中国月季（Rosa chinensis）的血统。

2.1.3 中国花卉种质资源保护和开发利用

我国如此丰富多彩、特色鲜明的花卉种质资源却尚未被系统、全面地调查研究，大量优质的种类仍处于野生状态。据粗略统计，中国有直接开发价值的花卉种质资源在 1 000 种以上，有发展潜力的在 10 000 种左右，但现今栽培应用的仍很少。目前生产上常用的花卉品种尤其是大宗切花与盆花品种绝大多数来源于国外，而这些舶来品很大一部分是 20 世纪初国外从中国引种的资源中选育出来的。另一方面，相当数量的野生花卉资源受到了严重破坏，有的甚至濒临灭绝或已经消失。不少野生种被大量挖取牟利或因为设施建设而大面积毁灭，如兰花资源被破坏得相当严重，有的甚至遭到搜山清空的厄运；一些野生植物因为有药用价值也被大肆挖掘

滥采,如鼓槌石斛(*Dendrobium chrysotoxum*)、羽叶丁香(*Syringa pinnatifolia*)、雪莲花(*Saussurea involucrata*)等;还有一些珍贵的野生花卉资源尚在深山人未识。然而一些优异的传统品种资源,由于长期不受重视,缺少集中管理,更是面临混杂、失传或濒于灭绝的威胁。

中国的花卉种质资源工作直到 20 世纪 70 年代才受到重视。中科院植物所、各地植物园及农林科研院所先后在与所在地相似的较大地理范围内,开展了野生花卉资源的调查研究,经过近 40 年的工作,对各地的资源现状有了比较清楚的了解。"十五"期间开始,科技部、环保部先后设立"中国特有花卉种质资源的保存、创新与利用研究""中国重要观赏植物种质资源调查"等项目,由北京林业大学园林植物与观赏园艺学科承担,陆续对各省的花卉资源状况进行调查、摸底、备案,以省(自治区、直辖市)为单位通过专著的形式出版,此举对我国花卉资源的保护和科学利用做出了巨大贡献。

同时,在对野生资源进行充分调查的基础上,对一些珍稀濒危的花卉种质资源进行了保护。保护的方法有就地保护和引种保存。就地保护多采用建立自然保护区,如 1979 年我国在广西壮族自治区龙州县成立弄岗国家级自然保护区,即以就地保护珍稀蚬木(*Excentrodendron hsien-mu*)、金花茶及白头叶猴为主。近十几年开展的野生花卉引种驯化工作主要集中在专类的引种上,引种筛选出一大批有前景的园林绿化植物种类、花卉育种材料。如北京植物园对百合属、绣线菊属的引种,武汉植物园对水生植物的引种,杭州、武汉、南京等地对鸢尾属的引种,中科院和北京植物园对石蒜属植物的引种,中科院武汉植物研究所对细辛属植物的引种等。但大量野生资源还有待进一步引种驯化。

20 世纪 80 年代,我国野生花卉的开发利用不论在深度上还是在广度上都有较大发展。一些野生花卉如荷叶铁线蕨(*Adiantum reniforme* var. *sinense*)、荚果蕨(*Matteuccia struthiopteris*)、贯众(*Cyrtomium fortunei*)、肾蕨(*Nephrolepis auriculata*)、凤尾蕨(*Pteris cretica* var. *nervosa*)等已能批量生产或建成专类花卉种质资源圃。近 10 多年来我国利用野生资源在牡丹、芍药、菊花、百合、金花茶等植物中已成功地选育出一些优良品种,并得到广泛推广应用。

2.1.4　品种资源的发展趋势和新品种保护

1)花卉品种资源的发展趋势

花卉品种是人类为满足自己的需要,挑选野生植物,经过长期培育、选择及杂交、诱变,使其遗传性状向着人类需要的方向变异,产生新的特征性状,适应一定的自然和栽培条件的产物。花卉品种资源和野生资源一样,是进一步选育优良品种的物质基础。

中国不仅是很多亚热带花卉和部分热带花卉的自然分布中心,而且还是很多著名花卉的栽培中心。在 3 000 多年的悠久栽培历史中,形成了丰富多样的品种资源。如梅花枝条有直枝、垂枝和曲枝等变异,花有洒金、台阁、绿萼等变异,品种 300 多个;牡丹有 1 000 多个品种,菊花有 3 000 多个品种,月季、蔷薇、杜鹃、芍药、蜡梅、桂花等也是丰富多彩、名品繁多。

随着花卉产业和园林事业的发展,人们对花卉品种的数量和质量的需求也越来越高,希望能培育出更多新颖、独特的花卉品种。目前,在国际市场上,花卉以原种作商品的比例甚微,95% 以上是栽培品种。各国的各大花卉公司,在花卉市场上竞争力的大小直接取决于其所掌握的品种资源的优劣和多少。不断更新的花卉新品种是推动花卉产业发展的原动力。

品种资源的发展除了应考虑现有的经济状况、生态条件及生产和育种技术水平,同时还要掌握市场需求,预见其近期发展趋势,从而选育有发展前景的优良品种。各类花卉因用途不同而育种目标明显不同,就整个花卉育种而言,目前其主要趋向如下所述。

①观赏性与抗逆性并重。花大、色艳、花型饱满、花期长,叶色、叶型、枝色、枝型及株型变异等各种观赏性状的提高,一直是花卉育种的重要目标。同时,随着全球环境污染的加重、生态条件的恶化,提高花卉品种的抗逆性,包括抗污染、抗不良生态因子、抗病虫的能力成为花卉育种的当务之急。

②室外绿化与室内装饰并重。园林绿化作为花卉应用的一种形式是最先受到花卉工作者重视的,故初期的花卉育种偏重适宜花坛、花境等园林应用品种的选育。随着城市的发展、人类居住形式的改变,室内绿化、装饰成为花卉应用的另一种重要形式,包括切花装饰和盆花。适宜作切花或室内盆栽的花卉新品种选育是花卉育种的另一个重要发展趋势。

③易栽培管理的节能品种。在花卉业国际化的20世纪60年代初期,为满足花卉的周年供应,荷兰不惜消耗占全部生产费用30%的能源进行优良品种的生产。随着社会的不断进步与科学技术的不断发展,现在人们越来越关心我们赖以生存的地球,节能环保被摆在了首位。花卉能净化空气、保护环境,但花卉的生产过程和园林应用也要节能环保。因此,培育生育期短、需水需肥量少、栽培管理成本低,同时又有高产量和高质量的节能花卉新品种就已成为今后花卉育种的主要趋势。

2) 新品种保护

(1)新品种保护的重要性

20世纪30年代以前,传统的知识产权制度一直将植物新品种的保护排除在外。植物与其他生物体一样,被认为是自然产物,不具有"可专利性",也不能得到知识产权方面的其他保护。随着农业科技的不断进步和商品化发展,植物育种者给农林、园艺业带来了巨大的经济效益,植物育种者的贡献日益突出。植物较易繁殖,如对其新品种缺乏相应有效的知识产权法进行保护,育种者的投入得不到应有的回报,将不利于提高育种者培育新品种的积极性。为保护育种者的合理经济权利,促进植物新品种的开发和推广,欧美国家开始就育种者的权利进行立法保护。

1930年,美国颁布了《植物专利法案》*Plant Patent Act*,是世界上最早给予植物新品种以知识产权保护的国家。荷兰与德国分别于1942年和1953年通过植物新品种保护法,赋予植物新品种育种者以生产和销售植物新品种繁殖材料的排他性权利。自此,植物新品种保护制度在西方发达国家逐渐形成。随着世界经济的建立、国际贸易的发展,植物新品种的贸易尤其是花卉贸易经常超出一个国家的范围。为了使育种国家的权力在其他国家也得到保护,1962年12月,欧美一些国家在法国巴黎签订了《国际植物新品种保护公约》,在此基础上成立了国际植物新品种保护联盟(International Union for the Protection of New Varieties of Plants, UPOV)。

(2)新品种保护的途径

品种登录、审定与保护是花卉新品种投入生产前必须认真对待的环节。品种登录是对育种成果的发表,品种审定是对新品种各种性状的鉴定,品种保护是对育种者权益的保护。

①品种登录。为保证品种名称的专一性及通用性，国际园艺学会(International Society for Horticultural Science，ISHS)及其所属的国际命名与登录委员会(Commission for Nomenclature and Registration，CMNR)建立了各种栽培植物的品种登录系统，并负责某种类的国际品种登录权威(International Cultivar Registration Authority，ICRA)的审批。

品种登录即由育种者向 ICRA 提交拟登录品种的文字、图片说明以及育种亲本、育种过程等有关材料，ICRA 按《国际栽培植物命名法规》(ICNCP) *International Code of Nomenclature for Cultivated Plants* 进行书面审查认定后，于该《国际登录年报》登录出版，并颁发登录证书。对育种者来说，品种被登录就是正式发表，育成品种及其性状描述将被整个育种界和学术界公认。全世界现有 86 个 ICRA，美国有 37 个，英国有 23 个，绝大部分花卉品种的 ICRA 已属西方国家所有。我国虽被誉为"世界园林之母"，但我国十大传统名花的 ICRA，除梅花和桂花外，均已被其他国家取得，菊花、兰花、杜鹃、荷花、水仙的 ICRA 在英国，牡丹、芍药、月季的 ICRA 在美国。1998 年 8 月，中国花卉协会梅花蜡梅分会会长陈俊愉院士被 CMNR 批准为梅(含梅花和果梅)品种的 ICRA，开创了中国学者作为观赏植物国际品种登录权威的先河。2004 年 2 月，南京林业大学向其柏教授被 CMNR 批准为木犀属(桂花属)植物栽培品种的 ICRA。

②品种审定和新品种保护。世界各国都有各自的新品种审定体系，符合申报条件的品种，可向全国品种审定委员会或专业委员会提交申报材料，根据审定标准审定合格后，颁发审定合格证书。通过新品种申请及审定，育种人即可获得法定审批机构授予的品种权，并在规定期限内享有该品种的被保护权。

1997 年 10 月我国颁布了《中华人民共和国植物新品种保护条例》，规定农业、林业行政主管部门分工共同负责新品种权申请受理及审查，并对符合条例规定的新品种授予新品种权。在有关花卉品种审定中，农业部侧重草本植物，国家林业局侧重木本植物。我国于 1999 年 4 月正式加入国际植物新品种保护联盟(UPOV)，在国际上遵循《国际植物新品种保护公约》，并由农业部、林业部分批列入申请保护植物种类名单。公约规定，在缔约国和本国法律均予认可的前提下，同一个品种只能被依法授予专门保护权或专利权这两种保护方式中的一种。我国现行专利项目中尚不包括动植物新品种在内，不利于鼓励育种者的积极性及国外优良新品种的引进，亟待创造条件实施植物新品种专利制度。

申请品种权的植物新品种应属于国家植物新品种保护名录中列举的植物属或种。国家林业和草原局(原国家林业局)至 2021 年已发布了七批近 290 个属(种)的植物新品种保护名录，其中有木兰属(*Magnolia*)、蔷薇属(*Rosaceae*)、山茶属、杜鹃花属、梅、牡丹、桃(*Amygdalus persica*)、紫薇、蜡梅、桂花、银杏(*Ginkgo biloba*)等。

2.2 花卉分类

花卉与其他作物相比，具有属、种众多，习性多样、生态条件复杂及栽培技术不一等特点。长期以来人们从亲缘关系、生物学习性、观赏特性、栽培方式、应用形式等不同的角度对花卉进行分类。花卉分类可为花卉的识别、生产和应用提供依据，对快速学习和掌握相关知识并进一步深入研究有指导性意义。

2.2.1 植物自然分类系统及命名法规

人类对植物界的认识和研究,有着一段漫长的历史。纵观植物分类学的发展过程,植物分类的方法可分为两种:一种是人为的分类系统,是以植物的应用为目的,多在应用学科中使用;另一种是自然的分类系统,是以客观地反映植物界的亲缘关系和演化发展为目的,多在理论学科中使用。

1)物种的概念

物种又简称"种"(species),是生物分类的基本单位,它是具有一定的自然分布区和一定的形态特征、生殖特性的生物类群。同一种内的个体具有相同的遗传性状,彼此交配可产生后代;而不同种间不能交配,或交配后一般不能产生有生殖能力的后代。换句话说,不同种间存在生殖隔离。种是生物进化与自然选择的产物。归纳起来种具有以下特点:①有相似的形态,并在特征、特性上易与其他种相区别;②有一定的分布范围,要求相似的生存条件和分布地区;③有相对稳定的遗传特征;④种内可相互配种,且能产生正常后代。

2)系统分类的各级单位

为了将各种植物进行分门别类,就需要有一个等级顺序,植物分类的主要等级为界、门、纲、目、科、属、种,这些等级称为分类阶层(taxon)。分类学以种作为基层等级或基本单位,同一种植物以它们所特有的相对稳定的特征与相近似的种区别开来,集合具有基本相同特征的种组成为一属,又将具有一定共同特征的属组成为一科,并根据同样的原则集科成目,集目为纲,集纲为门,而后同归于植物界,这样就形成了一个完整的分类系统。在每一等级内,如果种类繁多,又可根据主要分类依据上的差异,再分亚门、亚纲、亚目、亚科和亚属。有时在科以下除分亚科以外,还有族和亚族;在属以下除亚属外,还有组和系各等级。在种以下,也可再细分为亚种、变种和变型等。

有些植物分类学者十分强调种以下的层级级别,试图区别出种的全部等级,但分类学上通常只采用亚种、变种和变型三个等级。三者的关系是:①亚种是种内的变异类型,它除在形态构造上有显著的特征外,在地理上也有相当范围的地带性分布区域;②变种也是种内的变异类型,但在地理上没有明显的地带性分布区域;③变型是指形态变异比较小的类型,比如毛的有无、花的颜色等,其分类位置未必都在亚种、变种之下,有时可以紧接在种名之后。

现将植物界的分类阶层列于表2-2,并以野蔷薇和粉团蔷薇为例,说明它们在植物分类上的各级单位。这种由大到小的等级排列,不仅便于识别植物,而且可以清楚地看出植物间的亲缘关系和系统地位。

表 2-2 植物界的分类阶层表

分类的阶层(等级)				植物分类举例	
中 文	英 文	拉丁文	词 尾	中 文	拉丁文
植物界	Vegetable Kingdom	Regnum vegetable	—	植物界	Regnum vegetable

续表

分类的阶层(等级)				植物分类举例	
门	Division	Divisio Phylum	-phyta	被子植物门	Angiospermae
纲	Class	Classis	-opsida,-eae	双子叶植物纲	Dicotyledoneae
目	Order	Ordo	-ales	蔷薇目	Rosales
科	Family	Familia	-aceae	蔷薇科	Rosaceae
属	Genus	Genus	-a,-um,-us	蔷薇属	*Rosa*
种	Species	Species	—	野蔷薇	*Rosa multiflora* Thunb.
亚种	Subspecies	Subspecies	—	—	—
变种	Variety	Varietas	—	粉团蔷薇	*Rosa multiflora* var. *cathayensis* Rehd. et Wils.
变型	Form	Forma	—	—	—

3）系统分类学派

由于植物界在漫长的历史发展过程中许多植物种群已经灭绝，而已发现的化石材料又残缺不全，所以在建立完整的自然分类系统时存在很多困难。长期以来，植物分类学家以进化论为依据，根据植物的形态、结构、生理、生化、生态以及分子等方面的论证，结合古生物学证据及各自的观点，对植物进行分类，迄今已发表20多个分类系统。但由于有关植物演化的知识和证据不足，到目前为止还没有一个为大家公认的完整系统。现就其中影响最广的两个系统略做介绍：

①恩格勒系统（Engler & Prantl System）。由德国植物学家恩格勒（A. Engler）和柏兰特（K. Prantl）于1897年在《植物自然分科志》中发表，是植物分类学史上第一个比较完整的自然分类系统。该系统是建立在假花学说基础上的，认为被子植物的花是由单性孢子叶球演化而来，只含有小孢子叶（或大孢子叶）的孢子叶球演化成雄性（或雌性）的柔荑花序，进而演化成花。该系统认为：a. 被子植物是由裸子植物中的买麻藤目演化而来；b. 无花瓣、单性、木本、风媒传粉等为原始性状，而有花瓣、两性、虫媒传粉等是进化的特征；c. 具有柔荑花序的植物如杨柳科、胡桃科、桦木科等是最原始的被子植物，因为买麻藤目的单性孢子叶球极相似于杨柳科的柔荑花序，而木兰科、毛茛科等是较进化的类型；d. 单子叶植物较双子叶植物原始。

然而，无论是从形态上还是从解剖上看，柔荑花序都不可能是被子植物的最原始代表，它们可能是由多心皮类中的无花被类型产生，故恩格勒系统的进化线路受到许多学者的批评。1964年，该系统根据多数植物学家的研究进行了修订，认为单子叶植物是较高级植物，移到双子叶植物之后，并把被子植物由原来的45目280科增至62目344科。《中国树木分类学》和《中国高等植物图鉴》等书均采用本系统。

②哈钦松系统（Hutchinson System）。由英国植物学家哈钦松（J. Hutchinson）于1926年和1934年在先后出版的包括2卷的《有花植物科志》中发表，最后一次修订在1973年，共包括111

目、411 科。该系统认为:a. 两性花比单性花原始,离瓣花较合瓣花原始,花各部螺旋状排列比轮状排列原始;b. 木兰目和毛茛目为被子植物中最原始的类型,被子植物演化的分为木本和草本两大支,木本支起于木兰目,草本支起于毛茛目;c. 单被花、无被花由后来演化过程中退化而成;d. 柔荑花序类各科来源于金缕梅目;e. 单子叶植物起源于双子叶植物的毛茛目。

目前多数人认为哈钦松系统较为合理,因其在不少方面阐明了被子植物的演化关系。但该系统也存在很大的缺点,由于将木本和草本作为第一级区分,导致许多亲缘关系很近的科被远远地分开,如草本的伞形科和木本的五加科分开,草本的唇形科和木本的马鞭草科分开。《广州植物志》和《海南植物志》等书均采用该系统。

此外还有苏联的塔赫他间(A. Takhtajan)系统、美国的克朗奎斯特(A. Cronquist)系统和日本的田村道夫系统等。

4)植物命名法规

不同国家、民族、地区对植物的命名不尽相同,因而同一种植物的名称也多种多样,经常发生同物异名的现象。如北京的玉兰(*Magnolia denudata*),在湖北称为应春花、在河南称为白玉兰、在江西称为望春花、在四川峨眉称为木花树等。另外,也有同名异物现象。如我国各地叫"万年青"的植物多达上百种,涉及的种类来自不同的科、属。这些现象给科学研究和交流带来许多不便,因此,有必要给每一分类单位赋予一个全世界植物学家们统一使用的科学名称,即学名(scientific name)。

(1)植物命名的方法

门、亚门、纲、亚纲、目、亚目等分类单位的名称通常由该单位的明显特征或某属的名称而来,通常用特定的后缀,见表 2-2。科、亚科的名称都是一个作名词用的复数形容词,通常由该科、亚科内的某一属的合法名称的词干添加特定的后缀构成。属名通常为单数名词或是被当作单数名词看待的一个词,不可由两个词构成,除非将这两个词用两字符连接当一个词看待。种名则是采用双名法(binomial nomenclature)命名。

1753 年瑞典植物分类学大师林奈(C. Linnaeus)发表巨著《植物属志》,用拉丁文记载、描述了当时所知的世界植物,并创立了双名法给每种植物命名。所谓双名法,是指每种植物的种名都由两个拉丁词组成,第一个词是属名,相当于"姓",第二个词是种加词,相当于"名"。一个完整的学名还需要加上首次合格发表该名称的作者名,即命名人。因此一个完成学名的写法是:属名+种加词+命名人,例如银杏的种名为 *Ginkgo biloba* L. 。植物的属名和种加词,都有其含义和来源以及具体的规定。此命名法的优点首先在于它统一了全世界所有植物的名称,即每种植物只有一个在国际上通用的名称;其次,双名法提供了一个亲缘关系的梗概,在学名中包含属名,因此知道了一个种名就容易查知它在植物分类系统中所处的位置。

①属名的造词。一般采用拉丁文的名词,若是其他文字或专有名词,也必须使其拉丁化。书写时第一个字母必须大写。在罗列同属许多种时,位于最前边的种,其属名必须写全,而随后的可以简写,在属名的第一字母大写右下加". "即可。属名的前两个字母为双辅音时,简写时必须将双辅音同时写出,如"*Ch.*""*Ph.*""*Rh.*"。属名的来源有以下:根据植物的某些形态特征、生态习性命名,如 *Primula* 报春花属,花期最早,*Helianthus* 向日葵属,头状花序随太阳转动,*Dendrobium* 石斛属,多附生在树上;根据颜色、气味命名,如 *Rubus* 悬钩子属,果红色,*Osmanthus*

木犀属,花具香味;根据植物原产地命名,如 *Taiwania* 台湾杉属;根据原产地俗名或方言直译而成,如 *Ginkgo* 银杏属,来自日本称银杏为金果的译音,*Litchi* 荔枝属,来自广东方言;纪念某个人名,如 *Tsoongiodendron* 观光木属,纪念我国植物学家钟观光教授;以古老的拉丁文名字命名,如 *Papaver* 罂粟属,*Rosa* 蔷薇属。

②种加词。通常用形容词或名词所有格。书写时全部小写。种加词不可与属名相同,但同一个词可以用于不同属的植物。种加词的来源有以下:表示植物的特征,如牡丹 *Paeonia suffruticosa*(灌木状),小叶石楠 *Photinia parvifolia*(小叶的);表示用途,如芋 *Colocasia esculenta*(可食用的);表示生态习性,如葎草 *Humulus scandens*(会攀缘的),水茫草 *Limosella aquatica*(水生的);表示原产地,如杜虹花 *Callicarpa formosana*(来自台湾);以当地俗名经拉丁化而成,如龙眼 *Dimocarpus longgana*(汉语龙眼)。

③命名人。植物学名后附加命名者之名,不但是为了完整地表示该种植物的名称,也是为了便于查考其发表日期,而且该命名者对他所命名的种名负有科学责任。命名人通常以其姓氏的缩写来表示,缩写后必须在右下角加缩写符号"."。如"Linnaeus"(林奈)缩写为"Linn.","Maximowicz"缩写为"Maxim."。单音节和中国作者的姓通常不便缩写。命名人是两个人,将两人的缩写字间加连词"et"或"&"符号。种以下的分类单位,如亚种、变种、变型的命名人的姓氏,也按上述规定。

（2）国际植物命名法规

1867 年 8 月在法国巴黎召开的第一次国际植物学会议中通过了第一个《国际植物命名法规》(International Code of Botanical Nomenclature,ICBN)。ICBN 是各国植物分类学者对植物命名所必须遵循的规章,其要点包括:①任何分类单位名称的应用均以相应命名模式为准。②每一种植物只能有一个合法的正确学名,学名包括属名和种加词,最后附以命名人的姓氏。③属名第一个字母必须大写,种加词全部小写,排印时用斜体;命名人第一个字母大写,排印时用正体。④植物名称有其发表的优先律原则,即凡符合"法规"的最早发表的名称,为唯一的正确名称。⑤所有学名必须用拉丁文描述,并经正式刊物进行合格发表。⑥凡符合命名法规并合格发表的植物名称,不能随意废弃和变更;若经科学研究认为此属的某一种应转移到另一属中去,种加词应予保留,原命名人则用括号括之一并移去,转移的作者写在括号之后。

5）栽培品种

栽培品种(cultivar)是指经人工选择而形成的遗传性状比较稳定,具有相似或一致的外部形态特征,具有一定经济价值的某种栽培植物个体的总称。它不属于自然分类系统的基本等级,而是属于栽培学上的变异类型。2004 年出版的《国际栽培植物命名法规》第七版,对品种、品种群种加词的使用,名称的发表与建立的程序,如何进行国际登录等均进行了明确的规定。

栽培品种在种名后加写"cv.",然后加写品种名;或不写"cv."仅将品种名写于单引号内。品种名的首字母均用大写。如牡丹名品'姚黄',其学名书写为 *Paeonia suffruticosa* Andr. cv. Yaohuang,或写为 *Paeonia suffruticosa* 'Yaohuang'。

自 1959 年 1 月 1 日以后制定的品种名称,不必用拉丁语,可用现代语言。制定品种名时要遵守以下原则:同属内不能重复;不用属、种的名称,也不用双亲拉丁名的组合字;不用数字编号;不用夸大词,文字力求简明,少用三字以上;品种名后不附命名人的姓氏。

2.2.2 按生态习性分类

1）一、二年生花卉

一、二年生花卉（annual and biennial flower）是指生命周期在一或两个年度内完成的草本花卉。包括一年生花卉、二年生花卉及常作一、二年生栽培的多年生花卉三种类型。

一年生花卉是指其生活周期在一个生长季内完成的花卉，一般春季播种，夏秋开花结实，而后死亡，故又称春播花卉。这类花卉多不耐寒，如凤仙花、鸡冠花、百日草、波斯菊、向日葵（Helianthus annuus）、醉蝶花（Cleome spinosa）、夏堇（Torenia fournieri）、千日红（Gomphrena globosa）、福禄考（Phlox drummondii）、万寿菊等。

二年生花卉是指生活周期经两年或两个生长季完成的花卉，即秋季播种成苗，第二年春夏开花，故又称秋播花卉。这类花卉有一定的耐寒能力，不耐高温，如三色堇、金盏菊、虞美人（Papaver rhoeas）、石竹（Dianthus chinensis）、报春花（Primula malacoides）、羽衣甘蓝、矢车菊（Centaurea cyanus）等。

另外，还有一些种类在原产地为多年生，但常作一、二年生栽培，如一串红（Salvia splendens）、矮牵牛（Petunia hybrida）、瓜叶菊（Pericallis hybrida）、藿香蓟（Ageratum conyzoides）、长春花（Catharanthus roseus）、彩叶草等。

2）宿根花卉

宿根花卉（perennial herb flower）是指根系能够存活多年且地下部分不发生肥大的多年生草本花卉。它们包括：主要原产温带，性耐寒或半耐寒，冬季地上部分枯死，翌年春暖后重新萌芽生长的落叶类宿根花卉，如菊花、芍药、耧斗菜、荷包牡丹、萱草（Hemerocallis fulva）、荷兰菊（Aster novi-belgii）、玉簪（Hosta plantaginea）、天竺葵（Pelargonium hortorum）等；主要原产热带及亚热带、耐寒力弱、地上部保持常绿的常绿类宿根花卉，如鹤望兰（Strelitzia reginae）、君子兰（Clivia miniata）、非洲菊（Gerbera jamesonii）、花烛属（Anthurium）等。

3）球根花卉

球根花卉（bulbous flower）是指地下部分肥大呈球状或块状的多年生草本花卉。在不良环境条件下，于地上部茎叶枯死前，其植株地下部的茎或根发生变态，膨大形成球状或块状的贮藏器官，并以地下球根的形式度过其休眠期（寒冷的冬季或干旱炎热的夏季），至环境条件适宜时，再度生长并开花，并再度产生新的地下膨大部分或增生子球进行繁殖。球根花卉多数种类仅在旺盛生长期有绿叶，另一段时间地上部分枯死，如百合属、水仙属、唐菖蒲、郁金香、风信子、小苍兰、晚香玉、朱顶红等；另一小部分则终年常绿，如葱莲（Zephyranthes candida）、百子莲（Agapanthus africanus）等。

按地下部的形态和变态部位，球根花卉可分为五大类：

①鳞茎类（bulb）。地下茎缩短为圆盘状的鳞茎盘（bulbous plate），其上着生多数肉质膨大

的变态叶——鳞片(scale)。肉质鳞片由叶或叶的基部变态形成。鳞茎整体呈球形,中央有顶芽,将来生出叶、花莛或地上枝。鳞茎绝大多数见于单子叶植物的百合科(Liliaceae)、石蒜科(Amaryllidaceae)的某些属中,极少见于双子叶植物中,红花酢浆草(*Oxalis corymbosa*)是具鳞茎的双子叶植物的代表。

根据鳞片排列的状态,通常又将鳞茎分为有皮鳞茎(tunicated bulb)和无皮鳞茎(naked bulb)。有皮鳞茎又称层状鳞茎(laminate bulb),其鳞片呈同心圆层状排列,封闭成筒,于鳞茎外包被一至数层褐色的膜质鳞皮,对内部肉质鳞叶起保护作用,它包含如郁金香、风信子、水仙、石蒜(*Lycoris radiata*)、朱顶红、雪片莲(*Leucojum vernum*)、文殊兰(*Crinum asiaticum var. sinicum*)等大部分鳞茎花卉。无皮鳞茎又称片状鳞茎(scaly bulb),其鳞茎外围无膜状物包被,肉质鳞片沿鳞茎的中轴呈覆瓦状叠合着生,如百合属、贝母属(*Fritillaria*)等。

②球茎类(corm)。地下茎缩短膨大呈实心球状或扁球形,其上有明显的节与节间,节上环生干膜质鳞片状叶,顶端有发达的顶芽,节上有侧芽,顶芽和侧芽萌发生长形成新的花茎和叶,茎基则肥大形成下一代新球。母球在抽叶开花后由于养分耗尽而萎缩,在新球茎发育的同时,其基部发生的根状茎先端膨大形成多数小球茎。常见的球茎类花卉如唐菖蒲、小苍兰、番红花(*Crocus sativus*)、虎眼万年青(*Ornithogalum caudatum*)等。

③块茎类(tuber)。地下茎变态膨大呈不规则的块状或球状,节不明显,块茎外无皮膜包被。根据膨大变态的部位不同,可分为两类:一类由地下根状茎顶端膨大而成,上面具有明显的呈螺旋状排列的芽眼,在其块茎上不能直接产生根,主要靠形成的新块茎进行繁殖,如花叶芋(*Caladium hortulanum*)、马蹄莲、晚香玉等;另一类由种子下胚轴和少部分上胚轴及主根基部膨大而成,其芽着生于块状茎的顶部,须根着生于块状茎的下部或中部,块茎能多年生长并膨大,但不能分生小块茎,因此需用种子繁殖或人工方法繁殖,如仙客来、球根秋海棠、大岩桐等。

④根茎类(rhizome)。地下茎呈根状肥大,具有明显的节与节间,节上有芽并能发不定根,其顶芽能发育成花芽而开花,侧芽则形成分枝,根茎往往横向生长,是外形似根的变态枝。常见的根茎类花卉如美人蕉、姜花(*Hedychium coronarium*)、红花酢浆草、铃兰、六出花(*Alstroemeria* spp.)等。

⑤块根类(tuberous root)。块根是由不定根或侧根膨大形成的,其功能是贮存养分及水分。块根上无节、无芽点,发芽点只存在于根颈部的节上,故块根一般不直接用作繁殖材料。典型的块根类花卉如大丽花、花毛茛(*Ranunculus asiaticus*)、欧洲银莲花等。

4) 木本花卉

木本花卉(woody flowering plant)指以观花为主的木本植物,包括落叶木本花卉和常绿木本花卉。

(1)落叶木本花卉

落叶木本花卉大多原产于暖温带、温带和亚寒带地区,随着秋冬温度的降低、日照的缩短,树叶枯黄脱落。其又可分为:

①落叶乔木类。地上部有明显的主干,侧枝从主干上发出,分枝部位较高,植株直立高大,如樱花(*Prunus serrulata*)、玉兰、梅花、垂丝海棠(*Malus halliana*)、木芙蓉(*Hibiscus mutabilis*)等。

②落叶灌木类。地上部无明显的主干,分枝靠近茎的基部,多呈丛状生长,如月季、牡丹、迎春、绣线菊(*Spiraea salicifolia*)、紫荆(*Cercis chinensis*)、麦李(*Cerasus glandulosa*)等。

③落叶藤本类。茎蔓攀缘生长,如紫藤(*Wisteria sinensis*)、凌霄(*Campsis granbiflora*)等。

(2)常绿木本花卉

常绿木本花卉多原产于热带和亚热带地区,少数原产于暖温带地区,有些呈半常绿状。它们在我国华南、西南部分地区可露地越冬,有些在华东、华中地区也能露地栽培,在长江流域以北则多作温室栽培。其又可分为:

①常绿乔木类。四季常青、树体高大,如广玉兰、白兰花(*Michelia alba*)、桂花等。

②常绿灌木类。地上茎丛生,或没有明显的主干,如杜鹃花、山茶(*Camellia japonica*)、含笑、栀子花、茉莉花、夹竹桃(*Nerium indicum*)、叶子花(*Bougainvillea spectabilis*)等。

③常绿亚灌木类。地上主枝半木质化,上部草质,基部木质,髓部常中空,寿命较短,株型介于草本和灌木之间,如绣球花(*Hydrangea macrophylla*)、天竺葵、倒挂金钟(*Fuchsia hybrida*)等。

④常绿藤本类。茎蔓攀缘或匍匐地面生长,如美国凌霄(*Campsis radicans*)、龙吐珠(*Clerodendrum thomsonae*)、络石(*Trachelospermum jasminoides*)等。

木本花卉通常都归入观赏树木中,为了避免与观赏树木学有重复,本教材的各论部分对木本花卉进行了选择性介绍。

5)兰科花卉

兰科花卉(orchid)按其性状原属于多年生草本花卉,因其种类繁多,而形态、生理和生态都具有共同性和特殊性,在栽培中有其独特的要求,故将其独立成一类。兰科植物按生态习性不同可分为以下三类:

①地生兰类。根生于土中,通常有块茎或根茎,部分有假鳞茎,产于温带、亚热带及热带高山地区,如春兰(*Cymbidium goeringii*)、蕙兰(*Cymbidium faberi*)、建兰(*Cymbidium ensifolium*)、墨兰(*Cymbidium sinense*)、杓兰属(*Cypripedium*)和兜兰属(*Paphiopedilum*)的大部分。

②附生兰类。以气生根附着于树干、树枝、枯木或岩石表面生长,通常具有假鳞茎,以贮存水分和养分,可适应短期干旱,以特殊的吸收根从湿润空气中吸收水分,多原产于热带雨林。常见栽培的有石斛属、万代兰属(*Vanda*)、蜘蛛兰属(*Arachnis*)、蝴蝶兰属(*Phalaenopsis*)、卡特兰属(*Cattleya*)等。

③腐生兰类。不含叶绿素,营腐生生活,常具有块茎或粗短的根茎,叶退化为鳞片状,如大根兰(*Cymbidium macrorrhizum*)。

6)仙人掌类及多浆植物

仙人掌类(cacti)及多浆植物(succulent)原产于热带半荒漠地区。它们具有共同的形态、生理及生态特点:多数种类的叶变态成针刺状,茎部变态成扇状、片状、球状或多柱状;茎内多汁并能贮存大量水分;旱生、喜热。

仙人掌类均属于仙人掌科,常见栽培的有仙人掌属(*Opuntia*)、昙花属(*Epiphyllum*)、蟹爪兰属(*Zygocactus*)等。多浆植物是除仙人掌科以外其他科的多肉植物之统称,分属于景天科、萝摩科、番杏科、大戟科、菊科、百合科、龙舌兰科等十几个科。常见的多浆植物有燕子掌（*Crassula portulacea*）、长寿花（*Narcissus jonquilla*）、落地生根（*Bryophyllum pinnatum*）、生石花（*Lithops pseudotruncatella*）、霸王鞭（*Euphorbia royleana*）、芦荟（*Aloe vera*）、翡翠珠（*Senecio rowleyanus*）等。

7）室内植物

室内植物（indoor plant）是指用于室内装饰与造景的植物，不论是蕨类或种子植物，也不论是草本或木本。常见用于室内观花的植物有兰科、凤梨科、花烛属、秋海棠属（*Begonia*）、马蹄莲属（*Zantedeschia*）、仙客来、天竺葵、非洲紫罗兰（*Saintpaulia ionantha*）、新几内亚凤仙（*Impatiens hawkeri*）、君子兰等；用于室内观叶的有蕨类、天南星科、竹芋科、鸭跖草科、爵床科、变叶木（*Codiaeum variegatum*）、虎耳草（*Saxifraga stolonifera*）、文竹（*Asparagus setaceus*）、虎尾兰（*Sansevieria trifasciata*）、仙人掌类、多浆植物等；用于室内观果的有金橘（*Fortunella margarita*）、佛手（*Citrus medica* var. *sarcodactylis*）、冬珊瑚（*Solanum pseudocapsicum* var. *diflorum*）等。

8）水生花卉

水生花卉（aquatic flower）生长于浅水或沼泽地，地下部分通常肥大呈根茎状，多数为多年生宿根草本植物。除王莲属（*Victoria*）外，其多数为落叶种类，如荷花、睡莲（*Nymphaea tetragona*）、凤眼莲（*Eichhornia crassipes*）、石菖蒲（*Acorus tatarinowii*）、千屈菜（*Lythrum salicaria*）等。

9）草坪与地被植物

从广义的概念上讲，草坪植物（turfgrass）以其性质属于地被植物（groundcover plant）的范畴。由于草坪在长期的栽培过程中已形成一个独立的体系，且生产与养护管理与其他地被植物不同，因而通常将其另列一类。

（1）草坪植物

①按形态特征不同分为宽叶类和狭叶类。宽叶类茎粗叶宽，生长健壮，适应性强，多用于大面积草坪，如结缕草、假俭草等；狭叶类茎叶纤细，呈绒毯状，可形成致密的草坪，要求良好的土壤条件，不耐阴，如早熟禾（*Poa annua*）、野牛草（*Buchloe dactyloides*）等。

②按对温度的要求不同分为冷地型草坪草和暖地型草坪草。冷地型草坪草又称冬绿型草坪草，主要分布于寒温带、温带地区，耐寒冷，喜湿润冷凉气候，抗热性差，春秋两季生长旺盛，夏季呈半休眠状态，如草地早熟禾（*Poa pratensis*）、匍匐剪股颖（*Agrostis stolonifera*）等；暖地型草坪草又称夏绿型草坪草，主要分布于亚热带、热带，耐寒力差，喜温暖湿润气候，早春返青，入夏后生长旺盛，一经晚秋霜打，茎叶枯萎褪绿，如结缕草（*Zoysia japonica*）、马尼拉草（*Zoysia matrella*）等。

（2）地被植物

地被植物是指覆盖于地表的低矮植物。其类型和种类繁多，不仅包括低矮草本和蕨类植物，还有一些适应性强的低矮、匍匐灌木和藤本植物。它们的共同特点是：植株低矮，覆盖力强；适应性强，管理粗放；生长迅速，繁殖容易；能保持多年持久不衰，种植以后不需经常更换。

按生态型分为:

①木本地被植物。包括枝叶茂密、丛生性强、观赏效果好的矮生灌木类,如观叶的铺地柏(*Sabina procumbens*)、扶芳藤(*Euonymus fortunei*)、紫叶小檗(*Berberis thunbergii* var. *atropurpurea*)、小叶女贞(*Ligustrum quihoui*)等,以及观花的杜鹃、水栀子(*Gardenia jasminoides* var. *radicans*)、红花檵木(*Loropetalum chinense* var. *rubrum*)、四季桂、茶梅(*Camellia sasanqua*)等;具攀缘习性、用于垂直绿化、覆盖假山岩石的攀缘藤本类,如爬山虎(*Parthenocissus tricuspidata*)、扶芳藤、凌霄、紫藤等。

②草本地被植物。以多年生宿根草本为主,一、二年生草本和球根植物也有少量应用。宿根地被植物有低矮、开展及匍匐的特性,繁殖易、生长快,且一次种植可观赏多年,如鸢尾(*Iris tectorum*)、玉簪、萱草、麦冬(*Ophiopogon japonicus*)、吉祥草(*Reineckia carnea*)、天门冬(*Asparagus cochinchinensis*)等;一、二年生地被植物繁殖容易,自播能力强,如二月兰(*Orychophragmus violaceus*)、紫茉莉(*Mirabilis jalapa*)、波斯菊等;球根地被亦可多年生长,如石蒜、水仙、葱兰等。

③蕨类植物。大多数蕨类植物原生于森林群落的底层,形成了耐阴的习性,是良好的林下地被植物,如肾蕨、铁线蕨(*Adiantum capillus-veneris*)、凤尾蕨等。

2.2.3　按栽培应用方式分类

1)园林花卉

园林花卉(landscape flower)是指所用可应用于园林绿化的花卉植物。根据应用方式不同可分为下述种类。

①行道树。冠大荫浓,抗逆性强,整齐种植于道路两旁的乔木树种。世界五大行道树种包括悬铃木(*Platanus orientalis*)、七叶树(*Aesculus chinensis*)、银杏、椴树(*Tilia tuan*)和北美鹅掌楸(*Liriodendron tulipifera*)。可观花的行道树有红花羊蹄甲(*Bauhinia blakeana*)、合欢(*Albizia julibrissin*)、木棉(*Bombax malabaricum*)、桂花、广玉兰、栾树(*Koelreuteria paniculata*)等。

②庭荫树。其作用主要在于形成绿荫以降低气温,并提供良好的休息和娱乐环境;由于庭荫树一般均枝干苍劲、荫浓冠茂,无论孤植、对植或3~5株丛植,都可形成美丽的景观,如垂丝海棠、樱花、金合欢、蓝花楹(*Jacaranda mimosifolia*)等。

③园景树。树形高大、姿态优美,综合观赏价值高,通常孤植或三五成群种植于草坪中央,成为局部绿地观赏主题的一类乔木,如世界著名的五大园景树种,雪松(*Cedrus deodara*)、金钱松(*Pseudolarix amabilis*)、日本金松(*Sciadopitys verticillata*)、南洋杉(*Araucaria cunninghamii*)和巨杉(*Sequoiadendron giganteum*)。观花树种在现代园林景观绿化中的作用愈显突出:其中以春花类应用最为广泛,如玉兰、樱花、桃花、海棠等,花开满树,灿若云霞;夏花类的紫薇、石榴、合欢等,热烈奔放,如火如荼;秋天的桂花,十里飘香;冬天的梅花、蜡梅,傲霜斗雪。

④绿篱树。耐修剪、萌发力强的灌木,通常紧密、规则种植成带状,如观叶为主的小叶女贞、大叶黄杨(*Buxus megistophylla*)、紫叶小檗、法国冬青(*Viburnum odoratissimum* var. *awabuki*)等,可观花的杜鹃、山茶、栀子花、红花檵木等。

⑤花坛花卉。花色或叶色鲜艳,植株直立或低矮或整齐匍地的一类花卉,用于规则式园林

空间中重点地段的装饰。其主要为一、二年生草本花卉及部分球根花卉,如三色堇、金盏菊、万寿菊、一串红、矮牵牛、鸡冠花、百日草、四季报春、郁金香、风信子等。

⑥花境花卉。可与不同种类自然配置于规则带状绿地的花卉。几乎所有花卉均可用于配植花境,但多采用花朵顶生、植株较高、叶丛直立生长的宿根花卉,如玉簪、鸢尾、萱草、荷兰菊、宿根天人菊(*Gaillardia aristata*)、芍药等。

⑦花丛花卉。植株茎秆挺拔直立,花朵或花枝着生紧密,花色鲜艳,适合丛植观赏的花卉。其包括灌木花丛如榆叶梅、黄刺玫(*Rosa xanthina*)、绣线菊、火棘(*Pyracantha fortuneana*)、金丝桃(*Hypericum monogynum*)等,以及草本花丛如小菊、萱草、鸢尾、郁金香、风信子、水仙、花贝母等。

⑧地被花卉。植株低矮或耐修剪,用于覆盖地面的花卉。其包括灌木地被,如小叶黄杨(*Buxus sinica* var. *parvifolia*)、雀舌黄杨(*Buxus bodinieri*)、平枝栒子(*Cotoneaster horizontalis*)、杜鹃、水栀子等;藤本地被,如扶芳藤、络石、常春藤(*Hedera nepalensis* var. *sinensis*)等;草本地被,如沿阶草(*Ophiopogon bodinieri*)、白三叶(*Trifolium repens*)、吉祥草、阔叶山麦冬(*Liriope platyphylla*)、紫花地丁(*Viola philippica*)、过路黄(*Lysimachia christinae*)、细叶美女樱(*Verbena tenera*)、马蹄金(*Dichondra repens*)、二月兰、红花酢浆草、紫鸭趾草(*Setcreasea purpurea*)等。

⑨垂直绿化花卉。茎干不能直立,必须依附其他物体攀缘生长的一类花卉,多用于各种立面的绿化。其包括木质藤本,如凌霄、紫藤、络石、常春藤、西番莲(*Passiflora coerulea*)、蔓长春花(*Vinca major*)、木通(*Akebia quinata*)、五叶地锦(*Parthenocissus quinquefolia*)、爬山虎等;蔓性草本,如牵牛花(*Pharbitis nil*)、茑萝(*Quamoclit pennata*)、黑眼苏珊(*Thunbergia alata*)、旱金莲(*Tropaeolum majus*)等。

⑩水生花卉。水生及湿生,布置于沼泽、水岸、水面、水底等,用于美化水景的一类花卉,如荷花、睡莲、凤眼莲、萍蓬草(*Nuphar pumilum*)、黄菖蒲(*Iris pseudacorus*)、花菖蒲(*Iris ensata* var. *hortensis*)、水葱(*Scirpus validus*)、梭鱼草(*Pontederia cordata*)、再力花(*Thalia dealbata*)、千屈菜、狐尾藻(*Myriophyllum verticillatum*)、灯心草(*Juncus effusus*)、旱伞草(*Cyperus alternifolius*)等。

⑪岩生花卉。模仿山野崖壁、岩缝或石隙间生长的野生花卉地貌,来布置园林中的假山或溪涧所用的一类花卉。其多为耐瘠薄、干旱的宿根花卉和多浆植物,如耧斗菜、虎耳草、肾蕨、垂盆草(*Sedum sarmentosum*)等。

2)盆栽花卉

盆栽花卉(potted flower)是指栽培在花盆内,用于观赏或装饰环境的花卉植物。其根据主要观赏部位不同,可分为下述种类。

①观叶类。以盆栽观赏叶色、叶形、株型为主的植物种类,多耐阴性强,适于室内较长期摆放。其包括木本观叶植物,如剑叶龙血树(*Dracaena cochinchinensis*)、棕竹(*Rhapis excelsa*)、南洋杉、酒瓶兰(*Beaucarnea recurvata*)、菜豆树(*Radermachera sinica*)、发财树(*Pachira macrocarpa*)、变叶木、朱蕉(*Cordyline fruticosa*)、橡皮树(*Ficus elastica*)、鹅掌柴(*Schefflera octophylla*)等;草本观叶植物,如广东万年青(*Aglaonema modestum*)、绿萝、合果芋(*Syngonium podophyllum*)、花叶芋、虎尾兰、吊兰(*Chlorophytum comosum*)、雪铁芋(*Zamioculcas zamiifolia*)、文竹、肾蕨、巢蕨(*Neottopteris nidus*)、二歧鹿角蕨(*Platycerium bifurcatum*)等。

②观花类。以盆栽观花为主的植物种类,通常较喜光,适于园林花坛及室内短期摆放装饰。其包括几乎所有的草本花卉及植株较矮小的木本花卉:一、二年生花卉如金盏菊、凤仙花、金鱼草、瓜叶菊、矮牵牛、蒲包花(*Calceolaria crenatiflora*)等;多年生宿根花卉如菊花、香石竹(*Dianthus caryophyllus*)、秋海棠属、花烛属、凤梨科、兰科花卉、君子兰、非洲菊、鹤望兰、天竺葵等;球根花卉如仙客来、郁金香、风信子、小苍兰、水仙、朱顶红、花毛茛、大岩桐等;木本花卉如山茶、栀子花、茉莉、月季、牡丹、叶子花、一品红、杜鹃等。

③观果类。以盆栽观果为主的植物种类,如金橘、冬珊瑚、五色椒、佛手、火棘、乌柿(*Diospyros cathayensis*)等。

3)切花

切花(cut flower)栽培的目的是剪取花枝供作艺术插花、礼仪用花或其他装饰用。具代表性的有世界四大鲜切花,康乃馨、菊花、月季及唐菖蒲。此外,常见作切花栽培的还有百合、非洲菊、马蹄莲(*Zantedeschia aethiopica*)、红掌、鹤望兰、洋桔梗(*Eustoma grandiflorum*)、满天星(*Gypsophila oldhamiana*)、蛇鞭菊(*Liatris spicata*)等。

2.2.4　按主要观赏部位分类

①观花类。如梅花、山茶、牡丹、杜鹃、紫藤、牵牛花、凤仙花、三色堇、菊花、仙客来、蝴蝶兰、荷花等。

②观果类。如金橘、冬珊瑚、五色椒、乌柿、火棘等。

③观叶类。如蕨类、竹芋属(*Maranta*)、榕属(*Ficus*)、草胡椒属(*Peperomia*)、天南星科、五加科及其他一些斑叶植物。

④观茎类。如光棍树(*Euphorbia tirucalli*)、仙人掌类及天门冬属(*Asparagus*)植物。

⑤芳香类。如米兰、含笑、茉莉、栀子花、桂花等。

思考题

1. 什么是种、变种、变型和品种?
2. 花卉按原产地气候型进行划分,可分为哪几种? 各气候型主要分布哪些花卉?
3. 花卉按生态习性如何进行分类?
4. 花卉按栽培应用方式可以分为哪些类别?
5. 花卉按观赏部位可以分为哪些类别?

第3章 花卉的生长发育与环境因子

【内容提要】

　　本章介绍了花卉生长发育过程及其规律，环境因子对花卉生长发育的影响。通过本章的学习，了解花卉的生长发育过程，掌握花卉生长发育的一般规律、花卉花芽分化的类型以及主要环境因子对花卉生长发育的影响。

　　生长是植物体积的增大与质量的增加；发育则是植物器官和机能的形成与完善，表现为有顺序的质变过程。不同的植物种类具有不同的生长发育特性，完成生长发育过程所要求的环境条件也各有不同，只有充分了解每种植物的生长发育特点及所需要的环境条件，才能采取适当的栽培手段与技术管理措施，达到预期的生产与应用目的。

3.1 花卉的生长发育特性

3.1.1 花卉的生长发育关系及其规律性

　　花卉同其他植物一样，在个体发育中，多数种类经历种子休眠与萌发、营养生长与生殖生长三个时期（无性繁殖的种类可以不经过种子时期）。这种各个时期或周期的变化，基本上都遵循一定的规律性，如发育阶段的顺序性和局限性等。由于花卉种类繁多，原产地的生态环境复杂，形成众多的生态类型，其生长发育过程和类型以及对外界环境条件的要求也比其他植物繁多而富于变化。不同种类花卉的生命周期差距甚大，一般花木的生命周期从数年至数百年，如牡丹的生命周期可达300~400年之久，草本花卉的生命周期短的只有几周（如短命菊），长的可达一年、两年至数年（如翠菊、万寿菊、须苞石竹、蜀葵、毛地黄、金鱼草、美女樱、三色堇等）。

　　以凤仙花为例，草本花卉完整的生命过程包括：首先在适宜萌发的环境条件中种子萌发，长出根和芽，继而长出茎和叶；在适宜的条件下，幼苗会向高生长，茎增粗，可能出现分枝，叶片数

量增加和叶片面积增大;再经过一段时间,在一定的条件下将出现花蕾,然后开花,花凋谢后结果,产生新的种子。此过程即为个体发育过程。

另一方面,花卉在一年的生长过程中常表现出生长期和休眠期的规律性变化,此称花卉的年周期。但是由于花卉种类不同,所处环境各异,因此其年周期表现不同,尤其是休眠期的类型和特点多种多样。如一年生花卉春天萌芽后,当年开花结实而后死亡,仅有生长期的各时期变化,因此年周期即为生命周期,较短而简单;二年生花卉秋播后,以幼苗状态越冬休眠或半休眠状态,来年春暖后再生长;多年生的宿根花卉则在开花结实后,地上部分或枯死或停止生长,以植株或地下贮藏器官进入休眠进行越冬(如萱草、芍药、宿根鸢尾、菊花以及春植球根类的唐菖蒲、大丽花、荷花等)或越夏(如秋植球根类的水仙、郁金香、风信子等,它们在越夏中进行花芽分化),还有许多常绿多年生花卉,在适宜环境条件下,几乎周年生长,保持常绿而无明显休眠期,如万年青、沿阶草和麦冬等。

植物生长到一定大小或株龄时才能开花,到达开花前的这段时期称为花前成熟期或幼期,这段时期的长短因植物种类或品种而异。花前成熟期差异可以很大,有的短至数日,有的长至数年乃至几十年。如矮牵牛在短日照条件下,子叶期就能诱导开花;红景天的不同品种的花前成熟期具明显差异;唐菖蒲早花品种一般种植后90 d就可开花,而晚花品种需要120 d;瓜叶菊播种后需8个月才能开花;牡丹播种后需3~5年才能开花。一般来讲,草本花卉的花前成熟期短,木本花卉的花前成熟期更长。

3.1.2　花卉的花芽分化

花芽的多少和质量不但直接影响观赏效果,也会影响花的产量、质量等。花芽分化是花卉生长发育中的一个重要环节。所谓花卉的花芽分化,是指花卉植物茎生长点由分化出腋芽或叶片转化为分出花序或花朵的过程。花芽分化是花卉植物由营养生长转向生殖生长的过程,是植物生理成熟的重要标志。

花芽分化整个过程分为三个阶段,即生理分化阶段、形态分化阶段、性细胞形成阶段。三个阶段顺序不可改变,而且缺一不可。生理分化是形态分化之前生长点内部由叶芽的生理状态(代谢方向)转向花芽的生理状态(代谢方向)的过程,是肉眼看不见的生理变化期;形态分化是内部花器官出现,表现为花部各个花器(花瓣、雄蕊、雌蕊等)的发育形成;性细胞形成即为花粉和柱头内的雌雄两性细胞的发育形成。全部花器官分化完成,称花芽形成。外部或内部一些条件对花芽分化的促进称花诱导。

花卉花芽分化的类型如下所述。

由于花芽开始分化的时间及完成分化全过程所需时间的长短不同(随植物种类、品种、地区、年份及多变的外界环境条件而异),可分为下述几个类型。

(1)夏秋分化型

绝大多数春夏开花的观花植物,如海棠、牡丹、丁香、梅花、榆叶梅、樱花等,花芽分化一年一次,于6—9月高温季节进行,至秋末花器的主要部分已完成,第二年早春或春天开花。但其性细胞的形成必须经过低温。另外球根类花卉也在夏季较高温度下进行花芽分化,而秋植球根在进入夏季后,地上部分全部枯死,进入休眠状态停止生长,花芽分化却在夏季休眠期间进行,此

时温度不宜过高,超过 20 ℃,花芽分化则受阻,通常最适温度为 17～18 ℃,但也视种类而异。春植球根则在夏季生长期进行分化。

（2）冬春分化型

原产温暖地区的某些木本花卉及一些园林树种。如柑橘类从 12—翌年 3 月完成,特点是分化时间短并连续进行。一些二年生花卉和春季开花的宿根花卉仅在春季温度较低时期进行。

（3）当年一次分化型

一些当年夏秋开花的种类,在当年枝的新梢上或花茎顶端形成花芽。如紫薇、木槿、木芙蓉等以及夏秋开花的宿根花卉,如萱草、菊花、芙蓉葵等基本属此类型。

（4）多次分化型

一年中多次发枝,并于每枝顶形成花芽而开花。如茉莉、月季、倒挂金钟、香石竹、四季桂、四季石榴等四季性开花的花木及宿根花卉,在一年中都可分化花芽,当主茎生长达一定时,顶端营养生长停止,花芽逐渐形成,养分即集中于顶花芽。在顶花芽形成过程中,其他花芽又继续在基部生出的侧枝上形成,如此在四季中可以开花不绝。

（5）不定期分化类型

每年只分化一次花芽,但无一定时期,只要达到一定的叶面积就能开花,主要视植物体自身养分的积累程度而异。如凤梨科和芭蕉科的某些种类及万寿菊、百日草、叶子花等。

不论哪种类型,某种植物在某一特定环境条件下,其花芽分化时期既有相对集中性和相对稳定性,又有一定的时期范围。形成一个花芽所需的时间和全株花芽形成的时间是两个概念,通常所指的花芽分化时期是后者。

3.1.3　影响花卉花芽分化的因素

花卉的花芽分化起决定作用的是自身的遗传基因,这是内因,有时外因也会引起内因的变化,刺激内因发生作用,如环境条件的变化,可以调节成花的物质代谢。

1）影响花卉花芽分化的内因

（1）实生苗的遗传性与首次成花的关系

实生苗通过幼年期,要长到一定的大小（体积、分枝级次或枝的节数）或称为形态上的复杂性,或须经过一定的有丝分裂世代,即达到一定年龄以后,才能接受成花诱导。但不同花卉,在一定条件下,首次成花的快慢不同,这是受其遗传性所决定的。快则 1～3 年,多则半个世纪。

（2）枝条营养生长与花芽分化的关系

从现象上看,营养生长旺盛的成花迟,而营养生长弱的成花早。花芽分化要以营养生长为基础,否则比叶芽复杂得多的花芽就不可能形成。国内外的研究结果一致认为,绝大多数花卉的花芽分化,都是在新梢生长趋于缓和或停长后开始的。因为新梢停长前后的代谢方式有一个明显的转变,即由消耗占优势转为累积占优势。如果此时营养生长过旺,自然不利于花芽分化。由于生长本身首先要消耗营养物质,此时能累积的营养物质绝对量和相对量都少,影响成花。可见生长的消耗与累积是一对矛盾。所以还要看旺长发生在什么时候,是否符合正常的节律。生长初期,旺长问题不大,健旺是好的,但快分化花芽时发生旺长,就不利于花芽分化了。

(3)开花结果与花芽分化的关系

花卉开花结果的多少与花芽分化的关系较大,如果上年开花结果较多,会消耗大量贮藏养分,从而造成根系生长低峰并限制新梢生长量,新梢量少,开花就少,同时也间接影响果实发育与花芽分化。

(4)矿质、根系生长与花芽分化

吸收根系的生长与花芽分化有明显的正相关。这与吸收根合成蛋白质和细胞激动素等的能力有关。花芽生理分化期,施铵态氮肥(如硫酸铵),以利促进生根和花芽分化。施铵态氮,改变了树体内有机氮化物的平衡。由于细胞激动素本身是氮化物,因此氮的形态同根内细胞激动素的产生可能也有一些值得进一步研究的关系。另外,磷、钾、铜、钙等对花卉的花芽分化也有影响。

2)影响花卉花芽分化的环境因素

(1)光照

花卉有机物的合成、积累及内源激素的平衡等都与光照有关。光照对花芽分化的影响主要有光量和光质。各种花卉成花对日照长短要求不一,根据这种特性把植物分成长日照植物、短日照植物、日中性植物。从光照强度来看,高光照强度较利于花芽分化,所以太密植或树冠太密集不利于成花。从光质来看,紫外光可促进花芽分化。

(2)温度

各种花卉花芽分化的最适温度不一,但总的来说花芽分化的最适温度比枝叶生长的最适温度高,这时枝叶停长或缓长,开始花芽分化(表3-1)。有些花卉花芽分化需要低温,特别是早春开花的花卉,冬季低温是必需的,这种必需低温才能完成花芽分化和开花的现象,称为春化作用。

表 3-1　部分花卉花芽分化的适温范围

种　类	花芽分化适温/℃	花芽生长适温/℃	其他条件
郁金香	20	9	—
风信子	25～26	13	—
喇叭百合	18～20	5～9	—
球根鸢尾	2～9	20～25	—
唐菖蒲	13	—	花芽分化和发育要求较强光照
小苍兰	>10	15	分化时要求温度范围广
旱金莲	5～20	—	17～18 ℃,长日照下开花,超过20～21 ℃不开花
菊花	(部分)>13 (部分)8～10	—	—

注:引自包满珠. 花卉学[M]. 3 版.北京:中国农业出版社,2011.

（3）水分

一般而言,土壤水分状况较好,植物营养生长较旺盛,不利于花芽分化;而土壤相对干燥,营养生长停止或生长缓慢时,有利于花芽分化。花卉生产中的"扣水""蹲苗"等措施,其目的就是适当控制水分供给,让花卉由营养生长转向生殖生长并成花。

3.1.4　调控花卉花芽分化的农业措施

结合影响花卉花芽分化的内外因素,在花卉生产中,可以根据需要采取相应的措施,调控（促进与抑制）花卉的花芽分化。

（1）促进花芽分化

促进花芽分化可以通过减少氮肥施用量、增施磷钾肥,减少土壤供水,对生长着的枝梢摘心以及扭梢、弯枝、拉枝、环剥、环割、倒贴皮、绞溢等措施,或喷施或土施抑制生长、促进花芽分化的生长调节剂,疏除过量的果实,修剪时多轻剪、长留缓放。

（2）抑制花芽分化

促进营养生长如多施氮肥、增加灌水量;喷施促进生长的植物生长调节剂,如赤霉素;修剪时适当重剪、多短截。

3.2　温度对花卉生长发育的影响

温度主要是通过影响花卉的光合、呼吸、蒸腾、物质吸收及转运等重要生理代谢过程而影响花卉的生存、分布和生长发育。不同花卉对温度的需求不同。同一种花卉的不同生长阶段对温度的要求也不同。

3.2.1　温度三基点

每种花卉的生长都有一个温度范围。当温度超过生长所需的最低温度,生长便随之加快起来,直到生长最快的温度超过此温度后随着温度再增高,反而引起生长速度快速下降,到达温度高限后,生长即停止。这种生长最快的温度称为最适温度。生长的最低温度、最适温度和最高温度通常称为生长温度的三基点。不同的花卉三基点温度不同,有的差别甚至很大。

需要说明的是,生长最适温度对植株的健壮生长来说,常常不是最适宜的。因为生长最适温度常在光合作用的最适温度（此时的净光合速率最大）之上,所以植株生长最适温度在光合作用最适温度下时有机物因呼吸作用要消耗较多因而积累较少。温度超过光合作用最适温度时都不利于植株体内营养物质的积累。在生产实践中要求培育健壮的幼苗,常常要求适宜生长的最适温度,即所谓"协调的最适温度",在此温度下,植株生长虽然稍慢,但更加健壮。超过生长的最适温度后温度再升高,各种代谢过程受到影响而导致生长速率快速下降。

由于原产地不同,花卉的生长对温度的要求有很大差异。一般来说,原产热带及亚热带地区的花卉是不耐寒性花卉,这类花卉喜高温、耐热、忌寒冷,对温度三基点要求较高,如仙人掌类

在 15 ~ 18 ℃才开始生长,可以忍耐 50 ~ 60 ℃的高温;原产寒带的花卉是耐寒性花卉,对温度三基点要求较低,如雪莲在 4 ℃时就开始生长,能忍耐 -30 ~ -20 ℃的低温;原产温带地区的花卉耐寒力介于耐寒性与不耐寒性花卉之间,对温度三基点要求也介于两者之间。在花卉栽培过程中,应尽可能提供与原产地近似的生态条件。

3.2.2 温度对花卉生长发育的影响

1)花卉不同生育阶段对温度的要求

温度不仅影响园林植物种类的地理分布,而且还影响各种园林植物生长发育的每一过程和时期。如种子或球根的休眠、茎的伸长、花芽的分化和发育等,都与温度有密切关系。

同一种花卉的不同发育时期对温度有不同的要求,即从种子发芽到种子成熟,对于温度的要求是不断改变的。以一年生花卉来说,种子萌发可在较高温度中进行,幼苗期间要求温度较低,但以后幼苗逐渐长到开花结实阶段,对温度的要求逐渐增高。而二年生花卉种子的萌芽在较低的温度下进行,在幼苗期间要求的温度更低,否则不能顺利通过春化阶段,而当开花结实时,则要求稍高于营养生长期的温度。低温又是很多种子打破休眠期的关键。

温度影响花卉植物养分的积累。白天温度高,有利于光合作用形成碳水化合物;晚上温度低,有利于抑制呼吸作用对碳水化合物的分解。

温度影响园林植物的花芽分化和开花。一些花卉必须在气温高于 25 ℃的条件下进行花芽分化,经过一定低温打破休眠而开花。如杜鹃、山茶、梅、唐菖蒲、晚香玉、美人蕉等。一些花卉需在较低温或低温下进行花芽分化。如金盏菊、雏菊等。

温度影响花卉的花色。很多花卉的花色随着温度的升高和光强的减弱其花色变浅。如月季花、大丽花在高温条件下栽培颜色变浅,冷凉环境下变艳等。

2)不同花卉对温度的要求不同

根据不同花卉对温度的要求,一般可将花卉分为以下 5 种类型:

(1)耐寒花卉

性耐寒而不耐热,冬季能忍受 -10 ℃或更低的气温而不受伤害。在我国西北、华北及东北南部能露地安全越冬,如木本花卉中的榆叶梅、丁香、牡丹、锦带花、珍珠梅、黄刺玫及在我国北方能安全越冬的一些宿根花卉,如荷包牡丹、荷兰菊、芍药等。耐寒花卉一般多原产于高纬度地区或高山上。

(2)喜凉花卉

在冷凉气候条件下生长良好,稍耐寒而不耐严寒,但也不耐高温,如梅花、桃花、月季、蜡梅等木本花卉及菊花、三色堇、雏菊、紫罗兰等草本花卉,一般在 -5 ℃左右不受冻害,我国在江淮流域及北部的偏南地区能露地越冬。

(3)中温花卉

一般耐轻微短期霜冻,如木本花卉苏铁、山茶、云南山茶、栀子花、夹竹桃、含笑、杜鹃花,草

本花卉矢车菊、金鱼草、报春花、我国产的兰属许多种等,在我国长江流域以南大部分地区露地能安全越冬。

（4）喜温花卉

性喜温暖而绝不耐霜冻,一经霜冻,轻则枝叶坏死,重则全株死亡。如茉莉、叶子花、白兰花、瓜叶菊、非洲菊、蒲包花和大多数一年生花卉等,一般在 5 ℃以上能安全越冬,我国长江流域以南部分地区及华南能安全越冬。

（5）耐热花卉

喜温暖,能耐 40 ℃或以上的高温,但极不耐寒,在 10 ℃甚至 15 ℃以下便不能适应,如米兰、扶桑、红桑、变叶木及许多竹芋科、凤梨科、芭蕉科、仙人掌科、天南星科、胡椒科热带花卉,在我国福建、广东、广西、海南、台湾大部分地区及西南少数地区能露地安全越冬。耐热花卉一般多产于热带或亚热带地区。

温度直接影响花卉一系列的生理发育过程,特别是花器官的形成更要求一定的温度。同种花卉由于所处的发育阶段不同,对温度的要求也不一样,如水仙花芽分化的最适温度为 13 ~ 14 ℃,而花芽伸长的最适温度仅为 9 ℃左右。牡丹、杜鹃花甚至在花芽形成之后,还必须经过一定低温（2 ~ 3 ℃）,才能在适温（15 ~ 20 ℃）下开放。此外,热带高原原产的一些花卉在整个生长发育过程中也要求冬暖夏凉的气候,如百日草、大丽花、唐菖蒲、波斯菊、仙客来和倒挂金钟等。

花卉的耐寒能力与耐热能力是息息相关的,一般来说,两者是呈反比关系的,即耐寒能力强的花卉一般都不耐热。就种类而言,水生花卉的耐热能力最强,其次是一年生草本花卉及仙人掌类,再次是扶桑、夹竹桃、紫薇、橡皮树、苏铁等木本花卉。而牡丹、芍药、菊花、石榴等耐热性较差,却相当耐寒。耐热能力最差的是秋植球根花卉,此外还有秋海棠、倒挂金钟等,这类花卉的栽培养护关键环节是降温越夏,注意通风。有些花卉既不耐寒、又不耐热,如君子兰。

3）高温、低温对花卉生长发育的危害及其预防措施

花卉的生长发育并不总是处于最适宜的温度,因为自然气候的变化是不以人们的意志为转移的。温度过高或过低都会造成生产上的损失。

在温度过低的环境下,花卉生长缓慢,光合作用减弱,生理功能失调,如果低温持续还会引起各种生理病害,严重时将导致生理活性停止,甚至死亡。低温受冻的原因主要是植物组织内的细胞间隙结冰,细胞内含物、原生质失去水分,导致原生质的理化性质发生改变。花卉的种类不同,细胞液的浓度也不同,甚至同种花卉在不同的生长季节及栽培条件下,细胞液的浓度也不同,因而它们的抗寒性（耐寒性）也不同。细胞液的浓度高,冰点低,较能耐寒。

当气温升高到花卉生长的最适温度以上时,生长速度开始下降,导致观叶花卉叶色褪绿,观花花卉花期缩短,或日晒引起花瓣焦灼;同时在高温高湿的情况下,花卉病虫害活动猖獗,危害严重;高温也是盛夏季节许多花会开花少,质量差的主要原因。高温主要是能引起植物失水,因而产生原生质脱水和原生质中蛋白质的凝固,从而导致花卉产生落花落果、生长瘦弱等现象。

生产实践中,为了防止低温、高温对花卉生长的危害,可以采取以下措施加以预防。

（1）坚持适地适花、适花适地的原则

冬季的最冷月平均气温、极端最低气温、0 ℃以下的低温持续期、有霜期天数等是影响花卉

露地越冬的关键因素;另外,某些温带原产的花卉,在亚热带地区由于不适应酷热,导致叶片灼伤枯黄,危害生长。因此,在选择和安排露地花卉种类和品种时,必须因地制宜,考虑花卉对温度的要求,做到适地适花、适花适地,才能达到预期效果。

(2)选择抗寒性(抗热性)的种类或品种,加强栽培管理

在适地适花、科学种花的前提下,选用抗寒性(抗热性)强的优良种类或品种,结合采取各种合理的栽培手段,最大限度地发挥花卉自身的抗寒(抗热)能力,也是预防露地花木越冬(越夏)的有效措施。如为了越冬防寒,可以在越冬前中耕,增施磷钾肥,减少氮肥供应,严格控制浇水,适期播种、移栽等;若为了露地越夏,对一年生花卉可以合理调整播栽季节,适时早播早栽或迟播迟栽。

(3)加强冬季的防寒保暖或夏季的防暑降温

利用地面覆盖(秸秆、落叶)等可以起到防寒的作用,也可以利用温床、温室、风障、阳畦及塑料薄膜覆盖等,都能提高温度,防止冻害,增加植物本身的抗寒能力;对于夏季的防暑降温,可以采取灌溉、松土、地面洒水或设置荫棚等措施。

高温障碍是由强烈的阳光与急剧的蒸腾作用相结合引起的。

我国农民积累了多年的生产经验,创造了许多抗寒、抗热的方法。如在东北南部,将花卉的根颈部分埋到封冻的土中,可以忍耐-10~20 ℃的低温,长江流域的温床育苗、华北的风障阳畦都是一种防冻的措施。南方搭篷遮阴、广东水坑栽培等也可以起到降低夏季高温的作用。

更主要应该根据花卉应用地区的温度变化特点,选用适宜的花卉。如一年生花卉不耐寒,整个生长发育过程要在无霜期内进行,其种子萌发到开花结实各个时期所要求的温度,一般和自然界从春季到秋季的气温变化相吻合,只要根据一般早春播或秋播,在夏季到来时结束生命;在西北地区的兰州、西宁等地则可以春播,利用其夏季凉爽的气候,改变观赏时间。此外,要善于利用具体应用地点的小气候、小环境的局部差异,创造适宜的花卉生长环境。

3.3 光照对花卉生长发育的影响

光是植物赖以生存的必要条件。没有光照,植物就不能进行光合作用,其生长发育也就没有物质基础和物质保障。一般来说,适宜的光照可以提高光合作用效率,光合作用旺盛,花卉生长和发育就健壮,而且碳氮比(C/N)高,有利于花芽分化和开花,着花多,花大色艳,具有更高的观赏价值。光对花卉生长发育的影响主要表现在光照强度、光照长度(光周期)和光质(光谱成分)3 个方面。

3.3.1 光照强度与花卉生长发育

光照强度常根据地理位置不同、地势高低以及云量、雨量的不同而有变化。一般随纬度的增加而减弱,随海拔的升高而增强;一年中以夏季光照最强,冬季光照最弱;一天中以中午光照最强,早晚光照最弱。光照强度不同,不仅直接影响光合作用的强度,而且影响到植物体一系列形态和解剖上的变化,如叶片的大小和厚薄,茎的粗细、节间的长短,叶片结构与花色浓淡等。

不同的花卉种类对光照强度的反应不同,多数露地草花,在光照充足的条件下,植株生长健壮,着花多而大;而有些花卉,在光照充足的条件下,反而生长不良,需半阴条件才能健康生长。光的有无和强弱也会影响开花的时间,如半支莲、酢浆草必须在强光下才能开放,紫茉莉、晚香玉需在傍晚光弱时才能盛开,牵牛花只盛开于晨曦,而昙花则在深夜开放,大多数花卉则晨开夜闭。

根据花卉对光照强度的要求不同,可以分为以下 3 种类型。

(1)阳性花卉

阳性花卉喜强光,不耐遮蔽,一般需全日照 70% 以上的光强,在阳光充足的条件下才能正常生长发育。如果光照不足,则枝条纤细、节间伸长,枝叶徒长、叶片黄瘦,花小而不艳、香味不浓,开花不良甚至不能开花。

阳性花卉包括大部分观花、观果类花卉和少数观叶花卉,如一串红、玉兰、棕榈、苏铁、橡皮树、银杏、串红、茉莉、扶桑、紫薇、石榴、柑橘、月季、梅花、菊花等。

(2)阴性花卉

阴性花卉多原产于热带雨林或高山阴坡及林下。要求适度庇荫方能生长良好,不能忍受强烈的直射光线,生长期间一般要求 50% ~ 80% 庇荫度。在植物自然群落中,常处于中下层,或生长在潮湿背阴处。如果强光直射,则会使叶片焦黄枯萎,长时间会造成死亡。

阴性花卉主要是一些观叶花卉和少数观花花卉,如蕨类、兰科、苦苣苔科、姜科、秋海棠科、天南星科以及文竹、玉簪、八仙花、大岩桐、紫金牛等。其中一些花卉可以较长时间在室内陈设,所以又称为室内观赏植物。

(3)中性花卉

中性花卉对光照强度的要求介于上述两者之间,它们既不很耐阴又怕夏季强光直射,如萱草、耧斗菜、桔梗、白及、杜鹃花、山茶、白兰花、栀子花、倒挂金钟等。

此外,同一种花卉在不同的生长发育阶段对光照强度的要求也不一样。一般种子发芽期需光量低一些,而且光对不同花卉种子的萌发也有不同的影响。有些花卉的种子,曝光时比在黑暗中发芽好,一般称为好光性种子,如报春花、秋海棠、六倍利等,这类好光性种子播种后不需覆土或稍覆土即可。有些花卉的种子需要在黑暗条件下发芽,通常称为嫌光性种子,如百日草、三色堇等,这类种子播种后必须覆土,以提高发芽率。幼苗生长期至旺盛生长期需逐渐增加光量,生殖生长期则因长日照、短日照等习性不同而不一样。

光照强度对花卉的叶色、花色也有影响。

一般来说,光照强,叶绿素 A 含量高,叶色呈深绿色;光照弱,叶绿素 B 含量高,叶色呈浅绿色。在一些彩色叶花卉的叶片中,叶绿体中还含有大量的胡萝卜素(橙红或红色)和叶黄素(黄色),叶片在强光下合成叶黄素较多,叶片偏黄色,在弱光条件下,胡萝卜素合成较多,因此叶片偏橙色至红色。

花的紫红色是因花青素的存在而形成的,花青素必须在强光下才能产生,在散射光下不易形成,如春季芍药的紫红色嫩芽以及秋季红叶均与光照强度以及花青素形成相关。各类喜光花卉在开花期若适当减弱光照,不仅可以延长花期,而且能保持花色艳丽,而各类绿色花卉,如绿月季、绿牡丹、绿菊花、绿荷花等在花期适当遮阴则能保持花色纯正、不易褪色。

3.3.2　光照长度与花卉生长发育

地球上每日光照时间的长短(日出日落的时数,也称光周期),随纬度、季节不同而不同。光照长度是植物赖以开花的重要因子。各种不同长短的昼夜交替,对植物开花结实的影响称为光周期现象。花卉开花的多少、花朵的大小等除与其本身的遗传特性有关外,光照时间的长短对花卉花芽分化和开花也具有显著的影响。根据花卉对光照时间的要求不同,通常将花卉分为以下3类。

(1)长日照花卉

长日照花卉要求每天的光照时间必须长于一定的时间(临界日长)才能正常形成花芽和开花,如果在发育期不能提供这一条件,就不能开花或延迟开花,如令箭荷花、唐菖蒲、风铃草、大岩桐等。日照时间越长,这类花卉生长发育越快,营养积累越充足,花芽多而充实,因此花多色艳,种实饱满,否则植株细弱,结实率低。唐菖蒲是典型的长日照植物,为了周年供应唐菖蒲切花。冬季在温室栽培时,除需要高温外,还要用电灯来增加光照时间。通常春末和夏季为自然花期的花卉是长日照植物。

(2)短日照花卉

短日照花卉要求每天的光照时间必须短于一定的时间(临界日长)才有利于花芽的形成和开花。这类花卉在长日照条件下花芽难以形成或分化不足,不能正常开花或开花少,一品红和菊花是典型的短日照植物,它们在夏季长日照的环境下只进行营养生长而不开花,入秋以后,日照时间减少到 10 ~ 11 h,才开始进行花芽分化。多数自然花期在秋、冬季的花卉属于短日照植物。

(3)日中性花卉

日中性花卉对光照时间长短不敏感,只要温度适合,一年四季都能开花,如月季、扶桑、天竺葵、美人蕉、香石竹、矮牵牛、百日草等。

花卉在生长发育上对不同日照长度要求的这种特性,是与它们原产地日照长度有关的,是植物系统发育过程中对环境的适应。一般来说,长日照植物大多起源于北方高纬度地带,短日照植物,起源于南方低纬度地带。而日中性植物,南北各地均有分布。长日照植物与短日照植物的区别,不在于日长是否大于或小于 12 小时,而在于要求日长大于或小于某一临界值。

日照长度对植物营养生长和休眠也有重要作用。一般来说,延长光照时数会促进植物的生长或延长生长期,反之则会使植物进入休眠或缩短生长期。对从南方引种的植物,为了使其及时准备越冬,可用短日照的办法使其提早休眠,以提高抗逆性。

3.3.3　光质与花卉的生长发育

光质即光的组成,是指具有不同波长的太阳光谱成分。太阳光的波长范围为 150 ~ 4 000 nm,其中波长为 380 ~ 770 nm 的光(即红、橙、黄、绿、青、蓝、紫)是太阳辐射光谱中具有生理活性的波段,称为光合有效辐射,占太阳总辐射的 52%,不可见光中紫外线占 5%,红外线占 43%。

不同光谱成分对植物生长发育的作用不同。在可见光范围内,大部分光波能被绿色植物吸收利用,其中红光吸收利用最多,其次是蓝紫光。绿光大部分被叶子所透射或反射,很少被吸收利用。红橙光具有最大的光合活性,有利于碳水化合物的形成;青、蓝、紫光能抑制植物的伸长,使植物形体矮小,并能促进花青素的形成,也是支配细胞分化的最重要的光线;不可见光中的紫外线也能抑制茎的伸长和促进花青素的形成。在自然界中,高山花卉一般都具有茎秆短矮,叶面缩小,茎叶富含花青素,花色鲜艳等特征,这除了与高山低温有关外,也与高山上蓝、紫、青等短波光以及紫外线较多密切相关。

3.4　水分对花卉生长发育的影响

首先,水是绿色植物的主要组成成分,其含量占植物鲜重的 70% ~90%,水使细胞和组织处于紧张状态,使植株挺立;其次,水是光合作用的物质来源之一。植物体内的水分平衡对于植物生叶长枝、开花结果极为重要。水分的亏缺,将导致叶片量减少,净光合作用减弱,蒸腾减弱,营养积累减少;与此同时,呼吸作用却增强,植物体温增高,加快养分消耗。但水分过多,易造成花卉植物徒长,烂根,抑制花芽分化,刺激花蕾脱落,不仅降低花卉的观赏价值,严重时还会导致植株死亡。

3.4.1　花卉对水分适应的类型

不同花卉种类,需水量有较大差别,这主要是由花卉原产地的降水量及其分布状况决定的。根据花卉对水分的需求,可以将花卉分为以下几种类型。

(1)旱生花卉

旱生花卉一般在严重缺水和强烈光照下生长,植株往往变得粗壮矮化。地上部分发育出种种防止过分失水的结构,而地下根系则深入土层,或者形成了储水的地下器官。另一方面,茎干上的叶子变小或丧失后,幼枝或幼茎就替代了叶子的作用,在它们的皮层细胞或其他组织中可具有丰富的叶绿体,进行光合作用。沙漠地区的很多木本植物,由于长期适应干旱的结果,多成灌木丛,这在沙漠上生长有很多优越性。至于许多生长在盐碱地的盐生植物,或旱生-盐生植物,由于生理上缺水,也同样显出一般旱生的结构。常见栽培的有仙人掌类、仙人球类、大芦荟、青锁龙、龙舌兰等。在栽培管理中,应掌握宁干勿湿的浇水原则,防止因水分过多造成烂根、烂茎乃至死亡。

(2)半旱生花卉

半旱生花卉生活在干旱区,但形态上极少或没有适旱特征,半旱生花卉的叶片多呈革质、蜡质状、针状、片状或具有大量茸毛,如山茶、杜鹃、白兰、天门冬、梅花、蜡梅以及常绿针叶植物等,这类花卉的浇水原则是干透浇透。

(3)中生花卉

绝大多数花卉属于中生花卉,它们不能忍受过干和过湿的环境,但是由于种类众多,因而对干与湿的忍耐程度具有很大差异。耐旱力极强的种类具有旱生植物性状的倾向,耐湿力极强的种类则具有湿生植物性状的倾向。中生花卉的特征是根系及输导系统均较发达,

叶片表皮有一层角质层,叶片的栅栏组织和海绵组织均较整齐,叶片内没有完整而发达的通气系统。

在常见的中生花卉中,不怕积水的有栀子花、凌霄、南天竹、棕榈等,怕积水的有月季花、虞美人、桃花、辛夷、金丝桃、西番莲、大丽花等。给这类花卉浇水要掌握见干见湿的原则,即保持60%左右的土壤含水量即可。

(4)湿生花卉

湿生花卉多原产于热带雨林中或山涧溪旁,喜生于空气湿度较大的环境中,在干燥或中生的环境下常会出现生长不良或死亡。湿生花卉由于环境中水分充足,所以在形态和机能上没有防止蒸腾和扩大吸水的构造,其细胞液的渗透压也不高。其中喜阴的有海芋、华凤仙、翠云草、合果芋、龟背竹等;喜光的有水仙、燕子花、马蹄莲、花菖蒲等。在养护中应掌握宁湿勿干的浇水原则。

(5)水生花卉

水生花卉泛指生长于水中或沼泽地的观赏植物,与其他花卉明显不同的习性是对水分的要求和依赖远远大于其他各类,因此也构成了其独特的习性。水生植物根或茎一般都具有较发达的通气组织,在水面以上的叶片大,在水中的叶片小,常呈带状或丝状,叶片薄,表皮不发达,根系不发达。它们适宜在水中生长,如荷花、睡莲、王莲等。

3.4.2　水分与花卉的生长发育

首先,就某种花卉的生命周期而言,其种子萌发时,必须吸足水分,以便种皮膨胀软化,需水量较大。幼苗时因根系弱小,在土壤中分布较浅,抗旱力极弱,必须经常保持湿润。营养生长期抗旱力增强,但要有充足的水分,才能旺盛生长。开花结果时要求空气湿度小,利于传粉。种子成熟时要求空气干燥。

其次,一些植物对空气湿度要求严格,如湿生植物、附生植物,一些蕨类植物、苔藓植物、苦苣苔科、凤梨科、食虫植物等,其成活关键是保持一定的空气湿度。

再次,水分与花芽分化关系密切,如梅花可以通过采用"扣水"减少水分的供应,使新梢顶端自然干枯,叶面卷曲,停止生长,转向花芽分化。在球根花卉中,含水量少的花芽分化早,含水量多或早掘的球根,花芽分化延迟。如球根鸢尾、水仙、风信子、百合等30~35℃高温处理,使其脱水而达到提早花芽分化和促进花芽伸长的目的。

最后,水分也影响着花卉的花色。花卉在适当的细胞水分含量下才能呈现出各品种应有的色彩。一般缺水时花色变浓,而水分充足时花色正常。如适度的控水可使蔷薇、菊花的花色变浓,色素形成较多。但由于花瓣的构造和生理条件也决定花卉的颜色,水分对花色素浓度的直接影响在外观表现是有限的,更多情况是间接的综合影响。因此,大多数花卉的花色对土壤中水分的变化并不十分敏感。

3.5　土壤及营养对花卉生长发育的影响

土壤是栽培花卉的重要基质之一,是花卉进行生命活动的场所,花卉从土壤中吸收生长发

育所需的营养元素、水分和氧气。土壤的理化性质及肥力状况,对花卉的生长发育具有重大影响。

3.5.1　土壤理化性状与花卉生长发育

1) 土壤质地

土壤矿物质是组成土壤最基本的物质,占固体的95%,有 P、K、Ca、Mg、Fe 及微量元素,可为花卉提供除氮以外的大部分元素。土壤矿物质含量不同、颗粒大小不同所形成的土壤质地也不同,通常按照矿物质颗粒直径大小将土壤分为沙土类、黏土类和壤土类 3 种。

（1）沙土类

沙土类土壤质地较粗,含沙粒较多,土粒间隙大,土壤疏松,通透性强,排水良好,但保水性差,易干旱;土温受环境影响较大,昼夜温差大;有机质含量少,分解快,肥劲强但肥力短,常用作培养土的配制成分和改良黏土的成分,也常用作扦插、播种基质或栽培耐旱花卉。

（2）黏土类

黏土类土壤质地较细,土粒间隙小,干燥时板结,水分过多又太黏。含矿质元素和有机质较多,保水保肥能力强且肥效长久。但通透性差,排水不良,土壤昼夜温差小,早春土温上升慢,花卉生长较迟缓,尤其不利于幼苗生长。除少数喜黏性土的花卉外,绝大部分花卉不适应此类土壤,常需与其他土壤或基质配合使用。

（3）壤土类

壤土类土壤质地均匀,土粒大小适中,性状介于沙土与黏土之间,有机质含量较多,土温比较稳定,既有较好的通气排水能力,又能保水保肥,对植物生长有利,能满足大多数花卉的要求。

另外,土壤空气、水分、温度直接影响花卉生长发育。土壤内水分和空气的多少主要与土壤质地和结构有关。

植物根系进行呼吸时要消耗大量氧气,土壤中大部分微生物的生命活动也需消耗氧气,所以土壤中氧含量低于大气中的含量。一般土壤中氧含量为 10%～21%,当氧含量为 12% 以上时,大部分植物根系能正常生长和更新,当浓度降至 10% 时,多数植物根系正常机能开始衰退,当氧分下降到 2% 时,植物根系只够维持生存。

土壤中水分的多少与花卉的生长发育密切相关。含水量过高时,土壤空隙全为水分所占据,根系因得不到氧气而腐烂,严重时导致叶片失绿,植株死亡。一定限度的水分亏缺,迫使根系向深层土壤发展,同时又有充足的氧气供应,所以常使根系发达。在黏重土壤生长的花卉,夏季常因水分过多,根系供氧不足而造成生理干旱。

土温对种子发芽、根系发育、幼苗生长等均有很大影响。一般地温比气温高 3～6 ℃时,扦插苗成活率高,因此,大部分的繁殖床都安装有提高地温的装置。

2) 土壤化学性质与花卉的关系

土壤化学性质主要指土壤酸碱度、土壤有机质和土壤矿质元素等,它们与花卉营养状况有

密切关系。其中土壤酸碱度对花卉生长的影响尤为明显。

土壤酸碱度一般指土壤溶液中的 H^+ 的浓度,用 pH 表示。土壤 pH 值多在 4～9。土壤酸碱度与土壤理化性质及微生物活动有关,它影响着土壤有机物与矿物质的分解和利用。土壤酸碱度对植物的影响往往是间接的,如在碱性土壤中,植物对铁元素吸收困难,常造成喜酸性植物出现缺绿症。

土壤反应有酸性、中性、碱性 3 种。过强的酸性或碱性均对植物生长不利,甚至造成死亡。各种花卉对土壤酸碱度适应力有较大差异,大多数要求中性或弱酸性土壤,只有少数能适应强酸性(pH4.5～5.5)和碱性(pH7.5～8.0)土壤。根据花卉对土壤酸度的要求,可分为 3 类。

(1)碱性土花卉

碱性土花卉是指能耐 pH7.5 以上土壤的花卉,如石竹、香豌豆、非洲菊、天竺葵等。

(2)中性土花卉

中性土花卉是指在中性土壤上生长良好的花卉。土壤 pH 值为 6.5～7.5,绝大多数花卉均属此类。

(3)酸性土花卉

酸性土花卉是指在酸性土壤上生长良好的花卉。土壤 pH 值为 6.0～6.5。如仙客来、朱顶红、秋海棠、柑橘、棕榈等。

(4)强酸性花卉

强酸性花卉是指 pH 值为 4.0～6.0,如杜鹃、山茶、栀子花、彩叶草、紫鸭趾草、兰科、蕨类花卉等。

另外,土壤有机质是土壤养分的主要来源,它是由动、植物的残体、动物粪便在微生物的作用下,分解并释放出来的。如植物的根、茎、叶,动物尸体、马蹄、羊角、油饼,豆饼等物质组成。有机物含量多,土壤肥沃且通气好,对植物生长有利。

3)土壤耕作

栽培花卉的土壤是经人类生产活动和改造的农业土壤,是花卉生产最基本的生产资料。在合理利用和改良条件下,土壤肥力可以得到不断提高。

土壤的肥沃程度主要表现在能否充分供应和协调土壤中的水分、养料、空气和热能,支持花卉的生长和发育。土壤中含有花卉所需要的有效肥力和潜在肥力。采用适宜的耕作措施,如精耕细作、冬耕晒垡、合理施肥等,能使土壤达到熟化的要求,并使潜在肥力转化为有效肥力,把用土、养土、保土和改土密切结合起来。

通过耕作措施使上层土壤疏松深厚,有机质含量变高,土壤结构和通透性能良好,蓄保水分、养分的能力和吸收能力提高,微生物活动旺盛,这些都能促进花卉的生长发育。为了改造土壤耕作层的结构,提高土壤肥力,还应与灌溉施肥制度相配合,并且要对当地的小气候、地势坡向、土壤轮作、生产技术条件以及机械化等综合因素加以考虑。总之,要采取适宜的耕作措施,为花卉的生长发育创造良好的土壤环境。

4)土壤微生物

土壤微生物可分为有害微生物和有益微生物。有害微生物是导致病害的来源;有益微生物

可以分解有机物,即动、植物的残体、动物粪便等。有益微生物越多,土壤肥力越高。

微生物和伸展在土壤中的植物根部发生直接联系,彼此相互影响,从而建立多方面的互惠关系。微生物多生长于根的附近,或附着在根的表面。根表面和离根表面 5 cm 范围内的微生物属根际微生物。在根际范围内,植物对微生物有直接的影响。同样,根际中微生物也影响植物的生长。

土壤微生物最显著的成效就是分解有机质,比如作物的残根败叶和施入土壤中的有机肥料等,只有经过土壤微生物的作用,才能腐烂分解,释放出营养元素,供作物利用,并形成腐殖质,改善土壤的结构和耕性。土壤微生物还可以分解矿物质,土壤微生物的代谢产物能促进土壤中难溶性物质的溶解。例如磷细菌能分解出磷矿石中的磷,钾细菌能分解出钾矿石中的钾,以利作物吸收利用,提高土壤肥力。另外,尿素的分解利用也离不开土壤微生物。土壤微生物还有固氮作用,氮气占空气组成的 4/5,但植物不能直接利用,某些微生物可借助其固氮作用将空气中的氮气转化为植物能够利用的固定态氮化物。

3.5.2　营养元素与花卉生长发育

维持花卉正常生活必需的大量元素,通常认为有 10 种,其中构成有机物的元素有 4 种,即碳、氢、氧、氮等,形成灰分的矿物质元素有 6 种,即磷、钾、硫、钙、镁、铁等。

（1）氮

促进植物的营养生长,增进叶绿素的产生,使花朵增大、种子丰富。但如果超过花卉的生长需要就会延迟开花,使茎徒长,并减少对病害的抵抗力。一年生花卉在幼苗时期对氮肥的需要量较少,随着生长的要求而逐渐增多。二年生和宿根花卉,在春季生长初期即要求大量的氮肥,应该满足其要求。

观花的花卉和观叶的花卉对氮肥的要求是不同的,观叶花卉在整个生长期中,都需要较多的氮肥,以使在较长的时期中,保持美观的叶丛;对观花种类来说,只是在营养生长阶段需要较多的氮肥,进入生殖阶段以后,应该控制使用,否则将延迟开花期。

（2）磷

磷肥能促进种子发芽,提早开花结实期,这一功能正与氮肥相反。磷肥还能使茎发育坚韧,不易倒伏;能增强根系的发育;能调整氮肥过多时产生的缺点;增强植株对不良环境及病虫害的抵抗力。因此,花卉在幼苗营养生长阶段需要有适量的磷肥,进入开花期后,磷肥需要量更多。

（3）钾

钾肥能使花卉生长强健,增进茎的坚韧性,不易倒伏;促进叶绿素的形成和光合作用进行,因此在冬季温室中,当光线不足时施用钾肥有补救效果。钾能促进根系的扩大,对球根花卉(如大丽花)的发育有极好的作用。钾肥还可使花色鲜艳、提高花卉的抗寒抗旱及抵抗病虫害的能力。过量的钾肥使植株生长低矮,节间缩短,叶子变黄,继而变褐色而皱缩,以致在短时间内枯萎。

（4）钙

钙用于细胞壁、原生质及蛋白质的形成,促进根的发育。钙可以降低土壤酸度,在我国南方酸性土地区亦为重要肥料之一。钙可以改进土壤的物理性质,黏重土施用石灰后可以变得疏

松;沙质土施用钙肥后,可以变得紧密。钙可以为植物直接吸收,使植物组织坚固。

(5)硫

硫为蛋白质成分之一,能促进根系的生长,并与叶绿素的形成有关。硫可以促进土壤中微生物的活动,如豆科根瘤菌的增殖,可以增加土壤中氮的含量。

(6)铁

铁在叶绿素形成过程中,有重要作用,当铁缺少时,叶绿素不能形成,因而碳水化合物不能制造。在通常情况下,不发生缺铁现象,但在石灰质土或碱土中,由于铁易转变为不可给态,虽土壤中有大量铁元素,仍然发生缺铁现象。

(7)镁

在叶绿素的形成过程中,镁是不可缺少的,镁对磷的可利用性有很大的影响,因此植物的需要量虽少,但有重要的作用。

(8)硼

硼能改善氧的供应,促进根系的发育和豆科根瘤的形成,还有促进开花结实的作用。

(9)锰

对叶绿素的形成和糖类的积累转运有重要的作用;对于种子发芽和幼苗的生长以及结实均有良好影响。

在花卉植物的生活中,氧、氢两元素可自水中大量取得,碳元素可取自空气中,矿物质元素均从土壤中吸收。氮元素不是矿物质元素,天然存在于土壤中的数量通常不足以供应植物生长所需要。因此,在花卉生产中,必须通过施肥以满足花卉生长发育对各种营养元素的需要。

1)有机肥料

有机肥料是指含有有机物质,既能提供农作物多种无机养分和有机养分,又能培肥改良土壤的一类肥料。其中绝大部分为农家就地取材,自行积制的。有机肥料除了供给平衡的养分外,还有改良土壤、活化土壤养分、提高土壤微生物活性等作用,花卉栽培中常用的有机肥料种类如下所述。

(1)厩肥

厩肥是指家畜粪尿和垫圈材料、饲料残渣混合堆积并经微生物作用而成的肥料。富含有机质和各种营养元素。各种畜粪尿中,以羊粪的氮、磷、钾含量高,猪、马粪次之,牛粪最低。垫圈材料有秸秆、杂草、落叶、泥炭和干土等。厩肥分圈内积制(将垫圈材料直接撒入圈舍内吸收粪尿)和圈外积制(将牲畜粪尿清出圈舍外与垫圈材料逐层堆积)。经嫌气分解腐熟。在积制期间,其化学组分受微生物的作用而发生变化。厩肥腐熟后主要作基肥用。新鲜厩肥的养分多为有机态,碳氮比(C/N)值大,不宜直接施用,尤其不能直接施入水稻田。

(2)堆肥

堆肥是指作物茎秆、绿肥、杂草等植物性物质与泥土、人粪尿、垃圾等混合堆置,经好气微生物分解而成的肥料。多作基肥,施用量大,可提供营养元素和改良土壤性状,尤其对改良砂土、黏土和盐渍土有较好效果。

(3)沤肥

沤肥是指作物茎秆、绿肥、杂草等植物性物质与河、塘泥及人粪尿同置于积水坑中,经微生

物厌氧呼吸发酵而成的肥料。一般作基肥施入稻田。沤肥可分凼肥和草塘泥两类。凼肥可随时积制,草塘泥则在冬春季节积制。积制时因缺氧,使二价铁、锰和各种有机酸的中间产物大量积累,且碳氮比值过高和钙、镁养分不足,均不利于微生物活动。应翻塘和添加绿肥及适量人粪尿、石灰等,以补充氧气、降低碳氮比值、改善微生物的营养状况,加速腐熟。

(4)沼气肥

沼气肥是指作物秸秆、青草和人粪尿等在沼气池中经微生物发酵制取沼气后的残留物。富含有机质和必需的营养元素。沼气发酵慢,有机质消耗较少,氮、磷、钾损失少,氮素回收率达95%、钾在90%以上。沼气水肥作旱地追肥;渣肥作水田基肥,若作旱地基肥施后应复土。沼气肥出池后应堆放数日后再用(因沼肥的还原性强,出池后立即使用,会与作物争夺土壤中的氧气,导致作物叶片发黄、凋萎)。

2)化肥和微量元素

无机肥,俗称"化肥"。此种肥料养分含量高,元素单一,肥效快,清洁卫生,施用方便,但长期使用化肥容易造成土壤板结,最好与有机肥混合施用,效果更好。

无机肥分为氮肥(例如尿素、碳酸铵、碳酸氢铵、氨水、氯化铵、硝酸钙等)、磷肥(例如过磷酸钙、钙镁磷等多用作基肥添加剂,肥效比较慢;磷酸二氢钾、磷酸铵为高浓度速效肥,且含氮和钾肥,可用作追肥)和钾肥(主要有氯化钾、硫酸钾、磷酸二氢钾、硝酸钾等,均为速效性肥料,可作追肥施用)。

使用化肥一定要适量,浓度应控制在0.1% ~ 0.3%,不可过浓,否则容易损伤花卉根苗。其次施用化肥要立即灌水。

除上述大量元素外,尚有为植物生活必需的微量元素,如硼、锰、锌、铜、钼等,在植物体内含量甚少,占植物体重0.000 1% ~ 0.001%。此外尚有多种超微量元素,也为植物生活所需要。近来试验证明,如镭、钛、铀及铷等天然放射性元素,也是植物所必需,有促进生长的作用。

在植物栽培中,除大量元素以不同形态,作为肥料供给植物需要外,各种微量元素已开始应用于栽培中。

3)花卉的营养贫乏症

在花卉的生长发育过程中,当缺少某种营养元素时,在植株的形态上就会呈现一定的病状,这称为花卉营养贫乏症。但各元素缺少时所表现的病状,也常根据花卉的种类与环境条件的不同,而有一定的差异。为便于参考,将主要元素贫乏症检索表分列如下。

(1)花卉营养贫乏症检索表(录自 A. laurie 及 C. H. Poesch)

1.病症通常发生于全株或下部较老叶子上。

　2.病症经常出现于全株,但常是老叶黄化而死亡。

　　3.叶淡绿色,生长受阻;茎细弱并有破裂,叶小,下部叶比上部叶的黄色淡,叶黄化而干枯,成淡褐色,少有脱落 ·· 缺氮

　　3.叶暗绿色,生长延缓;下部叶的叶脉间黄化,而常带紫色,特别是在叶柄上,叶早落
　　　·· 缺磷

2. 病症常发生于较老较下部的叶上。

    3. 下部叶有病斑,在叶尖及叶缘常出现枯死部分。黄化部分从边缘向中部扩展,以后边缘部分变褐色而向下皱缩,最后下叶和老叶脱落 ················ 缺钾

    3. 下部叶黄化,在晚期常出现枯斑,黄化出现于叶脉间,叶脉仍为绿色,叶缘向上或向下反曲,而形成皱缩,在叶脉间常在一日之间出现枯斑················ 缺镁

1. 病症发生于新叶。

  2. 顶芽存活。

    3. 叶脉间黄化,叶脉保持绿色。

      4. 病斑不常出现。严重时叶缘及叶尖干枯,有时向内扩展,形成较大面积,仅有较大叶脉保持绿色 ················ 缺铁

      4. 病斑通常出现,且分布于全叶面,极细叶脉仍保持为绿色,形成细网状;花小而花色不良················ 缺锰

    3. 叶淡绿色,叶脉色泽浅于叶脉相邻部分。有时发生病斑,老叶少有干枯········ 缺硫

  2. 顶芽通常死亡。

    3. 嫩叶的尖端和边缘腐败,幼叶的叶尖常形成钩状。根系在上述病症出现以前已经死亡 ················ 缺钙

    3. 嫩叶基部腐败;茎与叶柄极脆,根系死亡,特别是生长部分 ················ 缺硼

(2)花卉营养贫乏症产生的因素

营养缺乏,是指植物因缺乏必需的营养元素,体内正常的物质代谢受影响而表现出生理症状的现象。具体症状因缺乏的养分而不同。植物某些营养元素缺乏主要由以下几种原因造成。

①土壤中营养元素的缺乏。这是引起贫乏症的主要原因。由于受成土母质和有机质含量等的影响,土壤中某些种类营养元素的含量偏低。

②土壤酸碱度(pH值)不适宜。土壤 pH 值是影响土壤中营养元素有效性的重要因素。在 pH 值低的土壤中(酸性土壤),铁、锰、锌、铜、硼等元素的溶解度较大,有效性较高;但在中性或碱性土壤中,则因易发生沉淀作用或吸附作用而使其有效性降低。磷在中性(pH 6.5 ~ 7.5)土壤中的有效性较高,但在酸性或石灰性土壤中,则易与铁、铝或钙发生化学变化而沉淀,有效性明显下降。通常是生长在偏酸性和偏碱性土壤的植物较易发生缺素症。

③营养元素比例失调。如大量施用氮肥会使植物的生长量急剧增加,从而对其他营养元素的需要量也相应提高,若不能同时提高其他营养元素的供应,就会导致营养元素比例失调,发生生理障碍。土壤中由于某种营养元素的过量存在而引起的元素间拮抗作用,也会促使另一种元素的吸收、利用受到抑制而促发缺素症。如大量施用钾肥会诱发缺镁症,大量施用磷肥会诱发缺锌症等。

④不良的土壤性质。主要是阻碍根系发育和为害根系呼吸的性质,如土体的坚实、僵韧程度,硬盘层、漂白层出现的高度,母岩的存在等,均可限制根系的纵深发展,使根的养分吸收面过狭而导致缺素症。

⑤恶劣的气候条件。首先是低温。它一方面影响土壤养分的释放速度,另一方面又影响植物根系对大多数营养元素的吸收速度,尤以对磷、钾的吸收最为敏感。其次是多雨常造成养分流失,中国南方酸性土壤缺硼缺镁即与雨水过多有关。但严重干旱,也会促进某些养分的固定

作用和抑制土壤微生物的分解作用,从而降低养分的有效性,导致缺素症发生。

3.5.3　花卉的化感作用及连作障碍

植物化感作用是指植物(含微生物)通过释放化学物质到环境中而产生的对其他植物(含微生物)直接或间接的有害作用。化感作用是通过植物向环境中释放化感物质(Allelochemical)来实现的。因此,化感物质在认识和评价植物化感作用中占据中心位置。化感物质都是植物的次生代谢物质,植物产生和释放化感物质的理论基础是植物的次生代谢。植物化感物质主要包括酚类、萜类、生物碱等次生代谢物质。

花卉化感物质广泛存在于各个器官中,归纳起来分为 4 类:

①根部溢出型:植物通过根系分泌,将化感物质释放到根际土壤中,直接或间接地影响周围其他植物的生长。如黑胡桃树根分泌的具有毒性的胡桃醌,当胡桃醌的浓度达到 20 mg/mL 时就能抑制其他植物种子发芽。菊科植物艾根分泌的物质能严重抑制其他植物生长。

②雨水冲淋型:液态分泌物通过淋溶过程释放到土壤中,抑制周围植物生长。如芒萁,桉树叶分泌的酚类,对亚麻的生长有明显抑制作用。

③挥发侵入型:植物所产生的挥发性物质能抑制附近植物的生长,如无刺槐皮产生的挥发性物质能抑制附近杂草和菊科和唇形科等植物产生的单萜和倍萜,主要是通过挥发释放对周围植物的生长产生抑制作用。

④残体分解型:植物枯枝落叶残体能释放化感物质,强烈抑制其他植物生长。如蕨类植物的化感物质就是由枯死的枝叶释放出来的。

影响化感物质释放主要取决于植物自身的遗传因素和环境因素,其中环境因素是多方面的,既有非生物因子,又有生物因子。生物因子主要包括光照、温度、水分以及营养。生物因子包括植物、动物和微生物。

花卉在生长过程中经常会和杂草争夺养分水分等物质,从而影响到花卉的生长。通常情况下,杂草对花卉的影响比较多。如胜红蓟、三叶鬼针草和蟛蜞菊是我国华南地区的优势杂草,对作物的危害极大。但有些花卉能够抑制杂草的生长,如墨西哥的万寿菊对根部含淀粉的杂草有很强的毒害作用,如直立接骨木的根随着褐变而变成空壳形似被酸腐蚀,甚至在距万寿菊很远的地方也能看到这种现象。

3.6　环境污染对花卉生长发育的影响

3.6.1　大气成分与花卉生长发育

1)空气成分与花卉生长发育

空气是花卉生长的重要外界条件之一,没有空气,一切生命过程就都将停止。没有空气或空气不足,花卉就不能正常生长发育,特别是空气中的氧气和二氧化碳。和其他植物一样,光合作用和呼吸作用是花卉最重要的新陈代谢过程,花卉在光合作用时吸收二氧化碳放出氧气,在呼吸作用时吸收氧气排出二氧化碳。空气含氧量在21%左右便足够花卉生长所需,所以通常不缺氧。栽培管理上主要是要注意空气流通,特别是要防止土壤缺氧。种子发芽,根系呼吸都需要氧气,如果土壤板结或土壤含水量太大,就会影响土壤中的氧气供应和二氧化碳的排放,如翠菊、大波斯菊的种子放在水中就不能发芽。因此,要经常疏松土壤,注意排水防涝。

(1)二氧化碳

二氧化碳在空气中的浓度为300 μL/L,约占空气中的0.03%,含量虽少,但一般可以满足光合作用的需要。有学者研究表明,提高二氧化碳的浓度可增加月季的产花量,改善菊花、香石竹的品质。过量的二氧化碳对人、对花都有害。因此,居室内养花不能过多。北方冬季往往门窗紧闭,要注意温室、大棚和养花居室的通风换气,经常保持空气清新。大气二氧化碳的浓度对生物光合作用影响很大,是生物生长的限制因子。实验结果表明,若大气二氧化碳的浓度低到0.005%时,光合作用强度仅能补偿呼吸作用的消耗,称为补偿点。但C4类植物的此值可以低到0.000 5%。当大气二氧化碳的浓度从补偿点增加到0.03%时,光合作用强度几乎成正比地直线增加,当大气二氧化碳的浓度从0.03%增加到0.1%,光合作用强度又增加1倍。但浓度再高,后者不再增加。大气二氧化碳的浓度过高反而对植物呼吸起抑制作用,从而间接影响光合作用。

(2)氧气

氧气是植物进行呼吸合成各种物质的能量来源,空气中的氧气占21%,而在黏土中仅占10%~15%;土壤过于黏重或者水淹时,土壤中氧气含量低,植物生长不良或进行无氧呼吸,产生乙醇,表现为叶子变黄、落叶甚至死亡。为保证土壤呼吸栽培花卉时勿选用过于黏重的土壤。经常锄地、松土,打破土壤毛细管,多施有机肥,改善土壤结构。

2)空气污染对花卉的危害

植物容易受大气污染的危害,第一,是因为它们有庞大的叶面积同空气接触并进行活跃的气体交换。第二,植物不像高等动物那样具有循环系统,可以缓冲外界的影响,为细胞提供比较稳定的内环境。

当发生大气污染时,空气中的有毒气体会对花卉生长发育产生影响,严重时会造成死亡。大气污染物对花卉的毒性,一方面,取决于有毒气体的成分、浓度、作用时间及其当时的其他环境因子;另一方面,取决于花卉对有毒气体的抗性。不同花卉在不同的生长发育阶段受到的影响不同。

有害物质经大气直接侵入植物叶片或其他器官引起的伤害可分为急性危害、慢性危害、不可见危害,具体如下所述。

①急性危害:高浓度污染物影响下,短时间内产生的危害,使植物叶子表面产生伤斑,或者直接使叶片枯萎。

②慢性危害:在低浓度污染物长期影响下产生的危害,植物的叶片褪绿,影响植物生长发育,有时还会出现与急性危害类似的症状。

③不可见危害:在低浓度污染物影响下,植物外表不出现危害症状,但植物生理已受影响,使植物品质变坏,产量下降。

　　大气污染除对植物的外观和生长发育产生直接影响外,还产生间接影响,主要表现为由于植物生长发育减弱,降低了对病虫害的抵抗能力。

　　目前已发现的对植物生长发育有有害的气体有二氧化硫、氟化氢、氯气、一氧化碳、氯化氢、硫化氢及臭氧等。有毒气体主要通过气孔,也可以通过根部进入植物体内。植物对这些有害气体的反应不同。有的花卉在较高的浓度下仍然能够生长,有的花卉在极低的浓度就表现出伤害。前一类抗性强的花卉可以应用于工矿区绿化,而后一类敏感花卉则可以作为指示植物,用于生物检测大气污染。危害花卉的主要有毒气体下述几种。

　　(1)二氧化硫

　　二氧化硫是我国目前最主要的大气污染物,对植物的危害比较严重。不同植物对二氧化硫的敏感性相差很大。敏感植物在二氧化硫为 $0.05 \sim 0.50$ mg/L 时,经 8 h 即受害,不敏感的植物则在 2 mg/L 下经 8 h 后受害。一般来说,草本植物比木本植物敏感,针叶树比阔叶树敏感,落叶树比常绿树敏感。发生二氧化硫毒害时,叶片膨压降低,有暗绿色斑点出现。

　　(2)氟化氢

　　氟化物中毒性最强、排放量最大的是氟化氢。主要来源于炼铝、磷肥、搪瓷等工业。空气中氟化氢的浓度即使很低,暴露时间长也能造成伤害。氟化氢浓度达到二氧化硫污染浓度的 1% 时,即可伤害植物。氟化氢首先伤害幼叶、幼芽,新叶受害比较明显。气态氟化物主要从气孔进入植物体,但并不伤害气孔附近的细胞,而沿着输导组织向叶尖和叶缘移动,然后才向内扩散,积累到一定浓度会对植物造成伤害。因此,慢性伤害先是叶尖和叶缘出现红棕色至黄褐色的坏死斑,在坏死区和健康组织间有一条暗色狭带。急性伤害症状与二氧化硫相似。严重时受害后几小时出现萎蔫现象,同时绿色消失变成黄褐色。氟化物还导致植株矮化、早期落叶、落花与不结实。

　　(3)氯气

　　氯的化学活性不如氟。氯进入组织中,产生次氯酸,是一种较强的氧化物。氯气对植物的危害程度是二氧化硫的 $3 \sim 5$ 倍。氯气进入叶片后很快破坏叶绿素,产生褐色伤斑,严重时全叶漂白、枯干、卷曲甚至脱落。

　　(4)氨气

　　当大量使用有机肥或无机肥时会产生氨气,当它达到一定浓度时,会对花卉产生伤害,导致叶片变黄、细胞质壁分离、叶缘烧伤,还会造成肥料的浪费。当施完肥(尿素)后,应埋实、盖严。

　　(5)臭氧

　　植物受臭氧伤害的症状,一般出现于成熟的叶片上,嫩叶不易出现症状。受害后出现伤斑,零星分布于全叶各部分。伤斑可分 4 种类型(同一植物出现一种或多种不同):

　　①呈红棕、紫红或褐色。

　　②叶表面变白或无色,严重时扩展到叶背。

　　③叶子两面坏死,呈白色或橘红色,叶薄如纸。

　　④褪绿,有的呈黄斑。由于叶受害变色,逐渐出现叶弯曲,叶缘和叶尖干枯而脱落。针叶树受臭氧伤害则出现顶部坏死现象。

3.6.2　水和土壤污染对花卉生长的危害

1)水污染对花卉生长的危害

含有各种污染物质的工业废水、生活污水和矿产污水大量排入水系,造成水体污染。污染物质和种类繁多,如金属污染物质(汞、镉、铬、锌、镍和砷等)、有机污染物质(酚、氰、三氯乙醛、苯类化合物、醛类化合物和石油等)和非金属污染物(硒和硼等)。对花卉危害较大的是酚、氰化物、汞、铬和砷。它们的浓度分别达到酚 50 mg/L、氰化物 50 mg/L、汞 0 ~ 4 mg/L、铬 5 ~ 20 mg/L 和砷 4 mg/L 时就会对花卉产生危害。水体中重金属对水生生物的毒性,不仅表现为重金属本身的毒性,而且重金属可在微生物的作用下转化为毒性更大的金属化合物,如汞的甲基化作用。酚类物质损伤细胞质膜,影响水分和矿质代谢,在酚类物质作用下,花卉叶色变黄,根系变褐、腐烂、植株生长受抑制;氰化物抑制花卉体内多种金属酶的活性,抑制呼吸作用,在其胁迫下,植株矮小,分蘖少,根短而稀疏,甚至停止生长,枯干死亡;汞抑制光合作用,在其胁迫下,叶片黄化,分蘖受抑制,根系发育不良,植株变矮。铬可使花卉叶片内卷,褪绿枯黄,根系细短而稀疏,分蘖受抑制,植株矮小。铬不仅对植株直接产生毒害,而且会使花卉对其他元素(钙、钾、镁和磷)的吸收产生阻碍;砷胁迫下,花卉叶片呈现绿褐色,叶柄基部出现褐色斑点,根系变黑,严重时植株枯萎。

2)土壤污染与花卉生长的危害

土壤污染来自水污染、大气污染、工业生产和农业措施。以污水灌溉农田,有毒物质沉积于土壤;大气污染物受重力作用或随雨、雪落于地表渗入土壤内;工业废弃物弃于农田或经雨水冲刷流入土壤;施用化学农药和化肥,有毒、有害成分残留于土壤。土壤污染物主要有各种金属(如汞、铬、铅、锌和铜等)、无机化合物(砷化物和氰化物等)、有机化合物(如烃类、酚类、醛类和胺类等),以及酸和碱。

土壤中的污染物超过花卉的忍耐限度,会引起花卉的吸收和代谢失调;一些污染物在花卉体内残留,会影响花卉的生长发育,甚至导致遗传变异。土壤污染破坏花卉根系的正常吸收和代谢功能,通常同花卉体内酶系统作用过程有关。污染物通过土壤途径影响花卉的生长和发育,与污染物通过大气或水作用于花卉大不相同。这种影响既涉及污染物在不均匀、多相的土壤系统内部复杂的运动过程,又涉及土壤胶体系统与花卉根系之间的相互作用。

其中,重金属对花卉的危害常从根部开始,然后再蔓延至地上部,受重金属影响,会妨碍花卉对氮、磷、钾的吸收,使花卉叶黄化、茎秆矮化。有研究表明,镉胁迫时会破坏叶片叶绿体结构,降低叶绿素含量,叶片发黄,严重时几乎所有的叶片出现褪绿现象,叶脉组织成酱紫色,变脆,萎靡,叶绿素严重缺乏,表现为缺铁症状。由于叶片受伤害致使生长缓慢,植株矮小,根系受到抑制,造成生长障碍,降低产量,高浓度时死亡。铅毒引起草坪植物主要的中毒症状为根量减少,根冠膨大变黑、腐烂,导致草坪植物地上部分生物量随后下降,叶片失绿明显,严重时逐渐枯萎,植物死亡。

重金属和微量元素在土壤中存在着复杂的相互关系,例如铁与铜、锰、镉之间,镉与铜、锌之间存在拮抗作用。此外,影响花卉生长发育的还有土壤的 pH 值、土壤氧化还原电势和土壤代换吸收性能等因素。

土壤中有机污染物也会对花卉生长发育造成影响,当进入土壤的有机污染物不断增加,致使土壤结构严重破坏,土壤微生物和小动物会减少或死亡,这时花卉的产量会明显降低。

思考题

1. 什么是生长? 什么是发育?

2. 简述花卉生命周期及年周期的特点。

3. 什么是花芽分化? 花卉花芽分化有哪些类型? 各类型请举例说明。

4. 影响花卉花芽分化的因素有哪些?

5. 在生产实际中,可以采用哪些措施调控花卉的花芽分化?

6. 如何防治高温、低温对花卉生长的危害?

7. 光照对花卉的生长发育有哪些影响?

8. 水分对花卉花芽分化及花色有哪些影响?

9. 花卉施肥常用哪些肥料? 简述这些肥料的特点。

10. 简述氮、磷、钾三元素对花卉生长的作用。

11. 花卉产生营养元素贫乏症的原因有哪些?

12. 土壤污染对花卉生长有哪些危害?

第4章 花卉的繁殖

【内容提要】

　　本章介绍了花卉有性繁殖和无性繁殖的概念,花卉的主要繁殖方式及方法。通过本章的学习,了解花卉常用的繁殖方式,熟悉花卉组织培养的程序和快繁途径,掌握花卉播种繁殖、扦插繁殖、嫁接繁殖和分生繁殖的具体方法。

4.1　有性繁殖

　　有性繁殖,即种子繁殖。花卉植物的种子繁殖是植物体通过有性生殖获得种子,再利用种子来培育出新个体的整个过程。有性繁殖是花卉植物经过减数分裂形成的雌、雄配子经过结合后产生的合子形成胚,胚再生长发育成新个体的过程。有性繁殖具有简便、快速、繁殖系数大、实生苗根系强大、生长健壮、适应性强、种子方便运输以及寿命长等优势。但是其种子发育至植株开花结果或者达到一定要求规格的商品植株所需要的时间比较长,如玉簪需要 2~3 年,芍药需要 4~5 年。一些木本植物所需的时间会更久,如桂花需要 10 年等。这一点使得种子繁殖应用受到限制。当然,有性繁殖过程中也会产生变异,也是培育新品种的一种优良方法。

　　适宜采用种子繁殖的花卉一般应具备:

　　①植株可以产生出种子、方便获得、量大。

　　②种子经过培育后易于萌发,生长迅速,幼年期较短。

　　③实生苗基本保持该种或品种的性状或杂交组合所特有的特性。

4.1.1　种实的类型

　　种子是种子植物所特有的生殖器官。被子植物的种子被包裹在薄厚不一的果皮内,在农业生产习惯上,常把具有单粒种子并且不开的干果(如颖果、瘦果、坚果等)称为种子。观赏植物种类繁多,其种实大小在形态及特征上也有很多差别,根据生产需要,一般进行以下分类:

（1）按粒径大小分类（以长轴为准）

①大粒种实：粒径为5.0 mm以上者，如牵牛花、牡丹、金盏菊等。

②中粒种实：粒径为2.0～5.0 mm者，如紫罗兰、凤仙花、一串红等。

③小粒种实：粒径为1.0～2.0 mm者，如三色堇、鸡冠花、松叶菊等。

④微粒种实：粒径为0.9 mm以下者，如四季秋海棠、矮牵牛等。

（2）按千粒重分类

①大粒种实：千粒重>700 g，如南洋杉、金橘等。

②中粒种实：千粒重3～700 g，如晚香玉、牵牛花等。

③小粒种实：千粒重<3 g，如翠菊、毛地黄等。

（3）按果实形态分类

①干果：果实成熟时果皮呈干燥的状态，如凤仙花、玉兰等。

②肉浆果：成熟时果皮含水多、肉质化，一般不开裂，成熟后从母体内逐渐脱落的一种类型，如文竹、柑果等。

③球果：指针叶树的果实，大部分种子成熟后干燥开裂可自然脱粒，如柳杉、柏树等。

（4）按种实表皮的特性分类

①种实无附属物的，如半枝莲、凤仙花等。

②种实坚厚（硬实种子）的，如美人蕉、荷花等。

③种实被蜡、胶质的，如红松、马尾松等。

④种实被毛、翅、钩、刺的，如含羞草、千日红等。

（5）按种实寿命分类

①短命种子，寿命在3年以内的，如棕榈、菊等。

②中寿种子，寿命在3～15年，如桂花、荷花等。

③长寿种子，寿命在15～100年，如豆科植物、锦葵科等。

（6）按种实萌发对光照的要求分类

①需光性种子，又称喜光性种子，必须在有光的条件下发芽，如洋桔梗、毛地黄等。

②嫌光性种子，必须在无光或黑暗条件下才能发芽的种子，如仙客来、蔓长春花等。

③大多数观赏植物的种子在生长发育过程中对光照没有反应，要求不大。

4.1.2 种实采收与贮藏

（1）种实的采收

在进行种子采收之前首先要选择适宜的留种母株，因为只有从品种纯正、生长良好、无病害的植株上才可以采收到高品质的种子。其次需要适时采收。从理论上来讲，在种子成熟程度越高的情况下采收获得的种子效果最佳。因为未完全成熟的种子含水量高，营养物质未得到充分积累，处于易溶状态，吸收作用强，种皮不紧密，不具有保护种仁的效力，容易造成水分流失。此时采收的种子，其种仁会急剧收缩，不利于贮藏，很快便丧失发芽力，所以应该在种子果实开裂或自落时采收效果最佳。大粒种子可在其果实开裂后种子落在地上立即收集；但是对于小粒种子，其开裂或脱落后不易采集，并且容易遭受鸟类啄食，生产上一般在果实即将开裂的时候于清

晨空气湿度较大时采收;同时对于一些开花期较长,种子陆续成熟脱落的,应该分批采收;对于成熟后挂在植株上长期不开裂同时也不宜散落的种子,应该在整株全部成熟后,一次性采收;如果是草本植物,可以全部拔起。总之,要根据种子成熟及脱落的特性来确定如何、何时采收种实。

(2)种实的贮藏

为了保持种子的生命力,提高其活力,延长其寿命来满足生产销售等需求,人们需要对采收来的种子进行贮藏。贮藏的基本原理是在低温、干燥的条件下,尽量降低种子的呼吸作用,保持其营养物质,保持种子生命力。根据种子的性质,把贮藏方法分为下述两类。

①干藏法:通常分为室温干藏、低温及密封干藏、超干贮藏。

②湿藏法:通常分为层积湿藏、水藏、顽拗种子贮藏。

4.1.3　种子萌发条件与播前处理

(1)种子萌发

种子萌发是指种子从吸水作用开始后而进行的一系列有序的生理过程和形态发生的过程。种子的萌发需要适宜的温度、合适的水分、充足的空气。种子萌发时,首先是要吸水。种子浸泡水后会使种皮膨胀而软化,可以使更多的氧气透过种皮进入种子内部,同时二氧化碳透过种皮排出,里面的物理状态发生变化。其次是空气,种子在萌发过程中所进行的一系列复杂的生命活动,只有种子不断地进行呼吸,得到能量,才能保证生命活动的正常进行。最后是温度,温度过低,呼吸作用受到抑制,同时,种子内部营养物质的分解和其他一系列生理活动,都需要在适宜的温度下进行。

(2)播前处理

为了保证种子萌发迅速、整齐,需要针对不同的种子不同的生产问题对种子进行播前处理。

①普通种子:一般采用温水(30 ℃以内)浸泡种子的方法,使种子吸收水分膨胀,阴干后再播种,可以使得发芽迅速整齐。

②种皮结构特殊的种子:如一些种子被毛、刺等。这类种子容易相互粘连,影响播种均匀度。用自动播种机的种子可以脱化、包衣、球形等处理;人工播种一般用细沙掺和,使种子分开;对于一些微粒、小粒种子可以采用掺和细沙拌种来提高均匀度。

③种皮限制性休眠种子:对于种子被蜡、胶质的,可以采用草木灰过滤液浸种、揉搓以去掉蜡、胶质;还可以用热水浸泡,再自然冷却,使得其种皮软化,从而方便吸水、易于萌芽。对于硬实种子,可以机械处理等物理方法来解除硬实的休眠,从而促其萌发;也可以采用盐酸等腐蚀性化学药剂浸种,使得种皮破损或降解,再用清水冲洗干净后即播种,效果更好。

④生理后熟种子:即形态上完全成熟的种子,由于生理上未成熟,致使在适宜的条件下种子不可萌发,处于休眠状态。在生产上可以采用层积处理、去皮与淋洗或者植物生长激素调节来使其更好萌芽。

4.1.4　播种方法与技术

(1)床播

①苗床准备:将苗床布置在光照充足,土壤疏松,灌水方便,地势高,排水良好的位置。翻

整土壤后,除去里面的杂草、杂根、砖瓦砾等,再施用适量的有机肥,最后耙细,混匀,整平,做畦。

②播种：根据种子的大小种类来采取适合的播种方法,分别有点播、条播、撒播。点播又称穴播,一般大粒种子用点播,2～4 粒为宜;条播最常见,通常作物用于等距离横条播;撒播用于小粒种子,管理粗放且量大的作物,撒播一般将种子与细沙混合播种。

播种的种子量应根据种子大小、种类、形状、栽培条件、幼苗的生长速度、管理栽培技术等因素合理播种。一般来说,种子幼苗生长速度快,光照、水分充足,管理栽培技术水平先进的应该稀播,播种的深度以种子直径的 2～3 倍为宜,小粒种子以不见种子为宜,一些需光性种子一般不覆土。

③覆盖：在播种后为了保持苗床的湿润,通常用覆盖材料进行覆盖。过去常用稻草、草秆等覆盖苗床,但费工费料,还容易滋生细菌、杂草等,现在一般选用薄膜或遮阳网等。对于一些喜光性种子,只能采用透明的薄膜。一般来说,覆盖薄膜还可以防止雨水冲刷和杂草滋生等。

④浇水：一般在播种前一天先将苗床浇水浇透,第二天播种覆盖后不浇水或者喷水,防止把种子冲刷,影响种子萌芽。采用薄膜覆盖的种子需要提前浇水,有自动喷雾机可以在播种后喷雾使整个苗床湿透。

（2）盆播

盆播多用于细小、名贵的精细种子播种。

①盆、土的准备：选用比较浅的播种盆,一般以高度约 10 cm,直径 30 cm 为宜。土壤要求疏松、肥沃的富含有机质的砂质土壤,配置好的培养土经过消毒就可直接使用。

②播种：将培养土粗筛后装入盆内,上细下粗表面平整,留 1～2 cm 的盆沿。一般采用点播或者撒播。

③浇水：同样在播种前一天浇水,也可播后浇水,用细嘴喷雾浇水,也可以采用盆浸法,从盆子的排水孔慢慢浸润整个盆土。

④覆盖：根据种子对光照的需求不同,可以在其上面覆盖玻璃,薄膜或报纸等材料。

（3）直播

将花卉种子直接播种于所用处,不需要移栽等,一般用于生长迅速,管理粗放,不适宜移栽,植株较小的种类,如桔梗、紫茉莉、二月兰等。

（4）穴盘育苗

穴盘育苗是现代园艺最根本的一项变革,为快捷和大批量种子育苗生产提供了保证。穴盘育苗已经成为工厂化育苗的重要手段之一。

①穴盘材料及种类。制造穴盘的材料一般有聚苯泡沫、聚苯乙烯、聚氯乙烯和聚丙烯等。制造方法有吹塑、注塑。一般的蔬菜和观赏类植物育苗穴盘用聚苯乙烯材料制成。

标准穴盘的尺寸为 540 mm×280 mm,因穴孔直径大小不同,孔穴数为 18～800。栽培中、小型种苗,以 72～288 孔穴盘为宜。

育苗穴盘的穴孔形状主要有方形和圆形,方形穴孔所含基质一般要比圆形穴孔多 30% 左右,水分分布也较均匀,种苗根系发育更加充分。

育苗穴盘的颜色会影响植物根部的温度。白色的聚苯泡沫盘反光性较好,多用于夏季和秋季提早育苗,以利反射光线,减少小苗根部热量积聚。而冬季和春季选择黑色育苗盘,因其吸光性好,对小苗根系发育有利。

②使用穴盘育苗的优点。

a. 节省种子用量,降低生产成本。

b. 出苗整齐,保持种苗生长的一致性。

c. 能与各种手动及自动播种机配套使用,便于集中管理,提高工作效率。

d. 移栽时不损伤根系,缓苗迅速,成活率高。

③穴盘育苗方法。

a. 穴盘及基质准备:根据所育种类的苗期特点选择适宜的穴盘。总原则是所选穴盘既能满足苗期营养的需要,又不浪费空间。一般情况下,苗期植株个体较大、生长迅速的选用单穴较大的穴盘,反之选用小的穴盘。穴盘育苗基质要求疏松透气,透水保湿性好,土壤酸碱度和含盐量不宜过高。多数植物适宜的 pH 值为 5.5 ~ 6。常将草炭、珍珠岩、蛭石等按一定比例混合而成。

b. 基质装填:大规模穴盘育苗多为机械装填,规模小的可手工操作。将混合好的基质装填到穴盘内,装填量应能保证播种浇水后略低于盘口。

c. 播种:大规模操作采用机械播种,每穴播种量、深度和是否需要覆盖等由种子大小和发芽率决定。一般情况下,覆土深度以种子直径的 2.5 倍为宜。对于需光性种子,将种子均匀撒在基质表面即可。播后采用喷雾法进行浇水。

d. 发芽:发芽一般在发芽室进行。发芽时间长短与种类特性、种子处理方法等密切相关。出芽后,如果比较整齐就立即移出发芽室,若发芽不整齐,待 60% ~ 80% 出芽时移出发芽室。

e. 幼苗管理:刚移出发芽室的幼苗比较脆弱,必须经过温室炼苗方可移栽到大田。开始时,适当遮阴,温度控制在 25 ℃左右,相对湿度控制在 85% 左右。7 ~ 10 d 后,逐渐增加光照,降低相对湿度到 60%。待长到两片真叶后可适当补充肥料。苗期病害主要有猝倒病、根腐病、茎腐病、灰霉病等。防治以预防为主,每 5 ~ 7 d 喷洒百菌清、多菌灵等防病一次。

4.2　无性繁殖

无性繁殖是指不经生殖细胞结合的受精过程,由母体的一部分直接产生子代的繁殖方法。在林业上常用树木营养器官的一部分进行无性繁殖。和有性繁殖相比,无性繁殖不经过精卵结合,能保留母株的优良特性。用此法繁育的苗木称无性繁殖苗。

4.2.1　分生繁殖

分生繁殖是人为地将植物体自然分生出来的幼小植株(如吸芽、蘗芽)或植物特殊的营养器官(如匍匐枝、地下茎、球根和块茎等)与母株切割分离另行栽植而成为新的独立植株的繁殖方法。分生繁殖是最简单、成活率最高的繁殖方法,广泛应用于球根花卉、宿根花卉和观叶植物。

(1)分株法

将丛生花卉由根部分开,培育成为独立植株的方法。分株通常在春季萌芽前进行。对于多年生温室花卉来说,一年四季均可进行。

宿根花卉、蕨类、观赏草和丛生的花灌木易产生根蘖,多用此法繁殖。如芍药、文竹、蜀葵、宿根福禄考、萱草等。分株方法:将整个植株连根挖出,抖去部分土壤。按株丛的大小分成 3 ~ 5 枝条为一丛,然后用刀将分蘖苗和母株从根部劈开,尽量带萌蘖根系,另行栽植。

(2)分球法

将球根花卉的地下变态茎,如球茎、块茎、鳞茎、根茎和块根等产生的仔球进行分离后另行栽种。分球繁殖主要在春季和秋季进行。

一般球根掘取后将大、小球按级分开,置于通风处,使其经过休眠期后进行种植。鳞茎花卉如百合、水仙、郁金香等,栽培一年后,大球上再分生出几个小球,小球需经过 2 ~ 3 年培育成大球才能开花。球茎花卉如唐菖蒲、番红花等一个老球可形成 1 ~ 3 个新球,每个新球下面还能生出很多小仔球,分生的新球当年栽种就能开花,小仔球需经 2 ~ 3 年培育才能开花。块根花卉如大丽花、花毛茛,由于肥大的根上无芽,在分离块根时需带根茎上的芽,否则分栽后不能萌芽,达不到繁殖的目的。

(3)走茎繁殖法

自叶丛基部抽生出来,节间较长,其上开花,花后在其顶端及节的部位生叶、发根形成新的植株。如吊兰、虎耳草等,常用走茎繁殖。

(4)匍匐茎繁殖法

草坪植物如狗牙根、野牛草等,从根部发出横生地面的茎称为匍匐茎。茎节上生不定根扎入土中,不定根上长芽,将带根和节的匍匐茎切断栽到土中即可长成新的植株。

4.2.2　压条繁殖

将母株的部分枝条埋压于土中或包裹于其他生根介质中,待其生根后切离母体,形成一个完整的新植株的方法。压条繁殖能保存母株的优良性状;操作简单,成活率高;繁殖量不大。木本花卉通常在萌芽前或者秋冬落叶后进行,草本花卉和常绿花卉多在雨季进行。

(1)水平压条法(普通压条法)

于春季萌芽前进行。选用靠近地面的枝条作为材料,在压条部位的节下进行扭伤、刻伤或环状剥皮处理,然后曲枝压入土中,使枝条顶端露出土面。为防止枝条弹出,可在枝条下弯部分用竹钩固定,再覆土 10 ~ 20 cm,压实。待刻伤部位生根后切割分离另行栽植。如石榴、玫瑰、半枝莲等可用此法。

(2)直立压条法(培土压条法)

春季萌芽前进行。将母株重剪,促使根部萌发分蘖。当萌蘖枝高 15 ~ 20 cm 时,将其基部刻伤,并在周围堆土呈馒头状,待枝条基部根系完全生长后切割分离。常用于丛生性灌木,如锦带花、贴梗海棠、紫荆等。

(3)连续压条法(波状压条法)

在春季萌芽前或生长季节枝条已半木质化时进行。将枝条弯曲牵引到地面上,在枝条上进行数次刻伤,将每段刻伤处均弯曲埋入土中,呈波浪状,待生根后与母株分离另行栽植,即成为数个独立的植株。适用于枝条细长而又容易弯曲的藤蔓类花卉,如地锦、紫藤、葡萄等。

（4）空中压条法

生长期内均可进行，但以春季和雨季最适宜。选择离地面较高的成熟健壮枝条，在其近基部位置环剥，用生根促进物质处理，再用保湿基质（如苔藓、木屑、稻草泥等）包裹，外套容器（竹筒、瓦盆、塑料膜等）固定。一般2～3个月后，大部分新生根即可萌出，生根后切割分离形成新的植株。常用于米兰、月季、栀子、佛手柑等。

4.2.3 扦插繁殖

扦插繁殖是利用植物营养器官如根、茎、叶等的再生能力，将其切取一部分，插入基质中，使其生根发芽成为独立的新植株的方法。

（1）扦插成活的原理

扦插成活的原理主要基于植物营养器官具有再生能力，可发生不定芽和不定根，从而形成新植株。

当根、茎、叶脱离母体后，植物的再生能力就会充分表现出来，从根上长出茎叶，从茎上长出根，从叶上长出茎和根等。当枝条脱离母体后，枝条内的形成层、次生韧皮部和髓部，都能形成不定根的原始体而发育成不定根。用根作插条，根的皮层薄壁细胞可长出不定芽而长成独立植株。利用植物的再生功能，把枝条等剪下插入扦插基质中，在基部能长出根，上部发出新芽，从而形成完整的新植株。

（2）影响扦插成活的因素

扦插成活受内在因素和外在环境因素的综合影响。内在因素首先是插穗再生能力的强弱，这是能否进行扦插繁殖的前提条件。不同的花卉种类，其再生能力的差异较大，即使是同种花卉的不同品种间再生能力也有明显的差别。其次是插穗的质量，一般生长健壮、发育完全、营养物质较多的插穗容易成活。另外，插穗的成熟度也直接影响着插穗成活率。

影响扦插成活的外在环境因素主要是气象因素和土壤因素。气象因素主要包括温度、湿度、光照等，土壤因素主要指扦插基质的性质，即基质机械组成、水分含量、通气状况和病菌等。下面着重介绍影响扦插成活的主要环境因素。

①温度：不同种类的花卉，要求不同的扦插温度。一般而言，草本花卉嫩枝扦插的温度以15～25 ℃为宜，热带花卉植物可为25～30 ℃。当插床基质内的温度高于气温3～5 ℃时，可促进插条先生根后发芽，成活率高。

②湿度：湿度是指扦插基质的含水量和空气相对湿度。插穗只有在湿润的基质中才能生根。插床基质中的含水量一般应控制在50%～60%，水分过多常导致腐烂。在扦插初期基质中水分稍多有利于插穗愈伤组织的形成，愈伤组织形成后可适当减少水分供给。为了防止插穗失水过多，要保持较高的空气湿度，尤其是枝叶柔软的插穗。一般在温室、塑料棚内进行扦插容易维持较高的空气湿度。扦插初期的空气湿度应稍高，插穗生根后宜逐渐降低空气湿度，可促进根系的生长。

③光照：嫩枝扦插通常都带有叶片。叶片在阳光下能合成碳水化合物，在其光合作用过程中，所产生的生长素能促进生根。如果光照太强，会使插床内温度过高，叶片蒸发量过大，从而引起萎蔫，影响插穗生根。在扦插初期要适当遮阳，当根系大量生出后，陆续给予光照。

　　④氧气：插条在生根过程中需进行呼吸作用，尤其是当插穗愈伤组织形成后，新根发生时呼吸作用增强，降低插床中的含水量，保持湿润状态，适当通风提高氧气的供应量。

　　（3）扦插繁殖的方法

　　根据插穗的器官来源不同，扦插分为枝插、叶芽插、叶插和根插。

　　①枝插：枝插分为软枝扦插和硬枝扦插。

　　a. 软枝扦插：软枝扦插又称嫩枝扦插或绿枝扦插，在有温室的条件下，一年四季都可进行。木本花卉宜采用当年生半木质化的枝条作为插穗，过嫩容易腐烂，过老则生根困难，不易成活。插穗长度因花卉种类、节间长短及组织软硬而异，一般长 5～10 cm。每插穗具 2～3 个节，保留上部 1～2 个叶片。对叶片较大的种类，每片叶可剪除 1/3～1/2，以减少水分蒸腾。插穗下部的切口应靠近节的下部，切口处需用锋利的刀削平，以促进愈伤组织形成和生根。多乳汁的种类如一品红宜将切口蘸草木灰后扦插。多浆植物如仙人掌应使切口干燥半日至数日后扦插，以防腐烂。对于大多数花卉而言，新鲜的插穗有利于提高成活率，而枝叶萎蔫的插穗会极大地降低成活率。扦插深度为插条的 1/2～1/3，插后宜用手将插穗基部的土压实以固定插穗。

　　b. 硬枝扦插：硬枝扦插又称休眠扦插，指利用充分成熟、已完全木质化的枝或茎作插穗进行扦插。扦插时插穗带叶或不带叶均可，长 6～15 cm，带 3～5 个节。扦插时短的插穗多直插，长的插穗多斜插，扦插深度深的插穗地上部分留 2 个腋芽，浅的插穗地上部分留 1 个腋芽。枝条露出地面过多容易抽干，影响成活。扦插后一定要用手将穗条基部的基质压实固定。硬枝扦插多用于园林树木育苗，以落叶阔叶树及针叶树居多。

　　②叶芽插：叶芽插属于枝插的一种变形。插穗上仅有 1 芽附 1 叶片，芽下部带有盾形短茎，插入沙床中，仅露出芽尖即可。叶芽插宜在较高空气湿度下进行，以防止水分过量蒸发。叶芽插适用于叶插容易生根，但不易产生不定芽的种类，如橡皮树、天竺葵、八仙花、山茶花的叶芽插等。切取插穗时，要选取叶片发育成熟，腋芽饱满，发育良好的部分。叶芽插能够取更多的插条，但成苗率低，成苗慢，在大多数木本花卉生产中不常使用。

　　③叶插：以发育充实的叶作为插条的方法。用于叶柄粗壮、叶片肥厚且易产生不定根不定芽的草本花卉。扦插应选用成熟叶片，按叶片的完整性可分为全叶插和片叶插。

　　A. 全叶插：是以完整叶片为插穗进行扦插，按叶片的放置位置可分为平置法和直插法。

　　a. 平置法：切除叶柄，将叶片平铺并固定在基质上，注意要使两者密接。通常自叶脉、叶缘生根的种类采用平置法。

　　b. 直插法（叶柄插法）：将叶柄插入沙中，叶片露于沙面上，叶柄基部发生芽和不定根。大岩桐、豆瓣绿等常用此法。

　　B. 片叶插：将叶切成 5～10 cm 的小段，直立插在插床中，深度为插穗长的 1/3～1/2。其后，由下部切口中央部位长出一至数个小根状茎，继而长出土面成为新芽。芽的下部生根，上部长叶。用叶段扦插时叶片上下不可颠倒。

　　④根插：一些宿根花卉能从根上产生不定芽形成新植株。因此可用根作插条繁殖，根插繁殖的花卉大多具有较为粗壮的根。根插多结合春秋两季移栽进行，温室内则四季均可进行。

　　（4）扦插床和扦插基质

　　①扦插床。普通扦插床通常宽 1 m 左右，长度根据场地和种苗需要量而定。床底须设置多处排水孔。床下部铺 15～20 cm 厚的卵石、炉渣等排水物，上面铺 20 cm 左右的扦插基质。夏季

在扦插床顶部要用遮阳网或苇帘遮阴降温。扦插床在春、秋两季扦插繁殖时多数花卉都成活良好。夏季气温过高时,插穗容易腐烂,要注意通风降温;冬季需在温室中扦插,以满足插穗生根所需的温度。插床要细心管理,在干旱季节除了注意密封塑料薄膜外,还需要适当喷水,以提高床内湿度。

全光喷雾扦插是一种自动控制扦插,可定时向床面喷雾,可在叶面形成一层水膜,使枝叶保持较低的温度,插条的水分蒸发降低到最低限度,有效保持插条内的水分。同时由于光照充足,叶片光合作用旺盛,合成了有利于生根的大量激素和养分,从而极大地提高了扦插成活率。

②扦插基质。

扦插基质直接影响水分、空气、温度及卫生条件。理想的扦插基质不仅要排水、透气性良好,而且还能保温,不带病、虫、杂草及任何有害物质。扦插常用的基质有沙、蛭石、珍珠岩及其他们的混合物等。

4.2.4　嫁接繁殖

嫁接是将需要繁殖的植物体(母株)营养器官的一部分(接穗),移接到另一植物体(砧木)上,两者经愈合后形成新个体的繁殖方法。嫁接繁殖多用于播种、分生或扦插繁殖困难或播种难以保持品种性状的种类。

(1)嫁接成活的原理

①选择亲和力强的植物。同科植物亲和力强,嫁接愈合快,成活率高。不同科的植物亲和力弱,嫁接不能成活。选择接穗和砧木多数在同科属内、同种内或同种内的不同品种间进行。

②细胞具有再生能力。接穗和砧木伤口处的形成层和髓射线的薄壁细胞分裂形成愈伤组织,愈伤组织再进一步分化形成输导组织,使其砧木和接穗的输导系统相互沟通,形成一个统一的新个体。形成层和薄壁细胞的活性强弱是嫁接成活的关键因素。

③嫁接物候期合适。接穗在休眠期进行采集,在低温下储藏,翌春砧木树液流动后进行嫁接,嫁接后的接穗处于休眠状态,芽不萌发,接穗内营养水分消耗少,砧木树液流动所含的营养水分主要供应形成层细胞分裂,促进愈伤组织的形成,成活率较高。

(2)砧木和接穗的选择

①砧木的选择:砧木与接穗具有良好的亲和力;砧木适应本地区气候、土壤条件,生长健壮;对接穗的生长有良好的基础;对病虫害以及各种自然灾害有一定的抗性;能满足生产上的需求如矮化、乔化、无刺等;以一、二年实生苗为佳。

②接穗的选择:接穗应选择品种优良、特性强的植株;枝条生长充实、芽体饱满;春季嫁接采用翌年生枝,生长期芽接和嫩枝接采用当年生枝。

(3)嫁接技术

嫁接的方法很多,需要根据花卉种类、嫁接时期、气候条件不同选择不同的嫁接方式。花卉栽培中常用的是枝接、芽接、髓心接等。

①枝接:以枝条为接穗的嫁接方法。

a. 切接:一般在春季3—4月进行。选定砧木,将砧木平截,在截面的一侧纵向切下 3~5 cm,稍带木质部,露出形成层。将接穗的下部削成 3 cm 左右的斜形,在其背侧末端斜削一刀,然

后将接穗的下端插入砧木,使它们的形成层相互对齐,用麻线或塑料膜带扎紧。

b. 劈接:一般在春季3—4月进行。在砧木离地10~12 cm处截去上部枝干,然后在砧木横截面中央,用嫁接刀纵向下切3~5 cm,接穗枝条5~8 cm保留2~3个芽。将接穗下端削成楔形,插入砧木的切口内,使形成层对齐,然后包扎接口。

c. 靠接:将选作砧木和接穗的两植株置于一处,选取相互靠近并且粗细相当的两根枝条,在靠近部位相对削去等长的削面,然后两枝相靠,对准切口处的形成层,切削面紧密结合,用塑料薄膜带扎紧。

②芽接:以芽为接穗的嫁接方法。T形芽接最为常用。将枝条中段饱满的芽稍带木质部削取下来,剪去叶片,保留叶柄。然后在砧木的一侧横切一刀深达木质部,再从中间向下纵切一刀长3 cm,使其成T字形,用芽接刀将皮层挑起,芽片剔除木质部后插入切口,紧贴形成层,用剥开的皮层合拢包住芽片,用塑料膜带扎紧,露出芽和叶柄。

③髓心接:是接穗和砧木以髓心愈合而成的嫁接方法。髓心接多用于仙人掌及多肉植物的嫁接。

4.3　组织培养

组织培养(tissue culture)又称离体培养(culture in vitro)或试管培养(in test-tube culture),是指在无菌条件下,将离体的植物器官(根、茎、叶、花、果实、种子等)、组织(形成层、花药组织、胚乳、皮层等)、细胞(体细胞和生殖细胞)以及原生质体培养在人工配制的培养基上,并给予适合其生长、发育的条件,使之分生出新植株的方法及产品的技术。花卉采用组织培养繁殖可以极大地提高花卉的增殖率,获得花卉去病毒幼苗,有利于花卉种质资源的保存,加速引种与良种的推广等意义。

4.3.1　组织培养的特点与应用

(1)组织培养的特点

①可以人为控制培养条件。用于组织培养的植物材料完全在人为提供的培养基质和小气候环境条件下生长,消除了自然条件下四季变化、昼夜变化以及灾害性气候带来的不利影响,且条件均一,对植物生长极为有利,便于稳定进行周年培养生产。

②保持母本优良性状,培养脱毒作物。组培快繁不仅可以保留原品种的优良性状,而且可以通过茎尖、根尖分生组织的培养获得脱毒植株。

③培养周期短,繁殖率高。由于植物组织培养可以完全人为控制培养条件,根据不同植物、不同部位的不同要求而提供不同的培养条件,因此植物生长较快。另外,植株也比较小,往往20~30 d为一个繁殖周期,所以能及时提供规格一致的优质种苗或脱病毒种苗。

④管理方便,利于工厂化生产和自动化控制。植物组织培养是在一定的场所和环境下,人为提供一定的温度、光照、湿度、营养、激素等条件,既有利于高度集约化和高密度工厂化生产,也有利于自动化控制生产。植物组织培养繁殖是工厂化育苗的发展方向,与盆栽、田间栽培等

相比,省去了中耕除草、浇水施肥、防治病虫害等一系列繁杂劳动,大大节省了人力、物力以及田间种植所需要的土地。

(2)组织培养的应用

随着社会经济的发展,人民生活水平不断提高,人民日益增长的美好生活需要对绿化美化环境的要求迫切,对园林植物的品种、色彩、质量等的要求也日益提高。为促进园林植物生产又好又快发展,国际上已广泛采用植物组织培养技术以解决生产中的质量问题。尤其是植物器官的培养技术,从20世纪60年代开始便走出实验室,进入生产领域。美国现有的兰花工业中心超过10个,应用组织培养技术,不断培育新品种,年产值高达5 000万~6 000万美元;西欧和东南亚国家,利用植物组织培养技术快速繁殖兰花的数量多达35个属150多种;新加坡仅出口兰花一项即获利500万美元。兰花工业生产的成功,刺激了其他园林植物组织培养技术的发展。目前世界上已采用组织培养技术投入工厂化生产的花卉有兰花、菊花、杜鹃、月季、香石竹、非洲菊、风信子、郁金香、非洲紫罗兰等十余种,组织培养成功的植物有250余种。总的来说,我国利用植物器官培养,快速繁殖花木的工作起步较晚,但进展很快,现已获得组织培养成功的园林植物有100多种。

近十几年来,木本植物的组织培养工作进展也很快。我国各地普遍开展组织培养工作,成绩显著,仅上海植物园就进行了50余种木本植物的组织培养试验,已有灰桉、葡萄桉、油橄榄、金合欢、白鹃梅等十余种获得成功,北京的丰花月季试管苗也已经大批投入生产。

4.3.2　组培快繁的途径

组织培养快速繁殖是指在无菌条件下,采用人工培养基质即人工培养条件,对植物的营养器官或细胞诱导分化,达到高速增殖而形成小植株的繁殖方法,也称离体快速繁殖。

由观赏植物的细胞、组织或器官经组织培养获得完整植株,其再生过程有4种途径,如下所述。

(1)不定芽的发育

植物的许多器官,如茎段(鳞茎、块茎、球茎、根状茎)、叶、叶柄、花茎、花萼、花瓣、根等,都可以作为诱导不定芽(adventitious bud)产生的外植体。不定芽在这些外植体上的发生有两种途径:一种途径是先从外植体上诱导产生愈伤组织,将愈伤组织继代增殖之后再诱导产生不定芽,最后在生根培养基上培育出完整植株;另外一种途径是不经过或较少经过愈伤组织,由不定芽直接从外植体表面受伤的或未受伤的部位分化出来,将不定芽发育的苗丛进行继代,再经生根培养,得到完整植株。显然,不经过愈伤组织而直接形成不定芽的途径更易保持品种特性。

(2)顶芽和侧芽(lateral bud)的发育

在离体培养条件下,采用顶芽(apical bud, terminal bud)、侧芽等茎尖(stemapex)或者带有芽的茎切段作为外植体,诱导出多枝多芽的丛生苗。将丛生苗转接继代,能迅速获得大量的嫩茎。再将嫩茎转接到生根培养基上,就可以获得完整的小植株。对于顶端优势(terminal dominance)明显的植物,可适当增加细胞分裂素,以促进侧芽的分化,形成芽丛。如果芽仍然不分枝,只长成一条茎,则可采用切段法,单独培养侧芽,以实现增殖。这种途径不经过脱分化产生

愈伤组织,而是器官直接再生,因此能真正保持原品种的特性。

顶芽的培养还有一种比较特殊的方法,即采用极其幼嫩的顶芽的茎尖分生组织为植物材料进行脱毒苗(virs-free seedling)的培养。长期的无性繁殖使现有许多观赏植物病毒积累,严重影响其观赏品质,如菊花、水仙、香石竹等出现花少、花小、花色暗等现象。而在感染病毒的植株体内,病毒的分布并不均匀,且由于分生区内没有维管束,病毒扩散较慢,通过细胞不断分裂增生,致使在茎尖生长点的小范围区域内病毒含量少甚至无病毒。因此,切取 0.1～0.3 cm 的茎尖(根尖亦可)进行培养,可获得去病毒的幼苗,进而扩繁以满足生产。

(3)原球茎的发育

在兰科等植物的组织培养中,从茎尖或侧芽的培养中常产生一些原球茎(protocorm like body),原球茎本身可以继代增殖,然后再经分化培养出小植株。原球茎最开始是兰花种子萌发过程中的一种形态学构造,应理解为星珠粒状的、缩短的、由胚性细胞组成的类似嫩茎的器官。

(4)胚状体的发育

胚状体(embryoid)是由体细胞形成的,具有类似于生殖细胞形成的合子胚发育过程的胚胎发生途径。胚状体的产生有 4 种途径:由愈伤组织表面细胞产生,由愈伤组织经悬浮培养后的单个细胞产生,由外植体内部组织细胞产生或表皮细胞产生,以及由胚性细胞复合体的表面细胞产生。胚状体一旦产生,极易继代增殖,且由于类似独立的微型植株,不需要生根诱导,经过一定的发育后,可直接用人工合成的营养物和保护物包裹起来,做成“人工种子(artificial seed)”。胚状体的发生虽有普遍性,但比例并不高,且规律性尚不明显,有待进一步研究发掘。

以上 4 种途径中,在组培快繁中应用较多的是顶芽和腋芽的发育以及不定芽的发育。原球茎的发育多用于兰科植物的组培。由于规律性不明确,胚状体的发育应用较少。

4.3.3　组培快繁的程序

(1)无菌培养物的建立

无菌培养物的建立包括外植体的选择、采样、灭菌与接种。外植体(explant)指的是从植物体上切取下来用于组织培养的部分。

①外植体的选择:植物的任何器官、细胞或组织都能作为外植体。如根尖根段、茎尖茎段、叶片叶柄、花瓣花萼、皮层维管束、髓细胞、表皮细胞、薄壁组织、胚珠、子房、子叶等。不同植物、不同组织或器官对诱导条件的反应不同,有的诱导成功率高,有的很难诱导脱分化、再分化,抑或是有的只分化根不分化芽,有的只分化芽不分化根。

合适的外植体能让组织培养更容易诱导,反之,不合适的外植体则会使组织培养不易成功。因此,要根据植物种类和组培快繁的途径来选择合适的外植体。通常较大的草本植物、再生能力较弱的木本植物以采取茎尖和茎段比较适宜,可在培养基上促其侧芽萌发、增殖。对一些容易繁殖,或本身短小、缺乏显著茎的草本植物,则可用叶片、叶柄、花托、花萼、花瓣等作为外植体。通过不定芽的发育进行组培快繁的,外植体宜用容易产生不定芽的器官,如水仙与百合的鳞片、大岩桐与秋海棠的叶片、玉簪的花等。通过顶芽和腋芽的发育进行组培快繁的,宜用顶芽、侧芽或带芽的茎段为其外植体。通过胚状体的发育进行组培快繁的,常用胚、分生组织或生

殖器官作外植体。兰科植物原球基的发育是从茎尖或侧芽的培养中获得的。

外植体的选择依据除植物种类和组培快繁的途径之外,还要注意取材部位和季节。如落叶休眠的植物,在春季萌发季节选取幼嫩的茎尖和茎段比较合适,植物幼嫩菌类少,接种成功率高。同样的植物若在秋季接种,需经过漫长的生长阶段,且既有内源菌又有外源菌,接种成功率低。大多数植物都应在生长开始时采取外植体。如果在生长末期或休眠期采取外植体,大多数对诱导反应迟钝或不反应。

②外植体采样:要注意选取受污染较轻、无病虫害、生长健壮、发育充实的植株。具体措施包括植物移栽、采用盆栽,并喷布杀菌剂和杀虫剂或室外套袋采新枝。采摘前加强肥水管理,给予充足营养,久晴之后采摘距地面部位较高、暴露在阳光下的枝条等。

③外植体表面灭菌处理:首先剪除外植体的多余部分,其次用自来水至少冲洗30 min,然后在70%的酒精中浸泡30 s,再用灭菌剂(2%~10%次氯酸钠水溶液或0.1%~0.2%升汞)浸泡3~15 min后取出,最后用无菌水冲洗4~5次,即可接种。

经过灭菌的外植体必须在超净工作台上及无菌条件下接种到已备好的培养基上。

(2)外植体生长与分化的诱导

为促进侧芽分化生长,常在通过顶芽和腋芽的发育进行再生的外植体的培养基中添加0.1~10 mg/L的细胞分裂素及少量0.01~0.5 mg/L的生长素或0.05~1 mg/L的赤霉素。常用的细胞分裂素有玉米素、细胞激动素(KT)和6-苄氨基腺嘌呤(6-BA)。常用的生长素有萘乙酸(NAA)、吲哚乙酸(IAA)、吲哚丁酸(IBA)。诱导外植体产生不定芽所用的激素与上面相同,其中细胞分裂素浓度应高于生长素。诱导胚状体的发育,一部分植物种类在培养初期,培养基中必须含有适量生长素类物质(多用2,4-D),以诱导脱分化、愈伤组织生长和胚性细胞形成,但在培养后期必须降低或完全去掉2,4-D,胚状体才能完成发育,如紫苏、金鱼草、矮牵牛等;另一部分植物则在只含细胞分裂素的培养基上方可诱导胚状体,如檀香、红醋栗、山岭麻黄等;大部分植物在生长素和细胞分裂素同时添加的培养基上可诱导出胚状体,如海枣、山茶、泡桐、桉树、彩叶芋等。此外还原态氮化物(如0.1 mmol/L的氯化铵)、有机氮化合物(如氨基酸、酰胺)及水解乳蛋白等也有利于胚状体的诱导。原球茎的诱导较为容易,只需要用MS基本培养基或稍微提高NAA浓度0.1~0.2 mg/L便可。

诱导的环境条件依培养对象的种类不同而有所差异。一般要求在23~26 ℃的恒温,每天12~16 h,1 000~3 000 lx的光照条件下进行培养。另外,培养室必须清洁卫生,以减少污染。

(3)中间繁殖体的继代培养

中间繁殖体,即在第二阶段诱导出的丛生芽、胚状体、原球茎等。将其在人为控制的最适宜的激素配比、营养供应和环境条件下进行进一步的培养增殖,即转接继代,才能充分发挥组培快繁的优势。具体操作是配制适宜继代的培养基,将中间繁殖体不断地接种其上,在培养室继续培养。因中间繁殖体的老化会影响其进一步增殖,故必须注意继代工作的及时性。

任何植物继代的次数都是有限度的,继代次数过多容易发生植物变异,而且继代繁殖达到一定数量后,培养室的容量就达到饱和,必须分流进入壮苗、生根培养阶段。因此,在实际生产中,继代的次数与繁殖的数量要计划准确,既能繁殖一定数量,又不超过继代限度,以达到工厂化育苗规范标准的最佳效益。

(4)生根与壮苗培养

当中间繁殖体增殖到一定数量之后,即开始进行生根与壮苗的培养。在最后一次继代培养的中间繁殖体未发黄老化或出现拥挤前,及时将其转移到生根培养基上,转移的同时进行苗丛、胚状体或原球茎的分离。较低的细胞分裂素含量、较低的矿物元素浓度及较多的生长素有利于生根,因而此时通常采用 1/2 或 1/4 的 MS 培养基,全部去除细胞分裂素或减至极少量,并加入适量萘乙酸的方法。对于那些容易生根的植物种类可以直接在培养室外进行嫩茎扦插或延长其继代培养瓶中的生长时间,均可生根,进而形成完整植株。壮苗则可通过提高光照强度和减少培养基中糖含量来实现。

(5)试管苗的出瓶与移栽

经过前几个阶段的培养,小苗已生根成完整植株,这时便可出瓶种植。但试管苗是在培养室中无菌、有营养与激素供给、适宜光照、恒定温度和 100% 的相对湿度下生长的,非常娇嫩。一旦出瓶种植,所接触的都是自然环境,湿度相对偏低,昼夜温差加大,营养的供应靠根系吸收,离开了人为条件,试管苗在短期内很难适应,所以必须逐步过渡。先在培养室中去掉瓶盖,继续培养锻炼 1~2 d。再创造一个较高温度与湿度并略加遮阳、卫生的环境,将培养基洗净后种植于消过毒、灭过菌、疏松透气的介质中。经 30~50 d 的炼苗阶段后进入田间栽培。

思考题

1.简述有性繁殖与无性繁殖的概念。两种繁殖方式各有何优缺点?

2.花卉种子萌发需要哪些条件?

3.花卉种子播种前需要做哪些处理? 方法是什么?

4.无性繁殖的理论依据是什么?

5.如何提高绿枝扦插的成活率?

6.嫁接成活的原理是什么? 影响花卉嫁接成功的关键因素有哪些?

7.花卉分生繁殖有哪些类型?

8.花卉压条繁殖有哪些类型?

第5章 花卉栽培设施及设备

【内容提要】

本章介绍了花卉栽培常见的设施,如温室、塑料大棚和荫棚等。通过本章的学习,了解现代温室、塑料大棚、荫棚等的结构与类型,熟悉常见设施设备的性能特点,掌握温室、塑料大棚和荫棚在花卉生产中的作用及应用。

5.1 现代温室

现代化温室主要指大型的(覆盖面积多为 1 hm^2 或更大),环境调控能力强,基本不受自然气候条件的影响,可实现自动化控制,能全天候进行园艺作物生产的连接屋面温室。现代化温室按屋面特点主要分为屋脊型连接屋面温室和拱圆形连接屋面温室。

5.1.1 温室结构与类型

(1)屋脊型连接屋面温室

荷兰芬洛型(Venlo)温室是屋脊型连接屋面温室的典型代表。这种温室大多数分布在欧洲,在荷兰的使用范围最大。这种温室的骨架采用钢架和铝合金构件构成,透明覆盖材料为 4 mm 厚平板玻璃。温室屋顶形状和类型主要有多脊连栋型和单脊连栋型两种(图5-1)。

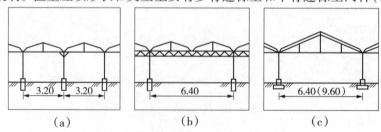

图5-1 **屋脊型连接屋面温室**(单位:m)

多脊连栋型温室的标准脊跨为 3.2 m 或 4.0 m,单间温室跨度为 6.4 m,8.0 m,9.6 m,大跨度的可达 12.0 m 和 12.8 m。早期温室柱间距为 3.00 ~ 3.12 m,目前采用 4.0 ~ 4.5 m 较多。该型温室的传统屋顶通风窗宽 0.73 m、长 1.65 m。以 4.00 m 脊跨为例,通风窗玻璃宽度为 2.08 ~ 2.14 m。同样地,随着时间的推移,排水槽高度也在逐渐调整。目前该型温室的柱高 2.5 ~ 4.3 m,脊高 3.5 ~ 4.95 m,玻璃屋面倾角 25°。单脊连栋型温室的标准跨度为 6.40 m、8.00 m、9.60 m、12.80 m。在室内高度和跨度相同的情况下,单脊连栋型温室较多脊连栋温室的开窗通风率大。

（2）拱圆型连接屋面温室

拱圆型连接屋面温室主要以塑料薄膜为透明覆盖材料,这种温室主要在法国、以色列、美国、西班牙、韩国等国家广泛应用。我国华北型连栋塑料温室（图 5-2）也属此种类型。其骨架由热浸镀锌钢管及型钢构成,透明覆盖材料为双层充气塑料薄膜。温室单间跨度为 8 m,开间 3 m,天沟高度最低 2.8 m,拱脊高 4.5 m,8 跨连栋的建筑面积为 2 112 m²。东西墙为充气膜,北墙为砖墙,南侧墙为进口 PC 板。温室的抗雪压为 30 kg/m²,抗风能力为 28.3 m/s。这种温室没有完善而先进的附属设备,如加温系统、地中热交换系统、湿帘风机降温系统、通风、灌水（施肥）、保温幕以及数据采集与自动控制装置等。自动控制系统可以实现温室环境因子的自动和手动控制,可进行室内外的光照、温度和湿度的自动测量。加温和降温系统可根据作物生育需要,设定温度指标实行自动化控制。

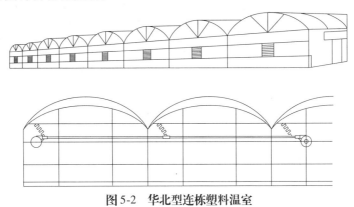

图 5-2　华北型连栋塑料温室

5.1.2　温室配套设备

1）自然通风系统

自然通风系统是温室通风换气、调节室温的主要方式,一般分为顶窗通风、侧窗通风和顶侧窗通风 3 种方式。侧窗通风有转动式、卷帘式和移动式 3 种类型。玻璃温室多采用转动式和移动式;薄膜温室多采用卷帘式。通风窗的设置方式多种多样,如何在通风面积、结构强度、运行可靠性和空气交换效率等方面兼顾,综合优化结构设计与施工是提高高温、高湿情况下自然通气效果的关键。

2）加热系统

加热系统与通风系统结合，可为温室内作物生长创造适宜的温度和湿度条件。目前冬季加热方式多采用集中供热、分区控制方式，主要有热水管道加热和热风加热两种系统。

（1）热水管道加热系统

热水管道加热系统由锅炉、锅炉房、调节组、连接附件及传感器、进水及回水主管、温室内的散热管等组成。在供热调控过程中，调节组是关键环节，主调节组和分调节组分别对主输水管、分输水管的水温按计算机系统指令，通过调节阀门叶片的角度来实现水温高低的调节。温室散热管道有圆翼型和光管型两种，设置方式有升降式和固定式之分，按排列位置可分为垂直和水平排列两种方式。

热水加热系统在我国通常采用燃气加热，其优点是室温均匀，停止加热后室温下降速度慢，水平式加热管道还可兼作温室高架作业车的运行轨道；缺点是室温升高慢，设备材料多，一次性投资大，安装维修费时费工，燃煤排出的炉渣、烟尘污染环境，需占用土地。

（2）热风加热系统

热风加热系统是利用热风炉通过风机把热风送入温室各部位加热的方式。该系统由热风炉、送气管道（一般用 PE 膜做成）、附件及传感器等组成。

热风加热系统采用燃油或燃气加热，其特点是室温升高快，停止加热后降温也快，易形成叶面渍水，加热效果不及热水管道加热系统，但节省设备资材，安装维修方便，占地面积少，一次性投资少等，适于面积小、加温周期短、局部或临时加热需求大的温室使用。温室面积规模大的，仍需采用燃气锅炉热水供暖方式，运行成本低，能较好地保证作物生长所需的温度。

此外，温室的加温还可利用工厂余热、太阳能集热加温器、地下热交换等节能技术。

3）帘幕系统

帘幕系统包括帘幕和传动系统。帘幕根据安装位置可分为内遮阳保温幕和外遮阳幕两种。

（1）内遮阳保温幕

内遮阳保温幕是采用铝箔条或镀铝膜与聚酯线条间隔经特殊工艺编织而成的缀铝膜。按保温和遮阳不同要求，嵌入不同比例的铝箔条，具有保温节能、遮阳降温、防水滴、减少土壤蒸发和作物蒸腾，从而节约灌溉用水的功效。这种密闭型膜可用于白天温室遮阳降温和夜间保温。夜间因其能隔断红外光波，阻止热量散失，故具有保湿效果。在晴朗冬夜盖膜的不加温温室比不盖膜的平均增温 3～4 ℃，最高达 7 ℃，可节能 20%～40%；而白天覆盖铝箔可反射光能 95%以上，因而具有良好的降温作用。目前有瑞典产和国产的适于无顶通风温室及北方严寒地区应用的密闭型遮阳保温幕，也有适于自然通风温室的透气型幕等多种规格产品可供使用。

（2）外遮阳幕

外遮阳幕利用遮光率为 70%或 50%的透气黑色网幕或缀铝膜（铝箔条比例较少）覆盖于离顶通风温室顶 30～50 cm 处，比不覆盖的可降低室温 4～7 ℃，最多时可降 10 ℃，同时也可防止作物受强光灼伤，提高作物的品质和质量。

幕帘的传动系统有钢索轴拉幕系统和齿轮齿条拉幕系统两种。前者传动速度快，成本低；

后者传动平稳,可靠性高,但造价略高,两种都可自动控制或手动控制。

4) 降温系统

暖地温室夏季热蓄积严重,降温可提高设施利用率,实现冬夏两用型温室的建造目标。常见的降温系统有喷雾降温系统和湿帘降温系统。

(1) 喷雾降温系统

喷雾降温系统使用普通水,经过喷雾系统自身配备的两级微米级过滤系统过滤后进入高压泵,经加压后的水通过管路输送到雾化喷嘴,高压水流高速撞击针式雾化喷嘴的撞针,从而形成微米级的雾粒,喷入温室,迅速蒸发并大量吸收空气中的热量,然后将潮湿空气排出室外达到降温目的,适于相对湿度较低、自然通风好的温室应用。喷雾降温系统不仅降温成本低,而且降温效果好,其降温能力为 3 ~ 10 ℃,是一种最新降温技术,一般适宜长度超过 40 m 的温室采用。该系统也可用于喷农药、施叶面肥和加湿及人工造景等。多功能喷雾系统产品根据功率大小有多种规格。

(2) 湿帘降温系统

湿帘降温系统利用水的蒸发降温原理实现降温。以水泵将水输送至湿帘墙上,使特制的湿帘能确保水分均匀淋湿整个降温湿帘墙。湿帘通常安装在温室北墙上,以避免遮光影响作物生长;风扇则安装在南墙上,当需要降温时,启动风扇将温室内的空气抽出,形成负压;室外空气因负压被吸入室内的过程中以一定速度从湿帘缝隙穿过,与潮湿介质表面的水汽进行热交换,导致水分蒸发和冷却,冷空气进入温室吸热后经风扇再度排出而达到降温目的。在炎夏晴天,尤其中午温度达到最高值、相对湿度最低时,降温效果最好,是一种简易有效的降温系统,但高湿季节或地区降温效果不佳。

5) 补光系统

补光系统成本高,目前仅在效益高的工厂化育苗温室中使用,主要是弥补冬季或阴雨天因光照不足对育苗质量的影响。所采用的光源灯具有防潮设计、使用寿命长、发光效率高、光输出量比普通钠灯高10%以上等特点。补光系统由于是作为光合作用能源,补充阳光不足,要求光强在 10 klx 以上,悬挂的位置宜与栽植行相垂直。

6) 补气系统

补气系统包括二氧化碳施肥系统和环流风机两部分。

(1) 二氧化碳施肥系统

二氧化碳气源可直接使用贮气罐或贮液罐中的工业用二氧化碳,也可利用二氧化碳发生器将煤油或石油气等碳氢化合物通过充分燃烧而释放二氧化碳。如采用二氧化碳发生器可将发生器直接悬挂在钢架结构上;采用贮气贮罐或液罐则需通过配置的电磁阀、鼓风机和输送管道把二氧化碳均匀地分布到整个温室空间。为及时检测二氧化碳浓度,需在室内安装二氧化碳分析仪,通过计算机控制系统检测并实现对二氧化碳浓度的精确控制。

(2) 环流风机

在封闭的温室内,二氧化碳通过管道分布到室内,均匀性较差,启动环流风机可提高二

氧化碳浓度分布的均匀性,此外,通过风机还可以促进室内温度、相对湿度分布均匀,从而保证室内作物生长的一致性,并能将湿热空气从通气窗排出,实现降温的效果。荷兰产的环流风机采用防潮设计,具有变频调速功能,换气量达 4 280 m^3/h、转速 250~1 400 r/min,送风距离约 45 m。

7)灌溉和施肥系统

灌溉和施肥系统包括水源、储水及供给设施、水处理设施、灌溉和施肥设施、田间管道系统、灌水器如滴头等。进行基质栽培时,可采用肥水回收装置,将多余的肥水收集起来,重复利用或排放到温室外面;在土壤栽培时,在作物根区土层下铺设暗管,以利排水。现代温室采用雨水回收设施,可将降落到温室屋面的雨水全部回收,成为一种理想的水源。在整个灌溉施肥系统中,灌溉首部配置是保证系统功能完善程度和运行可靠性的一个重要部分。常见的灌溉系统有适于地栽作物的滴灌系统、适于基质袋培和盆栽的滴灌系统、适于温室矮生地栽作物喷嘴向上的喷灌系统或喷嘴向下的倒悬式喷灌系统,以及适于工厂化育苗的悬挂式可往复移动式喷灌系统。

在灌溉施肥系统中,目前多采用混合罐方式,即在灌溉水和肥料施到田间前,按系统 EC 值和 pH 值的设定范围,首先在混合罐中将水和肥料均匀混合,同时进行定时检测,当 EC 值、pH 值未达到设定标准时,至田间网络的阀门关闭,水肥重新回到罐中进行混合。同时为防止不同化学成分混合时发生沉淀,设 A、B 罐与酸碱液。在混合前有二次过滤,以防堵塞。灌溉设施首部是肥料泵重要的部分,根据其工作原理分为文丘里式注肥器、水力驱动式肥料泵、无排液式水力驱动肥料泵和电驱动肥料泵等。

8)滑动花架

通常情况下,每间温室除了纵向的花床外,还需留有多条通道,以便进行操作,却导致温室的有效利用面积只有总面积的 2/3 左右。使用滑动花架,每间温室只需留出一条通道,温室有效面积可以提高到 86%~88%,并节约燃料及各种费用。滑动花架是将花床的座脚固定后,用两根纵长的镀锌钢管放在花架和座脚之间,利用管子的滚动,花架可以左右滑动。当上面摆满盆花时,在任何温室一端用手即能容易地拉动,从而变换通道位置。

9)活动花框

使用活动花框可以减少人工搬摆盆花的劳动消耗,能使大量盆花很容易地从温室移到工作室、荫棚、冷气室或装车的地方。花框呈长方形式浅盘状,大小一般为(1.2 m×3.6 m)~(1.5 m×6 m),框边高 10~12 cm,用铝制成,很轻,框边放在两条固定的钢管上,框底有滚筒能在钢管上滚动,每个花框可以推滚到过道,装车后移向目的地。这种框除了能沿钢管纵向移动外,还能左右滑动 40~50 cm,留出人行道。固定钢管在冬天还可以通热水,兼作加温用。

除上述配套设施外,有的温室还配以穴盘育苗精量播种生产线、组装式蓄水池、消毒用蒸气发生器、各种小型农机具等配件。

10）计算机自动控制系统

自动控制是现代温室环境控制的核心技术,可自动检测温室气候和土壤参数,并对温室内配置的所有设备实现自动控制和优化运行,如开窗、加温、降温、加湿、光照和二氧化碳补气,灌溉施肥和环流通气等。计算机自动控制系统不是简单的数字控制,而是基于专家系统的智能控制。一个完整的自动控制系统包括气象监测站、微机、打印机、主控制器、温湿度传感器、控制软件等。控制设备依其复杂程度、价格高低、温室使用规模大小等不同的要求,有不同的产品。较普及的是微处理机型的控制器,以电子集成电路（IC）为主体,利用中央控制器的计算能力与记忆体贮存资料的能力进行控制作业,具有开关控制或多段控制的功能,在控制策略上还可使用比例控制、积分控制或整个控制技术的整合体。近年由于单片机的功能不断加强、成本降低而日渐普及。荷兰现代大型温室使用的专用环控计算机,是一种适于农业环境下的能耐温湿度变化又能忍受瞬间高压电流的专用计算机,具有强大的运算功能、逻辑判断功能与记忆功能,能对多种气候因子参数进行综合处理,能定时控制并记录资料,并可连接通信设备进行异常警告通知,其性能更稳定,具有可控一栋或多栋的两种控制器模块。此外,目前还针对大规模温室生产需求,专门开发了温室环控作业的专业计算机中央控制系统,可实施信号远程传送,利用数据传送机收集各种数据,加以综合判断,做到温室中花卉栽培从种到收完全由计算机远程控制完成,从而大大提高工作效率。当务之急是研发具有自主知识产权的、符合国情的不同气候型和不同温室作物生育的,并考虑到温室作物对环境的影响这一因素,研发智能灵巧的计算机全自控环境软硬件系统。

5.1.3　温室的性能特点

现代化温室主要应用于高附加值的园艺作物生产上,如喜温果类蔬菜、切花、盆栽观赏植物、果树、园林设计用的观赏树木的栽培及育苗等。其中具有设施园艺王国之称的荷兰,其现代化温室的60%用于花卉生产,40%用于蔬菜生产,而且蔬菜生产中又以生产番茄、黄瓜和青椒为主。在生产方式上,荷兰温室基本上全部实现了环境控制自动化,作物栽培无土化,生产工艺程序化和标准化,生产管理机械化、集约化。因此,荷兰温室黄瓜产量大面积可达到 800 t/hm²,番茄可达到 600 t/hm²。不仅实现了高产,而且达到了优质,产品行销世界各地。设施园艺已成为荷兰国民经济的支柱产业。

我国引进和自行建造的现代化温室除少数用于培育林业上的苗木以外,绝大部分也用于园艺作物育苗和栽培,而且以种植花卉、瓜果和蔬菜为主。虽然个别温室已实现了工厂化生产,如深圳青长蔬菜有限公司和北京顺鑫长青蔬菜有限公司等,引进加拿大 HYDRONOV 公司深池浮板种植技术,进行水培莴苣生产,已经实现了温室蔬菜生产的工业化。运用生物技术、工程技术和信息管理技术,以程序化、机械化、标准化、集约化的生产方式,采用流水线生产工艺,充分利用温室的空间,加快蔬菜的生长速度,使蔬菜产量比一般温室提高 10～20 倍,充分显示了现代化设施园艺的先进性和优越性。

5.1.4　温室环境的控制与管理

1)光照环境的控制与管理

(1)增强光照

①改进温室结构以提高透光率。主要包括:选择好适宜的建筑场地及合理的建筑方位;设计合理的屋面角;设计合理透明的屋面形状;选择截面积小,遮光率低的骨架材料;选择透光率高且耐候性好的透明覆盖材料等。

②改进管理措施。主要包括:保持透明屋面清洁;在保温前提下尽可能早揭晚盖外保温和内保温覆盖物;合理密植,合理安排种植行向;选用耐弱光的品种;覆盖地膜,加强地面反光;(后墙)利用反光幕——据测,可使反光幕前的光照增加40%~44%,有效范围达3 m。

③人工补光。主要目的有两个,其一是增加光照时间用以抑制或促进花芽分化;这种补光要求的光照强度较小,大约100 lx即可;其二是增加光照的强度,一般要求强度在1 000~3 000 lx。适用于补光的光源有农艺钠灯、水银荧光灯等。

(2)减弱光照

目的主要有两个:一是减弱保护地内的光照强度,二是降低保护地内的温度。遮光的主要方法有:

①覆盖各种遮阴材料,如遮阳网、无纺布、苇帘等。目前最常用的遮光材料是遮阳网。

②采光屋面涂白,主要用于玻璃温室,可遮光50%~55%,降低室温3.5~5.0 ℃。

③屋面流水:遮光率约25%。

2)温度环境的控制与管理

温度环境的调控包括保温、加温和降温。

(1)保温

保温主要是防止进入温室内的热量散失到外部。根据温室的热量收入和支出规律,保温措施应主要从减少贯流放热、减少换气放热和减少地中热传导3方面进行。

①减少贯流和换气放热。目前减少贯流和换气放热主要采取减小覆盖材料、维护材料和结构材料的缝隙;使用热阻大的各种材料;采用多层覆盖等3项措施。

在减小缝隙方面,发达国家温室主要采用铝合金骨架再加密封胶条,我国日光温室则逐渐实行标准化,进而大大减小各种缝隙。总之,减小缝隙主要是在园艺设施建造及覆盖透明材料时加以注意。

由于温室各部结构对材料要求的局限性,因此,选择热阻大的材料也受到一定限制。温室的保温性能除与各种材料的热阻有关外,还与其厚度有关。此外,透明覆盖材料的长波透过特性也对保温有影响。多层覆盖主要采用室内保温幕、室内小拱棚和外面覆盖等措施。据测定:当在玻璃温室和塑料大棚内加一层PVC保温幕时,可分别降低热贯流率35%和40%;而在外部只加一层草苫时,可分别降低60%和65%。

②减少地中热传导。地中热传导有垂直传导和水平横向传导,垂直传导的快慢主要与土质

和土壤含水量有关,通常黏重土壤和含水量大的土壤导热率低;而水平横向传导除了与土质和土壤含水量有关外,还与室内外地温差有关。因此,减少地中垂直热传导主要采取改造土壤,增施有机质使土壤疏松,并避免土壤含水量过多。而减少土壤水平横向热传导除了采取如上措施外,还要在室内外土壤交界处增加隔热层,以切断热量的横向传导,如挖防寒沟。此外,还可在室外温室周围用保温覆盖物覆盖土壤,以减小室内外土壤温差,达到减少土壤水平横向热传导目的。

③增大温室的透光率。增大温室的透光率,温室内积累更多的太阳能,是增温的重要措施。主要的方法有:改进温室结构以及加强温室的管理以提高透光率。其方法如前所述。

④蓄积太阳能。白天温室内的温度常常高于作物生育适温,如果把这些多余能量蓄积起来,以补充晚间低温时的不足,将会大量节省寒冷季节温室生产的能量消耗。具体方法主要有地中热交换、水蓄热、砾石和潜热蓄热等4种方式。

地中热交换是将白天太阳热能通过风扇和地下管道送到土壤中,使土壤蓄热,待晚间室内气温下降时释放出来,以避免室内气温快速下降。

水蓄热主要有两种:一是将水灌入塑料袋中,然后放在作物垄上,白天太阳照射其上,从而达到蓄热目的,被称为水枕;二是使水和室内空气同时通过热交换机,白天将高温空气中的热能传给水,并进入保温性能好的蓄热水槽蓄积起来,晚间使温水中热能传给空气,用以补充空气热能。

采用砾石等热容量大的固体材料进行蓄热,虽然没有水的蓄热量大,而且其传导传热系数也不及水的对流传热系数大,但固体材料蓄热不需复杂设备,比较便利,特别是日光温室,如果在后墙内侧采用热容量较大的材料,而在外侧采用导热率较小的材料,则既可达到蓄热,又可达到保温的目的。

潜热蓄热是通过化学物质在不同温度下的相变所产生的热交换来蓄热。当前常用的潜热蓄热材料有:氟化物、硫酸盐、硝酸盐以及石蜡等有机蓄热材料。

(2)加温

①热水加温:温室中通常使用铸铁的圆翼形散热器,也可采用其他形式的暖气片。热水加温法加热缓和,温度分布均匀,热稳定性好,余热多,停机后保温性高,是温室加温诸多方法中较好的办法之一,但是设施一次性投资较高。

②暖风加温:暖风加温的具体设备是热风炉,常用的燃料有煤、天然气和柴油。这种方法预热时间短,加热快;容易操作,热效率高,可达70%～80%。设备成本低(燃油的较高),大约是热水采暖成本的1/5;但是停机后保温性差,需要通风换气。暖风采暖可广泛应用于多种类型的温室中。

③电热加温:这种方式是用电热温床或电暖风加热。特点是预热时间短,设备费用低。但是停机后保温性能差,而且使用成本高,生产用不经济。主要适用于小型温室或育苗温室地中加温或辅助采暖。

④火炉加温:这种方法设备投资少,保温性能较好,使用成本低,但操作费工,容易造成空气污染。多用于土温室或大棚短期加温。

除了上述方法之外,在有地热资源的地方还可以将地热(如辽宁海城腾鳌地区)资源用于冬季温室内部取暖。

(3)降温

①通风换气。通风换气是最简单而常用的降温方式,通常可分为自然通风和强制通风两

种。自然通风的原动力主要靠风压和温差,据测定:风速为 2 m/s 以上时,通风换气以风压为主要动力,而风速为 1 m/s 时,通风换气以内外温差为主要动力,风速为 1~2 m/s,根据换气窗位置与风向间的关系,有时风力换气和温差换气相互促进,有时相互拮抗。强制通风的原动力是靠换气扇,在设计安装换气扇时,需考虑换气扇的选型、吸气口的面积、换气扇和吸气口的安装位置以及根据静压—风量曲线所确定的换气扇常用量等。

②减少进入园艺设施内的太阳辐射能。主要是采取各种遮光方法(如前所述)。

③蒸发冷却法。蒸发冷却法又可分为湿热风扇法、水雾风扇法、细雾降温法和屋顶喷雾法等,这些方法主要是通过水分蒸发吸热而使气体降温后再进入温室内,从而起到降低室内温度的目的。

④冷水降温。此法主要是使用 20 ℃以下的地下水或其他冷水直接于室内空气接触冷却。此法耗水量较大,据计算 1 L 15 ℃水升温至 22 ℃,只能从空气中吸收 7.0 kcal 热量。

⑤作物喷雾降温法。此法是直接向作物体喷雾,通过作物表面水滴蒸发吸热而降低体温,这种方法会显著增加室内湿度,通常仅在扦插、嫁接和高温干燥季节采用。

⑥地中热交换。如前所述。

3) 气体环境的控制与管理

(1)空气湿度的调控

由于园艺设施内空气常常处于多湿状态,因此,空气湿度的调控主要考虑排湿问题。园艺设施内排湿途径归结起来主要有如下几方面:①通风换气排湿;②升温或保持气温在露地以上;③使用无滴覆盖材料或流滴剂,使水滴顺覆盖材料流下;④抑制地表蒸发;⑤使室内空气流动,促进植株露水或吐水蒸发等。

(2)温室内二氧化碳气体环境及其调控

二氧化碳是光合作用的重要原料之一。通常大气中的二氧化碳平均浓度为 330 mg/L (0.65 g/m³ 空气)左右,而白天植物光合作用吸收二氧化碳量为 4~5 g/m²hr,在无风或风力较小情况下,作物群体内部的二氧化碳浓度常常低于平均浓度。特别是在半封闭的园艺设施系统中,如果不进行通风换气或增施二氧化碳,就会使作物处于长期二氧化碳饥饿状态,从而严重影响作物光合作用和生育。园艺作物的二氧化碳饱和点一般在 800~1 600 mg/L。日光温室内冬季早晨揭草苫前温室内的二氧化碳浓度最高,可达 1 100~1 300 mg/L,而揭草苫 2 h 后的 10 时左右,二氧化碳浓度降至 250 mg/L 以下,放风前的 11 时左右则降至 150 mg/L 甚至更低。温室内空气中二氧化碳浓度经常成为园艺作物光合作用限制因子。

园艺设施内二氧化碳气体的调控具体方法有:

(1)通风换气法

采用通风换气法调控二氧化碳浓度常受外界气温的制约,一般外界气温低于 10 ℃时,直接进行通风换气较为困难。而且在园艺设施内二氧化碳浓度较低情况下,通过通风换气法,最大限度只能使二氧化碳浓度提高到外界水平。

(2)土壤增施有机质

土壤有机质在微生物的作用下,会不断被分解为二氧化碳,同时土壤有机质的增多,也会使土壤微生物增加,进而增加了微生物呼吸所放出的二氧化碳。据鸭田等人(1975)测定:施有腐熟稻草的温室中的二氧化碳浓度在日出前最高可达 5 000 mg/L。另据高桥等人（1977）对施有不同种类有机质的土壤进行测定的结果表明：施有稻草的床土所发生的二氧化碳最高，生稻壳、稻草堆肥、蚯蚓类等次之，腐叶土、泥炭、胡敏酸和稻壳熏炭等最差。有研究表明：稻草和膨化鸡粪按适当比例配合撒施处理（膨化鸡粪 10 kg/m²，稻草 12 kg/m²）可以提高叶绿素含量，增强光合、抑制呼吸、加快羧化，从而显著提高产量。由于稻草的持续分解，使得温室内的二氧化碳在番茄生育后期仍然能保持较高浓度（2 600 ~ 3 000 mg/L），可以满足长季节栽培条件下番茄生长发育对二氧化碳的需求。

（3）二氧化碳人工施肥

①化学分解法：碳酸氢铵和硫酸的反应结构简单，便于使用，但是有危险（强酸）。

②燃烧法：主要的燃料有天然气、白煤油、煤和焦炭。其中天然气是主要的原料，成本低，容易自动控制。燃烧产生的热量可以通过水或其他介质贮存起来，在夜间再用来给温室加温取暖。

③释放法：人工释放液态和固态二氧化碳。此法使用方便，但是浓度难以控制，成本相对较高。施用的浓度：一般作物 600 ~ 1 500 mg/L，多采用 1 000 mg/L，当浓度大于 3 000 mg/L 时，作物增产效果下降。施用的适宜时期：一般作物幼苗期至定植后一个月左右开始施用，果实膨大期使用效果好。一天中见光 0.5 h 后施用，放风前 0.5 ~ 1 h 前停止施用。

4）土壤环境的控制与管理

（1）园艺设施内的土壤环境特点

①土壤养分转化和有机质分解速度加快。园艺设施内的土壤温度一般全年都高于露地，再加上土壤湿度较高，所以土壤中的微生物活动全年均较旺盛，这就加快了土壤养分转化和有机质分解速度。

②肥料的利用率高。园艺设施内的土壤一般不受或较少受雨淋，土壤养分流失较少，因此，施入的肥料便于作物充分利用，从而提高肥料的利用率。

③土壤盐分浓度大。由于园艺设施内的土壤水分是由下层向表层运动，即所谓"向上型"的，又由于园艺设施连年过量施肥，使残留在土壤中的各种肥料盐随水分向表土积聚，因此，园艺设施内表土常常出现盐分浓度过高，以致作物生育发生障碍的情况。

④土壤湿度稳定。因园艺设施内的土壤湿度主要靠人工灌水来调节，而不受降雨的影响，因此，其土壤湿度相对稳定。

⑤土壤中病原菌集聚。由于园艺设施蔬菜连作栽培十分普遍，又由于园艺设施一年四季都可利用，因此就导致了土壤中病原菌的大量集聚，造成土传蔬菜病害的大量发生。

⑥土壤营养失衡。由于土壤中硝酸盐浓度的增高使土壤逐步酸化，从而会抑制土壤中硝化细菌的活动，这样就容易发生亚硝酸气体危害。

另外，由于土壤酸化，还会增加铁、铝、锰等元素的可溶性，而降低钙、镁、钾、钼等元素的可溶性，从而诱发作物产生营养元素缺乏症或过剩症。

（2）土壤含盐量的调控

土壤盐分浓度对作物的影响根据作物种类和土壤种类的不同而异。在不同土壤种类中，以砂土最易出现盐分浓度危害。腐殖质壤土因其缓冲能力较强，可缓解因盐分浓度过高而出现的作物生育障碍。土壤盐分浓度增高，除造成烧秧现象外，还会对作物吸收某种营养元素产生拮抗作用,即盐分浓度过大会出现抑制作物对某种营养元素吸收,从而产生缺素症。这种缺素症的本质是土壤中并不缺少该种元素,而只是因土壤盐分浓度过高造成的营养元素不能被吸收。

①农业综合措施除盐。

a. 科学合理施肥,多施有机肥,少施化肥,以增加土壤的缓冲能力。

b. 夏季休闲季节揭掉棚膜,利用雨水淋溶洗盐。

c. 浇水时避免小水勤浇,而应进行大水灌溉,以便使作物充分吸收土壤营养和避免土壤盐分在表层积聚。

d. 实行地膜覆盖,并在畦间走道处铺 5 cm 厚稻草或稻壳,以抑制表土积累盐分。

e. 对于盐分浓度过大的土壤,可在休闲季节进行深翻后灌大水洗盐,灌水量一般在 200 mm 以上。

②生物除盐。在园艺设施夏季高温的休闲季节,种植生长速度快、吸肥力强的苏丹草,可以吸收掉土壤中大量的氮素,起到除盐作用。在农作物中,除盐效果最好的是玉米、高粱。据报道,种植苏丹草后,可使 0～5 cm、5～25 cm 和 25～30 cm 3 个土层分别脱盐 27.0%、13.1% 和 30.6%。种植的草可喂牛、养鱼和作为绿肥。

③工程除盐。通常温室或大棚内 0～25 cm 土层内的盐分浓度较高,而 25～50 m 土层含盐量较低。因此,可根据这一特点,在土面下 30 cm 和 60 cm 处分别埋一层双层波纹有孔塑料暗管,管的间距在 30 cm 处为 1.5 m,60 cm 处为 6 m,然后实行灌水洗盐,这样可使耕层内大部分盐分随水顺管道排到室外。也可在 60 cm 土层处铺一层 10 cm 厚稻草,然后进行大水洗盐,这样可使表层盐分淋溶到稻草下层,由于稻草孔隙较大,其盐分不会再随水分上升到地表。

④更新土壤。采用更换土壤,或采用可移动组装式大棚或临时性日光温室,几年换建一次,以更新土壤。

(3)防止作物连作危害

①嫁接育苗。果菜类蔬菜采取以抗病的蔬菜种类或品种作砧木,以栽培品种作接穗进行嫁接育苗,如黄瓜嫁接防止黄瓜枯萎病,茄子嫁接防止黄萎病,番茄嫁接防止褐色根腐病等土壤传染病害。

②土壤消毒。土壤消毒主要有物理消毒法和化学消毒法。

a. 物理消毒法。物理消毒法主要包括两种,即太阳能消毒法和蒸汽消毒法。

太阳能消毒法是在高温的夏季园艺设施休闲时,将温室或大棚密闭起来,在土壤表面撒上碎稻草(每亩地 0.7～1.0 t)和生石灰(每亩 70 kg),并使之与土壤混合,做畦,向畦内灌水,盖上旧薄膜。白天土表温度可达 70 ℃,25 cm 深土层全天都在 50 ℃ 左右。经半个月到一个月,就可起到土壤消毒和除盐的作用。

蒸汽消毒法需消耗大量能源和一定的设备,难以大面积推广应用。

b. 化学药剂消毒。温室或大棚消毒用的药剂主要为福尔马林(即 40% 的甲醛溶液)。

福尔马林主要用于床土消毒,使用浓度为 50～100 倍水溶液。先将床土翻松,将配好的药液均匀地喷洒在地面上,每亩用配好的药液约 100 kg。喷完后再翻土一次,用塑料薄膜覆盖床面,5～7 d 后撤去薄膜,再翻土 1～2 次即可使用。

5.2　塑料大棚

5.2.1　塑料大棚的结构与类型

目前生产中应用的大棚,按棚顶形状可以分为拱圆形和屋脊形,但我国绝大多数为拱圆形。按骨架材料则可分为竹木结构、钢架混凝土柱结构、钢架结构、钢竹混合结构等。按连接方式又可分为单栋大棚、双连栋大棚及多连栋大棚。我国连栋大棚棚顶多为半拱圆形,少量为屋脊形(图5-3)。

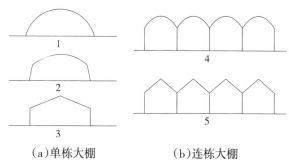

（a）单栋大棚　　　　（b）连栋大棚

图5-3　塑料薄膜大棚的类型

塑料薄膜大棚的骨架是由立柱、拱杆(拱架)、拉杆(纵梁、横拉)、压杆(压膜线)等部件组成,俗称"三杆一柱"。这是塑料薄膜大棚最基本的骨架构成,其他形式都是在此基础上演化而来。大棚骨架使用的材料比较简单,容易建造。

（1）竹木结构单栋大棚

棚的跨度为8～12 m,高2.4～2.6 m,长40～60 m,每栋生产面积333～666.7 m^2。由立柱(竹、木)、拱杆、拉杆、吊柱(悬柱)、棚膜、压杆(或压膜线)和地锚等构成(图5-4)。

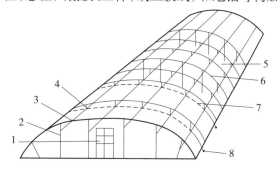

1—门;2—立柱;3—拉杆(纵向拉梁);4—吊柱;
5—棚膜;6—拱杆;7—压杆(或压膜线);8—地锚

图5-4　竹木结构大棚示意图

（2）GP系列镀锌钢管装配式大棚

该系列由中国农业工程研究设计院研制成功,并在全国各地推广应用。骨架采用内外壁热浸镀锌钢管制造,抗腐蚀能力强,使用寿命10～15年,抗风荷载31～35 kg/m^2,抗雪荷载20～

24 kg/m²。代表性的 GP-Y8-1 型大棚,其跨度 8 m,高度 3 m,长度 42 m,面积 336 m²;拱架以 1.25 mm 薄壁镀锌钢管制成,纵向拉杆也采用薄壁镀锌钢管,用卡具与拱架连接;薄膜采用卡槽及蛇形钢丝弹簧固定,还可外加压膜线,作辅助固定薄膜之用;该棚两侧还附有手动式卷膜器,取代人工扒缝放风(图 5-5)。

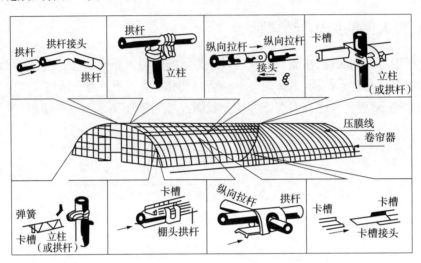

图 5-5　钢管组装式大棚的结构

塑料大棚是目前保护地生产中应用最多的一种形式。总结以前的使用经验,一般认为大棚的跨度应是高度的 2~4 倍,即 6~12 m 为好。大棚的长度一般以 40~60 m 为宜,单栋面积以 1 亩(1 亩 = 666.67 m²)左右为好。太长了管理不方便,局部小气候也有差异。

5.2.2　塑料大棚的性能特点

塑料薄膜大棚的增温能力在早春低温时比露地高 3~6 ℃。其在园艺作物的生产中应用非常普遍,主要用于园艺作物的提早和延后栽培:春季用于提早栽培,可使果菜类蔬菜提早上市 20~40 d;秋季延后栽培可使果菜类的蔬菜采收期延后 20~30 d;另外还可用于夏季防雨、防风栽培、早春各种花草和蔬菜的育苗等。

5.3　其他设施与设备

5.3.1　荫　棚

1)荫棚的结构

荫棚的种类和形式大致可分为临时性和永久性两种。

（1）临时性荫棚

临时性荫棚除放置越夏的温室花卉外，还可用于露地繁殖床和切花栽培（如紫菀、菊花等）。其建造的方法是：早春架设，秋凉时逐渐拆除。主架由木材、竹材等构成，上面铺设苇秆或苇帘，再用细竹材夹住，用麻绳及细铁丝捆扎。荫棚一般都采用东西向延长，高 2.5 m，宽 6 ~ 7 m，每隔 3 m 立柱一根。为了避免上、下午的阳光从东或西面照射到荫棚内，东西两端还设遮阴帘。注意遮阴帘下缘应距地 60 cm 左右，以利通风。

（2）永久性荫棚

永久性荫棚用于温室花卉和兰花栽培，在江南地区还常用于杜鹃等喜阴性植物的栽培。形状与临时性荫棚相同，但骨架多用铁管或水泥柱构成。铁管直径为 3 ~ 5 cm，其基部固定于混凝土中，棚架上覆盖苇帘、竹帘或板条等遮阴材料。

2）荫棚在花卉栽培中的作用

不少温室花卉种类属于半阴性的，如观叶植物、兰花等，不耐夏季温室内的高温，一般均于夏季移出室外，在遮阴条件下培养，夏季的嫩枝叶扦插及播种、上盆或分株的植物的缓苗，在栽培管理中均需注意遮阴。因此，荫棚是花卉栽培必不可少的设备。荫棚下具有避免日光直射、降低温度、增加湿度、减少蒸发等特点，给夏季的花卉栽培管理创造了适宜的环境。

5.3.2　冷床与温床

冷床与温床是花卉栽培的常用设施。不加温只利用太阳辐射热的称为冷床；除利用太阳辐射热外，还需人为加温的称为温床。

1）冷床与温床的构造

（1）冷床

冷床又称阳畦。普通阳畦主要由风障、畦框和覆盖物 3 部分组成。各地阳畦的形式略微有些差别。

①风障：是设置在栽培畦背面的防风屏障物，一般由篱笆、披风和土背构成。用于阻挡季风，提高栽培畦内的温度。

②畦框：用土夯实而成。一般框高 30 ~ 50 cm，框顶部宽 15 ~ 25 cm，底宽 30 ~ 40 cm。

③覆盖物：可以是玻璃、塑料薄膜和蒲席、草苫等。白天接受阳光照射，提高畦内温度，傍晚在塑料薄膜或玻璃上再加不透明覆盖物，如蒲席、草苫等保温。

改良阳畦由风障、土墙、棚顶、玻璃窗、蒲席等部分构成。内部空间较大，保温性能较好。

（2）温床

温床是在阳畦的基础上改进的保护地设施，由床框、床坑、加温设备和覆盖物组成。床框有土、砖、木等结构，以土框温床为主；床坑有地下、半地下和地表 3 种形式，以半地下式为主；加温设备有蒸汽、电热和酿热物等，其中以酿热物为主，如马粪、稻草、落叶等，利用微生物分解有机质所产生的热能来提高苗床的温度。酿热物需提前装入床内，每 15 cm 左右铺一层，装 3 层，每

层踏实并浇温水,然后盖顶封闭,让其充分发酵。温度稳定后,再铺一层 10～15 cm 厚的培养土或河沙、蛭石、珍珠岩等。作扦插或播种用,也可用于秋播草本花卉和盆花的越冬。

2) 冷床与温床的应用

冷床和温床主要用于提前播种,提早花期。利用冷、温床可在晚霜前 30～40 d 播种,以提早花期;还可以用于促成栽培:如秋季在露地播种育苗,冬季移入冷床或温床使之在冬季开花,或在温暖地区冬季播种,使之在早春开花;另外也可用于半耐寒性盆花或二年生花卉的保护越冬。

5.3.3 防虫网

温室是一个相对密闭的空间,室外昆虫进入温室的主要入口为温室的顶窗和侧窗,防虫网就设于这些开口处。防虫网可以有效地防止外界植物害虫进入温室,使温室中的农作物免受病虫害的侵袭,减少农药的使用。安装防虫网要特别注意防虫网网孔的大小,并选择合适的风扇,保证使风扇能正常运转,同时不降低通风降温效率。

5.3.4 栽培床

栽培床主要用于各类保护地中。

栽培床通常直接建在地面上。根据温室走向和所种植花卉的需求而定,一般是沿南北方向用砖在地面上砌成一长方形的槽,槽壁高约 30 cm,内宽 80～100 cm,长度不限。也有的将床底抬高,距地面 50～60 cm,槽内深 25～30 cm。床体材料多采用混凝土,现在也常用硬质塑料板折叠成槽状,或用发泡塑料或金属材料制成。

在现代化的温室中,一般采用可移动式栽培床。床体用轻质金属材料制成,床底部装有"滚轮"或可滚动的圆管用以移动栽培床。使用移动式苗床时,可以只留一条通道的空间,通常宽 50～80 cm,通过苗床滚动平移,可依次在不同的苗床上操作。使用移动式苗床可以利用温室面积达 86%～88%,而设在苗床间固定通道的温室的利用面积只占 62%～66%。提高温室利用面积意味着增加了产量。

移动式栽培床一般用于生产周期较短的盆花和种苗的生产。栽培槽常用于栽植期较长的切花栽培。

不论何种栽培床(槽),在建造和安装时,都应注意:①栽培床底部应有排水孔道,以便及时将多余的水排掉。②床底要有一定的坡度,便于多余的水及时排走。③栽培床宽度和安装高度的设计,应以有利于人员操作为准。一般情况下,如果是双侧操作,床宽不应超过 180 cm,床高(从上沿到地面)不应超过 90 cm。

5.3.5 容 器

1) 花盆

花盆是重要的花卉栽培容器,其种类很多,用于生产或园林应用。现就其中主要类别介绍如下。

（1）素烧盆

素烧盆又称瓦盆,由黏土烧制,有红盆和灰盆两种。虽质地粗糙,但排水良好,空气流通,适于花卉生长;通常圆形,规格多样。虽价格低廉,但不利于长途运输,目前用量逐年减少。

（2）瓷盆

瓷盆用瓷泥烧制而成,有圆形、六棱状圆形和方筒形等。前两种体量很大,供室内摆花时作套盆使用;后者很小,为栽植微型盆景时使用。瓷盆细腻美观,并绘有精美图案,主要供陈列观赏或作套盆使用;缺点是不透水不透气,对植物生长不利。

（3）陶盆

陶盆有两种,一种是素陶盆,用陶泥烧制成,有一定通气性;另一种是在素陶盆上加一层彩釉,比较精美坚固,但不透气。

（4）紫砂盆

制作紫砂盆的泥料有红色的朱砂泥、紫色的紫泥和米黄色的团山泥。紫砂盆以江苏宜兴产的最好,是我国独特的工艺产品。紫砂盆精致美观,有微弱的通气性,多用来养护室内名贵的中小型盆花,或栽植树桩盆景用。

（5）塑料盆

塑料盆由硬质塑料加工制成,有各种形状、规格,可大量生产,价格便宜,质轻,不易破损,色彩丰富,观赏效果好,但透气排水性较差,使用时需配以疏松介质,应用日趋普及。塑料盆还可以制成各种规格的育花穴盘,用于大型机械化播种育苗。

（6）兰花盆

兰花盆主要为气生兰及附生蕨类专用,盆壁有各种形状孔洞。使用时以蕨根、棕皮、苔藓、泥炭块或砖块将植物固定在盆中,根可从盆孔中伸出来,给予植物湿润的生长环境,满足气生根的需求。

（7）水盆

水盆盆底无排水孔,可以盛水,浅者用于山石盆景或培养水仙;大的为荷花缸,可以栽植荷花、睡莲等。

（8）其他容器

其他容器还有拼制活动花坛的种植钵或种植箱,外形美观,色彩简洁淡雅、柔和,制作材料有玻璃钢、泡沫砖、混凝土和木材等。

2）育苗容器

花卉种苗生产中常用的育苗容器有穴盘、育苗盘、育苗钵等。

（1）穴盘

穴盘是用塑料制成的蜂窝状的、有同样规格的小孔组成的育苗容器。盘的大小及每盘上的穴洞数目不等。一方面,可满足不同花卉种苗大小差异以及同一花卉种苗不断生长的要求;另一方面,也与机械化操作相配套。规格 128 ~ 800 穴/盘。穴盘能保持种苗根系的完整性,节约生产时间,减少劳动力,提高生产的机械化程度,便于花卉种苗的大规模工厂化生产。中国从20 世纪 80 年代初开始利用穴盘进行种苗生产。常用的穴盘育苗机械有混料、填料设备和穴盘播种机,这些是穴盘苗生产的必备机械。

（2）育苗盘

育苗盘也称催芽盘，多由塑料铸成，也可以用木板自行制作。用育苗盘育苗有很多优点，如对水分、温度、光照容易调节，便于种苗贮藏、运输等。

（3）育苗钵

育苗钵是指培育小苗用的钵状容器，规格很多。按制作材料不同可分为两类：一类是塑料育苗钵，由聚氯乙烯和聚乙烯制成，多为黑色，个别为其他颜色；上口直径 6 ~ 15 cm，高 10 ~ 12 cm。育苗钵外形有圆形和方形两种。另一类是有机质育苗钵，是以泥炭为主要原料制作的，还可用牛粪、锯末、黄泥土或草浆制作。容器质地疏松透气、透水，装满水后能在底部无孔情况下，40 ~ 60 min 内全部渗出。由于钵体会在土壤中迅速降解，不影响根系生长，移植时育苗钵可与种苗同时栽入土中，不会伤根，无缓苗期，成苗率高，生长快。

5.4 园艺机械

5.4.1 育苗机械

我国容器苗工厂化生产技术与设备发展很快。从容器制作、育苗基质处理、装土播种、育苗温室及其温室内的温度、湿度、气体等环境因子调控设备，到苗木运输、装卸、造林等设备，已经全部实现了机械化。由于透光保温新材料阳光板的诞生和电子计算机控制技术的普及，阳光温室已经形成了产业化，温室内的环境因子调控系统已经实现了智能化。

5.4.2 园林管理机械

现代城市绿化管理中最常用的园林机械设备主要有草坪修剪车、草坪修剪机、绿篱机、洒水车、修边机、打孔机、割灌机等。

5.4.3 生产与产后处理机械

大型现代化生产常用的生产与产后处理机械有播种机、球根种植机、上盆机、加宽株行距装置、运输盘、传送装置、收球机、球根清洗机、球根分拣称重装置、切花去叶去茎机、切花分级机、切花包装机、盆花包装机、温室计算机控制系统、花卉冷藏运输车及花卉专用运输机等。

思考题

1. 简述现代温室和日光温室的类型及其性能。
2. 温室冬季加温和夏季降温常用哪些设施和方法?
3. 我国南方引进温室主要存在什么问题? 如何避免?
4. 现代温室是如何调控温度和湿度的?
5. 温室、塑料大棚和荫棚在花卉生产中各有何意义?

第6章 花卉的栽培管理

【内容提要】

本章介绍了花卉的露地栽培和盆栽的主要环节及程序、花卉的无土栽培、花卉的花期调节、花卉经营管理与花卉产品销售。通过本章的学习,了解露地和盆栽花卉栽培的主要环节,花卉产品种类及其分级、包装与运输要求,熟悉花卉的生产经营管理,掌握花卉露地栽培、盆栽及无土栽培的基本方法及注意事项,掌握花卉花期调控的原理和基本方法与途径。

6.1 露地花卉的栽培管理

花卉露地栽培是指将花卉直播或移栽到露地栽培,是花卉最基本的栽培方式。由于露地花卉具有适应性强,生产程序简便等优点,因此广泛运用于花坛、花境及园林绿地中,包括一、二年生花卉、宿根花卉、球根花卉以及木本花卉等。各类花卉对生长环境要求各异,自然环境几乎不可能完全具备这些条件。正如农谚所说的"三分种、七分管",为了使花卉生长健壮、保持最佳观赏效果,发挥最大的生态效益和经济效益,需要通过一些人为的措施加以调节,最大限度地满足花卉生长发育的需要,即栽培管理。

6.1.1 土壤的选择与管理

土壤是花卉生活的基质之一,可提供花卉生长所必需的水分、空气和营养。一般认为肥沃、疏松、排水良好的土壤适用于栽培多种花卉。有些花卉适应性强,对土壤要求不严格,而另一些花卉则必须对土壤进行最低限度的改良才能生长。土壤因素包括质地、深度、水分与透气性、酸碱性、盐浓度、温度等都会影响花卉根系的生长与分布。

(1)土壤质地

壤土是最好的选择,但砂土和黏土也可通过加入适量的物质进行改良。如砂土可加入有机质,包括堆肥、厩肥、锯末、腐叶、泥炭以及其他容易获得的有机物质;黏土可加入砂土进行改良。

（2）土壤深度

土壤深度取决于花卉种类和土壤状况。一、二年生花卉宜浅,一般 20～30 cm 即可;球根花卉对土壤要求较严格,需 30～40 cm;宿根花卉根系分布较深,需 40～50 cm。此外,土壤深度的选择也与土壤质地有关,一般砂土宜深,黏土宜浅。

（3）土壤水分与透气性

俗语说"有收无收在于水",适宜的土壤水分是花卉健康生长的必备条件。可以通过翻耕土壤、细碎土块,与除草结合进行,防止土面板结和毛细管的形成,有利于保持水分和土壤中各种气体交换以及微生物的活动。

（4）土壤酸碱性

土壤的酸碱性对花卉的生活有较大的影响,如必需营养元素的可给性,土壤微生物的活动,根部吸水吸肥的能力以及有毒物质对根部的作用等,都与土壤的 pH 值有关。多数花卉喜中性或微酸性土,即 pH 值为 6～7。特别喜酸性土的花卉如杜鹃花、山茶花、兰花、八仙花等要求 pH 值为 4.5～5.5。常见花卉适宜的土壤 pH 值见表 6-1。

表 6-1　常见花卉适宜的土壤 pH 值

花卉名称	适宜的土壤 pH 值	花卉名称	适宜的土壤 pH 值
铁线蕨	6.0～8.0	吊钟海棠	6.0～8.0
蜀葵	6.0～8.0	唐菖蒲	6.0～7.0
朱顶红	5.5～6.5	丝石竹属	6.5～7.5
金鱼草	6.0～7.5	萱草	6.0～8.0
文竹	6.0～8.0	球兰	5.0～6.5
紫菀	6.5～7.0	屈曲花	5.5～7.0
蒲包花	4.6～5.8	凤仙花	5.5～6.5
风铃草	5.5～6.5	鸢尾	5.5～7.5
鸡冠花	6.0～7.5	香豌豆	6.0～7.5
铁线莲	5.5～7.0	金银花	6.5～7.0
彩叶草	6.0～7.0	水仙	6.0～7.0
波斯菊	5.0～8.0	芍药	6.0～7.5
仙客来	6.0～7.5	矮牵牛	6.0～7.5
大丽花	6.0～7.5	喜林芋	5.0～6.0
飞燕草	6.0～7.5	半枝莲	5.5～7.5
石竹	6.0～8.0	杜鹃花	4.5～6.0
花叶万年青	5.0～6.0	非洲紫罗兰	5.5～7.5
一品红	6.0～7.5	花毛茛	6.0～8.5
金钟花	6.0～8.0	大岩桐	4.6～5.4

续表

花卉名称	适宜的土壤 pH 值	花卉名称	适宜的土壤 pH 值
鹤望兰	6.0~6.5	栀子花	5.0~6.0
万寿菊	5.5~7.0	小岩桐	5.5~6.5
美女樱	6.0~8.0	常春藤	6.0~8.0
紫藤	6.0~8.0	朱瑾	6.0~8.0
藿香蓟	6.0~7.5	八仙花	4.6~5.0
百日草	5.5~7.5	枸骨叶冬青	4.5~5.5
花烛	5.0~6.0	三色堇	5.5~6.5
耧斗菜	5.5~7.0	素馨	5.5~7.0
鸟巢蕨	5.0~5.5	百合	6.0~7.0
秋海棠	5.5~7.0	勿忘草	6.0~8.0
山茶花	4.5~5.5	波士顿蕨	5.5~6.5
美人蕉	6.0~7.5	罂粟花	6.0~7.5
矢车菊	6.0~7.5	牵牛花	6.0~7.5
君子兰	5.5~6.5	福禄考	5.0~6.0
铃兰	4.5~6.0	报春花	5.5~6.5
番红花	6.0~8.0	月季花	6.0~7.0
拖鞋兰	5.6~6.0	一串红	6.0~7.5
瑞香	6.5~7.5	长生草	6.0~8.0
菊花	6.0~7.5	笑靥花	6.0~8.0
荷包牡丹	6.0~7.5	丁香	6.0~7.5
毛地黄	6.0~7.5	旱金莲	5.5~7.5
橡皮树	5.0~6.0	丝兰	6.0~8.0
小苍兰	6.0~7.5		

土壤的酸碱性可通过加入适当的物质进行调整,如土壤过酸可加入适量的石灰,偏碱宜加入适量的硫酸亚铁。

(5)土壤盐浓度

花卉生长所需的无机盐类都是根系从土壤吸收而来。当土壤盐浓度过高时,会引起根部腐烂或叶片尖端枯萎,需要适量灌水冲洗,降低盐浓度;当土壤盐浓度过低时,花卉的生长受到抑制,需要施肥,使其正常生长。

(6)土壤温度

土壤温度也会影响花卉的生长,尤其是许多温室花卉播种以及扦插繁殖常于秋末至早春在温室或温床进行,此时室温高而土温低,有的种子难以发芽,有的则只萌芽不长根,导致水分、养

分消耗殆尽而使花卉枯萎死亡。因此需要提高土温促进种子萌发及抽穗生根。

6.1.2　间　苗

间苗是指在育苗过程中将过密苗拔去,也称疏苗。间苗的主要对象为播种苗,对于花卉生长具有重要意义。一方面对于播种后出苗稠密,影响幼苗健康生长的情况,间苗可以通过扩大株距,保证花卉幼苗有足够的生长空间;另一方面有利于增强花卉长势、高矮、花期的统一性。间苗原则为选优去劣,去小留大,间密留稀,使幼苗之间有一定间距,分布均匀。

间苗的注意事项:

①间苗常在土壤干湿适度时进行,并注意不要牵动留下幼苗的根系。

②第一次间苗应在小苗具 1~2 枚真叶时进行,可分 2~3 次,每次间苗量不宜过大,最后一次间苗称为定苗。

③间苗同时应拔除杂草,间苗之后再浇一次水,使幼苗根系与土壤密接。

6.1.3　移栽与定植

在露地花卉栽培中,大部分花卉均经过育苗、移栽、定植 3 个过程,这种栽培方式可使花卉苗株在花坛、花境或园林绿地中得到合理的定位和足够的生长空间,有利于露地花卉的生长。

(1)移栽

移栽是指将幼苗由育苗床移栽到栽植地,包括起苗和栽植两个过程。起苗指由育苗床挖苗,可分为裸根苗和带土苗两种情况。裸根苗多用于小苗或易于成活的花卉的大苗,带土苗则多用于移栽不易成活的花卉。

移栽的注意事项:

①最好在无风的阴天或降雨之前进行,避开烈日、大风。一天中傍晚移栽最好,经过一夜缓苗,根系能较快地恢复吸水能力,避免凋萎。

②移栽之前,苗床及栽植地应充分浇水,待表土略干后再起苗。

③移栽时要分清品种并按规格大小进行分级,避免混杂。

④移栽深度应与原种植深度一致或稍深 1~2 cm,移栽穴要较移植苗根系稍大,保证根系舒展。

(2)定植

定植是指将移植后的大苗、盆栽苗、经过贮藏的球根以及宿根花卉、木本花卉,按绿化设计要求栽植到花坛、花境或其他绿地。

定植的注意事项:

①定植前应根据花卉的生长需求施肥。肥料可在整地时拌入或在挖穴后施入穴底。

②定植穴较种苗的根系或泥团稍大稍深,种后立即浇水两次。

③定植时要掌握苗的株行距,疏密适宜,按花冠大小配植,以达到成龄花株的冠幅既能互相衔接又不挤压。

6.1.4　水肥管理

（1）灌溉

花卉进行正常的生长发育需要足够的水分。不同种类花卉的需水量有所差异,同一花卉在不同生长阶段或不同生长季节对水分的需求也不一样。在花卉生产实践中,需要根据每种花卉的需水量实行适宜的灌溉措施,以满足花卉对水分的需求。

①灌水量及灌溉次数:花卉的灌水量因土壤质地、花卉种类、生长阶段或季节而异。

就土壤质地而言,壤土持水力强,多余的水易排出,较易管理。黏土持水力强,但水分渗入慢,灌水易流失,应注意干湿结合管理。湿以供花卉所需水分,干以保证土壤空气含量适宜。砂土颗粒越大,持水力越差,故灌溉次数相对较多。

就花卉种类而言,一、二年生花卉及球根花卉根系浅,可采取少量多次灌水的方法,渗入土层的深度30~35 cm为宜;宿根花卉及木本花卉根系分布深,灌水量宜多,灌水次数宜少,渗入土层的深度45 cm左右为宜。

就花卉生长阶段和季节而言,一般种子发芽期、枝叶生长盛期所需水分较多;开花期只需保持土壤湿润;结实期可少浇水。夏季因温度高、蒸发快,灌溉次数应多于春秋两季,而冬季则少浇或停止浇水。雨季应减少灌溉次数和灌水量,防止苗株徒长。

②灌溉方法:露地花卉灌溉的常用方法包括漫灌、沟灌、喷灌和滴灌4种。

漫灌适用于夏季高温地区大面积生长密集的草坪。沟灌适用于宽行距栽培的花卉。喷灌是利用喷灌系统,在高压下使水通过喷嘴喷向空中,然后呈雨滴状落在花卉上,这种方式易于定时控制,节省用水,但成本较高。滴灌是指利用低压管道系统,使水缓慢而不断地呈滴状浸润根系附近的土壤,这种方法能使土壤保持湿润状态,节省用水,但滴头易阻塞,设备成本较高。

③灌溉时间:一日灌溉时间因季节而异,一般选择水温与土温最接近的时间进行。夏季高温宜在清晨或傍晚灌水,严寒冬季宜在中午灌水。

④灌溉用水:灌溉用水以软水为宜,避免使用硬水。最好是河水、雨水、塘水和湖水。小面积灌溉也可采用自来水,但费用较高。使用地下水需经软化后储存于水池,在水温与气温接近时使用。

⑤排水:排水是指通过人为设施避免植物生长积水。排水对于花卉栽培至关重要,在花卉生产实践中,应根据每种花卉的需水量采取适宜的灌溉与排水措施,以调控花卉对水分的需求。

露地花卉栽培的常见排水方法是铺设地下排水层,即在栽培基质的耕作层以下先铺砾石、瓦块等粗粒,再在其上铺排水良好的细沙,最后覆盖一定厚度的栽培基质。这种方法排水效果好,但工程面积大,造价高。

（2）施肥

花卉所需的营养元素可从空气、水分、土壤中获得,如碳取自空气,氢氧源自水,土壤可以提供部分含氮物质和矿质元素等。但花卉生长过程中营养元素的供给可能无法在自然条件下得到满足,对于缺少或不足的元素应及时补充。此外,一些微量元素如硼、锰、铜、锌等也是花卉生长必不可少的。为了补充花卉所需营养元素,施肥就成了花卉露地栽培的关键一环。

含量最少的营养元素往往会影响肥效。如在缺氮的情况下即使磷、钾在基质中含量再高也

无法被花卉有效利用,因此施肥应注意营养元素的完全与均衡。

①肥料类型:肥料可以分为有机肥、无机肥和复合肥。无论何种肥料,均不得含有毒物质。

有机肥来自动物遗体或排泄物,如堆肥、厩肥、饼肥、鱼粉、骨粉、屠宰场废弃物以及制糖残渣等。有机肥一般肥效慢,多作基肥使用,以腐熟为宜,有效成分作用时间长,即使无效成分也有改良土壤理化性质的作用,如提高土壤的疏松度,加速土与肥的融合,改善土壤中的水、肥、气、热状况等。不同种类的有机肥施用量差异较大,应视土壤情况和花卉种类而定。

无机肥有氮肥如尿素、硝酸铵、硫酸铵、碳酸氢铵等,磷肥如过磷酸钙、磷酸二氢钾等,钾肥如硫酸钾、氯化钾、磷酸二氢钾等。这些是基本肥料或称肥料三要素。无机肥肥效高,常为有机肥的 10 倍以上。有的无机肥,如过磷酸钙、氯化钾等与枯枝落叶和粪肥、土杂肥混合施用效果更好。

复合肥中氮磷钾含量的百分比可能不同,但顺序不变,如肥料袋上标明 5-10-10 的肥料,表示的是含氮 5%、含磷 10%、含钾 10%;有的是说明三要素之间的比例,如 2-1-1,表示氮的含量为磷、钾的 2 倍。

②施肥方法:施肥方法可分为基肥和追肥两大类。

基肥是指在翻耕土地之前,将肥料均匀地施撒于地表,通过翻耕整地使之与土壤混合,或栽植前将肥料施于穴底,使之与坑土混合。基肥以有机肥为主,常用作基肥的有厩肥、堆肥、饼肥、骨粉、粪干等。厩肥和堆肥多用在整地时翻入土内;饼肥、骨粉和粪干可施入栽植沟或定植穴的底部。基肥的施用量应视土质、土壤肥力状况和花卉种类而定。基肥应充分腐熟后施用,以免烧坏根系。

追肥是指为补充基肥中某些营养成分的不足,满足花卉不同生育阶段对营养成分的需求而追施的肥料。常用的有无机肥、人粪尿、饼肥等经腐熟后的稀薄肥液。在花卉的生长期内需分数次进行追肥,一般花卉发芽后进行第一次追肥,促进营养生长,植株枝繁叶茂;开花之前进行第二次追肥,促进花芽分化,增加开花量;多年生花卉在花后进行第三次追肥,补偿花期对养分的消耗。

追肥方法常用的有沟施、穴施、环状施、结合灌水施和根外追肥等。

a.沟施:是在花卉植株的行间挖浅沟,将肥料施入其间,覆土浇水。

b.穴施:是在植株旁侧、根系分布区内挖穴,施放肥料,覆土浇水。

c.环状施:是在植株周围挖环状沟,施入肥料,覆土浇水。

d.结合灌水施:是指施肥与灌溉结合进行,尤其与喷灌或滴灌相结合。这种施肥方法具有肥分分布均匀、节省劳力又不破坏土壤结构的优点,因此是一种高效低耗的花卉栽培灌溉方法。

e.根外追肥:根外追肥又称叶面施肥,这种方法简单易行,见效快,节约肥料,可与土壤施肥相互补充。实践证明施用复合肥效果最佳。

③施肥量:施肥量因花卉种类、土质以及肥料种类而异。一般植株矮小,生长旺盛的花卉可少施;植株高大,枝繁叶茂,花朵丰硕的花卉宜多施。一、二年生花卉、球根花卉比宿根花卉的施肥量少,球根花卉需磷、钾肥较多。据报道,施用 5-10-5 的完全肥时,每 10 m² 的施肥量为:球根花卉 0.5 ~ 1.5 kg,花坛、花境花卉 1.5 ~ 2.5 kg,花灌木 1.5 ~ 3 kg。此外,施肥量还可参考表 6-2。

表 6-2　花卉的施肥量　　　　　　　　单位:kg/hm²

花卉种类	施肥方式	肥料种类		
		硝酸铵	过磷酸钙	氯化钾
一年生花卉	基肥	120	250	90
	追肥	90	150	50
多年生花卉	基肥	220	500	180
	追肥	50	80	30

④施肥时间:植物对肥料需求有两个关键时期:养分临界期和最大效率期。掌握各种花卉的营养特性,充分利用这两个关键时期,供给花卉适宜的营养,对花卉的生长发育至关重要。

植物养分的分配首先是满足生命活动最旺盛的器官,一般生长最快以及器官形成时,也是需肥最多的时期。春季是多数花卉及花木类发芽时期,宜追肥促生长;春末夏初花卉生长迅速,宜追肥促花芽分化和开花;秋季开花的花卉,多从立秋后开始进行花芽分化,因此 9 月上旬宜追肥。夏季和冬季多数花卉进入休眠或半休眠状态,应停止追肥。

6.1.5　中耕与除草

(1)中耕

中耕是在花卉生长期间疏松植株根系土壤的工作。中耕的作用包括切断土壤表面的毛细管,减少水分蒸发;增加表土的孔隙,使空气含量增加;促进土壤中养分的分解,有利于根对水分、养分的利用。

在阵雨或大量灌水后以及土壤板结时,应进行中耕。在苗株基部宜浅耕,株行间可略深。浅根系植物如香石竹等,为避免中耕时切断根系,一般不中耕;植株长大覆盖土面后也不需中耕。对不中耕的土面覆盖树皮、碎稻麦草等也可起到中耕的作用。

(2)除草

除草的目的是除去畦面和畦间杂草,避免其与种苗争夺水分、养分和阳光。由于杂草常作为病虫害的寄主,因此一定要彻底清除,以保证花卉健康。

除草的原则是除早、除小、除了。除草方式有多种,可用手锄、机具等。近年来多施用除草剂,若使用得当,可省工、省时,但要注意安全,避免产生药害。常用的除草剂有除草醚、百草枯、五氯酚钠、扑草净、2,4-二氯苯氧乙酸(2,4-D)等。

6.1.6　株型控制

株型控制的目的是使花卉植株枝叶生长均衡,协调丰满,花繁果硕,有良好的观赏效果。对花卉的株型控制包括整形和修剪,整形是通过修剪等手段达到所需的效果,而修剪是在整形的基础上进行的。

（1）整形

露地花卉的整形主要有单干式、多干式、丛生式、攀缘式、悬崖式等。

①单干式：保留主干，不留侧枝，使枝端只开一朵花，多用于菊花的独本菊。

②多干式：保留3~7个主枝，其余侧枝全部摘除，使其开多朵花，如大丽花以及菊花的三本菊、五本菊、七本菊等。

③丛生式：通过多次摘心，促使其多发侧枝，控制植株呈低矮丛生状，开多朵花。大部分一、二年生花卉属于此种造型，如一串红、矮牵牛、四季秋海棠、美女樱、藿香蓟等。

④攀缘式：将花卉引缚在具有一定造型的支架上，多用于蔓生花卉，如铁线莲、牵牛花、茑萝等。

⑤悬崖式：全株枝条向下统一方向伸展，多用于小菊造型。

（2）修剪

修剪是指通过去除植株体的一部分，使花卉植株形成或保持理想的柱形或冠形。具体主要包括摘心、除芽、去蕾、折梢、曲枝、修枝等方式。

摘心是指摘除枝梢的顶芽，促发侧枝。摘心可增加植株分枝，使株丛低矮紧凑，常用于一、二年生花卉及宿根花卉，但顶生花卉及自然分枝能力很强的花卉除外，如观赏向日葵、鸡冠花、三色堇、凤仙花等。除芽、去蕾是指除去多余的侧芽、侧蕾，以保证花朵能集中养分。大丽花和菊花常用此法。折梢、曲枝、修枝等方法常用于木本花卉的修剪。

6.1.7　防寒与降温

温度对露地花卉的生长有着至关重要的影响。温度过低或高都会对花卉产生危害，所以在冬季防寒越冬与夏季降温越夏处理显得尤为重要。

（1）防寒越冬

防寒越冬是指对耐寒能力较差的观赏植物进行的保护措施，以消减过度低温危害，保证花卉的成活和生长发育。常见的防寒方法包括下述内容。

①覆盖法：指在畦面上覆盖被覆物，如干草、落叶、马粪、草席、薄膜等，从霜冻到来前直到第二年春天晚霜后。常用于一、二年生花卉、宿根花卉以及一些可入地越冬的球根花卉和木本花卉幼苗。

②灌水法：分为冬灌和春灌两种。冬灌能减少或防止冻害；春灌能保温、增温。由于水的热容量大，灌水后能提高土的导热量，使深层土壤的热量更易传到土表面，从而提高近地面空气温度。

③培土法：通过壅土压埋或开沟覆土压埋宿根花卉和花灌木的茎部或地上部分进行防寒，待春季到来后，在萌芽前再将培土拨开，让其继续生长。

④浅耕法：有利于降低因水分蒸发而产生的冷却作用，且因土壤疏松，有利于太阳热的导入，可以保温、增温。

⑤包扎法：用草或塑料薄膜包扎防寒，主要针对大型观赏植物，如芭蕉、香樟等。

⑥设风障法：在植物西北部设立防寒风障，主要用于一些耐寒但不耐寒风的植物。

（2）降温越夏

夏季气温过高会对部分花卉产生危害，可通过人工降温保护花卉安全越夏。常用的人工降

温措施有叶面或畦间喷水,架设遮阳网、草帘等。

6.2 盆栽花卉的栽培管理

花卉植物除了地栽之外,还可以盆栽观赏,几乎所有的观赏花卉均可盆栽观赏。中国的盆栽历史悠久,最早可追溯到新石器时代。盆栽花卉有可移动性、临时性和选择多样性的特点,可用于厅堂、居室、阳台和庭院的装饰,还可以应用于展览、节日庆典活动的摆设。

6.2.1 盆土配制与消毒

(1)盆栽用土的配制

盆栽花卉盆土有限,要使盆栽花卉生长发育良好,有必要根据花卉对土壤要求的不同,配制相应的培养土进行栽培。

①培养土的要求:良好的培养土应具备下列条件:一是良好的物理性质。要求土壤的容重小,孔隙度大,疏松透气;黏重的土壤,排水透气性差,干旱易板结,花卉不宜应用。二是丰富的营养成分。由于盆花用土有限,植物的根系仅能在盆中伸展,局限性大,根系从盆中吸收的养分受到限制,因此,土壤要有较高的营养成分,才能使盆栽花卉花繁叶茂。三是良好的化学性质。每种花卉植物的生长都要求有适宜的酸碱度,才能满足正常的生长发育。大多数花卉植物要求酸性或弱酸性土壤:花卉的种类不同,对酸碱度的适应性也不同,具体可参考表6-1。

②配制培养土的材料:常用的盆花用土有园土、腐叶土、河沙、泥炭土、煤烟土、草皮土、松针土、沼泽土、塘泥和山泥,还有木屑、苔藓、骨粉、河沙、蛭石和陶粒等。其中,腐叶土(由落叶堆积腐熟而成)是配制培养土应用最广泛的一种基质。其含有大量有机质,疏松,透气、透水性好,保水保肥能力强,质轻,一般呈酸性,是优良的盆栽用土,适于栽植多种盆花,如各种秋海棠、仙客来、大岩桐及多种天南星科观赏植物、多种地生兰花、多种观赏蕨类植物等。

③培养土的配制:花卉植物在栽培的过程中,处于不同的生长阶段,对栽培基质的质地和肥沃程度的要求不同。播种期和幼苗期根系不发达对营养要求不高,必须用质地疏松、透气、透水性好的土壤,不需要加肥;大苗及成长的植株,需要致密的土壤和较多的营养。扦插成活苗上盆用基质:河沙2份、壤土1份、腐叶土1份;移栽小苗和已上盆苗用基质:河沙1份、园土1份、腐叶土1份;一般盆用基质:河沙1份、园土1份、腐叶土1份、干燥厩肥0.5份。

花卉植物的种类不同,也需要配制不同的培养基质。较喜肥的盆花用基质:河沙2份、园土2份、腐叶土2份、干燥肥和骨粉各0.5份;木本花卉用基质:河沙2份、园土2份、泥炭2份、腐叶土1份、干燥肥0.5份;仙人掌科和多肉植物用基质:河沙2份、壤土2份、细碎陶粒1份、腐叶土1份或等量骨粉。

此外,配制花卉的培养土时,由于不同地区容易获得的基质不同,不同地区的栽培管理方法也不同,应做出配比的相应调整。

(2)盆栽用土的消毒

为了保证盆栽花卉的健壮生长,盆土必须经过消毒,去除其中的病菌孢子、害虫虫卵和杂草

种子,特别是对较为名贵的花卉植物。土壤的消毒方法很多,分为物理消毒法和化学消毒法,可根据设备条件、植物的特性和经济效益来灵活选择。下面介绍几种常用的消毒方法。

①日光消毒:将配制好的盆土薄薄地摊在清洁的地面上,暴晒 2 d 消毒,第 3 天加盖塑料薄膜提高盆土的温度,可杀死虫卵。这种消毒方法不严格,但有益生物和共生菌仍留在土壤中。兰花用土多用此方法。

②加热消毒:盆土的加热有蒸煮加热、高压加热和蒸汽加热等。加热到 80 ~ 100 ℃,持续 30 ~ 60 min,就可达到完全消毒的目的。加热时间不宜过长,否则会杀灭土壤中的有益微生物,妨碍花卉的正常生长发育。

③药物消毒:药物消毒具有操作方便,效果好的特点,但因成本较高通常小面积使用。常用的药剂有 5% 甲醛溶液和 5% 高锰酸钾溶液。将配制的盆土摊在洁净的地面上,每摊一层土喷 1 遍药,最后用塑料薄膜覆盖密封 48 h 后晾开,气体挥发后再装土上盆。

6.2.2　上盆和换盆

(1)上盆

上盆指的是当播种的花苗长出 4 ~ 5 片嫩叶或者扦插的花苗已生根时,将其移栽到大小合适的花盆的过程。

上盆时,应根据花卉的生长特点选择大小合适的花盆。盆底用碎瓦片盖住排水孔,凹面向下,避免堵塞排水孔;用粗粒土、煤渣、碎石块、陶粒等材料铺设排水层;填入培养土,在培养土上填入基肥,然后再填入培养土,不能让根系直接接触基肥;把苗木放置到盆中央,周围填上培养土,让根系在盆中舒展开;将盆土用手掌压实。上盆后,需要立即进行浇水,浇水过程中要把盆土浇透,然后置于阴凉处缓苗几天,等到苗恢复正常生长后再逐步转移到光照充足处。

(2)换盆

换盆是指将植株带土球从原盆转移到大一号的盆中,或在原盆中更换盆土的过程。花盆中的空间、营养元素有限,因此在植株的生长发育过程中,需要适当换土以维持正常生长。

①植物需要换盆的原因:

a. 当盆栽花卉长大,原盆太小,限制了植株根系的扩展或者不能满足植株生长所需土壤养分时。

b. 植物种植时间过长,根系占满盆。

c. 营养元素被植物吸收,土壤变得贫瘠。

由小盆换到大盆的次数应按植株的生长发育状况逐渐进行,不可将植株一下换入大盆中。这样不仅增加栽植成本,还会不利于植株水分调控,使植株根系生长不良,花蕾减少,株型变差。一、二年生草本花卉因其生长发育迅速,从生长到开花,一般需要换盆 2 ~ 3 次,可以使植株生长强健紧凑,高度较低;多年生宿根花卉一般每年换盆 1 次;木本花卉 2 ~ 3 年换盆一次。

②换盆的时间:一、二年生花卉在生长期内要进行 2 ~ 4 次换盆,一般在春季或秋季进行;多年生宿根花卉和木本花卉的换盆,一般在休眠期进行,即停止生长之后或开始生长之前进行;常绿类在雨季时进行,空气湿度大,水分蒸腾小,有利于根系恢复生长,减少死亡。

③换盆的方法:换盆时,用左手按住盆土表面,手指夹住植株,右手将盆提起倒置,右手轻

扣盆边或盆底,取出土球。一、二年生花卉,取出土球后,可直接放入大盆,加土按压,浇水,放置阴凉处缓苗,逐渐转入阳光处。宿根花卉,取出植株后,轻抖土壤,露出根系,对植株进行分株,修剪老根、枯根和过多的根,然后上盆,用部分旧土和新土混合后上盆,上盆过程如上述(一、二年生花卉上盆方法);球根花卉,取出植株后,将主球周围的小球割下来,修根后再将主球种回原盆,然后上盆;木本花卉,取出植株后,轻抖土壤,修掉部分根系,用部分旧土加上新土混合后,重新种植。

④换盆后的管理:换盆后应充分浇水,保持湿润,放在阴凉处,待苗木恢复生长后,逐渐转入光照充足处。

6.2.3　水肥管理

(1)施肥

由于盆栽植物长期生长盆钵中,盆栽基质中营养元素的量往往不能满足盆花生长的需求。因此,合理的施肥才能保证花卉的正常生长,从而提高盆花的质量及商品价值。

一般上盆及换盆时施以基肥,生长期间再追肥。常用的基肥主要有饼肥、牛粪、鸡粪、蹄片和羊角等,基肥施入量不应超过盆土总量的20%,可与培养土混合后施入。追肥以薄肥勤施为原则,通常以沤制的饼肥、油渣为主,也可用化肥或微量元素追施或叶面喷施。叶面喷施时有机液肥的质量浓度不宜超过5%,化肥的施用质量浓度一般不超过0.3%,微量元素质量浓度不超过0.05%。

在施肥的过程中还需要注意以下3点。

①肥料会在很大程度影响盆土的酸碱度,因此在施基肥以及生长期间的追肥时,应注意调控酸碱度以满足植物正常生长的需求。

②注重施肥的天气与季节。施肥需要在晴天进行,施肥前先松土,待盆土稍干后再进行,并在施肥后立刻浇水。在比较温暖的生长季可以多施几次肥,1个月2~3次。如果天气寒冷则可以少施几次肥,1个月1~2次,如果是在夏季则可以每5~7天施1次薄肥。

③根外追肥通常在中午前后喷洒,不宜在低温下进行。

(2)浇水

①用水:浇花最好使用含矿物质较少、无污染、pH值为5.5~7.0的水,例如雨水、河水和池塘水等。如使用自来水,需要放置1~2 d,待水中的氯气挥发干净后再使用。

②浇水的次数与用量:浇水的次数与用量要根据花卉的种类、习性、生长阶段和季节等多种因素来决定。

草本花卉比木本花卉浇水多,球根花卉不能浇水过多。旱生花卉要掌握宁干勿湿的原则,半耐旱花卉要掌握干透浇透原则,中性花卉掌握间干间湿原则,耐湿花卉要掌握宁湿勿干的原则;花卉在旺盛生长期可多浇水,开花结实期少浇水,休眠期间要控水;春季气温逐渐升高,花卉生长旺盛,需水量增加,可每隔1~2 d浇一次水;夏季气温高,植物蒸腾作用强,宜早晚各浇1次水;秋季气温逐渐降低,花卉生长缓慢,可每隔2~3 d浇1次水;冬季温度低,植物生长缓慢或进入休眠,应根据具体情况减少浇水。

③浇水原则:浇水必须掌握"干透浇透,干湿相间"的原则,即浇水一般是在盆土表面干透

发白时进行,浇水必须浇透,既不可半干半湿,又不能过湿,切忌浇半截水。

④浇水时间:一般而言春秋季的早晚或中午均可;夏季以早晚浇水为宜,避免高温天气下浇水产生的热气对植株不利;冬季浇水则应该改在中午进行,避免冷上加冷。总之,浇水时间的调整,是为了缩小水温和气温的温差,使根系不会因温差而受损。

6.2.4　株型调控

为了促使盆花生长发育,促进花芽分化,创造良好株型,应根据各种盆花的生长发育规律及时对盆花进行整形与修剪,这是盆花养护管理中的一项重要的技术措施。

(1)整形的措施

整形是将植株通过支缚、绑扎、诱引等方法,塑成一定形状,使植株枝叶匀称、舒展。既有利于盆花的生长发育,又能增加盆花的观赏性,从而提高盆花的商品价值。

例如:大丽花需设支柱,旱金莲常绑扎成屏风形,绿萝、喜林芋常绑扎成树形,叶子花常绑扎成圆球形,蟹爪兰和菊花常绑扎成圆盘形,对梅花和一品红常进行曲枝作弯降低植株的高度。

(2)修剪的措施

①摘心与剪梢:摘心是指用手指摘去嫩枝顶部,剪梢是指用剪刀剪除已木质化的枝梢顶部。摘心与剪梢均可促使侧枝萌发,增加开花枝数,使植株矮化,株型圆整,花整齐,还可以起到抑制生长和推迟开花的作用。

一株一花或一花序,以及花序长大和摘心后花朵变小的种类不宜摘心。此外,球根类花卉、攀缘性花卉、兰科花卉以及植株矮小分枝性强的花卉均不摘心。

②摘叶、摘花与摘果:在植物生长过程中,当叶片生长过密影响通风透光,或出现黄叶、枯叶、破损叶及感染病害的叶片时,应进行摘叶。摘叶不仅可以改善通风透光条件,促进植物生长、减少病虫害的发生,还能促进新芽的萌发和开花。如茉莉可通过摘除老叶的方法提早新芽萌发的时间,天竺葵摘叶能提高其开花的数量及质量。

摘花一是指摘除残花,如杜鹃开花之后,残花久存不落,而影响嫩芽及嫩枝的生长,需要摘除;二是指摘除生长过多以及残、缺、僵等不美之花朵。

在观果植物栽培中,有时因挂果过密,为了果实生长良好,调节营养生长与生殖生长之间的关系,也需将果实摘一部分,以减少养分的消耗。

③剥芽与除蕾:剥芽即剥除侧芽,其目的是减少过多的侧枝,以免阻碍通风透光,分散养分,使留下的枝条生长苗壮,提高开花的质量。

除蕾是指在花蕾形成后,为了保证主蕾开花的营养而剥除侧蕾,以提高开花质量。有时为了调整开花的速度,使全株花朵整齐开放,就分几次剥蕾,花蕾小的枝条早剥侧蕾,花蕾大的枝条晚剥侧蕾,最后使每枝枝条上的花蕾大小相似,开花大小也近似。

④去蘖:去蘖是指除去植株基部附近的根蘖或嫁接苗砧木上发生的萌蘖,使养分集中供给植株,促使盆花生长发育。

⑤修枝:修枝又称剪枝,主要有疏枝和短截两种方法。

a.疏枝是将枝条从基部剪去,疏除的主要是病虫枝、伤残枝、不宜利用的徒长枝、竞争枝、交

叉枝、并生枝、下垂枝和重叠枝等。疏枝能使冠幅内部枝条分布趋向合理,均匀生长,改善通风透光条件,加强光合作用,增加养分积累,使枝叶生长健壮,减少病虫害等。但疏枝对全株生长有一定的削弱作用,疏枝程度依据花卉种类的特性、花卉的生长阶段而异。例如,萌发力强的可以多疏枝,反之则要少疏枝。

b.短截是将枝条剪去一部分,是一种减少冠幅内枝条长度的修剪方法。短截能使留存在枝条上的芽得到更多水分和养分,刺激侧芽萌发,使其抽生新梢,增加分枝数目,加强局部生长势,并能改变枝条的生长方向和角度,调节每一分枝的距离,使树冠紧凑和整齐;也可调节生长与发育的关系。

6.2.5 环境调控

在盆栽花卉的生长发育过程中还需要对植物进行适时而合理的环境调控。环境的调控中除了水、肥外,主要还有光照和温度两个因素,它们对于植株的生长发育、开花结果等生理过程有着重要的影响。

(1)调节温度

调节温度可以起到调控花期的作用,措施分为两个方面:一是提高温度。冬季温度较低,增加温度可使植株加速生长,提前开花。加温的时间由植株生长发育至开花所需天数推断,应逐步加温,开始加温时每天要在植株上喷水,避免叶片干枯。一般夜温保持在 15 ℃,日温 25 ~ 28 ℃;二是降低温度。在春季自然气温未回暖前,对处于休眠期的植株给予 1 ~ 4 ℃的低温处理,可延长休眠期,推迟开花。

有的盆花还需要人工调节温度来降温越夏和防寒越冬。夏季温度过高会对植株产生危害,可通过人工降温保护植株安全越夏。人工降温措施包括叶面及畦间喷水、搭设遮阳网或草帘覆盖等;冬季温度低,对于耐寒能力差的植物需要人工保护措施才能安全越冬。防寒越冬主要有移入室内越冬和就地越冬两种措施,应根据实际条件、植物耐寒性以及气候条件来灵活处理。

(2)调节光照

光照是影响花卉生长发育的重要环境因子,花芽的形成和花期与日照长短有着密切的关系。常用的光照调节方法有短日照处理、长日照处理、光暗颠倒和改善光质等,但此方法只用于对光照敏感的花卉(具体调节方法参见 6.4 花卉的花期调节)。

6.3 花卉的无土栽培

除了土壤,还有很多物质可以作为花卉根部生长的基质。凡是利用其他物质代替土壤为花卉根部提供生长条件的栽培方式均称为花卉的无土栽培。

无土栽培可以利用人造的"土壤环境"将植物生长所依赖的水分、养分、氧气、温度等提供给植物,从而让植物能够完成整个生命周期。无土栽培完全可以根据不同作物的生长发育需要进行温、水、光、肥、气等的自动调节与控制,实行工厂化生产。无土栽培是现代化农业、现代设施栽培的新技术。欧美很多国家在该技术上发展较早,应用相对广泛。目前,无土栽培已成为设施栽培的重要内容和花卉工厂化生产的重要方式。无土栽培技术正朝着数字信息化、机械自动化、生产规模化、产品销售一体化的趋势迈进。总体来说,无土栽培作为现代化农业高新科技,具有美好的发展前景。

(1)无土栽培的优点

①不仅可以使花卉得到足够的水分、无机营养和空气,并且这些条件更便于人工调控,有利于栽培技术的现代化。

②充分利用空间。在沙漠、盐碱地、海岛、荒山、砾石地或荒漠都可进行种植。

③能缩短植物生长周期,提高品质和产量。如无土栽培的非洲菊香味浓、花朵大、花期长、产量高,盛花期较早。无土栽培金盏菊的花序平均直径为 8.35 cm,而对照组的花序直径只有7.13 cm。

④节省肥水。土壤栽培由于大量水分流失,水分消耗量要比无土栽培大 7 倍左右。无土栽培施肥的种类和数量都是根据花卉生长所需来确定的,且其营养成分直接供给花卉根部,避免了土壤的吸收、固定和地下渗透,可节省 1/2 左右的肥料用量。

⑤无杂草,无病虫害,安全卫生。

⑥可大量节省劳动力,减轻劳动强度。

(2)无土栽培的局限性

①建成成本较大。无土栽培需要许多设备,如水培槽、培养液池、循环系统等,故投资较大。

②风险性大。一个环节出问题可能导致整个系统瘫痪。

③对环境条件和营养液的配置都有严格的要求,因此对栽培和管理人员要求也较高。

无土栽培从早期的实验研究至今,已经走向大规模的商品化生产应用。生产模式也从19 世纪中期德国科学家萨克斯和克诺普的无土栽培基本模式,发展到目前种类繁多的无土栽培类型和方法。不少人从不同角度对它进行过分类,但要进行科学、详细的分类是比较困难的,现在比较通用的分类方法是依据其栽培床是否需要固体的基质材料把其分为基质栽培和水培。

6.3.1 花卉无土栽培的发展历史

无土栽培的历史久远,可以追溯到宋朝的生豆芽,但真正的发展和规模化应用则是发生于20 世纪。

在 1859—1865 年德国的萨克斯和他的学生克诺普进行的植物生理实验被称为最早的科学的无土栽培,可以说无土栽培是伴随着植物营养研究而发展起来的,是植物营养学研究、植物生理学研究、植物学研究的有效方法和手段。1920 年美国加利福尼亚大学的 W. F. Gericke 教授利用培养液培育出一株高达 7.5 m 的番茄,并采收了 14 kg 果实,引起了人们极大关注。1935年 Gericke 教授指导进行了大规模的生产实践,把无土栽培从实验研究时期带进了生产应用时期。第二次世界大战,水培在蔬菜生产上起了重要的作用。在 Gericke 教授指导下,泛美航空公司在太平洋中部荒芜的威克岛上种植蔬菜,用无土栽培技术,解决了驻岛部队吃新鲜蔬菜的问题。以后英国农业部也对水培发生兴趣,1945 年英国空军部队在伊拉克的哈巴尼亚和波斯湾

的巴林群岛开始进行无土栽培,解决了吃菜靠飞机由巴勒斯坦空运的问题。

随着无土栽培在世界范围内的不断发展,1955年9月,在第14届国际园艺会议上成立了国际无土栽培工作组,成员有12人。而到了1980年召开的第五届国际无土栽培会议时,出席人员已达175人,发表论文50多篇,无土栽培工作组也更名为"国际无土栽培学会",总部设在荷兰。目前已有100多个国家和地区掌握了无土栽培技术,无土栽培技术也广泛应用于蔬菜、花卉、果树和药用植物的生产。

1970年丹麦Grodan公司开发的岩棉栽培技术和1973年英国温室作物研究所的营养液膜技术(NFT)进一步推动了无土栽培的发展。

我国无土栽培的应用起步较晚,目前仍处于开发阶段,实际应用于生产的面积不大。

到目前,现代无土栽培的发展经历了实验研究时期,生产应用时期,规模化集约化自动化生产应用时期。随着无土栽培技术的发展,该技术已经日趋完善,广泛应用于园艺生产领域,具有广阔的应用前景。

6.3.2　基质栽培

基质栽培是指作物根系生长在各种天然或人工合成的固体基质环境中,通过固体基质固定根系,并向作物供应营养和空气的栽培方法。基质栽培能很好地协调根部环境中的水、气矛盾,且投资较少,便于就地取材进行生产。由于基质栽培的设施简单,成本低,栽培技术与传统栽培技术相近,所以我国的基质栽培发展比较迅速。

基质栽培可根据选用的基质不同而分为两大类。以有机基质为栽培基质的基质栽培称为有机基质栽培;以无机基质为栽培基质的基质栽培称为无机基质栽培。常见的有机基质有泥炭、秸秆、椰壳纤维等;常见的无机基质有岩棉、砂、砾等。

也可根据栽培形式的不同而分为槽式基质栽培、袋式基质栽培和立体基质栽培。

无土栽培基质的基本作用有3个,即支持固定植物、保持水分、通气。

(1)基质选用的标准

①要有良好的物理性状,结构和通气性要好。

②有较强的吸水力、保水力、保肥性。

③成本低,易获取,调制和配制简单。

④无病、虫、菌,无异味和臭味。

⑤有良好的化学性状,具有较好的缓冲能力和适宜的EC值。

(2)常见的无土栽培基质

①沙:无土栽培最早应用的基质。其来源丰富,价格低,但容重大,持水差。沙粒大小应适当,以粒径0.6~2.0 mm为宜。使用前应过筛洗净。

②石砾:河边石子或石矿厂的岩石碎屑,来源不同化学组成差异很大,一般选用的石砾以非石灰性为好,选用石灰质石砾应用磷酸钙溶液处理。石砾粒径在1.6~20 mm,本身不具有阳离子代换量。通气排水性能好,但持水力差。容重大,日常管理麻烦,在当今深液流水培上,作为定植填充物还是合适的。

③蛭石:云母族次生矿物,含铝、铁、镁、硅等,经1 093 ℃高温处理,体积平均膨大15倍而

成。孔隙度大，质轻(容重为 60～250 kg/m³)，通透性好，持水力强，pH 值中性偏酸，含钙、钾亦较多，具有良好的保温、隔热、通气、保水、保肥作用。因为经过高温煅烧，无菌、无毒，化学稳定性好，为优良无土栽培基质之一。

④岩棉：为 60% 辉绿岩、20% 石灰石和 20% 焦炭经 1 600 ℃ 高温处理，然后喷成直径为 0.5 mm 的纤维，再加压制成供栽培用的岩棉块或岩棉板。岩棉质轻，孔隙度大，通透性好，但持水略差，pH7.0～8.0，含花卉所需有效成分不高。

⑤珍珠岩：珍珠岩由硅质火山岩在 1 200 ℃ 下燃烧膨胀而成，其容重为 80～180 kg/m³。珍珠岩易于排水、通气，物理和化学性质比较稳定。珍珠岩不适宜单独作为基质使用，因其容重较轻，根系固定效果较差，一般和泥炭、蛭石等混合使用。

⑥泡沫塑料颗粒：为人工合成物质，含聚甲基甲酸酯、聚苯乙烯等。其特点为质轻，孔隙度大，吸水力强。一般多与沙和泥炭等混合应用。

⑦砻糠灰：即炭化过的稻壳。其特点为质轻，孔隙度大，通透性良好，持水力较强，含钾等多种营养成分，pH 值较高，使用前应注意调节酸碱性。

⑧泥炭：泥炭又称草炭，由半分解的植被组成，因植被母质、分解程度、矿质含量而有不同种类。泥炭容重较小，富含有机质，持水保水能力强，偏酸性，含植物所需要的营养成分。一般通透性差，很少单独使用，常与其他基质混合用于花卉栽培。泥炭是一种非常好的无土栽培基质，特别是在工厂化育苗中发挥着重要作用，但其属不可再生资源，成本较高。

(3)基质的消毒

无土栽培的基质长期使用，特别是连作，会使病菌集聚滋生，故每次种植后应对基质进行消毒处理，以防止对花卉产生毒害作用。

①蒸汽消毒：将基质堆成 20 cm 高，长度根据地形而定，全部用防水防高温布盖上，用通气管通入蒸汽进行密闭消毒。一般在 70～90 ℃ 的条件下消毒 1 h 就能杀死病菌。此法效果良好，安全可靠，但成本较高。

②药剂消毒：该法所用的化学药品含有甲醛，安全性差，并且会污染周围环境。

③阳光消毒：在夏季高温季节，在温室或大棚中把基质堆成高 20～25 cm，长度视情况而定，堆的同时喷湿基质，使其含水量超过 80%，然后用膜覆盖，密闭温室或大棚，暴晒 10～15 d，消毒效果良好。

6.3.3　水　培

(1)营养液膜技术

营养液膜技术(NFT)仅有一薄层营养液流经栽培容器底部，不断地为花卉提供氧气、水分和营养物质。同时也可以分为连续式供液和间歇式供液两种类型，间歇式供液需要在连续式供液的基础上在容器底部加上一层无纺布，并且需要有定时供液系统。相比连续式供液，间歇式供液可以大幅度节约能源。营养液膜技术需要保证电力的正常供应，以防植物缺水。

(2)深液流栽培

深液流栽培(DFT)的特点是将栽培容器中的水位提高，使营养液由薄薄的一层变为 5～8 cm 深，因容器中的营养液量大，即使在短时间停电，也不必担心花卉枯萎死亡，根茎悬挂于营养

液的水平面上,营养液循环流动。通过营养液的流动可以增加溶氧量,并且可以维持根部表面和营养液浓度差,有效避免局部植物代谢的有害物质积累,毒害植物。目前的水培方式已多向这方面发展。

(3)动态浮根法

动态浮根法(DRF)是指在栽培床内进行营养液灌溉时,作物的根系随着营养液的液位变化而上下左右波动。灌满8 cm的水层后,由栽培床内的自动排液器将营养液排出去,使水位降至4 cm的深度。此时上部根系暴露在空气中可以吸氧,下部根系浸在营养液中不断吸收水分和养料,不怕夏季高温使营养液中氧的溶解度降低。

(4)浮板毛管水培法

浮板毛管水培法(FCH)是在深液流法的基础上增加一块厚2 cm、宽12 cm的泡沫塑料板,根系可以在泡沫塑料浮板上生长,便于吸收水中的养分和空气中的氧气。根际环境条件稳定,液温变化小,根际供氧充分,不担心因临时停电影响营养液的供给。

(5)"鲁SC"无土栽培系统

在栽培槽中填入10 cm厚的基质,然后用营养液循环灌溉作物,因此也称为基质水培法。这种无土栽培系统因有10 cm厚的基质,可以比较稳定地供给水分和养分。故栽培效果良好,但一次性的投资成本稍高些。

(6)雾培

雾培也是水培的一种形式,将植物的根系悬挂于密闭凹槽的空气中,槽内通入营养液管道,管道上有喷雾头,使营养液以喷雾形式提供给根系。雾气在根系表面凝结成水膜被根系吸收,根系连续不断地处于营养液滴饱和的环境中。但是对喷雾的要求很高、雾点要细而均匀。雾培也是扦插育苗的最好方法。

6.3.4　营养液及其配制

无土栽培营养液是溶有多种营养成分,能供花卉根部吸收,促使花卉生长发育的水溶液。营养液是无土栽培的基础,其配制和施用是无土栽培技术的关键环节,对花卉的产量和品质都有着决定性的作用。

(1)营养液中的营养元素

应含有花卉生长发育所需要的大量元素(氮、磷、钾、钙、镁、硫、铁和微量元素(锰、硼、锌、铜、钼)等。正确使用营养液主要是保持各种元素之间的平衡关系,使之满足花卉生长发育的需要。这些大量元素和微量元素主要来自各种无机肥料。

(2)配制营养液常用的无机肥料

配制营养液常用的无机肥料有硝酸钙、硝酸钾、硝酸铵、硫酸铵、尿素、过磷酸钙、硫酸钾、氯化钾、硫酸镁、硫酸亚铁、磷酸二氢钾、硫酸锰、硫酸锌等。

(3)营养液的配制原则

营养液应含有花卉所需要的大量元素和微量元素。元素种类应搭配合理,既要充分发挥元素的有效性又要保证花卉的平衡吸收;肥料应易溶于水且能被花卉吸收,在保证元素种类齐全且搭配合理的前提下,肥料种类越少越好;水源不含有害物质,无污染,如水质过硬,应事先加以处理;营养液应保持适宜的酸碱度和离子浓度。

营养液的酸碱度不符合要求时,可加入碱类如氢氧化钠调节。营养液的离子浓度是其养分高低的标志,其总离子浓度可通过测定其电导率 EC 值来检测,但电导率不能反映个别元素的浓度,所以在营养液使用过程中,大量元素应每半月检验一次,微量元素应每月检验一次。

营养液内元素的种类、浓度因花卉种类、生长阶段不同而不同,也受季节及环境条件影响而不同。生产上营养液一般分为母液和工作营养液两种。为避免产生沉淀,又将母液分为 A、B 两种,母液 A 以钙盐为中心,凡不与钙作用产生沉淀的盐都可溶在一起,配成母液 A;母液 B 以磷酸盐为中心,凡不与磷酸盐作用形成沉淀的盐都可溶在一起,配成母液 B。工作液则是根据不同的花卉植物,对 A、B 两种母液进行一定稀释后混合而成的营养液。一般水培营养液和雾培营养液浓度宜低,基质栽培营养液浓度稍高。营养液应避光用非金属器皿盛放。

(4)常见花卉营养液配方

常见花卉营养液配方见表 6-3—表 6-5。

表 6-3　道格拉斯的孟加拉营养液配方

肥料名称	化学式	用量/$(g \cdot L^{-1})$	
		配方 1	配方 2
硝酸钠	$NaNO_3$	0.52	1.74
硫酸铵	$(NH_4)_2SO_4$	0.16	0.12
过磷酸钙	$CaSO_4 \cdot 2H_2O + Ca(H_2PO_4)_2 \cdot H_2O$	0.43	0.93
碳酸钾	K_2CO_3	—	0.16
硫酸钾	K_2SO_4	0.21	—
硫酸镁	$MgSO_4$	0.25	0.53

表 6-4　波斯特的加利福尼亚营养液配方

肥料名称	化学式	用量/$(g \cdot L^{-1})$
硝酸钙	$Ca(NO_3)_2$	0.74
硝化钾	KNO_3	0.48
磷酸二氢钾	KH_2PO_4	0.12
硫酸镁	$MgSO_4$	0.37

表 6-5　唐菖蒲营养液配方

肥料名称	化学式	用量/$(g \cdot L^{-1})$
硫酸铵	$(NH_4)_2SO_4$	0.156
硝酸钙	$Ca(NO_3)_2$	0.62

续表

肥料名称	化学式	用量/(g·L^{-1})
氯化钾	KCl	0.62
硫酸镁	MgSO$_4$	0.55
磷酸氢钙	CaHPO$_4$	0.47
硫酸钙	CaSO$_4$	0.25

6.4　花卉的花期调节

花期调控是指以花卉的生长发育规律、花芽分化特性为基础,利用人为措施,使花卉按人们的意愿提前或延后开花的技术,又称催延花期。使花期比自然花期提前的栽培方式称为促成栽培,使花期比自然花期延后的方式称为抑制栽培。

花期调控古已有之,我国早在宋代就有用沸水蒸熏、人工催化提前开放的记载。明朝《京帝景物略》中云:"草桥惟冬花,支尽三季之种,埋土窖藏之,蕴火坑烜之,十月中旬,牡丹已进御矣"。清时称其"变化催花法",《花镜》中记录了当时北方冬季常用暖室以火炕增温的方法,可使牡丹、梅花等提前于春节开放。古人已意识到增温可以促进开花,但应用范围有限,方法也不多。

随着社会经济的发展,人们对花卉欣赏的要求越来越高。花期调控所涉及的花卉种类、技术手段都有了极大发展,并逐渐成为现代花卉生产的重要组成部分。如今,花期调控已经成为许多花卉周年生产的常规技术了。

6.4.1　花期调节的目的和意义

(1)花期调节的目的

人为的花期调节通常是为了促进花卉生产和育种,具体包括:

①打破正常花期的限制,满足市场和消费需求,于节庆日和重大花卉活动应时供应花卉产品。

②均衡花卉淡旺季生产销售,满足消费者特殊用花要求。

③实现花卉产业化生产。花卉周年生产和销售是产业化的基础,通过花期调控实现周年化生产,便于企业以最佳价格占领市场。

④有利于缩短栽培期,提高开花率,进一步促进种子生产。

⑤可以解决育种工作中亲本花期不遇的问题。

(2)花期调节的意义

花期调节是现代花卉生产的重要部分,对国家、社会、企业、消费者都有着重要意义。

①对国家和社会而言,可在节假日增加节日气氛,烘托繁荣、稳定的社会局面。

②对企业而言,花期调控影响着花卉企业全年的生产和销售计划、生产周期的制订和实施,也是企业产品结构优化、调整的基础,对新品种选育发挥着积极作用。

③对消费者而言,可以满足其用花需求,为其提供极大的物质和精神享受。

6.4.2　花期调节的原理

花卉的生长发育规律是对其原产地气候条件和生态环境长期适应的结果。而花期调节正是以花卉的生长发育规律为基础,总结花卉不同生育阶段对环境的要求,通过人为创造和控制环境条件,调节其生长发育的速度,从而控制花期。花期调节可以分为营养生长和花芽分化两个阶段。

（1）营养生长

花卉的营养生长是植株质量和体积的增加,通过细胞分裂和伸长完成,是花芽分化的基础。不同种类花卉营养生长程度不尽相同,如唐菖蒲需长出 4 片叶,而紫罗兰要长出 15 片叶,风信子的球根要达到 19 cm 周径等,其后才有可能进入花芽分化阶段。

（2）花芽分化

花芽分化是指花卉从营养生长状态向生殖生长状态转变的过程,它受遗传特性和诸多环境因子的影响。其中最重要的环境因子是温度和光照。

①温度:花卉植株花芽分化对温度的要求因花卉种类而异。有的需要高温才能进行花芽分化,如山茶、杜鹃、牡丹、梅花等花卉对温度的要求是 25 ℃ 以上;有的需要低温诱导刺激才能形成花芽,高于或低于花芽分化的临界温度都不能进行花芽分化。花芽分化后,温度还影响其成熟时间的长短,温度过高开花早,温度过低开花延迟。

②光照:

a. 光照强度:花卉对光照强度的需求因原产地而异。原产于热带、亚热带地区的花卉,适应较弱的光照强度;原产于热带干旱地区的花卉,则适应较强的光照环境。同一花卉在不同生长时期对光照强度的需求也有所不同,一般开花前需要较强的光照,开花后需要减弱光照强度。因此,可以通过调节光照强度进行花期调节。

b. 光周期:光周期是指一天之中日出至日落的时数,或指一天中明暗交替的时数。光周期可以控制某些花卉的花芽分化和花朵开放。根据花卉对日长条件的要求不同,可将花卉分为长日照花卉、短日照花卉、中日照花卉 3 种。根据各种花卉的花芽分化对日照长短的要求,分别给予相应或相反条件,则可以实现花期调节。

6.4.3　花期调节的方法与途径

根据花期调节的原理,可以通过温度处理、光照处理、药剂处理以及栽培措施处理进行花期调节。

（1）温度处理

①增温法:可用于提前开花和延长花期。

采用增温法催花时,应首先确定花期,然后根据花卉本身的习性,确定加温的时间。一般是

逐渐升高处理温度,要求保持夜温15 ℃。昼温25~28 ℃,并保持较高的空气湿度。如牡丹催花室温升至20~25 ℃,空气湿度保持80%以上,经过30~35 d,即可开花;以同样温度进行处理,杜鹃经过40~45 d便可开花。

对于部分原产于温暖地区的花卉,开花阶段要求的温度较高,只要温度适宜就能不断开花。我国北方入秋后温度逐渐降低,这类花卉便停止生长发育,进入休眠或半休眠状态便不再开花。如果适当地进行人为增温处理,则可以继续开花,并延长花期。如茉莉花、黄婵、非洲菊、大丽花、美人蕉、君子兰等常见温度型花卉可采用此法延长花期。

②降温法:可用于推迟开花、提前开花、延长花期。

(2)光照处理

①短日照处理:短日照处理是指在自然日照长的季节,欲使短日照植物形成花芽或抑制长日照植物开花而进行的遮光处理。具体是在日落前到日出后的几个小时,用遮光材料如黑布、黑色塑料膜或银色塑胶布将植物围覆,使之完全处于黑暗中,缩短其光照时间。

短日照处理一般在夏秋季进行,很少在春季;宜采用透气的遮光材料且在完全黑暗后去除覆盖物;遮光时数不宜过长,于大多数短日照植物而言,短日照处理应持续到花蕾开始透色,早于此时期可能开花不整齐或延期开花。

②长日照处理:长日照处理是指在自然日照短的季节里,欲促进长日照植物开花或抑制短日照植物花芽分化,使其继续生长而推迟花期的光照处理,具体包括延长明期法和暗中断。

a.延长明期法是在日落后或日出前给予一定时间的人工补充光照,使花卉所受光照总数延长到其临界日长以上而使其延迟开花,目前多采用日落后补充光照5~6 h,使每天连续光照的时间在12 h以上。

b.暗中断又称光中断法,是指用光照打断自然长夜,长夜隔断后形成的连续暗期短于该植物的临界夜长。从而抑制短日照花卉形成花蕾开花。午夜光照时间的长短与季节有关,在早春、晚夏和初秋,午夜照明时间为1~2 h,而晚秋和冬季,则需延长至4 h。

③昼夜颠倒处理:适用于夜间开花的植物,如昙花。将花蕾长至6~9 cm的植株白天放在暗室中,晚上给予充足的光照。一般经过4~5 d的处理后,就能改变其开花习性,并可延长其开花时间。

④调节光照强度:在花卉植物开花前,给予较强的光照,有利于促进开花;开花后减弱光照强度,可延长鲜花的观赏期并保持较好的质量。

(3)药剂处理

植物花朵的形成除了受温度、光照等因素的影响外,还受植株体内内源激素的影响。使用植物生长调节物质控制花卉的生长发育,目前在科研和生产上运用广泛。

植物生长调节物质包括生长素、赤霉素、细胞分裂素、脱落酸、乙烯、多效唑等。经科学研究和生产实践发现,不同生长调节物质使用方法不同,同种生长调节物质对不同种类的植物效应也有所差异,在使用植物生长调节剂时应注意安全问题。

①赤霉素:赤霉素具有促进开花的作用,如对波斯菊、凤仙花、仙客来等。很多花卉通过赤霉素打破休眠,从而达到提早开花的目的。如宿根花卉芍药的花芽需经低温打破休眠,至少需要10 d的5 ℃低温处理。

②2,4-二氯苯氧乙酸:2,4-二氯苯氧乙酸(2,4-D)对某些花卉的花芽分化和花蕾发育有抑

制作用。如用 0.1 mg/L 的 2,4-D 喷施的菊花呈初花状态,用 1 mg/L 的 2,4-D 喷施的菊花花蕾膨大而透明。

③细胞分裂素:细胞分裂素能促进藜属、紫罗兰属、牵牛属和浮萍等短日照植物成花,甚至还能促进长日照植物拟南芥的成花。还能促进侧芽萌发,打破顶端优势,同时能延缓衰老,延长开花时间。

④脱落酸:脱落酸可抑制植物生长,促使观赏植物衰老、休眠和器官脱落。脱落酸能部分代替短日照的作用,促进一些短日照植物如牵牛、草莓在长日照条件下开花,抑制部分长日照植物开花。如喷洒在黑醋栗、牵牛、草莓和藜属的植物叶片上,可使它们在长日照条件下开花。

⑤乙烯利:乙烯利是一种能释放乙烯的液体化合物 2-氯乙基膦酸的商品名称。乙烯对诱导凤梨科植物花芽分化有明显作用。两次喷施 500 mg/L 乙烯利的天竺葵的实生苗,5 周后再喷 100 mg/L 赤霉素,可提前花期。

⑥多效唑:多效唑具有延缓花卉生长、抑制茎秆伸长、缩短节间、增加花卉抗逆性等作用。叶喷时浓度为 80 ~ 150 mg/L,浸根(种球)浓度为 70 ~ 90 mg/L,浸泡 5 ~ 8 h。木本花卉施药量及浓度可稍高,草本花卉用药量较低,兰科花卉需慎用。

(4)栽培措施处理

对不需要特殊环境条件诱导成花,只需在适宜的生长条件下,满足其从萌发到开花所需时间即可开花的种类,可以通过一些栽培措施来调节花期,如调节种植、修剪、摘心等。这些措施不仅简单有效,容易操作,还相对安全可靠,是花期调节常用的手段。

①调节种植期:通常情况下,只要生长到一定时间或大小即可开花的花卉种类,都可以通过改变播种期来调节开花期。常见的一、二年生花卉,如一串红、万寿菊、矮牵牛、金盏菊等,经常采用调节种植期的方法调节开花期。但用这种方法时需要注意育苗条件(以温度为主)和花卉的生育期。

②修剪、摘心等措施:采用修剪、摘心等技术措施可增加一串红、月季等多种花卉的开花次数,从而达到调控花期的目的。一串红修剪 20 d 后,新发育的侧枝上即可开花。月季从修剪到开花的时间为夏季 40 ~ 50 d,冬季 50 ~ 55 d。

③水肥管理措施:在花卉生产中,通常可采用水肥管理措施在较短时间内调节花期。氮肥和水分充足可促进营养生长而延迟开花,增施磷、钾肥有利于抑制营养生长而促进花芽分化。如桂竹香、紫罗兰经低温处理后,施 0.1% ~ 0.2% 的磷酸二氢钾可提前至 3—4 月开花。某些植物在生长期控制水分,可促进花芽分化。如梅花、柑橘类花卉可通过此法控制浇水量,强迫其营养生长终止,诱导花芽分化。

6.5　花卉经营管理与产品销售

6.5.1　花场设计与区划

花场是花卉生产基地,它对于花卉生产有着重要的作用,决定了花卉生产的种类、质量及数量。

（1）花场的选址

在城市规划工作中，通常将花场建在城市郊区。根据城市的具体规模与对花卉的需求状况，可选择郊区的不同方位分别建立大小不同的数个花场，以保证花卉的均衡供应和运输的方便。

选作花场用地应具备的主要条件为：

①地势较高、平坦，坡度为 0.1% ~ 0.3%，排水好。

②最好为砂壤土，肥力较好，pH 值为微酸至微碱性，地下水位距地表 2 ~ 3 m。

③有丰富的地下水或无污染的河、湖水可供灌溉利用。

④距城区较近，周围无污染。

⑤具备有利的经营条件。如靠近公路、铁路等，有便利的交通条件；有电源；无产生不良气候因素（冰雹、霜冻、风口等）的气象条件等。

花场的位置确定后，应当及时对场地的耕地作业情况、地形地势、植被、土壤、病虫害、水源、交通及当地的民俗风情进行细致的调查；向有关部门索取或绘制比例尺为 1 ∶（500 ~ 2 000）、等高距为 20 ~ 50 cm 的地形图；了解当地的气象资料，比如年降雨量及其分布情况、年最大降雨量及其持续时间、年及各月的平均气温、绝对最高或最低气温、早霜期及晚霜期、冻土层的深度、主风方向及风力等。

（2）花卉各育苗区的设置与规划

为了便于开展各项育苗活动和对土地进行合理的开发利用，需要对花场用地进行统一的规划。各作业区的面积，可视生产经营的规模、地形地势变化及机械作业水平而定。作业区的方向应当根据花场的地形、坡向、主风方向等综合考虑，如花场坡度较大时，从水土保持的方向出发，作业区的长边即作业方向应当与等高线平行。通常根据花卉生产的需要，可设下述几个作业区。

①繁殖区：包括播种区和营养繁殖（扦插等）区。在这个区主要进行播种、扦插、嫁接等工作，这是园林花卉开展育苗工作最重要的地方。为此，在花场中应当选择最好的土地作为繁殖区，要求设在地势高燥、平坦、土质好、排灌方便且又便于开展各项管理工作的位置。

②移植区：主要任务是通过移植，把由繁殖区培育出来的 1 ~ 2 年生的幼苗再培养 1 ~ 3 年，长成较大的苗木后，再移植到大苗区进行培育或出苗。

③大苗区：花场中培育城市园林绿化中大苗木的场所。一般是将幼苗在移植区培养一定年限后，再移植到大苗区进行培育。由于苗木此时的株型较大，所以要求土层深厚，其位置可设置在花场外围，最好靠近花场主路或花场外源近外公路地段，以便于苗木外运。

④母树区：为了便于生产，在规模较大的花场应设置母树区，以供应生产中所需要的种子和插穗、接穗等。母树区可设置在苗圃的周边或者一隅，但不应当遮挡其他育苗区的阳光。有些树种可结合建立防护林带和行道树的方式栽植。

⑤引种驯化及生产试验区：为了丰富花卉品种和城市园林景观，需要引进和增加园林植物及花卉的品种，同时应当不断地提高育苗工作的水平，不断地解决育苗生产中遇到的问题，为此需要设立此区。

⑥温室（含组织和容器育苗）及草本花卉繁殖区：繁殖和培育各种类型（一、二年生草本花卉、宿根花卉、球根花卉和水生花卉）的草本花卉；利用组培育苗技术提高繁殖系数、培育无病

毒的苗木等,现已被普遍应用。

温室及草本花卉繁殖区作为培育草本花卉的主要场所,应当建立在花场的建筑设施附近,水、电和供暖等都可以进行统一的规划,以便于集中管理。培育花卉需要应用到不同的花卉生产设施,包括温室、塑料大棚和荫棚。

(3)非生产用地(辅助用地)的规划

非生产用地包括花场内道路、排灌设施、防护林及花场内建筑等。它们虽然不是直接生产苗木,但是离开它们便不能正常地开展育苗工作。

①道路系统:通过道路系统,可与花场外单位相互联系、进行各类物资交流;在花场内,有利于各育苗区顺利地开展各项育苗工作。通常把花场内道路划分为3级。

一级路是花场内部对外联系的直接通道,可由花场大门直通办公室等花场内建筑区。花场的规模较大时,可规划相互垂直的两条一级路,路面宽可为6~7 m,可允许相向行驶的两辆卡车顺利通过;大型花场还可在场地四周设一条较窄的环路。

二级路是一级路通向各主要作业区的道路,一般宽3~4 m。

三级路是连接各作业区之间的小路,一般宽2 m左右。

中、小型花场可根据实际工作情况调整路面的宽度,以便于开展各项生产活动,以方便运输和节省土地为标准。一般情况下,道路的占地面积不应超过总面积的7%~10%。

②排灌系统:完善的排灌系统是保证苗木正常生长发育的关键。当用地下水进行灌溉时,水井的位置应选择在花场内地势最高的地方;当以河、湖、水库为水源时,应确认其不能受到污染。

采用明渠灌溉时,多将渠道按3级配置,由水源的出水口至各主要作业区称为主渠;由主渠至不同的作业小区称为支渠;由作业区至作业区内的垄或床称为毛渠。灌区的坡降以0.1%~0.4%为宜。

有条件的花场可以实行喷灌、滴灌,虽然投资较大,但可以节省土地,而且工作效率高,这是节水育苗的发展方向。

排水系统常不受重视,从长远考虑,必须建设完善的排水系统。当花场比较平坦或坡向比较一致时,排水渠可结合道路和灌水渠的落差统一考虑,关键的问题是选择花场内最低的位置为出水口,并根据年降雨量及一次性最大降雨量设计出水口的允许流量,以保证能在规定的时间内完成排水任务。

③防护林:通常是在花场的四周或沿主风方向设立防风林带,创造适宜花卉苗木生长的小气候环境。林带可采用乔、灌结合的半透风的形式,树种应以当地的乡土树种为主,也可与母树林的建造相结合。根据花场的规模,林带宽可为5~8(10) m,大型花场还可在场内结合道路的行道树建设副林带,以增强防护效果。防护林的占地面积可为总面积的5%~10%。

④行政技术管理建筑区:行政技术管理建筑区包括办公室、种子库、车库、工具室及职工生活用建筑等。为了方便指挥和参加各项生产活动,大型花场多将这些设施建在地势高燥的圃地中央地带,而中、小型花场则可选建在圃地的一侧。

如在办公室的前面或附近,根据花场的规模可建一个面积相当的场院,既可作晒场,又可作停车场,也可用于职工开展文体活动。该区的占地面积可为花场总面积的1%~2%。

6.5.2 花卉生产计划的制订与实施

在花卉生产过程中,企业制订合适的计划并实施能够有效提高企业的生产效率和经营收益。

(1)制订生产计划

花卉生产企业根据市场调研情况并结合企业自身实际情况,确定企业的发展目标。生产部门根据企业发展目标,负责制订企业年生产计划。与此同时,生产计划还应当附带生产预算和生产方案。生产计划的制订有利于企业在资金使用、人员安排、资源利用等方面发挥最大作用,使企业能够持续、健康发展。

①制订生产方案:生产方案是进行花卉生产管理的重要依据之一,同时也是生产的技术指导方案,对整个花卉生产过程而言,有着重要的作用。生产方案主要包括育苗、定植(上盆)、日常管理、采收、加工、包装、贮藏等内容。

a.育苗:除采购的种球、种苗外,有些生产项目还必须要进行育苗,比如一些花草生产、菊花切花生产。在这个环节主要阐述育苗前的准备工作、育苗的过程以及育苗后的管理等内容。

b.定植(上盆):这个环节在切花生产中主要阐述土壤改良前的土质情况、整地、改良土壤所选用的基质和数量、基肥的种类和数量、土壤消毒的方案和要求、作床、定植的密度、深度及浇水等内容;盆花(草本花卉)生产中主要阐述上盆前的主要准备工作、营养土配制的方法、消毒的方法、基肥的种类和数量、上盆的深度和方法及浇水等内容。

c.日常管理:日常管理是整个生产过程中最漫长、最复杂的过程,在盆花生产中主要阐述上盆后对花卉的温度、光照、水分、肥料的要求和管理,还包括换盆,转盆、摘心、整形、修剪以及病虫害防治的措施;在切花生产中主要阐述定植后对花卉进行的温度、光照、水分、肥料的要求和管理,还包括松土、除草、摘心、整形、修剪以及病虫害防治的措施。

d.采收、加工、包装、贮藏和运输:在切花生产项目中须要阐述的内容包括采收的时间和方法、加工、包装的方法,以及贮藏的方法。

②制订生产计划:生产计划是指一方面为满足客户要求的三要素"交期、品质、成本"的计划;另一方面又使企业获得适当的利益,是对生产的三要素"材料、人员、机器设备"的切实准备、分配及使用的计划。

生产计划对企业来说,应包括长期的生产计划、中期的生产计划和短期的生产计划。在这里只谈年度生产计划。该计划是由生产部门负责编制的,确定生产的品种、数量、质量、完成的部门以及出货的时间等。一个优秀的生产计划必须具备以下3个特征:第一,有利于充分利用销售的机会,满足市场的需求;第二,有利于充分利用盈利机会,实现生产或成本最低化;第三,有利于充分利用生产资源,最大限度地减少生产资源的闲置和浪费。

a.调查研究,摸清企业内部情况。通过调查研究,主要摸清企业如下方面的情况:第一,企业的总体规划和长期的经济协议。第二,企业的生产面积、生产规模、设施和设备情况。第三,企业的技术水平和劳动力情况。第四,企业的原材料消耗和库存情况。

b.初步确定各项生产计划指标。在对企业情况充分摸底的情况下,根据企业的总体发展部署,初步确定年度生产计划指标。生产计划指标主要包括:第一,产品品种、数量、质量和产值等指标。第二,设施的合理、充分利用,生产品种的合理搭配和生产进度的合理安排。第三,将生产指标分解为各个生产部门的生产指标等。

c.初步安排产品生产进度。根据企业总体计划的安排以及生产部门的生产指标,生产部门为保障产品的数量和质量,初步安排各种产品的生产进度。

d.讨论与修正,进行综合平衡,正式编制生产计划。初步确定各项生产计划指标后,在企业生产部门内部要进行广泛的讨论,征求意见,观察生产计划指标是否符合实际。综合平衡的目的是使企业的生产能力和资源得到充分合理的利用,使企业获得良好的经济效益。生产计划的综合平衡有以下几个方面:第一,生产任务和生产能力的平衡,测算企业的生产面积、设施、设备对生产任务的保障程度。第二,生产任务与劳动力的平衡,主要指劳动力的数量、劳动效率等对生产任务的保证情况。第三,生产任务和生产技术水平的平衡,测算现有的工艺、措施、设备维修等与生产任务的衔接。第四,生产任务与物资供应的平衡,测算原材料、工具、燃料等质量、数量、品种、规格、供应时间对生产任务的保证程度。

生产计划综合平衡后,生产部门便正式编制生产计划和生产进度表。

③生产资金预算的制订:

A.确定资金的使用时间。资金的使用时间由产品的上市时间来决定,一般根据上市的时间,结合花卉产品的品质要求和生长周期,采用倒推的方法,就可以算出育苗、定植、生产管理、采收、包装等环节的时间,进而就可以确定资金使用的时间。

B.分项列出预算。

a.种苗的预算:种苗的资金使用是花卉生产中资金使用比较大的一项,同时也是最重要的一项,所以做好种苗的资金使用计划尤为关键。首先要确定种植的种苗数量,种苗的数量确定可根据企业的总体计划和生产场地来确定。根据企业的总体计划就是根据企业一年或一批要上市的数量来确定。

b.生产资料的预算:除种苗外,生产资料也是一笔比较大的预算。盆花的生产资料主要包括基质、肥料、农药、花盆、穴盘、地膜、遮光膜、水管等;切花的生产资料包括基质、肥料、农药、地膜、遮光膜、防倒伏网等。在采购这些生产资料时为节省生产成本,一般采取就近原则,所以在预算时,要以当地或周边地区的生产资料价格为准。

c.生产工具和设备的预算:花卉生产的工具和设备主要包括铁锹、耙子、打药机、旋耕机、花铲等,这些工具和设备一般都有较长的使用年限,一般在初次生产时需要进行大批量的采购,以后生产时可以进行适量补充,在进行预算时也要采取就近定价的原则,同时也需将设备的维护费用计算出来。

d.水、电、取暖费用的预算:进行花卉生产时需要用水、用电、冬天还涉及温室取暖的费用,这些费用都与花卉生产紧密联系,在进行预算时要充分考虑进去。

e.人工费:人工费是指与生产直接相关的人工成本,可以按月计算出平均人工费,也可以按批量计算人工费。

f.包装费:包装费包括纸箱、包装袋、标签等相关费用。

C.列表统计。

a.按项目统计:在表格中列出各项预算,标明使用时间、数量、单价、金额、备注等,统计出各项和总计算额度。

b.按时间统计：根据上述表格，按时间段进行预算资金统计，列出每月需要投入的资金量，以便企业资金总体安排。

（2）生产计划实施

生产部门负责人组织本部门人员对生产计划进行合理有序的执行，在执行过程中，生产部门负责人要充分安排好本部门人员、资源的利用，设备的维护管理，原材料的节约和使用，尽最大的努力创造效益和节约成本，确保生产计划能够如期实现。

①生产部门组织相关人员对生产计划进行学习。生产计划的实现需要全体生产部门的人员共同努力，让大家了解生产计划的内容，以便于大家在以后的工作中有目标，能够做到有的放矢，使生产计划能够如期、保质、保量实现，以确保公司发展目标的实现。

②落实措施，组织实施。生产计划目标能否保质保量、按时实现，保障计划的实施尤为重要。计划实施的措施和组织是一项复杂且系统的工程。

③检查、调查计划执行情况。生产部门负责人定期对各部门计划执行情况和各项目运行情况进行检查、督促，以保证有问题早发现、早解决，确保生产计划目标的实现。

④考核、总结计划完成情况。当某个项目完成后，由生产部门负责人牵头，对各部门或各个项目计划完成情况进行考核与总结，并对经济效益进行分析。

（3）经济效益分析

①统计出项目或生产部门一个时间段内的成本综合。成本主要包括人工费、种苗费、材料费、水电暖费、包装费、设备维修保养费、包装费、运输费和销售费等。这些费用的统计可以进行分类统计，也可按照发生的时间按顺序统计，并以图表的形式表现出来。

②统计项目或生产部门一个时间段内的销售收入总和。销售收入主要指项目或生产部门某个时间段内与市场产生的交易额，这项工作可以通过销售部门的销售记录进行统计。同样，销售收入统计可以按分类进行统计，也可以按发生的时间顺序统计，以图表的形式表现出来。

③计算销售毛利。销售毛利是指销售收入与成本的差值。

④计算毛利率。毛利率指的是毛利与销售收入的比值。

6.5.3　花卉生产布局与产品的调整

改革开放以来，随着国民经济持续稳步发展和人民物质文化生活水平的不断提高，居民消费出现多元化和高质量的趋势，花卉作为城市园林建设的材料和美化人民生活的物质与精神消费品，在全国各地悄然兴起，并不断扩大，很快成为一项快速发展的产业，花卉消费也逐渐成为一种时尚。近年来，中国花卉产业发展取得了长足的进步，中国现已成为世界最大的花卉生产基地和旺盛的花卉消费市场。

（1）花卉产业的生产布局

经过长期发展，中国花卉产业发展取得了长足的进步，获得了巨大成就。从生产规模上看，我国花卉种植面积位居世界第一。截至2020年，全国花木种植面积已超过150万公顷，且形成了庞大的产销市场和完整的产业链。以全国七大花卉产区为依托，建立了比较稳固的产业基础和门类齐全的产品体系，形成了全产业链和产业格局。同时各地区花卉产业蓬勃发展，形成了

较为明显的地区特色。浙江省以花卉种植面积 14.52 万公顷跃居全国之首。其次是江苏省,花卉种植面积 14.16 万公顷,目前在大力发展观赏苗木种植产业。河南省花卉种植面积 11.80 万公顷,位列第三。云南发展特色花卉,种植面积达 1.12 万公顷,生产面积、销量、销售额分别占全国总生产面积、总销量、总销售额的 21.86%、39.39%、23.57%。除了鲜切花这一当家产品,经过多年发展,以鲜切花、种用花卉、地方特色花卉、绿化观赏苗木和加工用花卉为主的多元化产业发展格局基本形成。

(2)花卉产业面临的机遇与挑战

随着我国经济的不断发展,我国的花卉产业迎来了新的机遇与挑战。

①花卉产业面临的机遇:党的十八大明确提出了建设生态文明的目标,十九大后,从国内看,当前是决胜全面建成小康社会夺取新时代中国特色社会主义伟大胜利的关键时期,人民群众对美好生活的向往更加强烈,为人民群众提供积极的产品支撑、营造良好的生活环境,为实现全面建成小康社会的奋斗目标贡献一份力量是花卉产业的强项与优势,同时也是花卉产业面临的新的机遇。

②花卉产业面临的挑战:当前我国花卉产业处于由数量扩张型向质量效益型转变的关键时期,产业发展面临诸多瓶颈。

一是从技术角度来看,我国花卉种质资源保护不力,开发利用不足;主要商品花卉品种、栽培技术和资材等基本依赖进口,具有自主知识产权的花卉新品种和新技术较少;花卉生产加工与流通等主要环节科技水平与应用程度低;科研、教学与生产脱节的现象仍然存在,科技成果转化率较低,科技创新能力不强。

二是从生产角度来看,我国花卉生产技术和经营管理相对落后,专业化、标准化、规模化的程度较低;花卉的生产性矛盾突出,主要体现在生产分散、凌乱,区域优势发挥不明显,规模化生产面积较小,优质、高端花卉产品生产不足;本地花卉产出能力低下,对异地花卉依赖度较大。

三是从产品角度来看,花卉产品的供给与需求出现较为明显的结构性、季节性的不平衡;花卉产品质量不高,单位面积产值较低;国际市场竞争力较弱。

四是从流通角度来看,花卉市场布局不合理、管理不规范和服务不到位的问题依然存在。

③花卉产业的产品调整:目前国内花卉产业高速稳定发展的同时也面临了一些问题,积极进行产品调整能有效提高行业创新升级。

一是花卉产品由同质化低端产品向差异化中高端产品进行转变。需要调整结构,优化产能。大力推进花卉产业的供给侧结构性改革,加快生产结构调整,实现花卉产品与消费同步升级。

二是提高花卉产品的创新创造性。坚持科技创新,全面提升,广泛利用互联网科技成果,加强核心技术和共性科技研究,进行产业发展理论与实践的全面创新,提升中国花卉产品的科技含量与品牌贡献价值。

6.5.4　花卉产品种类、包装与运输

(1)花卉产品的种类与包装

随着全国范围内花卉产业的不断发展,市场规模的不断扩大、市场规范的不断加深,花卉产

品的种类呈现多样化、创新化的良好态势,因此其包装方式也与时俱进。

①花卉种子。花卉种子就是花卉的种子,是花卉产业的重要产品。各种花有不同的种子,形状大小各异。花卉种子是优质花卉生产的基础,种苗生产对花卉产业的生产发展、装饰应用、经济效益都有举足轻重的作用。花卉种苗生产的纯度、质量、数量,以及生产性辅料的使用,都将直接影响到花卉生产的产量、质量、效益、环保,以及可持续发展等一系列问题。

②花卉种苗。花卉种苗主要是草本类的种苗,以盆花和切花为主,如蝴蝶兰、大花蕙兰、康乃馨、菊花,也有少部分木本种苗,如月季等。

③一、二年生花卉。这类植物从种子到种子的生命周期在 1 年之内,春季播种秋季采种,或于秋季播种至翌年春末采种。根据其耐寒性,可分为不耐寒、耐寒以及半耐寒 3 类。不耐寒者在北方多为春播,但在南方多作秋播或冬播。耐寒及半耐寒者在北方多作秋播,但在南方多作春播。如百日草、凤仙花、半支莲、三色堇、金盏菊等。另外,有些多年生草本花卉,如雏菊、金鱼草、石竹等常作为一、二年生栽培。

④球根花卉。此类包括地下部分肥大呈球状或块状的多年生草本花卉。按形态特征又将其分为 5 类,即球茎类、鳞茎类、块茎类、根茎类、块茎类。

⑤宿根花卉。此类包括冬季地上部分枯死,根系在土壤中宿存,来年春暖后重新萌发上生长的多年生草本花卉,如菊花、芍药、蜀葵、耧斗菜、落新妇等。

⑥水生花卉。此类多数为多年生宿根草本植物,地下部分多肥大呈根茎状,除王莲外,多数为落叶。它们都是生长在浅水或沼泽地上,在栽培技术上有明显的独特性,如荷花、睡莲、石菖蒲、凤眼莲等。

⑦花卉种子。

a.包装材料:包装材料一般为聚乙烯薄膜。

b.包装与数量:用不透水的种子袋密封包装,种子袋上必须标明种子的种名、品种名、数量以及编号。花卉种子因种类不同而有大小之别,常用计量单位为克(g)、千克(kg)、粒(Sds)。

⑧花卉种球。

a.包装材料:包装材料可采用塑料箱、竹编筐、编织袋、塑料薄膜等,箱/筐规格一般为40 cm×60 cm×18 cm;塑料薄膜按 20~25 个/m² 打孔,孔直径 0.8 cm。保湿材料可用锯末、泥炭或珍珠岩等,含水量为 40%~60%。塑料薄膜、保湿材料需经严格消毒。

b.包装与数量:无须进行保湿处理的种球可在箱/筐内垫塑料薄膜直接包装。需要保湿处理的种球,先将塑料薄膜放入箱内,然后在箱底放一层保湿材料,其厚度为 5 cm;在保湿材料上放一层种球,注意同层种球之间必须由保湿材料隔开,如此,一层保湿材料一层种球,放满箱后,将塑料薄膜合拢扎紧。包装数量按种球大小不同而异。

⑨种苗。

a.包装材料:种苗包装材料应当适合花卉的生理特性,坚固、耐用、清洁,一般可用透气塑料薄膜袋、塑料筐、纸袋、纸箱等。

b.包装与数量:种苗包装一般以维持其生理特性,保持种苗活力为宜。生长期种苗尤其要注意保护好根系,避免失水,但又要保持一定的通风,防止闷苗。穴盘苗用专用纸箱包装,容器苗和裸根苗用适宜的纸箱包装,纸箱上须标明品种、规格、数量等。

⑩盆栽植物。

a.包装材料：单个盆栽植物宜用塑料套袋或纸包装,多个盆栽植物可用通气的纸箱、木箱等装运。

b.包装与数量：盆栽植物包装前应根据植物的生理需求控制水分,叶面不宜有水。包装时根据植物的长势,把叶片、枝条向上或向中间靠,适当捆扎;装箱时,一般需平放于箱中,每层交替放置。装箱数量因不同种类和规格而不同。

⑪盆景。

a.盆景包装箱：一般采用木箱、纸箱、塑料箱等,包装箱的规格根据盆景的实际尺寸而定。

b.单个盆景包装：在包装前浇1次透水,让盆土和植物都吸足水分。及时在盆面铺满水苔,从盆内边一直铺到桩基,水苔厚度一般为2~3 cm。接着再补浇1次水,再用塑料薄膜将盆面包好封密。

c.微型盆景装箱：箱内一般可装2~3层,也可使用塑料薄膜和水苔,将盆景全部包住,注意不要损伤枝叶。

d.大中型盆景装箱：外包装的木箱尺码应与盆景尺寸相适宜,一般每箱不超过2盆。

e.盆景装箱固定：盆景装箱放置平稳,须采取相应措施确保容器、植株和箱体稳固。

⑫鲜切花。

a.包装材料：一般采用瓦楞纸箱。瓦楞纸的厚度为2~4 mm,可采用双层或三层瓦楞纸箱。关于瓦楞纸箱的强度、封口等各项技术要求参照GB/T 6544—2008执行。

b.包装箱规格：箱体的宽度(内径尺寸)一般约为30 cm,长度、高度可根据鲜切花的数量和长度来调整。

c.包装程序：田间采切的鲜切花经过保鲜液处理,适当剪切,整理分级后进行包装,不同质量等级的鲜切花放入不同的包装箱内。包装后进行运输或者短暂贮藏。切花运输到目的地后,经过简单整理后要重新包装,然后进入市场拍卖或者直接进入冷库内储藏。

d.包装：根据鲜切花种类,进行单枝包装或者按照一定的数量成束捆扎、包装。单枝包装一般以单花头进行包裹,成束包装一般要成束套袋,并根据种类要求对茎秆基部进行保湿处理。包装箱内切花分层放置,并做必要的固定;层间有衬垫,各层切花反向叠放箱中,花头朝外,距离箱边5 cm,纸箱两侧均匀打孔。封箱采用压敏胶带,胶带的长度需超过包装箱两端,纸箱外用纤维带捆扎,在包装箱上等距离捆扎3条纤维带。在保证鲜切花产品不受挤压或损伤的前提下,装箱数量要根据鲜切花种类和包装箱规格而定。

⑬观赏木本植物。

a.裸根观赏苗木包装：一般在不损伤植株条件下,将枝条、根系捆扎到最小空间,以防止根系失水,保持其活力为宜。装箱时,箱体两侧打孔,将捆扎好的苗木枝条向内反向叠放干箱内,用包装带打紧封箱,近距离运输可打捆散装。

b.带护根土观赏苗木包装：一般用草绳或木板钉箱来进行包装,以防止护根土散落,保持根系活力为宜。装箱时,箱体两侧打孔,将捆扎好的苗木枝条向内反向叠放于箱内,或将苗木直立于箱内,用包装带打紧封箱,近距离运输可散装。

c.容器苗木包装：包装时应防止容器(盆、营养钵、穴盘、塑料袋等)破裂损坏。装箱时,箱体两侧打孔,将捆扎好的苗木向内反向叠放于箱内,或将苗木直立于箱内,容器应进行适当的包

装处理,用包装带打紧封箱,近距离运输可散装。

⑭草坪植物与地被植物。一般地,草皮按照一定的长度、宽度、厚度成卷扫捆。

（2）花卉产品的运输

花卉产品从生产地运至消费地,是商品化生产过程中的一个重要环节。交通工具和交通条件会直接影响花卉产品商品价值的实现。由于生产地和消费地的距离远近不一,采用的交通工具也多种多样。

①运输途径。长距离运输多采用飞机空运或火车陆运;短距离运输常采用汽车陆运或轮船水运。在荷兰和泰国,切花被定为特级商品,优先运输。在荷兰,花卉商品通常是 1 500 km 以上用飞机运输;若是近距离,则用冷藏货车或火车运输。

a.公路和铁路运输:公路运输的速度较慢。近年来,我国路况条件虽然大大改善,但局部地区还是很不理想,因此,公路运输只适应于短途运输。铁路运输的速度快、容量大、成本低,且机械振动小。铁路运输目前是我国较长距离、大批量运送切花的主要方式。

b.水路运输:水路运输由于速度太慢,比较少用。在我国江南地区,主要利用水上交通网进行切花商品的短途运输。

c.空中运输:空运时间短、速度快、损耗小,但成本较高。高品质的名贵花卉产品利用空运的综合效益较好,例如我国云南生产的切花,主要是通过空运向外销售。

花卉是一种柔嫩、多汁,且寿命短的鲜活商品。一般都在消费中心或批发中心的地区栽培。鲜切花在采收后,一般几小时即可发送出去。随着空运的发展,以及包装、保鲜技术的提高,长途运输也慢慢盛行起来。

②运输方式。从运输方式上,花卉商品的运输可分为干运和湿运。

a.干运:目前,大多数花卉产品都采用干运。干运切花最普遍的症状是花瓣失去膨压,但调整后即可恢复,并可保持良好的品质。

b.湿运:长途运输时,将花枝茎基浸入水中或保鲜液中,虽能保持花的紧张度,但花比干运时衰老得更快。所以,并不是每种花卉产品都适合湿运,但有些热带花卉,如热带兰、红鹤芋等需采用湿运,因为它们不耐低温,在运输前或运输中要经常供水。

湿运的方法是将花茎的基部浸入装有水或保鲜液的玻璃管或橡皮袋内,也有在基部缠绕湿润物质,如棉球、吸水纸等以保持湿润。切花在运输前要进行预处理,否则,在运输过程中,花瓣与叶片易萎缩、褪色及缩短寿命。

在运输过程中,还应注意保持较高湿度,以减少水分的蒸腾;保持较低温度,以减少呼吸;保持空气的流动,以排除呼吸热;还要巧妙摆放,适当装卸,防止机械损伤。同时,要避免鲜切花和水果、蔬菜混装运输,以免大量乙烯使切花迅速衰老。

由于市场经济的迅猛发展,各行业也在不断发展变化。商品花卉不再限于当地市场的供应,远距离包装、贮藏、运输成为花卉产业的重要环节,不少企业也在实践中不断积累经验,改进创新。

③花卉产品运输应注意的问题。花卉产品的种类不同,在包装和运输工具上其规格、标准也不相同。切花多以纸箱装载,按大小每 10 ~ 20 支为一扎(束),经保鲜处理后,单株纸包裹。纸箱大小设计也因花卉长度而定,四周留孔眼透气,以防霉烂。最后以胶带封口,箱外标有名称、毛重、规格等,还包括注意事项、图示,如放置方向、防挤压标志等。

盆花多以木柜、竹柜装置或塑料覆盖,尽可能保持其原状,以防损伤。种苗运输用袋或柜装,比切花、盆花要求低一点,但是,应同样严防挤压或损伤腐烂。

④运输过程的管理。花卉植物运输管理,除当地短距离销售管理比较简单外,通常指长途运输管理,如远销省市(区)外或出口,管理程序相应复杂化,经营者必须熟悉。

a.办理检疫手续:为了防止危险性病虫扩散、蔓延,花卉在运往目的地前,应申办植物检疫手续。国内由各省区植物检疫总站负责专业技术检验,有的科研单位兼职负责检疫,如中国科学院华南植物研究所病理实验室。只有获得检疫证书后,才能办理有关托运手续。

b.包装运输的标注:在抽样或专业人员产地检验后,包装需合格。例如,空运需严防包装在飞机内漏水,包装体积大小适宜(太大,搬运不方便,太小,商品会受摩擦损伤)。花卉品种、日期、托运人、托运单位,以及目的地名称、收货人等,必须正确而清楚地注明。

c.运输保鲜管理:经营者事先签订合同条款,运输途中须小心谨慎,以保花卉产品完整性高、新鲜度好,无损商品价值。其中,保鲜管理十分重要,通过预处理可以较好地达到降低花卉呼吸作用,减少水分丧失等目的。

不同商品花卉生理特点和生态环境要求不同,特别是切花商品离开母株更需严格保护,其中贮藏温度影响最大,各自要求因种而异。因此,为了保持花的新鲜度和较高的商品性,人工处理可获得较好效果。

d.采后补水:采后运前处理,首先,保水较重要,浸吸水可以补充花茎的田间失水量,使切花细胞膨胀压得到恢复。往往用水泥池或塑料桶、木桶等容器,装浅层水,将切花整捆竖立其中。若花开始萎蔫,浸蘸 1 h 后就能恢复正常细胞膨胀压。

e.化学处理液:运输前化学处理,特别是贮藏时间较长时可延长花的寿命。用含糖营养液可促花蕾开放,保障花质免受储运影响,调整淡市期供应或延长供花期。

f.营养液浓度:商品花卉种类不同,要求使用浓度也不同,主要成分是糖。配合硫代硫酸银(STS)可延缓衰老,以及杀菌、防腐和防霉烂。STS 主要作用是抗乙烯致害花卉,特别对长途运输的花卉预处理的效果更加明显。一般花卉最适温度为 20~27 ℃(而月季花在 20 ℃下 3~4 h 后,冷藏 12~16 h 才有效),湿度在 35%~80%,弱光或散光(1 000 lx)为宜。

商品切花预处理营养液使用浓度见表6-6。

表 6-6　商品切花预处理营养液使用浓度

花卉名称	糖营养液浓度/%
唐菖蒲、非洲菊	20
香石竹、鹤望兰	10
菊花、月季	2~5

g.热处理:切花切口有乳汁流出的花卉种类,其寿命较短,如大丽花、虞美人等。因为乳汁会快速凝固,堵塞其切口,输导组织不能吸水,故短期内凋萎谢花。如果用酒精浸蘸、灯焰干燥或温水(50 ℃)浸 30 s(沸水忌用)即可。

h.冷处理:预冷不仅可以降低呼吸热从而解决呼吸热的问题,而且也可以抑制微生物感染繁殖,减少腐烂,使蒸腾作用缓慢,避免轻度凋萎皱缩。预冷温度为 1~4 ℃,相对湿度为 95%~

98%。具体方法一是可用冷水浸或过流包装箱,消除花卉产品发热;二是采用空调制冷气降温。另外,真空冷却也可以达到相同的目的,而且速度更快。即将花卉产品放置在密闭坚固容器内,再通过抽气降压,使水的气化点降低,在常温下蒸发而吸热,从而使商品花温度变低,20 min 后温度可大大降低。其缺点是必须严格掌握准确温湿度。

思考题

1. 露地花卉整地的目的及要求是什么?
2. 露地花卉间苗的意义和作用是什么? 简述间苗的方法。
3. 露地花卉移栽的意义和作用是什么? 简述移栽的方法。
4. 简述露地花卉灌溉的方法和特点。
5. 露地和盆栽花卉的施肥各有何特点?
6. 花卉的整形与修剪方式有哪些?
7. 简述无土栽培的基本原理及优点。
8. 花卉无土栽培中营养液的配制应注意哪些问题?
9. 何谓花期控制? 花期调控的方法有哪些?
10. 简述花期调控的原理。
11. 植物生长调节剂对花卉生长有哪些作用?
12. 一个设施齐全的花卉苗圃基地一般由哪些部分组成?

第7章 一、二年生花卉

【内容提要】

本章介绍了一、二年生花卉的概念、繁殖与栽培管理要点、应用特点,以及常见的一、二年生花卉的生态习性、繁殖与栽培、观赏与应用等。通过本章的学习,了解常见的一、二年生花卉种类,掌握它们的生态习性、观赏特点以及园林用途。

7.1 概 述

7.1.1 范畴与类型

栽培中通常所说的一、二年生花卉包括下述3类。

1)一年生花卉

一年生花卉是指在一个生长季内完成生命周期的花卉,即播种、萌芽、营养生长、开花、结实、死亡是在一个生长季内完成的花卉。这类花卉一般在春季播种,在夏、秋季开花,在冬季到来时死亡,又称春播花卉。一年生花卉喜温暖,畏冷凉,如鸡冠花、半支莲、百日草、凤仙花等。

2)二年生花卉

二年生花卉是指在两个生长季内完成生命周期的花卉(跨年完成生命周期的花卉),即播种当年只进行营养生长,次年开花、结实、死亡的花卉。这类花卉一般在秋季播种,当年种子萌芽、营养生长,次年春、夏季开花、结实,而后死亡,又称秋播花卉。二年生花卉耐寒力较强,喜冷凉,畏炎热,如紫罗兰、须苞石竹等。

3）多年生作一、二年生栽培花卉

在实际的栽培管理中，有一些花卉本身为多年生花卉，其寿命超过两年，也能够多次开花结实，但是在人工栽培的条件下，往往表现出第二次开花时株形不整齐、开花不繁茂或不适应当地的气候条件（不耐寒或不耐炎热）等问题。其中，当年播种当年开花，且容易结实的种类，其生态习性及栽培管理与一年生花卉相似，通常采用和一年生花卉一样的栽培管理方式，这类花卉即为多年生作一年生栽培花卉；对于当年播种次年开花，且容易结实的种类，其生态习性及栽培管理与二年生花卉相似，通常采用和二年生花卉一样的栽培管理方式，这类花卉即为多年生作二年生栽培花卉。究竟作一年生栽培还是二年生栽培，除了要考虑其耐寒性和耐热性外，还要考虑栽培地的气候特点。在一个具体的地区，根据无霜期长短和冬季、夏季的温度变化特点，有时也没有明显的界线，既可以作一年生栽培也可以作二年生栽培。目前，在应用中有许多重要的一、二年生花卉都属于这一类，如一串红、矮牵牛、金鱼草、长春花等。

7.1.2　生态习性

1）温度

一年生花卉喜温暖，不耐严寒，大多不能忍受 0 ℃以下的低温，生长发育在无霜期进行，主要是春季播种。二年生花卉不耐夏季炎热，喜欢冷凉，耐寒性较强，可耐 0 ℃以下的低温，有些种类要经过一定时间的 0 ~ 10 ℃的低温诱导才能完成春化作用，在自然界中经过冬天就完成了春化作用，主要是秋季播种。

2）光照

一、二年生花卉大多数为阳性植物，栽培地点光照充足才能正常生长开花，光照不足则易导致徒长和开花不良；有少部分能耐半阴环境。一年生花卉多为短日照花卉；二年生花卉苗期要求短日照，成长过程要求长日照，并在长日照条件下开花。

3）水分

一、二年生花卉大多根系较浅，易受表层土壤水分的影响，因此不耐干旱，要求土壤湿润。

4）土壤

对土壤要求不严，除了重黏土和过度疏松的土壤都可以生长，但以排水良好而肥沃的壤土为宜。

7.1.3　繁殖与栽培管理

1）播种

一、二年生花卉以播种繁殖为主。播种时间应根据花卉的生长发育特点、供花时间以及环

境条件进行调整。一年生花卉应在春季气温开始回升、平均气温已稳定在花卉种子发芽所要求的最低温度以上时播种,若要发芽快而整齐,则应在气温接近发芽最适温度时播种。二年生花卉一般在秋季播种,种子发芽的适宜温度较低,播种时间不宜过早,否则不易发芽,能保证出苗后根系和营养体有一定时间生长即可。播种的操作方法参见第4章。

2)苗期管理

种子萌发后,仅施稀薄液肥,并及时灌水,但水量不可过多,以免引起根系发育不良及病害。苗期应适当遮阴,避免阳光直射,但不能引起黄化。为了培育壮苗,苗期还应进行间苗和移苗,以扩大幼苗生长空间,防止黄化和老化。间苗应在出苗后,幼苗长出 1~2 片真叶时进行,留下苗壮的幼苗,去掉弱苗和徒长苗及杂苗。移苗可在幼苗长出 3~4 片真叶时进行,第一次移苗是裸根移植,要边移边浇水,以后移苗要带土坨,2~3 次后可定植。移苗最好选在阴天进行。如果采用穴盘育苗,则可以省去上述步骤。

3)摘心

摘心即摘除枝梢的顶芽。摘心可以促进分枝,使株型丰满、整齐,降低植株高度,还有延迟花期的作用,如金鱼草、一串红等都需要摘心。需要注意的是,摘心并不适用于所有花卉,如鸡冠花、雏菊等通常不摘心。

4)抹芽

抹芽是指摘除侧芽。抹芽可以促进植株的高生长,减少花朵的数目,使营养集中供给顶花,提高顶花的观赏性,如鸡冠花、观赏向日葵等。

5)支撑与绑扎

对于株型高大、上部枝叶花朵过于沉重的花卉,可用竹竿或其他支撑物给予必要的支持,以防止倒伏,提高观赏性。对于牵牛、茑萝等藤本花卉,则需要为其提供支柱,或直接将其播种于栅栏、篱垣等支撑物下,可通过适当引领和绑扎,使植株攀缘其上,利于观赏。

6)剪除残花与花莛

对于能够连续开花且花期长的花卉,如矮牵牛、一串红等,花后应及时摘除残花,剪除花莛,避免其结实,以减少养分的无谓消耗,并可保持植株整洁,减少病虫害的发生。同时加强水肥管理,以保持植株生长健壮,继续开花繁茂,还有延长花期的作用。

7.1.4　应用特点

一、二年生花卉繁殖系数大,生长迅速,被广泛应用于花坛、花境、种植钵、地被、切花、干花、垂直绿化等。其应用特点如下所述。

①色彩鲜艳,开花整齐、繁茂,美化装饰效果好,且见效快,被大量应用于城市花坛。

②花期不同,一年生花卉是夏季景观中的重要花卉,二年生花卉是春季景观中的重要花卉。在应用中,一、二年生花卉可以与宿根花卉和球根花卉相搭配,也是布置花境的好材料。

③花形、花色繁多,是布置种植钵、窗盒、吊盆等的常用花卉;植株低矮的种类可用作地被植物。

④藤本一、二年生花卉对支撑物的强度要求低,且见效快,可用于垂直绿化。

⑤有些种类可以自播繁衍,颇具野趣,可以自然式丛植、片植,也可用于野生花卉园。

⑥繁殖系数大,易于获得大量种苗,方便大面积使用。

⑦每种花卉的花期集中,便于及时更换种类,保证良好的观赏效果。但一年中要更换多次,费用较高。

⑧对环境条件要求较高,管理较烦琐。

7.2 常见种类

7.2.1 鸡冠花 *Celosia cristata*

【别名】鸡冠头、红鸡冠、大头鸡冠、鸡公花

【英文名】Cock's comb

【科属】苋科 青葙属

【形态特征】"*Celosia*"源于希腊文,意为"燃烧的",指花色;"*cristata*"意为"冠毛",指花形似鸡冠。

一年生草本,株高15~120 cm,茎粗壮直立,上部扁平,绿色或带红色,有棱纹凸起,少分枝。叶互生,具柄,长卵形至卵状披针形,先端渐尖或长尖,基部渐窄,全缘。穗状花序大,肉质,顶生,具丝绒般光泽,花序上部退化成丝状,中下部成干膜质状,生不显著的细小花朵,花被膜质,5片,花序有鸡冠状、羽毛状等形状;有深红、鲜红、玫红、淡红、橙黄、黄、白等色。叶色与花色常有相关性。胞果卵形。花期8—10月,果期9—10月。

图7-1 鸡冠花
(引自张树宝,李军. 园林花卉[M].北京:中国林业出版社,2013.)

【种类与品种】常见栽培的有下述4类:

普通鸡冠:品种间高度差异很大,极少有分枝。花扁平而且皱褶似鸡冠状,花色繁多,有紫红、深红、粉红、淡黄、乳白等色,单色或复色。

子母鸡冠:株高30~50 cm,多分枝而斜出,全株呈广圆锥形,紧密而整齐。主干顶生花序大,皱褶极多,主花序基部旁生多数小花序,各侧枝顶端相似,也能开花;花色有紫红、橙红、黄等。

凤尾鸡冠:又名芦花鸡冠,株高30~150 cm,全株多分枝而开展。各枝顶端着生疏松的火焰状花序,表面似芦花状的细穗;花色有银白、黄、橙红、玫红等。

圆绒鸡冠:株高 40~60 cm,具分枝,不开展。肉质花序卵圆形,表面流苏状或绒羽状,具光泽,花朵特别紧密;紫红或玫红色。

同属相近种有:

青葙(*C. argentea*):株高 30~100 cm,茎直立,有分枝,绿色或红色,具显明条纹。叶片矩圆状披针形、披针形或披针状条形,绿色常带红色。花序塔状或圆柱形穗状,花被片初为白色顶端带红色,或全部粉红色,后成白色。产于华中、华东、华南地区及贵州、云南、四川、甘肃、陕西等省,日本、印度及非洲等地有分布。花期 5—8 月。

【产地与分布】原产于非洲、美洲热带和印度,我国各地广泛栽培。

【习性】不耐寒,怕霜冻,植株经霜即枯死。喜阳光充足、炎热和空气干燥的环境。短日照下,花芽分化快,火焰型花序分枝多,长日照下,鸡冠状花序形体大。喜疏松、肥沃、排水良好的弱酸性(pH 5.0~6.0)土壤,不耐瘠薄,忌积水,较耐旱。能自播繁衍。

【繁殖与栽培】播种繁殖。春播,3 月间播于温床,晚霜后可播于露地。种子细小,且萌发时不喜光照,故需覆上薄薄的一层细土。温度在 20 ℃以上时,7~10 d 可发芽。当长出 3~5 片真叶时移植一次。因鸡冠花属直根系,不宜多次移植。适宜昼温为 21~24 ℃,夜温 15~18 ℃。生长期需水较多,尤其炎夏应注意充分灌水,保持土壤湿润,但不可积水。苗期宜少施肥,开花前应追施稀薄液肥。花期要求通风良好,气温凉爽并稍遮阴可延长花期。因植株高大,花序硕大者应设支柱,以防倒伏。花坛定植株距为 30~40 cm,切花栽培定植株行距为 20 cm×50 cm。

【观赏与应用】花序顶生,形状多变,颜色丰富,引人注目,叶色也有黄绿、翠绿、红绿、深红等,观赏价值高,是夏、秋季重要的花坛花卉。明代王象晋在《群芳谱》中较详细地记述了鸡冠花的品种、特征、栽培方法和药用价值等。1570 年引入欧洲,至今世界各地普遍栽培。矮型品种适用于布置花坛、盆栽或作边缘种植;高型品种可用于花境、花丛,也是很好的切花材料,插瓶能保持 10 d 以上,也可制成干花,经久不凋。

鸡冠花花序、种子可入药,茎和叶可食。

7.2.2　一串红 *Salvia splendens*

【别名】墙下红、撒尔维亚、爆竹红、西洋红、象牙红

【英文名】Scarlet sage, Tropical sage

【科属】唇形科　鼠尾草属

【形态特征】"*Salvia*"是拉丁文"安全"的意思,"*splendens*"意为"灿烂的"。

多年生亚灌木作一年生栽培,株高 30~90 cm,茎直立,四棱,全株光滑,多分枝,茎节常为紫红色。叶对生,卵形至心脏形,先端尖,边缘具齿状锯齿,具长叶柄。轮伞花序密集成顶生总状花序,每轮具花 2~6 朵,花序长达 20 cm 或以上,形似串串爆竹,花萼钟形,红色,花谢后宿存,仍可观赏,花冠唇形,花冠筒状,直伸出花萼之外,上唇长,下唇短;红色。小坚果椭圆形,浅褐色。花期 7—10 月,果

图 7-2　一串红

(引自张树宝,李军. 园林花卉[M]. 北京:中国林业出版社,2013.)

期8—10月。

【种类与品种】常见变种主要有：

一串白（var. *alba*）：花冠与花萼均为白色。

一串紫（var. *atropurpura*）：花冠与花萼均为紫色。

矮一串红（var. *nana*）：株高仅20 cm左右，花亮红色，花朵密集于总花梗上。

丛生一串红（var. *compacta*）：株型较矮，花序紧密。

常见栽培的品种有：

赛兹勒（Si-zzler）系列：欧洲最流行的品种，多次获得英国皇家园艺学会品种奖，其中橙红双色（Salmon bicolor）、勃艮第（Burgundy）等品种在国际上十分流行，具有花序丰满、色彩鲜艳、矮生性强、分枝性好、开花早等优点。

萨尔萨（Salsa）系列：其中双色品种更为著名，玫红双色（Rose bicolor）从播种至开花60～70 d。

绝代佳人（Clapatra）系列：株高30 cm，分枝性好，花色有白、粉、玫红、深红、淡紫等，从株高10 cm开始开花。

同属相近种有：

朱唇（*S. coccinea*）：又名红花鼠尾草。多年生或多年生作一年生栽培，株高30～60 cm，全株被毛。叶卵圆形或三角状卵圆形。花萼筒状钟形，绿色，花冠鲜红色，下唇宽大，长于上唇2倍。原产于北美南部。花期7—8月。

一串蓝（*S. farinacea*）：又名粉萼鼠尾草。多年生或多年生作一年生栽培，株高40～60 cm，多分枝。叶卵形至披针形。花多而密集；花冠蓝紫色。原产于北美南部。花期7—10月。

一串紫（*S. horminum*）：一年生草本，株高30～50 cm，全株具长软毛。具长穗状花序，花小，花冠筒长约1.2 cm；有紫、堇、雪青等色。有多数变种。原产于南欧。

【产地与分布】原产于巴西，我国各地广泛栽培。

【习性】不耐寒，忌霜冻，生长适温20～25 ℃，15 ℃以下停止生长。喜温暖和阳光充足的环境，也稍耐半阴，长日照有利于营养生长，短日照有利于生殖生长。喜排水良好、疏松、肥沃而湿润的土壤。

【繁殖与栽培】以播种繁殖为主。可在晚霜后播于露地或提早在温室播种，具体时间应根据用花时间进行调整。发芽适温为20～22 ℃，10～14 d可发芽，低于10 ℃不发芽。也可以扦插繁殖。

对水分要求比较严格，苗期水分不宜过多，但也不能过分控水，以防长成小老苗。幼苗长出2片真叶后可以进行移苗，根据幼苗生长情况，移苗1～2次可以上营养钵。小苗长至3～4对真叶时摘心，生长过程中需要摘心2～3次，以促使其多形成分枝，植株矮壮，枝叶密集，花序多。一串红喜肥，在花前追施磷肥，可以使花大色艳。南方可在花后距地面10～20 cm处剪除花枝，加强水肥管理还可以再次开花。一串红花萼日久褪色后不能自行脱落，供观赏布置时，需随时清除残花。花坛定植株距30～40 cm。

【观赏与应用】植株紧密，花色明艳，花期长，在园林中应用极为广泛。适于布置大型花坛，还可以布置花带、花境、花台，或作花丛、花群的镶边，在草地边缘或树丛外围成片种植效果亦佳。矮生种还可以盆栽，装饰窗台、阳台等。以红花品种应用最多。

7.2.3   百日草 *Zinnia elegans*

【别名】对叶梅、百日菊、步步登高、节节高

【英文名】Common zinnia，Elegant zinnia

【科属】菊科   百日草属

【形态特征】"*Zinnia*"是纪念一位药学家，"*elegans*"是拉丁文，意为"华丽的"。

一年生草本，茎直立，高 30 ~ 100 cm，被糙毛或长硬毛。叶对生，无柄，基部抱茎，宽卵圆形或长圆状椭圆形，全缘，两面被粗毛，基部三出脉。头状花序单生枝顶，直径 5 ~ 10 cm，具中空的长花序梗，总苞宽钟状，总苞片多层，边缘黑色。舌状花 1 至多轮，倒卵圆形；有深红、鲜红、玫红、粉、紫红、黄、黄绿、白及复色，管状花黄或橙黄色，先端 5 裂，上面被黄褐色密茸毛。瘦果倒卵状楔形，扁平。花期 6—9 月，果期 7—10 月。有单瓣、重瓣、卷叶、皱叶的园艺品种。

图7-3   百日草

(引自张树宝，李军. 园林花卉［M］. 北京：中国林业出版社，2013.)

【种类与品种】园艺品种类型可分为：

大花高茎型：株高 90 ~ 120 cm，分枝少。顶生花序直径可达 12 ~ 15 cm。

中花中茎型：株高 50 ~ 60 cm，分枝较多。花序直径为 6 ~ 8 cm，顶部略平展，整个花序近似扁球形。

小花丛生型：株高仅 40 cm，分枝多。每株花朵的数量较多，但花序直径小，仅有 3 ~ 5 cm，舌状花平展而不翻卷，花序外观似球形。

按花型可分为：

大花重瓣型：花径在 12 cm 以上，极重瓣。

纽扣型：花径仅为 2 ~ 3 cm，圆球形，极重瓣。

鸵羽型：花瓣带状而扭旋。

大丽花型：花瓣先端卷曲。

斑纹型：花具不规则的复色条纹或斑点。

低矮型：株高仅为 15 ~ 40 cm。

同属相近种有：

小百日草(*Z. angustifolia*)：一年生草本，株高 30 ~ 45 cm，分枝多，全株具毛。叶对生，披针形或狭披针形，全缘。头状花序直径 2.5 ~ 4 cm；深黄或橙黄色。原产于墨西哥，我国各地常有栽培。花期 6—9 月。

【产地与分布】原产于墨西哥，我国各地普遍栽培。

【习性】性强健。喜温暖，忌酷暑，不耐寒。喜阳光充足。较耐干旱与瘠薄土壤，但肥沃湿润的土壤可使花色鲜艳，开花质量高。忌连作。

【繁殖与栽培】播种繁殖。种子发芽适温 20 ~ 25 ℃ , 5 ~ 7 d 可发芽。播种后 2 个月可开花。

百日草侧根少,移植后恢复慢,应于小苗时定植,忌大苗移栽。株高 10 cm 左右时,留下 2 对真叶摘心,以促进分枝和腋芽生长,可重复摘心 1 ~ 2 次。供切花栽培时不能摘心,应抹除侧芽和侧枝。夏季生长迅速,应给予充足光照,以防徒长和开花不良。生长期多施磷、钾肥。夏季地面宜覆草,保持土壤湿润以降低土温。对于株型高大的品种应设支柱,防止倒伏。花后剪去残花,可减少养分的消耗,促使多抽花蕾,且枝叶整齐,利于观赏。修剪后追肥,可以延长整体花期。花坛定植株距 25 ~ 40 cm。

【观赏与应用】生长迅速,株型美观,花色丰富而艳丽,花期长,是夏季园林中的优良花卉。可用于布置花坛、花带、花丛和花境;株丛紧凑、低矮的品种还可用于窗盒、种植钵、盆栽或作边缘花卉;高性品种可以作切花。

7.2.4 万寿菊 *Tagetes erecta*

【别名】臭芙蓉、臭菊

【英文名】African marigold

【科属】菊科 万寿菊属

【形态特征】"*Tagetes*" 是拉丁原名,"*erecta*" 意为"直立的"。

一年生草本,高 20 ~ 90 cm,茎直立,粗壮,具纵细条棱,分枝向上平展。叶对生或互生,羽状全裂,裂片长椭圆形或披针形,边缘具锐锯齿,沿叶缘有腺体,有臭味。头状花序单生,直径 5 ~ 13 cm,花序梗上部棍棒状膨大,总苞杯状,舌状花倒卵形,基部收缩成长爪;黄、橙黄或橙色。瘦果线形,黑色。花期 6—9 月,果期 8—10 月。

【种类与品种】园艺品种主要有:

矮型品种:株高 25 ~ 30 cm,茎秆矮壮,花期较长,常作盆栽,如安提瓜(Antigua)系列、发现(Discovery)系列等。

图 7-4 万寿菊

(引自张树宝,李军. 园林花卉[M]. 北京:中国林业出版社,2013.)

中型品种:株高 40 ~ 60 cm,植株强壮,不易倒伏,花期长,耐长距离运输,常作地栽或盆栽,如丰盛(Galore)系列、贵夫人(Lady)系列、奇迹(Marvel)系列等。

高型品种:株高 70 ~ 90 cm,花梗长,强壮,花朵量大,常作切花及高杆花坛花卉,如金币(Gold coin)系列。

同属相近种有:

孔雀草(*T. patula*):别名小万寿菊、红黄草。一年生草本,株高 30 ~ 50 cm,茎多分枝,枝条细,具紫红色晕。头状花序,直径 2 ~ 6 cm,花单瓣或重瓣;有黄、橙、橙红、红等单色品种,也有复色品种。原产于墨西哥。花期 6—9 月。

细叶万寿菊(*T. tenuifolia*):一年生草本,株高 30 ~ 60 cm。叶羽裂,具锐齿缘。舌状花数少,黄色,常仅 5 枚。有矮型变种,株高 20 ~ 30 cm。原产于墨西哥。花期 7—9 月。

【产地与分布】原产于墨西哥,我国各地均有栽培。

【习性】喜温暖,也能耐早霜,在多湿、酷暑下生长不良。喜阳光充足,稍耐半阴。对土壤要求不严,较耐干旱,以 pH 5.5 ~ 6.5 为宜。抗性较强。能自播繁衍。

【繁殖与栽培】以播种繁殖为主,大花重瓣或多倍体品种需扦插繁殖。多春播,发芽适温20 ℃左右,播后 5 ~ 10 d 可发芽,2 ~ 3 个月可开花。夏季露地扦插,2 周左右生根,1 个月可开花。

幼苗期生长迅速,长至 2 ~ 3 片真叶时经一次移植,5 ~ 6 片真叶时定植。苗高 15 cm 时可进行摘心,促进分枝。栽培容易,对肥水要求不严,在土壤过分干旱时适当灌水。开花期每月追肥可延长花期,但氮肥不可过多。植株生长后期易倒伏,要随时摘除残花枯叶,必要时可设支柱。

【观赏与应用】花大,颜色明艳,花期长。中、矮型品种分枝性强,花朵繁茂,株型紧凑,最适合布置花坛、花丛,也可用于花境、点缀草坪或盆栽观赏;高型品种,花朵较大,花梗较长,可作切花水养或作背景材料。叶有强烈气味,病虫害较少,可以保护周围的其他花卉少生病虫。

7.2.5　麦秆菊 *Xerochrysum bracteatum*

【别名】蜡菊、贝细工

【英文名】Golden everlasting, Strawflower

【科属】菊科　蜡菊属

【形态特征】多年生草本作一年生栽培,株高 30 ~ 90 cm,全株被微毛,茎粗硬直立,仅上部有分枝。叶互生,长椭圆状披针形,全缘。头状花序单生于主枝或侧枝的枝端,直径 3 ~ 6 cm,总苞片多层,呈覆瓦状排列,外层椭圆形苞片含硅酸而呈膜质,干燥而有光泽,酷似舌状花;有白、黄、橙、褐、粉红、暗红等色,管状花位于花盘中心,黄色;花晴天开放,阴天及夜间闭合。瘦果棒状。花期 7—9 月,果熟期 9—10 月。

图 7-5　麦秆菊

(引自傅玉兰.花卉学[M].北京:中国农业出版社,2001.)

【种类与品种】根据株高不同,可分为高型(90 ~ 150 cm)、中型(50 ~ 80 cm)和矮型(30 ~ 40 cm);另有大花及四倍体特大花品种。目前流行的矮型品种有比基尼(Bikini)系列、奇兵系列等,多用于盆栽;高型品种如巨人系列,多用于切花。其变种帝王贝细工(var. *monstrosum*),花头较长,有较多的花瓣状苞片,还有重瓣品种,目前在世界上栽培广泛。

【产地与分布】原产于澳大利亚,我国各地有栽培。

【习性】喜温暖,不耐寒,忌酷热。喜阳光充足的环境,不耐阴,阳光不足或酷热时,生长不良或停止生长。喜湿润、肥沃、排水良好的土壤。适应性强,耐粗放管理。

【繁殖与栽培】播种繁殖。春播,种子喜光,覆土宜薄,发芽适温为 16 ~ 20 ℃,7 d 左右可出苗。

当幼苗长出 3 ~ 4 片真叶时移苗,7 ~ 8 片真叶时定植。定植株距 30 ~ 35 cm。在生长期摘心 2 ~ 3 次,可促进分枝,多开花,单花期长达 1 个月,每株陆续开花可长达 3 ~ 4 个月。施肥不宜过多,否则易造成花多但色不艳。

【观赏与应用】麦秆菊苞片坚硬如蜡,触摸沙沙有声,色彩艳丽,有光泽,干燥后花色经久不褪,花形不变,是做切花和干花的优良材料,做成花篮、花束等礼仪用品,观赏期长,也可用于布置花境或丛植。

7.2.6 凤仙花 *Impatiens balsamina*

【别名】指甲花、小桃红、急性子

【英文名】Garden balsam, Touch-me-not

【科属】凤仙花科 凤仙花属

【形态特征】"*Impatiens*" 意为"没有耐心的",指果实成熟后很容易爆裂,"*balsamina*" 意为"香膏的"。

一年生草本,株高 30～100 cm,茎直立,粗壮,肉质,光滑,有分枝,浅绿或红褐色,常与花色相关。叶互生,狭披针形至阔披针形,缘具细齿,叶柄两侧具腺体。花单生或数朵簇生于上部叶腋,萼片 3,1 片具后伸的距,花瓣 5,两侧对称;花色有紫红、大红、朱红、玫红、雪青、白及杂色,有时瓣上具条纹和斑点。蒴果尖卵形,具绒毛,成熟时自行爆裂,将种子弹出。花期 6—9 月,果期 8—10 月。

图 7-6 凤仙花

(引自张树宝,李军. 园林花卉[M]. 北京:中国林业出版社,2013.)

【种类与品种】同属相近种有:

苏丹凤仙花(*I. walleriana*):也称非洲凤仙花、玻璃翠。多年生常绿草本,株高 30～70 cm,茎直立,肉质,绿色或淡红色。叶互生,具柄,宽椭圆形或卵形至长圆状椭圆形,边缘具圆齿状小齿。花朵繁多,萼片具细长而后伸的距,花朵平展,两侧对称;花色丰富,有紫红、深红、鲜红、粉红、淡紫、紫或白色。原产于非洲,世界各地广泛栽培,是优美的盆栽花卉,也是常见的城市园林景观用花,可用于布置花坛、花境或作镶边等。温度适宜,可全年开花。

新几内亚凤仙(*I. hawkeri*):多年生常绿草本,茎肉质,光滑,分枝多,青绿色或红褐色,茎节突出,易折断。叶互生,有时上部轮生状,披针形,叶缘具锐锯齿,叶色黄绿至深绿色,叶脉及茎的颜色常与花的颜色有相关性。花单生于叶腋,颜色丰富,有紫红、洋红、桃红、淡粉、橙、雪青、白等色。亲本原产于巴布亚新几内亚及所罗门群岛,经 30 多年的驯化、育种而成,世界各地广泛栽培,可布置花坛、花境或盆栽观赏。花期 6—8 月。

【产地与分布】原产于中国、印度和马来西亚,我国各地均有栽培。

【习性】喜温暖,耐热,不耐寒,怕霜冻,生长适温 15～25 ℃。喜阳光充足,也耐半阴。对土壤适应性强,耐瘠薄,不耐水湿,以湿度适中、肥沃、深厚、排水良好的微酸性(pH 5.8～6.5)土壤为宜。耐移植。能自播繁衍。

【繁殖与栽培】春季播种繁殖。种子在 20～22 ℃条件下 7 d 左右可发芽。

幼苗长出 3～4 片真叶时可移植。经一次移植即可定植或上盆,定植株距 30 cm。定植后,可对主茎摘心,以使株形丰满。生长期要注意保持土壤湿润,水分不足时,易落花落叶,影响生长;雨水过多时应注意排水防涝,以防腐烂。定植后施肥要勤,每半月追肥 1 次。花开后剪去残

花,可使花开得更加繁茂。

【观赏与应用】花朵繁盛,花形奇特,花色丰富,常用于布置花境、花丛和花群,也可栽植于篱边、庭前,矮型品种可盆栽观赏。凤仙花是中国民间栽培已久的草本花卉之一,花瓣可用来染指甲,故又名指甲花;也是氟化氢的监测植物。

茎、叶、花均可入药。种子在中药中称"急性子",可活血、消积。

7.2.7　矮牵牛 *Petunia hybrida*

【别名】碧冬茄、灵芝牡丹、草牡丹、杂种撞羽朝颜

【英文名】Petunia, Garden petunia

【科属】茄科　碧冬茄属

【形态特征】"*Petunia*" 意为 "烟草","*hybrida*" 意为 "杂种"。

多年生草本,常作一年生栽培,株高 20～60 cm,全株具粘毛,匍匐状。叶互生,质地柔软,卵形,顶端渐尖或钝,全缘,近无柄。花单生于叶腋或顶生,花萼 5 深裂,花冠漏斗形,直径 5～10 cm,先端 5 浅裂,裂片形状依品种不同而有变化,有平滑、褶皱或呈不规则锯齿等,单瓣或重瓣;花色繁多,有紫、红、粉、雪青、黄、白等色,还有各种带斑点、网纹、条纹、镶边的品种。蒴果尖卵形。花期 4—10 月。

【种类与品种】园艺变种或品种主要有:

图 7-7　矮牵牛

（引自张树宝,李军. 园林花卉［M］. 北京:中国林业出版社,2013.）

大花单瓣型:花朵直径 8～12 cm,如梦幻(Dreams)系列,是泛美公司培育的 F$_1$ 代杂种系列,花色包括了矮牵牛的所有基本花色,花期长且花期一致,株型紧凑,分枝习性良好,极耐灰霉病,非常适合花坛栽培或盆栽。大地(Daddy)系列,全部由带脉纹的大花品种组成,品相独特,开花早,有良好的盆栽习性。冰花(Frost)系列,花冠边缘均镶有白色花边,花期长,花色鲜明。

中花单瓣型:花朵直径 5～8 cm,如佳期(Prime Time)系列,植株整齐,花期长,抗性强,花色丰富,不仅有纯色品种,还有带条纹的品种。

多花单瓣型:花朵直径在 5 cm 以下,如地毯(Carpet)系列,株型非常紧凑,花期长,整个花期繁花似锦,仿若一块漂亮的彩色地毯。幻想(Fantasy)系列,植株低矮、整齐,花期早,花色丰富,园林应用效果好。

大花重瓣型:如双瀑布(Double Cascade)系列,分枝性好,综合性状优良,植株在大花重瓣品种中尤为紧凑,开花较早,可早开花 2～4 周,特大花,直径 10～13 cm,花瓣浓密。旋转(Pirouette)系列,花冠波状,花径 10 cm 左右。

多花重瓣型:如二重奏(Duet)系列,花色由两种颜色组成。

垂吊型:如波浪(Wave)系列,垂吊型矮牵牛中最受欢迎的品种,盆栽形式多种多样,造型丰富多姿,瀑布状分枝上开满直径 5～7 cm 的花朵,整个生长季节都花开不断,且不需要为重新发枝而进行修剪,作花坛、花篮、盆栽或窗盒栽培表现俱佳,也是非常优秀的地被植物,极具视觉效

果,抗热性及抗寒性也十分出色。轻浪(Easy Wave)系列,栽培容易,生长迅速,花开不断,花径5～6 cm,耐热性和耐寒性均较好,可作吊盆或容器栽植,也可以布置花坛,直接地栽时植株更圆满。

【产地与分布】原产于南美洲,我国各地广泛栽培。

【习性】喜温暖,干热的夏季开花繁茂,不耐寒,忌霜冻。喜阳光充足,也耐半阴。忌积水和雨涝,高温高湿开花不良。喜疏松、肥沃、排水良好的微酸性土壤。

【繁殖与栽培】主要采用播种繁殖。种子细小且喜光,覆土宜薄,发芽适温20～25 ℃,播后7～10 d可发芽,露地春播宜稍晚,以免遭受霜害。重瓣或大花品种不易结实,可扦插繁殖,于花后剪去枝叶,取其新萌发出来的嫩枝进行扦插,在20～23 ℃条件下,15～20 d即可生根。

幼苗长出1～2片真叶时可带土移植,注意勿使土球松散。晚霜后宜尽早定植,露地种植的株距为30～40 cm。重瓣品种对肥水的要求高。需要摘心的品种,在苗高10 cm时进行摘心。夏季高温多湿条件下,植株易倒伏,应注意修剪整枝,摘除残花,以保持植株整洁美观,花繁叶茂。

【观赏与应用】开花早,花期长,花型多样,色彩丰富,开花繁茂,是优良的花坛花卉,用于种植钵、窗盒、花槽等也极为适宜,也可用于布置色块或自然式丛植,部分品种可作吊篮或盆栽观赏。气候适宜或温室栽培可四季开花。

7.2.8　半支莲 *Portulaca grandiflora*

【别名】大花马齿苋、太阳花、龙须牡丹、松叶牡丹、死不了

【英文名】Rose moss

【科属】马齿苋科　马齿苋属

【形态特征】"*Portulaca*"是拉丁原名,"*grandiflora*"意为"大花"。

一年生草本,株高10～20 cm,茎肉质,常带淡红色,直立、平卧或斜向上。叶互生,肉质,细圆柱形,先端圆钝,叶腋常生一撮白色长柔毛。花单生或数朵簇生枝端,直径2.5～4 cm,日开夜合,花瓣5或重瓣,倒卵形,顶端微凹;紫红、红、粉红、橙黄、黄、白及复色;雄蕊多数。蒴果近椭圆形,盖裂;种子细小。花期6—9月,果期8—11月。

【种类与品种】同属相近种有:

阔叶半支莲(*Portulaca oleracea* 'Granatus'):也称马齿牡丹、阔叶马齿苋。植株低矮,肉质茎匍匐生长。叶互生,肉质,椭圆至倒卵形。花瓣5,也有半重瓣或重瓣种类;花色有白、黄、橙黄、粉红、桃红、红及复色等。全世界温带和热带地区有分布,我国南北各地均有栽培。花期夏、秋季。

图7-8　半支莲

(引自张树宝,李军.园林花卉[M].北京:中国林业出版社,2013.)

【产地与分布】原产于南美的巴西、阿根廷、乌拉圭等地,我国各地广为栽培。

【习性】喜温暖,不耐寒。喜向阳环境,光照不足易徒长,且花量少。不择土壤,耐干旱瘠

薄,不耐水涝,在肥沃而排水好的砂壤土上生长良好,着花量大,且花大色艳。能自播繁衍。花在阳光下盛开,阴天光弱时花朵常闭合或不能充分开放。但近几年已经育出全日性开花的品种,对日照不敏感。

【繁殖与栽培】播种繁殖为主。种子细小且喜光,覆土宜薄,发芽适温20～25 ℃,播后7～10 d发芽,露地播种宜在晚霜后进行。也可以在生长期剪取新梢扦插繁殖,生根容易,且可以保持品种的优良特点。

移植后恢复生长快,可带花移植。栽培容易,只需进行一般的水肥管理。雨季注意防积水。

【观赏与应用】植株低矮,花色鲜艳而丰富,是优良的地被花卉,可用于布置毛毡花坛或作花坛、花境、花丛和草坪的镶边花卉,也可用于窗台栽植或盆栽,还可植于路边或装饰岩石园。

7.2.9　千日红 *Gomphrena globosa*

【别名】百日红、火球花、千年红

【英文名】Globe amaranth

【科属】苋科　千日红属

【形态特征】一年生草本,株高20～60 cm,茎粗壮,直立,上部多分枝,全株密被灰白色糙毛,茎节稍膨大。叶对生,长椭圆形或矩圆状倒卵形。头状花序球形或矩圆形,1～3个着生于枝顶,有长总花梗,花小,密生,膜质苞片有光泽;紫红色,有时淡紫色或白色,干后不凋,不褪色。胞果近球形。花期7—10月。

【种类与品种】园艺品种主要有:

好兄弟(Buddy)系列:矮生种,株高只有15 cm,分枝性好,株型紧密丛生,长势强健。多花,紫红色。耐热,耐旱。

侏儒(Gnome)系列:株高15 cm。花序直径2 cm,花期持续至霜期。播种后9～12周开花。干旱和高温下仍可以保持株型和花色。

图7-9　千日红

(引自中国科学院植物研究所. 中国高等植物图鉴:第一册[M]. 北京:科学出版社,1972.)

【产地与分布】原产于美洲热带地区,我国各地均有栽培,尤以长江以南居多。

【习性】性强健,对环境要求不严。喜炎热干燥气候,不耐寒,生长适温为20～25 ℃,冬季温度低于10 ℃以下植株生长不良。喜阳光充足。不择土壤,喜疏松、肥沃土壤,耐干旱,忌积水。耐修剪。

【繁殖与栽培】播种繁殖。种子外密被纤毛,易相互粘连,常用冷水浸种1～2 d后挤干水分,然后用草木灰拌种,或用细砂揉搓,使种子松散再播种。发芽适温为20～25 ℃,播后10～14 d发芽。

幼苗长出3对真叶时可移植,出苗后9～10周开花。定植株距25～30 cm。栽培管理粗放。生长期不宜浇水过多,以免茎叶徒长,影响开花,雨季应及时排涝。每隔15～20 d施肥1次。花期应不断地摘除残花,以促使其开花不断;花后修剪,并适当施肥,可使其再次开花。植株抗风

雨能力较弱,株行距宜稍密,以免倒伏。

【观赏与应用】植株低矮,花朵繁茂、美观,是布置花坛的好材料,也适宜于花境或岩石园应用。花序主要由膜质苞片组成,干后不易凋谢,可作切花,观赏期长,也是良好的天然干花材料。千日红对氟化氢敏感,是氟化氢的监测植物。

7.2.10 向日葵 *Helianthus annuus*

【别名】太阳花

【英文名】Sunflower

【科属】菊科 向日葵属

【形态特征】一年生草本,株高1~3 m(观赏种株高30~60 cm),茎直立,粗壮,圆形多棱角,被白色粗硬毛。叶互生,心状卵形或卵圆形,先端锐突或渐尖,3出脉,边缘具粗锯齿,两面粗糙,被毛。头状花序,极大,直径10~30 cm,单生于茎顶,常下倾,总苞片多层,叶质,覆瓦状排列,舌状花黄色,开展,不结实,管状花棕色或紫色,结实。瘦果,倒卵形或卵状长圆形,稍扁压,果皮木质化,灰色或黑色,俗称葵花籽。花期7—9月,果期8—9月。

【种类与品种】园林中应用的观赏向日葵分枝多,头状花序也多,单瓣或重瓣;舌状花有黄、橙、乳白、红褐等色,管状花有黄、橙、褐、绿、黑等色。

常见的园艺品种有:

太阳斑(Sun spot):株高60 cm。大花种,花径25 cm;舌状花黄色,花盘绿褐色。

大笑(Big smile):株高30~35 cm,分枝性强。早花种,花径12 cm;舌状花黄色,管状花黄绿色。

玩具熊(Teddy bear):株高40~80 cm,自然分枝。多花,极重瓣,全花呈球形;橙色。

常用的切花品种有:阳光(Sun bright)、巨秋(Autumn giant)、意大利白(Italian white)、橙阳(Orange sun)、节日(Holiday)等。这些品种也可通过生长调节剂的处理作为盆花观赏。

【产地与分布】原产于北美洲,我国各地均有栽培。

【习性】喜温暖和稍干燥环境,忌高温多湿,温差在8~10 ℃对茎叶生长最为有利。喜阳光充足,不耐阴;露地栽培,光照时间长,往往开花略早。对土壤的要求不严。

【繁殖与栽培】播种繁殖。发芽适温为21~24 ℃,8 d左右开始发芽。主根很深,故最好将种子直接播种于栽植地点或最终的容器中。

生长期白天的温度控制在20~25 ℃,夜温18~20 ℃,温度过高易徒长。子叶完全展开后可适当追肥。重瓣品种不易结实,开花时需进行人工授粉,可提高结实率。

【观赏与应用】植株健壮,花朵硕大,颜色明艳,具有较高的观赏价值,可用于花境、庭院或片植观赏,也是新颖的盆栽和切花材料。

7.2.11 美女樱 *Verbena×hybrida*

【别名】美人樱、铺地马鞭草、铺地锦

【英文名】Verbena

【科属】马鞭草科 马鞭草属

【形态特征】"*Verbena*"是希腊文"祭坛植物"的意思，"*hybrida*"意为"杂种"。

多年生草本作一、二年生栽培，株高30～50 cm，植株丛生而匍匐地面，茎四棱，全株有细绒毛。叶对生，深绿色，长圆形、卵圆形或披针状三角形，边缘具缺刻状粗齿或整齐的圆钝锯齿，叶基部常分裂，有短叶柄。穗状花序顶生，开花部分呈伞房状，花小而密集，花朵直径约1 cm，花冠先端5裂，两侧对称；有白、粉、红、深红、蓝、紫等色，也有复色品种，略具芳香。花期6—9月，果期9—10月。

【种类与品种】园艺品种主要有：

直立型：如诺瓦利斯(Novalis)系列，株高20～25 cm，开花早，花枝密集，具较大的白色"眼"，花期长，耐热，以蓝色具白眼的品种最为有名。

横展型：如石英(Quartz)系列，株高20 cm左右，茎叶健壮，

图7-10 美女樱

（引自芦建国、杨艳容.园林花卉[M].北京：中国林业出版社，2006.）

成苗率高，抗病性好；花朵大而多，有深红、玫红、绯红、白色等。传奇(Romance)系列，株高20～25 cm，开花早，矮生，花色有白、深玫红、鲜红、紫红和粉色，具白眼。坦马里(Temari)系列，叶宽，花大，分枝性好，花朵紧凑，抗病，耐寒，可耐-10 ℃的低温。迷案(Obsession formula)系列，是美女樱中开花最早的品种，基部分枝性强，抗病，花期长，有7种花色。

同属相近种有：

细叶美女樱(*V. tenera*)：多年生草本，基部木质化，茎丛生，倾卧状，高20～40 cm。叶二回深裂或全裂，裂片狭线形。穗状花序，花蓝紫色。原产于巴西。花期5—10月。

【产地与分布】原产于巴西、秘鲁、乌拉圭等南美地区，我国各地有栽培，在江南地区可以露地越冬。

【习性】喜温暖，忌高温多湿，有一定耐寒性。喜阳光充足，不耐阴。对土壤要求不严，不耐旱，在湿润、疏松而肥沃的土壤中生长健壮，开花更为繁茂。能自播繁衍。

【繁殖与栽培】播种或扦插繁殖。春播，种子嫌光性，发芽率低，发芽较慢而不整齐，可在播前将种子浸泡24 h，发芽适温15～20 ℃，15～20 d发芽。扦插繁殖可选取稍木质化的茎，剪成具有5～6节的茎段，浅插于基质中，约15 d可生根。

幼苗经过1～2次移苗后，可移植到温床或营养钵中，美女樱侧根较少，要尽量带土移植。晚霜过后可定植到露地，株距30～40 cm。成活后可以摘心促进分枝。夏季应经常保持土壤湿润，开花期间应经常追肥。花后应及时将残花序剪掉。

【观赏与应用】植株低矮，分枝紧密，花序繁多，花色丰富，花期长，若条件适合，可常年开花不断。适合用于布置花坛、花丛、花带或作边缘花卉，也是布置种植钵的好材料。矮生品种也是优良的盆栽花卉，可装饰窗台、阳台等。

7.2.12　观赏南瓜 *Cucurbita pepo* var. *ovifera*

【别名】玩具南瓜,玩偶南瓜

【英文名】Ornamental pumpkin

【科属】葫芦科　南瓜属

【形态特征】一年生蔓生草本,茎具棱沟和糙毛,具卷须。叶互生,三角形或卵状三角形,掌状浅裂或不裂,基部心形。雌雄同株,花冠合瓣,钟状,先端5裂;黄色。瓠果肉质,不开裂,色彩艳丽,有白、黄、橙黄、绿等单色或间有条纹、斑纹,瓜形小巧美观,有扁球形、球形、长圆形、瓢形、梨形、碟形等,表面坚硬,泛有蜡光,只要不受损,可长期存放,观赏价值高。

【种类与品种】园艺品种主要有:

金童:果扁球形,果高5~6 cm,横径7~8 cm,橙黄、黄或浅黄色,有明显的棱纹线。

玉女:果扁球形,果高5~6 cm,横径7~8 cm,白色,有明显棱纹线。

佛手:又名僧帽瓜、皇冠。果实上部呈筒状,较平,底部有5~10个凸出的小角,形似僧帽,又似手指,果高8~10 cm,横径10~12 cm,有白、橙、绿等色。

瓜皮:扁球形,果高5~8 cm,横径10~12 cm,绿色与黄色或白色相间。

龙凤瓢:又名麦克风。果形似汤匙,果实下方为球型,上方有可握式长柄,果高15 cm,横径6~9 cm,果实底部深绿色,上方为橙黄色,有淡黄色条纹相间。

鸳鸯梨:果实呈梨形,果高约10 cm,横径5~7 cm,果实底部深绿色,上方为金黄色,有淡黄色条纹相间。

东升:又名红栗、红英、红灯笼。果扁球形,果高10~12 cm,横径12~15 cm,果皮橙红色,具有浅色条带,似挂起的红灯笼。可食用,粉面而香甜。

飞碟瓜:果实碟形,顶部平滑,底部和边缘有齿形棱沟,果高6~8 cm,横径10~14 cm,果皮金黄色者为"黄飞碟",乳白色者为"白飞碟"。可食用。

【产地与分布】原产于热带地区,多属于美洲南瓜变种,我国各地均有引种栽培。

【习性】喜温暖环境,不耐高温,生长适温为20~25 ℃。适应性广,对土质要求不高,砂壤土、黏壤土及石灰质土均可种植,以土层深厚、肥沃且排水良好的壤土最适宜,以pH 5.8~7.0为宜。

【繁殖与栽培】播种繁殖。种子应先浸种3~4 h,再在25~28 ℃的恒温下催芽24~36 h,然后播种到营养钵中,5~7 d可出苗。

当幼苗长至3~4片真叶时,可带土坨定植。苗期温度控制在20~25 ℃,开花结果期以22~25 ℃为宜,长期低于15 ℃则雄花减少,长期高于35 ℃则雌花减少。定植后保持土壤湿润,定植10 d后,可用0.5%~1%的复合肥水溶液浇施,生长盛期及开花结果后需水肥较多,要保证水肥供应,可适当提高复合肥的浓度,也可以施入腐熟的农家肥,注意少量多次。为了便于观赏,应搭架栽培。当苗高为25~30 cm时,应选择主蔓吊绳引蔓,适当摘除侧蔓,以保证主蔓有充足的养分开花结果。为了增加植株的果实数目,可以在主蔓上架后,适当留1~2条侧蔓。人工辅助授粉可促进观赏南瓜多结果,并提高果实质量。

【观赏与应用】果形奇特、多样,果色丰富、艳丽,观赏价值高,且观赏期长,是优良的垂直绿化植物,适用于棚架、凉廊和篱垣绿化,可以在观光农业园区或公园、庭院栽植,也可以盆栽装饰阳台。部分品种果实可食用。

7.2.13　福禄考 *Phlox drummondii*

【别名】小天蓝绣球、福禄花、洋梅花、桔梗石竹、五色梅

【英文名】Annual phlox

【科属】花葱科　天蓝绣球属(福禄考属)

【形态特征】"*Phlox*"为拉丁文,意为"火焰"。

一年生草本,株高 15~45 cm,茎直立,多分枝,被腺毛。基部的叶对生,上部的叶互生,宽卵形至披针形或长圆形,顶端锐尖,基部渐狭或稍抱茎,全缘。聚伞花序顶生,花序梗和花梗上有柔毛,花冠高脚碟形,辐射对称,直径 2~2.5 cm,裂片 5,圆形;紫、红、粉红、黄或白色。蒴果椭圆状球形。花期6—9月。

【种类与品种】园艺变种主要有:

星花天蓝绣球(var. *stellaris*):花冠裂片边缘有三齿裂,中齿长度是两侧齿长度的 5 倍。

圆瓣种(var. *rotundata*):花冠裂片大而阔,使外形呈圆形。

图 7-11　福禄考

(引自中国科学院植物研究所. 中国高等植物图鉴:第三册[M]. 北京:科学出版社,1974.)

须瓣种(var.*firbriata*):花冠裂片边缘呈细齿裂。

放射种(var.*radiata*):花冠裂片呈披针状矩圆形,先端尖。

此外,还有:矮生种(var. *nana*)、大花种(var. *gigantea*)。

【产地与分布】原产于北美洲,我国华北、华中、华东等地有栽培。

【习性】喜凉爽和阳光充足的环境,耐寒性不强,忌酷暑。喜欢在疏松而湿润的壤土中生长,不耐干旱,忌水涝,忌盐碱。

【繁殖与栽培】常用播种繁殖。发芽适温为 15~20 ℃,1 周左右出苗。幼苗期需精细管理,幼苗长出 3~4 片真叶时可带土移植。苗高 10 cm 左右可定植,株距 20~30 cm。幼苗生长缓慢,越冬需防寒。栽培期间,需勤中耕除草,并施肥 1~2 次,注意灌溉。浇水、施肥应避免沾污叶面,以防枝叶腐烂。第一批花后进行摘心,可促使新芽萌发,再度开花。

【观赏与应用】植株较矮,开花紧密,花色丰富,可用于布置花坛、花丛、花境,也可以装饰庭院或盆栽观赏。

7.2.14　金鱼草 *Antirrhinum majus*

【别名】龙口花、龙头花、狮子花、洋彩雀

【英文名】Common snapdragon

【科属】玄参科　金鱼草属

【形态特征】"*Antirrhinum*"为希腊语,意为"似鼻子形状","*majus*"意为"在5月开花的"。

多年生草本作一、二年生栽培,植株挺直,株高15～120 cm,茎基部有时木质化,无毛,中上部被腺毛。下部的叶对生,上部的叶常互生,披针形至长圆状披针形,全缘。总状花序顶生,长20～60 cm,小花密生,外被绒毛,二唇形,基部膨大成囊状,上唇直立,2浅裂,下唇平展至3浅裂,有重瓣品种;花色鲜艳丰富,有紫、红、粉、橙、黄、白等单色及复色,花由花序基部向上逐渐开放,花期长。蒴果卵形。花期5—7月。

【种类与品种】按植株的高度可以分为:

高性品种:株高90 cm以上,顶端优势强,花大而分枝少,花期较晚而且长,适用于作切花或作背景材料,也可以布置花带。如火箭(Rocket),有10个以上不同花型,花色繁多,生长强健,耐高温,株型整齐。

中性品种:株高45～60 cm,分枝多,花色丰富,可作切花,也可布置花坛。如拉·贝拉(La Bella),分枝性强,花型美,色彩鲜艳。黑王子(Black prince),叶褐色,花深红色。

图 7-12　金鱼草

(引自张树宝,李军. 园林花卉[M].北京:中国林业出版社,2013.)

矮性品种:株高15～30 cm,分枝多,花期较早,花色丰富,有的为重瓣花,适合布置花坛、作镶边或群体栽植。如塔希提(Tahiti),花色丰富,有双色品种,开花早。甜心(Sweet heart),重瓣花,杜鹃花型,花色丰富。花雨(Floral showers)和韵律(Chimes),均为四倍体种,分枝性好。铃(Bells):花蝴蝶型,在国际花卉市场十分畅销。

【产地与分布】原产于地中海一带,我国各地园林广泛栽培。

【习性】喜凉爽气候,忌高温多湿,较耐寒,忌酷暑。喜光,稍耐半阴,长日照植物。喜疏松、肥沃、排水良好的沙质壤土,稍耐石灰质土壤,对水分较敏感。能自播繁衍。

【繁殖与栽培】播种或扦插繁殖,以播种为主。温暖地区多秋播,寒冷地区宜春播。种子细小且喜光,覆土应细而薄。发芽适温15～20 ℃,1～2周发芽。扦插繁殖多在夏季剪取嫩枝扦插。

对日照要求高,光照不足易徒长,开花不良。主茎有4～5节时可摘心,促进其多分枝多开花,使株型丰满,但常延迟花期。金鱼草喜肥,除栽植前施基肥外,在生长期应每隔7～10 d追肥一次,并保持土壤湿润,促使植株生长旺盛,开花繁茂。花后去残花,可使植株开花不断。夏季花后重剪,加强肥水管理,可使其下一季度继续开花。

高性品种的定植株距为40 cm左右,可设支柱或支撑网,以防止倒伏;中性品种的定植株距为30 cm左右,矮性品种株距还可再缩小。

【观赏与应用】株形挺拔,花色鲜艳丰富,花形奇特,是优美的竖线条花卉,观赏价值颇高。由地中海沿岸引至北欧和北美,19世纪育成了各种花色、花型和株型的品种。高性品种是作切花的好材料,水养时间持久,也可布置花境或用作背景种植;矮性品种适合布置花坛、花丛或作镶边,可装点岩石园,也可以大面积栽植,还可以盆栽作为室内用花。

可入药,具有清热、凉血、消肿的功效。

7.2.15　雏菊 *Bellis perennis*

【别名】马兰头花、春菊、延命菊

【英文名】Common daisy, Lawn daisy, English daisy

【科属】菊科　雏菊属

【形态特征】"*Bellis*"为拉丁文,意为"白菊",含有美丽的意思,"*perennis*"意为"多年生的"。

多年生草本作一、二年生栽培,株高10~20 cm。叶在基部簇生,草质,匙形,顶端圆钝,基部渐狭成柄,上半部边缘有疏钝齿或波状齿。花茎自叶丛中抽出,头状花序单生于茎顶,高于叶面,直径3~5 cm,舌状花1轮或多轮,紧密排列;有白、粉、玫红、红、深红、紫红、洒金等色,管状花黄色。瘦果扁平。南方花期2—3月,北方花期5—6月。

图7-13　雏菊

（引自张树宝,李军.园林花卉［M］.北京:中国林业出版社,2013.）

【种类与品种】园艺品种主要有:

罗加洛(Roggli)系列:花期早,花量大,半重瓣,花径3 cm,有红、玫瑰粉、粉红和白色。

绒球(Pomponette)系列:重瓣,具有褶皱花瓣,花径4 cm,有白、粉和红色。

塔索(Tasso)系列:重瓣,具有褶皱花瓣,花径6 cm,有粉、白和红色。

哈巴内拉(Habanera)系列:花期初夏,花瓣较长,花径6 cm,有白、粉和红色。

【产地与分布】原产于欧洲,我国各地均有栽培。

【习性】喜冷凉,较耐寒,可耐-3 ℃左右的低温,重瓣大花品种耐寒力较弱;忌酷暑,炎夏高温易枯死。喜阳光充足的环境,也稍耐阴。对土壤要求不严,但以疏松、肥沃、湿润、排水良好的沙质土壤为好。不耐水湿。

【繁殖与栽培】播种或分株繁殖,以秋播为主。种子喜光,发芽适温15~20 ℃,播后5~10 d可出苗。

幼苗长出2~3片真叶时可移栽1次,5片真叶时可定植,株距15~20 cm。播种后15~20周开花。极耐移栽,大量开花时也可移栽。生长期要保证充足的水分供应,薄肥勤施,花前每7~10 d追肥1次。夏季开花后,可对老株进行分株,加强水肥管理,秋季可再开花。

【观赏与应用】植株小巧,花色丰富,早春开花,生机盎然。最初欧洲人认为它是草坪杂草,后来英国人及北欧人作草坪缀花观赏用,意大利人认为雏菊外观古朴,具有君子的风度和天真烂漫的风采,遂将雏菊定为国花。雏菊是春季花坛、花带的常用材料,也适用于种植钵或作草坪及花境的镶边材料,还可用于装点岩石园,盆栽装饰桌案、窗台也可以收到良好的效果。

7.2.16　金盏菊 *Calendula officinalis*

【别名】金盏花、长生菊

【英文名】Pot marigold, Common marigold, Scotch marigold

【科属】菊科　金盏菊属

【形态特征】"*Calendula*"为拉丁文,意为"月的第一天",即月月开花之意,"*officinalis*"意为"药用的"。

多年生草本作一、二年生栽培,株高30~60 cm,全株被软腺毛,有气味,多分枝。基生叶长圆状倒卵形或匙形,先端钝圆,全缘,具柄,茎生叶长圆状披针形或长圆状倒卵形,无柄,边缘波状,具不明显的细齿,基部稍抱茎。头状花序单生于茎顶端,直径4~6 cm,舌状花1轮或多轮,平展,先端3齿裂;黄、橙黄或白色,管状花黄色或褐色。瘦果向内弯曲,呈半环状。花期4—6月,果熟期5—7月。

图7-14 金盏菊
(引自张树宝,李军. 园林花卉[M]. 北京:中国林业出版社,2013.)

【种类与品种】园艺品种主要有:

卡布劳纳(Kablouna):株高50 cm,大花种,花色有金黄、橙、柠檬黄、杏黄等,多具有深色花心。

吉坦纳节日(Fiesta Gitana):株高25~30 cm,早花种,花重瓣,花径5 cm,花色有黄、橙和双色等。

邦·邦(BonBon):株高30 cm,花朵紧凑,花径5~7 cm,花色有黄、杏黄、橙等。

宝石(Gem):株高30 cm,重瓣,花径6~7 cm,花色有柠檬黄和金黄。

红顶(Touch of red):株高40~45 cm,重瓣,花径6 cm,花色有红、黄和红/黄双色,每朵舌状花顶端呈红色。

【产地与分布】原产于欧洲,我国各地均有栽培。

【习性】性强健。喜冷凉,较耐寒,忌酷热。喜阳光充足环境。对土壤要求不严,耐瘠薄土壤,但以疏松、肥沃、排水良好的沙质壤土为好,较耐干旱,但干旱会延迟花期。对二氧化硫、氟化物、硫化氢等有毒气体有一定抗性。

【繁殖与栽培】播种繁殖。秋播长势好于春播。发芽适温21~24 ℃,7~10 d发芽。播种后16~18周开花。

幼苗长出3片真叶时移栽1次,5~6片真叶时可定植,株距20~30 cm。为促进侧枝发育,可在定植1周后摘心。生长期要求光照充足,每半月施肥1次,若缺肥,则花小且多为单瓣,极易造成品种退化。生长期间不宜浇水过多,保持土壤湿润即可,后期控制水肥。花谢后及时去除花梗,有利于其他花朵开放,延长花期。

【观赏与应用】开花早,花朵密集,花色亮丽,花期长。在欧洲栽培历史较长,最初作药用或食品染色剂栽培,后来广泛用于家庭小花园和盆栽观赏,是早春园林中的常用花卉。可用于布置花坛、花带,或作草坪的镶边花卉,也可盆栽摆放于商场、车站、中心广场等公共场所或置于阳台、窗台观赏,长梗大花品种可以作切花。

含芳香油。全草可入药,性辛凉,微苦,可发汗、利尿、醒酒。

7.2.17 三色堇 *Viola tricolor*

【别名】蝴蝶花、人面花、鬼脸花、猫儿脸

【英文名】Wild pansy,Johnny jump up

【科属】堇菜科 堇菜属

【形态特征】"*Viola*"为拉丁文,意为"紫罗兰","*tricolor*"意为"三色的"。

多年生草本作二年生栽培,株高 10 ~ 30 cm,全株光滑,茎直立或稍倾斜。叶互生,基生叶长卵形或披针形,茎生叶卵形、长圆状圆形或长圆状披针形,先端圆或钝,边缘具稀疏的圆钝锯齿,托叶大型,叶状,羽状深裂。花顶生或腋生,挺立于叶丛之上,直径 3.5 ~ 6 cm,花瓣 5 枚,平展,两侧对称,侧方花瓣里面基部密被须毛,下方花瓣 1 枚,较大,基部延伸成距,整个花冠呈蝴蝶状;通常具有紫、白、黄三色,侧方及下方花瓣基部常有深色斑块或条纹,近代培育的品种花色极为丰富,有白、黄、橙、蓝、红、砖红、棕红、褐、紫等色,有单色和复色品种。蒴果椭圆形。花期 3—6 月。

图 7-15 三色堇

(引自张树宝,李军. 园林花卉[M]. 北京:中国林业出版社,2013.)

【种类与品种】园艺品种有:

壮丽大花(Majestic giant):株高 18 cm,生长势强。开花早,花径约 10 cm,是三色堇品种中花朵最大的系列之一。

阿特拉斯(Atlas):株高 22 ~ 30 cm。开花早,花径 9 ~ 10 cm,颜色非常丰富,有单色、花脸和霜状脸品种。

皇冠(Crown):分枝力强,植株丰满圆整,花径 7.5 ~ 8 cm,为纯色品种,花色有黄、橙、玫红、紫、白等。最适宜作立体造型栽培和花坛、花带布置。

宾哥(Bingo):株型整齐紧凑。花径 9 ~ 10 cm,花茎短。

水晶碗(Crystal bowl):株高仅 15 cm,分枝多,生长茂盛。开花早,花径 5 ~ 6 cm,花色为纯色。耐高温性好。

紫雨(Purple rain):花径只有 4 cm,开花早,明亮的蓝紫色花朵带黄色花心。园林群体效果极好。

同属相近种有:

角堇(*V. cornuta*):多年生草本,多作一年生栽培,株高 10 ~ 30 cm,茎丛生。花径 2.5 ~ 4 cm;紫堇色,有黄、白、蓝及复色品种,常有花斑,微有香气。原产西班牙。花期 3—6 月。

紫花地丁(*V. philippica*):植株矮小,株高 4 ~ 14 cm,花紫色。原产我国,为各地常见的野生草本植物。花期 3—6 月。

【产地与分布】原产于欧洲,我国各地广泛栽培。

【习性】喜冷凉气候,较耐寒,在昼温 15 ~ 25 ℃、夜温 3 ~ 5 ℃的条件下发育良好,忌高温,昼温若连续在 30 ℃以上,会影响开花。喜阳光充足,略耐半阴。喜肥沃、排水良好、富含有机质的中性壤土或黏质壤土,忌积水。

【繁殖与栽培】播种繁殖为主,多秋播。种子发芽适温 15 ~ 20 ℃,播后 10 ~ 15 d 发芽。播种到开花约需 100 d。

幼苗长出 3 ~ 4 片真叶时可移植。花坛定植株距为 15 ~ 20 cm。生长期保持土壤湿润,冬天应偏干,浇水要做到间干间湿。植株开花时,保持充足的水分可使花朵增大、花量增多。三色堇喜肥,种植地应多施基肥,生长期每 10 ~ 15 d 追施 1 次腐熟液肥,临近花期可增加磷肥。及时去残花,可以延长花期。

【观赏与应用】植株低矮,花形奇特,花色丰富而鲜艳,花朵高于叶丛,随风摇动,似蝴蝶飞舞,装饰效果极佳,是优秀的花坛和镶边花卉,成片栽植或用于窗盒和种植钵也很相宜,还可以盆栽装点阳台、窗台或台阶,部分品种可作切花。

7.2.18　石竹 *Dianthus chinensis*

【别名】洛阳花、中国石竹

【英文名】Rainbow pink,China pink

【科属】石竹科　石竹属

【形态特征】“*Dianthus*”源自希腊语,意为“圣花”,“*chinensis*”意为“中国原产的”。

多年生草本作一、二年生栽培,株高 30 ~ 50 cm,茎直立,节部膨大,无分枝或顶部有分枝。叶对生,灰绿色,线状披针形,基部抱茎。花单生或数朵呈聚伞花序,花朵直径约 3 cm,苞片 4 ~ 6,披针形或倒卵形,花瓣 5,菱状倒卵形,先端有不整齐齿裂,基部疏生须毛;有白、粉红、鲜红等色,花瓣基部有暗色的彩圈。蒴果长圆状筒形。花期 5—9 月,果熟期 6—10 月。

图 7-16　石竹

(引自张树宝,李军.园林花卉[M].北京:中国林业出版社,2013.)

【种类与品种】同属相近种有:须苞石竹(*D. barbatus*):又名美国石竹、五彩石竹、十样锦。多年生草本作二年生栽培,株高 30 ~ 60 cm,叶披针形至卵状披针形,中脉明显。头状聚伞花序圆形,花多数,苞片 4,先端尾状长尖,花瓣 5,卵形,顶端齿裂,基部具须毛,通常紫红、绯红或白色,基部有环纹或斑点,并有镶边。原产于欧洲,我国各地有栽培。花期夏季。

【产地与分布】原产于地中海及东亚地区,我国各地广泛栽培。

【习性】耐寒性强,喜通风、凉爽的环境,不耐酷暑。喜阳光充足,不耐阴。喜排水良好、含石灰质的肥沃壤土,耐干旱瘠薄,忌潮湿水涝。

【繁殖与栽培】以播种繁殖为主,多秋播,发芽适温 20 ~ 22 ℃,播后 5 ~ 10 d 可发芽,自播种至成苗需 9 ~ 11 周。也可扦插或分株繁殖。

苗期生长适温 10 ~ 20 ℃。幼苗间苗后移植 1 次,第二年春天可定植,株距 20 ~ 30 cm。生长期每隔 20 d 左右施 1 次肥,为促进分枝,可摘心 2 ~ 3 次。花后剪去花枝,每周施肥 1 次,若水肥充足,秋季还可再次开花。

【观赏与应用】花色艳丽,花期较长,适用于布置花坛、花境或作镶边花卉,也可布置岩石园,还可以盆栽或作切花。

全草入药,有清热、利尿的功效。

7.2.19 虞美人 *Papaver rhoeas*

【别名】丽春花、百般娇

【英文名】Corn poppy

【科属】罂粟科　罂粟属

【形态特征】"*Papaver*"为拉丁文,意为"罂粟","*rhoeas*"为拉丁文,意为"红罂粟的"。

一年生草本,株高 25 ~ 60 cm,茎细长,全株被伸展的刚毛。叶互生,披针形或狭卵形,羽状深裂,裂片线状披针形或披针形,质感柔中有刚,鲜绿色。花单生于茎和分枝顶端,花梗细长,高出叶面,花蕾卵球形,开放前向下弯垂,萼片2,绿色,外面被刚毛,花瓣4,圆形、横向宽椭圆形或宽倒卵形,花冠浅杯状;花色丰富,有淡紫、紫红、红、朱红、粉红、橙、黄、白、花边及复色,基部通常具深紫色斑点,花瓣质地轻薄,具有丝质般的光泽;雄蕊多数,花丝丝状,深紫红色,有半重瓣及重瓣品种。蒴果宽倒卵形。花期4—7月,果期6—8月。

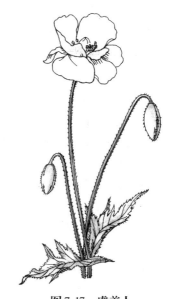

图 7-17 虞美人

(引自张树宝,李军.园林花卉[M].北京:中国林业出版社,2013.)

【种类与品种】同属相近种有:

冰岛罂粟(*P. nudicaule*):多年生草本,株高 30 cm 左右,丛生近无茎,全株被硬毛。叶互生,羽裂或半裂,具柄。花单生于无叶的花莛上,白色或深黄色。原产于极地,我国各地有栽培。花期5—7月。

东方罂粟(*P. orientale*):多年生草本,株高 60 ~ 90 cm,植株被刚毛,具乳白色液汁。叶羽状深裂。花单生,直径 7 ~ 10 cm;白、猩红、粉红、橙红至紫红,花瓣基部具紫黑色斑块。原产于伊朗至地中海地区。花期6—7月。

【产地与分布】原产于欧洲中部及亚洲东北部,我国各地广泛栽培。

【习性】喜冷凉气候,不耐高温,生长适温 5 ~ 25 ℃,昼夜温差大,尤其夜温低,有利于生长开花。喜阳光充足、干燥、通风的环境。喜深厚肥沃、排水良好的沙质壤土,忌连作与积水。能自播繁衍。

【繁殖与栽培】播种繁殖。种子细小,覆土宜薄。发芽适温 15 ~ 20 ℃,播后 2 ~ 3 周发芽。从播种到开花约需要 2 个月。

直根性,不耐移植,最好直播或在营养钵中育苗,再带土坨移栽,定植株距 20 ~ 30 cm。不需太多肥水管理。及时除去生长弱、开花过早的植株,以保证开花的整体效果。

【观赏与应用】花大色艳,单朵花期仅 1 ~ 2 d,但整株花蕾多,花期可达 1 个月以上,花瓣大,如丝绸般轻薄,随风舞动,娇艳动人,甚为美观,是晚春至初夏园林绿地优良的草本花卉。适合布置花坛、花带、花境,也可丛植或片植于林缘草地,还可以盆栽或作切花观赏。

虞美人的根可入药,有止咳、镇痛、止泻功效,可用来治咳嗽、腹痛及痢疾等。花瓣榨汁,可用做食品染料。

7.2.20　翠菊 *Callistephus chinensis*

【别名】江西腊、七月菊、蓝菊

【英文名】China aster

【科属】菊科　翠菊属

【形态特征】"*Callistephus*"源自希腊语,意为"美冠","*chinensis*"意为"中国原产的"。

一年生草本,株高 30～90 cm,茎直立,粗壮,被白色糙毛,上部多分枝。叶互生,上部叶无柄,匙形,下部叶有柄,阔卵形或三角状卵形,边缘有不规则的粗锯齿。头状花序单生枝顶,舌状花 1 至多轮;有紫堇、白、黄、橙、红、蓝等色,深浅不一,管状花黄色。瘦果长椭圆状倒披针形。花期 7—10 月。

【种类与品种】按照头状花序的形态可分为:单瓣型,花较小。彗星型,花瓣长而略扭转散向下方,全花呈半球形,似带尾的彗星状。鸵羽型,瓣细而多,似鸵鸟的羽毛。管瓣型,瓣管状,不下垂而向上,呈放射状。针瓣型,瓣呈极细的管状,中心托桂状。菊花型,舌状花全部是平瓣的。芍药型,花形似芍药。蔷薇型,花形似月季。

按照株高可分为:高型(株高 50～80 cm)、中型(株高 35～45 cm)和矮型(株高 20～35 cm)。

园艺品种主要有:小行星(Asteroid)系列、矮皇后(Dwarf queen)系列、迷你小姐(Mini lady)系列、彗星(Comet)系列等。

【产地与分布】原产于我国,凉爽地区多有栽培。

【习性】喜凉爽气候,不耐寒,忌酷热,炎热季节开花不良,白天生长适温 20～23 ℃,夜温 14～17 ℃。喜阳光充足的环境,耐轻微遮阴。浅根性,喜肥沃湿润、排水良好的沙质壤土,忌水涝和连作。

【繁殖与栽培】播种繁殖。四季皆可进行。发芽适温为 18～21 ℃,3～6 d 可发芽。

幼苗极耐移植。经 1～2 次移植后,在苗高 10 cm 时即可定植,高型品种定植株距 30～40 cm,中型品种 20～25 cm,矮型品种 15～20 cm。长日照植物,对日照反应比较敏感,在每天 15 h 长日照条件下,保持植株矮生,开花可提早。根系浅,生长过程中要保持土壤湿润,但不可积水。喜肥,栽植地应施足基肥,生长期半月追肥 1 次。忌连作,需隔 4～5 年才能再栽,也不宜与其他菊科花卉连作。

【观赏与应用】品种繁多,花型多样,花期长,花色丰富而鲜艳,是北方庭院绿化常用的草本花卉之一。矮型品种可用于布置花坛或作镶边材料,也可盆栽;中型品种可用于布置花坛、花带或花境;高型品种主要用作切花,水养持久,也可作背景花卉。翠菊又是氯气、氟化氢、二氧化硫的监测植物;花、叶均可入药,具有清热、凉血的功效。

7.2.21　羽衣甘蓝 *Brassica oleracea* var. *acephala* f. *tricolor*

【别名】叶牡丹

【英文名】Ornamental cabbage

【科属】十字花科　芸薹属

【形态特征】二年生草本,株高 30 ~ 60 cm,茎肉质,直立,粗壮。叶互生,排列紧密呈莲座状,不结球,叶片光滑无毛,呈宽大匙形,质地较厚,被白粉,叶柄较粗壮,有翼,叶形有羽叶、裂叶、皱叶、波浪叶、圆叶等,因品种而异,外部叶片有翠绿、深绿、灰绿、黄绿等色,内部叶片的颜色极为丰富,有紫红、玫红、粉、黄绿、乳黄、白等多种颜色,整个莲座状叶丛形如盛开的牡丹,绚丽多彩,是主要的观赏部位,故名叶牡丹。总状花序顶生,高可达 1.2 m,花瓣 4,十字形花冠;小花黄色。长角果细圆柱形。花期 4—5 月,种子成熟期6 月。

图7-18 羽衣甘蓝

（引自芦建国,杨艳容.园林花卉[M].北京:中国林业出版社,2006.）

【种类与品种】

圆叶类型:叶片稍带波浪纹,抗寒性好。如鸽系列、斑鸠系列、鹤系列。

皱叶类型:叶缘有皱褶,在高温条件下比其他品种着色快。如鸥系列、红千鸟系列。

裂叶类型:叶片呈羽状开裂,具有细碎锯齿或粗锯齿。如珊瑚系列、孔雀系列。

【产地与分布】原产于地中海沿岸至小亚细亚一带,我国各地广泛栽培。

【习性】喜冷凉气候,耐寒性较强,可忍耐 -6 ~ -4 ℃ 的低温,忌高温,生长适温为 20 ~ 25 ℃。喜阳光充足,也较耐阴。对土壤适应性较强,喜疏松且腐殖质丰富的沙质壤土,耐微碱性土壤。

【繁殖与栽培】播种繁殖。种子较小,覆土需薄,以盖没种子为度。发芽适温 18 ~ 25 ℃,4 ~ 6 d 可发芽。播种后 3 个月左右即可观赏。

幼苗长出 3 ~ 4 片真叶时移栽,长出 6 ~ 8 片真叶时可定植,定植后应充分浇水。花坛定植株距 30 cm 左右。叶片随气温降低而开始变色,莲座期温度在 -5 ℃ 以上时,温度越低叶色越鲜艳亮丽。在充足的光照下叶片生长快速,品质好。喜肥,定植前应施足基肥,生长期要多追肥。叶片生长拥挤,通风不良时,可适度剥除外部叶子。为减少养分消耗,延长观叶期,可将刚抽出的花薹及时剪去。易受蚜虫为害,应及时防治。

【观赏与应用】莲座状叶丛姿态优美,叶形美观多变,叶色丰富而鲜艳,观赏期长,耐寒性较强,是冬季及早春重要的观叶植物。早在公元 200 年古希腊人就已广泛栽培,具有悠久的栽培历史;近年来,英国、德国、荷兰、美国等地栽培较多,品种各异。适合用于布置花坛、花境、色块,用于立体绿化也很相宜,并有专门的盆栽及切花品种,装饰效果极佳。

7.2.22 彩叶草 *Plectranthus scutellarioides*

【别名】五彩苏、锦紫苏、老来少

【英文名】Coleus

【科属】唇形科 延命草属(香茶菜属)

【形态特征】多年生草本作一年生栽培,株高 30 ~ 80 cm,老株可长成亚灌木状,但观赏价值低,全株具柔毛,茎四棱形,分枝少。叶对生,菱状卵圆形,缘具钝锯齿,叶色富于变化,通常为叶面绿色,具有乳白、黄、粉红、朱红、紫、棕等色彩鲜艳的斑纹,也有单色及镶边品种,以观叶为主。总状花序顶生,花小,唇形花冠;蓝色或淡紫色。小坚果褐色。花期8—9月。

【种类与品种】园艺品种主要有:航路(Fairway)、黑巧克力(Dark chocolate)、巨无霸(Kong)、墨龙(Black dragon)、奇才(Wizard)、绚丽彩虹(Superfine rainbows)等。

【产地与分布】原产于印度尼西亚的爪哇岛,我国各地广泛栽培。

【习性】喜温暖湿润的气候条件,耐寒性不强,可耐2～3 ℃的低温。喜阳光充足,光线充足则叶色鲜艳,但夏季高温时需稍加遮阴。喜疏松、肥沃、排水良好的土壤,忌积水。

【繁殖与栽培】播种或扦插繁殖。种子喜光,发芽适温18 ℃左右,播后10～15 d发芽。优良品种多用扦插繁殖,可在春秋季剪取茎上部长8～10 cm的茎段,插于沙床。

栽培管理较为粗放。幼苗经2次移植后可定植。苗期应进行1～2次摘心,以促进分枝,使株形饱满。浇水以间干间湿为原则,夏季高温期除浇水外,还应向叶面喷水,保持湿度。不需大水大肥,以免节间过长,影响株形美观。

【观赏与应用】叶形丰富,且色彩鲜艳,故名彩叶草,随着植株的生长,叶片色彩越变越好看,故又名老来少,是重要的观叶植物。于1853年在爪哇岛被发现,在19世纪的维多利亚时代被广泛应用,后来受到忽视,再次兴起于20世纪50年代,逐渐由种子繁殖过渡到扦插繁殖,受到人们的欢迎。纯色品种常用于布置花坛或立体绿化,复色和叶形奇特的品种常用于布置种植钵、窗盒等,也可以盆栽装点窗台、阳台,还可作为花篮、花束的配叶使用。

7.2.23　紫罗兰 *Matthiola incana*

【别名】草桂花

【英文名】Hoary stock, Stock, Tenweeks stock

【科属】十字花科　紫罗兰属

【形态特征】"*Matthiola*"为人名,"*incana*"是拉丁文,意为"灰白的"。

二年生或多年生草本,株高30～60 cm,全株被灰白色柔毛,茎直立,多分枝,基部稍木质化。叶互生,长圆形至倒披针形或匙形,全缘或呈微波状。总状花序顶生和腋生,花梗粗壮,花多数,花瓣4枚,十字形花冠,有重瓣品种;花色有白、淡黄、雪青、玫红、紫红等,具芳香。长角果圆柱形。花期3—5月。

【种类与品种】园艺品种主要有:紫色的阿贝拉(Arabella)、淡紫红色的英卡纳(Incana)、红色的弗朗西丝克(Francesca)、淡黄色的卡门(Carmen)和白色的艾达(Aida)等。

图7-19　紫罗兰

(引自张树宝,李军.园林花卉[M].北京:中国林业出版社,2013.)

【产地与分布】原产于欧洲地中海沿岸,我国各地有栽培。

【习性】喜冷凉、通风良好的环境,冬季喜温和气候,可耐短暂的-5 ℃低温,忌燥热,生长适温白天 15 ~ 18 ℃,夜晚 10 ℃左右。喜阳光充足,稍耐半阴。喜疏松、肥沃、土层深厚、排水良好的土壤,忌积水。

【繁殖与栽培】播种繁殖。秋播,发芽适温 16 ~ 20 ℃,7 ~ 10 d 发芽。

直根性,不耐移植,为保证成活,应尽早移植,且移植时需带土坨。定植前应施足基肥,定植株距为 30 cm,不可栽植过密,以免通风不良,引发病虫害。春季应控制浇水,以使植株低矮紧密,生长期浇水不宜过多,保持土壤湿润即可,以防烂根。施肥不宜 1 次施得过多,应薄肥勤施,以免徒长。花后剪去花枝,追肥 1 ~ 2 次,可以促进其再抽花枝。

【观赏与应用】花序长,花朵繁盛,花色鲜艳,具芳香,是良好的竖线条花卉。可用于布置花境、花带。矮型品种可布置花坛或盆栽观赏,高型品种是重要的切花材料。

7.2.24　长春花 *Catharanthus roseus*

【别名】日日草、山矾花、雁来红

【英文名】Madagascar periwinkle

【科属】夹竹桃科　长春花属

【形态特征】多年生草本作一年生栽培,株高 20 ~ 60 cm,全株无毛或仅有微毛,茎近方形,节较明显。单叶对生,倒卵状长圆形,先端圆钝。花 2 ~ 3 朵成聚伞花序,腋生或顶生,花冠高脚碟形,辐射对称,裂片 5,倒卵形,先端具短尖;有浅紫、红、粉红、杏黄、白等色。蓇葖果双生,直立,平行或略叉开。花期、果期几乎全年。

图 7-20　长春花

(引自中国科学院植物研究所. 中国高等植物图鉴:第三册 [M]. 北京:科学出版社,1974.)

【种类与品种】园艺品种主要有:椒样薄荷(Popper mint):花白色,红眼。小不点(Little)系列:花色有玫红、白色等。杏喜(Apricot delight):株高 25 cm,花粉红色,花径 4 cm,红眼。冰粉(Icy pink):花粉红色。樱桃吻(Cherry kiss):花红色,白眼。山莓红(Raspberry red):花深红色,白眼。热浪(Heat wave)系列:开花早,有紫红色和淡蓝紫色的品种。蓝珍珠(Blue pearl):花蓝色,白眼。加勒比紫(Caribbean lavender):花淡紫色,具紫眼。阳台紫(Balcony lavender):花淡紫色,白眼。阳伞(Parasol):株高 40 cm,花朵最大,直径达 5.5 cm。热情(Passion):花深紫色,黄眼,花径 5 cm。和平(Pacificas):花径 5 cm,分枝性强,播种至开花仅需 60 d。

【产地与分布】原产于非洲东部,我国华东、华中及西南地区有栽培。

【习性】喜温暖,不耐寒,冬季温度不可低于 10 ℃。喜阳光充足,也耐半阴。对土壤要求不严,耐贫瘠,以排水良好、富含腐殖质的土壤为好,忌积水和盐碱。

【繁殖与栽培】播种或扦插繁殖。发芽适温为 20 ~ 25 ℃,播种后 3 ~ 4 个月开花。扦插繁殖多在春季剪取嫩枝扦插。

幼苗长出 2 ~ 3 片真叶时可以分栽或上盆,侧根和须根较少,应在植株较小时带土坨移植。

为了促进分枝和控制花期,在植株长出 4~6 片真叶时(高 8~10 cm)开始摘心,新梢长出 4~6 片叶时进行第二次摘心,摘心最好不超过 3 次,以免影响开花质量,最后一次摘心直接影响开花期。生长期适当灌水,但不可积水。喜薄肥,每月施肥 1 次。及时剪除残花,并适当追肥,可延长花期。

【观赏与应用】花朵繁茂,色彩艳丽,花期长,用于布置花坛、花境和种植钵,效果极佳,也可以成片栽植,矮生品种也是极好的盆栽花卉,可置于室内观赏。

7.2.25 藿香蓟 *Ageratum conyzoides*

【别名】胜红蓟

【英文名】Tropic ageratum

【科属】菊科 藿香蓟属

【形态特征】"*Ageratum*" 为希腊语,意为"不老",指花常开不败。

一年生草本,株高 50~100 cm,具分枝,全株被毛。叶对生,有时上部互生,卵形或椭圆形或长圆形,边缘有锯齿。头状花序璎珞状,4~18 个头状花序在茎顶排成紧密的伞房状花序;淡紫、浅蓝或白色。瘦果黑褐色。花期 6—9 月。

【种类与品种】同属相近种有:大花藿香蓟(*A. houstonianum*):又名熊耳草、心叶藿香蓟。株高 15~30 cm,茎基部多分枝,株丛紧密。叶卵形,基部心形。头状花序较大,多个花序集生枝顶呈球形,质感细腻柔软;有雪青、浅蓝、粉、玫红和白色。初夏到晚秋开花不断。

图 7-21 藿香蓟

(引自张树宝,李军. 园林花卉[M]. 北京:中国林业出版社,2013.)

【产地与分布】原产于墨西哥,我国各地有栽培,长江流域以南地区有野生。

【习性】喜温暖,不耐寒,忌酷暑,生长适温 15~30 ℃。喜阳光充足的环境。对土壤要求不严,喜疏松、肥沃的土壤。耐修剪,剪后能迅速开花。能自播繁衍。

【繁殖与栽培】播种或扦插繁殖。春播,种子喜光,播后不需覆土,发芽适温 21~22 ℃,8~10 d 出苗。幼苗在 15~18 ℃条件下培养 10~12 周可开花。扦插繁殖可结合修剪进行,取嫩枝插穗,10 ℃条件下较易生根。

幼苗长至 3~4 cm 高时可移栽,7~8 cm 高时可定植。定植株距 15~30 cm。在幼苗有 6~7 片叶时可摘心。生长期温度低于 8 ℃,植株会停止生长。光照是影响藿香蓟开花的重要因子,栽培中应保持每天不少于 4 h 的直射光照射。土壤过分湿润和氮肥过多则开花不良,生长期每半月施肥 1 次,开花期应增施磷肥 1~2 次。

【观赏与应用】花色淡雅,质感细腻,花序繁多,盛花时对枝叶有良好的覆盖效果,是优良的花坛花卉和地被植物,也可丛植、布置花带或作小路及草坪的镶边花卉,矮型品种可盆栽观赏,高型品种可用于切花。

7.2.26　矢车菊 *Centaurea cyanus*

【别名】蓝芙蓉、翠兰、荔枝菊

【英文名】Cornflower，Bachelor's button

【科属】菊科　矢车菊属

【形态特征】"*Centaurea*"为拉丁文，意为"神话中半人半马的怪物"，据说他发现了此植物的药用价值。

一年生草本，株高 30～90 cm，茎直立，较细，自中部分枝，全株被稀疏的蛛丝状卷毛。叶互生，线形、宽线形或线状披针形，全缘或羽状浅裂。头状花序顶生或在茎顶端排成伞房花序或圆锥花序，全部为管状花，边缘花通常发达或成放射状，5～8 裂；蓝紫色。瘦果椭圆形。花期 6—8 月。

【产地与分布】原产于欧洲，我国各地有栽培。

【习性】适应性较强。喜冷凉，较耐寒，忌炎热。喜阳光充足，不耐阴湿。喜肥沃、疏松、排水良好的沙质土壤。

【繁殖与栽培】播种繁殖，也可以扦插繁殖。

幼苗长出 6～7 片小叶时可定植，株距 30 cm 左右。矢车菊为直根性，侧根和须根较少，移栽时根系要多带土，也可以直播。生长期浇水以保持盆土湿润为度，不可积水。生长期间应每个月施用 1 次复合液肥，若叶片过多，则应减少氮肥的比例，至开花前宜多施磷、钾肥，可使花大色艳。

【观赏与应用】株型飘逸自然，花色淡雅，矮型品种株高 20 cm 左右，可用于布置花坛、作镶边花卉或盆栽观赏。高型品种可布置花境，自然式丛植或片植也别有趣味，同时也是很好的切花材料，水养持久。

图 7-22　矢车菊

（引自中国科学院植物研究所．中国高等植物图鉴：第四册［M］．北京：科学出版社，1975．）

7.2.27　波斯菊 *Cosmos bipinnatus*

【别名】秋英、扫帚梅、大波斯菊

【英文名】Garden cosmos，Mexican aster

【科属】菊科　秋英属

【形态特征】"*Cosmos*"源自希腊文，意为"井然有序"，指花美丽的意思，"*bipinnatus*"意为"二回羽状的"，指叶形。

一年生草本，株高 100～200 cm，茎纤细而直立，株丛开展。叶对生，二回羽状深裂至全裂，裂片线形或丝状线形。头状花序顶生或腋生，总梗长，花序直径 5～10 cm，花序托平，舌状花 1 轮，椭圆状倒卵形，先端有 3～5 浅钝齿；深红、红、玫红、粉红或白色，管状花黄色；有重瓣及复色品种。瘦果黑紫色。花期 7 月至霜降。

图 7-23　波斯菊

（引自张树宝，李军．园林花卉［M］．北京：中国林业出版社，2013．）

【种类与品种】园艺变种主要有:白花波斯菊(var. *albiflorus*),花纯白色。大花波斯菊(var. *grandiflorus*),花较大,有白、粉红、紫色。紫花波斯菊(var. *purpurea*),花紫红色。

园艺品种主要有:八瓣红(Tetra ver red),舌状花西瓜红色。白蝶(Psycho white),舌状花白色,有部分管状花瓣化,呈半重瓣。海贝(Seashells),也称贝壳波斯菊、管状波斯菊,舌状花围合成管状,先端较基部粗。条纹糖果(Candy stripe),舌状花上具不规则条纹。白日梦(Daydream),舌状花基部为粉红色。凡尔赛(Versailles),为切花品种,株高在 100 cm 以下。此外还有皮科特(Picotee)、炫目(Dazzler)、轰动(Sensation)、奏鸣曲(Sonata)等。

同属相近种有:硫华菊(*C. sulphureus*),又名黄秋英、硫黄菊。一年生草本,叶 2~3 回羽状深裂,裂片较宽,披针形至椭圆形。舌状花,黄、金黄或橙黄色。原产于墨西哥至巴西,我国各地有栽培。花期 7—9 月。

【产地与分布】原产于墨西哥,我国各地普遍栽培。

【习性】喜温暖,不耐寒,忌酷热。喜光,也稍耐阴。喜湿润而排水良好的沙质土壤,以 pH 6.0~8.5 为宜,耐瘠薄。易倒伏,忌大风,宜种在背风处。能自播繁衍。各变种和品种之间容易杂交而退化。

【繁殖与栽培】播种繁殖为主,也可扦插繁殖。春播,发芽适温 24 ℃左右,播后 7~10 d 发芽,2~3 个月可开花。也可在初夏用嫩枝扦插,生根容易。

幼苗长出 4 片真叶时可摘心,同时定植,也可以直播后再间苗,株距 50 cm 左右。管理粗放。常在夏季枝叶过高时修剪数次,促使其矮化,增多开花数。肥水不宜过大,否则茎叶徒长而少花,且容易倒伏。

【观赏与应用】植株高大,叶形别致,花朵艳丽轻盈,繁茂而自然,可用于布置花境或沿道路边缘栽植,也可作花丛、花群、花篱或基础栽植,有较强的自播能力,成片栽植,颇有自然野趣。

7.2.28　醉蝶花 *Cleome spinosa*

【别名】蜘蛛花、西洋白花菜、凤蝶草、紫龙须

【英文名】Spider flower

【科属】白花菜科　醉蝶花属

【形态特征】"*Cleome*"在拉丁文中是一种芥子的名字,"*spinosa*"意为"有刺的"。

一年生草本,株高 100~150 cm,茎直立挺拔,分枝少,全株具黏质腺毛,有特殊气味。掌状复叶互生,小叶 5~7 枚,长椭圆状披针形,有叶柄。总状花序顶生,边开花边伸长,小花由下向上层层开放,在上部密集呈花团,小花具长边,花瓣 4 枚,倒卵伏匙形,具长爪;淡紫、粉红或白色,也有复色种类;雄蕊 6 枚,花丝细长,超过花瓣 1 倍以上,开花时伸出花冠外。蒴果细圆柱状,易开裂。花期 7—10 月。

【产地与分布】原产于美洲热带,我国各地有栽培。

【习性】适应性强。喜温暖且通风良好的环境,耐热,不

图 7-24　醉蝶花

(引自张树宝,李军. 园林花卉[M].北京:中国林业出版社,2013.)

耐寒。喜阳光充足,也耐半阴。对土壤要求不严,喜疏松、肥沃、排水良好的壤土,较耐旱,忌积水。能自播繁衍。

【繁殖与栽培】播种繁殖。春播,发芽适温 20 ~ 30 ℃,1 ~ 2 周可发芽。

幼苗长出 2 ~ 3 片真叶时分栽 1 次,苗高 5 ~ 6 cm 时定植。不耐移植,故应在小苗时移植。定植株距 30 ~ 40 cm。可摘心促进分枝。定植初期施薄肥 1 次,开花期每 20 d 左右施 1 次薄肥,施肥过多易徒长。花后不断去除残花可延长花期。

【观赏与应用】植株挺拔,叶形美观,花朵奇特,盛开时似蝴蝶飞舞,观赏期长。可用于布置花境和基础种植,或与其他花卉搭配丛植,成片栽植效果也颇佳。对二氧化硫、氯气有较强的抗性,适用于工矿区绿化,还可以切花水养。醉蝶花也是极好的蜜源植物。

7.2.29　雁来红 *Amaranthus tricolor*

【别名】三色苋、老来少、老来娇

【英文名】Joseph's coat

【科属】苋科　苋属

【形态特征】一年生草本,株高 80 ~ 150 cm,直立,少分枝。叶互生,具长柄,卵圆形至卵圆状披针形,基部暗紫色,入秋时顶部叶片中下部或全叶变为鲜红、橙、黄等鲜艳的颜色,叶片为主要观赏部位,园艺品种的颜色变化更为丰富,且有单色和复色品种。穗状花序集生于叶腋,花小,绿色,不明显。花期 7—10 月,最佳观赏期 8—10 月。

同属相近种有尾穗苋(*A. caudatus*),也称老枪谷。茎粗壮,株高 100 ~ 150 cm,叶菱状卵形或菱状披针形。圆锥花序顶生,由多数穗状花序组成,下垂,有多数分枝,中央分枝特长,成尾状;红色、紫红或黄色。原产于热带,我国各地有栽培。花期 6—9 月。

图 7-25　雁来红

(引自中国科学院植物研究所. 中国高等植物图鉴:第一册[M]. 北京:科学出版社,1972.)

【产地与分布】原产于亚洲热带地区,我国各地有栽培。

【习性】不耐寒,忌湿热,喜通风良好的环境。喜阳光充足。对土壤要求不严,喜疏松、肥沃、排水良好的土壤,有一定耐碱性,耐干旱,忌水涝。能自播繁衍。

【繁殖与栽培】播种繁殖。种子细小,且具嫌光性,覆土宜薄。发芽适温 15 ~ 30 ℃,播后 7 d 左右出苗。

株高 10 ~ 15 cm 时定植,株距 40 cm 左右。雁来红具有直根性,故直播效果更好。光照不足叶片不易变色。生长期施肥 2 ~ 3 次,氮肥充足叶色鲜艳,生长后期肥水不宜过多,土壤高燥有利于叶变色,但不可贫瘠缺肥,否则会导致叶色不鲜艳。

【观赏与应用】植株高大,秋季叶色绚丽,是优良的观叶植物。可布置花境,也适宜作花丛、花群或成片栽植,还可栽植于路边、庭院角落或作基础种植;亦可盆栽或切枝。矮生的单色品种可用于布置花坛。

全草入药,有解毒、祛寒热、明目之功效,种子可治眼病。嫩叶可作蔬菜或饲料。

7.2.30　五色苋 *Alternanthera bettzickiana*

【别名】模样苋、红绿草、锦绣苋、五色草

【英文名】Calico-plant

【科属】苋科　莲子草属

【形态特征】多年生草本作一年生栽培,株高 10 ~ 20 cm,茎直立或基部匍匐,多分枝,株丛紧密。单叶对生,叶小,矩圆形或椭圆状披针形,绿色或暗红色,或部分绿色,杂以红色或黄色斑纹,叶柄极短。头状花序腋生或顶生,花小,白色。胞果,常不发育。

【种类与品种】园艺品种主要有:黄叶五色苋(Aurea),叶黄色而有光泽;花叶五色苋(Tricolor),叶具各色斑纹。

【产地与分布】原产于巴西,我国各大城市普遍栽培。

【习性】喜温暖湿润环境,不耐热,也不耐寒。喜阳光充足,略耐阴。喜高燥的沙质土壤,不耐旱,忌水涝。盛夏生长迅速,秋凉叶色艳丽。

图 7-26　五色苋
(引自芦建国,杨艳容.园林花卉[M].北京:中国林业出版社,2006.)

【繁殖与栽培】扦插繁殖,生根容易。剪取具 2 节的枝作插穗,插入沙或土壤中,在气温 22 ~ 25 ℃、相对湿度 70% ~ 80% 条件下,4 ~ 7 d 可生根,2 周左右即可定植。

生长期适量浇水,保持湿润,可多次摘心和修剪,以保持植株低矮。定植株距视苗的大小而定,一般定植密度为 350 ~ 500 株/m²。施肥不可过多,以免徒长。用于组字构图、布置模纹花坛或立体雕塑式花坛时,要常修剪,抑制其生长,以免扰乱设计图形。

【观赏与应用】植株低矮,分枝性强,耐修剪,且叶片颜色较多,常用于布置模纹花坛和立体雕塑式花坛,也可以用不同色彩的品种组成各种花纹、文字等平面图案,用于花坛和花境的边缘及岩石园也很适宜。

全株入药,有清热解毒、凉血止血、清积逐瘀的功效。

7.2.31　香豌豆 *Lathyrus odoratus*

【别名】花豌豆、麝香豌豆

【英文名】Sweet pea

【科属】豆科　香豌豆属

【形态特征】一年生蔓性攀缘草本,高 50 ~ 200 cm,全株被毛,茎多分枝,具狭翅。叶互生,偶数羽状复叶,基部仅有 1 对小叶,卵状长圆形或椭圆形,叶轴具狭翅,叶轴先端的小叶变态形成分叉的卷须,托叶半箭头形。总状花序腋生,有长梗,具 1 ~ 3 朵花,下垂,蝶形花冠;有紫、蓝、紫红、红、粉、黄、白等色,也有带斑点、斑纹或镶边的品种,旗瓣与翼瓣同色或异色,具浓郁香气。荚果扁平,长圆形。植株及种子有毒。自然花果期 6—9 月。

【种类与品种】依据花期不同可分为 3 类:夏花类,耐寒性强,可耐−5 ℃的低温,属长日性,夏天开花,耐热性强。冬花类,为温室栽培类型,主要供应切花,日照中性,耐寒性及耐热性均弱。春花类,具前述两个类型的中间性质,属长日性。

依据花瓣的形态可以分为:平瓣型、卷瓣型、皱瓣型和重瓣型。

【产地与分布】原产于西西里岛及意大利南部,我国各地有栽培。

【习性】喜冬季温暖、夏季凉爽的气候,耐轻霜,忌酷热干风。喜阳光充足,短日下生长不良。喜湿润、深厚、肥沃的土壤,以 pH 6.5 ~ 7.5 为宜,忌积水和连作。易受烟害,对氟化氢有抗性。

【繁殖与栽培】播种繁殖。种子应事先在清水中浸泡催芽,发芽适温为 20 ℃左右。

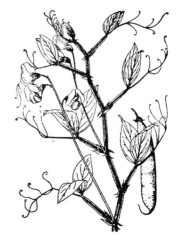

图 7-27　香豌豆
(引自中国科学院植物研究所. 中国高等植物图鉴:第二册[M]. 北京:科学出版社,1972.)

苗高 20 cm 左右时摘心,以促发侧枝。蔓生长较快,需及时搭架诱导,并同时除卷须与侧芽。浇水应适量,不可积水。为了提高花的品质,应施充足的有机肥与迟效化肥,除氮肥外宜多施磷、钾肥,每 10 ~ 15 d 施肥 1 次。栽培中要避免浇水过多、温度过低、日照不足等情况发生,以防引起落蕾。注意通风。

【观赏与应用】枝条细长柔软,花型独特,颜色鲜艳而有馥郁的芳香,是著名的观赏植物。适合做切花,用于制作插花、花篮、花束等,也可盆栽供室内陈设欣赏,还可用于垂直绿化。

7.2.32　飞燕草 *Consolida ajacis*

【别名】彩雀、南欧翠雀、千鸟草、洋翠雀

【英文名】Doubtful knight's-spur, Rocket larkspur

【科属】毛茛科　飞燕草属

【形态特征】一年生草本,株高 30 ~ 60 cm,茎与花序均被较多弯曲的短柔毛,中部以上分枝。叶互生,卵形,3 全裂,裂片三至四回细裂,末回小裂片狭线形,茎下部的叶有长柄,中部以上的叶具短柄。总状花序长 7 ~ 15 cm,有花 8 ~ 12 朵,两侧对称,萼片 5,宽卵形,花瓣状,上面萼片具钻形的长距;堇色、蓝紫、粉或白色,花瓣 2,合生,瓣片与萼片同色。蓇葖果有网脉。花期 5—9 月。

【产地与分布】原产于欧洲南部和亚洲西南部,我国各城市有栽培。

【习性】对气候的适应性较强,以湿润、凉爽的气候条件较为适宜,不耐高温。喜阳光充足,也能耐半阴。对土壤要

图 7-28　飞燕草
(引自中国科学院植物研究所. 中国高等植物图鉴:第一册[M]. 北京:科学出版社,1972.)

求不严,喜肥沃、湿润、排水良好的酸性土,以 pH 5.5~6.0 为宜,耐旱,忌水湿。

【繁殖与栽培】播种繁殖。直根性不耐移植,露地直播或盆播,播后覆土 0.5~1 cm,发芽适温 15~18 ℃,约 3 周出苗。

生长期白天温度控制在 20~25 ℃,夜温 3~15 ℃。生长期可在半阴处,花期需充足阳光。浇水要做到间干间湿,在花期内要适当多浇一点水,避免土壤过分干燥。每月施 1~2 次腐熟的饼肥水。

【观赏与应用】花序长而挺拔,花形别致,色彩淡雅。可沿道路栽植或在庭院的角落丛植,也可以布置花坛、花境,还可用作切花。

7.2.33 银边翠 *Euphorbia marginata*

【别名】高山积雪

【英文名】Snow-on-the-mountain, Variegated spurge

【科属】大戟科　大戟属

【形态特征】一年生草本,株高 60~80 cm,茎直立,多分枝,全株具白色乳液。叶卵形、长圆形、椭圆状披针形,全缘,下部叶互生,绿色,上部叶对生或轮生,开花时叶片边缘或全部叶片变成银白色,为主要观赏部位。杯状聚伞花序生于上部分枝的叶腋处,具白色瓣状附属物。蒴果近球形。花期 7—8 月。

图 7-29　银边翠
(引自中国科学院植物研究所.中国高等植物图鉴:第二册[M].北京:科学出版社,1972.)

【产地与分布】原产于北美洲,我国部分地区有栽培。

【习性】喜温暖,不耐寒。喜阳光充足和干燥环境。对土壤要求不严,但在疏松、肥沃和排水良好的砂壤土中长势更好,耐干旱,忌积水。能自播繁衍。

【繁殖与栽培】播种繁殖为主,也可以扦插繁殖。具有直根性,宜在春季直播。发芽适温 18~20 ℃,播后 10~21 d 发芽。扦插繁殖多在春、秋季进行。

幼苗摘心可促进分枝。生长迅速,栽培容易,管理简单,不需要太多肥水。

【观赏与应用】植株下部绿色,顶端银白色,给人以清凉之感,是良好的夏季观叶植物。可与其他颜色的花卉搭配使用,用于布置花丛、花境或作隙地绿化。栽培容易,又能自播繁衍,可片植。切花水养持久,可作插花配叶。

7.2.34 蛾蝶花 *Schizanthus pinnatus*

【别名】蛾蝶草、蝴蝶草、平民兰、裂瓣花、蝴蝶花

【英文名】Small butterfly, Poor-man's-orchid

【科属】茄科　蛾蝶花属

【形态特征】一年生草本,株高 20~50 cm,多分枝,疏生微黏腺毛。叶互生,羽状全裂,裂片

全缘或成粗齿。圆锥花序顶生,小花直径 2~4 cm;有白、粉、粉红、深红、蓝紫及复色品种,花冠筒比花萼短,花冠深裂开展,中间裂片基部有黄色斑块,并有紫堇色斑点,下部裂片形状多变。花期4—6月。

【种类与品种】从叶型上分:有大叶型、细叶型、板叶型等。

从株形上分:有扫帚形、高圆形、馒头形等。

从花型上分:有普通型、多裂型、羽毛型等。

【产地与分布】原产于南美智利,我国华南、西南、台湾地区有栽培。

【习性】喜温暖凉爽的气候,耐寒力不强,生长适温 15~25 ℃,忌高温多湿。喜阳光充足。喜疏松、肥沃、排水良好的沙质土壤。

【繁殖与栽培】播种繁殖。发芽适温 15~20 ℃,8~15 d 可发芽。

幼苗需全光照管理,并适当控水,以防徒长。幼苗长出 3~4 片真叶时移苗,苗高 12 cm 左右时可定植。为促使其多分枝,可在定植成活后进行摘心。生长期浇水应把握间干间湿的原则。每 10~15 d 施肥 1 次,前期以氮肥为主,花前则以磷、钾肥为主。花后及时剪除残花枝,可以促发新枝,并再次开花。

【观赏与应用】叶形优雅,花形似飞舞的蝴蝶,色彩艳丽,是极好的室内盆栽花卉,也可以用作切花,在温暖地区还可用于布置花坛,或在绿地、庭院丛植观赏。

7.2.35 紫茉莉 *Mirabilis jalapa*

【别名】胭脂花、夜饭花、地雷花、草茉莉、胭粉豆

【英文名】Marvel of Peru, Four o'clock flower

【科属】紫茉莉科 紫茉莉属

【形态特征】"*Mirabilis*" 为拉丁文,意为"美妙、极好的、精彩的","*jalapa*" 是墨西哥韦拉克鲁斯州的州府。

一年生草本,主根略肥大,地下有小块根,株高 30~100 cm,茎直立,圆柱形,植株开展,多分枝,节稍膨大。单叶对生,卵形或卵状三角形,先端尖,全缘。花数朵集生于枝端,花被高脚碟形,先端 5 浅裂,直径 2.5~3.5 cm;有白、黄、红、粉、紫等色,有单色的,也有带不规则彩色条纹或斑点,同一植株上常常会开出不同颜色的花,有香气。花傍晚开放至早晨,次日中午前凋谢。瘦果卵球形或圆球形,成熟后黑色,表面具皱纹,形似地雷,因此又称地雷花。花期6—9月,果期8—11月。

【种类与品种】园艺变种有:重瓣紫茉莉(var. *dichlamydo-morpha*),苞片合生成花冠状。

【产地与分布】原产于美洲热带地区,我国各地普遍栽培。

【习性】喜温暖湿润的气候条件,耐炎热,不耐寒,冬季枯死;在南方冬季温暖地区,地下根系可安全越冬而成为宿根草本。在略有遮阴处生长更佳。喜通风良好的环境。不择土壤,喜土层深厚、疏松、肥沃的壤土。边开花边结籽。对二氧化硫、一氧化碳具有较强抗性。能自播

图 7-30 紫茉莉

(引自中国科学院植物研究所. 中国高等植物图鉴:第一册[M]. 北京:科学出版社,1972.)

繁衍。

【繁殖与栽培】播种、扦插或分生繁殖,以播种为主。直根性,宜在春季直播,若要移栽应尽早。种皮较厚,播前浸种可加快出苗。春、秋季剪取成熟的枝条扦插,生根容易。分生繁殖,可在秋季将块根挖出,贮于3~5℃冷室中,次年再栽植。

定植株距40~50 cm。性强健,幼苗生长迅速,管理粗放。花朵在强光下闭合,夏季能有遮阴则生长开花良好。

【观赏与应用】花色鲜艳,花期长,从夏至秋开花不绝,并有淡淡花香,可在林缘周围自然式片植,或在庭院丛植,尤其宜栽植于傍晚休息或夜间纳凉之地。株形比较松散,不适合布置花坛。

根可入药,内治月经不调,外治跌打、疮毒。种子内的胚乳研成细粉后,是制作化妆香粉的上等添加剂,因此又称胭脂花、胭粉豆。

7.2.36 蓝猪耳 *Torenia fournieri*

【别名】夏堇、蝴蝶草、花公草

【英文名】Bluewings, Wishbone flower

【科属】玄参科　蝴蝶草属

【形态特征】一年生草本,株高15~30 cm,植株低矮,多分枝,成簇生状,茎四棱型,光滑。叶对生,卵形或卵状披针形,先端尖,叶缘有细锯齿。花通常在枝端排成总状花序,花序梗略长于叶,花萼膨大,萼筒上有5条棱状翼,花冠二唇形,上唇直立,先端微凹,下唇3裂,裂片长圆形或近圆形;花色丰富,有白、粉、粉红、紫红、蓝紫、深紫等色,上唇与下唇颜色相同或不同,基部色渐浅,喉部有醒目的黄色斑块。蒴果长椭圆形。花期6—9月。

【种类与品种】园艺品种主要有:

图7-31　蓝猪耳
（引自浙江植物志编辑委员会.浙江植物志:第六卷[M].杭州:浙江科学技术出版社,1993.）

可爱(Kauai)系列:株高20 cm,冠幅20 cm,株型紧密矮壮,花期长,花色艳丽,有白、绛红、玫红、酒红、深蓝及柠檬雨点花色,是市场上艳丽花色最全的品种系列。高温高湿下表现良好,适合用作园林景观地栽,组合盆栽,亦适用于室内盆栽。

小丑(Clown)系列:株高15~20 cm,冠幅15~20 cm,花大,花色繁多,有玫红、酒红、淡紫、蓝白双色、红白双色等,亮丽活泼,耐热性好。

轻吻(Little kiss)系列:株高15~20 cm,冠幅25 cm,株型为馒头型,开花早,花朵直径2.5 cm左右,有蓝、酒红、玫红、蓝白双色等,开花时花朵整齐一致,非常适合花坛和家庭盆栽。

公爵夫人(Duchess)系列:株高20~25 cm,株型紧密,冠幅大,有浅蓝、酒红、粉红和蓝白双色等,长势整齐,花量大,花色艳丽。

【产地与分布】原产于亚洲热带、非洲林地,我国各地广泛栽培。

【习性】喜高温,耐炎热,不耐寒。喜阳光充足,耐半阴。对土壤要求不严,耐旱,需肥量不大,在适度肥沃、湿润的土壤上开花繁茂。能自播繁衍。

【繁殖与栽培】播种繁殖。春播,华南多秋播,但需要保护越冬。种子粉末状,播种时可掺些细土,播后不覆土,发芽适温 20～30 ℃,10～15 d 可发芽,其间要注意保持土壤湿润。

苗高 8～10 cm 时可移植。花坛定植株距 15～25 cm。生长健壮,需肥量不大,每月追施 1～2 次肥料即可,夏、秋季氮肥不能过量,应增施 1～2 次磷、钾肥。

【观赏与应用】株形整齐而紧密,叶色淡绿,花朵小巧精致,开花繁茂,花色艳丽,花期长,耐炎热,是优良的夏季花卉。适合用于布置花坛、种植钵、窗盒或作花境、草坪及道路的镶边花卉,还可以盆栽装饰窗台和阳台,垂吊品种也是优良的吊盆花卉。

7.2.37　四季秋海棠 *Begonia semperflorens*

【别名】玻璃翠、四季海棠、瓜子海棠

【英文名】Wax Begonia, Bedding begonia

【科属】秋海棠科　秋海棠属

【形态特征】"*Begonia*"源自法国人名"M. Begen"。

多年生常绿草本作一年生栽培,根纤维状,属于须根类秋海棠,株高 15～30 cm,茎直立,肉质,无毛,基部多分枝。叶互生,卵形或宽卵形,先端急尖或钝,基部稍心形而略偏斜,边缘有锯齿和缘毛,两面光亮,绿色,主脉通常微红。聚伞花序生于上部叶腋;红、淡红或白色;雌雄异花,雄花直径 1～3 cm,花被片 4,外轮 2 枚较大,圆心形,内轮 2 枚较小,雌花稍小,花被片 5。蒴果,具 3 翅。花期 3—12 月。

【种类与品种】园艺品种有:

绿叶系:大使(Ambassador),分枝性强,株高 20～25 cm;奥林匹克(Olympia),花有粉、红、橙红、白及复色等。洛托(Lotto),株高 10 cm。华美(Pizzazz),株高 20～25 cm。胜利(Victory),株高 20～25 cm。琳达(Linda),株高 15～20 cm。

图 7-32　四季秋海棠

(引自中国科学院植物研究所. 中国高等植物图鉴:第二册[M]. 北京:科学出版社,1972.)

铜叶系:鸡尾酒(Cocktail)系列,耐阳光,不怕晒。白兰地(Brandy),花粉红色。杜松子酒(Gin),花玫红色。威士忌(Whiskey),花纯白色。伏特加(Vodlka),花鲜红色。朗姆酒(Rum),白色花具玫红色镶边。里奥(Ria),株高 20～25 cm,是铜叶系中颜色最深的系列,适应性强。聚会(Party),株高 30 cm,花大,花径 5 cm,分枝性好。

【产地与分布】原产于巴西,我国各地广泛栽培的四季秋海棠为多源杂种。

【习性】喜温暖,不耐寒,忌酷热,生长适温 20 ℃左右,低于 10 ℃生长缓慢。喜半阴环境,夏季应避免强光直射。喜空气湿度大,土壤湿润的环境,不耐干燥,忌积水。开花不受日照长短影响,适宜温度下,可四季开花。

【繁殖与栽培】播种或扦插繁殖。四季皆可播种,发芽适温 15～20 ℃。扦插繁殖,每段插穗至少要有 3 个芽,切口要平滑。

幼苗移栽 1 次后,约 40 d 可定植,株距 20 cm 左右。多次摘心可促使多发侧枝,开花繁密。

浇水本着"不干不浇,浇则浇透"的原则。生长期施肥应注意薄肥勤施,每10~15 d 施 1 次腐熟的有机肥。花后应剪去花枝,促生新枝,这时要控制浇水,待新枝发出后,继续正常管理,又可开花。注意通风。

【观赏与应用】植株低矮,株形圆整,叶片光洁,并有绿叶和铜叶系列,花色娇艳,花期长,盛花时植株表面为花朵所覆盖,观赏效果好。适合用于布置花坛、色块,可以丛植于树池或庭院内,盆栽观赏也非常普遍,可用于装饰窗台、阳台、会议室、餐厅等。

7.2.38　地肤 *Kochia scoparia*

【别名】扫帚草、孔雀松

【英文名】Summer cypress , Burningbush

【科属】藜科　地肤属

【形态特征】一年生草本,株高 50~100 cm,茎直立,圆柱状,淡绿色或带紫红色,分枝多而纤细,株丛紧密,卵圆形至圆球形。单叶互生,线形,细密,嫩绿色,秋季气温降低,全株成紫红色,主要观赏株形和叶色。花单生或簇生于叶腋,不显著,无观赏价值。胞果扁球形。

【种类与品种】园林栽培的主要是其变种:细叶扫帚草(var. *culta*),株形矮小,叶细软,嫩绿色,秋季转为红紫色。

【产地与分布】原产于欧洲和亚洲中南部,我国各地有栽培。

图 7-33　地肤

(引自芦建国,杨艳容. 园林花卉[M].北京:中国林业出版社,2006.)

【习性】适应性较强。喜温暖,不耐寒,耐炎热。喜阳光充足。对土壤要求不严,耐干旱,耐瘠薄和盐碱,在肥沃、疏松、含腐殖质多的壤土上生长旺盛。

【繁殖与栽培】播种繁殖。宜在春季直播。

幼苗生长初期细弱,且生长缓慢,应加强除草、松土,保持土壤湿润,并追施磷、钾肥 1~2次。随气温升高,植株生长转快,入夏生长旺盛,枝叶浓密,可修剪成球形或方形等。定植株距50 cm 左右。

【观赏与应用】株丛紧密,株形美观,且便于修剪造型,叶片纤细,质感细腻,叶色嫩绿,可用于布置花坛、色块、花篱、花境,也可修剪成不同几何造型装饰公共绿地、庭院,或沿路边栽植,还可以盆栽后装饰会场、厅堂等。

7.2.39　风铃草 *Campanula medium*

【别名】钟花、风铃花、挂钟草、帽筒花

【英文名】Canterbury bell , Bell flower

【科属】桔梗科　风铃草属

【形态特征】"*Campanula*"为拉丁文,意为"小铃"。

一年生或二年生草本,株高 60~100 cm,茎直立,粗壮,全株被粗毛。基生叶倒披针形,边缘有钝锯齿,基部渐狭,茎生叶无柄,披针状长圆形,基部圆形,半抱茎,边缘波状或有钝齿。花直立或斜伸,1～2朵簇生,组成顶生的疏散总状花序,花冠钟形,5浅裂,裂片反卷;蓝紫、淡红或近白色,有花萼与花冠同色且呈杯形或碟形的园艺品种。蒴果成熟时自基部裂成5瓣。花期5—7月,果期8—9月。

【种类与品种】同属相近种有:紫斑风铃草(*C. punctata*):多年生草本,根茎细长,株高20～70 cm,茎直立。基生叶卵形,茎生叶卵形或卵状披针形。花生于主茎或分枝顶端,下垂,有长花梗,花冠长钟状,5浅裂;白色,内有紫黑色斑点和长毛。分布于我国的东北、华北、西北、西南等地,以及朝鲜、日本和西伯利亚东部。花期6—8月。

【产地与分布】原产于欧洲南部,我国大部分地区有栽培。

【习性】喜冬季温和、夏季凉爽的气候,耐寒性不强,也不耐干热。喜阳光充足、通风良好的环境。喜疏松透气、富含腐殖质的沙质壤土。

【繁殖与栽培】播种繁殖。种子细小,可与细沙混合均匀后再播,发芽适温18～22 ℃,10～20 d发芽。

图7-34 风铃草

(引自北京林业大学园林学院花卉教研室.花卉学[M].北京:中国林业出版社,1990.)

当幼苗长出2片真叶时可间苗,5～6片真叶时可定植。幼苗高6～8 cm时可摘心,以缩短植株高度,增加侧枝及花朵数量。浇水时要做到"不干不浇,浇则浇透",但不可积水。需肥量中等,生长旺盛期每15～20 d施1次稀薄腐熟的有机液肥,花前增施含磷、钾的复合肥,可防止花期倒伏。

【观赏与应用】钟形的花朵玲珑可爱,花色淡雅,可用于布置花境,也可在园林绿地、庭院丛植或与其他颜色的花卉搭配使用,矮型品种也可以盆栽观赏,高型品种可用作切花。

7.2.40 花菱草 *Eschscholzia californica*

【别名】金英花、人参花

【英文名】California poppy, Californian poppy, Golden poppy

【科属】罂粟科 花菱草属

【形态特征】多年生草本作二年生栽培,株高25～35 cm,株形稍铺散,全株被白粉,植株呈灰绿色。叶互生,基生叶有柄,多回三出羽状分裂,裂片线形或长圆形,茎生叶较小,叶柄较短。花单生于茎或分枝顶端,具长梗,花朵直径5～7 cm,花瓣4枚,有重瓣品种;金黄色,十分光亮,园艺品种有乳白、黄、橙、橙红、粉、玫红等色;雄蕊多数。蒴果狭长圆柱形。花期4—8月,果期6—9月。花朵在阳光下开放,在阴天、夜晚或低温下闭合。

【种类与品种】
园艺品种主要有:幸运星、琥珀、红蜻蜓等。

同属相近种有:丛生花菱草(*E. caespitosa*):一年生草本,形态特征与花菱草相似,株丛矮,30 cm左右,冠幅大于株高,丛生效果好。花黄色至橙色,花朵直径约5 cm。原产于北美洲。花期5—8月。

【产地与分布】原产于美国西海岸,我国各地有栽培。

【习性】喜冷凉、干燥气候,不耐湿热,炎热的夏季处于半休眠状态,常枯死,秋后萌发,较耐寒。喜阳光充足。肉质直根,怕水涝,喜疏松、肥沃、排水良好、土层深厚的沙质壤土。能自播繁衍。

【繁殖与栽培】播种繁殖。秋播,种子有嫌光性,发芽适温15~20 ℃,播后1周左右可发芽。花菱草为直根性,宜用营养钵育苗或直播。

在秋季播种后,遇到寒潮低温时,可以设风障或覆盖,以保证幼苗安全越冬。当幼苗长出3~4片真叶时可移栽。定植株距40 cm左右。浇水要适量,宜干不宜湿,多雨季节要注意及时排水,避免根颈腐烂。施肥要遵循薄肥勤施、少量多次的原则。

【观赏与应用】枝叶细密,花朵繁茂,花姿优雅,花色艳丽,且有丝质光泽,舒展而轻盈,富有自然情趣,可用于布置花带、花境或沿路边栽植,也可以采用相同花色或不同花色的花菱草丛植或片植,还可以盆栽观赏。花菱草是美国加利福尼亚州的州花。

图7-35　花菱草
(引自张树宝,李军.园林花卉[M].北京:中国林业出版社,2013.)

7.2.41　古代稀 *Clarkia amoena*

【别名】别春花,晚春锦,送春花

【英文名】Farewell to spring

【科属】柳叶菜科　山字草属(克拉花属)

【形态特征】古代稀是其异名"Godetia"的音译。

一年生草本,株高30~100 cm,茎直立,多分枝,植株丛生状。叶互生,条形至披针形,常有小叶簇生于叶腋。花单生或数朵组成疏散的总状花序,萼裂片连生,在花开放后屈向一边,花瓣4枚,十字形排列,有重瓣品种,花朵直径约5 cm;花色有白、粉、洋红、淡紫、紫色及白瓣红心、紫瓣白边、粉瓣红斑等复色,极具变化。蒴果近圆形。花期5—6月。

【产地与分布】原产于北美洲西部,我国部分地区有栽培。

图7-36　古代稀
(引自芦建国,杨艳容.园林花卉[M].北京:中国林业出版社,2006.)

【习性】喜冬季无严寒、夏季无酷暑的环境,生长适温18~25 ℃。喜阳光充足。适于夏季凉爽的地区种植,在温暖湿润的环境中生长繁茂。对土壤要求不严,喜排水良好而肥沃的沙质壤土。

【繁殖与栽培】播种繁殖。多在秋季播种,气候温暖地区可露地播种,在寒冷地区可温室育

苗,夏季较为凉爽的地区也可在春季播种,发芽适温为 20 ℃左右。

生长期保持土壤湿润,但不能积水。每 7 ~ 10 d 施 1 次腐熟的稀薄液肥或复合肥,孕蕾期可适当增施磷肥,并给予充足的阳光,以促使其多形成花蕾,从而达到多开花、花大色艳的目的。

【观赏与应用】株丛紧密,花形典雅,花色鲜艳而富于变化,是初夏用花的好材料。可用于布置花坛、花境、丛植、片植或点缀于庭院、草坪,也能收到良好的观赏效果。高型品种可作切花,矮型品种可以盆栽,用于装饰会场、阳台、窗台等。

7.2.42　天人菊 *Gaillardia pulchella*

【别名】虎皮菊、老虎皮菊

【英文名】Firewheel, Indian blanket

【科属】菊科　天人菊属

【形态特征】"*Gaillardia*"为拉丁文的人名,"*pulchella*"意为"小的"。

一年生草本,株高 20 ~ 60 cm,茎中部以上多分枝,分枝斜升,被短柔毛或锈色毛。下部叶匙形或倒披针形,边缘呈波状钝齿、浅裂至琴状分裂,上部叶长椭圆形,倒披针形或匙形,全缘或上部有疏锯齿或中部以上 3 浅裂,叶两面被伏毛。头状花序单生于枝顶,直径 4 ~ 6 cm,管状花裂片三角形,顶端渐尖成芒状,舌状花宽楔形,顶端 2 ~ 3 裂;上部黄色,基部紫红色。瘦果长椭圆形。花期6—9 月,果期7—10 月。

图 7-37　天人菊
(引自丁宝章,王遂义. 河南植物志:第三册[M].郑州:河南科学技术出版社,1997.)

【种类与品种】园艺变种有:矢车天人菊(var. picta):叶多肉质,舌状花呈管状,花冠顶端 5 裂,红紫色或颜色多变化。

同属相近种有:宿根天人菊(G. aristata):又称车轮菊、大天人菊。多年生草本,株高 60 ~ 90 cm,全株被粗节毛。叶互生,基部叶长椭圆形或匙形,全缘或羽状缺刻,上部叶披针形、长椭圆形或匙形。头状花序单生,直径 5 ~ 7 cm,舌状花黄色,基部紫红色,有许多变种,花色不同。原产于北美洲。花期6—9 月。

【产地与分布】原产于北美洲,我国华北、华东、华中、华南有栽培。

【习性】适应性强。喜温暖,不耐寒,耐炎热。喜阳光充足,也耐半阴。对土壤要求不严,喜疏松、肥沃、排水良好的沙质壤土,耐干旱。

【繁殖与栽培】播种繁殖。播种前,种子需用温水浸泡3 ~ 10 h,使种子吸水膨胀。发芽适温为 18 ~ 20 ℃,10 ~ 14 d 可发芽。

幼苗长出 4 ~ 5 片真叶时可定植,株距 30 cm。定植前应施适量有机肥或缓释复合肥。生长期浇水应间干间湿,避免积水。每 10 d 左右施 1 次水溶性复合肥。前期以氮肥为主,后期以磷、钾肥为主。及时去除残花,减少养分消耗,可使花开得更加繁茂,延长花期。

【观赏与应用】株丛紧凑,花朵繁茂,色彩艳丽,花期长,栽培管理简单,可用于布置花坛或在道路两侧栽植,也可以成丛、成片栽植于公共绿地,整体效果颇佳,还可以在庭院栽培观赏。天人菊是美国俄克拉何马州的州花,也是中国台湾澎湖县的县花。天人菊也是良好的蜜源植物。

7.2.43 多叶羽扇豆 *Lupinus polyphyllus*

【别名】鲁冰花

【英文名】Large-leaved lupine, Many-leaved lupine, Garden lupin

【科属】豆科 羽扇豆属

【形态特征】"*Lupin*"在希腊文里是"悲苦"的意思,指羽扇豆的种子非常苦涩,"*polyphyllus*"意为"多叶的"。

多年生草本作二年生栽培,株高50~150 cm,茎直立,分枝成丛,全株无毛或上部被稀疏柔毛。叶互生,基部叶较多,掌状复叶具长柄,小叶(5)9~17枚,披针形至倒披针形,先端钝圆至锐尖,基部狭楔形,叶背具粗毛。总状花序顶生,长15~60 cm,花多而稠密,排列成尖塔形,每朵花长1~1.5 cm,蝶形花冠,旗瓣反折;花色有紫、蓝、红、桃红、粉、橙、黄、白及双色等。荚果长圆形,密被绢毛。花期6—8月,果期7—10月。

【种类与品种】园艺品种主要有:画廊(Gallery):植株紧凑的矮生品种,株高50~60 cm,早花,花穗整齐健壮,花色丰富,有红、粉红、黄、蓝、白等色,1、2月播种,当年即可开花,春播和秋播均可,适合盆栽观赏。壮丽之带(Band of nobles):株高90~120 cm,花有蓝白双色、粉白双色、红白双色。此外还有贵族少女(Noble maiden)、彩虹(Rainbow lupin)我的城堡(My castle)、蓝色咸水湖(Blue lagoon)等。

图7-38 多叶羽扇豆
(引自芦建国,杨艳容.园林花卉[M].北京:中国林业出版社,2006.)

同属相近种有:

羽扇豆(*L. micranthus*):也称小花羽扇豆。一年生草本,株高20~70 cm,全株被棕色或锈色硬毛。掌状复叶,小叶5~8枚。总状花序顶生,长5~12 cm,长度不超出复叶,花冠蓝色,旗瓣和龙骨瓣具白色斑纹。原产于地中海地区,我国部分地区有栽培。花期3—5月。

白羽扇豆(*L. albus*):一年生草本,株高20~120 cm。小叶5~9枚。总状花序顶生,多花,花冠白色,旗瓣先端蓝色。原产于地中海地区。花期2—4月。

黄羽扇豆(*L. luteus*):一年生草本,株高40~100 cm。小叶6~11枚。总状花序顶生,花冠黄色,龙骨瓣尖端多少呈紫色,芳香。原产于地中海地区。花期3—5月。

狭叶羽扇豆(*L. angustifolius*):一年生草本,株高20~80 cm。小叶5~9枚,线形至线状长圆形。总状花序顶生,花冠蓝、淡蓝,偶为淡紫色。原产于地中海地区。花期3—4月。

【产地与分布】原产于北美洲西部,我国各地有栽培。

【习性】喜凉爽、湿润环境,较耐寒,忌炎热,生长适温10~28 ℃。喜阳光充足,稍耐阴。喜土层深厚、疏松、肥沃、排水良好的微酸性砂壤土。深根性,主根发达,须根少,不耐移植。

【繁殖与栽培】播种繁殖为主,也可扦插繁殖。秋播效果好于春播。播种前将种子用温水浸泡 24 h,以使种皮软化,发芽适温 20 ~ 25 ℃ , 7 ~ 12 d 发芽。扦插繁殖可在春季进行,剪取根颈处萌发的枝条 8 ~ 10 cm 插于冷床。

播种出苗后应及时间苗,待真叶完全展开后移苗分栽,移苗时应多带宿土,以利于缓苗。小苗应尽早定植,定植株距 30 ~ 50 cm。生长期保持土壤湿润,每半月施肥 1 次,花前增施磷、钾肥 1 ~ 2 次。保持良好的通风条件。

【观赏与应用】植株高大挺拔,叶形秀美,花序修长,花色鲜艳,极具观赏价值,是优良的竖线条花卉。可用于布置花境,或自然式丛植、片植,配植于公园、庭院都很相宜。水养持久,是很好的切花材料,也可以盆栽观赏。

7.2.44　红花烟草 *Nicotiana×sanderae*

【别名】花烟草、烟草花、矮烟草

【英文名】Sander's tobacco

【科属】茄科　烟草属

【形态特征】"*Nicotiana*" 源自人名"Jean Nicot"。本种为花烟草(*N. alata*)和福尔吉特氏烟草(*N. forgetiana*)的杂交种。

一年生草本,株高 20 ~ 90 cm,全株被细毛。基生叶匙形,茎生叶长披针形。顶生圆锥花序,着花疏散,花高脚碟形,花冠 5 裂;有红、紫红、桃红、淡黄、白等色。蒴果。花期 8—10 月。

同属相近种有花烟草(*N. alata*):也称大花烟草、长花烟草,常与 *N. ×sanderae* 混称。多年生草本,株高 60 ~ 150 cm,全株被腺毛。叶长圆形或卵形。花序成假总状,疏生几朵花,花高脚碟形,花冠 5 裂;原种淡绿色,园艺品种较多,有白、粉、红、紫等色,夜晚有宜人的芳香。原产于阿根廷和巴西。花期夏、秋季。

图 7-39　红花烟草

(引自芦建国,杨艳容. 园林花卉 [M].北京:中国林业出版社,2006.)

【产地与分布】原产于南美洲,我国各地有栽培。

【习性】喜温暖,不耐寒,忌霜冻。喜阳光充足,耐微阴。喜肥沃、疏松而湿润的土壤,有一定耐旱能力。

【繁殖与栽培】播种繁殖。春播,种子喜光,发芽适温 21 ~ 24 ℃ ,半月左右发芽,9 ~ 10 周开花。

经 1 次移植后,可摘心促分枝。定植株距 30 cm。栽培中需要充足的阳光,光照不足易徒长,着花少而稀疏,颜色暗淡。管理粗放。

【观赏与应用】花色艳丽,花形醒目,栽培管理容易。可用于布置花坛、花丛或花境,也可散植于林缘、路边,矮生品种可盆栽观赏。

7.2.45　红叶甜菜 *Beta vulgaris* var. *cicla*

【别名】红叶厚皮菜、红恭菜

【英文名】Swiss chard

【科属】藜科　甜菜属

【形态特征】多年生草本作二年生栽培，株高可达80 cm。叶在根颈处丛生，高20～40 cm，叶片长圆状卵形，全绿、深红或红褐色，肥厚有光泽，叶柄深红或红褐色。花茎自叶丛中间抽生，高约80 cm，花小，无观赏价值。胞果。花果期5—7月。

【产地与分布】原产于欧洲，我国长江流域地区有栽培。

【习性】耐寒力较强，根部在-10 ℃条件下仍不受冻害。喜光，但也能耐微阴。对土壤要求不严，在疏松、肥沃、排水良好的砂壤土中生长良好，较耐旱，忌积水，较耐盐碱，可在pH 7.9～8.0的土壤中生长。

【繁殖与栽培】播种繁殖。种子应先浸泡24 h再播种，发芽适温15～20 ℃。

苗期白天温度控制在20～25 ℃，夜间温度13～15 ℃。当幼苗长出2～3片真叶时可移苗，长出4～5片真叶时可带土定植，株距30～40 cm。浇水不可过于频繁，避免积水。红叶甜菜较喜肥，定植前应在土壤中施入基肥，生长期每半月左右施1次复合肥。

【观赏与应用】植株整齐美观，叶色鲜艳，是良好的观叶植物。可用于布置花坛、色块，或成丛栽植，也可盆栽观赏。嫩叶可食用。

7.2.46　二月兰 *Orychophragmus violaceus*

【别名】诸葛菜、二月蓝、菜子花

【英文名】Violet orychophragmus

【科属】十字花科　诸葛菜属

【形态特征】"*violaceus*"为拉丁文，意为"紫色的"。

一年生或二年生草本，高10～50 cm，全株无毛，茎直立，基部或上部稍有分枝。基生叶及下部茎生叶大头羽状全裂，顶裂片近圆形或短卵形，基部心形，有钝齿，侧裂片2～6对，全缘或有牙齿，上部叶长圆形或窄卵形，基部耳状，抱茎，边缘有不整齐牙齿。疏松的总状花序顶生，有花5～20朵，十字形花冠，直径2～4 cm，花瓣4枚，宽倒卵形；蓝紫色，随着花期延长，花色逐渐变淡。长角果线形，具4棱。花期4—6月，果期5—7月。

【产地与分布】我国东北、华北及华东地区均有分布。

【习性】适应性强。耐寒。耐阴性较强，在阳光充足的环境下生长健壮，但在阴湿环境中也能表现出良好的性状。对土壤要求不严，以疏松、肥沃、湿润的沙质壤土为宜，也可适应中性或弱碱性土壤。自播繁衍能力强。

图7-40　二月兰

（引自中国科学院植物研究所.中国高等植物图鉴：第二册[M].北京：科学出版社，1972.）

【繁殖与栽培】播种繁殖。多秋播,播后需覆土,并适当压实。繁殖容易,可人工撒播或条播,也可以利用天然落种长出的小苗。

栽培管理比较粗放,不需要多加养护。正常及时浇水、施肥即可,稍加管理即可健壮生长。一年可施肥3~4次。

【观赏与应用】植株舒展,花色淡雅,颇具自然野趣。适合栽植于林缘、山坡、公园绿地、草地边缘、住宅小区或高架桥下,自然式丛植或片植皆可,也可以在道路及铁路两侧大量应用,自播能力强,无须每年播种,即可收到良好的绿化美化效果。

7.2.47 瓜叶菊 *Pericallis×hybrida*

【别名】千日莲、瓜叶莲

【英文名】Cineraria, Florist's cineraria, Common ragwort

【科属】菊科 瓜叶菊属

【形态特征】多年生草本作一、二年生栽培,北方作温室一、二年生盆栽,株高30~70 cm,茎直立,全株密被白色柔毛。叶具长柄,表面浓绿,边缘不规则三角状浅裂或具钝锯齿,宽心形,似黄瓜叶,故名。多个头状花序排列成伞房状生于枝顶,每个头状花序直径3~5 cm;有紫、蓝、红、粉、白各色或具不同色彩的环纹和斑点。瘦果黑色。花期12月—翌年4月。

【种类与品种】园艺品种较多,可大致分为以下4种类型:

大花型(Grandiflora):株高30~40 cm,株型紧凑。花朵大而密集,生于叶片之上,头状花序直径4~8 cm;花色从白色到深红色、蓝色,一般多为暗紫色或具两色,界限鲜明。

图7-41 瓜叶菊

(引自傅玉兰.花卉学[M].北京:中国农业出版社,2001.)

星型(Stellata):株高60~100 cm,株型松散。头状花序数量多,但较小,直径约2 cm,生于叶丛之上,舌状花短而细,花色有红、粉、紫、紫红等。此类瓜叶菊茎秆强壮,主要用作切花。

中间型(Intermedia):介于上述二者之间的类型,株高约40 cm。头状花序比星型的大,直径3~4 cm,着花量较多。此类瓜叶菊适宜盆栽,并有很多品种。

多花型(Multiflora):株高25~30 cm。着花非常多,花序小,花色丰富。

常见的园艺品种有:纪念品(Sonvenir)系列、小丑(Jester)系列、完美(Early perfection)和惑星(Planet)等。

【产地与分布】原产于大西洋加那利群岛。我国各地温室普遍栽培,部分温暖地区也有露地栽培。

【习性】喜凉爽气候,不耐寒冷,也不耐酷暑,忌霜冻,生长昼温12~20 ℃,夜温不低于5 ℃。花芽形成后长日照可促使其提早开花。喜富含腐殖质、排水良好的沙质壤土。忌干燥,畏积水。

【繁殖与栽培】播种繁殖为主,也可扦插繁殖。盆播覆土宜薄。播种至开花需要5~8个月,为获得不同花期的植株,3—10月间都可播种:3月播种,元旦可开花;5月播种,春节可开花;8月播种,翌年4—5月开花,可供"五一节"用花。若对花期无要求,则以8—9月播种为好。

发芽适温20℃,4~6 d发芽。扦插繁殖可在花后将茎基发生的腋芽或茎枝剪成6~8 cm长的小段,去除基部的大叶,留2~4枚嫩叶,插于粗沙中,20~30 d生根,多用于不易结实的重瓣品种。

幼苗长出2~3片真叶时进行移苗,长出5~7片真叶时上盆。定植盆土应以腐叶土、园土、豆饼粉、骨粉按一定比例配制。生长期给予充足的光照,并保持良好的通风条件。越夏困难,畏烈日、高温和雨水,夏季应避免阳光直射,并注意防涝。生长期每2周施1次液肥,花芽分化前停施氮肥,增施1~2次磷肥,减少灌水,促使花芽分化和花蕾的发育。定期转动花盆,以使其受光均匀,株形端正。在花蕾将出现时进行摘心,以促发侧枝,多开花。花期稍遮阴。室温稍低有利于延长花期。

【观赏与应用】株丛紧凑,花形娇美,花色丰富而绚丽,开花整齐、繁茂,盛开时可覆盖全株,花期长,是冬春季节重要的节日用花。常盆栽用于室内装饰,如布置会场、厅堂、宾馆、商场、剧院前庭等,温暖地区也可以栽植于室外,布置花坛、花境等,还可以作为切花,制作花环、花篮等。

7.2.48　蒲包花 *Calceolaria herbeohybrida*

【别名】荷包花、元宝花、拖鞋花

【英文名】Slipper wort, Pocketbook plant

【科属】玄参科　蒲包花属

【形态特征】"*Calceolaria*"为拉丁文,意为"拖鞋",指花的形状。

多年生草本作一、二年生栽培,株高20~45 cm,全株疏生绒毛,茎上部常分枝。叶对生或轮生,卵形至广卵形,边缘呈微波状或具细锯齿,茎上部叶逐渐变小,淡绿色或黄绿色,叶脉下凹。不规则的聚伞花序顶生,花梗细长,花朵直径3~4 cm,花冠二唇状,似两个囊状物,上唇小而直立,稍呈袋状,下唇大,膨胀呈荷包状,故又名荷包花;花色丰富,有乳白、黄、橙、橙红、红、深红、紫等色,并散生紫红、深褐、橙红等色的斑点,斑点的大小、多少及疏密富于变化。蒴果。花期1—5月。

图7-42　蒲包花

(引自傅玉兰.花卉学[M].北京:中国农业出版社,2001.)

【种类与品种】优良品系主要有以下3个:

大花系(Grandiflora):花茎46 cm,花径3~4 cm,花色丰富,多为有色斑的品种。

多花矮生系(Multiflora nana):植株低矮。花径2~3 cm,着花数多。耐寒性强,适合盆栽。

多花矮生大花系(Multiflora nana grandiflora),介于上述二者之间,比大花系的花径小,具有多花性。现在栽培的蒲包花多属于大花系和多花矮生大花系品种。

园艺品种主要有:

全天候(Anytime)系列:株高12~15 cm。花枝紧凑,是蒲包花中开花最早的品种,花色有黄、红、玫红、古铜和玫红/白双色等。抗热性好,从播种至开花需120~140 d。

娇小(Dainty)系列:株高12~15 cm。叶片小,仅2.5~5 cm。花大,花色有鲜红、黄和红橙双色、黄斑等。

比基尼(Bikini)系列:株高20 cm。多花性,花色有红、黄等。

辛德瑞拉(Cinderella)系列:株高 15 ~ 20 cm。多花,花色艳丽,有橙、红和黄色。

黄金热(Gold fever)系列:株高为 15 cm。以黄色花而闻名,其中黄金球(Gold bunch)和矮黄金(Dwarf sunshine)品种更为著名,具有最纯的柠檬黄色。

矮丽(Dwarf dainty)系列:株高 12 ~ 15 cm。花色有鲜红、黄、双色等。

同属相近种有:墨西哥蒲包花(*C. mexicana*):一年生草本,株高 30 cm。下部叶深裂或浅裂,上部叶羽状分裂。花小,淡黄色。原产于墨西哥。

【产地与分布】原产于南美洲,我国各地多作室内栽培。

【习性】喜凉爽、潮湿、通风良好的环境,不耐寒,忌高温高湿,15 ℃ 以下花芽分化,15 ℃ 以上开始营养生长,温度高低可引起花色变化。喜阳光充足,但忌夏季的强光,长日照有利于花芽分化和花蕾发育。喜排水良好、富含腐殖质的微酸性沙质壤土。

【繁殖与栽培】以播种繁殖为主,也可扦插繁殖。播种宜于 8 月下旬至 9 月在室内盆播。种子细小,可与细沙混合后播种,播种后覆一层薄薄的细土,也可以不覆土。发芽适温 13 ~ 18 ℃,1 周左右可出苗。

当幼苗长出 2 ~ 3 片真叶时可以移苗,长出 5 ~ 6 片真叶时可上盆。浇水应见干见湿,土壤水分不可过大,空气湿度保持在 80% 以上为宜。冬季需要充足的阳光,11 月开始延长光照时间,1 月底可开花。每 10 d 施 1 次稀薄液肥。浇水和施肥时应避免将水、肥洒在叶片上。注意通风,并保持适当的盆距,以免植株拥挤徒长,花朵数量减少。

【观赏与应用】植株低矮,花朵繁茂,覆盖株丛,花色艳丽而富于变化,花期长,花形奇特,似串串荷包挂满枝头,给人以美好的憧憬,是优良的冬春季室内中小型盆花,也是重要的年宵花。适合摆放在茶几、案头、窗台等处观赏,装饰效果好,深受人们喜爱。

7.2.49　报春花属 *Primula*

【英文名】Primrose

【科属】报春花科　报春花属

【形态特征】"*Primula*"为拉丁文,意为"最早的"。

多年生草本,多作一、二年生栽培,植株低矮,叶全部基生,呈莲座状,有柄或无柄。花通常在花葶顶端排成伞形花序或头状花序,花 5 基数,花萼有白色的报春碱,花萼钟状或筒状,具浅齿或深裂,花萼的形状可作为种间识别特征,花冠漏斗形或高脚碟形;有白、黄、粉、红、蓝、紫等色;花柱两型,有的植株花柱长,雄蕊生于花冠筒中部,有的植株花柱短,雄蕊生于花冠筒的口部,利于异花传粉。蒴果球形至筒状。花期 12 月—翌年 5 月。

【产地与分布】本属约有 500 种,主要分布于北半球温带和高山地区,仅有极少数种类分布于南半球。沿喜马拉雅山两侧至云南、四川西部是本属的现代分布中心,主产于西南、西北诸省区,其他地区仅有少数种类分布。

【习性】种间习性差异大。一般喜温暖、湿润气候,夏季要求凉爽、通风的环境,不耐炎热,生长适温 13 ~ 18 ℃,较耐寒,但耐寒力因种而异。栽培土要含适量钙质和铁质才能生长良好,在酸性土(pH 4.9 ~ 5.6)中生长不良。能自播繁衍。报春花属植物受细胞液酸碱度的影响,花色有明显变化。

【繁殖与栽培】通常播种繁殖,为保持珍贵品种的优良性状或繁殖不结实的品种,可采用分株繁殖。种子宜随采随播,隔年陈种多不发芽或发芽率极低,为延长种子寿命,可将种子晾干、净种后,贮于低温干燥处。种子细小,播后可不覆土,或稍覆细土,以不见种子为度。通常6—7月播种,11月始花,翌年1—2月盛花。种子发芽适温15～20℃,1～2周发芽。分株多在秋季进行。

幼苗长出1～2片和3～4片真叶时,各移苗1次。5～6片真叶时可上盆,栽植深度以刚好埋在莲座叶柄下为宜,栽植过深,苗株基部容易腐烂,过浅则易倾倒。越冬温度不可低于5℃。冬季应给予充足阳光,其他季节应遮去中午强烈的日照,夏天可在荫棚下栽培,并注意降温通风。报春花因种类不同,对水分的需求也不同,浇水应视具体种类而定,空气湿度不宜过低。上盆前应在盆土中加入适量的基肥,生长期每7～10 d施1次稀薄液肥。开花后及时剪除残花,可促进继续开花。

【观赏与应用】报春花属植物株丛低矮,花期较长,花色丰富,观赏价值高。不同种类观赏特点各不相同,可以满足不同的园林需求。中国北方适宜室内盆栽的有报春花、四季报春、藏报春和多花报春;在暖地适宜露地栽培的有多花报春、欧报春等。盆栽报春在叶丛之上有密集的花朵,或淡雅或艳丽;露地栽培可用于布置岩石园、专类园、沼泽园、花境、花带、花坛、种植钵,也可丛植、片植或作地被,根据应用的环境与场所不同,选择适宜的种类,具有很好的景观效果。

【园林中常用的种类】

1)多花报春 P. ×polyantha

【别名】西洋报春、西洋樱草

"polyantha"为拉丁文,意为"多花的"。

本种是园艺专家经过长期选育而成的,品种很多,花色及花朵大小变化丰富。

株高15～30 cm。叶条形,叶色浓绿,叶基渐狭成有翼的叶柄。花茎比叶长,伞形花序多数丛生;花色有褐、堇、红、粉、黄、白、青铜色等。花期春季。

耐寒,露地栽培不择土壤,不过分干燥即可生长。夜温高于10℃可正常开花。北方冬季需要阳畦保护越冬。可播种繁殖,或在春、秋季分株繁殖。

植株低矮,开花繁茂,花色丰富而艳丽,可用于布置花坛、窗盒、种植钵、花境、岩石园,也可成片栽植。用于春季花坛边缘栽植,株距7～8 cm,用于花坛内部栽植,株距12～15 cm。

2)报春花 P. malacoides

【别名】小种樱草、七重楼

【英文名】Fairy primrose

"malacoides"为拉丁文,意为"柔软的,黏质的"。

原产于我国云南和贵州。

株高20～40 cm。叶具长柄,叶片卵形至椭圆形或矩圆

图7-43 报春花

(引自中国科学院植物研究所. 中国高等植物图鉴:第三册[M].北京:科学出版社,1974.)

形,先端圆形,基部心形或截形,边缘具圆齿状浅裂,裂片具不整齐的小牙齿。伞形花序 2 ~ 7 层,呈宝塔形层层升高,每轮具多朵花,直径 1.5 ~ 3 cm,裂片阔倒卵形,先端深 2 裂;花有淡紫、深红、粉红、白等色。花期 2—5 月。

耐寒性较强,越冬温度 5 ~ 6 ℃。生长期间不宜干燥。含报春碱明显。

花枝细,花茎高出叶面,着花繁茂,花序在细枝上摇曳,花姿飘逸,开花早,适宜盆栽观赏,也是切花的好材料,在温暖地区,可植于庭院。

3) 四季报春 *P. obconica*

【别名】鄂报春、仙鹤莲、四季樱草

【英文名】Top primrose

"*obconica*" 为拉丁文,意为"倒圆锥形的"。

原产于我国南部、西南部。与杜鹃花、龙胆齐名,并称为中国三大高山花卉。

株高 20 ~ 30 cm。叶卵圆形、椭圆形或矩圆形,先端圆形,叶缘具浅波状缺刻,叶柄长,基部增宽,多呈鞘状。花莛 1 至多枚自叶丛中抽出,高 6 ~ 28 cm,伞形花序,有花 2 ~ 13 朵,在栽培条件下可出现第二轮花序,花冠直径 1.5 ~ 2.5 cm,裂片倒卵形,先端 2 裂,喉部具环状附属物;花有白、玫红、紫红、蓝、淡紫、淡红色。从播种到开花约需 6 个月。花期根据播种期而有不同,以冬春为盛,温度适宜可四季开花。

喜温暖、湿润环境,生长期要保证温度适宜且水分充足,冬季室温保持在 8 ~ 10 ℃。含报春碱明显,不耐酸性土。

既适宜盆栽点缀厅堂、居室,又适宜作切花。

图 7-44　四季报春

(引自中国科学院植物研究所. 中国高等植物图鉴:第三册[M]. 北京:科学出版社,1974.)

4) 藏报春 *P. sinensis*

【别名】大花樱草、年景花、中国樱草

【英文名】Chinese primrose

"*sinensis*" 为拉丁文,意为"中国的"。

原产于我国四川、湖北、甘南和陕西。

株高 15 ~ 30 cm,全株密被腺毛。叶椭圆形或卵状心形,先端渐尖,边缘有不整齐羽状深裂,裂片有锯齿,叶有长柄。伞形花序 1 ~ 2 轮,花冠直径 1 ~ 2 cm,裂片倒心形,先端微凹;有粉红、深红、淡蓝、白等色。花期冬、春季。

耐寒性不如四季报春和报春花,喜湿润。生长适温白天 20 ℃,夜间 5 ~ 10 ℃。多在 6—7 月播种,11 月开始开花,翌年 1—2 月为盛花期。

株形圆满,开花时覆盖植株,适合盆栽,是我国栽培历

图 7-45　藏报春

(引自中国科学院植物研究所. 中国高等植物图鉴:第三册[M]. 北京:科学出版社,1974.)

史悠久的名贵温室观赏植物。

5）欧报春 *P. vulgaris*

【别名】欧洲报春、英国报春、牛舌樱草

【英文名】Primrose, Common primrose, English primrose

"*vulgaris*"为拉丁文,意为"普通的"。

原产于西欧和南欧。

株高 10 ~ 30 cm。叶椭圆状卵形,边缘下弯,具有不规则圆齿状锯齿,叶背有柔毛,叶柄短。花莛长 6 ~ 10 cm,花冠直径 2 ~ 4 cm,单瓣或重瓣;花色有淡黄、白、粉等,具香气。花期 1—4 月。

植株低矮,花色艳丽,可用于盆栽或布置花坛。

7.3　其他种类（附表）

中文名（别名）	学 名	产 地	花 期	形态(叶片着生、花或花序特点,花色或叶色及其他重要观赏特性)	同属种	繁殖	应 用
香雪球（玉蝶球、小白花）	*Lobularia maritima*	地中海地区、加那利群岛	3—6月	叶互生、线形或倒披针形。总状花序;粉红或白色		播种、扦插	花坛、花境、种植钵、地被
桂竹香	*Cheiranthus cheiri*	欧洲	4—6月	叶互生、倒披针形、披针形至线形。总状花序;橙黄或黄褐色	红紫桂竹香、匍匐桂竹香	播种、扦插	花坛、花境、盆栽、切花
霞草（满天星、丝石竹）	*Gypsophila elegans*	欧洲、亚洲	5—6月	叶对生,上部叶披针形,下部叶矩圆状匙形。圆锥状聚伞花序顶生,花小繁茂,如繁星;白或粉色		播种	花丛、花境、岩石园、切花、干花
矮雪轮（大蔓樱草）	*Silene pendula*	欧洲南部	4—6月	叶对生,卵状披针形。单歧聚伞花序,花瓣倒心形;白、淡紫、粉、玫红色	蝇子草、高雪轮	播种	花坛、花境、岩石园
毛地黄（自由钟）	*Digitalis purpurea*	欧洲	5—6月	叶互生,基生叶多呈莲座状,卵形或长椭圆形。总状花序顶生,花冠钟形,下垂;紫红、黄、粉、白色		播种	花坛、花境、林缘
龙面花	*Nemesia strumosa*	南非	春、夏	叶对生,基生叶长圆状匙形,茎生叶披针形。总状花序,唇形花冠;白、淡黄、深黄、橙红、深红、堇紫、复色等		播种	花坛、花境、盆栽、切花

续表

中文名（别名）	学　名	产地	花　期	形态(叶片着生、花或花序特点,花色或叶色及其他重要观赏特性)	同属种	繁殖	应　用
布落华丽（蓝英花、紫水晶）	*Browallia speciosa*	美洲热带	7—9 月	叶对生或互生,卵形。花单生于叶腋;淡蓝色		播种	花坛、花境、吊篮、盆栽、岩石园
大花亚麻（红花亚麻、花亚麻）	*Linum grandiflorum*	非洲北部	6—8 月	叶互生,线状披针形或卵圆状披针形,灰绿色。总状花序,花瓣 5 枚,倒卵形;红色	宿根亚麻、野亚麻	播种	花境、丛植、岩石园、盆栽
含羞草（知羞草、怕羞草）	*Mimosa pudica*	美洲热带	3—10 月	叶互生,二回羽状复叶,羽片和小叶触之即闭合下垂。头状花序长圆形,腋生,花小;白色、淡粉红色;雄蕊远伸出花冠外	巴西含羞草	播种	盆栽、地被
旱金莲（金莲花）	*Tropaeolum majus*	南美洲	6—8 月	叶互生,近圆形,边缘为波浪形的浅缺刻,叶柄盾状着生于叶片近中心处。单花腋生;黄、紫、橙红或复色,有长距		播种、扦插	丛植、地被、吊盆、岩石园
茑萝（羽叶茑萝、茑萝松）	*Ipomoea quamoclit*	美洲热带	7—10 月	缠绕草本。叶互生,羽状细裂。聚伞花序腋生,花冠高脚碟形,先端呈五角星状开裂;鲜红、白、粉红色	橙红茑萝、槭叶茑萝	播种	棚架、篱垣、花墙、盆栽
牵牛花	*Ipomoea nil*	热带	6—9 月	缠绕草本。叶互生,中央裂片大。聚伞花序腋生,有花 1~3 朵,花冠喇叭形;蓝紫、紫红或玫红色,有时具白边	圆叶牵牛、裂叶牵牛	播种	棚架、篱垣、花墙
一点缨（绒缨菊）	*Emilia coccinea*	美洲热带	6—9 月	叶互生,阔披针形。头状花序单生或呈伞房花序着生于茎顶;红色或橙黄色		播种	花坛、花境、地被、切花
冰花（冰叶日中花）	*Mesembr-yanthemum crystallinum*	非洲南部	春、夏	叶互生,扁平,带肉质,卵形或长匙形。花单个腋生,花瓣多数,线形;带白色或浅玫红色		播种	盆栽、地被
两色金鸡菊（蛇目菊）	*Coreopsis tinctoria*	北美洲	5—9 月	叶对生,二回羽状全裂。头状花序,排列成伞房状或疏散圆锥花序状;舌状花黄色,基部深红色	大花金鸡菊、轮叶金鸡菊	播种	花境、片植、丛植、野花组合
猩猩草（草一品红）	*Euphorbia cyathophora*	中南美洲	5—11 月	叶互生,卵状椭圆形至阔披针形。伞房花序,总苞形似叶片,基部大红色,或半边红色半边绿色	一品红	播种、扦插	花境、盆栽、切花

续表

中文名（别名）	学名	产地	花期	形态（叶片着生、花或花序特点，花色或叶色及其他重要观赏特性）	同属种	繁殖	应用
五色椒（樱桃椒、五彩椒、观赏椒）	*Capsicum annuum* var. *cerasiforme*	美洲热带	7—10月	叶互生，卵状披针形或矩圆形。花单生叶腋或簇生枝顶；白色。浆果指形、圆锥形或球形，白、黄、橙红、紫等色，有光泽	辣椒	播种	花坛、花境、种植钵、盆栽
金银茄（观赏茄、鸡蛋果、看茄）	*Solanum texanum*	亚洲东南热带	7—10月	叶互生，卵形至椭圆状卵形。花单生或簇生；花冠紫色。浆果卵圆形，果皮平滑光亮，一株上挂有黄、白二色茄果	乳茄	播种	盆栽
红花菜豆（荷包豆、龙爪豆）	*Phaseolus coccineus*	美洲热带	5—8月	缠绕草本。叶互生，3小叶复叶，小叶卵形或卵状菱形。总状花序，蝶形花冠；鲜红色		播种	棚架、篱垣、花墙、食用
屈曲花（蜂宝花、蜂室花、珍珠球）	*Iberis amara*	西欧	5月	叶互生，披针形至匙形。伞房状总状花序顶生，花瓣4枚，大小不等，向外的2片比向内的2片大；白色或浅紫色		播种	花坛、花境、镶边、盆栽
红花	*Carthamus tinctorius*	中亚	5—8月	叶披针形或长椭圆形。头状花序多数，在枝顶排成伞房状，全部为管状花；橙红色	毛红花	播种	花境、丛植、药用
钓钟柳（吊钟柳）	*Penstemon campanulatus*	美洲	5—6月	叶对生，基生叶卵形，茎生叶披针形。总状花序，花冠钟状唇形，上唇2裂，下唇3裂，略下垂；红、淡紫、粉、白色	红花钓钟柳、杂种钓钟柳	播种、扦插、分株	花境、岩石园
冬珊瑚（珊瑚豆）	*Solanum pseudocapsicum* var. *diflorum*	美洲热带	4—7月	叶互生，椭圆状披针形。花单生或成蝎尾状花序，花冠辐射状；白色。浆果球形，橙红色		播种、扦插	花境、丛植、盆栽
红蓼（东方蓼）	*Polygonum orientale*	亚洲、欧洲	7—9月	叶互生，椭圆形。总状花序顶生或腋生，下垂；淡红或玫红色	头花蓼、火炭母、杠板归	播种	花境、丛植、片植
观赏葫芦	*Lagenaria siceraria* var. *microcarpa*	欧亚大陆热带地区	7—9月	攀缘藤本。叶互生。花白色。瓠果较小，瓢状，果实中段有一"细腰"，成熟后土黄色	葫芦、瓠瓜	播种	棚架及凉廊绿化、工艺品
黑种草	*Nigella damascena*	南欧、北非、亚洲西南部	6—7月	叶互生，一回或二回羽状深裂。花单生枝顶，花萼花瓣状；淡蓝、紫、粉、白色	腺毛黑种草	播种	花境、丛植、庭院绿化、切花
半边莲	*Lobelia chinensis*	中国长江中、下游及以南各省区	5—10月	叶互生，椭圆状披针形至条形。花通常1朵，生于分枝的上部叶腋；粉红或白色	山梗菜	播种、扦插	地被、丛植、盆栽

续表

中文名（别名）	学 名	产 地	花 期	形态（叶片着生、花或花序特点，花色或叶色及其他重要观赏特性）	同属种	繁殖	应 用
曼陀罗	*Datura stramonium*	墨西哥	6—10月	叶互生，叶片卵形或宽卵形。花冠漏斗状；下半部带绿色，上部白色或淡紫色。蒴果直立，卵状	紫花曼陀罗、白花曼陀罗	播种	花境、丛植、药用
观赏蓖麻	*Ricinus communis* 'Carmencita Bright Red'	非洲	6—9月	叶掌状 7~11 裂，暗紫红色。圆锥花序，花小，无花瓣。蒴果球形，有软刺，红色	蓖麻	播种	花境、丛植
水飞蓟	*Silybum marianum*	欧洲	5—10月	莲座状基生叶与下部茎叶椭圆形或倒披针形，绿色，具大型白色花斑。头状花序顶生；紫红色		播种	花境、丛植、药用
扁豆（眉豆、刀豆）	*Lablab purpureus*	非洲	4—12月	缠绕藤本。羽状复叶互生。花白色或紫色。荚果长圆状镰形，扁平，紫色或浅绿色		播种	棚架、篱垣、花墙、食用

思考题

1. 什么是一年生花卉？什么是二年生花卉？

2. 一、二年生花卉包括哪些类型？

3. 简述一、二年生花卉的主要生态习性。

4. 一、二年生花卉有哪些应用特点？

5. 一、二年生花卉的栽培管理要点有哪些？

6. 请分别列举出适合用于花坛、花境、盆栽的一、二年生花卉，各列举 10 种。

彩 图

第 7 章彩图

第 **8** 章 宿根花卉

【内容提要】

本章介绍了宿根花卉的概念、繁殖与栽培管理要点、应用特点,以及常见的宿根花卉的生态习性、繁殖与栽培、观赏与应用等。通过本章的学习,了解常见的宿根花卉种类,掌握它们的生态习性、观赏特点以及园林用途。

8.1 概 述

8.1.1 范畴与类型

宿根花卉(perennial flower)是指地下部器官形态未发生肥大变态的多年生草本花卉。宿根花卉依耐寒力及休眠习性不同,分为落叶宿根花卉和常绿宿根花卉两大类。

(1)落叶宿根花卉

落叶宿根花卉主要原产于温带的寒冷地区,性耐寒或半耐寒,可露地越冬。此类在冬季地上部茎叶全部枯死,地下部进入休眠,到春季气候转暖时,地下部着生的芽或根蘖再萌发生长、开花。如菊花、芍药、鸢尾等。

(2)常绿宿根花卉

常绿宿根花卉主要原产于热带、亚热带及温带的温暖地区,耐寒力弱,在北方寒冷地区不能露地越冬。此类在冬季温度过低或夏季温度过高时停止生长,保持常绿,呈半休眠状态。如君子兰、红掌、鹤望兰等。

多年生草本花卉中,适于水生的种类列入水生花卉;主要用于盆栽观叶的种类列入室内观叶植物;虽为多年生但常作一、二年生栽培的列入一、二年生花卉;兰科花卉因种类繁多、生态习性特殊而单列。

8.1.2　生态习性

宿根花卉一般生长强健,适应性较强,种类不同,生态习性差异很大。

（1）对温度的要求

耐寒力差异很大。早春及春天开花的种类大多喜冷凉,忌炎热;而夏秋开花的种类大多喜温暖;落叶宿根耐寒力较强,常绿宿根耐寒力弱。

（2）对光照的要求

对光照时间和光照强度要求不一致。春天开花的种类多为长日照花卉,如风铃草属;夏秋开花的种类多为短日照花卉,如菊花、紫菀等;还有周年都可开花的种类为日中性花卉,鹤望兰、红掌等。有些宿根花卉喜阳光充足,如薰衣草、天竺葵、宿根福禄考、柳叶马鞭草等;有些喜半阴,如玉簪、耧斗菜、花烛等。

（3）对土壤的要求

对土壤要求不严格。宿根花卉根系较一、二年生花卉发达,除沙土和重黏土外,大多数都可以生长。对土壤肥力的要求也不同,有些喜肥,如芍药、菊花、大花君子兰、香石竹等;有些耐贫瘠,如金光菊、金鸡菊、翠芦莉、蓍草、沿阶草等。对土壤酸碱性的要求也不同,非洲菊、多叶羽扇豆等喜微酸性土壤,而补血草、宿根石竹等喜微碱性土壤。

（4）对水分的要求

宿根花卉较一、二年生花卉抗旱性强,不同种类对水分的要求也不同。如鸢尾、铃兰、乌头等喜湿润的土壤,柳叶马鞭草、马蔺、紫松果菊等耐干旱,而芒属则耐旱也耐涝。

8.1.3　繁殖与栽培管理

（1）繁殖

宿根花卉以营养繁殖为主,即利用其特化的营养繁殖器官如萌蘖、匍匐茎、走茎、根茎、吸芽、叶生芽进行分株和扦插繁殖。为不影响开花,春季开花的种类应在秋季或初冬进行分株,如芍药、鸢尾等;夏秋开花的种类宜在早春萌动前分株,如萱草、宿根福禄考等。扦插生根容易的种类多采用扦插繁殖,如菊花、香石竹、铁线莲、天竺葵等。此外多数宿根花卉还可采用播种繁殖,如金鸡菊、鼠尾草属、蜀葵、薰衣草等。

（2）栽培管理

园林中栽植宿根花卉一般是使用苗圃地育成的小苗,其育苗同一、二年生花卉,需精心管理。园林定植后管理粗放。

宿根花卉根系发达,整地时应深耕至 40 ~ 50 cm,施足基肥。栽植深度与根颈齐,过深或过浅都不利生长。栽后浇 1 ~ 2 次透水。生长期及秋末可适量追肥,有助于开花繁茂。落叶宿根在秋末枝叶枯萎后,自根际剪去地上部分,可使第二年植株美观且防治病虫害。

宿根花卉栽种一次生长多年,植株在原地会不断扩展,因此栽种时要根据种植年限,预留出适宜空间。生长多年后会出现株丛过密、植株衰老、品质下降等现象,应及时复壮更新。

8.1.4 应用特点

(1)具有存活多年的地下部,种植一次观赏多年

宿根花卉具有可存活多年的地下部,一次种植后可多年观赏,从而降低了种植成本,这是宿根花卉在园林中广泛应用的主要优点。

(2)管理相对粗放,养护简单,适于多种环境应用

宿根花卉大多数种类对环境要求不苛刻,具有耐寒、耐旱、耐阴、耐贫瘠、耐盐碱、耐水湿等能力,管理养护简单,适于多种环境应用。

(3)种类繁多,适于多种应用方式

宿根花卉种类繁多,花色丰富,形态多变,适用于花坛、花境、花丛、花带、地被、垂直绿化及专类园等多种应用方式。

8.2 常见种类

8.2.1 菊花 *Chrysanthemum morifolium*

【别名】黄花、黄华、菊华、九华、节华、鞠等

【英文名】Florist's daisy

【科属】菊科 菊属

【形态特征】多年生草本,株高 30～150 cm,茎基部半木质化,青绿色至紫褐色,被灰色柔毛。叶互生,卵形至广披针形,长 5～15 cm,羽状浅裂或半裂,叶下面被白色短柔毛,有短柄,托叶有或无。头状花序单生或数朵聚生枝顶,直径 2～30 cm,由舌状花和管状花组成。花序边缘为舌状花,雌性,花色有红、粉、紫、黄、绿、白、复色、间色等色系;中心为管状花,两性,多为黄绿色。花期夏秋至寒冬。瘦果褐色,细小,寿命 3～5 年。

图 8-1 菊花

【种类与品种】菊花品种丰富,世界上有 2 万～2.5 万个,我国也有 3 000 多个,常采用以下分类方法。

(1)按开花习性分类

①按自然花期分类:春菊、夏菊、秋菊、寒菊。

②按开花对日长的反应分类:欧美栽培的品种一般为质性短日型,根据从短日开始到开花所需的周数划分品种类型,分为 6 周品种、7 周品种至 15 周品种。

③按开花对温度的反应分类:对低夜温敏感的品种,温度在 15.5 ℃以下时开花受抑制;对高夜温敏感的品种,温度在 15.5 ℃以上时开花受抑制,低于 10 ℃时延迟开花;对温度不敏感的

品种,10~27℃对开花没有明显抑制,15.5℃时开花最佳。

(2)按栽培和应用方式分类

①盆栽菊:按培养枝数不同分为:a.独本菊,一株只开一朵花,株高40~60 cm,花朵硕大,又称标本菊或品种菊。b.案头菊,也是一株只开一朵花,株高仅20 cm左右。c.多头菊,一株着生多朵花(一般3~11朵),各枝高矮一致,分布均匀,株高30~50 cm。

②造型艺菊:常做成特殊艺术造型,包括:a.大立菊,用生长强健、分枝性强、枝条易整形的大、中型菊花品种培育而成,一株着花数百朵乃至数千朵以上,花朵大小整齐,花期一致。b.悬崖菊,用分枝多、开花繁密的小菊品种,经人工整枝成悬垂的姿态。c.塔菊,以白蒿或黄蒿为砧木,嫁接上不同花型、花色的菊花品种,做成塔状。d.造型菊,用铁丝扎好轮廓,再用菊花砌扎成动物、各种物品等生活原型的菊艺。e.盆景菊,用菊花制作的桩景或菊石盆景。

③切花菊:以切花为目的的菊花栽培。多选用花形圆整、花色纯一、花颈短粗、枝长而粗壮、叶肥厚而挺直的品种。切花菊按整枝方式有标准菊和射散菊两种。标准菊每枝着生一朵花,常用中花型品种;射散菊每枝着生数朵花,常用小花型品种。

④花坛菊:布置花坛的菊花,常用植株矮、分枝性强的多头小菊品种。

(3)按花的形态特征分类

李鸿渐先生按花径、瓣型、花型、花色对菊花品种进行了四级分类。以花径大小不同分为小菊(花序直径小于6 cm)、大菊(花序直径6 cm及以上)两系,为第一级;以花瓣种类不同,分为平、匙、管、桂、畸五类,为第二级;再因花序上花瓣组合、伸展姿态构成的形状不同,分为44个花型,为第三级;最后以花色差异,分为黄、白、绿、紫、红、粉红、双色和间色8个色系,为第四级。

【产地与分布】现代菊花为高度杂合体,其主要亲本原产中国,现世界各地广为栽培,我国黄淮以南地区多可露地越冬。

【习性】菊花性喜冷凉,较耐寒。喜光,也能耐阴,耐干旱,忌水湿。为短日照植物,在长日照条件下营养生长,花芽分化与花芽发育对日长要求则因不同类型品种而异。适应性强,适宜各种土壤,但以富含腐殖质、疏松肥沃、排水良好、中性偏酸(pH5.5~6.5)的沙质壤土为好。对多种真菌病害敏感,忌连作。

【繁殖与栽培】菊花以营养繁殖为主,也可播种繁殖,近年来也运用组培繁殖进行名贵品种的快繁和保存。生产中以扦插繁殖为主,在春夏季进行;分株繁殖在清明前后进行;培植大立菊、塔菊等造型艺菊时用嫁接繁殖,以青蒿(*Artemisia carvifolia*)、黄蒿(*A. annua*)、白蒿(*A. sieversiana*)为砧木;播种繁殖于2—4月播种,1~2周即可萌芽;组培繁殖常用茎尖、叶片、茎段、花蕾等部位为外植体。

菊花栽培管理依栽培方式不同而有别。盆栽菊和造型艺菊应及时摘心,以促进分枝,使植株丰满。切花菊生产应严格根据产花期、品种开花特性、整形方式、栽培季节等因素确定定植期,以多品种组合自然花期为基础,或是以单一品种在人工控制光照长度下,结合设施栽培进行周年生产。

【观赏与应用】菊花是中国的十大传统名花之一,花中四君子之一,也是世界四大鲜切花之一。其栽培历史悠久,花文化内涵丰富,因其丰富多彩的花色,千姿百态的花型,傲霜怒放、不畏寒霜的气节,深受人们的喜爱。

菊花在我国有3 000多年的栽培历史。西汉《礼记·月令》中有"季秋之月……鞠有黄华"，以菊花花期指示月令。著名诗人屈原在《离骚》中的诗句"朝饮木兰之坠露兮，夕餐秋菊之落英"，使菊花突破实用功能走向审美。晋代陶渊明的名句"采菊东篱下，悠然见南山"，定性了菊花"隐逸"的审美意象和人格象征。菊花的栽培从食用、药用向园林观赏发展。唐代菊花栽培已很普遍，出现嫁接繁殖方法，并育出紫、白花色。宋代出现整形盆栽，已能栽培一株开上千朵花的大立菊，以及用小菊盘扎的扎景。有关菊花专著也相继问世，如我国第一部菊花专著刘蒙的《菊谱》等，记载了百余个菊花品种的形态和栽培方法。明清两代专著达30余部，品种增加到400余个，并形成按花型分类的概念。菊花在709—749年经朝鲜传入日本，明末传入欧洲。

菊花品种繁多，花型、花色丰富，适用于园林中花坛、花境、花丛等应用，还可盆栽用以室内、外装饰，也是重要的切花材料。

8.2.2 芍药 *Paeonia lactiflora*

【别名】将离、婪尾春、殿春、没骨花、绰约

【英文名】Chinese herbaceous peony

【科属】芍药科 芍药属

【形态特征】多年生草本，植株高60~120 cm，肉质根粗大。茎簇生于根颈。2回3出羽状复叶，小叶狭卵形、椭圆形至披针形，顶端渐尖，全缘微波。花1~3朵生于茎顶或茎上部叶腋，花径13~18 cm，单瓣或重瓣；萼片5枚，宿存；花色有白、绿、黄、粉、紫及混合色；雄蕊多数，金黄色。蓇葖果，顶端具喙。花期5—6月。果期8月。

【种类与品种】芍药属植物约23种，中国有11种。芍药目前有1 000余个品种，园艺上常按花型、花色、花期、用途等方式进行分类。

图8-2 芍药

（1）花型分类

花型分类的主要依据是雌、雄蕊的瓣化程度，花瓣的数量以及重台花叠生的状态等。

①单瓣类：

花瓣1~3轮，瓣宽大，雌、雄蕊发育正常。

②千层类：

花瓣多轮，瓣宽大，内、外层花瓣无明显区别。

荷花型：花瓣3~5轮，瓣宽大，雌、雄蕊发育正常。

菊花型：花瓣6轮以上，外轮花瓣宽大，内轮花瓣渐小，雄蕊数减少，雌蕊退化变小。

蔷薇型：花瓣数量增加很多，内轮花瓣明显比外轮小，雌蕊或雄蕊消失。

③楼子类：

外轮大型花瓣1~3轮，花心由雄蕊瓣化而成，雌蕊部分瓣化或正常。

金蕊型：外瓣正常，花蕊变大，花丝伸长。

托桂型：外瓣正常，雄蕊瓣化成细长花瓣，雌蕊正常。

金杯型：外瓣正常，接近花心部的雄蕊瓣化，远离花心部的雄蕊未瓣化，形成一个金色的环。

皇冠型:外瓣正常,多数雄蕊瓣化成宽大花瓣,内层花瓣高起,并散存着部分未瓣化的雄蕊。

绣球型:外瓣正常,雄蕊瓣化程度高,花瓣宽大,内外层花瓣区别不大,全花呈球形。

④台阁类:

全花分上、下两层,中间由退化的雌蕊或雄蕊隔开。

(2)其他分类

按花期可分为早花品种(花期5月上旬)、中花品种(花期5月中旬)和晚花品种(花期5月下旬);按花色分为白色、粉色、红色、紫色、深紫色、雪青色、黄色、复色8个色系;按株高分为高型品种(110 cm以上)、中型品种(90～110 cm)、矮型品种(70～90 cm);按用途可分为切花品种和园林栽培品种。

【产地与分布】原产中国北部、朝鲜、西伯利亚,现我国各地均可露地越冬。

【习性】适应性强,耐寒。喜阳光充足,也耐半阴。要求土层深厚肥沃、排水良好的沙壤土,忌盐碱和低洼地。

【繁殖与栽培】以分株繁殖为主,也可播种和扦插繁殖。

分株繁殖常于9月初至10月下旬进行,此时地温比气温高,有利于伤口的愈合及新根萌生。每株丛带2～5个芽,顺其自然纹理切开,稍阴干后栽植。谚语云:"春分分芍药,到老不开花",春季分株严重损伤根系,对开花极为不利。

播种繁殖仅用于培育新品种、药用栽培及繁殖砧木。应随采随播,芍药种子有上胚轴休眠现象,播种后当年秋天生根,翌年春暖后芽出土。实生苗3～4年才能开花。

扦插繁殖可用根插或茎插。根插在秋季进行,将根切成5～10 cm,埋插在深10～15 cm的土中。茎插于春季开花前两周进行,取茎中部充实部分剪插穗,每插穗带2芽,插于沙床中,遮阴、保湿,30～45 d生根。

栽植前深翻耕,施足基肥。株行距视配置要求及保留年限而定,一般50～80 cm。栽植时根据根系长短、大小挖坑,根部要舒展,覆土以盖上顶芽4～5 cm为宜。栽后适当镇压,浇透水,壅土越冬。花前生长旺盛,水肥宜充足;花后为保证翌年新芽的发育,亦应养分充足。夏季应注意排水防涝。

【观赏与应用】芍药是中国传统名花,在中国古典园林中与山石相配,相得益彰。常与牡丹结合建立专类园,也是配植花坛、花境的良好材料,也可在林缘、草坪边缘作自然式丛植,也可作切花。

8.2.3　鸢尾属 *Iris*

【科属】鸢尾科　鸢尾属

【形态特征】多年生草本,地下部分为匍匐根茎、肉质块状根茎或鳞茎。叶多基生,相互套叠,排成2列,剑形或线形,长20～50 cm,宽2.5～3.0 cm。花茎自叶丛中抽出,顶端分枝或不分枝,每枝着花1朵或数朵。花被管喇叭形、丝状或甚短而不明显,花被裂片6,外轮3枚大而外弯或下垂,称垂瓣;内轮3枚直立或向外倾斜,称旗瓣。雄蕊3,贴生于外轮花被片基部;雌蕊的花柱单一,上部3裂、瓣化,与花被

图8-3　鸢尾

同色。花蓝紫色、紫色、红紫色、黄色、白色。蒴果椭圆形、卵圆形或圆球形,顶端有喙或无,成熟时室背开裂;种子梨形、扁平半圆形或为不规则的多面体,深褐色。花期春、夏。

【种类与品种】鸢尾属植物除植物学分类外,还有形态分类、园艺分类以及根据对土壤和水分的要求进行分类等。

(1)形态分类

主要依据地下部形态和花被片上须毛的有无进行分类。根据地下部形态分为根茎类和非根茎类。根茎类中分为有须毛组(Bearded, Pogon)与无须毛组(Beardless, Apogon)。有须毛组如德国鸢尾(*I. germanica*)、香根鸢尾(*I. pallida*)、矮鸢尾(*I. pumila*)、克里木鸢尾(*I. chamaeiris*)等;无须毛组如蝴蝶花(*I. japonica*)、鸢尾(*I. tectorum*)、燕子花(*I. laevigata*)、黄菖蒲(*I. pseudacorus*)、玉蝉花(*I. ensata*)、溪荪(*I. sanguinea*)、马蔺(*I. lactea* var. *chinensis*)、西伯利亚鸢尾(*I. sibirica*)、拟鸢尾(*I. spuria*)等。

(2)园艺分类

主要依据亲本、地理分布及生理习性分为4个系统,即德国鸢尾系、路易斯安那鸢尾系、西伯利亚鸢尾系和拟鸢尾系。

(3)根据对土壤和水分的要求进行分类

①喜肥沃、排水良好、适度湿润的微碱性土壤。

a. 德国鸢尾(*I. germanica*):原产于欧洲。根茎粗壮。叶剑形,厚革质,灰绿色。花茎高60～90 cm,有2～3分枝,每茎有花3～8朵。花径10～17 cm,垂瓣紫色,中肋有黄白色须毛及斑纹,旗瓣拱形直立。园艺品种极丰富,花色、花大小、花型多变。喜光,耐干旱。

b. 香根鸢尾(*I. pallida*):原产于中南欧和西南亚。根茎粗壮,有香味。叶剑形,灰绿色。花茎高60～80 cm,有2～3分枝,每茎有花1～3朵。花大,淡蓝紫色,有香气,须毛橙色,苞片银白色,旗瓣拱形直立。有花被片具斑点及斑叶品种。喜光、耐干旱。

c. 鸢尾(*I. tectorum*):别名蓝蝴蝶、扁竹花,原产于中国中部山区海拔800～1 800 m处,日本也有分布。根茎粗壮,匍匐多节。叶剑形,淡绿色,薄纸质。花茎高20～40 cm,有2～3分枝,每茎着花2～3朵。花径10～12 cm,花淡蓝色,有白色变种,垂瓣中央有鸡冠状突起,旗瓣小而平展。适应性强,耐旱、耐寒、耐湿、耐半阴。

②喜水湿和酸性土壤。

a. 蝴蝶花(*I. japonica*):别名日本鸢尾、兰花草、扁竹根,原产于中国及日本。根茎较细。叶剑形,深绿色,常绿。花茎高于叶丛,有2～3分枝,每茎着花2～3朵。花径5～7 cm,花淡紫色,垂瓣中央有黄色斑点及鸡冠状突起,边缘有波状锯齿,旗瓣稍小而斜伸。稍耐寒,喜半阴。

b. 玉蝉花(*I. ensata*):别名紫花鸢尾、东北鸢尾,原产于中国东北、朝鲜及日本地区。根茎粗壮。叶条形,中脉明显。花茎高40～100 cm,着花2朵。花深紫色,花径9～15 cm,垂瓣基部中央有黄色斑点,旗瓣小而直立。耐寒。花菖蒲(*I. ensata* var. *hortensis*),玉蝉花的变种。花色丰富,有黄、白、红、紫、蓝紫等色,斑点及花纹变化甚大,重瓣性强,园艺品种甚多。

c. 燕子花(*I. laevigata*):别名平叶鸢尾、光叶鸢尾,原产于中国东北、朝鲜、日本、西伯利亚地区。根茎粗壮,斜伸。叶剑形,灰绿色,无明显中脉。花茎高40～60 cm,着花2～4朵。花蓝紫色,直径9～10 cm,垂瓣基部中央有白色斑点,旗瓣直立且稍长。有粉红、白、翠绿色品种。喜光、耐寒。

d. 黄菖蒲(*I. pseudacorus*):别名黄鸢尾,原产于南欧。根茎短粗。叶剑形,灰绿色,挺拔,中脉明显。花茎高60~70 cm,上部分枝。花径10~11 cm,有大花、深黄、白色及重瓣品种。垂瓣基部有斑纹或无,旗瓣小而直立。适应性强,但水边生长最好。

e. 溪荪(*I. sanguinea*):别名东方鸢尾,原产于中国东北、日本及西伯利亚地区。根茎粗壮,斜伸。叶条形,中脉不明显。花茎高40~60 cm,着花2朵。花天蓝色,花径6~7 cm,垂瓣基部有褐色网纹及黄色斑纹,旗瓣直立。喜光、耐寒。

③适应性强,极耐干旱,也耐水湿。

a. 马蔺(*I. lactea* var. *chinensis*):别名紫蓝草、马莲,原产于中国、朝鲜、印度。根茎粗短,斜伸。叶条形,坚韧,灰绿色,无明显中脉。花茎高3~10 cm,着花2~4朵。花浅蓝色、蓝色或蓝紫色,花径5~6 cm,芳香。花被上有深色条纹,旗瓣直立。喜光、耐寒、耐旱、耐水湿、耐践踏。

b. 拟鸢尾(*I. spuria*):别名琴瓣鸢尾、欧洲鸢尾,原产于欧洲。根茎细小。叶线形,灰绿色。花茎高80~100 cm,着花1~3朵。花淡蓝色、乳黄色、紫色,花被片较窄。喜光、喜水湿,适应性强,在任何土壤上均生长良好。

【产地与分布】鸢尾属有300余种,分布于北温带,中国约有45种,现各地均有栽培。

【习性】鸢尾类对环境的适应性因种而异。大多数种类喜阳光充足,有些种类可耐半阴。耐寒性较强,地上部入冬前枯死,有少数种常绿。花芽分化多在9—10月,在根茎先端的顶芽进行,翌年春季抽葶开花。在顶芽两侧形成侧芽,侧芽萌发后形成地下茎及新的顶芽。

【繁殖与栽培】根茎类鸢尾以分株繁殖为主,也可用种子繁殖。分株于初冬或早春休眠期进行。切割根茎,每段带2~3个芽,待切口晾干后栽种。种子繁殖于秋季采种后立即播种,春季萌芽,2~3年开花。种子冷藏后播种,可打破休眠,10 d发芽。

鸢尾类一年中不同季节均可栽种,以早春或晚秋种植为好。应深翻土壤,施足基肥,尤其磷、钾肥,株行距30 cm×50 cm。花前追肥,花后剪除残花,生长季保持土壤水分,每3~4年对母株进行分株复壮。湿生鸢尾可栽植于浅水或池畔,生长季不能缺水。有些种如玉蝉花、燕子花也用于切花栽培,利用设施条件调控温度和光照长度,进行促成和抑制栽培。

【观赏与应用】鸢尾属种类众多,色彩丰富,适应性广,是优良的园林花卉。适用于园林花境、花坛、花丛、地被及水边绿化,有些种类也可作切花。

8.2.4　玉簪 *Hosta plantaginea*

【别名】玉春棒、白玉簪
【英文名】Fragrant plantain lily
【科属】百合科　玉簪属
【形态特征】多年生草本,株高50~80 cm。根状茎粗大。叶基生,成簇,卵形至心状卵形,具长柄,弧状平行脉。总状花序高出叶丛,花被筒状,下部细小,形似簪,白色,具芳香。有重瓣、花叶品种。花期7—8月。

【种类与品种】玉簪属约40种,中国有6种。常见栽培种还有:
①紫萼(*H. ventricosa*):叶片质薄,叶柄边缘具狭翅。花淡紫色,较玉簪小。花期6—8月。
②狭叶玉簪(*H. fortunei*):叶卵状披针形至长椭圆形,花淡紫色,较小。有叶具白边或花叶

的变种。花期7—8月。

③紫玉簪(*H. albo-marginata*)：叶狭椭圆形或卵状椭圆形，花紫色，花期7—8月。

④波叶玉簪(*H. undulata*)：叶缘微波状，叶面有乳黄色或白色纵纹，花淡紫色，花期7—8月。

【产地与分布】原产地中国，在我国大部分地区均能露地越冬。

【习性】玉簪性强健，耐寒，喜阴，忌强光直射。喜土层深厚、肥沃湿润、排水良好的沙质土壤。

【繁殖与栽培】多采用分株繁殖，也可播种繁殖。近年一些名优品种亦采用组培繁殖。分株一般在春季发芽前或秋季枯黄前进行，将根掘出，晾晒1~2 d后切分，每丛2~3个芽。一般3~5年分株1次。播种繁殖2~3年开花。

宜栽植于遮蔽处，定植株距40~50 cm。栽植前施足基肥，发芽前或花前可追施氮、磷肥，生长季保持湿润。

图8-4 玉簪

【观赏与应用】玉簪碧叶莹润，清秀挺拔，花色如玉，幽香四溢，是中国著名的传统香花。园林中适于作林下地被，或栽植于建筑物周围遮蔽处。

8.2.5 萱草 *Hemerocallis fulva*

【别名】母亲花、忘忧草、黄花菜

【英文名】Day lily

【科属】百合科 萱草属

【形态特征】多年生草本，根近肉质，中下部有纺锤状膨大，根状茎粗短。叶基生，带状，排成二列。花茎高90~110 cm，高于叶，圆锥花序着花6~12朵。花冠漏斗形，花径约11 cm，边缘稍微波状，盛开时裂片反卷，橘红至橘黄色。有重瓣变种。花期5—7月。有朝开夕凋的昼开型，夕开昼凋的夜开型以及夕开次日午后凋的夜昼开型。

图8-5 萱草

【种类与品种】萱草属约20种，中国产约8种。常见栽培种还有：

①大花萱草(*H. hybridus*)：大花萱草为园艺杂交种。花大，花瓣质地较厚，花茎粗壮，花色、花型、株高等都极其丰富，是目前园林种植的主要类群。品种如星光、紫绒、圆漪、初月等。

②黄花菜(*H. citrina*)：黄花菜又名金针菜。叶片较宽长，花茎有分枝，着花多达30朵。花淡黄色，傍晚开次日午后凋谢。干花蕾可食用，是作为蔬菜种植的主要种。

③重瓣萱草(*H. fulva* var. *kwanso*)：重瓣萱草又名千叶萱草，花大，花被裂片多数，橘红色。

【产地与分布】原产地中国南部、欧洲南部及日本，我国华北地区可露地越冬。

【习性】萱草适应性强，耐寒、耐旱、耐贫瘠，喜光，亦耐半阴。喜排水良好、深厚肥沃的沙质

壤土,但对土壤要求不严。

【繁殖与栽培】以分株繁殖为主,也可播种繁殖。分株每 2 ~ 4 年进行 1 次,多在秋季花后进行。将根掘出,用快刀切割,每丛留有 3 ~ 5 个芽。播种一般秋季采种后即播,翌春出苗。亦可沙藏或温水浸种处理后,春季播种。播种苗 2 ~ 3 年开花。

萱草春秋两季均可栽植,栽前施足基肥,株距 50 ~ 60 cm。园林应用时,一般定植 3 ~ 5 年内不需特殊管理,以后分栽更新。秋后除去地上茎叶,在根际培土培肥,可保证翌年生长开花更好。

【观赏与应用】萱草在中国栽培历史悠久,被誉为中国母亲花。萱草绿叶成丛、花色艳丽,园林中多用于花坛、花境、路旁栽植,也可作疏林地被。

8.2.6 秋海棠属 *Begonia*

【科属】秋海棠科　秋海棠属

属名"Begonia"源自法国人名"M. Begon"。

【形态特征】秋海棠属为多年生肉质草本,极稀亚灌木。具根状茎,为球形、块状、圆柱状或伸长呈长圆柱状。茎直立、匍匐、稀攀缘状或常短缩而无地上茎。单叶,稀掌状复叶,互生或全部基生;叶片常偏斜,基部两侧不相等,稀几相等,边缘常有不规则锯齿,偶有全缘;叶柄较长,柔弱;托叶膜质,早落。花单性,多雌雄同株,数朵组成聚伞花序;具梗;有苞片;雄花较大,花被片和花萼同色,均为 2 枚;雌花较小,花被片和花萼共 5 枚。蒴果有时浆果状,具 3 翅,种子极小,多数。

图 8-6　秋海棠

【种类与品种】秋海棠属种类与品种繁多,栽培品种超过 3 000 个,还有大量未定名的杂交种。根据观赏部位不同可分为观花类和观叶类;根据根部形态不同可分为须根类、根茎类和球根类(球状块茎)。英国根据商品栽培分为冬花秋海棠、圣诞秋海棠、四季秋海棠、球根秋海棠和观叶秋海棠。

(1)须根类

须根类又称灌木类,包括多浆草本、亚灌木、灌木。常绿,植株高大,分枝多,花期主要在夏秋,冬季进入半休眠,但仍可观叶。常见栽培有:

①四季秋海棠(*B. semperflorens*):多年生肉质草本,多作一年生栽培。株高 15 ~ 40 cm。茎直立,多分枝。叶宽卵形,基部略偏斜,叶缘有锯齿,叶绿色或红铜色,有光泽。雌雄同株异花,伞形花序腋生,花有红、粉红、玫红、橙红、白等色,单瓣或重瓣。四季开花。园艺品种极其丰富,市场销售的常为杂交 F$_1$ 品种。常见品种有'鸡尾酒'系列(深铜叶系)、'超奥'系列(绿叶系)、'舞会'系列(绿、铜两种叶色)、'皇帝'系列(矮生型、绿叶系)、'议员'系列(矮生型、铜叶系)。观花类。

②银星秋海棠(*B. argenteo-guttata*):别名麻叶秋海棠。株高 60 ~ 120 cm,全株光滑。茎直

立,木质化,具分枝。叶斜卵形,叶面绿色,嵌有稠密的银白色斑点,叶背紫红色,叶面微皱。花大,白色至粉红色,腋生于短梗。四季有花,盛花期7—8月。观叶类。

③斑叶竹节秋海棠(*B. maculata*):株高90~150 cm,茎直立,基部木质化,上部有分枝,全株无毛。叶椭圆状卵形,偏斜,叶面绿色,具银灰色小斑点,叶背深红色。花淡红或白色,花梗先端下垂。花期春至秋。观叶类。

(2)根茎类

茎匍匐地面,粗大多肉,节极短,叶及花自根茎叶腋抽出,叶柄粗壮,叶多具美丽的斑纹。常见栽培有:

①蟆叶秋海棠(*B. rex*):别名大王秋海棠。无地上茎,叶基生,卵圆形,叶面暗绿色,有凹凸泡状突起,有金属光泽,具不规则的银白色环纹,叶背红色,叶背、叶脉及叶柄上有粗毛。花梗直立,花大而少,淡红色,高出叶面。花期秋、冬。本种经与非洲种、南美种杂交后形成大量杂交后代,统称蟆叶秋海棠类。观叶类。

②铁十字秋海棠(*B. masoniana*):别名铁甲秋海棠。叶基生,叶柄密被褐色卷曲粗硬毛。叶心形,叶缘有不规则锯齿,叶面有疱状凸起,密被长硬毛,叶色黄绿,叶片中间有似十字形的紫褐色斑纹。花葶高达50 cm,花多数,黄色。雄花花被片4,外轮2枚宽卵形或半圆形,内轮2枚长圆形。雌花花被片3,外轮2枚,内轮1枚。花期5—7月。

③莲叶秋海棠(*B. nelumbiifolia*):叶圆形至椭圆形,似莲花叶,鲜绿色,花小,粉色或白色。

(3)球根类

多年生草本,地下具块茎,不规则扁球形。常见栽培有:

①球根秋海棠(*B. tubehybrida*):为种间杂交种,原种产于秘鲁、玻利维亚等地。地下块茎为不规则的扁球形,株高为30~100 cm,茎直立或铺散,肉质,有毛,有分枝。叶互生,偏心脏形卵形。叶尖尖锐,叶缘具齿牙和缘毛。总花梗腋生,雌雄同株异花,雄花大而美丽,有单瓣、半重瓣和重瓣,雌花小型,花瓣数5,花色丰富,有白、红、粉、橙、黄、紫红及复色等。园艺品种常分为大花类、多花类和垂枝类。常见品种有'直达'(Nonstop)系列(重瓣)、'命运'(Fortune)系列(大花、重瓣)、'光亮'(Illumination)系列(重瓣)、'挂觉'(Hanging sensations)(垂枝)、'彩饰'系列(垂枝)等。

②玻利维亚秋海棠(*B. boliviensis*):原产玻利维亚,是垂枝类品种的主要亲本。块茎扁平球形,茎分枝下垂,褐绿色。叶长,卵状披针形。花橙红色,花期夏秋。

③丽格海棠(*Begonia × hiemalis*):又名冬花秋海棠、玫瑰海棠。是用冬季开花的阿拉伯秋海棠(*B. socotrana*)与许多种球根类秋海棠杂交得到的冬季开花的杂交品种群。这些杂交品种具有冬季开花且多花、大花、抗病、没有块茎形成和明显的休眠期等优良特性,被迅速推广应用。丽格海棠为短日照植物,开花需日照少于13 h。花期长,夏秋季盛花。

【产地与分布】秋海棠属有1 000余种,广布于热带和亚热带地区,尤以中、南美洲最多;中国有130余种,主要分布在华南、西南和喜马拉雅山区。

【习性】秋海棠类喜温暖,不耐寒,生长适温15~20 ℃,温度过低则落叶或半休眠。一般冬温不低于5 ℃。喜湿润、半阴的环境,忌夏季阳光直射。多数种对光周期无反应,冬花类秋海棠为短日性。喜富含腐殖质、排水良好的中性或微酸性土壤,怕干旱和水涝。

【繁殖与栽培】采用播种、分株和扦插繁殖。播种繁殖以春秋两季最好。秋海棠种子细小,

多与粉沙混合后撒播,温度 20～24 ℃下,播种 1 周发芽。扦插繁殖宜在春、秋季进行。茎插繁殖选用嫩茎作插穗,经消毒、蘸生根粉后,扦插到素沙中,保持 15～16 ℃,2～3 周后生根。根茎类秋海棠可用根茎和叶片扦插。将粗大根茎切成段,每段带有一叶,斜插于基质中。小叶型的可用全叶扦插,将叶柄斜插于基质中。稍大的叶片可用叶脉切断法扦插。分株繁殖多在春季进行。

花坛应用的四季秋海棠,多作一年生栽培。通常于 1 月温室播种育苗,初夏定植,株高 10 cm 左右摘心促进分枝。室内观赏可根据花期确定播种期,一般播后 8～10 周开花。花谢后,及时修剪,促使多发新枝,保持株型整齐、美观。温室盆栽观叶类秋海棠,生长适温 18～21 ℃。冬季温度低时,盆土应保持适当干燥。生长期每 3 周施全素肥 1 次,浇水时避免叶片沾水。当根茎生长至盆边时可短截促进分枝,使株型丰满。冬花类秋海棠,生长温度 16～18 ℃,冬季保持 12 ℃以上,每日暗期达 12～14 h 以上时开花。可通过人工控制光照时间而调控花期。

【观赏与应用】秋海棠种类与品种繁多,四季常绿,有适用于花坛的四季秋海棠,有适用于盆栽的观花、观叶类,部分种还可用作切花,是重要的园林花卉。

8.2.7　大花君子兰 *Clivia miniata*

【别名】剑叶石蒜

【英文名】Kafir lily

【科属】石蒜科　君子兰属

【形态特征】多年生常绿草本。根肉质粗大。叶宽带形革质,叶基二列状交互叠生。花葶自叶腋抽出,伞形花序顶生,花漏斗状,花被片 6 裂,2 轮,有短花筒,橙色至大红色。雄蕊 6 枚,花药、花柱细长。浆果圆形,成熟后紫红色,种子白色。花期冬春季。

【种类与品种】大花君子兰园艺品种众多,有'长春兰'系列、'日本兰'系列、'鞍山兰'系列、'横兰'系列、'雀兰'系列、'缟兰'系列、'佛光兰'系列等,常见品种还有'和尚''胜利''染厂''油匠''黄技师'等。美国品种有'约翰·索龙先生'('Sir john thouron')、'加州阳光'('Yellow california sunshine')、'特萨'('Tessa')、'萨拉'('Sara')等。

图 8-7　大花君子兰

园艺变种有:黄色君子兰(var. *aurea*),花黄色;斑叶君子兰(var. *stricta*),叶片上有斑纹。

园林常用同属栽培种有:

①垂笑君子兰(*C. nobilis*):原产非洲南部的好望角。叶片狭而长,质地硬而粗糙,叶缘有坚硬小齿。花葶高 30～45 cm,着花 40～60 朵,花筒狭漏斗状,开放时下垂,橘红色,稍有香气。有黄色品种。

②有茎君子兰(*C. caulescens*):株高 0.5～1.5 cm,成株有地上茎,高达 1 m。叶片弓状,软平而尖。花朵下垂,花橙红色,瓣尖绿色。

③加登君子兰(*C. gardenii*):又名细叶君子兰。株高 80～130 cm,形态与垂笑君子兰相近,

但叶片非常狭长,叶端尖。花淡橘黄色,瓣尖有非常明显的绿色,花朵弧状下垂。

【产地与分布】原产南非,现在各地广为栽培,中国华南和西南地区可以露地栽培,华东以北地区温室栽培。

【习性】喜温暖湿润的半阴环境,忌炎热不耐寒,忌夏季阳光直射。生长适温15～25℃,昼夜温差7～10℃,5℃以下或30℃以上生长受抑制。略耐旱,忌积水,喜疏松肥沃、排水良好、富含腐殖质的微酸性(pH6.5)沙质壤土。

【繁殖与栽培】常用分株和播种繁殖。分株常于早春3—4月结合换盆进行,将君子兰根茎周围产生的吸芽切下,切口用木炭灰涂抹,待伤口稍干后另行栽植。分株前适当控水,若吸芽无根,可插入沙床中,30～40 d生根。子株经2～3年可开花。君子兰种子应即采即播。在8—9月果熟变红后即可采收,可将花葶连果实一起剪下,在阴凉通风处放置10～15 d使果实后熟,然后剥出种子,阴干2～3 d即可播种。一般需40～45 d长出胚根。40℃温水浸种24～36 h,20～25℃下,15～20 d可长出胚根。播种苗需3～4年开花。

栽培大花君子兰宜用高型筒盆,每半年至一年换盆一次,一般于3—4月或8月进行,不断增加花盆容量。盆土应肥沃、疏松透气,土壤含水量以30%左右为宜。大花君子兰喜肥,换盆时应施基肥,春、秋、冬每隔一月进行追肥。为达到"侧视一条线,正视如开扇"的株型要求,需注意花盆的摆放,应使叶片的方向与光照方向平行,并每隔一周旋转180°。栽培种应注意防止烂根、夏季日灼及"夹箭"。君子兰"夹箭"又称"卡脖子花",即花葶发育过短,导致花朵未伸出叶片之外就开放,降低了观赏效果。花葶抽生时温度低于15℃,昼夜温差不够,或水分不足都会造成"夹箭"现象。

【观赏与应用】大花君子兰原产南非纳塔尔,1854年传入欧洲,同年日本引入栽培。20世纪初从德国传入我国青岛,1932年长春又从日本引进,随后我国培养出众多优良品种。

君子兰叶片苍翠挺拔,株型端庄优美,花朵鲜艳美丽,果实红亮,是一季观花、三季观果、四季观叶的优良盆花,适于装饰室内,南方可应用于园林花坛、花境。

8.2.8 荷包牡丹 *Lamprocapnos spectabilis*

【别名】荷包花、兔儿牡丹、铃儿草、鱼儿牡丹

【英文名】Bleeding heart

【科属】罂粟科 荷包牡丹属

【形态特征】多年生草本,株高30～60 cm,茎直立,带紫红色。叶对生,2回3出羽状复叶,叶略似牡丹。总状花序顶生,长达40 cm,约10朵花,于花序轴的一侧下垂,花瓣4,外层2枚红色,基部联合成心形囊状,先端翻卷,形似荷包,内层2枚狭长外伸,近白色。有白色变种 var. *alba*,花全白。花期5—6月。雄蕊6枚,花药长圆形,花柱细,柱头狭长方形,蒴果长形,种子有冠状物。

【产地与分布】原产我国北部及日本,我国各地广为栽培。

图 8-8 荷包牡丹

【习性】耐寒而不耐高温,喜全光或半阴的生境。不耐干旱,喜湿润、排水良好的肥沃沙壤土。

【繁殖与栽培】采用分株、扦插和播种繁殖。分株每 3 年左右进行 1 次,多在秋季进行。将根掘出,用快刀切分为 2～4 株。扦插在花全部凋谢后进行,剪取枝下部具有腋芽的嫩枝作插条,分株时的断根也可扦插,一般 30～40 d 可生根。种子繁殖主要用于杂交育种,秋播或层积处理后春播,实生苗 3 年开花。

栽培管理容易。栽植宜秋季进行,根据植株大小挖定植穴,施入基肥,定植株距 40～60 cm。植株生长旺盛期保持土壤湿润,花蕾形成期追肥 1～2 次。秋季枝叶枯黄后,将地上部全部剪除以防病虫潜伏。每隔 3 年分株 1 次。

【观赏与应用】荷包牡丹株丛匀称,叶形美丽,花朵宛如一串铃铛,又形似玲珑荷包,色彩绚丽,优雅别致。适宜于布置花境和在树丛、草地边缘湿润处丛植,也可点缀岩石园或作地被植物,景观效果极好。也是盆栽和切花的好材料。

8.2.9　金光菊属 *Rudbeckia*

【科属】菊科　金光菊属

【形态特征】属名 *Rudbeckia* 是以著名的瑞典植物学家林奈的老师 Rudbeck 父子——O. J. Rudbeck（1630—1702）和 O. O. Rudbeck（1660—1740）的名字命名。多年生草本,稀一、二年生。株高 50～200 cm,茎直立,多分枝。叶互生,稀对生,全缘或羽状分裂。头状花序大或较大,有多数异形小花。总苞碟形或半球形;总苞片 2 层,叶质,覆瓦状排列。舌状花黄色,橙色或红色;舌片开展,全缘或顶端具 2～3 短齿;管状花黄棕色或紫褐色,顶端有 5 裂片。瘦果具 4 棱或近圆柱形,稍压扁。冠毛短冠状或无冠毛。花期 6—10 月。

图 8-9　金光菊

【种类与品种】金光菊属约 45 种,其中有许多是观赏植物。我国常见栽培有金光菊 *R. laciniata*、黑心金光菊 *R. hirta*、抱茎金光菊 *R. amplexicalis*、二色金光菊 *R. bicolor*、全缘金光菊 *R. fulgida* 和齿叶金光菊 *R. speciosa* 等。常见品种有'草原阳光''丹佛戴丝''金色风暴''虎眼''玛雅'等。

【产地与分布】原产北美及墨西哥,现世界各地均有栽培。

【习性】适应性强,耐寒,耐旱,喜光,也较耐阴,对土壤要求不严,忌水湿。在排水良好、疏松的沙质土中生长良。

【繁殖与栽培】多采用分株及播种繁殖。分株春、秋季均可进行。分株时每子株需带有 3～4 个顶芽。南方以秋季 10—11 月花后分株为好,北方寒地一般在春季 3—4 月刚萌芽时分株。播种在春、秋季均可。南方可露地苗床播种,北方秋季露地播种,春季在温室或拱棚内育苗。还可自播繁衍。栽培管理容易。生长期保持足够水肥,可以开花繁茂。夏季花后剪掉花枝,加强水肥管理,秋季可再次开花。

【观赏与应用】金光菊株型较大,开花繁盛,且花期长、落叶期短,适合庭院种植,也是优良的花坛、花境、草坪点缀材料,又可作切花。

8.2.10　金鸡菊属 *Coreopsis*

【科属】菊科　金鸡菊属

【形态特征】多年生草本,茎直立。叶对生或上部叶互生,全缘或一次羽状分裂。头状花序较大,单生或作疏松的伞房状圆锥花序,有长花序梗,舌状花1层,黄、棕或粉色,管状花黄色至褐色。

图 8-10　金鸡菊

【种类与品种】园林中常用种类:

①大花金鸡菊(*C. grandiflora*):茎直立,多分枝,稍被毛,株高30~80 cm。基部叶及下部茎生叶披针形、全缘;上部叶或全部茎生叶3~5深裂,裂片披针形至线形。头状花序单生枝端,花序径4~6 cm,具长梗。舌状花通常8枚,舌片宽大,顶端3裂,黄色;管状花黄色。花期5~9月。园艺品种丰富,有金黄色以及花瓣基部有红色花斑品种。

②剑叶金鸡菊(*C. lanceolata*):又名大金鸡菊,茎直立,上部有分枝,无毛或基部被软毛。基部叶成对簇生,叶匙形或线状倒披针形;茎上部叶较少,全缘或3深裂,裂片长圆形或线状披针形。头状花序单生茎端,径5~6 cm。舌状花黄色,舌片倒卵形或楔形;管状花窄钟形。花期5—9月。园艺品种丰富,有大花、重瓣、半重瓣品种。

③两色金鸡菊(*C. tinctoria*):又名蛇目菊,一年生草本,无毛。茎上部分枝。叶对生,下部及中部叶二回羽状全裂,裂片线形或线状披针形,全缘,有长柄;上部叶无柄或下延成翅状柄,线形。头状花序多数,有细长花序梗,排成伞房状或疏圆锥状。舌状花黄色,基部红褐色;管状花红褐色。花期5—9月。

【产地与分布】原产美洲、非洲南部及夏威夷群岛等地,我国大部分地区可露地越冬。

【习性】适应性强,喜光,耐寒,耐旱,耐贫瘠,对土壤要求不严格。

【繁殖与栽培】播种及分株繁殖,可自播繁衍。播种春、秋均可进行。分株于4—5月进行。栽培管理简单。早春定植,株距20 cm。夏季多雨时注意排水,防止倒伏。入冬前剪去地上部。每3~4年分株更新。

【观赏与应用】适宜布置花坛、花境、花丛,也可作地被、切花。

8.2.11　非洲菊 *Gerbera jamesonii*

【别名】扶郎花、灯盏花

【英文名】Gerbera, Barberton daisy

【科属】菊科　大丁草属

【形态特征】多年生常绿宿根草本。叶基生,具长柄,叶片长椭圆状披针形,羽状浅裂或深裂。全株具茸毛,老叶背面尤为明显。花茎高 20～60 cm,头状花序顶生,花序直径 8～10 cm。舌状花 2 轮或多轮,条状披针形,顶端 3 齿裂,管状花二唇形。有白、黄、橙、粉红、玫红等色,可四季开花,以春、秋为盛。

【种类与品种】非洲菊新品种不断涌现,花色越来越丰富,有单瓣,有重瓣,还有具深色花眼、冠毛等特性的品种。目前较流行的品种有:'玛林',黄花重瓣;'黛尔非',白花宽瓣;'海力斯',朱红色宽瓣;'卡门',深玫红宽瓣;'吉蒂',玫红色黑心。

【产地与分布】原产于南非,我国华南地区可露地栽培,华东、华中、西南地区覆盖保护越冬,华北需温室栽培。

图 8-11　非洲菊

【习性】喜光,对日照长度不敏感;要求疏松肥沃、排水良好、富含腐殖质的微酸性沙质壤土。生长适温 20～25 ℃,温度低于 10 ℃ 或高于 30 ℃ 则进入半休眠状态。

【繁殖与栽培】非洲菊采用播种、组培和分株繁殖。种子寿命短,播种繁殖应于采种后即行播种。发芽适温 20～25 ℃,10～14 d 发芽。分株繁殖一般在 4—5 月或 9—10 月花后进行,每丛带 2～4 片叶,每 3 年分株 1 次。非洲菊切花生产多用组培繁殖。

定植前施足基肥,株距 30～40 cm,栽植时不宜过深,以根颈部略露出土面为宜。苗成活后可适当控水蹲苗,促进根系生长。非洲菊喜肥,生长期应及时追肥。叶片生长过旺时,可适当剥叶,既可抑制营养生长,又可增加通风透光,减少病害发生。当心花雄蕊第一轮开始散粉时,进行切花采收。

【观赏与应用】非洲菊是重要的切花种类,矮生种也可盆栽观赏,在华南地区可用于花坛、花境、花丛或装饰草坪边缘。

8.2.12　紫松果菊 *Echinacea purpurea*

【别名】松果菊、紫锥菊、紫锥花

【英文名】Purple coneflower

【科属】菊科　松果菊属

【形态特征】多年生草本,株高 80～120 cm。茎直立,全株被粗硬毛。叶卵形或披针形,缘具疏浅锯齿,基生叶基部下延,茎生叶叶柄基部略抱茎。头状花序单生或几朵聚生枝顶,花径 8～15 cm。舌状花 1 轮,玫红色或紫红色,稍下垂;管状花橙黄色,突出呈球形,似松果。花期 6—9 月。

【种类与品种】常见品种有'草原火'('Prairie Splendor')、'白天鹅'('White Swan')、'第一夫人'('Prima-

图 8-12　紫松果菊

donna')）。

【产地与分布】原产于北美,现世界各地广泛栽培,我国大部分地区均可露地栽培。

【习性】性强健。耐寒,耐旱,喜温暖向阳处,不择土壤,在肥沃、深厚、富含腐殖质的土壤上生长更好。可自播繁衍。

【繁殖与栽培】播种或分株繁殖。早春4月露地播种,当年7—8月可开花。分株繁殖春秋均可进行,以春季较好,每隔3～4年需分株1次,进行更新复壮。紫松果菊在阳光充足、通风良好的地方生长良好,也耐半阴。春季应保持土壤湿润,夏季注意排水防涝。花后及时剪除残花,可延长花期。秋末剪除地上部,施基肥,入冬前浇足封冻水。东北严寒地区,需稍加覆盖防寒越冬。

【观赏与应用】紫松果菊植株高大,花大色艳,花形独特,花期长,极富野趣,是优良的花境材料,也可丛植于篱边、湖岸边、树丛边缘或坡地,还可作切花。

8.2.13　蓍 *Achillea millefolium*

【别名】千叶蓍、欧蓍

【英文名】Yarrow

【科属】菊科　蓍属

【形态特征】多年生草本,株高40～100 cm。茎直立,有细条纹,常被白色长柔毛。叶互生,无柄,披针形、长圆状披针形或近线形,2～3回羽状全裂,小裂片披针形或线形,先端具软骨质短尖,稍被毛,下面被较密贴伏长柔毛。头状花序多数,密集成复伞房状。总苞片3层,覆瓦状排列。舌状花5,舌片近圆形,白、粉红或淡紫红色。管状花黄色,冠檐5齿裂。瘦果长圆形,淡绿色。花果期6—9月。

【种类与品种】园艺品种极为丰富,常见品种有'红辣椒'('Paprika')、'皇冠'('Coronation Gold')、'玛丽安'('Marie Ann')、'夏日美酒'('Summerwine')。

图8-13　蓍

蓍属约有200个种,广泛分布于北温带。常见栽培种还有:珠蓍(*Achillea ptarmica*)、凤尾蓍(*Achillea filipendulina*)、香蓍草(*Achillea ageratum*)等。

【产地与分布】原产于欧洲和亚洲温带地区,现各地广泛栽培。

【习性】喜阳光充足环境,也耐半阴。耐寒,耐旱,耐瘠薄。不择土壤,但在排水良好、富含有机质及石灰质的砂壤土上生长良好。

【繁殖与栽培】以分株和扦插繁殖为主,也可播种繁殖。分株春秋季均可进行,2～3个芽为一丛。扦插以5—6月为好,剪取其开花茎,去除花序,剪成长15 cm插条,保留少许剪短的叶片,扦插于疏松、透水的基质中,及时浇水、遮阴,一个月后生根。种子发芽适温为18～22 ℃,1～2周可发芽。栽培管理简单。定植株距30～40 cm,花前追肥1～2次,冬季前剪去地上部,每2～3年分株更新一次。

【观赏与应用】蓍草株型优美,花色丰富,开花繁密,花期长,且耐贫瘠,是优良的岩石园及花境材料,也可丛植于疏林下、路缘,或片植形成自然田园景观,还可作切花。

8.2.14　银叶菊 *Senecio cineraria*

【别名】雪叶菊

【英文名】dusty miller

【科属】菊科　千里光属

【形态特征】多年生草本,株高 50~80 cm。全株具白色绒毛,呈银灰色。茎直立,多分枝。叶质厚,匙形或 1~2 回羽状分裂。头状花序聚集成紧密的伞房状,花小、黄色,花期 6—9 月。

【产地与分布】原产地中海沿岸,中国多地均有栽培,在长江流域能露地越冬。

【习性】喜温暖,阳光充足的气候,不耐高温,较耐寒,耐旱。喜疏松肥沃的沙质壤土或富含有机质的黏质壤土。

【繁殖与栽培】播种或扦插繁殖。一般在 8 月下旬—10 月上旬播种,约 15 d 出芽。幼苗生长较慢,注意勤施水肥。3~4 片真叶时分苗。扦插繁殖剪取 10 cm 左右的嫩梢作插穗,插入珍珠岩和蛭石的混合基质中,约 20 d 生根。在开花之前一般进行 1~2 次摘心,以促使萌发更多的开花枝条。

【观赏与应用】银叶菊全株覆盖白色绒毛,远看像一片白雪,是园林花卉中难得的银色观叶植物,与其他色彩的纯色花卉配置花坛或花境,效果极佳。也可作切花、切叶。

8.2.15　蓝目菊 *Osteospermum ecklonis*

【别名】南非万寿菊、非洲雏菊

【英文名】South african daisy, African daisy, Blue-eyed daisy

【科属】菊科　蓝目菊属

【形态特征】多年生草本,株高 20~60 cm。基生叶丛生,茎生叶互生,羽裂。顶生头状花序,总苞有绒毛,舌状花单轮,有白色、紫色、淡色、橘色等,管状花蓝紫色,花径 5~6 cm。花期夏、秋。

【产地与分布】原产南非,近年来引入我国。

【习性】喜温暖、湿润环境,喜阳光充足,中等耐寒,可忍耐−5~−3 ℃的低温。耐干旱。喜疏松肥沃、排水良好的沙质壤土。气候温和地区可全年生长。

图 8-14　蓝目菊

【繁殖与栽培】播种或扦插繁殖。春、秋均可播种,发芽适温 18~21 ℃,7~10 d 发芽,播后 3~4 个月开花。扦插繁殖南方地区一般在春、秋均可,北方在春季进行,约 15 d 生根。

盆栽基质宜选用通透性好、富含有机质的培养土。移栽后摘心,可促进分枝。盆土应保持见干见湿。苗期多施氮肥,生长后期多施磷钾肥。露地种植应选择光照充足的地方,夏季应注意排水防涝。

【观赏与应用】适于作花坛、花境,也可盆栽观赏。

8.2.16　蜀葵 *Althaea rosea*

【别名】一丈红、熟季花、端午锦

【英文名】Hollyhock

【科属】锦葵科　蜀葵属

【形态特征】多年生草本,株高可达 2~3 m。全株被毛,茎直立,不分枝。单叶互生,具长柄,叶圆心形,5~7掌状浅裂或波状角裂,叶面粗糙多皱。花 1~3 朵腋生或聚成顶生总状花序,花径 8~12 cm,花瓣 5 枚或更多,短圆形或扇形,边缘波状而皱或齿状浅裂。花色丰富,有粉红、大红、朱红、墨红、紫、黑紫、黄、白等色。蒴果扁球形,种子肾形。花期 5—9 月,果期 7—10 月。

【产地与分布】原产于中国四川,在华北地区可露地越冬。

图 8-15　蜀葵

【习性】性强健,耐寒,耐盐碱,对土壤要求不严。喜阳光充足,耐半阴,忌涝。喜疏松肥沃,排水良好,富含有机质的沙质土壤。

【繁殖与栽培】播种繁殖,可自播繁衍,也可分株和扦插繁殖。栽培管理简单。播种苗 2~3年后生长开始衰退,故常作一、二年生栽培。

【观赏与应用】《尔雅》有曰:"蜀葵似葵,花如木槿花。"由于它原产于中国四川,故名曰"蜀葵"。又因其可达丈许,花多为红色,故名"一丈红"。于 6 月间麦子成熟时开花,而得名"大麦熟""熟季花"。《群芳谱》赞曰:"五月繁花莫过于此……花开最久,至七月中尚蕃。"

蜀葵植株高大挺拔,花开繁盛,花大色艳,是我国重要的传统庭院花卉。可在建筑物前、墙垣前、篱笆前或假山旁丛植或列植,也是优秀的花境背景材料。也可作切花。

8.2.17　香石竹 *Dianthus caryophyllus*

【别名】康乃馨、狮头石竹、麝香石竹、大花石竹、荷兰石竹

【英文名】Carnation

【科属】石竹科　石竹属

【形态特征】多年生草本,株高 25~100 cm,全株稍被白粉,灰绿色。茎直立,多分枝,节间膨大,基部半木质化。叶对生,线状披针形,中脉明显,基部抱茎。花单生或数朵簇生枝顶。苞片2~3 层,6 枚。花瓣多数,倒卵形,顶缘具不整齐齿。雄蕊长达喉部,花柱伸出花外。花色丰富,有红、粉红、紫红、黄、橙、白等色,还有条斑、晕斑及镶边等复色。蒴果卵球形,种子褐色。花期 5—8 月,温室可四季开花。

【种类与品种】香石竹品种极多,根据用途分为切花品种和

图 8-16　香石竹

花坛品种两大类。切花品种四季开花,作多年生或一年生栽培,依花朵大小和数目分为单头标准型和小花多头型,按花径大小可分为大花型(8~9 cm)、中花型(5~8 cm)、小花型(4~6 cm)和微花型(2.5~3 cm),按花色分有纯色、异色、双色和斑纹。花坛品种为多头花,作二年生栽培。

【产地与分布】原产于地中海地区、南欧及西亚,现世界各地广为栽培。

【习性】喜温暖、干燥、阳光充足、空气流通的环境。不耐寒,也不耐炎热,生长适温 15~22 ℃。喜肥,要求富含腐殖质、排水良好、保肥性强的轻黏质土壤,适宜土壤 pH 值为 5.6~7.9。忌雨涝和连作。

【繁殖与栽培】

(1)繁殖

可用播种、扦插及组织培养繁殖。播种繁殖用于一季开花类型,秋播,10 d 左右发芽。组织培养主要用于脱毒母株的繁殖。切花生产多用扦插繁殖。选用开花植株主茎中部 2~3 节的侧枝作插穗,也可专门培养采穗母株。插穗长 10~15 cm,含 4~5 对叶。保持床温 21 ℃,气温 13 ℃,约 15 d 生根。插穗可在(0±0.5)℃冷库中贮藏 3~5 个月,生根插条可冷藏 8 周。冷藏便于按需定植,以控制花期。

(2)栽培管理

①定植:生根插条经移植 1~2 次后,进行定植。定植前需对土壤进行消毒,施足基肥,深翻整平,做高 20~30 cm、宽 1.2 m 的高畦。在露地和无加温温室中,春季定植作一年生栽培。在全控温室中,定植时期依据产花计划而定,一般从定植到开花 100~150 d。从定植到开花所需时间除与品种特性有关外,还与摘心方式、温度、光照等因子有关。定植密度依品种分枝性、摘心方式和种植年限确定,通常二年生栽培的单头标准型定植株行距为 15 cm×20 cm。

②植株整形:香石竹的切花栽培需进行摘心、疏蕾、张网等植株整形管理。摘心可增加开花枝数、调节花期。摘心方式有一次摘心、一次半摘心和二次摘心 3 种。一次摘心是在幼苗有 6~7 对展开叶时,对主茎摘心一次,该法从种植到开花时间短,质量好;一次半摘心是在一次摘心后,对长出的一半侧枝再摘心,该法使第一批花产量减少,但产花量稳定,可均衡上市;二次摘心是在一次摘心后,对长出的侧枝再进行全部摘心,该法可使第一批花数量较多且集中。当侧枝开始生长后,应及时立柱张网,以防止倒伏,需设 2~3 层。生产单头标准型香石竹,当顶蕾横径达 1.5 cm 时,应及时疏除测蕾。生产小花多头型香石竹,应摘除顶蕾,保留上部 4~5 个侧枝,每侧枝开一朵顶花。

③肥水管理:香石竹生育期较长,且喜肥,除施足基肥外,还需足够的追肥。要少量多次,淡而勤施。水分管理以土壤湿润而根颈部干燥为原则,因而露地栽培宜采用沟灌,温室栽培多用滴灌。

④温光管理:香石竹生长适温为 15~22 ℃,夏季降温和冬季保温是进行切花周年生产的关键。香石竹喜光,且是积累性长日照植物,在冬季光照较弱时,进行人工补光,可加速花芽分化,且使开花整齐度和产量提高。

⑤切花采收:单头标准型香石竹在外轮花瓣开展到与花茎近成直角时采收,小花多头型香石竹在有 3 朵花开放时采收。需长期运输或贮藏的切花可在花瓣显色后、长 1~2 cm 时采收,在贮运前宜用保鲜液做预处理,贮运后做催花处理。

【观赏与应用】香石竹已有2 000余年的栽培历史。原种只在春季开花,1840年法国人达尔梅(M. Dalmais)将中国石竹(*D. chinensis*)与香石竹原种杂交后培育出四季开花、花大、有香味的现代香石竹。1852年传到美国后又培育了百余个品种。之后多国的园艺工作者对其进行育种,形成了众多的园艺品种。我国上海于1910年开始引种生产,目前主要生产地是以昆明为中心的云南省,占国内总生产面积的2/3以上,除供应国内用花外,还批量出口至日本、韩国、欧洲等。

香石竹因其品种繁多、花大、色艳、花期长,适用于各种插花需求,是世界四大切花之一。1907年起,美国费城的贾维斯(Jarvis)以粉红色康乃馨作为母亲节的象征,故今常被作为献给母亲的花。低矮品种可布置花坛、花境,宜可盆栽装饰室内。

8.2.18 宿根福禄考 *Phlox paniculata*

【别名】天蓝绣球、锥花福禄考

【英文名】Perennial phlox

【科属】花葱科 天蓝绣球属

【形态特征】多年生草本,株高60~120 cm,茎粗壮直立,通常不分枝或少分枝,基部半木质化。叶交互对生,长圆形或卵状披针形。伞房状圆锥花序顶生,花冠高脚碟状,先端5裂,有淡红、红、白、紫等色,花径2.5~3 cm。花期6—9月。

【种类与品种】园艺品种众多,有高型品种和矮型品种,花色也非常丰富。如'红艳',单花径3.5 cm,深粉红色,分枝力强,株高55 cm;'堇紫',单花径2.8 cm,堇紫色,株高55 cm;'胭脂红',单花径2.8 cm,胭脂红色,株高60 cm;'白雪',单花径2.7 cm,白色,株高50 cm。

图8-17 宿根福禄考

园林常用同属栽培种有:

①丛生福禄考(*P. subulata*):又名针叶天蓝绣球,植株丛生,铺散;叶钻状或线形,多而密集,长1~1.5 cm;花有柄,花冠裂片倒心形,冠檐裂片先端凹。花色有白、粉红、粉紫。花期4—6月。

②小天蓝绣球(*P. drummondii*):一年生草本,株高45 cm。茎直立,下部叶对生,上部叶互生,宽卵形、长圆形或披针形。圆锥状聚伞花序顶生,被短柔毛。花梗极短,花冠淡红、深红、紫、白或淡黄色,径1~2 cm,冠檐裂片圆形,稍短于冠筒。花期6—9月。

【产地与分布】原产北美东部,中国各地常见栽培。

【习性】喜阳光充足,忌酷日。耐寒,忌炎热多雨。喜排水良好的沙质壤土,忌水涝和盐碱。

【繁殖与栽培】以分株、扦插繁殖为主,也可播种繁殖。分株于4—5月进行,将母株根部萌蘖掰下,每3~5个芽栽在一起,露地栽植的一般3~5年分株一次。扦插繁殖于春季进行,取3~6 cm新梢作插穗,扦插基质为泥炭土∶河沙∶珍珠岩=1∶1∶1,温度22~24 ℃下20 d可生根。播种繁殖多用于培育新品种,种子宜秋播,或经沙藏后早春播。

4—5 月定植,株距 25 cm,栽前应深翻土壤,施足基肥。生长期保持土壤湿润,夏季多雨地区应注意排水。苗高 15 cm 左右,进行 1 ~ 2 次摘心可促进分枝。花后尽早剪除花序,适当修剪,加强肥水管理,促进二次开花。

【观赏与应用】适用于花坛、花境、花丛、点缀草坪,匍匐类可用于岩石园和作毛毡花坛,阳光充足处可丛植作地被。也可作切花栽培。

8.2.19 薰衣草 *Lavandula angustifolia*

图 8-18 薰衣草

【别名】狭叶薰衣草

【英文名】Lavender

【科属】唇形科 薰衣草属

【形态特征】多年生草本或小矮灌木。株高 30 ~ 90 cm,丛生,多分枝,被星状绒毛。叶互生,线形或披针状线形,叶缘反卷。轮伞花序具 6 ~ 10 花,多数组成顶生穗状花序,长 15 ~ 25 cm;苞片菱状卵圆形,萼的下唇 4 齿短而明显。花冠下部筒状,上部唇形,上唇裂片直立或稍重叠。花有蓝色、深紫色、粉红色、白色等,花期 6—8 月。全株有香味。

【种类与品种】园林中常用种类有:

①西班牙薰衣草(*L. stoechas*):原产于西班牙南部,小型灌木,花序粗短,顶部着生有色彩鲜明的苞片,有蓝、紫、桃红、粉红、白色与渐层等色,花期 4—10 月。半耐寒,喜光照,忌高温多湿。

②宽叶薰衣草(*L. latifolia*):又称穗薰衣草和香辛薰衣草,原产于法国和西班牙南部。亚灌木,叶片较狭叶薰衣草宽且大。花序长 5 ~ 10 cm。苞片线形;萼的下唇 4 齿不明显;花冠上唇裂片近成 90°叉开。花期 6—7 月。

③齿叶薰衣草(*L. dentata*):原产西班牙、法国,小灌木,茎短且纤细,株高 30 ~ 60 cm。全株密被白色茸毛,叶片绿色狭长型,叶缘圆锯齿状。花紫红色。不耐寒,比较耐热。花期 6—7 月。

④羽叶薰衣草(*L. pinnata*):原产非洲北部、地中海南岸,开展灌木,植株高 30 ~ 100 cm。叶片二回羽状深裂,灰绿色,花序 10 cm,深紫色。四季开花。

【产地与分布】原产地中海地区,中国各地均有栽培。

【习性】喜阳光、耐热、耐旱、极耐寒、耐瘠薄、抗盐碱,栽培的场所需日照充足,通风良好。要求排水良好、微碱性或中性的沙质土。

【繁殖与栽培】可播种、扦插、分株繁殖,生产上多采用扦插。播种一般春季进行,播前进行浸种处理有助于发芽,发芽适温 18 ~ 24 ℃,14 ~ 21 d 发芽。扦插在春、秋季进行,取一年生半木质化枝条为插穗,20 ~ 24 ℃条件下,40 d 左右生根。分株繁殖春、秋季均可进行。

露地栽培时要注意土壤的排水,可将土堆高成畦后再种植。栽植前深翻土壤,施足基肥。定植时间以秋季为好,株距 20 ~ 30 cm。花后进行修剪,可使株型紧凑。

【观赏与应用】适用于花坛、花境,也适用于专类园。

8.2.20　天竺葵 *Pelargonium hortorum*

【别名】洋绣球、入腊红、石蜡红

【英文名】Geranium

【科属】牻牛儿苗科　天竺葵属

【形态特征】多年生草本,株高 30～60 cm。茎直立,基部木质化,通体密被柔毛,具鱼腥味。叶互生,圆形或肾形,边缘波状浅裂,叶面通常有暗红色马蹄形环纹。伞形花序腋生,花瓣 5 枚,下面 3 枚常较大,花红、橙红、粉红或白色,有半重瓣、重瓣和四倍体品种。花期5—7 月。

图 8-19　天竺葵

【种类与品种】天竺葵属约有 250 种。常见栽培的其他种类有:

①大花天竺葵(*P. domesticum*):又名蝴蝶天竺葵、洋蝴蝶、家天竺葵,原产非洲南部。多年生草本,高 30～40 cm,茎直立,基部木质化,被开展的长柔毛。叶互生,边缘具不规则的锐锯齿,有时 3～5 浅裂。叶上无蹄纹。伞形花序与叶对生或腋生,花冠粉红、淡红、深红或白色,上面 2片花瓣较宽大,具黑紫色条纹。花期 7—8 月。

②香叶天竺葵(*P. graveolens*):多年生草本或灌木状,高可达 1 m。茎直立,基部木质化,密被柔毛,有香味。叶掌状 5～7 裂达中部或近基部,裂片长圆形或披针形,小裂片具不规则齿裂或锯齿。伞形花序与叶对生,具 5～12 花。花瓣玫瑰色或粉红色,上面 2 片花瓣较大。花期 5—7 月。

③盾叶天竺葵(*P. peltatum*):多年生攀缘或缠绕草本,长达 1 m。茎具棱角,多分枝,无毛或近无毛。叶盾形,五角状浅裂或近全缘。伞房花序腋生,有花数朵,花有洋红、粉、白、紫等色,上面 2 瓣具深色条纹,下面 3 瓣分离。花期 5—7 月。

④马蹄纹天竺葵(*P. zonale*):多年生草本,亚灌木状。株高 30～40 cm,茎直立,圆柱形,肉质。叶倒卵形,叶面有深褐色马蹄状斑纹,叶缘具钝锯齿。花瓣同色,上面 2 瓣较短,有深红至白等色。花期夏季。

【产地与分布】原产于南非,现世界各地普遍栽培。

【习性】喜阳光充足,怕高温。喜凉爽,不耐寒。喜干燥,忌水湿。宜选择疏松肥沃、排水良好的沙质壤土栽培。

【繁殖与栽培】可采用扦插和播种繁殖。扦插于春、秋进行,选一年生健壮嫩枝剪取插穗,切口经晾干后再行扦插。土温 10～12 ℃,1～2 周生根。播种繁殖春、秋均可进行,发芽适温20～25 ℃,7～10 d 发芽。

盆栽时,选用腐叶土、河沙和园土混合的培养土。适宜生长温度 16～24 ℃,冬季白天温度保持在 15 ℃,夜间不低于 5 ℃,保持光照充足,可开花不绝。生长期要加强肥水管理,浇水应掌握不干不浇、浇则浇透的原则。

南方地栽用于园林中时,应选择排水良好、不易积水的地段,土壤应是富含腐殖质、排水透气性良好的沙质壤土。栽前深翻土壤、施足基肥。可通过整形修剪,使植株冠形丰满紧凑。花后或秋后适当进行短截疏枝,有利于翌年生长开花。

【观赏与应用】天竺葵是重要的盆栽花卉,园林中常用作春夏花坛材料。冬暖夏凉地区可露地栽植,作花坛、花境等。

8.2.21　柳叶马鞭草 *Verbena bonariensis*

【别名】南美马鞭草、长茎马鞭草

【英文名】purpletop vervain

【科属】马鞭草科　马鞭草属

【形态特征】多年生草本,株高 100 ~ 150 cm。茎四方形,全株有纤毛。叶十字对生,初期叶为椭圆形,花茎抽高后叶转为细长型如柳叶状。聚伞花序,小筒状花着生于花茎顶部,花冠 5 裂,紫红色或淡紫色。花期 5—9 月。

【种类与品种】马鞭草属约 250 种。除 2 ~ 3 种产东半球外,全部产于热带至温带美洲;我国除野生 1 种马鞭草(*Verbena officinalis*)外,庭园常见栽培有美女樱(*Verbena hybrida*)及细叶美女樱(*Verbena tenera*)。

马鞭草(*Verbena officinalis*)多年生草本,高 30 ~ 120 cm。茎四方形,近基部可为圆形,节和棱上有硬毛。叶片卵圆形至倒卵形或长圆状披针形。穗状花序顶生和腋生,细弱。花冠淡紫至蓝色。花期 6—8 月。

【产地与分布】原产于南美洲,我国华北可露地栽培。

【习性】性喜温暖气候,生长适温为 20 ~ 30 ℃,不耐寒,10 ℃以下生长较迟缓,在全日照的环境下生长为佳。对土壤选择不苛,排水良好即可,耐旱能力强,需水量中等。

【繁殖与栽培】可用播种、扦插及分株繁殖。生产中主要以播种繁殖,春季播种,发芽适温 20 ~ 25 ℃,播后 10 ~ 15 d 发芽,从播种到开花需要 3 ~ 4 个月。扦插一般在春、夏两季进行,以顶芽为插穗,扦插后约 4 周即可成苗。分株繁殖是在开春对母本根系进行切割分株。

定植前要确保土壤条件良好,翻耕除草、施足基肥。定植株距 40 ~ 60 cm,定植后浇透水,保证土面下 20 cm 的土层保持湿润状态。柳叶马鞭草非常耐旱,养护过程中要间干间湿,不可过湿。在最低温度 0 ℃以上的地区可安全越冬,长江以北地区一般用作一年生栽培。

【观赏与应用】柳叶马鞭草在园林布置中应用很广,由于其片植效果极其壮观,常常被用于疏林下、植物园和别墅区的景观布置,开花季节犹如一片粉紫色的云霞,令人震撼。

8.2.22　火炬花 *Kniphofia uvaria*

【别名】红火棒、火把莲

【英文名】red hot poker

【科属】百合科　火炬花属

【形态特征】多年生草本,株高 60 ~ 120 cm。叶线形,革质,基生成丛,缘有细锯齿,稍被白粉。花茎高于叶丛,总状花序长 20 ~ 30 cm,着生数百朵筒状下垂小花。花蕾红色至橘红色,开放变为黄色,小花自下而上开放。花期 6—9 月。蒴果黄褐色,果期 9 月。

【种类与品种】同属常见栽培种有：

①杂种火炬花(*K. hybrida*)：种间杂种，品种丰富，花色从淡黄到白、绿白、橘黄，花瓣尖端有橘黄色或褐色。常见品种有'南希红'('Nancy Red')、'阿尔卡扎'('Alcazar')、'珊瑚'('Corallina')等。

②小火炬花(*K. triangularis*)：植株矮小，叶细长，花葶、花序短。

【产地与分布】原产于南非，现各地均有栽培，我国长江中下游地区露地能越冬，华北覆盖保护可露地越冬。

【习性】喜温暖湿润阳光充足环境，也耐半阴，较耐寒，耐旱，忌雨涝。要求土层深厚、肥沃及排水良好的轻黏质壤土。

【繁殖与栽培】播种或分株繁殖。以早春播种效果最好，秋季也可。发芽适温为 25 ℃左右，一般播后 2～3 周发芽。1 月温室播种育苗，4 月露地定植，当年夏季 7—8 月可开花。分株繁殖可用 2～3 年生的株丛，春秋两季皆可分株，一般在花后进行。分株时从根茎处切开，每株需有 2～3 个芽，并附着一些须根，分别栽种。

图 8-20 火炬花

栽植前应施适量基肥和磷、钾肥，株行距 30 cm×40 cm。幼苗移植或分株后，应浇透水 2～3 次，及时中耕除草并保持土壤湿润，约 2 周后恢复生长。花前追施磷肥可增加花茎的坚挺度，防止弯曲。花后及时剪除残花，以免消耗养分，可有助越冬。冬春干旱地区，上冻前浇透水，并用干草覆盖，以防干、冻死亡。每隔 2～3 年分栽更新一次。

【观赏与应用】挺拔的花茎高高擎起火炬般的花序，壮丽可观，是优良的庭园花卉，可丛植于草坪之中或假山石旁、建筑物前，也可用于布置花境，还可作切花。

8.2.23　鼠尾草属 *Salvia*

【科属】唇形科　鼠尾草属

【形态特征】草本、亚灌木或灌木。单叶或羽状复叶。轮伞花序 2 至多花，组成总状、圆锥状或穗状花序，稀单花腋生。花萼管形或钟形，二唇形，上唇全缘，2～3 齿，下唇 2 齿；花冠二唇形，上唇褶叠、直伸或镰状，全缘或微缺，下唇开展，3 裂，中裂片宽大，全缘、微缺，或流苏状，或裂成 2 小裂片，侧裂片长圆形或圆形，开展或反折。

【种类与品种】园林中常用种类有：

①蓝花鼠尾草(*S. farinacea*)：又名一串蓝、粉萼鼠尾草，原产于北美洲。多年生草本，常作一年生栽培。株高 60～90 cm，多分枝。叶对生有时似轮生，基部叶卵形，上部叶披针形。长穗状花序，花量大，蓝紫色。花期 7—10 月。

图 8-21　鼠尾草

②深蓝鼠尾草(*S. guaranitica cv. Black and Blue*)：原产于南美洲。多年生草本。株高 80 ~ 180 cm,多分枝。叶卵圆形至近菱形。穗状花序修长,花深蓝紫色。花期 6—10 月。

③天蓝鼠尾草(*S. uliginosa*)：原产于南美及中美洲。多年生草本,常作一、二年生栽培。株高 50 ~ 150 cm,叶狭长披针形。长穗状花序,花天蓝色,花期 6—10 月。

④墨西哥鼠尾草(*S. leucantba*)：原产于墨西哥和中南美洲。多年生草本,茎直立多分枝,密布银白色茸毛。叶披针形,轮状花序,每轮 7 ~ 10 朵,紫色,具天鹅绒表层,花萼钟状,花冠管状,紫色,具纤毛。花期 7—10 月。

⑤红花鼠尾草(*S. coccinea*)：又名朱唇,原产于美洲热带。一年生或多年生亚灌木。株高 60 ~ 70 cm,茎直立,分枝细弱。叶三角状卵形,花萼筒状钟形,花冠深红或绯红色,下唇长为上唇的 2 倍。花期 7—10 月。

【产地与分布】700 余种,生于热带或温带。我国有 78 种,24 变种,8 变型,分布于全国各地,尤以西南为最多。

【习性】喜温暖、湿润和阳光充足环境,耐寒性强,怕炎热、干燥,宜在疏松、肥沃且排水良好的砂壤土中生长。

【繁殖与栽培】以播种繁殖为主。结合温室条件,可根据需要随时播种。在温度为 20 ~ 22 ℃条件下, 10 ~ 14 d 发芽。扦插繁殖在春、秋季均可进行,宜选择枝顶端不太嫩的茎梢剪取插穗。

定植后,苗高 10 ~ 15 cm 时可摘心一次,促进分枝。浇水要见干才浇,浇则浇透。花谢后将残花剪除并补给肥料,能促使花芽产生,持续开花。高温时期忌长期淋雨潮湿,尤其梅雨季节应注意。

【观赏与应用】适用于花坛、花境,也可点缀岩石旁、林缘空隙地等。

8.2.24 铁线莲 *Clematis florida*

【别名】番莲、铁线牡丹

【英文名】Clematis

【科属】毛茛科　铁线莲属

【形态特征】多年生攀缘草质藤本。茎棕色或紫红色,被短柔毛,具纵沟,节膨大。叶对生, 2 回 3 出复叶,小叶窄卵形或披针形,全缘。花单生叶腋,花径 5 ~ 8 cm,具长花梗,无花瓣,萼片 6,花瓣状,白色,雄蕊紫红色,花丝宽线形。花期 5—10 月。

【种类与品种】园艺品种丰富,有重瓣,各种花色,如' *Duchess of Edinburgh* '（白、重瓣）、' *Vyvyan Pennell* '（粉、重瓣）、' *Alba plena* '（绿、重瓣）。

同属植物约 300 种,广布于北半球温带;中国约有 155 种,华中和西南地区分布居多。园林中常用种类：

①转子莲(*C. patens*)：别名大花铁线莲,原产于中

图 8-22　铁线莲

国山东崂山、辽宁东部。木质藤本。茎疏被柔毛。3 出复叶或羽状复叶具 5 小叶。单花顶生，萼片 8，白色。花期 4—5 月。园艺品种众多，有重瓣，各种花色，如'*Bees Jubilee*'（紫粉）、'*Mrs N. Thompson*'（紫）。

②毛叶铁线莲（*C. lanuginosa*）：原产于中国浙江东北部。攀缘藤本。单叶对生，极稀有 3 出复叶。单花顶生，花梗直而粗壮，密被黄色柔毛。花大，直径 7~15 cm；萼片 6 枚，淡紫色，花期 6 月。园艺品种花色丰富，四季开花，如'*Nelly Moser*'（粉）、'*The President*'（紫）。

③杰克曼氏铁线莲（*Clematis × Jackmanii*）：由原产中国的毛叶铁线莲（*C. lanuginosa*）和原产南欧的南欧铁线莲（*C. viticella*）于 1858 年在英国的 Jackman & Sons 苗圃育成。后经与多个野生种反复杂交，育成杰克曼氏铁线莲品种群。多年生攀缘草质藤本。茎高达 3 m，叶对生，三角形。花径可达 18 cm，花期 6—9 月。花色丰富，有单瓣和重瓣品种。如'*Ville de Lyon*'（紫）、'*Hagley hybrid*'（粉）。

铁线莲类园艺品种众多，除了根据亲本来源进行品种类群的分类，生产中综合了亲本来源、开花时间、花径大小等因素，分为了 14 个类群：早花大花型（Early Large-flowered）、晚花大花型（Late Large-flowered）、葡萄叶型（Vitalba）、意大利型（Viticella）、西藏型（Tangutica）、得克萨斯型（Texensis）、长瓣型（Atragene）、单叶型（Integrifolia）、蒙大拿型（Montana）、佛罗里达型（Florida）、卷须型（Cirrhosa）、华丽杂交型（Flammula）、大叶型（Heracleifolia）、单叶杂交型（Integrifolia）。

【产地与分布】原产于中国，分布在华北、西北。

【习性】适应性强，喜凉爽、耐寒。植株基部喜半阴，上部喜阳光充足。喜肥沃、排水良好的黏质壤土。大多数种类、品种喜微酸性至中性土壤。忌积水。

【繁殖与栽培】播种、扦插、压条、嫁接、分株繁殖均可，生产中常用扦插繁殖。播种繁殖宜秋播，种子成熟后及时采收，随即播种；若春播，种子需沙藏。扦插在 5—8 月进行，取当年生枝条作插穗，一般 3~4 周生根。压条在春季进行，3 个月后可栽。分株繁殖秋季进行。

早春或晚秋进行栽植，种植前应深翻土壤、施足基肥，定植株距 60~80 cm。及时设置支架，修剪整形。花前追肥可促进开花。夏季注意排水防涝。

【观赏与应用】铁线莲花朵色泽艳丽，花型变化多样，栽培品种丰富，因而有"攀缘植物皇后"的美誉，是优良的园林攀缘植物。适于种植在墙边、窗前，或依附于乔、灌木之旁，配植于假山、岩石之间，攀附于花柱、花门、篱笆之上，也可盆栽观赏，少数种类适宜作地被植物。

8.2.25　耧斗菜 *Aquilegia viridiflora*

【别名】猫爪花

【英文名】garden columbine

【科属】毛茛科　耧斗菜属

【形态特征】多年生草本，株高 50~60 cm，茎直立，多分枝。基生叶具长柄，2 回 3 出复叶，茎生叶较小。花顶生，花序具 3~7 花，花茎细柔下垂，距稍内弯。萼片 5，花瓣状，黄绿色，花瓣 5 黄绿色。有众多变种，如大花、白花、重瓣、斑叶，杂交品种花色丰富。花期 5—6 月。

图 8-23　耧斗菜

【种类与品种】耧斗菜属植物约 70 种,分布于北温带;中国有 8 种,产于西南及北部。

园林中常用种类:

①大花耧斗菜(*A. glandulosa*):株高 40 cm,茎不分枝或在上部分枝。花序具 1 ~ 3 花。萼片蓝色,花瓣瓣片蓝或白色,距末端向内钩曲。花期 6—8 月。

②杂种耧斗菜(*A. hybrida*):为园艺杂交种,主要亲本有加拿大耧斗菜(*A. canadensis*),黄花耧斗菜(*A. chrysantha*),蓝花耧斗菜(*A. caerulea*)等。株高 90 cm,茎多分枝,花大,侧向开展。为目前园林栽培的主要品系。园艺品种丰富,有黄、红、蓝、紫、粉、白各色及复色,花期 5—8 月。

【产地与分布】原产于中国、俄罗斯,现我国各地广为栽培,华北、华东等地区可露地越冬。

【习性】性强健而耐寒,喜凉爽气候,忌夏季高温暴晒,喜半阴,忌干燥。喜肥沃、湿润、排水良好的沙质壤土。

【繁殖与栽培】播种或分株繁殖。播种繁殖于春、秋季均可进行。2—3 月在温室内播种,或 4 月露地阴处直播,温度 21 ~ 24 ℃条件下,1 ~ 2 周内发芽。实生苗翌年开花。优良杂交品种宜采用分株繁殖,分株在早春发芽前或秋季落叶后进行。

栽植前应深翻土壤、施足基肥,定植株距 10 ~ 20 cm,栽后浇透水。花前追肥,夏季注意遮阴、排水防涝。苗高 40 cm 时可摘心,以控制株高,防倒伏。

【观赏与应用】可用于花坛、花境、林下地被,也可片植于草坪边缘。

8.2.26　山桃草 *Gaura lindheimeri*

【别名】千鸟花、白桃花、白蝶花

【英文名】Gaura

【科属】柳叶菜科　山桃草属

【形态特征】多年生草本,株高 60 ~ 100 cm。茎直立,多丛生,入秋变红色,被长柔毛。叶无柄,椭圆状披针形或倒披针形,边缘有细齿或呈波状。花序长穗状,顶生,不分枝或有少数分枝,直立,长 20 ~ 60 cm;花蕾白色略带粉红,初花白色,谢花时浅粉红。有紫叶和花叶品种。花期 5—8 月。

【产地与分布】原产于北美,现我国各地均有栽培。

【习性】性耐寒,喜凉爽及半湿润环境。要求阳光充足、疏松肥沃、排水良好的沙质壤土。喜阳光充足,耐半阴。耐干旱,忌涝。

【繁殖与栽培】以播种繁殖为主,也可分株繁殖。秋季播种,发芽适温 15 ~ 20 ℃,12 ~ 20 d 发芽。山桃草不耐移植,宜直播。栽植地点需光照充足,土壤疏松肥沃,排水良

图 8-24　山桃草

好。株距 15 cm。春季株高 15 cm 左右时可摘心,促进分枝使株型紧凑,防倒伏。

【观赏与应用】山桃草花多而繁茂,植株婀娜轻盈,可用于花坛、花境,或做地被植物群栽,与柳树配植或用于点缀草坪效果甚好。

8.2.27　鹤望兰 *Strelitzia reginae*

【别名】极乐鸟花、天堂鸟

【英文名】bird of paradise

【科属】旅人蕉科　鹤望兰属

【形态特征】多年生常绿草本。株高 1~2 m,茎极短而不明显。叶两侧排列,革质,长圆状披针形,长 25~45 cm,宽约 10 cm。叶柄长为叶长的 2~3 倍。花数朵生于一约与叶柄等长或略短的总花梗上,下托一佛焰苞;佛焰苞舟状,绿色,边紫红,萼片披针形,橙黄色,箭头状花瓣基部具耳状裂片,和萼片近等长,暗蓝色。花期 4~9 月。小花由下向上依次开放,好似仙鹤翘首远望,故名鹤望兰。

图 8-25　鹤望兰

【种类与品种】同种常见栽培种有:

①尼可拉鹤望兰(*S. nicolai*):茎高达 8 m,木质。叶长圆形,基部圆并偏斜;叶柄长 1.8 m。花序腋生,常有 2 枚大型佛焰苞,花序轴较叶柄短;佛焰苞绿色或深紫色。萼片白色,下方的 1 枚背生龙骨状脊突;箭头状花瓣天蓝色,中央花瓣极小。

②大鹤望兰(*S. augusta*):又称大白鹤望兰,是本属中最大的种,株高 10 m,茎干木质化,叶柄长 0.6~1.2 m。花序大,呈船形,有短柄,总苞淡紫色,萼片白色,花瓣纯白色。花期 10—11 月。

③棒叶鹤望兰(*S. juncea*):又称无叶鹤望兰、小叶鹤望兰,株高 60~100 cm。叶非常小,棒状,生于高得像茎的叶柄上。苞片绿色,边缘红色,萼片黄色或橙红色,花瓣蓝色。花期秋冬。

④邱园鹤望兰(*S. kewensis*):是白花鹤望兰和鹤望兰的杂交种。株高 1.5 m,叶大柄长。花大、花萼和花瓣均为淡黄色,具淡紫色斑点。花期春夏季。

⑤金色鹤望兰(*S. golden*):株高 1.8 m,花大,花萼、花瓣均为金黄色。

【产地与分布】原产于南非,在广东、广西、海南等暖热地区可露地栽培,长江流域以南的温暖地区可在双层膜覆盖下越冬,北方则需要温室栽培。

【习性】喜温暖湿润气候,不耐寒。喜阳光充足,忌夏季强光直射。生长适温 23~25 ℃,0 ℃以下易受冻害,30 ℃以上会导致休眠。要求富含腐殖质、排水良好的土壤。

【繁殖与栽培】以分株繁殖为主,也可播种繁殖。分株宜在 4—5 月进行,用利刀从根颈处将株丛切开,每株保留 2~3 个蘖芽,切口涂草木灰,阴凉处放半日后栽种。鹤望兰是鸟媒植物,需人工辅助授粉才能结实。种子宜随采随播,发芽适温 25~30 ℃,20~30 d 生根,40~50 d 发芽,3~5 年后开花。

鹤望兰为直根系,盆栽需用高盆。盆土用疏松肥沃的园土、草炭土、河沙混合而成的配成土。生长旺盛期水肥供应要充足,夏季应适当遮阴。

【观赏与应用】鹤望兰花型奇特、叶大姿美,观赏价值极高,又名天堂鸟,名称优美,是大型高端盆栽花卉,也是高档切花材料。华南地区可用于庭院种植或花境。

8.2.28　翠芦莉 *Aphelandra simplex*

【别名】蓝花草、兰花草

【英文名】britton's wild petunia

【科属】爵床科　单药花属

【形态特征】多年生草本,株高 20～60 cm,高性品种可达 1 m。茎略呈方形,红褐色。叶对生,线状披针形,全缘或疏锯齿。花腋生,花径 3～5 cm。花冠漏斗状,5 裂,具放射状条纹,多蓝紫色,少数粉色或白色。花期 3—10 月。

【产地与分布】原产于墨西哥,后在欧洲、日本等地广为栽培,近年来引入我国,华东、华中、华南、西南地区可露地栽培。

【习性】性强健,适应性广,对环境条件要求不严。耐旱和耐湿能力均较强。喜高温,耐酷暑,生长适温 22～30 ℃。不择土壤,耐贫瘠力强,耐轻度盐碱。对光照要求不严,全日照或半日照均可。

图 8-26　翠芦莉

【繁殖与栽培】可用播种、扦插或分株等方法繁殖,春、夏、秋三季均可进行。种子宜随采随播,也可常温贮藏。宜用通透性好、富含养分的土壤作为播种基质,发芽适温 20～25 ℃,5～8 d 发芽。扦插选取生长健壮的嫩梢为插穗,温度 20～30 ℃的条件下 15～20 d 可生根移栽。分株在春季新芽未萌发前进行。

宜选择阴天或傍晚进行栽植,移栽后浇透水。生长期间适量浇水,土壤保持湿润即可。为保持株形美观,需定期修剪或摘心,以控制株高。植株老化时需强剪,促使新枝萌发,株型丰满。

【观赏与应用】翠芦莉具有适应性强、花色优雅、花姿美丽、养护简单的特点,尤其是耐高温能力强,适用于花坛、花境,矮生品种也可作地被。因其抗旱、抗贫瘠和抗盐碱能力强,可与岩石、墙垣或砾石相配,形成独具特色的岩石园景观。

8.2.29　花烛属 *Anthurium*

【科属】天南星科　花烛属

【形态特征】多年生常绿草本。植株直立,稀蔓生。叶革质,全缘或浅裂、深裂或掌状分裂。佛焰苞披针形、卵形或椭圆形,革质有光泽,绿色、紫色、白色或绯红色,基部常下延。肉穗花序无梗或具短梗,圆柱形、圆锥形或有时成尾状,绿色、青紫色,稀白色、黄色或绯红色。

【种类与品种】常见栽培的主要种类有:

①花烛(*A. andraeanum*):别名红掌、安祖花,原产哥伦比亚。株高 50～80 cm,因品种而异。具肉质根,无茎,叶从根茎抽出,具长柄、单生、心形、鲜绿色,叶脉凹陷。花腋生,

图 8-27　花烛

佛焰苞蜡质,正圆形至卵圆形,鲜红色、橙红肉色、白色,肉穗花序,圆柱状,直立。四季开花。

②火鹤花(*A. scherzerianum*):别名红鹤芋、席氏花烛,原产中美洲的危地马拉、哥斯达黎加。植株直立,叶深绿。佛焰苞火红色,肉穗花序呈螺旋状扭曲。

③水晶花烛(*A. crystallinum*):原产哥伦比亚。茎叶密生。叶阔心形,暗绿色,有绒光,叶脉银白色,叶背淡紫色。花茎高出叶面,佛焰苞窄,褐色。是以观叶为主的种类。

【产地与分布】原产美洲热带雨林地区,我国大部分地区均需温室栽培。

【习性】性喜温热多湿而又排水良好的环境,怕干旱和强光暴晒。其适宜生长昼温为26~32 ℃,夜温为21~32 ℃。所能忍受的最高温为35 ℃,可忍受的低温为14 ℃。喜半阴,光强以16 000~20 000 lx为宜,空气相对湿度以70%~80%为佳。环境条件适宜可周年开花。

【繁殖与栽培】主要采用播种、分株和组培繁殖。种子应随采随播,发芽适温25 ℃,2~3周发芽,3~4年开花。分株繁殖是对根颈部的蘖芽进行分割。目前花烛规模化生产主要应用组培繁殖,以叶片或幼嫩叶柄为外植体,20~30 d形成愈伤组织,30~60 d愈伤组织分化出芽。组培苗种植3年可开花。

花烛切花和盆花栽培需在温室内进行。浇水以滴灌为主,结合叶面喷灌。生长季节应薄肥勤施,对氮肥、钾肥的需求较大。生长期应注意温度、湿度和光照调节。夏季高温期应遮阴、喷雾、通风、降温,遮光率75%~80%;冬季保持20~22 ℃室温,遮光率60%~65%。

【观赏与应用】花烛属花卉,四季常绿,花色丰富,苞美叶秀,花叶共赏,是世界重要名贵切花和盆花。较耐阴,在华南地区可作林荫下地被栽植。

8.2.30　随意草 *Physostegia virginiana*

【别名】假龙头花、芝麻花

【英文名】virginia false-dragonhead

【科属】唇形科　随意草属

【形态特征】多年生草本,株高60~120 cm。植株直立挺拔,茎四棱形。叶对生,披针形,叶缘有细锯齿,质地粗糙。穗状花序顶生,长20~30 cm,花冠唇形,小花密集,自下而上依次开放,花色有白、红、紫红等。花期7—9月。

【种类与品种】常见品种有'雪冠'('Crown of Snow')、'粉玫瑰'('Pink Bouquet')、'夏雪'('Summer Snow')、'花球'('Variegata')。

【产地与分布】原产于北美,现广泛栽培。

【习性】性强健,喜温暖、湿润、阳光充足的环境。耐旱,较耐寒,耐肥,不耐涝。宜疏松、肥沃和排水良好的沙质壤土。

【繁殖与栽培】播种繁殖。发芽适温18~25 ℃,10~15 d即可出苗。幼苗长出4~6片真叶时摘心,可使株型低矮紧凑。随意草地下匍匐根茎发达,花后地上部分衰老枯萎后,地下根茎萌蘖出很多新芽形成植株,故可在花后或早春进行分株繁殖。

【观赏与应用】随意草,因将其小花推向一边,不会复位而得名。其株态挺拔,叶秀花艳,盛开时花穗迎风摇曳,婀娜多姿,是优良的花坛、花境材料,也可盆栽观赏。

8.2.31　美国薄荷 *Monarda didyma*

【别名】马薄荷

【英文名】Scarlet beebalm

【科属】唇形科　美国薄荷属

【形态特征】属名 Monarda 是纪念 16 世纪的西班牙医生与植物学家尼古拉斯·蒙纳德斯(Nicolas Monardes)对植物学的贡献而命名的。多年生草本,株高 1～1.5 m。茎锐四棱形,具条纹,近无毛,仅在节上或上部沿棱上被长柔毛,后脱落。叶对生,卵状披针形,先端渐尖或长渐尖,基部圆,具不整齐锯齿,上面疏被长柔毛,后渐脱落,下面沿脉被长柔毛。轮伞花序多花,在茎顶密集成径达 6 cm 的头状花序;苞片具短柄,叶状,全缘,带红色,短于头状花序。花冠紫红色、红、白、黄色,外面被微柔毛,内面在冠筒被微柔毛。上唇直立,稍外弯,全缘,下唇平展,3 裂,中裂片较窄长,先端微缺。花期 7 月。

图 8-28　美国薄荷

【种类与品种】园艺品种较丰富,常见品种有:'花园红'('Gardenview Scarlet')、'柯罗红'('Croftway Pink')、'草原'('Prarienacht')、'火球'('Firebair')。

同属常见栽培种有:

①拟美国薄荷(*Monarda fistulosa*):茎钝四棱形,密被倒向白色柔毛;花萼喉部密被白色髯毛,花冠上唇先端稍内弯;花期 6—7 月。

②柠檬马薄荷(*Monarda citriodora*):花淡紫色,叶子有柠檬的味道。

【产地与分布】原产于美洲,现各地均有栽培,中国华北地区可露地越冬。

【习性】性喜凉爽、湿润、向阳的环境,也耐半阴。适应性强,不择土壤。耐寒,忌过于干燥,不耐涝。

【繁殖与栽培】常用分株繁殖,也可播种和扦插繁殖。分株在春、秋季休眠期进行,切取老株周围萌生的 2～3 个新芽作为一小株丛栽种。扦插在 4—5 月进行,剪取长 5～8 cm 的嫩枝作插穗,插入用泥炭、沙、砻糠灰等混合而成的扦插基质中,保持半阴、湿润,约 30 d 即可生根。播种繁殖只在育种时采用,春、秋季播种,发芽适温为 21～24 ℃,播后 10～21 d 发芽,春播当年可开花。

栽培管理简单。生长期保持土壤湿润,忌过湿和积水。一般春季适当修剪,于 5—6 月进行一次摘心,调整植株高度,有利于形成丰满的株形和花繁叶茂。注意保持通风良好,及时疏剪去除病虫枝叶。植株的分蘖力强,地栽时每 2～3 年应分栽 1 次。

【观赏与应用】美国薄荷株丛繁盛,花色鲜丽,花期长久,而且抗性强、管理粗放,园林中常用于配置花境,或栽种于林下、水边,也可以丛植或行植在水池、溪旁作背景材料。还可盆栽观赏和用于鲜切花。

8.2.32　穗花 *Veronica spicata*

【别名】穗花婆婆纳

【英文名】Spiked speedwell

【科属】玄参科　婆婆纳属

【形态特征】多年生草本,株高 20 ~ 120 cm。茎单生或数枝丛生,直立不分枝,下部常密生白色长毛。叶对生,基部叶常密集聚生,椭圆形至披针形,顶端急尖,叶缘具圆齿或锯齿。顶生总状花序,小花径 4 ~ 6 mm,花冠紫色或蓝色,雄蕊略伸出。花期 6—9 月。

【种类与品种】园艺品种丰富,常见有'罗米莱紫'('Romilry Purple')、'阿尔斯特矮兰'('Ulster bluedwarf')。

同属常见栽培种有:

①杂种长叶婆婆纳(*V. ×longitolia*):叶呈披针形,叶缘有锯齿。常见品种有'蓝花'('Blauriesin')、'玫瑰色'('Rose Tone')。

②卷毛婆婆纳(*Veronica teucrium*):株高 10 ~ 70 cm。茎单生或常多枝丛生,直立,密被短而向上的卷毛。叶卵形、长矩圆形或披针形,边缘具深刻的钝齿,有时为重齿,疏被短毛。总状花序侧生于茎上部叶腋,2 ~ 4 支,花冠鲜蓝色,粉色或白色。花期 5—7 月。

图 8-29　穗花

③匍匐婆婆纳(*Veronica prostrata*):又称平卧婆婆纳,株高 30 cm,茎匍匐生长。叶狭卵形,有锯齿。穗状花序直立,花小,碟状,亮蓝色。花期初夏。常见品种有'霍特夫人'('Mrs. Holt'),株高 60 ~ 70 cm,花粉色,花期 5—6 月。

【产地与分布】原产于北欧及亚洲,现各地均有栽培。

【习性】自然生长在石灰质草甸及多砾石的山地上。喜光,耐半阴,耐寒,在各种土壤上均能生长良好,忌冬季土壤湿涝。

【繁殖与栽培】可采用分株、播种繁殖,以分株繁殖为主。分株宜在 3 月底—4 月中旬进行。一般选择 2 ~ 3 年植株,将老植株挖出,用刀将植株分割成数丛,每株有 6 ~ 8 个芽,切割后,将植株有伤口的地方浸泡在 500 倍的多菌灵中进行消毒 15 ~ 20 min,在自然光下晾干后栽植。播种以秋播为好,种子发芽适温 18 ~ 24 ℃,7 ~ 14 d 可出芽。园林绿地栽培,管理简单,冬季寒冷地区需覆盖保温越冬。切花栽培,需拉网防倒伏。

【观赏与应用】穗花婆婆纳株形紧凑,花枝优美,小花玲珑可爱,是配置花坛、花境的优良材料,还可用于岩石园、庭院栽植,也可作切花。

8.2.33　紫露草 *Tradescantia reflexa*

【别名】鸭舌草、毛萼紫露草

【英文名】spiderwort

【科属】鸭跖草科　紫露草属

【形态特征】多年生草本,株高 25 ~ 50 cm。茎直立分节、壮硕、簇生。叶互生,线形或披针形,基部抱茎,有叶鞘,叶面沿中脉内折。聚伞花序顶生,萼片 3 枚,绿色,卵圆形,宿存。花瓣 3 枚,广卵形,蓝色或蓝紫色。雄蕊 6 枚,雌蕊 1 枚,子房卵圆形,具 3 室,花柱细长,柱头锤状;蒴果近圆形,种子 3 棱状半圆形,淡棕色。花期 6—10 月。

【种类与品种】常见园艺品种有'田荠菜'('Charlotte')、'魏顾林'('Weguelin')、'狮子黄'('Leonora')、'白羽'('Osprey')、'红云'('Red Cloud'),另外还有金叶品种。

同属常见栽培种有:

①白雪姬(T. sillamontana):原产于中南美洲。多年生肉质草本植物,株高 15 ~ 20 cm,植株丛生,茎直立或稍匍匐,被有浓密的白色长毛。叶互生,绿色或褐绿色,稍具肉质,长卵形,被有浓密的白毛。花小,淡紫粉色。

②白花紫露草(T. fluminensis):原产于南美洲。多年生常绿草本。茎匍匐,光滑,长可达 60 cm,带紫红色晕,有略膨大节,节处易生根。叶互生,长圆形或卵状长圆形。花小,多朵聚生成伞形花序,白色,花期夏、秋季。有彩叶、花叶品种。

③重扇(T. navicularis):原产于秘鲁北部。多年生肉质草本,茎匍匐或平卧,触地节间即生根。叶三角状船形,上下叶常重叠,正面灰绿色背面略呈紫色,密被细毛,叶缘有睫毛状纤毛。假伞房花序,花玫瑰红色。

④无毛紫露草(T. virginiana):原产北美洲。多年生草本,株高 30 ~ 35 cm。茎直立,通常簇生,粗壮或近粗壮。叶片线形或线状披针形,渐尖,近扁平或稍有弯曲。花蓝紫色,花期 5—10 月。

⑤紫背万年青(T. spathacea):原产墨西哥和西印度群岛。又名紫锦兰、蚌花、紫蕙、紫兰、红面将军、血见愁。多年生常绿草本。叶宽披针形,成环状着生在短茎上,叶面光滑,深绿色,叶背深紫色。白色花朵被二片河蚌般的紫色萼片包裹。常用作盆栽观叶。

【产地与分布】原产于美洲热带地区,现各地均有栽培,我国大部分地区均可露地越冬。

【习性】喜温暖、湿润环境,喜阳光充足,也耐半阴,耐寒。不择土壤,在中性或偏碱性的土壤中生长良好。忌土壤积水。

【繁殖与栽培】可分株、扦插繁殖。分株繁殖宜在早春发芽前进行,将生长旺盛的母株挖出,用小刀将根蘖切开,每块带有 2 ~ 3 个芽另行栽植。选取长 8 ~ 10 cm 的根蘖或腋芽作插穗,也用长势好的干茎作插穗进行扦插,扦插生根最适温度为 18 ~ 25 ℃。

栽培管理简单。及时去除残花和枯枝叶可促发新花茎。紫露草在花发育及开花阶段仍在营养生长,所以栽培中应注意栽植密度和水肥控制,避免徒长和倒伏。为保持株形优美、整齐,一般 3 ~ 4 年需分株一次。

【观赏与应用】紫露草株型优美,花色淡雅,花期长,抗逆性强,而且繁殖系数高,又能露地越冬,是优良的林下地被及花境材料,也用于花坛、道路两侧丛植,还可盆栽观赏,或作垂吊式栽培。

8.2.34　沿阶草 *Ophiopogon bodinieri*

【别名】铺散沿阶草、矮小沿阶草

【英文名】Lilyturf

【科属】百合科　沿阶草属

【形态特征】多年生常绿草本植物。根纤细,近末端处有时具膨大成纺锤形的小块根。茎短,包于叶基中。叶丛生于基部,禾叶状,下垂。花葶通常稍短于叶或近等长,总状花序,花常2~4朵簇生于苞片腋内。花梗长5~8 mm,关节位于中部。花被片卵状披针形或近矩圆形,内轮3片宽于外轮3片,在花盛开时多少展开,白色或淡紫色;雄蕊6枚,花丝很短,花药狭披针形,常呈绿黄色;花柱细长,圆柱形,基部不宽阔。浆果蓝黑色,种子近球形。花期6—8月,果期8—10月。

【种类与品种】沿阶草属有50余种和一些变种,分布于亚洲东部和南部的亚热带和热带地区。我国有33种和一些变种,同属常见栽培种有:

①麦冬(O. japonicus):根较粗,中间或近末端常膨大成椭圆形或纺锤形的小块根。麦冬形态和沿阶草极相似,但通常麦冬的花葶较叶短得多;花开时花被片不向外张开或稍张开,花柱粗而短,基部宽阔,向上渐狭,近圆锥形。园艺品种较多。

②银边麦冬(O. jaburan 'Aurea Variegata'):又称假金丝马尾,叶缘有纵长条白边,叶中央有细白纵条纹。花白色。

③黑沿阶草(O. planiscapus 'Nigrescens'):又称黑麦冬,植株矮小,5~10 cm。叶线形,黑绿色。花淡紫色,或近白色带淡紫色晕。

【产地与分布】原产于亚洲东部,中国华东,华南,华中均有野生,现各地广泛栽培。

【习性】性强健。耐阴、耐热、耐寒、耐旱、耐湿、耐贫瘠、耐修剪。

【繁殖与栽培】播种或分株繁殖。春季播种,行距15~20 cm,每穴下种3~5粒,覆土2 cm。第3年可移栽。也可秋季种子成熟时采种,把浆汁洗净,随即播种,播后20~30 d发芽。分株多在春季,挖出老株丛,将老叶剪去2/3,抖掉泥土,剪开地下茎,分成每丛3~5小株。栽培管理简单,无须精细管理。

【观赏与应用】沿阶草长势强健,耐阴性强,植株低矮,终年常绿,覆盖效果较快,是优良的地被植物。也可栽植于花坛边缘、路边、台阶侧面等,还可盆栽观赏,也是优良的护坡植物。

图8-30　沿阶草

8.2.35　山麦冬 *Liriope spicata*

【别名】麦门冬、土麦冬、麦冬

【英文名】Radix liriope

【科属】百合科　山麦冬属

【形态特征】多年生常绿草本。根状茎短,木质,具地下走茎,近末端处常膨大成矩圆形、椭圆形或纺锤形的肉质小块根。叶丛生,线形,具5条脉,中脉较明显,边缘具细锯齿,基

图8-31　山麦冬

部常包以褐色的叶鞘。花葶通常长于或几等长于叶,少数稍短于叶,长 25 ~ 65 cm;总状花序长 6 ~ 15(20) cm,具多数花;花通常(2)3 ~ 5 朵簇生于苞片腋内,花梗长约 4 mm,关节位于中部以上或近顶端。花被片 6 枚,淡紫色或淡蓝色。花柱稍弯,柱头不明显。浆果黑紫色,种子近球形。花期 5—7 月,果期 8—10 月。本种有些性状变异幅度比较大,例如叶的长短、宽狭,总状花序的长短等。

【种类与品种】山麦冬属约有 8 种;我国有 6 种,主要产于秦岭以南各省区,华北也有。常见栽培种有:

①阔叶山麦冬(*L. platyphylla*):无地下走茎。叶宽线形,稍呈镰刀状,有明显横脉。花葶 50 ~ 100 cm,高出叶丛。顶生总状花序,4 ~ 8 朵簇生,淡紫色或紫红色。花药近矩圆状披针形,柱头三齿裂。花期 7—8 月,果期 9—11 月。有叶为金边的品种。

②矮小山麦冬(*L. minor*):根细,分枝较多,小块根纺锤形;根状茎不明显,地下走茎细长。植株矮小,叶基部为具干膜质边缘的鞘所包。花葶长 6 ~ 7 mm;总状花序长 1 ~ 3 cm,具 5 ~ 10 朵花,花常单生苞片腋内,稀 2 ~ 3 朵簇生。花梗长 3 ~ 4 mm,关节生于近顶端;花被片淡紫;花丝圆柱形,花药长圆形,花柱稍粗,柱头很短,较花柱稍细。花期 6—7 月。

【产地与分布】原产于中国、越南及日本,现各地广泛栽培。在长江流域及以南地区终年常绿,华北地区冬季落叶,可覆盖枯叶等保护越冬。

【习性】喜温暖湿润、通风良好的半阴环境,忌阳光直射,对土壤要求不严,以湿润肥沃为宜。

【繁殖与栽培】分株或播种繁殖,春季进行。管理极粗放,生长迅速时可适当追肥。

【观赏与应用】山麦冬株形清秀优美,终年常绿,是优良的地被植物。

8.2.36　矾根属 *Heuchera*

【科属】虎耳草科　矾根属

【形态特征】多年生常绿草本,株高 30 ~ 40 cm。叶基生,阔心型。总状花序高于叶丛,花小,钟状悬垂,红、粉红、白色。花期 4—10 月。彩叶品种丰富,有绿色、黄绿色、橘黄色、红色、紫红色等。

【种类与品种】栽培种类丰富,现流行的多为杂交品系,常见品种有:

①柔毛矾根(*H. villosa*):原产于美国东部和中部的部分地区。叶柄与叶背多被覆柔毛,叶缘有锯齿。主要的品种有'香茅',金色系;'饴糖',橙色系;'草莓漩涡',绿色系;'至尊金',金色系,叶边缘褶皱,叶缘的阴面为浅粉色;'伊莱克特拉',金色系,阔叶型。

②美洲矾根(*H. americana*):原产于美国中部。是矾根属中栽培品种较多的一类,叶色多以红色、紫色以及大理石花纹等为主。主要品种:'戴尔的应变'('Dale's Strain')、'蓝灰面纱'('Pewter Veil')等。

③小花矾根(*H. micrantha*):主要品种有'紫色宫殿'('PalacePurple'),叶紫铜色,株高 41 ~ 51 cm。是小花矾根和长柔毛矾根的杂交种(*H. micrantha*×*H. villosa*)。这个杂交种后来又与美洲矾根(*H. americana*)进行杂交,逐渐形成一个杂交群,产生了一系列的品种。

④红花矾根(*H. sanguinea*):又名珊瑚钟,原产于美国西南部地区、墨西哥。株高 30 ~ 50 cm。叶近圆形,缘具圆齿。圆锥花序,小花粉红色,铃铛状,花期 5—6 月。主要品种有:'瀑布',绿色系,叶背面紫色;'巴黎',绿色系,叶花白色;'森林之茵',绿色系,叶脉深色,脉间白绿;'花毯',叶脉及靠近叶心部分紫红色,叶面绿色,接近混色类型。

⑤密毛矾根(*H. pilosissima*)：原产于加利福尼亚海岸线的北部,也称为海滨矾根。花多毛。

⑥杂种矾根(*H. hybrid*)：主要品种有'梦幻色彩'('MagicColor')、'海王星'('Neptune')、'旋转幻想'('Swirling Fantasy')等。

【产地与分布】原产于美洲中部,我国近几年引种栽培,北方大部分地区均可种植,在寒冷地区表现为落叶性。

【习性】性耐寒,喜阳耐阴,忌强光直射。在肥沃、排水良好,富含腐殖质的中性偏酸土壤上生长良好。

【繁殖与栽培】分株和扦插繁殖,春秋季均可进行。栽培管理简单。幼苗长势较慢,成苗后生长旺盛。生育期期间适当施肥。冬日向阳处栽培,夏季忌强光直射。浇水遵循"见干见湿"的原则。

【观赏与应用】矾根株形饱满,叶色美丽多变,耐寒性强,是少有的彩叶阴生地被植物,可用于的花境、花坛、花带、地被及庭院绿化中。其颜色各异,亦适合盆栽观赏,是组合盆栽的优良材料,可为私家庭院、阳台的小景观增色添彩。

8.2.37　补血草属 *Limonium*

【科属】蓝雪科　补血草属

【形态特征】多年生草本、亚灌木或小灌木。叶基生,呈莲座状,稀互生。花序伞房状、穗状或圆锥状,稀头状,花序轴常数回分枝;花着生于花序分枝上部及顶端。萼漏斗状,萼筒脉间干膜质,顶端裂片5或10,具蓝、紫、粉红、黄、白等色,经久不调,是主要观赏部位;花冠5裂;雄蕊着生花冠基部;花柱5,离生。蒴果倒卵圆形。

【种类与品种】常见栽培品种有：

①杂种补血草(*L. hybrida*)：为网状补血草(*L. reticulata*)和宽叶补血草(*L. latifolium*)的杂交种,四季开花。全株具短星状毛,株高40～70 cm。叶椭圆形至长卵形,有长柄。花茎有棱,上部叉状分枝,花序疏散状圆锥形,花朵小,萼筒小,小花穗有花1～2朵。品种有'Misty Pink'(粉色)、'Misty Blue'(蓝紫色)、'Misty White'(白色)、'Ocean Blue'(蓝紫色)、'Emiile'系列(粉红、淡紫色)等。

②深波叶补血草(*L. sinuatum*)：别名勿忘我、不凋花、星辰花。原产于西西里岛、巴基斯坦、北非地中海沿岸的干燥地带,我国西部冷凉地区亦有分布。株高50～90 cm,全株被粗毛。叶羽裂,叶缘波状。花茎3棱状,叉状分枝,分枝点下有3枚线状披针形附着物。小花穗有花3～5朵,呈覆瓦状排列的偏侧型穗状花序。花萼有黄、白、粉红、蓝紫等色。花期夏季。品种极为丰富,主栽品种有'Pastel'系列(紫、粉红、黄、白色等)、'Blue Velvet'(蓝紫色)、'Pearl Blue'(淡紫色)、'Drops'(粉紫色)、'Lip Stick'(花苞白色、花瓣粉红色)、'Marine Blue'(蓝色)等。

③补血草(*L. sinense*)：别名中华补血草、匙叶矾松、盐云草。分布于我国滨海各省区,越南也有分布。株高15～60 cm,叶基生,倒卵状长圆形、长圆状披针形至披针形。花序伞房状或圆锥状,花序轴通常3～5枚,花序轴及分枝4棱状。小花穗有花2～4朵,萼漏斗状,萼檐白色;花冠黄色。花期北方7—11月中旬,南方4—12月。

④二色补血草(*L. bicolor*)：别名矾松、二色匙叶草、情人草。原产于我国西北及华北草原、沙丘及滨海盐碱地。株高20～60cm,叶基生,稀花序轴下部具1～3叶,花期不落;叶柄宽,叶匙

形或长圆状匙形。花序圆锥状,花序轴单生,或 2~5 枚各从不同的叶丛中生出,通常有 3~4 棱状,有时具沟槽。小花穗有花 2~5 朵,萼漏斗状,萼檐淡紫红或白色;花冠黄色。花期 5—7 月。

【产地与分布】本属约有 300 种,分布于世界各地,主要产于欧亚大陆的地中海沿岸;多生于海岸和盐性草原地区。我国约有 18 种,分布于东北、华北、西北、西藏、河南和滨海省区;主要产于新疆。

【习性】喜阳光充足、通风良好、干燥凉爽的环境。性耐寒,耐旱,耐盐,畏夏季高温,忌涝。对土壤要求不严,宜在疏松、肥沃、排水良好、微碱性的沙质土壤中生长。

【繁殖与栽培】补血草属植物多为直根性,不宜分株,多采用播种或组培繁殖。秋季播种,2~3 片真叶时移植到育苗钵中,5 片叶时带基质扣盆定植,以免伤根。切花生产多采用冷藏育苗,使种子快速完成春化,以调控花期。种子播种 1~2 个月胚芽萌动后,2~3 ℃冷藏,30~40 d 即可完成春化,之后在低温温室中培养,以防脱春化。组培繁殖常以花梗、嫩叶或茎尖为外植体,具 7~10 片叶时可为商品苗,可经低温春化后再出售。

春、秋季定植,植株在露地自然越冬后于翌年 6—7 月开花。深波叶补血草、二色补血草产花后生育不良,常作冬性一年生栽培。采用冷藏育苗可调控花期。7 月播种、冷藏,8—9 月冷室中育苗,夜温 15~18 ℃,昼温 25~28 ℃,具 8~10 片叶时定植,翌年 1 月后保持夜温 8~10 ℃,昼温 20~25 ℃,可陆续开花到 3—4 月。6 月播种、冷藏,8 月定植,提前保温,可 10 月开花,一直延续到翌年 3—4 月。定植株距依种类、株型大小及栽培年限而定,生长期保持土壤湿润,花期适当控水,及时拉网防倒伏。切花宜在 50%~100% 小花穗开放时采收。

【观赏与应用】补血草属植物因其切花保鲜期长,花色丰富,干燥后不凋落不褪色,主要用于切花和干花栽培,部分矮生品种也可用于花坛、花境。

8.2.38 芒 *Miscanthus sinensis*

【别名】花叶芒、高山鬼芒、金平芒、芒草、高山芒、紫芒、黄金芒

【英文名】Chinese silvergrass

【科属】禾本科 芒属

【形态特征】多年生高大草本。株高 1~2 m,丛生,秆粗壮,中空。叶片扁平宽大,白色中脉明显。顶生圆锥花序大型,开展,稠密,由多数总状花序沿 1 延伸的主轴排列而成。花序初期淡红色,干枯时银白色。花期 8—10 月。

【种类与品种】芒的品种有 80 余个。园林中常见栽培品种有:

①'银边'芒('Variegatus'):又称花叶芒,原产于欧洲地中海地区。株高 1.5~2.0 m,开展度与株高相同。叶片呈拱形向地面弯曲,最后呈喷泉状。叶片浅绿色,有奶白色条纹,条纹与叶片等长。圆锥花序,花深粉色。花期 9—10 月。

②'细叶'芒('Gracillimu'):叶直立、纤细,顶端呈弓形,花色由最初的粉红色渐变为红色,秋季转为银白色。花期 9—10 月。

③'斑叶'芒('Zebrinus'):株高达 2.4 m。叶片上不规则分布黄色斑纹,下面疏生柔毛并被白粉。圆锥花序扇形,秋季形成白色大花序。

④'晨光'芒('Morning Light'):株高 1.5 m,株型紧密圆整。叶片极细,有不易为人察觉的白色叶缘,整体给人感觉是灰色的。

另外,常见的还有'银箭'芒('Silver Arrow')、'劲'芒('Strictus')、'金酒吧'芒('Gold Bar')、'悍'芒('Malepartus')等。

【产地与分布】原产于亚洲,我国多地均可露地栽植。

【习性】暖季型。喜光,耐半阴、耐寒、耐旱、也耐涝,全日照至轻度遮蔽条件下生长良好,适应性强,不择土壤。

【繁殖与栽培】春季播种或分株繁殖,也可秋季扦插繁殖。园林应用种植密度 4 ~ 6 株/m²。芒属植物侵占力强,能迅速形成大面积草地。冬季宜剪除地上部枯萎植株,以提高景观效果。在温暖湿润气候下易自播繁殖,具有生物入侵风险。

【观赏与应用】园林中应用广泛,孤植、丛植、列植均可,适于配置花境、观赏草专类园,也可种植于路旁、林缘。

8.2.39 蒲苇 *Cortaderia selloana*

【别名】白银芦

【英文名】Pampasgrass

【科属】禾本科 蒲苇属

【形态特征】多年生草本。秆高大粗壮,丛生,高 2 ~ 3 m。叶舌为一圈密生柔毛,毛长 2 ~ 4 mm;叶片质硬,狭窄,簇生于秆基,长 1 ~ 3 m,边缘具锯齿状粗糙。圆锥花序庞大稠密,长 50 ~ 100 cm,银白或粉红色。雌雄异株。花期 8—10 月。

【种类与品种】园林中应用的品种有'矮'蒲苇('Pumila')、'花叶'蒲苇('Silver Comet')、'玫红'蒲苇('Rosea')。

【产地与分布】原产于美洲,我国多地均可露地栽植。

【习性】性强健,喜温暖湿润、阳光充足气候,喜肥,耐湿也耐旱。

【繁殖与栽培】分株繁殖,宜在春季进行,秋季分株易死亡。园林应用种植密度为 4 株/m²。对土壤要求不严,易栽培,管理粗放,可露地越冬。冬季叶片部分枯萎,一般在新芽萌发之前把地上部分全部剪掉,促进植株复壮。

【观赏与应用】蒲苇花穗长而美丽,庭院栽培壮观而雅致,也可用于干花或花境、观赏草专类园,具有优良的生态适应性和观赏价值。

8.3 其他种类(附表)

中文名 (别名)	学 名	产 地	花 期	形态(叶片着生、花或花序特点,花色或叶色及其他重要观赏特性)	同属种	繁殖	应 用
紫菀	*Aster tataricus*	中国东北、西北、华北地区	7—9月	株高 40 ~ 50 cm,头状花序顶生,花色紫、红、蓝、白	大花紫菀、巴塘紫菀、糙叶小舌紫菀	播种、扦插	花坛、花境、盆栽

续表

中文名（别名）	学　名	产　地	花　期	形态（叶片着生、花或花序特点，花色或叶色及其他重要观赏特性）	同属种	繁殖	应　用
勋章菊	*Gazania rigens*	南非	春、夏、秋	株高 15～40 cm，叶丛生，花心具深色眼斑，形似勋章，花色白、黄、橙红、粉		分株、扦插	花坛、花境、草坪边缘
宿根天人菊	*Gaillardia aristata*	北美西部	7—8 月	株高 60～100 cm，头状花序顶生，花色黄、红	天人菊、大花天人菊	播种、扦插	花境、花坛
大花飞蓬	*Erigeron grandiflora*	北美	5—9 月	株高 40～80 cm，头状花序顶生，花色淡紫、淡红	飞蓬、一年蓬、橙花飞蓬	播种、分株	花坛、花境、切花
堆心菊	*Helenium autumnale*	北美	7—10 月	株高 1～2 m，头状花序顶生，花黄色		播种、分株	花坛、花境
荷兰菊	*Aster novi-belgii*	北美	8—10 月	株高 40～90 cm，头状花序集成伞房状，花蓝、紫红、粉白	紫菀	播种、分株、扦插	花坛、花境、岩石园、盆栽、切花
一枝黄花	*Solidago decurrens*	北美	7—9 月	株高 1～2 m，茎直立，头状花序较小，多数在茎上部排成总状花序或伞房圆锥花序，花黄色	加拿大一枝黄花、杂种一枝黄花	播种、分株、扦插	花境、切花
亚菊	*Ajania pallasiana*	中国	9 月—翌年 1 月	株高 30～60 cm。茎上部叶常羽状分裂或 3 裂。叶上面绿色，下面白色或灰白色，被密厚的顺向贴伏的短柔毛。头状花序排成疏松或紧密的复伞房花序，花黄色	矮亚菊、异叶亚菊	分株、扦插	花坛、花境
木茼蒿	*Argyranthemum frutescens*	加那利群岛	2—10 月	叶 2 回羽状分裂，头状花序多数，在枝端排成不规则的伞房花序，有长花梗，花粉红、黄、白色		扦插	花坛、花境
滨菊	*Leucanthemum vulgare*	欧洲及亚洲温带	5—10 月	株高 15～80 cm，头状花序单生茎顶或排成疏散伞房状，花白色	大滨菊	播种、扦插、分株	花坛、花境
大吴风草	*Farfugium japonicum*	中国、日本和朝鲜	8 月—翌年 3 月	花葶高达 70 cm，基生叶莲座状，肾形，茎生叶 1～3，苞叶状，头状花序排成伞房状，花黄色		分株	地被
剪秋罗	*Lychnis fulgens*	中国、日本、俄罗斯、朝鲜	5—7 月	株高 50～80 cm，二歧聚伞花序呈伞房状，花色深红、橙红	皱叶剪秋罗、大花剪秋罗、剪夏罗	播种	花坛、花境、地被、切花

续表

中文名（别名）	学名	产地	花期	形态（叶片着生、花或花序特点，花色或叶色及其他重要观赏特性）	同属种	繁殖	应用
钓钟柳	Penstemon campanulatus	墨西哥及危地马拉	6—9月	株高40~80 cm，不规则总状花序，花色紫、粉、白、红		播种、分株、扦插	花坛、花境
宿根亚麻	Linum perenne	中国、俄罗斯至欧洲和西亚	5—7月	株高50~60 cm，单花顶生或腋生，花天蓝色	亚麻	播种、扦插	花坛、花境、林缘、岩石园
蓝盆花	Scabiosa comosa	南欧	6—8月	株高40~80 cm，头状花序顶生，花色蓝、紫	大花蓝盆花、华北蓝盆花	播种、分株	花境、切花
桔梗	Platycodon grandiflorus	中国、朝鲜、日本和西伯利亚东部	6—9月	株高30~100 cm，单花或呈疏总状花序顶生，花色蓝、白		播种	花坛、花境、切花、盆栽
肥皂草（石碱花）	Saponaria officinalis	中国	6—8月	株高30~100 cm，聚伞圆锥花序，花色白、粉		扦插	花坛、花境、地被
万年青	Rohdea japonica	中国、日本	5—6月	株高50 cm，叶基生，倒阔披针形，穗状花序，浆果球形，熟时红色，经久不凋		分株	地被、盆栽
吉祥草	Reineckea carnea	墨西哥及中美洲	9—10月	株高20~30 cm，叶丛生，披针形。穗状花序，花粉红色。浆果红色，经久不凋		分株、播种	地被、盆栽
紫花地丁	Viola philippica	中国	3—4月	株高5~10 cm，叶基生，卵状心形，花淡紫色	三色堇、白花地丁、斑叶堇菜	播种或分株	地被
落新妇	Astilbe chinensis	中国、朝鲜、日本、俄罗斯	6—9月	株高50~100 cm，叶互生，二或四回3出复叶，稀单叶，顶生圆锥花序长8~37 cm，花淡紫色至紫红色		播种、分根	花坛、花境、岩石园、切花
乌头	Aconitum carmichaelii	中国	9—10月	株高60~150 cm，顶生总状花序长6~10 cm，萼片蓝紫色	美丽乌头、露蕊乌头、华北乌头	分根	花境、切花
芙蓉葵	Hibiscus moscheutos	北美	7—9月	株高1~2.5 m，叶卵圆形，花单生枝端叶腋。花冠白、粉红、红色，花径10~15 cm	木槿、朱槿、木芙蓉、大花秋葵	播种	花境

续表

中文名（别名）	学 名	产 地	花 期	形态（叶片着生、花或花序特点,花色或叶色及其他重要观赏特性）	同属种	繁殖	应 用
锥花丝石竹（圆锥石头花）	*Gypsophila paniculata*	地中海沿岸	6—8月	株高80 cm。茎直立,多分枝,叶披针形,聚伞圆锥花序多分枝,花白或淡红色	缕丝花、细小石头花	扦插、播种	切花、花境
蓝刺头	*Echinops sphaeroce-phalus*	东欧、非洲至亚洲	8—9月	株高40～120 cm,叶纸质,上面密被糙毛,下面被灰白色蛛丝状绵毛,复头状花序单生茎枝顶端,径4～5.5 cm,小花淡蓝或白色	驴欺口、林生蓝刺头	播种、扦插	切花、花境
金莲花	*Trollius chinensis*	南美	6—7月	70 cm,茎不分枝,单花顶生或2～3朵成聚伞花序,花径4.5 cm,金黄色	长瓣金莲花、长白金莲花	播种、扦插	花境、地被
巴西鸢尾	*Neomarica gracilis*	巴西	4—9月	株高30～40 cm。花被片6,3瓣外翻的白色苞片,基部有红褐色斑块,另3瓣直立内卷,为蓝紫色并有白色线条		分株	花境
玉 竹	*Polygonatum odoratum*	中国、欧亚大陆温带	5—6月	株高20～50 cm,叶互生,花序具1～4花,花被黄绿色至白色	黄精、滇黄精	分株	地被
迷迭香	*Rosmarinus officinalis*	地中海沿岸	6—11月	可高达2 m,树皮暗灰色,不规则纵裂,叶簇生,线形,上唇近圆形,下唇齿卵状三角形,花色蓝、粉红、白		播种、扦插	盆栽
筋骨草	*Ajuga ciliata*	中国	4—8月	株高40 cm,茎紫红或绿紫色,常无毛,叶卵状椭圆形,轮伞花序组成长5～10 cm穗状花序,花紫色	金疮小草、多花筋骨草、圆叶筋骨草	播种	地被
荆 芥	*Nepeta cataria*	自中南欧经阿富汗,向东直至日本	7—9月	株高40～150 cm,叶卵状至三角状心脏形,聚伞圆锥花序顶生,花冠白色,下唇被紫色斑点	大花荆芥、费森杂种荆芥	播种	花境
薄 荷	*Mentha canadensis*	北半球温带地区	7—9月	株高30～60 cm,茎锐四棱形,叶片长圆状披针形,轮伞花序腋生,花淡紫色	留兰香、假薄荷	播种、扦插	盆栽、花境
锦 葵	*Malva sinensis*	中国、印度	5—10月	株高50～90,叶圆心形或肾形,具圆齿状钝裂,花3～11朵簇生,花紫红色或白色	冬葵	播种	花境

续表

中文名（别名）	学 名	产 地	花 期	形态（叶片着生、花或花序特点，花色或叶色及其他重要观赏特性）	同属种	繁殖	应 用
紫堇	Corydalis edulis	中国、日本	6—9月	株高 20～50 cm，叶一至二回羽状全裂，花枝常与叶对生，总状花序具 3～10 花，花冠粉红或紫红色	延胡索、地丁草、黄堇	播种	花境、地被
针茅	Stipa capillata	欧洲，中亚，西伯利亚及中国	6—8月	株高 40～80 cm，圆锥花序狭窄，小穗草黄或灰白色	大针茅、细叶针茅	播种、分株	花境
狼尾草	Pennisetum alopecuroides	亚洲	5—9月	株高 30～120 cm，圆锥花序直立，刚毛状小枝常呈紫色	紫御谷、东方狼尾草	播种	花境
拂子茅	Calamagrostis epigeios	欧亚大陆温带地区	5—9月	高 45～100 cm，圆锥花序紧密，圆筒形，小穗淡绿色或带淡紫色	小花拂子茅	播种、分株	花境
红龙草	Alternanthera dentata	南美	冬季	株高 15～20，叶对生，叶紫红至紫黑色，头状花序密聚成粉色小球，无花瓣	锦绣苋、莲子草	分株、扦插	花坛、花境
东方嚏根草	Helleborus orientalis	欧洲	3—4月	株高 30 cm，花单生，有时 2 朵顶生，花瓣 5，萼片 5，有纯白、苹果绿、浅粉、杏黄、深紫、浅黑色	臭嚏根草、黑嚏根草	播种、分株	花坛、花境、盆栽
金叶过路黄	Lysimachia nummularia 'Aurea'	欧洲、美国东部	6—7月	株高约 10 cm，枝条匍匐生长，叶对生，圆形，叶金黄色，花黄色	珍珠菜、星宿菜	扦插	地被
山管兰	Dianella ensifolia	中国	3—5月	株高可达 1～2 m，叶基生或茎生，二列，线形，花常排成顶生圆锥花花序，花被片 6，绿白、淡黄或青紫色，浆果深蓝色		播种、分株	地被
血草	Imperata cylindrical 'Rubra'	日本	8—9月	株高 50 cm，叶丛生，深血红色，圆锥花序，小穗银白色	白茅	分株	地被、花境
海石竹	Armeria maritima	欧洲、美洲	3—5月	株高 20～30 cm，叶基生，线形，头状花序顶生，花粉红色至玫瑰红色		播种、分株	花坛、花境、岩石园、盆栽
老鹳草	Geranium wilfordii	中国、俄罗斯、朝鲜、日本	5—6月	株高 35～80 cm，茎直立。叶对生，圆肾形，花白或淡红色	紫地榆	播种、分株	地被

续表

中文名（别名）	学 名	产 地	花 期	形态（叶片着生、花或花序特点,花色或叶色及其他重要观赏特性）	同属种	繁殖	应 用
虎耳草	*Saxifraga stolonifera*	中国、朝鲜、日本	4—11 月	株高 45 cm,基生叶扁圆形,具不规则牙齿和腺睫毛,聚伞花序圆锥状,花瓣白色,中上部具紫红色斑点	矮虎耳草、光缘虎耳草	分株	地被、盆栽
射 干	*Belamcanda chinensis*	中国	7—9 月	株高 50~120 cm,茎直立,叶 2 列,扁平,总状花序顶生,二叉分歧,花橘黄色有暗红色斑点		分株	花境

思考题

1. 什么是宿根花卉? 其栽培特点有哪些?

2. 简述宿根花卉的园林应用。

3. 菊花按照栽培及应用方式是如何分类的?

4. 请分别列举出适用于花坛、花境、盆栽及切花栽培的宿根花卉,各列举 5~6 种。

彩 图

第 8 章彩图

第9章 球根花卉

【内容提要】

本章介绍了球根花卉的概念、分类、繁殖与栽培管理要点、应用特点,以及常见的球根花卉的生态习性、繁殖与栽培、观赏与应用等。通过本章的学习,了解常见的球根花卉种类,掌握它们的生态习性、观赏特点以及园林用途。

9.1 概 述

9.1.1 范畴与类型

1)范畴

球根花卉是指一些多年生草本植物在不良环境条件下,其地上部茎叶在枯死之前,于地下部或地表层形成肥大的贮藏器官,当生育环境恢复之时,再重新生长发育成植株的植物种类。由于这些地下储藏器官大都呈球体状,因此,习惯上将凡是具有圆球状肥大储藏根茎的植物总称为球根类。当这些花卉植物形成球根以后,增强了耐寒暑性和耐干旱能力,一般以休眠状态度过环境不适季节。

2)类型

(1)根据地下变态器官的结构划分

根据地下部分的变态类型和结构,可以划分为鳞茎类、球茎类、块茎类、根茎类、块根类等。

此外,还有过渡类型,如晚香玉其地下膨大部分既有鳞茎部分,又有块茎部分。以上列举的鳞茎、球茎、块茎、根茎和块根等,在观赏园艺上,统称球根。

（2）根据适宜的栽植时间划分

大多数球根花卉都有休眠期，根据原产地的气候条件，主要是雨季不同而异。有少数原产于热带的球根花卉没有休眠期，但在其他地方栽培，有强迫休眠现象，如美人蕉、晚香玉等。

①春植球根花卉：春天栽植，夏秋开花，冬天休眠。花芽分化一般在夏季生长期进行。如大丽花、唐菖蒲、美人蕉、晚香玉等。

②秋植球根花卉：秋天栽植，在原产地秋冬生长，春天开花，炎夏休眠；在冬季寒冷地区，冬天强迫休眠，春天生长开花。花芽分化一般在夏季休眠期进行。在球根花卉中占的种类较多，如水仙、郁金香、风信子、花毛茛等。也有少数种类花芽分化在生长期进行，如百合类。

9.1.2　生态习性

球根花卉分布很广，原产地不同，所需要的生长发育条件相差很大。

（1）对温度的要求

原产地不同而异。春植球根生长季要求高温，耐寒力弱，秋季温度下降后，地上部分停止生长，进入休眠（自然休眠或强迫休眠）。秋植球根喜凉爽，怕高温，较耐寒。秋季气候凉爽时开始生长发育，春天开花，夏季炎热到来前地上部分休眠。

（2）对光照的要求

除了百合类有部分种耐半阴，如山百合、山丹等，大多数喜欢阳光充足。一般为中日照花卉，只有铁炮百合、唐菖蒲等少数种类是长日照花卉。日照长短对地下器官形成有影响，如短日照促进大丽花块根的形成，长日照促进百合等鳞茎的形成。

（3）对土壤的要求

大多数球根花卉喜中性至微碱性土壤；喜疏松、肥沃的沙质壤土或壤土；要求排水良好有保水性的土壤，上层为深厚壤土，下层为沙砾层最适宜。少数种类在潮湿、黏重的土壤中也能生长，如番红花属的一些种类和品种。

（4）对水分的要求

球根是旱生形态，土壤中不宜有积水，尤其是在休眠期，过多的水分造成腐烂，但旺盛生长期必须有充分的水分。球根接近休眠时，土壤宜保持干燥。

9.1.3　繁殖与栽培管理

1）繁殖要点

主要采用分球繁殖。可以采用分栽自然增殖球，或利用人工增殖的球。自然增殖力差的块茎类花卉主要是播种繁殖。还可根据花卉种类不同，采用鳞片扦插、分珠芽等方法繁殖。

一般在采收后，将自然产生的新球根据球的大小分开贮存，在适宜种植时间种植即可。也有个别种类需要在种植前再分开老球与新球，以防伤口感病。

2）栽培要点

园林中的一般球根花卉栽培过程为：整地→施肥→种植球根→常规管理→采收→贮存。

（1）整地

深耕土壤40～50 cm，在土壤中施足基肥（磷肥）。点植种球时，在种植穴中撒一层骨粉，铺一层粗砂，然后铺一层壤土。种植钵或盆可使用泥炭∶粗沙砾∶壤土＝2∶3∶2。

（2）施肥

球根花卉喜磷肥，对钾肥需求量中等，对氮肥要求较少，追肥时注意肥料比例。

（3）球根栽植深度

取决于花卉种类、土壤质地和种植目的。相同的花卉，土壤疏松宜深，土壤黏重宜浅；观花宜浅，养球宜深。大多数球根花卉栽植深度是球高的2～3倍，间距是球根直径的2～3倍；朱顶红、仙客来要浅栽，要求顶部露出土面；晚香玉、葱兰覆土至顶部即可，而百合类则要深栽，栽植深度为球根的4倍以上。

（4）常规管理

注意保根保叶，由于球根花卉常常是一次性发根，栽后在生长期尽量不要移栽；发叶较少或有一定的数量，尽量不要伤叶。花后剪去残花，利于养球，有利于次年开花。花后浇水量逐渐减少，但仍需注意肥水管理，此时是地下器官膨大时期。

（5）采收

根据当地气候，有些种类需要年年采收，有的可以隔几年掘起分栽。采收应在生长停止、茎叶枯黄，但尚未脱落时进行。采收过早，球根不够充实；过晚，茎叶脱落，不易确定球根所在地下的位置。采收时，土壤宜适度湿润。掘起球根后，大多数种类不可在炎日下暴晒，需要阴干，然后贮存。大丽花、美人蕉只需阴干至外皮干燥即可，不可过干。

（6）贮存

球根成熟采掘后，放置室内并给予一定条件以利其适时栽植或出售，球根贮藏可分为自然贮藏和调控贮藏两种类型。自然贮藏指贮藏期间，对环境不加人工调控措施，促球根在常规室内环境中度过休眠期。通常在商品球出售前的休眠期或用于正常花期生产切花的球根，多采用自然贮藏。调控贮藏是在贮藏期运用人工调控措施，以达到控制休眠、促进花芽分化、提高成花率以及抑制病虫害等目的。常用的是药物处理、温度调节和气调（气体成分调节）等，以调控球根的生理过程。如郁金香若在自然条件下贮藏，则一般在10月栽种，翌年4月才能开花。如运用低温贮藏（17 ℃经3个星期，然后5 ℃经10个星期），即可促进花芽分化，将秋季至春季前的露地越冬过程提早到贮藏期来完成，使郁金香可在栽后50～60 d开花。这样做不仅缩短了栽培时间，并能与其他措施相结合，设法达到周年供花的目的。

球根的调控贮藏，可提高成花率与球根品质，还能催延花期，故已成为球根经营的重要措施。如对中国水仙的气调贮藏，需在相对黑暗的贮藏环境下适当提高室温，并配合乙烯处理，就能使每球花茎平均数提高1倍以上，从而成为"多花水仙"。

各类球根的贮藏条件和方法常因种或品种而有差异，又与贮藏目的有关。对通风要求不高而需保持一定湿度的球根，如美人蕉、百合、大丽花等，可埋藏在保有一定湿度的干净砂土或锯木屑中；贮藏时需要相对干燥的球根，可采用空气流通的贮藏架分层堆放，如水仙、郁金香、唐菖蒲等。调控贮藏更需根据不同目的分别处理，如荷兰鸢尾（*Iris hollandica*）在8月份每天熏烟8～10 h，连续处理7 d，可收成花率提高1倍之效。收获后的小苍兰，在30 ℃条件下贮放4周，再用木柴、鲜草焚烧，释放出乙烯气进行熏烟处理3～6 h，便可有明显促进发芽的作用。麝香百

合收获后用 47.5 ℃的热水处理 0.5 h,不仅可以促进发芽,还对线虫、根锈螨和花叶病有良好的防治效果。

9.1.4　应用特点

①球根花卉与其他类花卉相比,种类较少,但地位很重要,受人类喜爱已有几千年的历史。它们有多种用途,还因为容易携带和容易栽植成功而较其他花卉更容易远播他乡。此外,球根花卉在宗教上也有特殊的地位,如《圣经》上经常提到郁金香、百合、水仙;佛教中象征和平与永生的荷花。同时,它们也是园林中的一类重要花卉。

②球根花卉是园艺化程度极高的一类花卉,种类不多的球根花卉,品种却极为丰富,每种花卉都有几十至上千个品种。

③可供选择的花卉品种多,易形成丰富的景观,但大多种类对环境中土壤、水分要求较严。

④球根花卉大多数种类色彩艳丽丰富,观赏价值高,是园林中色彩的重要来源。

⑤球根花卉花朵仅开一季,而后就进入休眠而不被注意,方便使用。

⑥球根花卉花期易控制,整齐一致,只要球大小一致,栽植条件、时间、方法一致,即可同时开花。球根花卉是早春和春天的重要花卉。

⑦球根花卉是各种花卉应用形式的优良材料,尤其是花坛、花丛花群、缀花草坪的优秀材料;还可用于混合花境、种植钵、花台、花带等多种形式。有许多种类是重要的切花、盆花生产花卉。有些种类有染料、香料等价值。

⑧许多种类可以水养栽培,方便室内绿化和不适宜土壤栽培的环境使用。

9.2　常见种类

9.2.1　百合属 *Lilium* spp.

【别名】百合蒜、中逢花

【英文名】Lily

【科属】百合科　百合属

【形态特征】"Lilium"源于希腊语 Leirin,意为百合。百合为多年生草本。无皮鳞茎扁球形,乳白色。多数百合的鳞片为披针形,无节,鳞片多为覆瓦状排列于鳞茎盘上,组成鳞茎。茎表面通常为绿色,或有棕色斑纹,或几乎全棕红色。茎通常圆柱形,无毛。叶呈螺旋状散生排列,少轮生。叶形有披针形、矩圆状披针形和倒披针形、椭圆形或条形等。叶无柄或具短柄。叶全缘或有小乳头状突起。花大、单生、簇生或呈总状花序。花朵直立、下垂或平伸,花色常鲜艳。花被片 6 枚,2 轮,离生,常有靠合而成钟形、喇叭形。花有白、黄、粉、红等多种颜色。雄蕊 6 枚,花丝细长。蒴果 3 室,种子扁平。

【种类与品种】

百合科分属检索(球根)

1.地下部分有鳞茎或球茎

  2.伞形花序,在基部有1至数枚总苞片;植株含有强烈气味,叶鞘闭锁 ………………………………………………………………… 1.葱属 *Allium*

  2.花绝不为伞形花序

    3.花常单生,偶有少数花排成总状,花大而美丽。

      4.花药基部着生;花冠多少成钟状。

        5.花俯垂或下垂,花被片在基部之上有腺穴,全部有小方格彩色斑纹 ………………………………………………………………… 2.贝母属 *Fritillaria*

        5.花仰立,花被片无腺穴,没有方格彩斑 ……………………… 3.郁金香属 *Tulipa*

      4.花药丁字形着生;鳞茎肥厚,叶线形,披针形或倒卵形,通常无柄,平行脉;鳞茎由多片肉质鳞瓣组成,无鳞茎皮 ……………………… 4.百合属 *Lilium*

    3.花多而小,总状花序或穗状花序。

      6.花被片成坛状,茎部紧缩 ……………………… 5.蓝壶花(蝇合草)属 *Muscari*

      6.花被管呈钟状或漏斗状,口张开 ……………………… 6.风信子属 *Hyacinthus*

【分类与主要种类】百合的不同种间的形态差别很大,但是其花朵的形态却惊人地相似。根据威尔逊(1925年)的分类,百合属又可分为4个亚属:

麝香百合亚属(*Lilium longifiorum*):也称为铁炮百合,筒状花,花朵横向、稍下斜、上斜或向上开放。天香百合亚属(*Lilium auratum*):花朵漏斗状,横向开放。毛百合亚属(*Lilium dauricum*):花朵杯状,向上开放。药百合亚属(*Lilium speciosum*):花朵钟状,向下开放。

虽然在花型上有以上分类,但是由于其在杂交亲和性等方面并非一致,在分类上还存在争议。

在所有的野生种百合之中,除了观赏价值较低和难以栽培的种类以外,目前用于园艺育种或栽培的有40~50种,其中主要包括:

①麝香百合(*L. longifiorum*):百合花卉的代表性品种,可以用于切花或盆花。原产于我国台湾省,在日本冲绳地区也有分布。花色纯白,筒状花,横向开放。日本率先用麝香百合与高砂百合杂交获得实生栽培的新铁炮百合,成为优良切花用主栽品种。

②毛百合(*L. dauricum*):又名兴安百合。原产于我国河北、黑龙江、吉林、辽宁以及朝鲜、日本、蒙古和俄罗斯的西伯利亚等北方寒冷地区,是一种抗寒性极强的北方品系,生长期极短,适合于促成栽培。花朵成杯状,黄色,向上开放,花期5月下旬。鳞茎球形至圆锥形,白色,可食用。

③卷丹(*L. lancifolium*):又名南京百合、虎皮百合。除了台湾、福建、贵州和云南等省未见标本以外,在我国的大部分地区均有分布,西伯利亚等沿海地区和日本也有分布。花色橙红,内有紫黑色斑点,向下开放,花期7—8月。植株生长强健,叶柄大,叶腋生紫黑色珠芽。鳞茎卵圆形至扁球形,黄白色。可食用。

④山丹(*L. concolor*):也称为渥丹,主要分布在我国中部地区,东北地区有变种分布。花色朱红,星型小花,向上开放,植株秀丽,茎高30~80 cm,可用于切花或盆花栽培。

⑤天香百合(*L. auratum*)：又称山百合,主要分布在日本的东北和关东地区,为日本的特产种,在我国中部地区也有分布。该种百合的花朵硕大,色彩艳丽,芳香宜人,花朵成阔漏斗状,白色夹杂浅黄色条斑,花径在 20～26 cm,花期 6—8 月。观赏价值极高,是切花或盆栽的主栽品种,但抗病性较弱。

⑥药百合(*L. speciosum*)：又称鹿子百合。原产于我国的浙江、安徽、江西和台湾等地,日本的九州和四国地区也有分布。药百合的花色鲜艳,深红、淡红或白色,上嵌红色块斑或点斑,花径 8～10 cm,花瓣反卷,边缘呈波纹状,呈圆锥状总状花序,花期 8—9 月。与天香百合一样,具有极高的观赏价值,是重要的观赏百合种类。

⑦湖北百合(*L. henryi*)：原产于我国的湖北和贵州等地,生长强健,抗病性很强,是培育园艺品种的重要的遗传资源。湖北百合的花色橙黄,上着红褐色斑点,花径 15～18 cm,花瓣反卷,花序有 6～12 朵小花,与药百合一样,是观赏价值很高的百合品种。

⑧王百合(*L. regale*)：别名岷江百合、王香百合、峨眉百合。原产于我国四川省峨眉山地区,是观赏价值极高的百合种类之一。鳞茎卵形至椭圆形,紫红色,径 5～12 cm。其花色洁白,花筒处带有莺黄色或紫褐色,花型筒状,芳香宜人。具有自花授粉能力,容易采到种子进行实生繁殖。其生长势极强,具有较强的抗病性,是育种领域的重要遗传资源。

⑨布朗百合(*L. brownii*)：别名野百合、淡紫百合、香港百合、紫背百合。原产于我国的东南、西南、河南、河北、陕西和甘肃等地。鳞茎扁平球形,径 6～9 cm,黄白色有紫晕。地上茎直立,高 0.6～1.2 m,略带紫色。花 1～4 朵,平伸,乳白色,背面中肋带褐色纵条纹;花芳香;花期 8—10 月。本种多野生于山坡林缘草地上,鳞茎除食用外尚可入药。

⑩川百合(*L. davidii*)：别名大卫百合、昆明百合。主要分布于云南、四川、甘肃、陕西、山西、河南等地的山坡或峡谷中。鳞茎扁卵形,径约 4 cm,白色。地上茎高 60～180 cm,略被紫褐色粗毛。叶多而密集,线形。着花 2～20 朵;花被白色,带有紫色或橙红色斑点,花下垂,砖红色至橘红色,带黑点;花被片反卷;花期 7—8 月。可以进行种子繁殖。其变种兰州百合 var. *unicolor* 花瓣橙色无斑点,鳞茎大,是著名的食用百合。喜光照多些。适应石灰质土壤。

⑪青岛百合(*L. tsingtauense*)：又名崂山百合。原产于我国山东省,朝鲜半岛也有分布。鳞茎卵形,白色,味苦,可食。其花色橙红色,带淡紫色斑点,由 5～7 朵单花形成总状花序,花朵星状,花被不反卷。具有轮生叶,目前栽培还不普遍,是良好的遗传育种资源。

⑫武岛百合(*L. hansonii*)：原产于朝鲜半岛南部的武岛,植株强健,耐病性很强,适合于庭院栽培。由于开花期较早,常用于切花生产,花色橙黄,小型,呈星形,具有轮生叶。

⑬日本百合(*L. japonicun*)：分布于日本本州至九州地区,自生于草地或林中。花朵粉色或白色,芳香宜人,花序的小花数为 1～3 朵,株高 70～110 cm,在沿海一带生长旺盛,花大型,花被肥厚,观赏价值较高。

⑭马多娜百合(*L. candidum*)：是世界上作为观赏和药用最早的百合种类之一。原产于中东地区,在欧洲普遍用于庭院和切花栽培。花色纯白,漏斗状,穗状花序,观赏价值较高。

⑮马耳他恭百合(*L. martagon*)：分布于欧洲至西伯利亚广大的土地上。自古以来在欧洲作为观赏植物栽培,植株生长强健,适合于庭院栽培。花朵小型,反卷,花色粉红,分 2 段或 4 段轮生叶片。

【产地与分布】百合属植物只分布在北半球,从北纬 10°～65°的亚热带山地到亚寒带均有

分布。其垂直分布从太平洋沿岸到我国西南部海拔 3 000 m 高山地。中国是百合属植物的起源中心。全世界约有百合 130 种,其中起源于中国的就有 47 个种和 18 个变种,占世界百合属植物的一半左右。

我国栽培百合的历史悠久。早在公元 4 世纪前,人们就知道把它作为药用,及至南北朝时期,梁宣帝发现百合花很值得观赏,他曾有诗云:"接叶多重,花无异色,含露低垂,从风偃柳。"赞美它具有超凡脱俗,矜持含蓄的气质。至宋人种植百合花的人逐渐增多。明清时对百合属花卉已有详细记述。20 世纪 80 年代以后,我国才开始百合的杂交育种,利用丰富的野生资源,进行远缘杂交,培育出百合的种间杂种。

【习性】百合种类多,分布广,所要求的生态条件不同。大多数种类和品种喜光照充足,喜冷凉、湿润气候;耐热性较差,具有一定的耐寒性,其中亚洲杂交组的百合的耐寒性最强。要求肥沃、腐殖质丰富、排水良好的微酸性土壤,少数适应石灰质土壤。忌连作。

百合类鳞茎为多年生,鳞片寿命约为 3 年。鳞茎中央的芽伸出地面,形成直立的地上茎后,又在其上发生 1 至数个新芽,自芽周围向外形成鳞片,并逐渐扩大增厚,几年后分生成为新鳞茎。在茎生根部位也产生小鳞茎。地上部分叶腋产生株芽。花芽分化多在球根萌芽后并生长到一定大小时进行。花后进入休眠,休眠期因种而异。2 ~ 10 ℃ 的低温可以打破休眠。

【繁殖与栽培】可分球、分珠芽、扦插鳞片以及播种繁殖,有些种可组培繁殖。

(1)繁殖

①播种繁殖:凡能获得种子的种类均可采用此法。播种繁殖育苗,方法简便,一次能获得大量无病健壮植株。其次杂交育种培育新品种时,在能获得杂种种子的杂交组合情况下,也必须经过播种育苗获得新类型(品种)。缺点是有些种类发芽慢、成球慢,如东方杂交组的百合多数从播种到开花需 2 ~ 3 年。

②分栽小鳞茎、珠芽繁殖:百合的小鳞茎是繁殖的主要材料,此法适用于多数能够产生小鳞茎的种类和能够用鳞片扦插获得小鳞茎的种类。生产中分栽小鳞茎法是最主要的方法之一。多数种类百合的小鳞茎经过 2 ~ 3 年培养之后才能形成开花球。获得小鳞茎的途径有:

a. 茎生子球:这种子球主要在地上茎基部及埋于土中茎节处长出。适当深埋母鳞茎或在地上茎、及早摘除花蕾(约 1 cm)、切花时保留部分茎叶等,可促进茎生子球增多变大。麝香百合、药百合等都能形成多量的小鳞茎。

b. 鳞片扦插:对于多数百合此法均有效。尤其对不易形成小鳞茎的种类,鳞片扦插是迅速增殖的有效方法,获得的小鳞茎须经约 3 年的培养才能形成开花球。

具体做法是将选好的大鳞茎外表清洗干净,剥除最外层个别干枯的鳞片,留外层健壮较肥大的鳞片作扦插繁殖。花后或早春季节将肥大健壮的无病鳞片的 2/3 或全部斜插入湿度为 15% ~ 20% 的粗沙、蛭石或颗粒泥炭中,在 15 ~ 25 ℃ 条件下经 20 多天,其鳞片下部伤口处会产生瘤状突起,继续培养会产生带根的子球。将子球从鳞片上掰下,即成独立的个体。鳞片的大小、部位直接影响形成子鳞茎球的质量与数目,外层鳞片能产生较多较大的子鳞茎,中层的鳞片产生子鳞茎的能力较差,内层鳞片薄而细小,贮存营养有限,基本上无增殖小鳞茎的能力。可将内层至中央茎轴部位连同原有基生根作为 1 个独立的小种球,供增大栽培用。

c. 珠芽:此法适用于叶腋能产生珠芽的种类,如卷丹、萨生氏百合(*L. sargentiae*)、硫花百合(*L. sulphurenum*)等种类。

百合属地上茎叶腋生长的气生小鳞茎称为珠芽。待珠芽生长到足够大小,在即将成熟时取下,供繁殖用。珠芽的大小与母株健壮程度、茎节的部位、营养状况都有很大的关系,通常粗壮的植株较上中部的茎节和生长期营养供应良好的植株珠芽的体量偏大。当植株花蕾出现后应及早去除花蕾,可明显地促进珠芽增大、增多,有利于及早培养出较大的繁殖材料。

③自然分株(鳞茎)繁殖:多数百合的较大鳞茎在生长过程中会在茎轴旁分生出新的鳞茎,并与原母球逐渐分裂,将分生的鳞茎与母球分离另行栽植即可。多数需培养 1 年后就可以开花。

④组织培养繁殖:许多百合的栽培品种开花后不结种子,有的虽能结种子,但播种的后代多不能保存原有的优良品质;又有些植株体上带有病毒,用分株(鳞茎)扦插鳞片,或栽种珠芽等无性繁殖的后代,也会带有病害。因此应用现代科学方法进行组织培养繁殖百合,可在短期内获得保持原有品种优良性状的大量脱毒种苗。百合的茎尖、鳞片、叶片、茎段、花梗和花柱等器官组织均可作为外植体进行组织培养。

(2)露地栽培

栽培百合宜选半阴环境,要求土层深厚富含腐殖质、疏松而排水良好的微酸性土壤,最好深翻后施入大量腐熟堆肥、腐叶土、粗沙等以利土壤疏松和通气。栽植季节一般在 8 月中下旬至9 月。秋季开花种类可推迟栽植时间。百合类栽植宜深,约为鳞茎的 2 倍,一般深度 15 ~20 cm。株行距一般为(15 ~20)cm×(20 ~40)cm。栽好后,覆盖好,降低地表温度。

生长季节不需特殊管理,可在春季萌芽后及旺盛生长而天气干旱时灌溉数次,百合所需 N、P、K 比例为 5∶10∶5,生长期追施 2 ~3 次稀薄液肥;花期增施 1 ~2 次磷、钾肥。平时只宜除草,不适中耕以免损伤"茎根"。高大植株需用支柱或者支撑网,以防止倾倒。

百合种球(鳞茎)采收后一般进行冷冻或冷藏。冷冻的目的是延长时间贮藏以备周年生产之需,同时,也能满足百合休眠对低温和时间的要求;冷藏只是为快速打破其休眠状态。具体做法如下所述。

(1)冷冻贮藏

鳞茎掘起后放无直射光的冷凉处挑选分级,然后用消毒剂,如苯菌特和福美双混合剂的500 ×液,浸 30 min 消毒(或拌种消毒),沥干药剂,将种球与少量干锯末或消过毒的草炭混合后装入带孔塑料薄膜袋内直接入冷冻室或放入有孔塑料箱内再入冷冻室。冷冻温度:亚洲杂种-2 ℃,其他品系-1.5 ℃。

注意事项:第一,必须在 3 ~5 d 内处理好种球入冷冻室,以防种球失水;第二,要在 7 ~10 d内使冷冻室达到适宜冷冻的温度;第三,冷冻室内箱与箱或堆与堆之间要有一定空间;第四,必须有慢速通气装置,保持冷冻室内适宜且一致的空气环流;第五,亚洲杂种冷冻种球一般要在 1年内用完,东方杂种和麝香杂种贮藏要在 8 ~9 个月内用完;第六,不能重复冷冻已解冻的鳞茎;第七,在 0 ~5 ℃的低温并且无直射光条件下打开塑料袋缓慢解冻,高温解冻会使切花品质下降;第八,解冻的种球要快速应用。1 ℃的冷藏条件下 2 周内用完,5 ℃下应在 7 d 内用完。

(2)冷藏

鳞茎自田间掘起后的消毒处理及包装方法同上,然后在-1 ~0 ℃下预冷处理 7 d,再入 0 ~4 ℃的冷库处理,不同品种冷处理所需时间有一定差异,但一般为 40 ~60 d,其休眠即可解除。

(3)促成栽培

9—10 月选肥大健壮的鳞茎种植于温室地畦或盆中,尽量保持低温,11—12 月室温为

10 ℃。新芽出土后需有充足阳光,温度升至 6～18 ℃,经 12～13 周开花;如显蕾后给以 20～25 ℃,并每天延长光照 5 h,可提早 2 周开花。如欲于 12 月至翌年 1 月开花,鳞茎必须于秋季经过冷藏处理。百合的促成栽培中,经常要遇到的问题是如何解除鳞茎的休眠。以麝香百合为例,主要的打破休眠的方法有:

①高温处理:铁炮百合的休眠受 30 ℃左右的高温诱导,打破休眠也需要一定的高温条件。在自然栽培过程中,球根进入休眠以后,在地下度过夏季高温,自然可以打破休眠。如果要促成栽培,可以将收获的球根人为地进行高温处理,一般在 30 ℃条件下处理 1 个月就可以彻底打破休眠。

②温汤浸泡处理:温汤浸泡法是常用的辅助打破休眠的方法之一。一般使用 47.5 ℃的温水浸泡 30～60 min,或者用 50 ℃温水浸泡 15～30 min。为了防止球根被烫伤,温度最好控制在 45～47.5 ℃。采取温汤处理的球根生长健壮,能够提高切花的长度和质量,减轻病毒病的发生,防止根螨和线虫等危害。

③赤霉素处理:在采用温汤处理后,球根不一定全部发芽,在这种情况下,采用赤霉素辅助处理比较有效。一般在低温处理之前采用 500～1 000 mg/L 的 GA_3 处理 1～3 s 就可以有效地解除休眠。如果采用 GA_4 或 GA_4+GA_7 处理,效果更好。

④乙烯处理:采用乙烯处理百合球根与温汤和赤霉素处理的效果基本相同。在低温处理前,使用 5%～10%的乙烯气处理 3 d,在定植时可以提高发芽率,并且提高切花的茎长和质量。处理时必须采用密闭的容器保持乙烯气的浓度,最好建造能够同时处理大量球根的密闭设备或房间。

⑤流水浸泡处理:流水浸泡处理法可以发挥其简便和大量处理的优势。这种方法开发于 20 世纪 80 年代,一般利用流水(河水或自来水)对不发芽球根连续处理 2 d,其发芽率与温汤或赤霉素处理基本相同。利用流水处理 6 h,发芽率可以达到 70%,处理 2 d 后基本可以达到 100%。这是由于在流水处理过程中,可以将球根内抑制发芽的物质溶出,促进发芽。

⑥低温处理:在铁炮百合的促成栽培中,低温处理是促进抽薹开花不可缺少的措施之一。铁炮百合的生育和开花反应低温为 5～13 ℃,也有人提议采用 7～13 ℃。一般低温处理适温比栽培时的气温低 10 ℃左右。

(4)抑制栽培

将球根放在 0～2 ℃的低温下长期贮藏,在自然开花期之后的 7—9 月采收切花的栽培方式。贮藏方法可以采取低温气调贮藏,长期贮藏时球根内的营养消耗非常严重,要根据栽培场地的气候条件决定是否能够进行抑制栽培。

(5)盆栽

百合除用于切花外,还可盆栽。通过使用生长抑制剂,如多效唑(PP_{333})和嘧啶醇等,可以使百合矮化,一般高度在 30～40 cm。另外,还有大量遗传上的矮化百合品种可供选择,其种类繁多,适合连续栽培并且无须生长调节剂。

①栽培基质:盆栽百合要求基质通透性良好,中等肥力,保湿性好,无杂菌,忌盐分高。基质组成:50%泥炭土+30%苗圃土+20%珍珠岩(或粗河沙)+少量的砻糠灰。

②栽种:先在花盆底部垫一层颗粒较大的土团,再铺上 1～2 cm 配好的基质,放入种球,使基生根舒展、平铺。覆土 5～8 cm 后稍微将土压实,放置遮阴棚内,按一定间隔摆放整齐,不要

太密,浇透一遍水。

【观赏与应用】百合花姿雅致,叶子青翠娟秀,茎干亭亭玉立,花色鲜艳,是盆栽、切花和点缀庭园的名贵花卉。在园林中,适合布置成专类花园,如巧妙地利用不同种类自然花期的差异及种与品种间花色的变化,可做到自 5 月中旬—8 月下旬的 3 个多月时间里,均有不同颜色的花不断开放。高大的种类和品种是花境中独特的优良花材。中高类还可以于稀疏林下或空地上片植或丛植。

百合类中鳞茎多可食用,国内外多有专门生产基地。如中国南京、兰州等地对百合的食用栽培已有较好的基础和经验。食用百合中以卷丹、川百合、山丹、毛百合及沙紫百合等品质最好,特宜食用。多种百合还可入药,为滋补上品。

花具芳香的百合还可提制芳香浸膏,如山丹等。

9.2.2　郁金香 *Tulipa gesneriana*

【别名】洋荷花、草麝香、郁香、旱荷花

【英文名】Tulip

【科属】百合科　郁金香属

【形态特征】"Tulipa"源于波斯语,是"帽子"和"伊斯兰头巾"的意思。鳞茎卵球形,具褐色或棕色皮膜。茎、叶光滑,被白粉。叶 3～5 枚,披针形至卵状披针形。花单生茎顶,大型,形状多样;花被片 6,离生,有白、黄、橙、红、紫红等各单色或复色,并有条纹、重瓣品种。雄蕊 6 枚,花药基部着生,紫色、黑色或黄色,子房 3 室,柱头短,3 裂,外曲。种子扁平,花期 4—5 月。

图 9-1　郁金香

【种类与品种】世界的郁金香新品种登录委员会设在荷兰皇家球根生产协会。他们首先将郁金香分为早花(early flowering)、中花(mid-season flowering)、晚花(late flowering)以及原种(species)等 4 大类别,然后再根据品种的来历、花型、株型和生育习性等分成 15 种类型。

①早花品种:早花品种的自然开花期在 4 月中旬到下旬,一般为单瓣或重瓣,植株较矮小,大多数品种适合于花坛或盆栽,很少用于切花生产。

②中花品种:中花品种的自然开花期在 4 月下旬,植株属于中到大型,花色丰富,包括很多优良的园艺品种,适合于切花生产。此类主要有两个品系:特莱安芙品系和达尔文品系。

③晚花品种:晚花品种的自然开花期在 4 月下旬—5 月上旬,花色和花型丰富,分为 7 个类型(单瓣型、百合型、绒缘型、绿色品系、莱思布蓝德品系、鹦鹉型、重瓣型)。植株高大健壮,适合切花生产。

④原种:与经过品种改良的园艺品种不同,是由野生种和其近原种的品种群整理而来。从遗传学角度讲,其基因组合是纯合的,也就是说,用种子繁殖的后代与亲本有相同的形态学、生理学等特征。自然开花期在 4 月上旬至中旬。大多数种类的植株矮小,适合作为花坛和盆栽的

植物材料。此类主要包括考弗玛尼阿娜种群(Tulipa kaufmaniana Regel)、弗斯特利阿娜种群(Tulipa fosterianna Hoog)、格莱吉种群(Tulpa greieii Regel)。

其他野生种群:属于考弗玛尼阿娜、弗斯特利阿娜和格莱吉种群以外的种,还有很多没有进行园艺改良的野生种以及自然杂交种,如阿库米娜塔(T. acumjnata)、马克西姆威兹(T. maximowiczii)、特尔凯斯塔尼卡(T. turkestanica)、西尔威斯特利斯(T. sylvestris)、萨克萨悌利斯(T. saxatilis)等,主要原生在帕米尔高原、天山山脉、伊朗、欧洲或西非等地。其自然开花期有早有晚,植株的高度也是从矮到高各不相同,类型丰富,是重要的遗传资源和育种材料。

【产地与分布】该属植物主要分布在北半球北纬33°~48°范围内,原产地中海沿岸,经小亚细亚至我国新疆,中亚是分布中心,世界各地广为栽培。

郁金香的栽培历史非常久远,在中东地区出土的陶器上(公元前1600年)已经刻有郁金香的图案。虽然早在16世纪初,在土耳其的书籍上最早记载了郁金香的栽培情况,其实,在此之前,阿拉伯诸国已经广为栽培,后传至欧洲。1634—1637年和1733—1734年先后两次在欧洲形成了郁金香狂热,使欧洲的经济陷入一片混乱。如今世界各国都有栽培,土产国荷兰、英国、丹麦、日本。其中荷兰品种最多,出口占世界首位。

我国有关郁金香的历史文字记载很少。栽培品种在20世纪30年代也零星引入我国。直到1979年从荷兰引进了一批品种,分别在几个城市试种。栽培成功的有西安、北京、杭州等地,并在公园形成观赏效果。与此同时在新疆、甘肃、四川、河北等冷凉地区发展了种球生产基地。

【习性】郁金香喜冬季温暖、湿润,夏季凉爽、稍干燥,喜向阳或半阴的环境。宜富含腐殖质、排水良好的砂质壤土,忌低湿黏重土壤,忌碱性土壤。因其原产地多夏季干热,冬季严寒,故其耐寒性强,冬季球茎可耐-35℃的低温,温度为8℃时即可生长,适应性较广,但生根需要在5℃以上。生长期适温为5~20℃,最佳适温为15~18℃。花芽分化温度为17~23℃,超过35℃时花芽分化受抑制。

其基本生长规律是秋季开始萌芽生长,早春开花,夏季进入休眠状态,并在休眠期进行花芽分化。鳞茎寿命为1年,母球当年开花并分生新球和子球,然后干枯消失。忌连作。根系再生能力弱,折断后难以继续生长发育。郁金香为长日照花卉,性喜阳光充足,但怕酷热,若夏季来得早,盛夏又很炎热,鳞茎休眠后难于越夏。

【繁殖与栽培】

(1)繁殖

①分球繁殖:子鳞茎是最常用的繁殖材料。不同品种子球增殖率不同,通常为2~3个,多的4~6个。子球一般需1~3年培养可形成开花球。在收获球根后给以高温处理,可使顶端分生组织的花芽分化受到抑制,促进侧芽分化,从而增加子球形成数量。

②种子繁殖:一般需经3~5年生长方能开花,多用于新品种培育。

③组织培养:所有器官均可作组培外植体。组织培养的苗株到开花需要的时期长,与种子实生苗相似,一般只用于新品种扩繁和脱毒复壮。

(2)露地栽培

①土壤准备:选择避风向阳,土壤疏松、肥沃的地方种植郁金香。种植前深翻土壤,同时进行土壤消毒并施入2 000~3 000 kg/亩腐熟的有机肥改良土壤。土壤的pH值为6~7。

②定植:我国北方一般在9月下旬—10月份定植。东北和西北温度下降的时间早些,应

适当提前定植,华北地区可稍晚,北京地区定植的时间一般在 10 月中下旬。定植过早,气候温暖,长出叶丛,越冬需加覆盖才可避免受冻;定植过晚,生根不好,影响来年生长。种植的深度为 12 ~ 15 cm(覆土厚度为种球直径的 2 ~ 3 倍),顶芽朝上摆正。

③定植后的管理:定植前应浇一次水,确保定植期间土壤的湿润。定植后,立即再浇一次水,使种球同土壤充分接触,以利于生根。入冬前一定要浇一次防冻水,来年春天幼叶出土后,要及时浇水,保持土壤湿润。在冬天,一般不需浇水,其余时间,以土壤保持湿润为标准。叶片快速生长期和显蕾初期各施一次稀薄液肥,可使花大色艳。

④球根收获与贮藏:当地上部枯萎达 1/3 时,是起球适宜时期。收获后晾干,将老残母球、枯枝、残根清除。郁金香开花商品种球按周径分级,一级径大于 12 cm,二级 11 ~ 12 cm,三级 10 ~ 11 cm。球根贮藏期内环境条件对花芽分化及子球形成有明显影响。通常于收获后在 26 ℃中经 1 周,然后置通风处贮藏,温度为 17 ~ 23 ℃。长期在高温(25 ~ 30 ℃)中贮藏会抑制花芽分化,在 15 ℃中贮藏则影响子球形成。郁金香球根贮藏温度应随栽培目的及品种而异。例如将收获球根立即放入 20 ℃处贮藏,到 8 月转入 17 ℃,当幼根长 1.1 cm 时再放 30 ~ 33 ℃中 1 周以上,花芽败育后再放 17 ℃中贮藏可以达到消花目的,增加主鳞茎的发育,提高商品种球产量。贮藏场所及容器必须通风良好,保持相对湿度 70%,防止乙烯积累。

(3)促成栽培

促成栽培类型是在结束低温处理后于 10 月下旬定植,1—2 月开始采收切花的栽培类型。促成栽培所采用的球根与超促成栽培品种基本相同,一般选用 10 ~ 12 cm 的球根。所使用的品种具有与超促成栽培品种同样的促成能力。也可以选用一些晚熟品种。

收获球根以后,在 20 ℃气温下干燥储藏,促进花芽分化,之后通过预备冷藏 2 周和正式冷藏 8 周,再定植大棚内,在 12 月中旬开始加温,1 月上旬就可以采收切花。

生产中最常用的有 5 ℃和 9 ℃促成栽培(即用 5 ℃或 9 ℃预冷处理的郁金香)。在此介绍 5 ℃郁金香在温室中的畦植促成栽培。

5 ℃郁金香球:郁金香球在收获后,先经过一段时间的高温处理,然后在 5 ℃条件下处理 8 ~ 12 周时间,经过 5 ℃处理的郁金香球在温室内 45 ~ 60 d 便可开花。

①土壤准备:温室内的土壤应土质结构好、排水性好,土壤 pH 值为 6 ~ 7 以及低盐、低养分水平。种植土在种植前必须进行消毒,用 40% 的福尔马林进行消毒,方法同百合。

②种球处理:种植前小心去除包裹在根上的褐色外表皮并消毒。

③定植深度:若用去掉表皮的鳞茎,以球顶部微露为好。若用未去表皮的鳞茎,球顶部距土表 3 ~ 4 cm。

④定植密度:90 ~ 100 球/m²,秋季定植,应密度小些,冬季定植,应密度大些。

⑤定植后的管理:

a. 温度:5 ℃球定植后的前两周,正是生根阶段,土壤温度应保持为 9 ~ 12 ℃。两周后,温室温度可逐渐升高到 15 ℃,3 ~ 4 周后温度可上升并保持 17 ℃。温室温度不能过高,尤其是在前两个月的生根期,超过 12 ℃会引起盲花,降低开花率。

b. 湿度:定植前,必须浇一次水,以保证定植期间土壤的湿润。定植后,浇水一次,使种球同土壤充分接触,以利生根。以后的浇水以保证土壤湿润为标准,即手抓鳞茎下的土壤,刚刚捏成团为标准。浇水的时间为晴天的上午,滴灌最好。郁金香在生长过程中,相对湿度决不可超过 80%,最好低于 70%。

c.肥料:通常郁金香不需要施肥,但若鳞茎不能吸收足够的氮,可考虑施一些氮肥,在鳞茎很好的生根后,每 100 m² 施 2 kg 的硝酸钙,分 3 次施入,每两次间隔一周。硝酸钙中的钙离子还可以防止郁金香猝倒病的发生。

（4）抑制栽培

通过促成栽培和露地栽培,可以做到从 11 月下旬—翌年 5 月上旬不间断采收切花。为了实现郁金香切花的周年上市,可以利用球根的长期冷冻保存,在 6—10 月采收切花。

常用的抑制栽培法即将在自然温度下干燥贮藏的球根,于 11 月下旬或 12 月上旬定植在栽培箱内,充分浇水后,在自然低温下处理,以促进发根萌芽。1 个月以后,将全部栽培箱取回摆放在-2 ℃的冷冻库内。分批分期取出,首先在 5 ℃低温下解冻 2 d,然后在 15 ℃下适应 2 d,最后放在室外阴凉处或温室内,栽培 10 ~ 14 d 就可以开花。

【观赏与应用】郁金香为花中皇后,是最重要的春季球根花卉。它花形高雅,花色丰富,开花非常整齐,令人陶醉,是优秀的花坛或花境花卉,丛植草坪、林缘、灌木间、小溪边、岩石旁都很美丽,也是种植钵的美丽花卉,还是切花的优良材料及早春重要的盆花。中、矮品种可盆栽,点缀室内环境。

9.2.3　风信子 *Hyacinthus oricentalis*

【别名】洋水仙、五色水仙

【英文名】Common Hyacinth

【科属】百合科　风信子属

【形态特征】"*Hyacinthus*"源于希腊神话中神的名字,"*oricentalis*"意为"东方的"。多年生球根类草本植物,鳞茎球形或扁球形,具有光泽的皮膜,常与花色相关。株高 15 ~ 45 cm,花期 3—4月。叶 4 ~ 8 枚,狭披针形,肉质,上有凹沟,绿色有光,质感敦厚。花茎肉质,长 15 ~ 45 cm,总状花序顶生,小花 10 ~ 20 朵密生上部,横向或下倾,漏斗形,花被筒形,上部四裂,反卷,有紫、玫瑰红、粉红、黄、白、蓝等色,芳香。蒴果。

【种类与品种】

由于风信子系以一原种发展而来,遗传变异性不如郁金香多源杂种复杂多变,品种间差异细微,难以分辨。现在园艺上的品种大约有 2 000 个,主要分为以下两系:

图 9-2　风信子

①荷兰系:由荷兰改良培养出来的品系,目前许多园艺品种均属于本系。特点是每朵花的直径大,花穗亦长、大。

②罗马系:由法国人改良而成,亦称法国罗马系。鳞茎比荷兰系略小,从一球中抽出数个花茎。

在以上两系中,均有白、黄、粉、红、蓝、紫等类别。

【产地与分布】风信子为百合科的多年生草本,原产地中海沿岸及小亚细亚一带,现世界各国均有栽培,而以荷兰栽培为多,是著名早春开花的球根花卉之一。

【习性】风信子喜凉爽、湿润和阳光充足环境,要求排水良好和肥沃的砂壤土。较耐寒,在冬季比较温暖的地区秋季生根,早春新芽出土,3月开花,5月下旬果熟,6月上旬地上部分枯萎而进入休眠。在休眠期进行花芽分化,分化适温25 ℃左右,分化过程1个月左右。花芽分化后至伸长生长之前要有2个月左右的低温阶段,气温不能超过13 ℃。风信子在生长过程中,鳞茎在2~6 ℃低温时根系生长最好。芽萌动适温为5~10 ℃,叶片生长适温为10~12 ℃,现蕾开花期以15~18 ℃最有利。鳞茎的贮藏温度为20~28 ℃,最适为25 ℃,对花芽分化最为理想。

【繁殖与栽培】

(1)繁殖

繁殖以分球为主,育种时用种子繁殖。

①分球繁殖:6月将鳞茎挖回后,将母球周围自然分生的子球分离,另行栽植。子球需培养3年才能开花。对于自然分生子球少的品种可行人工切割处理,即8月份晴天时将鳞茎基部切割或放射形或十字形切口,深约1 cm,切口处可敷硫黄粉(或用0.1%的升汞)以防腐烂,将鳞茎倒置太阳下吹晒1~2 h,然后平摊室内吹干,室温先保持21 ℃左右,使其产生愈伤组织,待鳞片基部膨大时,温度渐升到30 ℃,相对湿度85%,3个月左右即形成许多小鳞茎。这样诱发的小鳞茎培养3~4年开花。

②种子繁殖:多在培育新品种时使用,于秋季播入冷床中的培养土内,覆土1 cm,翌年1月底2月初萌发。实生苗培养的小鳞茎,4~5年后开花。

③组培繁殖:20世纪80年代初应用花芽、嫩叶作外植体,繁殖风信子鳞茎。

(2)露地栽培

秋植球根,宜于10—11月进行,在冬季不寒冷地区,种植后4个月,即次年3月花蕾即可出现,3周后可开花。风信子应选择排水良好,不太干燥的砂质壤土为宜,中性至微碱性,忌连作。栽培时,要施足基肥。株距15~18 cm,覆土5~8 cm。冬季及开花前后,还要各施追肥1次。采收后不宜立即分球,以免分离后留下的伤口于夏季贮藏时腐烂,种植时再分球。干燥保存。

(3)盆栽

用壤土、腐叶土、细沙等混合作营养土,一般在9月上盆,选取大而充实的球种,每盆3~4球,栽植深度以球根肩部与土面一平,顶部露出为合适,放入冷床或冷室,11月入室,室温保持5~6 ℃,待花茎抽出时,再将温度提高到20 ℃以上。

(4)水培

风信子也可水养。采用特制的玻璃球,瓶口部呈颈状,球根正好很稳地放在上面。于10—11月在瓶内装水,并在水中放一点木炭,以吸附水中杂质。再将与瓶口大小相适应的球根放在上面,之间的空隙要用棉花塞紧,并注意球根下部不要接触到水。然后,将瓶放在冷凉黑暗的地方令其发根,约经1个月,球根可发出很多白根,并开始抽花茎。这时,要把瓶移至光亮的地方,室温保持15 ℃。水养期间,每3~4 d换一次水。在我国,常将鳞茎放入造型优美的浅盘中,似水仙一样进行水养。

(5)促成栽培

通常大而充实的球宜于促成栽培。在25.5 ℃下促进花芽分化后,外花被已达形成期的鳞茎,在13 ℃下放置2个半月左右,然后在22 ℃下促进生长,待花蕾抽出后置于15~17 ℃中

栽培。

【观赏与应用】是重要的秋植球根花卉。植株低矮而整齐,花期早,花色艳丽繁茂,是春季布置花境、花坛的优良材料。可以在草地边缘种植成丛成片的风信子,增加色彩。还可以盆栽欣赏或像水仙一样用水养观赏。高型品种可以作切花用。

9.2.4 葡萄风信子 *Muscari botryoides*

【别名】蓝壶花、葡萄百合、葡萄水仙

【英文名】Common Grape Hyacinth

【科属】百合科 蓝壶花属

【形态特征】"*Muscari*"源于希腊语"麝香","*botryoides*"意为"总状的"。地下鳞茎卵状球形,皮膜白色。叶基生,线形,稍肉质,边缘常向内卷;也常伏生地面。花茎自叶丛中抽出,1~3支,高10~30 cm,直立;总状花序顶生;小花多数,密生而下垂,碧蓝色;花被片联合呈壶状或坛状,故有"蓝壶花"之称。现有白、肉红、淡蓝等品种。

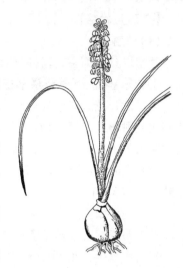

图9-3 葡萄风信子

【产地与分布】原产地中海沿岸和亚洲西南部。中国仅引种此种。

【习性】性强健,适应性较强。耐寒,在中国华北地区可露地越冬,不耐炎热,夏季地上部分枯死。耐半阴。喜深厚、肥沃和排水良好的砂质壤土。

【繁殖与栽培】分球繁殖,将母株周围自然分生的小球分开,秋季另行种植,培养1~2年即能开花。

秋植,定植株距10 cm。栽培管理简便,但要注意栽前施足基肥,生长期适当追肥,有利于开花。华北地区可露地过冬,栽培似宿根类,不必年年取出。

【观赏与应用】葡萄风信子株丛低矮,花色明丽,花朵繁茂,花期早且长达2个月,宜作林下地被花卉。丛植在以黄色为主基调的花境中,十分醒目。与红色郁金香配植,是早春园林中美丽的景观。在草坪边缘或灌木丛旁形成花带也非常美丽。性强健,种植在岩石园中,可以体现其旺盛的生命力,给人以蓬勃向上的动感。此外,还是切花和盆栽促成的优良材料。

9.2.5 贝母属 *Fritillaria*

【别名】勤母、苦菜、苦花、空草、药实

【英文名】Fritillaria thun-bergli

【科属】百合科

【形态特征】"*Fritillaria*"来源于拉丁语fritillus,意为"骰子匣",指花形。鳞茎由2~3或4~6片肉质鳞片构成,有或无皮膜。基生叶有长柄,茎生叶有短柄或无柄,对生或轮生。花钟形或漏斗形,俯垂,单生成总状花序或伞形花序。花被片6,矩圆形、近匙形至狭卵形,基部有蜜腺。

雄蕊 6,子房 3 室。蒴果 6 棱,种子褐色、扁平。染色体 $2n=12$。

【种类与品种】种类繁多,分布全球,欧洲非常盛行。我国各地种植较多、面积较大的主要种类有:

①花贝母(*F. imperialis*):又称壮丽贝母、璎珞百合。由于其茎的先端有一簇似皇冠样的叶丛,富于装饰性,在欧美作为重要春花园林植物。原产土耳其、印度至我国西藏的喜马拉雅山地。

植株高大,可达 1 m 左右,茎上部有紫斑。鳞茎 8~10 cm,淡土黄色,有强烈异味。叶长椭圆形,3~4 片轮生,顶部叶簇生。叶腋有花 5~6 朵,俯垂状,长约 6 cm。典型种花色橙红色,花被基部有黑色斑纹,具蜜腺。花柱长于雄蕊,柱头 3 裂,反卷。花期 4—5 月。多种花色变种和重瓣类型,如阿罗拉(Aurora)铜红色,冠上冠(Crown Upon Crown)橙红色、重瓣,威廉姆(William)红色。

②网眼贝母(*F. meleagiis*):又名小贝母。原产欧洲北部、中部、亚洲西南部。株高 45 cm。鳞茎小,径 1~1.5 cm,球形,顶部锥形,基部扁平,黄白色,有异味。茎直立,绿色。叶狭线形,5~6 枚。有花 1~3 朵,花宽钟状,径 3 cm,俯垂,紫红色,有浅色网纹斑。花期 4—5 月。种间杂种有白色、深紫色及白花紫纹品种。

③浙贝母(*F. thunbergii*):原产我国、日本。鳞茎有肉质鳞片 2~3 片,径 1.5~4 cm。叶无柄,宽线形,3~4 片轮生或对生,顶部须状钩卷。总状花序,有花 1~6 朵,着生茎顶叶腋间,钟状,淡黄色至黄绿色,内有紫色网状斑纹,俯垂。花期 3—4 月。

④伊贝母(*F. pallidiflora*):又称西伯利亚贝母。产我国新疆西北部到西伯利亚。株高 15~40 cm。鳞茎有鳞片 2 枚,径 1.5~3.5 cm。叶轮生,有时对生,先端卷曲。总状花序,有花 1~6 朵,俯垂,径 1.2~2 cm。花淡黄色,有暗红色斑点。花期 5 月。

⑤川贝母(*F. cirrhosa*):分布于我国四川、云南、西藏、喜马拉雅山中部、东部以及尼泊尔、印度等处。株高 15~50 cm,又名卷须贝母。鳞茎有鳞片 2~4 枚,径 1~1.5 cm。叶带状披针形。花钟状,单生,有时 2~3 朵着生茎顶腋内,俯垂。花黄绿色至黄色,有紫色至褐色网状斑纹。花期 5—7 月。

【产地与分布】原产于土耳其北部至南亚北部地区。

【习性】喜冷凉湿润气候,耐寒,忌炎热干燥。喜阳光充足环境,也可在半阴条件下生长。喜疏松肥沃、富含有机质、排水良好、pH 6.0~7.5 的砂质壤土。

【繁殖与栽培】种子繁殖容易,秋播后次年发芽,经 3~4 年开花。常用分球繁殖。秋季 9—10 月种植,大的花贝母栽深 15~20 cm,间距 15~20 cm。小型鳞茎类如网眼贝母栽深 5~10 cm,间距 8~10 cm。花贝母鳞茎顶部有一残花茎的凹孔,为防止孔内积水,栽时将鳞茎侧倒。在黏土中种植时,可先铺一层约 25 cm 厚的沙层,鳞茎栽沙上然后覆土。有田鼠危害的地区,将贝母与郁金香组合栽种,由于贝母鳞茎有刺激性异味,有驱避田鼠啃香的作用。

花后老鳞茎枯萎越夏休眠,为防土壤中水湿造成新鳞茎败烂,于叶黄时起球,贮藏于湿锯末、沙或草炭中。园林栽培 3~4 年起球分栽一次。

【观赏与应用】园林中常用作林下丛植或草地丛植,或植花坛、花境,有的用作切花及促成栽培。

9.2.6 唐菖蒲 *Gladiolus hybridus*

【别名】十样锦、扁竹莲、菖兰、剑兰

【英文名】Hybrid Gladiolus

【科属】鸢尾科 唐菖蒲属

【形态特征】"*Gladiolus*" 源于拉丁语,意思是"小的剑",指其叶剑形。唐菖蒲株高 40～150 cm,每株有刚直的叶片 6～9 枚,规则地嵌迭排列,长 35～60 cm,宽 4～6 cm,硬质,叶梢锐尖,叶脉 6～8 条,凸起而显著,呈平行状。剑型叶片展开数枚以后在中心部抽出花茎,穗状花序长 30～75 cm,每个花穗着花 8～24 朵,通常侧向一边,排成两列,花冠直径 8～16 cm,花冠由下向上渐小,花朵由下向上渐次开放。花冠筒呈膨大的漏斗形、喇叭形、钟形等,稍向上弯曲。花朵的色彩丰富。花朵内外各具 3 枚花瓣(花被),有 3 条雄蕊,柱头为 3 裂。蒴果,种子扁平有翅。

图 9-4　唐菖蒲

　　唐菖蒲地下部分具球茎。球茎扁圆形或卵圆形,外部包有 4～6 层褐色膜被,球茎上有芽眼 3～6 个,成直线排列,中间的为主芽,旁边的为侧芽。

【种类与品种】

鸢尾科分属检索

1.花辐射对称,雄蕊彼此间距离相等。

　　2.植株无明显的茎 ······························· 1.番红花属 *Crocus*

　　2.植株有明显的茎 ······························· 2.香雪兰属 *Freesia*

1.花两侧对称,雄蕊多少偏于一侧 ···················· 3.唐菖蒲属 *Gladiolus*

　　由于唐菖蒲的起源范围比较广泛,其开花习性也不同,根据目前培育的园艺品种的开花习性,可以分为春季开花和夏季开花两大系统。

　　(1)春季开花系统

　　春季开花系统属于秋季定植春季开花的品种类型,其耐寒性很强,植株比较矮小,株型优美,盲花率较低。但是,其花冠的色彩比较贫乏。大体可分为以下几个品系。

　　①*Gladiolus*×*colvillii* SW. 品系:是世界上最先使用原种进行杂交培育出的唐菖蒲品系。在无加温大棚中栽培,于 5 月中旬以后开花,花朵较小且少(6～10 朵),花茎坚挺,高达 80 cm,每球可以形成 3～5 根花茎。

　　②*Gladiolus*×*herald* Hort. 品系:开花期较早,一般为 3 月下旬—4 月中旬,花茎可以伸长到 60～100 cm,花茎上部的腋芽可以发育成二次花茎而形成分枝,所以花茎容易弯曲。此外,在花瓣的先端部或下部具有色斑。

　　③*Gladiolus*×*nanus* Hort. 品系:开花期一般在 4 月中旬—5 月上旬,花茎较细,其先端部容易发生弓形横向弯曲。

　　④*Gladiolus*×*ramosus* Hort. 品系:开花期在 5 月中下旬,花茎长 80 cm 左右,花茎坚挺,上着

8~10朵小花。

⑤*Gladiolus×tubergenii* Hort.品系：该品系的植株细长而坚硬,叶片较细,茎长80 cm以上,株型优美。花朵较大,开花期在4月上旬。

（2）夏季开花系统

夏季开花品系一般在春季定植,于夏季采收,在温暖地区可采用促成栽培和抑制栽培等组合实现周年生产。夏季开花品系也是目前生产上主要利用的唐菖蒲品系,其花色鲜艳,品种繁多。主要的品系有：

①*G. grandiflorus*品系：目前所栽培的大多数品种属于这个品系,其植株高大,大型花,花色丰富多彩,对环境的适应性强,容易栽培,到花日数为100 d左右,是世界上唐菖蒲切花生产的主栽品系。

②*G. picusiolus*品系：此品系的育成历史较短,植株矮小,小花型,到花日数只有50~80 d,花色明快,品种较多,近年其栽培面积不断增加,是花坛和盆栽的主要品种来源。

【产地与分布】唐菖蒲属约有250种,其中10%的种类原产于地中海沿岸和西亚地区,90%的种类原产于南非和非洲热带,尤以南非好望角最多,为世界上唐菖蒲野生种的分布中心。

【习性】喜冬季温暖、夏季凉爽的气候,不耐寒;白天最适温度20~25 ℃,夜间10~15 ℃。喜光;对土壤要求不严,但以排水好、富含有机质的砂壤土为宜,不耐涝。长日照植物,在春夏季长日照条件下花芽分化和开花。球茎寿命为1年,老球花后萎缩,在茎基部膨大,最后在其上方形成一个大新球,周围产生数量不等的小子球。

【繁殖与栽培】

（1）繁殖

①子球繁殖：球茎经过一个生长周期,可在大球茎基部生长出许多小球,通常称为子球。将子球与大球茎分离,晾晒后分级保存。翌年春季即可进行播种繁殖。

②种子繁殖：多用于新品种繁育。种子无休眠期,采后即播,很快就发芽,当年可长出2片叶,当年秋季采收,次年春季种植可开花。

③切球繁殖：因种球缺乏或属珍稀品种,可进行切球繁殖。方法如下：将球茎的膜质皮剥去,使肉质球茎全部裸露,纵向切割,每个种块必须保留1~2个芽和一定数量的茎盘,切完后用0.5%高锰酸钾溶液浸泡20 min后即可播种。

④组织培养繁殖：多用于快速繁殖和脱毒复壮。用植株的幼嫩部分作外植体在试管中培育成直径0.3~1.0 cm的小球,然后再在土壤中栽培一个生长季之后,即可长成3 cm以上的开花球。

（2）露地栽培

栽培地以疏松的砂壤土和壤土为好,同时要注意：尽量避开周围土地种植豆科作物,防止蚜虫扩大传染病毒的机会;切忌连作和上年栽植鸢尾属、小苍兰属等植物的地块作圃地,轮作间隔期不能少于3年。

耕作土壤一般要进行消毒,可采用药物消毒法和蒸汽消毒法。

药物消毒法：用氰土利和二氯丙烷20%颗粒剂,每1 000 m^{2}用药各20 kg,处理后用塑料薄膜覆盖2周以上,效果良好。

物理消毒法：a. 在圃地上平铺柴草，然后点燃。此法对真菌、细菌、害虫均有显著效果。b. 首先将土地深翻 30 cm，然后用胶管或硬质塑料管与暖器锅炉接通，用 70 ℃ 以上的热气处理土地 20 ~ 30 min，对镰刀霉菌、干腐病、线虫和其他土壤害虫防治效果均好。

种球种植前要进行消毒处理。方法：首先把球茎放在 40 ℃ 温水中浸泡 10 ~ 15 min，然后添加药剂：浓度 0.4% 的咪酰胺+1% 的敌菌丹+0.2% 腐霉剂，浸泡 30 min。

种植栽培密度可参考下表：

种球规格/cm	6 ~ 8	8 ~ 10	10 ~ 12	12 ~ 14	14 以上
平方米种球数/个	60 ~ 80	50 ~ 70	50 ~ 70	30 ~ 60	30 ~ 60

覆土厚度因土壤类型和栽植时间不同而有所差异，如黏重土壤，覆土厚度要比砂壤土薄些，早春栽植，由于地温低，覆土要薄些，夏季，地温高，覆土可厚些，一般栽植深度为 5 ~ 15 cm。

生长期需要充足的水分。长到 7 片叶子后，将抽出花穗，随着花穗体积的膨大，植株上部质量也迅速增加，因此要采取防倒伏措施。球茎在温度 4 ~ 5 ℃ 时萌动，白天 20 ~ 25 ℃，夜间 10 ~ 15 ℃ 生长最好。唐菖蒲属长日照花卉，尤其在生长过程中需要较强的光照。

（3）促成栽培

促成栽培就必须人为提早打破休眠。早期收获的球根由于没有经过自然低温，因此有必要在 5 ~ 8 ℃ 的低温条件下处理 5 ~ 6 周以打破休眠。如果将收获的球根，放在自然条件下接受低温处理，在 12 月以后也能够自然打破休眠。

唐菖蒲的球根即使打破休眠，在 20 ℃ 适温下从定植到发芽也需要数周，因此，在打破休眠以后，将球根放在 20 ℃ 适温下促进根点的形成以及芽的伸长之后再定植。

（4）抑制栽培

唐菖蒲的球根与大蒜等球根类作物一样，在自然条件下，到了春季就要发芽伸长，因此想在 8 月份以后还能采收切花就必须进行抑制栽培。在球根发芽之前用 2 ~ 4 ℃ 低温将球根冷藏起来，就可以抑制其球根发芽。以后随时可以取出球根定植在露地或者大棚温室内，分批定植排开采收切花。可以从 8 月—翌年 3 月都能够采收切花。从而实现唐菖蒲切花的周年生产。

（5）球茎收获和贮藏

花后 40 ~ 45 d，地上部分开始枯黄，是收获球茎的最适时期。采收后，用清水冲洗干净、消毒后晾晒至用手摸时无潮润感为度。球茎的贮藏方法有：

①常规贮藏：于通风、干燥（湿度不超过 70%）、温度为 1 ~ 5 ℃ 条件下贮藏。

②低温库贮藏：利用机械制冷，使库内保持 1 ~ 4 ℃ 的低温，并配备控调装置，使库内低氧和有适宜的二氧化碳浓度及湿度。同时还能排除库内的有害气体，从而降低唐菖蒲种球的呼吸强度，减轻唐菖蒲的某些生理失调现象，降低球茎的腐烂率和干瘪率，控制芽的萌发。低温库贮藏是一种较为理想的贮藏方法，可以周年向市场提供种源。

【观赏与应用】唐菖蒲是园林中常见的球根花卉之一。花茎挺拔修长，着花多，花期长，花型变化多，花色艳丽多彩，如采用促成栽培可四季开花。是花境中优良的竖线条花卉，也可用于专类园。是重要的切花生产花卉。

9.2.7　球根鸢尾类 *Iris* spp.

【别名】爱丽丝,篮蝴蝶

【英文名】Bulbous Iris

【科属】鸢尾科　鸢尾属

【形态特征】"*Iris*"拉丁文,为"虹,虹彩"。鳞茎长卵圆形,外有褐色皮膜,直径 1.5~3 cm。叶多基生,剑形至线形,具深沟,长 20~40 cm。花亭直立,高 45~60 cm,着花 1~2 朵,有花梗,花冠漏斗形,筒部稍弯曲,橙红色,花期初夏。

【种类与品种】主要种类包括 3 个组,即西班牙鸢尾组(Xiphium Section)、网状鸢尾组(Reticulata Section)和朱诺鸢尾组(Juno Section)。后者栽培很少,仅介绍前两组。

(1)西班牙鸢尾组

①西班牙鸢尾(*I. xiphium*):鳞茎细长,较小,茎高 30~60 cm。叶线形,长约 30 cm,外被白粉,表面有纵条沟。每茎先端有 1~2 朵花,花径约 7 cm,紫色,垂瓣喉部有黄斑。花期 5—6 月。杂交改良品种花色有白、黄、蓝、紫等。

②荷兰鸢尾(*I. hollandica*):是西班牙鸢尾与丹吉尔鸢尾(*I. tingitana*)等的杂种;株高 40~90 cm,每茎 1 花,花有白、黄、蓝、紫等色。垂瓣喉部有黄或橙色斑。不同品种有单色花、双色花、多色花。栽培普遍,品种多,花期比西班牙鸢尾早约 2 周。

③英国鸢尾(*I. xiphioides*):原产英国山地。鳞茎细长梨形。株高 30~60 cm,每茎有花 2~3 朵。花大,垂瓣椭圆形,比上两种宽,花蓝紫色,垂瓣喉部有黄斑。花期比西班牙鸢尾约晚 2 周。

(2)网状鸢尾组

为矮生鸢尾。鳞茎比西班牙鸢尾组小,具网纹状皮膜,花期叶与花茎等长,花后叶比花茎略长。垂瓣喉部橙黄色斑的两侧有白边。花期 3—4 月。栽培较多的有网状鸢尾(*I. reticulata*)鳞茎皮乳白色,茎极短,仅 2.5 cm,有叶 2~4 枚,花后长达 30 cm,顶花单生。花深紫色,有芳香。染色体 $2n = 20$。园艺杂种有紫、蓝紫、深蓝、紫红等花色。

【产地与分布】原产地中海沿岸及西亚一带,各地广为栽培。

【习性】鳞茎成熟时进入夏季休眠,经过夏季高温、干燥之后打破休眠,于秋季开始萌芽生长。冬季低温来临时停止生长,次春温度上升时继续生长、开花并形成新鳞茎和新根,随后老鳞茎耗尽,皮膜残存于新鳞茎之间,随后同时又进入越夏休眠。

生长期喜光,气候凉爽,多数种要求夏季炎热、干燥,其中英国鸢尾稍耐湿润。耐寒力较强的是荷兰鸢尾,其次为西班牙鸢尾,英国鸢尾最不耐寒。而最耐寒的则是网状鸢尾,原产高山的雪线地带,在雪中开放。

【繁殖与栽培】成年母鳞茎的顶芽开花,次顶芽可形成大的新球,下部腋芽依次形成大小不等的子球。生产上常用子球培育由其顶芽形成的形状整齐的新球,开花质量好,商品价值高,培育子鳞茎到开花需 2~3 年。收获的开花种球需放 20~25 ℃通风处以防霉烂。

栽培宜选地势高燥,排水良好,夏季能接受到阳光的场地。种植期在 10—11 月,种植深度 10~13 cm,间距 20~30 cm。早春出土后追肥 1~2 次。生长季保持土壤湿润。花后剪去残花,经 3~5 年可重新栽种。

【观赏与应用】花姿优美,花茎挺拔,常大量用于切花;也可作早春花坛、花境及花丛材料,但在华北地区需覆盖防寒,不宜大面积栽植。

9.2.8 番红花 *Crocus sativus*

【别名】藏红花

【英文名】Crocus

【科属】鸢尾科 番红花属

【形态特征】"*Crocus*"源自希腊语,意为橙黄色。多年生球根花卉,高仅 15 cm。具扁圆形球茎。叶多数,成束丛生,细线形,断面半圆形,中肋白色,叶面有沟,叶缘有毛并内卷,叶基具淡绿色鞘状宽鳞片。花莛与叶同时或稍后抽出,顶生一花;花被管细长,花柱长,端 3 裂,血红色;花雪青、红紫或白色,芳香;花期 9—10 月。昼开夜合。栽培品种很多。

【种类与品种】植物学上根据花茎有无苞片、花药朝向以及球茎外皮质地和纹理分为 *Crocus* 和 *Crociris* 两个亚属。园艺上按花期分为春花和秋花两大类。

①春花类:花茎先于叶抽出,花期 2—3 月。

春番红花(*C. vernus*)花茎基部具佛焰苞片。叶宽线形,与花茎近等高,花白色或堇色,具紫斑,花期 2—3 月。

番黄花(*C. maesiacus*)无基生佛焰苞。叶狭线形,明显高于花茎,花金黄色,较大,有乳白色变种,花期 2—3 月。

②秋花类:花茎于叶后抽出,花期 9—10 月。

番红花(*C. sativus*):具基生佛焰苞。叶多狭线形,常与花同时抽出,花大、芳香、淡紫色,花柱细长,先端 3 裂,伸出花被下垂,深红色,为药用部分,花期 10—11 月。

美丽番红花(*C. speciosus*):无基生佛焰苞。叶狭长,花大色艳,花筒内侧上部紫红色,花色鲜黄,有蓝色羽状纹,花期 9—10 月。是秋花种类中花最大的一种,观赏价值最高,有很多变种和品种。

图 9-5 番红花

【产地与分布】主要分布在欧洲、地中海和中亚等地,明朝时传入我国,现在我国各地常见栽培。

【习性】喜温和凉爽环境,稍耐寒,忌酷热;喜阳光充足,耐半阴;要求富含有机质、排水好的沙质壤土,pH 值 5.5～6.5;忌积水。

【繁殖与栽培】繁殖多用分植小球茎。母球茎番红花寿命 1 年,每年于母球上形成新球及子球;也可播种繁殖,实生苗 3 年开花。秋季分栽母球,重 8 g 以下球翌年多不能开花。

华北地区需温室栽培,如露地种植,冬季覆盖过冬。开花期多浇水,不宜施肥,否则易烂球。花后可追肥,以促进新球生长。夏季休眠应挖球后,贮藏于通风凉爽处。栽植深度为球茎的 3 倍。生长适温为 15 ℃,开花适温 16～20 ℃,土温 14～18 ℃,苗期可耐-10 ℃低温。忌连作。

【观赏与应用】适宜作花坛、草地镶边;岩石园栽植或草坪丛植点缀;也可盆栽或水养,促成栽培观赏。柱头药用,俗称"藏红花"。

9.2.9　石蒜属 *Lycoris*

【英文名】Lycoris

【科属】石蒜科　石蒜属

【形态特征】"*Lycoris*"是希腊神话中女海神的名字。多年生草本。地下部分具鳞茎,球形,颈部短,外被紫皮膜;叶基生,带状或线形,端部圆钝;待夏秋季叶丛枯凋时,花葶抽出并迅速生长而开花。花葶实心,端部生伞形花序,着花少数或多数,侧向开放;花冠漏斗状或上部开张反卷,雌雄蕊长而伸出花冠外,花色有白、粉、黄、橙等色。

图9-6　石蒜

【种类与品种】庭园中常见栽培的有下列几种:

①红花石蒜(*L. radiata*):别名龙爪花,蟑螂花,老鸦蒜,鳞茎广椭圆形,径2～4 cm,皮膜褐色。叶线形,花后抽生。花葶直立,30～60 cm,着花4～12朵;鲜红色;花被片上部开展并向后反卷,雌雄蕊很长,伸出花冠外并与花冠同色;花期9—10月。本种原产我国,分布很广,长江流域及西南各省均有野生。

②忽地笑(*L. aurea*):别名黄花石蒜、铁色箭、大一枝箭;鳞茎较大,径6 cm近球形;皮膜黑褐色。叶阔线形;花后开始抽生;花葶高30～50 cm,着花5～10朵;花大,黄色,花期7—8月。原产我国,华南地区有野生;日本亦有分布。

③中国石蒜(*L. chinensis*):本种与忽地笑很相似,花亦呈黄色或橘黄色,但花冠筒比忽地笑长,1.7～2.5 cm;抽叶开花均较早。原产我国南京、宜兴等地。

④鹿葱(*L. squamigera*):别名夏水仙。鳞茎阔卵形,较大,径达8 cm左右;叶阔线形,花葶高60～70 cm,着花4～8朵;粉红色,芳香;花期8月。耐寒性强;春天萌芽抽叶,夏天叶枯开花。原产我国及日本。

⑤换锦花(*L. sprengeri*):本种形似鹿葱,唯其鳞茎较小,直径2～3 cm;叶亦较窄,花冠筒较短,花淡紫红色。耐寒性强,生长强健。原产我国云南及长江流域。

⑥长筒石蒜(*L. longiruba*):本种鳞茎卵状球形,径约4 cm;花葶最高,为60～80 cm,花冠筒亦最长,着花5～17朵;花大形,白色,略带淡红色条纹;花期7—8月。原产我国江苏、浙江一带。

石蒜科分属检索

1. 无副花冠,花丝基部不膨大,花丝之间也无鳞片。

　2. 浆果,胚珠每室2～6枚。花被片长在3 cm以内,雄蕊超出于花被片之外……………………………………………………………… 1. 网球花属 *Haemanthus*

　2. 蒴果,胚珠每室多数。

　　3. 花被筒短,甚至没有,雄蕊常着生于花被的基部。

　4.花被近相等,整齐花,花单生或有数枚成伞形。

　　5.花莛中空,叶数枚,内外轮花被相等 ………………………… 2.雪片莲属 *Leucojum*

　　5.花莛实心,叶仅2~3枚,内轮花被片短 ………………………… 3.雪花莲属 *Galanthus*

　4.花被漏斗状,花常下倾,花数枚伞形,花大形 ………………… 4.孤挺花属 *Amaryllis*

3.花被筒长,雄蕊着生于花被筒上。

　　6.总状花序,花白色,漏斗状 …………………… 5.晚香玉属 *Polianthes tuberosa*

　　6.花单生或成对或成总状,每一花莛通常具花1枚,花各色……………………

　　………………………………………………………………………… 6.葱莲属 *Zephyranthes*

1.具副花冠,副花冠由花丝之间分离的鳞片组成或直接成环成管。

　　7.副花冠由花丝之间分离的鳞片组成,每室仅有胚珠数枚……………………

　　………………………………………………………………………………… 9.石蒜属 *Lycoris*

　　7.副花冠成环或成管 …………………………………… 10.水仙属 *Narcissus*

【产地与分布】同属有10余种,主要产于我国和日本。我国为本属植物的分布中心。现在华东、华南及西南地区多有野生。

【习性】适应性强,耐寒力因产地不同而异。性强健,喜半阴,耐阴。自然界常野生于缓坡林缘、溪边等比较湿润及排水良好的地方。不择土壤,但喜腐殖质丰富的土壤和阴湿而排水良好的环境。石蒜有夏季休眠习性,8月前抽生花茎,9月开花,国庆节前凋萎,冬季叶丛青翠,生机勃勃,次年4月下旬叶先端开始枯黄,5月全部枯萎进入越夏休眠期。

【繁殖与栽培】繁殖以自然分球繁殖为主。春季叶刚枯萎时或秋季花茎刚枯萎时将鳞茎挖起掰开分栽。挖起时要防止损伤须根,否则影响当年开花。栽植深度为8~10 cm。石蒜有伸缩根,能自动调节鳞茎的深度。育种常采用种子繁殖。秋季种子成熟即播入苗床,翌春幼根萌发并形成小球,秋季幼叶萌发出土。实生苗培植5~6年开花。

石蒜适应性强,管理粗放,一般土壤栽前不需施基肥。如土质较差,于栽前施有机肥一次。生长期保持土壤湿润,不能积水。休眠期停止浇水,以免鳞茎腐烂。花后及时剪去残花。

【观赏与应用】石蒜类有些种冬季叶色翠绿,夏、秋季鲜花怒放,宜作林下地被植物,也是花境中的优良材料,可丛植或用于溪边石旁自然式布置。亦可盆栽水养或供切花。

9.2.10　水仙属 *Narcissus*

【别名】百枝莲、孤挺花

【英文名】Narcissus, Daffodil

【科属】石蒜科　水仙属

【形态特征】水仙属多年生草木。地下具肥大的鳞茎,卵形至广卵状球形,外被棕褐色薄皮膜。大小因种而异。叶基生,带状线形或近柱形。多数种类互生二列状,绿色或灰绿色。花单生或多朵成伞形花序着生于花茎端部,下具膜质总苞;花茎直立;花多为黄色、白色或晕红色,部分种类具浓香;花被片6,花被中央有杯状或喇叭状的副冠,是种和品种分类的主要依据。鳞茎为多年生,自然分生力强。

【种类与品种】水仙属有许多变种和亚种,中国及日本仅有2种。

主要品种及种类：

①中国水仙(*Narcissus tazetta* var. *chinensis*)：别名水仙花、金盏银台、天蒜、雅蒜,是栽培广泛的法国水仙的重要变种之一,主要集中于中国东南沿海一带。叶狭长带状。花茎与叶等长,高 30 ~ 35 cm;每茎着花 3 ~ 11 朵,通常 3 ~ 8 朵,呈伞房花序;花白色,芳香;副冠高脚碟状,较花被短得多;花期 1 ~ 2 月。为 3 倍体,不结种子。耐寒性差。最易水养观赏。

②喇叭水仙(*Narcissus pseudo-narcissus*)：别名洋水仙、漏斗水仙,原产瑞典、西班牙、英国。叶扁平线形,灰绿色而光滑。花茎高 30 ~ 35 cm;花单生,大型,黄或淡黄色,稍具香气;副冠与花被片等长或稍长,钟形至喇叭形,边缘具不规则齿牙和皱褶;花期 3—4 月。极耐寒,北京可露地越冬。是各国园林中常用的种类。片植有极好的景观。

③明星水仙(*Narcissus incomparabilis*)：别名橙黄水仙,原产西班牙及法国南部。叶扁平状线形,灰绿色,被白粉。花茎有棱,与叶同高;花单生,平伸或稍下垂,径 5 ~ 5.5 cm;副冠倒圆锥形,边缘皱折,为花被片长之半,与花被片同色或异色,黄或白色;花期 4 月。

④丁香水仙(*Narcissus jonquilla*)：别名长寿花、黄水仙、灯心草水仙,原产南欧及阿尔及利亚。叶 2 ~ 4 枚,长柱状,有明显深沟,浓绿色。花茎高 30 ~ 35 cm;花 2 ~ 6 朵聚生,侧向开放,具浓香;花高脚碟状,花被片黄色;副冠杯状,与花被片同长、同色或稍深呈橙黄色;花期 4 月。

⑤红口水仙(*Narcissus poeticus*)：别名口红水仙,原产法国、希腊至地中海沿岸。叶 4 枚,线形。花茎 2 棱状,与叶同高;花单生,少数 1 茎 2 花;花被片纯白色;副冠浅杯状,黄色或白色,边缘波皱带红色;花期 4—5 月。耐寒性较强。

⑥仙客来水仙(*Narcissus cyclamineus*)：叶狭线形,背隆起呈龙骨状。花 2 ~ 3 朵聚生;花冠筒极短,花被片自基部极度向后反卷,黄色;副冠与花被片等长,鲜黄色,边缘具不规则的锯齿。

⑦三蕊水仙(*Narcissus triandrus*)：别名西班牙水仙,叶 2 ~ 4 枚,扁平稍圆。花 1 ~ 9 朵聚生,白色带淡黄色晕;花被片披针形,向后反卷;副冠杯状,长为花被片的 1/2。

【产地与分布】同属约 30 种,主要原产于北非、中欧及地中海沿岸,其中法国水仙分布最广,自地中海沿岸一直延伸到亚洲。

【习性】秋植球根,一般初秋开始萌动生长,地上部分不出土,翌年早春迅速生长并抽葶开花。喜温暖、湿润及阳光充足的地方,尤以冬无严寒、夏无酷暑、春秋多雨的环境最为适宜,但多数种类也耐寒,在中国华北地区不需保护即可露地越冬。如栽植于背风向阳处,生长开花更好。对土壤要求不严格,但以土层深厚肥沃、湿润而排水良好的黏质土壤为最好,以中性和微酸性土壤为宜。

【繁殖与栽培】

(1)繁殖

①分球繁殖：将母球上自然分生的小鳞茎掰下,另行栽植。子鳞茎培育成商品开花球约需 3 年,培育方式有两种：

a.旱地栽培：每年挖球之后可将小侧球马上种植,也可到 9—10 月种植。用单球点播,单行或双行种植,株行距为 6 cm×25 cm 或 6 cm×15 cm。旱地栽培,养护较粗放,除施 2 ~ 3 次水肥外,不需常浇水。

b.水田栽培：翻耕土地后,施足基肥,作畦,畦宽 120 cm,高 40 cm,沟宽 35 cm 左右。9 月底—10 月种植,株行距随种球大小而异,一般采取小株距,大行距,三年生小鳞茎 15 cm×40 cm,2 年生则为 12 cm×35 cm。栽植时要注意芽向,使抽叶后叶子的扁平面与沟相平行。覆土 5 ~

6 cm,泼施腐熟人粪尿,使充分吸收,然后引水入沟,水高至畦腰,水渗透整个畦面后,再排干水,覆盖稻草,使沟内水分可沿稻草而上升畦面,保持经常湿润。

②鳞片扦插繁殖:用带有两个鳞片的鳞茎盘作繁殖材料。其方法是,把鳞茎先放在低温4~10 ℃处4~8周,然后在常温切开鳞茎盘,使每块带有两个鳞片,并将鳞片上端切除留下2 cm作繁殖材料,然后用塑料袋盛含水50%的蛭石或含水60%的沙,把繁殖材料放入袋中,封闭袋口,置20~28 ℃黑暗环境中,经2~3月可长出小鳞茎,成球率80%~90%。此法四季可以进行,但以4—9月为好。生成的小鳞茎移栽后的成活率可达80%~100%。

另外,组织培养时可用叶基、花茎、子房等组织作为外植体。采用茎尖脱毒培养可改进开花质量。为培育新品种则可采用播种法。

(2)栽培管理

①水培法(浅盆水浸法):具体做法是在10月中、下旬或11月上旬,选用肥大的鳞茎,在其上端用刀刻割"十"字形的切口,以利鳞茎内芽的抽出,然后浸入清水中1 d,取出后擦去刀口处流出的黏液,直立放于不漏水的浅盆中,周围放些洁净而美观的小石块,使其固定,每一至两天换一次水,如果保证4~12 ℃的温度和充分的光照条件,约在元旦和春节之间开花。开花时花盆移至冷凉处(温度不高于4~8 ℃),能使花期延至月余。

②盆栽:于10月中、下旬用肥沃的沙质土壤将大块鳞茎栽入小而有孔的花盆中,栽入一半露出一半,鳞茎下面应事先垫一些细沙,以利排水。把花盆置于阳光充足、温度适宜的室内。以4~12 ℃为好,温度过低容易发生冻害,温度过高再加之光照不足,容易徒长,植株细弱,开花时间短暂,降低观赏价值。管理中如果满足光照和温度的要求,则叶片肥大,花葶粗壮,因而能使花朵开得大,芳香持久。

③促成栽培:促成栽培可使水仙于元旦或春节开花。我国多用低温法,即在促成栽培前期在生根室内生根,一般为9 ℃。待根系发育充分后,将温度升至10~15 ℃,抽叶现蕾后,可用于水养观赏。

【观赏与应用】植株低矮,花姿雅致,花色淡雅,芳香,叶清秀,是早春重要的园林花卉。可以用于花坛、花境,尤其适宜片植。适应性强的种类,一经种植,可多年开花,不必每年挖起,是很好的地被花卉。水仙也可以水养,将其摆放在书房或几案上,严冬中散发淡淡清香,令人心旷神怡。也可用作切花。

9.2.11 朱顶红 *Hippeastrum tutilum*

【别名】百枝莲、孤挺花

【英文名】Amaryllis Barbados Lily

【科属】石蒜科 朱顶红属

【形态特征】"*Hippeastrum*"来自希腊语,意为"骑士之星"。多年生草本,有肥大的球状鳞茎。鳞茎大者直径可达6~10 cm,鳞皮色彩与花色相关,褐色鳞皮为红色花,淡绿色鳞皮者,其花有白色或红色条纹。根着生于鳞茎下方,叶从鳞茎抽生,两列状着生,每边为3~4枚,扁平淡

图9-7 朱顶红

绿。花茎也从鳞茎抽出,绿色粗壮、中空。伞形花序着生花茎顶端,喇叭形,有红色、红色带白条纹、白色带红条纹等,常为 2～6 朵花相对开放。

【种类与品种】同属植物约 75 种,常见观赏种有美丽孤挺花(*H. aulicum*),花深红或橙色,有香气。短筒孤挺花(*H. reginae*),花红色或白色。网纹孤挺花(*H. reticulatum*),花粉红或鲜红色,有不明显网状条纹。

【产地与分布】原产热带和亚热带美洲,从阿根廷北部到墨西哥都有分布。

【习性】喜温暖、湿润和阳光充足环境。不耐寒,生长适温 18～25 ℃,冬季休眠期适温为 5～10 ℃。喜湿润,怕水涝,喜疏松富含有机质、排水良好的土壤。喜肥,但开花后应减少氮肥,增施磷、钾肥,以促进球根肥大。

【繁殖与栽培】朱顶红的繁殖最常用的方法是分球,开花母球经年栽培后常在旁侧分生小球,可在花后或春天栽植时剥离子球分栽。子球种植宜浅,最好将球之一半露出地表,管理得当,1～2 年后即可开花。

朱顶红种子极易丧失生命力,成熟后应立即进行播种,以利于发芽率的提高。播种宜选择保湿透水的基质。生产上多采用蛭石:腐殖土(1:1)或采用粗沙作播种基质。基质用 2‰ 的高锰酸钾溶液进行消毒处理。朱顶红种子个体比较大,一般采用点播。播种后覆 0.2 cm 左右的蛭石,用细喷壶喷透水后,再用塑料膜覆盖,置于有散射光的半阴处,注意保温保湿,空气湿度要经常保持在 90% 左右,温度控制在 15～18 ℃。1 个月后可长出第 1 片真叶,这时可以使幼苗逐渐增加光照强度,促其生长健壮。

也可采用人工分割鳞茎扦插法繁殖。具体做法是:将母球切割成 8～20 块(球大者可更多),每块带鳞片 2～3 层及部分鳞茎盘,插入珍珠岩、泥炭等介质中,并加少量草木灰,使扦插介质呈微碱性。适度浇水保持湿润。扦插适温为 27～30 ℃,6 周后,在鳞片间便能生出小球,经分离栽培可得幼苗。用这种方法繁殖,一个母球最多可得近 100 个子球。

在需要大量而迅速繁殖时,还可用组织培养的方法。

土壤以排水良好的砂壤土为宜,否则应作高畦深沟以防涝害,耕深 30 cm。在栽前几天,浇透水,待土壤略潮湿且疏松时进行栽植;修去鳞茎上残存的残根枯叶。栽植时,开一浅沟,沟底薄薄铺一层基肥,鳞茎根据其叶片生长方向一致斜排。覆土至鳞茎 2/3 处,一般行距 35 cm,株距 15 cm 较适宜。栽植后可以覆盖薄膜提高地温以促进发根生叶,待新根发生后开始浇水施肥。初栽时少浇水,出现花茎和叶片时可增加浇水量。生长期每 10 d 施肥 1 次,花苞形成前,增施 1 次磷钾肥。花后继续供水供肥,使鳞茎健壮充实。鳞茎露地越冬时,稍加覆盖。

【观赏与应用】朱顶红顶生漏斗状花朵,花大似百合,花色鲜艳。适宜地栽,形成群落景观,增添园林景色。盆栽用于室内、窗前装饰,也可作切花。在欧美朱顶红还是十分流行的罐装花卉。

9.2.12　晚香玉 *Polianthes tuberosa*

【别名】夜来香、月下香、玉簪花

【英文名】Tuberose

【科属】石蒜科　晚香玉属

【形态特征】"*Polianthes*"来自希腊语,意为"灰白色花朵","*tuberose*"意为"块状茎"。多年生草本植物,地下具鳞茎状块茎,基生叶邻生,带状披针形,叶片长 30 ~ 45 cm,宽 1.8 cm,总状花序顶生,着花 12 ~ 32 朵;花白色,漏斗状,自下而上陆续开放,可持续约半个月,花洁白浓香,夜晚香气更浓,故有夜来香之称。开花期 7—8 月。

【种类与品种】晚香玉同属的种类有 12 种,但栽培利用的只有晚香玉,变种有重瓣晚香玉(*P. tuberose* var. *flore-pleno*),而且品种不多,主要有以下几种:

①白珍珠(Albino):芽变形成的单瓣品种,花纯白色。

②墨西哥早花(Mexican early bloom):单瓣,早生品种,周年开花,以秋季为盛。

③珍珠(Pearl):重瓣品种,茎高 75 ~ 80 cm,花序短,花多而密,花冠简短。

④高重瓣(Tall double):大花重瓣品种,花茎长。

图 9-8 晚香玉

⑤斑叶晚香玉(Variegale):叶长而弯曲,具金黄色条斑。

【产地与分布】原产墨西哥及南美洲,现在世界各地广为栽培。

【习性】晚香玉性喜温暖湿润,阳光充足的环境,要求肥沃、黏质壤土,沙土不易生长;忌积水,干旱时,叶边上卷,花蕾皱缩,难以开放。热带地区无休眠期,一年四季均可开花;在其他地区冬季落叶休眠。

【繁殖与栽培】晚香玉一般用块茎繁殖,母球分生子球数量较多,子球在栽植 2 ~ 3 年长成开花球。繁殖时将母球周围着生的子球取下,用冷水浸泡一夜。深栽有利于块茎的生长,培养当年不能开花的小球,覆土应厚些。

春季栽植。选择土壤肥沃,排灌条件好,背风向阳的地块,播种前半个月深耕 25 ~ 30 cm,结合整地,每公顷施优质腐熟农家肥(鸡粪除外)30 ~ 45 t,与耕土充分混合后做垄,垄宽 30 cm,沟深 20 cm。栽种时再分开大小球,将较大球的块茎基部切去后,蘸草木灰后再种植。大球株距 20 ~ 30 cm,小球株距 10 ~ 20 cm。覆土深度因目的不同有差异,"深养球,浅抽葶",以养球为目的小球和"老残"稍深些,顶部与土面齐即可;开花的大球顶芽要露出土面。出苗缓慢,从栽种到萌芽约 1 个月,以后生长快,因此前期灌水不必多。芽出齐,表土干时需浇水。出叶后浇水不宜过多,以利根系生长发育。当花茎抽出时,要施追肥并给以充足的水分。

块茎采收后,在室内摊开晾干后贮藏。也可采收后将块茎部分切去,露出白色,然后晾干贮存。球根中心易腐烂,要在干燥条件下贮存。北京黄土岗花农用火炉熏蒸,将球根吊起来,下面放火炉,最初保持室温 25 ~ 26 ℃,使球脱水外皮干皱时,降温到 15 ~ 20 ℃贮存。忌连作,最好 2 年换一个栽植地方。

【观赏与应用】是美丽的夏季观赏植物。花序长,着花疏而优雅,是花境中的优良竖线条花卉。花期长而自然,丛植或散植于石旁、路旁、草坪周围、灌木丛间,柔和视觉效果,渲染宁静的气氛。也可用于岩石园。花浓香,是夜花园的好材料。

晚香玉的鲜花可供食用,清香可口;其叶入药,性凉味苦,有清热解毒的功效。

9.2.13　大丽花 *Dahlia hybrida*

【别名】洋荷花、西番莲、天竺牡丹、地瓜花

【英文名】Common Dahlia

【科属】菊科　大丽花属

【形态特征】"*Dahlia*"表示由瑞典植物学家 Dr. Anders Dahl 定名。地下块根纺锤状,形似红薯(故俗称地瓜花)。块根外被革质外皮,表面灰白色,浅黄或紫色。株高 40 ~ 150 cm,茎中空、直立或横卧。单叶对生,少数互生或轮生,1 ~ 3 回奇数羽状深裂,裂片边缘具粗钝锯齿。头状花序,径 5 ~ 35 cm,管状花为两性花,舌状花中性或雌性。苞片 2 层,外层 5 ~ 8 枚或更多,呈叶状;内层浅黄绿色,膜质鳞片状。花色丰富,有白、橙、粉、红、紫多色。瘦果扁,长椭圆形,黑色。花期夏秋季。

图 9-9　大丽花

【种类与品种】大丽花栽培种和品种极多,主要通过原种杂交而成。大丽花原种有 12 ~ 15 个,主要有红大丽花(*D. coccinea*)——部分单瓣大丽花品种的原种;大丽花(*D. pinnata*)——现代园艺品种中单瓣型、小球型、四球型、装饰型等品种的原种,也是装饰型、半仙人掌型、芍药型品种的亲本之一;卷瓣大丽花(*D. juarezii*)——仙人掌型大丽花的原种,也是不规整装饰型及芍药型大丽花的亲本之一;麦氏大丽花(*D. glabrata*)——单瓣型和仙人掌型大丽花的原种;树状大丽花(*D. imperialis*)。

(1)按花型分类

较早的花型分类见于 1924 年英国皇家园艺学会杂志,将大丽花花型分为 16 种。以后 1958 年自美国大丽花协会分为 14 类。按花型分,主要有单瓣型、托桂型、领饰型、装饰型、芍药型、仙人掌型、裂瓣仙人掌型、球型、蓬蓬型等。

(2)按花朵大小分类

花分为 4 级:大型(>20 cm)、中型(15 ~ 20 cm)、中小型(11 ~ 15 cm)、小型(11 cm 以下)。

(3)按植株高矮分类

我国通常按株高分为 5 级:高大(>2 m)、高(1.5 ~ 2 m)、中(1 ~ 1.5 m)、矮(0.5 ~ 1 m)、极矮(0.2 ~ 0.5 m)。

(4)按花期分类

按花期分为 3 类。早花类自扦插到初花需 120 ~ 135 d,中花品种 130 ~ 150 d,晚花品种 150 ~ 165 d。

【产地与分布】原产墨西哥、危地马拉、哥伦比亚热带高原地带,世界各地广为栽培。大约于 1519 年由墨西哥人从山地引种于庭院,英国栽培约始于 1798 年,以后相继传到法、荷、德、日、美等国,并相继开展了育种工作。

【习性】大丽花在原产地墨西哥生于海拔 1 500 ~ 3 000 m 的热带高原地区。不耐严寒、酷

热,喜富含腐殖质和排水良好的中性或微酸性沙质壤土。生长适温 10~25 ℃,4~5 ℃进入休眠。初秋凉爽季节花繁色艳。夏季炎热多雨地区,易徒长,甚至发生烂根。喜光,但炎夏阳光过强对开花不利。大丽花为春植球根和短日照植物,短日条件(日长 10~12 h)可促进花芽分化,长日照促进分枝、延迟开花。不耐旱又忌水湿。

【繁殖与栽培】通常以分根和扦插为主,还可以播种和嫁接。

①分根繁殖:即分割块根。大丽花的块根是由茎基部不定根膨大而成,分割块根时每株需要带有 1~2 个芽眼。生产上常于 2—3 月间在温室内催芽后分割。选用健壮株丛,假植于沙土上,每日喷水并保持昼温 18~20 ℃,夜温 15~18 ℃,经 2 周即可出芽。分割后先将伤面涂草木灰防腐,然后栽种。分割块根简便易活,可提早开花,但繁殖系数低,不适于大规模商品生产。

②扦插繁殖:自春至秋生长期内均可进行,一般在春季当幼梢长至 6~10 cm 时,采顶端 3~5 cm 作扦插穗,基部保留 1~2 节。扦插基质以沙壤土即可,也可添加少许草炭土。保持温度 15~22 ℃,大约 20 d 即可生根。

③嫁接:以块根为砧木,春季将欲繁殖的品种的幼梢劈接于块根颈部。抹除砧木块根根颈部的芽。此法由于养分充足,所以嫁接苗生长健壮。

④播种繁殖:矮生花坛用大丽花或杂交育种时也用种子繁殖。异花授粉,多数种类需人工授粉。夏季结实困难,秋凉条件下则较易结实。重瓣品种舌状花雌蕊深藏于花筒下部,授粉时剪去花筒顶部,使雌蕊露出,依成熟过程分批授粉,授粉后 30~40 d 种子成熟。干燥后采种,干藏于 2~5 ℃条件下。露地播种在 4 月中旬—5 月上旬,播种后 7~10 d 萌芽,4~6 片真叶展开时定植,当年开花。

⑤栽培管理:宜植于背风向阳处,选择土层深厚、疏松、腐殖质丰富,松软透气、排水良好的砂壤土。植前施足基肥,深耕,作高畦。待晚霜后栽种。如栽后用黑色地膜保护,则可提前栽种提早开花。株行距在切花栽培中小花型品种常用 30 cm×40 cm,园林栽培根据种植设计,通常为 50~100 cm。适当深栽可防倒伏,且易发生新块根。

大丽花不适宜在种植过红白薯、马铃薯、甜菜、洋姜、榨菜、芋头等茬地栽植。因这些块茎根系的植物,会感染与大丽花根系块茎相同的病菌,造成病害的流行。

生长期要加强整枝。整枝方式有独本式和多本式两种。独本式是摘除侧枝与侧蕾,只在主枝顶端留一蕾,使养分集中供给单个花蕾,开花硕大。此法适于大花品种,能充分展示品种特性。多本式整枝是在苗期当主干高 15~20 cm 时,留 2~3 节摘心,促进侧枝发生。可保留 4~10 个花枝。保留花枝数量依品种特性及栽培要求而定,通常大型花品种可留 4~6 枝,中小型花品种作切花栽培 8~10 枝。

大丽花植株高大,花头沉重,易倒伏、折枝。庭院栽培时立支柱。切花栽培需立支架设支撑网,于苗高 20~25 cm 时拉网,共 2~3 层。

大丽花喜肥,生长期每半月浇氮磷钾复合肥水 1 次,比例为 N:P:K=3:1:1,浓度为 0.2%。花期减少氮肥量,比例为 N:P:K=1:1:1。及时排灌,不可干旱,更不能水淹,大雨过后应及时排出积水。

【观赏与应用】大丽花以富丽华贵取胜,花色艳丽,花型多变,品种极其丰富,是重要的夏秋季园林花卉,尤其适用于花境或庭前丛植。矮生品种宜盆栽观赏或花坛使用,高型品种宜做切花。块根内含"菊糖",在医学上有葡萄糖之功效,还可入药。

9.2.14　蛇鞭菊 *Liatris spicata*

【别名】舌根菊

【英文名】Spike Gayfeather，Button Snakeroot

【科属】菊科　蛇鞭菊属

【形态特征】地下具黑色块根,地上茎直立,全株无毛或散生短柔毛。叶互生,条形,全缘,上部叶较小。多数头状花序呈顶生穗状花序排列,花穗长 15～30 cm;花紫红色,自花穗基部依次向上开花,花期夏末。

【产地与分布】原产北美洲墨西哥湾及附近大西洋沿岸一带,世界各国均有栽培。

【习性】性强健。喜光。较耐寒,冬季-8 ℃的严寒气候条件下不需任何防寒措施,植株能安全露地越冬。对土壤选择性不强,以疏松、肥沃、排水好的土壤为好。

【繁殖与栽培】春、秋分株繁殖,块根上应带有新芽一起分株。分株繁殖方法简便,容易成活,不影响开花,但

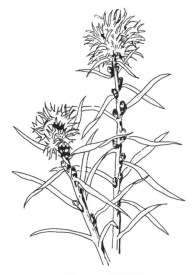

图 9-10　蛇鞭菊

繁殖量小。也可在春、秋季播种繁殖,通常第一年播种苗不开花,第二年春季生长量明显增大,并开始开花。

栽植前施些堆肥等作基肥,则对生长有利,生长期最好每月施肥一次,开花时停止。生长期要保持土壤湿润。开花时易倒伏而造成花茎折曲,可设支柱支撑。华北地区可露地似宿根类栽培,不必年年采收。

【观赏与应用】茎干直立,花穗挺拔,花小巧而繁茂,花色雅洁,盛开时竖向效果鲜明,景观宜人,是花境中的优秀花材。广泛作切花栽培,通常在花穗先端有 3 cm 左右花开放时切取。矮生变种可用于花坛。

9.2.15　大花美人蕉 *Canna indica*

【别名】红蕉、昙华、兰蕉

【英文名】Canna

【科属】美人蕉科　美人蕉属

【形态特征】“*Canna*”源于希腊语 *kanna*,意思是“芦苇”,指植株高大。多年生直立草本。植株无毛而薄,具蜡质白粉,根状茎粗壮。地上茎直立不分枝。叶互生、宽大,叶柄鞘状,叶片长椭圆形,绿色;长 30～40 cm,宽达 20 cm 左右,顶端尖,基部楔形,全缘,中脉明显,侧脉羽状平行;总状花序顶生,花大,径可达 10 cm 以上;萼片 3,苞片状;花瓣 3,红色,橘红色或带绿色;雄蕊 5,为花中最鲜艳部分,有深

图 9-11　大花美人蕉

红,橘红,深黄等色;子房下位,花柱条形,中上部最宽,金黄色。蒴果近球形,具小瘤状突起。花期7—10月,9—10月果熟。花有乳白、鲜黄、肉粉、橘红、大红和带斑点、条纹等色。

【种类与品种】园艺上将美人蕉品种分为二大系统,即法国美人蕉系统、意大利美人蕉系统。

法国美人蕉系统:即大花美人蕉的总称。参与杂交的有美人蕉、鸢尾美人蕉、紫叶美人蕉。特点为植株矮生,高60~150 cm,花大,花瓣直立不反卷,易结实。

意大利美人蕉系统:主要由柔瓣美人蕉、鸢尾美人蕉等杂交育成,特点为植株高大,1.5~2 m,开花后花瓣反卷,不结实。

主要栽培品种:

①美人蕉(*C. indica*):原产美洲热带。株高1~1.8 m。地上茎少分枝。叶长椭圆形,长10~50 cm,宽5~15 cm。花序总状,着花稀疏,单生或双生,花小,淡红至深红。是大花美人蕉的原种之一。

②大花美人蕉(*C. generalis*):主要由美人蕉经与多个种杂交育成。株高1.5~2 m。茎绿色或紫铜色,全株被白粉,叶大,阔椭圆形;长约40 cm,宽约20 cm。花大,径约10 cm,有乳白、淡黄、橙黄、橙红、红、紫红等多种。瓣化雄蕊圆形,直立不反卷;花期8—10月,是园艺上最普遍栽培的一种。

③鸢尾美人蕉(*C. iridiflora*):又名垂花美人蕉。花形酷似鸢尾花。产秘鲁,株高2~4 m,叶广椭圆形,长60 cm。花序总状稍下垂,着花少。花大淡红色,长约12 cm,是法兰西系统的重要原种。

④紫叶美人蕉(*C. warscewiczii*):又称红叶美人蕉。原产哥斯达黎加、巴西。株高1~1.2 m,茎叶均为紫褐色,并具白粉。花深红色。是法兰西系统的原种之一。

⑤意大利美人蕉(*C. orchioides*):又称兰花美人蕉。由鸢尾美人蕉及黄花美人蕉等种及园艺品种经改良而来,株高1~1.5 m。叶绿色或紫铜色。花黄色有红色斑,基部筒状,花大,径15 cm,开花后花瓣反卷。是意大利美人蕉系统的总称。

⑥黄花美人蕉(*C. flaccida*):原产北美。根茎极大,株高1.2~1.5 m。叶长圆状披针形,长25~60 cm,宽10~20 cm。花大而柔软,向下反曲,下部呈筒状,淡肉色,唇瓣鲜黄色,圆形。

【产地与分布】原产于美洲、亚洲及非洲热带地区,我国大部分地区都有栽培。同属55种。

【习性】喜温暖湿润气候,不耐霜冻,生育适温25~30 ℃。喜阳光充足。性强健,适应性强,几乎不择土壤,但以湿润肥沃的轻松砂壤土为好,稍耐水湿。畏强风。春季4—5月霜后栽种,萌发后茎顶形成花芽,小花自下而上开放,生长季里根茎的芽陆续萌发形成新茎开花,自6月至霜降前开花不断,总花期长。在原产地无休眠,终年生长开花,在我国海南、西双版纳也是如此,华东、华北的大部分地区冬季休眠,根茎在长江以南地区可以露地越冬,长江以北必须人工保护越冬。

【繁殖与栽培】以分株繁殖为主。于2—3月当芽眼刚开始萌动时,将根茎分割。注意每块有2~3芽眼,栽于露地或盆内均可。

二倍体能结实可种子繁殖。结实品种由于种皮坚厚,播种前用30 ℃的温水浸泡2 d,或用刀刻伤种皮后直接播种。发芽温度25 ℃以上,2~3周即可发芽,定植后当年便能开花;生育迟者需2~3年才能开花。

一般春季栽植,丛距 80~100 cm,覆土约 10 cm。栽植前施足基肥,生长期内应多追施液肥,保持土壤湿润。初霜后,待茎叶大部分枯黄时可将根茎挖出,适当干燥后贮藏于沙中,保持 5~7 ℃越冬。促成栽培时可于预定花期前约 100 d,将根茎在 15~30 ℃中催芽后种植,即可提前开花;或早霜前移入室内,保持适宜温度,可继续开花。

盆栽要选矮种,盆栽土可用 4 份草肥或厩肥、5 份壤土、1 份沙子混合而成。栽植时芽尖需露出 2~3 cm。栽后浇一次透水,置于背风向阳处。发芽后半月追肥 1 次,注意浇水。若想提早开花,可于 1—2 月将根茎放入 20~25 ℃的温室栽植盆中,3 月份再植于露地,施肥后 4 月下旬—5 月上旬就能开花。

【观赏与应用】美人蕉花大而艳丽,叶片翠绿繁茂,是夏季少花季节时庭院中的珍贵花卉,可孤植、丛植或作花境。美人蕉在作为观赏植物的同时,还可吸收有害气体、净化空气,在城乡工矿污染区应大力推广种植。

此外花和根茎可作药用,有清热利湿、止血的功效。根茎可治急性黄疸性肝火、久痢、痈毒肿痛、月经不调。花止血,主治金疮出血、外伤出血。美人蕉的根茎富含淀粉可供食用,亦可作工业原料。美人蕉的花具有鲜艳的颜色,含有丰富的色素,可供提取食用色素。

9.2.16　花毛茛 *Ranunculus asiaticus*

【别名】芹菜花、波斯毛茛、陆莲花

【英文名】Common Garden Ranunculus, Persian Buttercup

【科属】毛茛科　毛茛属

【形态特征】"*Ranunculus*"来源于拉丁语"*rana*",意为"青蛙",指的是它多数种类喜湿的特性。多年生草本植物。株高 20~60 cm,茎中空有毛,分枝少;基生叶阔卵形,缘齿牙状,具长柄,茎生叶无柄,为 1~3 回羽状复叶;花单生或数朵顶生,萼绿色,花瓣五至数十枚,花径 6~9 cm;花期 4—5 月。块根纺锤形,常数个聚生于根颈部。

图 9-12　花毛茛

【种类与品种】栽培品种很多,有重瓣、单瓣,花色有白、粉、黄、红、紫等色。园艺种与品种分为 4 个品系:

①波斯花毛茛(Persian Ranunculus):自古以来被栽培的重要品系之一。色彩丰富,花朵小型,单瓣或重瓣开放。

②塔班花毛茛(Turban Ranunculus):栽培历史最古老的品系之一,16 世纪末传到欧洲。大部分品种为重瓣,花瓣向内侧弯曲,呈波纹状。与波斯花毛茛相比,植株矮小,早花,更容易栽培。

③法国花毛茛(French Ranunculus):在 18 世纪后期法国改良的品系,以后在法国和荷兰由育种者继续改良,并培育出很多新品种。本体系的部分花瓣为双瓣,花朵的中心部有黑色色斑,开花期较迟。

④牡丹花毛茛(Paeonia Ranunculus):在 20 世纪于意大利培育而成的栽培品系,也有传说

在荷兰同时也育成了该品系。其花朵数量比法国花毛茛多，植株也更高大。部分花瓣为双瓣，花朵较大，开花时间长，能够通过栽培管理促成开花。

虽然将花毛茛分为以上4种类型，但是，由于近年将这些种类之间进行相互组合杂交，培育出很多现代栽培品种。这些品种的遗传特性非常复杂，从形态上已经很难判别其品系之间的差异，已经找不到不同品系的代表性品种，因此，目前主要根据品种进行分类。

【产地与分布】原产于欧洲东南部及亚洲西南部。

【习性】喜凉爽及半阴环境，忌炎热，在高温高湿的环境下生长不良，适宜的生长温度为白天15～20℃，夜间7～10℃；不耐寒，0℃即受轻微冻害。喜湿润，畏积水，怕干旱，适于排水良好、肥沃疏松中性或偏碱性的砂质壤土。春季4—5月开花，花后地上部分逐渐枯黄，6月后休眠。

【繁殖与栽培】用播种或分球法繁殖。

分球于9—10月进行，将块根带根颈掰开(每株具有块根3～4个)栽植。

播种繁殖变异大，常用于育种及大量繁殖。播种一般于9—10月秋播，将腐叶土、壤土、河沙各1份，经混匀、过筛、高温消毒后备用。为便于管理，常用播种箱播种。方法是：先用碎瓦片盖好箱底排水孔，再垫1～2 cm厚的粗沙，然后添加配制好的播种土，直至距箱口2～3 cm处，用木板刮平、压实。播后用细土覆盖，覆土厚度以不见种子为准。用木板轻轻压实，然后放入盛水容器中，使水从箱底渗入箱内，浸湿土壤。注意浸箱时水位不可高于箱土表层，以免冲散种子。播后盖塑料薄膜保湿，保持10～15℃，20 d萌发。翌年幼苗出3片真叶时定植。

花毛茛无论地栽或盆栽，在秋季块根栽植前应进行消毒。地栽定植距离约10 cm，覆土约3 cm。初期不宜浇水过多，以免腐烂。从11月开始，每10 d施一次氮肥，保持土壤湿润，开花期宜稍干。花后再追施1～2次液肥。花后天气逐渐炎热，地上部分也逐渐枯黄而进入休眠状态，可将块根掘起消毒晾干，放置于通风干燥处贮藏。

当花毛茛茎叶完全枯黄，营养全部积聚到块根时，及时进行采收，切忌过早或过晚。采收过早，块根营养不足，发育不够充实，贮藏时，抗病能力弱，易被细菌感染而腐烂；采收过晚，正值高温多雨的夏季，空气湿度大，土壤含水量高，块根在土壤中易腐烂。最好选择能够持续2～3 d的干燥晴天采挖。

采收的块根应去掉泥土等杂物，剪去地上部分枯死茎叶，剔除病伤残块根。按大小分级后，用水冲洗干净，放入50%多菌灵可湿性粉剂800×溶液中浸泡2～3 min，消毒灭菌。随后捞出，摊晾在通风良好无阳光直射的场所阴干。常用的贮藏方法有：

①通风干藏法：将花毛茛块根装入竹篓、有孔纸箱、木箱等容器中，内附防水纸或衬垫物，厚度不超过20 cm，放在通风干燥阴凉避雨处贮藏。或将块根装入布袋、纸袋、塑料编织袋中，在常温条件下，挂在室内通风干燥处贮藏。

②层积沙藏法：选择室内通风干燥处，用经消毒无杂质的干细沙先铺10 cm厚的垫层，上铺一层块根，再铺一层5 cm厚的干细沙。如此一层沙一层块根，反复堆积3～5层，堆成锥体状，使花毛茛块根均匀地埋在细沙中贮藏。

【观赏与应用】花毛茛花朵鲜艳夺目，有黄、红、白、橙等色，花有单瓣、重瓣，园林中可供花坛、草地、林缘种植，亦可盆栽或作切花。

9.2.17 欧洲银莲花 *Anemone coronaria*

【别名】罂粟秋牡丹、冠状银莲花、白头翁

【英文名】Poppy anemone，Windflower

【科属】毛茛科 银莲花属

【形态特征】欧洲银莲花为多年生草本，地下具褐色分枝的块茎。株高 25～40 cm，叶三裂或掌状深裂，裂片椭圆形或披针形，边缘齿牙状。总苞不与花萼相连，无柄，近于花下着生，多深裂为狭带状；花单生茎顶，大型；萼片瓣化，多数，雄蕊也常瓣化。花色有红、紫、白、蓝和复色等。瘦果。

图 9-13 欧洲银莲花

【种类与品种】同属栽培的有：

①湖北秋牡丹（*A. hupehensis*）：又名打破碗花花、野棉花、中国银莲花。原产我国西部及中部的四川、陕西、湖北等省，花紫红色。花期仲夏至秋季。

②银莲花（*A. cathayensis*）：原产我国山西、河北等省，花白色或带粉红色。花期夏秋。

【产地与分布】欧洲银莲花原产地中海沿岸地区。银莲花属约有 120 个种，主要分布于北半球的温带地区，少量分布于南半球温带。

【习性】银莲花性喜凉爽、阳光充足的环境，能耐寒，忌炎热。秋植球根，夏季休眠。要求肥沃、湿润而排水良好的稍黏质壤土。栽培品种甚多，花色多样，花期 4—5 月。

【繁殖与栽培】银莲花以分球繁殖为主。秋季分栽块茎，块茎的上下位置不易辨别，注意勿使发芽部倒置。也可以种子繁殖，随采随播，保持 18～20 ℃，约两周后出苗。

银莲花属的大部分种类均于秋季定植，但欧洲银莲花宜在春季下种。本种生长习性强健，地栽、盆栽均宜，管理简便。种植前施足基肥，播种幼苗经一次间苗后即可定植露地或上盆，分栽苗直接上盆或定植。种后保持土壤稍湿润，夏季高温时应遮阴降温。春至初夏时开花，待茎叶枯黄后进入休眠期，可将块茎掘出，经消毒、晾干后，贮藏于凉爽干燥处越夏，翌年可再种植。

【观赏与应用】银莲花花形丰富，花色艳丽，花期长，适宜盆栽或用作切花、园林草坪镶边及岩石园栽培。

9.2.18 姜荷花 *Curcuma alsimatifolia*

【别名】洋荷花、暹罗郁金香、热带郁金香

【英文名】Siam tulip

【科属】姜科 姜荷花属

【形态特征】为多年生草本植物，具近球形块茎，须根膨大成肉质球形，常作为球根花卉来栽培。其植株高约 80 cm。叶基生，长椭圆形，中肋略带紫红色，长 40～60 cm，宽 4～6 cm，革质亮绿色,基部收狭互相套叠成假茎。穗状花序椭圆形,长约15 cm,从叶鞘中抽出,花序梗长60~80 cm,粗0.4~0.6 cm,直立坚硬;它的主要观赏部位实际上是其花序上部的大型不育苞片,一般有10片左右,卵圆形,其下部边缘与花序梗合生呈蜂窝状排列,颜色艳丽,观赏性也较好;其真正的花较小,半藏于花序下部的可育苞片内。这些苞片较小,暗绿色,每苞片具2~3朵花,花紫蓝色,极柔弱,每朵花仅开一天,依次开放。花期6—10月。

图9-14 姜荷花

【种类与品种】目前有3个园艺品种,分别是紫红色的"Siam Tulip",红色的"Chiangmai Ruby"及白色的"Tropic Snow",生产上以"Siam Tulip"为多,其具有花序丰满,颜色艳丽,产花量高,花枝长,病虫害少等优点。

【产地与分布】原产泰国清迈一带,非洲、大洋洲等地区也有分布,有40~50种。由于粉红色的苞片酷似荷花,且为姜科,因而被称为姜荷花。

【习性】姜荷花在3月中旬开始种植,60~70 d后开始采花,一直到10月上旬开花结束,地上部渐渐黄化萎凋,植株进入休眠状态。

姜荷花的最适生长温度为日温26~29 ℃,夜温20~22 ℃。姜荷花在原产地泰国清迈一带是春季萌芽,夏季开花,到11月当地雨季转为干季时,地上部停止生长、茎叶变黄、枯死,进入休眠状态。根据日本的报道,诱导姜荷花休眠的主要因素为短日照,日照长度13 h以下即进入休眠状态;次要因素是低温,当夜温低于15 ℃时,即使人工延长日照时数,植株仍会停止生长进入休眠。打破姜荷花的休眠并不需要特殊的条件,只要经过一定的时间,休眠会自然打破而开始萌芽生长。一般从植株停止生长开始,姜荷花种球在30 ℃条件下,12月中旬至翌年1月中旬可解除休眠,一般在适宜的生长条件下,块茎定植后约一个半月即可产花。

【繁殖与栽培】姜荷花的营养球是贮藏养分的重要器官,其数量的多少,对植株的生长发育至关重要,故应选择具有3个以上营养球的球茎种植。

栽培姜荷花宜选择土质疏松、通气排水性良好的弱酸性砂质壤土,以pH 5.5~6.5为宜,整地时应添加大量有机物当作基肥,一般作畦栽培,株行距20 cm×30 cm,若以生产切花为主,株行距可缩小至15 cm×15 cm,块茎栽植深度以块茎覆土2~3 cm为宜。种植时应选择球茎直径1.5 cm以上,且带有贮藏根3个以上的种球。种球种植前应消毒。

种植后至萌芽前,必须供应充足的水分,若水分供应不足,则会延迟萌发期、侧芽数减少,降低切花质量和球根数量,故以保持土壤的湿润为宜。姜荷花在整个生育期肥料需求量高,种植前要施足底肥,生长季节每20~30 d施肥1次,适量增施磷钾肥可使花色更为浓艳。

姜荷花于萌芽后花茎抽出前,以遮光率50%~60%的遮阴网遮阴,可增加花茎及苞片的长度,减少苞片末端的绿色斑点,而提高切花品质。但至8月下旬后,遮阴常会有过度徒长导致叶片细长,甚至高过花序,而且花梗也会变细,故在8月下旬至9月初应停止遮阴。

在植株落叶进入休眠期后,应将块茎挖起。在冷凉及通风干燥的环境下贮藏。若只为翌春种植,放在没有阳光直射的阴凉处即可。但若要长期储放,则可用干的泥炭土层积后置于15 ℃冷藏库内,至少可放7个月。

【观赏与应用】姜荷花于清晨采收后,应立即插于水中。采收时的成熟度,以粉红色苞片有 3～5 片展开时为宜。

9.2.19　红花酢浆草 *Oxalis rubra*

【别名】大花酢浆草

【英文名】Oxalis, Shamrock, Sorrel

【科属】酢浆草科　酢浆草属

【形态特征】红花酢浆草为多年生草本,地下块状根茎呈纺锤形。叶丛生状,具长柄,掌状复叶,小叶 3 枚,无柄,叶倒心脏形,顶端凹陷,两面均有毛,叶缘有黄色斑点。花茎自基部抽出,伞形花序,小花 12～14 朵,花冠 5 瓣,色淡红或深桃红。花期长,4—11 月。蒴果。

【种类与品种】本属约有 500 个种。同属中常见的其他种包括:

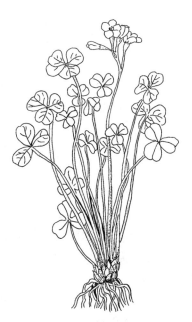

图 9-15　红花酢浆草

①大花酢浆草(*O. bowiei*):原产南非。多年生,花呈略带深紫色的粉红。夏花。

②酢浆草(*O. corniculata*):原产秘鲁等美洲热带。花期夏秋。

③山酢浆草(*O. griffithii*):原产温带及热带地区。一年生。

④紫花酢浆草(*O. purpurea*):原产南非。多年生,花广漏斗形,花色有白、粉和紫色。

【产地与分布】红花酢浆草原产南美巴西。

【习性】喜温暖湿润、遮蔽的环境,耐阴性强。盛夏高温季节生长缓慢并进入休眠期,忌阳光直射,宜在富含腐殖质、排水良好的沙质壤土中生长。

【繁殖与栽培】红花酢浆草以分球繁殖为主,春季分栽切割后的根茎即可。也可播种繁殖。种子细小,且果实成熟后自动开裂,应及时采收。通常于晚冬或早春播种,种子的发芽适温为 13～18 ℃。

露地春植。红花酢浆草喜肥,种前应施足基肥如腐熟的堆肥等,生长期间追施 2～3 次腐熟的稀薄肥水。施肥后用清水淋洗叶面。夏季宜适当遮阴,秋后茎叶枯萎进入休眠期。翌年春季回暖后再度萌发,可重施肥水,促使茎叶繁盛。

【观赏与应用】红花酢浆草植株低矮、整齐,叶色青翠,花色明艳,能迅速覆盖地面,是优良的观花地被植物,也可作盆栽。

9.2.20　葱兰属 *Zephyranthes*

【别名】玉帘、葱莲

【英文名】autumn zephyrlily

【科属】石蒜科　葱兰属

【形态特征】多年生常绿草本。植株低矮,高 15～25 cm;地下部分具小鳞茎。叶基生,线形。花葶中空,稍高于叶;花单生,漏斗状,下部具佛焰苞状的苞片;花白色、黄色、粉红色及红色等;夏秋开花。

【种类与品种】常见栽培和应用的仅数种,多数原种未开发利用。主要种类有:

①葱莲(*Z. candida*):别名玉帘、白花菖蒲莲。鳞茎圆锥形,具细长颈部,叶肉质,基生,细长,苞片膜质,褐红色。花白色,无筒部;花径 3～4 cm;花期 7 月下旬—11 月初。分布于温带地区,我国华中、华南、西南等也有分布。

②韭莲(*Z. grandiflora*):别名红玉帘、菖蒲莲、风雨花。本种与前者主要区别点是其鳞茎卵圆形,颈部较短,鳞茎稍大。叶扁平线形,基部有紫红晕。花茎从叶丛中抽出,顶生 1 花,花有明显筒部;粉红色或玫瑰红色,花径 5～7 cm,苞片红色;花期 6 月中旬—9 月底。主要分布于墨西哥、古巴等地。此外,还有黄、粉两色花的品种。

【产地与分布】本属约有 50 种,产于美洲的温带及热带地区。

【习性】本类球根花卉在原产地为常绿性,而在我国大部分地区,因冬季严寒,只能作春植球根栽培及在温室内盆栽。自花授粉,结实率较高。喜阳光充足,要求排水良好、肥沃而略带黏质土壤;耐半阴及低湿环境,喜温暖,有一定耐寒性。在我国华东地区可以露地越冬,华北及东北地区,冬季需将鳞茎挖出,贮藏越冬。鳞茎分生能力强,一个成年鳞茎可从基盘上分生 10 多个小鳞茎。

【繁殖与栽培】葱莲常用分球繁殖,也可用种子繁殖。春季新叶萌发前掘起老株,将小鳞茎连同须根分开栽种,每穴 2～3 株,间距 15 cm,深度以鳞茎顶稍露地面或与之齐平即可。保持土壤湿润,适当追肥。葱兰类生长强健,栽培管理粗放。一经栽植,可连年开花繁茂。一般 2～3 年分球重栽一次。种子成熟后即可播种,发芽适温 15～20 ℃,播后 2～3 周发芽,实生苗需 4～5 年开花。盆栽地栽均可,土壤要求微酸性腐叶土。栽植鳞茎周径在 10 cm 左右才能开花。早春叶片出土后施肥 1～2 次,花后不留种,并及时将残花剪去。花谢后停止浇水,50～60 d 再浇水,即可又开花。如此干、湿相间,一年可多次开花。

9.2.21　百子莲 *Agapanthus africanus*

【别名】非洲百合、紫君子兰

【英文名】African lily

【科属】石蒜科　百子莲属

【形态特征】多年生草本植物,鳞茎肥大,近球形,直径 5～10 cm,外皮淡绿色或黄褐色。叶片两侧对生,带状,先端渐尖,2～8 枚,叶片多于花后生出。花茎直立,高可达 60 cm;伞形花序,有花 10～50 朵,花漏斗状,深蓝色,花药最初为黄色,后变成黑色;花期 7—8 月。

【种类与品种】同属常见栽培约 7 种:

①东方百子莲(*A. orientalis*):叶宽而软,向下弯曲,

图 9-16　百子莲

40～110 朵小花顶生呈伞房花序。

②垂花百子莲(*A. pendulus*)：落叶草本,花深紫色,较耐寒。

③重瓣变种(var. *flore pleno*)：深蓝色,重瓣,不全开呈蕾状,花期长,是切花生产的重要材料。

④多花变种(var. *giganteus*)：深蓝色,花序着花达 120～200 朵,花葶高达 1.2 m。

⑤大花变种(var. *maximus*)：花鲜蓝色,花大,1 花序着花 30～60 朵,叶亦宽。

⑥斑叶变种(var. *variegatus*)：叶有白色条斑,花蓝色,株矮,抗寒力弱。

⑦早花变种(var. *praecox*)：开花早,淡蓝色,叶窄,花小,多用为切花。

百子莲的品种中'蓝绶带(Blue Ribbon)'花葶高达 1.8 m,着花 200 朵以上,花鲜蓝色有深蓝色条纹,是百子莲中最大的品种。

【产地与分布】原产南非,中国各地多有栽培。

【习性】喜温暖湿润气候,生长适温为 18～25 ℃,忌酷热,阳光不宜过于强烈,应置于荫棚下养护。怕水涝。冬季休眠期,要求冷凉的气候,以 10～12 ℃ 为宜,不得低于 5 ℃。喜富含腐殖质、排水良好的砂壤土。

【繁殖与栽培】常用分株和播种繁殖。分株,在春季 3—4 月结合换盆进行,将过密老株分开,每盆以 2～3 丛为宜。分株后翌年开花,如秋季花后分株,翌年也可开花。在温暖地区作露地切花或花坛栽植者,可 4 年分株 1 次;以繁殖为目的者,每年分株,这样常需 2 年开花。老株若不适时分株,则开花逐年减少。播种,播后 15 d 左右发芽,小苗生长慢,需栽培 4～5 年才开花。

在生长期间,尤其夏季炎热时,宜置阴凉通风处,喜肥喜水,但盆内不能积水,否则易烂根。每 2 周施肥 1 次,花前增施磷肥,可花开繁茂,花色鲜艳。花后生长减慢,冬季进入半休眠状态,应严格控制浇水,宜干不宜湿。在温暖地区露地作宿根花坛栽植时,宜于北面有灌木屏障、冬天日照也充分之地栽植。

【观赏与应用】百子莲叶色浓绿,光亮,花蓝紫色,也有白色、紫花、大花和斑叶等品种。花形秀丽,适于盆栽作室内观赏,在南方也有置半阴处栽培,作岩石园和花径的点缀植物。

9.2.22　蜘蛛兰属 *Hymenocallis*

【别名】水鬼蕉、蜘蛛百合

【英文名】Hymenocallis, Spiderlily

【科属】石蒜科　蜘蛛兰属

【形态特征】春植鳞茎类花卉。鳞茎大,卵形,有皮膜包被。叶宽带或椭圆形。花葶实心,伞形花序,花白色或黄色,有芳香,花高杯状,筒部长。花被片 6,等长,线形或披针形。雄蕊 6 枚,花筒喉部着生。花丝下部为膜质,联合成环状副冠,也称雄蕊环,上部分离。柱头头状,子房 3 室。蒴果球形,种子大。花期春末到秋季。

【种类与品种】主要种类有：

①蓝花蜘蛛兰(*H. calathina*)：又名蓝花水鬼蕉、秘鲁水仙。原产安第斯山、秘鲁、玻利维亚。鳞茎球形。叶互生,带状。花葶二棱形,高 40～60 cm,有时可达 100 cm。伞形花序有花 2～5 朵,无花梗。花喇叭形,白色,浓香,长 5～10 cm,裂片与花筒等长,弯曲形似蜘蛛。副冠

(雄蕊筒)白色,有绿色条纹。花丝分离部分长约1.3 cm。花期6—7月或7—8月。有较多栽培变种及杂种被广为栽培。

②美丽蜘蛛兰(*H. speciosa*):又名美洲水鬼蕉。产西印度群岛。鳞茎大,径7.5~10 cm。有叶10~12枚。伞形花序着花9~15朵,纯白色,花被筒长7.5~10 cm,裂片线形,为筒长2倍;副冠齿。状漏斗形,长3~4 cm,花丝分离部与副冠等长。花期夏秋季。

③蜘蛛兰(*H. littoralis*):又名水鬼蕉、美丽水鬼蕉。常绿草本。鳞茎大,径7~11 cm,叶剑形。花葶高30~75 cm,有花3~8朵,白色,芳香;花筒长15~18 cm,有绿条纹,花被裂片线形,与筒部等长;副冠钟形至漏斗形,有齿。花丝分离部长4~5 cm。

【产地与分布】产南美、墨西哥及西非等热带地区。

【习性】喜温暖,植株苗壮,春季萌发,夏秋季开花,秋季叶黄进入休眠。花芽在休眠期内分化,秋季高温、干燥促进花芽形成。

【繁殖与栽培】秋季叶枯黄时将鳞茎挖起,充分干燥后贮藏于无冻场所,春季4月回暖后放温暖处发根,于5月种植,覆土2~3 cm,间距15~20 cm。蜘蛛兰喜肥沃,栽前深耕施足基肥。盆栽时于春季翻盆换土。夏季置半阴处,勤施液肥;冬季半休眠态置不低于15 ℃室温,适当控水。也可于秋末带根脱盆,贮藏于干沙中,次年另行上盆。

【观赏与应用】宜林缘、草地丛植,布置花坛、盆栽或用作切花。

9.2.23　虎眼万年青 *Ornithogalum caudatum*

【别名】海葱、鸟乳花、玻璃球花、葫芦兰、兰奇

【英文名】star-of-bethlehem

【科属】百合科　虎眼万年青属

【形态特征】多年生常绿草本植物。鳞茎硕大,卵圆形,具膜质外皮,绿色。叶片基生,带状,长40~60 cm,宽约5 cm,顶端尾状,近肉质。总状花序,花朵自下而上开放,边开放,花序边伸长,长可达20~30 cm,具小花50~60朵。小花白色,具苞片6枚,长圆形。

图9-17　虎眼万年青

【产地与分布】原产南非。同属常见栽培的有伞形虎眼万年青,阿拉伯虎眼万年青,好望角虎眼万年青等。

【习性】喜夏季半阴、冬季光线充足的环境,不耐寒,冬季室温不得低于8 ℃。喜富含腐殖质、深厚、疏松、排水良好的土壤。

【繁殖与栽培】春季分鳞茎或夏季分栽短匍茎繁殖,也可进行播种繁殖。分鳞茎不宜把小球种得太深,覆土厚度不超过球直径的1倍。播种繁殖需3~4年才能开花。

生长健壮,栽培容易,夏季应置荫棚下养护,冬季需温室越冬。栽植前应施基肥,生长期每10 d左右追施薄肥1次,生长季节要求土壤湿润,但要排水良好,生长最适温度为15~28 ℃。花后应将残存的花梗除去。

【观赏与应用】多作盆栽观赏。

9.2.24　葱属 *Allium*

【英文名】Onion

【科属】百合科　葱属

【形态特征】"*Allium*"原意是"大蒜",意味辛辣。花茎顶端着生伞形花序,着小花极多,外形为球形或扁球形;花白、粉、红、紫、黄色。

【产地与分布】同属约450种,主要分布在中亚和喜马拉雅地区。

【习性】耐寒,喜阳光充足,忌湿热多雨。适应性强,不择土壤,能耐瘠薄干旱土壤,但喜肥沃黏质壤土。

【繁殖与栽培】以播种或分鳞茎法繁殖,能自播繁衍。秋季播种,次年春季发芽,待夏季地上部分枯萎后,挖出小鳞茎放置通风良好处,秋后再另行栽植,播种需3~4年开花。

秋植。栽植时选排水良好的地方。鳞茎大的栽植深度为15 cm,株距15~45 cm;鳞茎小的栽植深度3 cm,株距3~10 cm。翌年3月份叶片出土后,应及时浇水松土,并进行追肥。常绿种类除冬季和炎夏外,其他时间均可移植。适应性强,栽培管理简单,同宿根类。在北方栽培也可以露地越冬,不必年年取出,几年分球一次即可。

【观赏与应用】矮生类是良好的地被和岩石园花卉,也可作花境,与对比色花卉,如黄竺,配植景观很好。高型类可作切花。大花葱生长势强健,适应性强,花期长,花序球状,有趣,花色淡雅,是花境中的独特花卉。由于其花茎长而壮,还可以作切花。

9.2.25　白及 *Bletilla striata*

【别名】凉姜、紫兰、朱兰

【英文名】Common Bletilla

【科属】兰科　白及属

【形态特征】地下具块根状假鳞茎,黄白色。叶3~6枚,基部下延呈鞘状抱茎而互生,平行叶脉明显而突起,使叶片皱褶。总状花序顶生,着花3~7朵;花淡红色;花被片6,不整齐,唇瓣3深裂,中裂片具波状齿。

【产地与分布】原产于中国东南部山区至西南各省,广布于长江流域一带。朝鲜、日本也有分布。本属共9种,仅本种见栽培,在自然界常野生于山谷林下或山坡丛林内。

【习性】喜温暖而又凉爽湿润的气候,不耐寒,华东地区可露地越冬。宜半阴环境,忌阳光直射。华北各地在温室栽培。在排水良好、富含腐殖质的砂质壤土中生长良好。

【繁殖与栽培】分生繁殖。可在早春或秋末掘取根部,将假鳞茎分割数块,每块带1~2个芽,每穴一株,覆土3 cm。栽后稍填压再浇水。种子发育不全,需组培方法播种。

栽前应施足基肥。生育期间保持空气和土壤湿润,并追施2~3次液肥。冬季若有10 ℃以上的温度便可提早开花。中国长江流域可露地过冬,栽培似宿根,可不年年取出。北方冬季采收后,在潮湿沙中贮存,保持5~10 ℃。

【观赏与应用】花叶清雅,园林中多与山石配植或自然式栽植于疏林下或林缘边或岩石园中,颇富野趣。也可丛植于花径两边,蜿蜒向前,引导人的视线。

9.2.26　紫娇花 *Tulbaghia violacea*

【别名】野蒜、非洲小百合

【英文名】Pink Agapanthus, Wild Garlic

【科属】石蒜科　紫娇花属

【形态特征】株高 30～50 cm，具圆柱形小鳞茎，成株丛
生状。茎叶均含有韭味。顶生聚伞花序开紫粉色小花。

【产地与分布】原产地为南非。

【习性】性喜高温，生育适温 24～30 ℃。

【繁殖与栽培】繁殖可用播种、分株或鳞茎种植。但
在台湾不易结籽，仅用分株或鳞茎种植。全年均可施

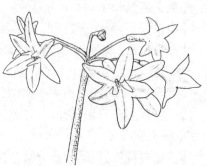

图 9-18　紫娇花

行，成活率极高，只要掘取带有鳞茎的幼株或成株另植即可。掘取的鳞茎最好有 3～4 个连附者
为佳，伸长的叶片剪去 2/3 再种植。

【观赏与应用】庭院栽植、盆栽或切花。

9.2.27　文殊兰属 *Crinum*

【别名】十八学士、白花石蒜、文珠兰

【英文名】Crinum

【科属】石蒜科　文殊兰属

【形态特征】地下为鳞茎。叶多常绿，基部抱茎，阔带形或剑形，平行叶脉。花茎直立，高于
叶丛；伞形花序顶生，着花 20 朵；花瓣细条状，反卷，白或有红条纹或带红色；花漏斗形。花期
6—8 月。

【种类与品种】中国海南省、台湾省均有野生种，常生于海滨地区或河边沙地。常见栽培
种有：

（1）文殊兰（*C. Asiaticum* var. *sinicum*）

株高 1～1.5 m。鳞茎较大，长圆柱形；叶多数密生，长带状，边缘波状；花茎从叶腋抽出；花
被片窄线形，花被筒细长；花具芳香，白色。

（2）红花文殊兰（*C. amabile*）

株高 60～100 cm。鳞茎小；叶鲜绿色；花大，有强烈芳香，花瓣背面紫红色，内面白色带有明
显的白红色条纹。不结实。

【产地与分布】同属有 100 种，分布在热带和亚热带。本种原产于亚洲热带，现在广为
栽培。

【习性】喜温暖湿润。各种光照条件都可生长，夏季忌烈日暴晒。性强健、耐旱、耐湿、耐
阴。耐寒力因种而异，华南地区露地栽培。耐盐碱土壤，肥沃、湿润的土壤生长好。一般生长适
温 15～25 ℃，冬季休眠温度 10 ℃为宜。

【繁殖与栽培】分株或播种繁殖。春季分株，将其吸芽分离母株，另行栽植。栽植不宜过

深。种子采收后应立即播下,种子大,浅埋土中,保持湿度,极易发芽。

北方春植。浅栽,以不见鳞茎为准,生长期需肥水充足,特别是开花前后以及开花期更需充足的肥水。夏季需置于荫棚下,充足浇水,及时补肥。花后要及时剪去花梗,10月底移入室内,冬季在温室越冬。华南地区 2~3 年分株 1 次。

【观赏与应用】植株洁净美观,常年翠绿色。花生于粗壮的花茎上,花瓣细裂反卷,秀丽脱俗,开花时芳香馥郁,花色淡雅。宜盆栽,布置厅堂、会场。在南方及西南诸省可露地栽培,在花境中作独特花型花卉。丛植于建筑物附近及路旁。

9.2.28 仙客来 *Cyclamen persicum*

【别名】兔子花、萝卜海棠、一品冠

【英文名】Cyclamen, Persian cyclamen

【科属】报春花科　仙客来属

【形态特征】块茎紫红色,肉质,外被木栓质。叶丛生,心脏状卵形,边缘光滑或有浅波状锯齿,绿色或深绿色,有白色斑纹。花单生,有肉质、褐红色长柄;花瓣基部联合呈筒状,花蕾期先端下垂,花开后花瓣向上反卷直立形似兔耳;受精后花梗下弯。蒴果球形,种子褐色。

图 9-19　仙客来

【种类与品种】同属约 20 种。现在的园艺品种大都来源于野生种仙客来的栽培变种,其主要变种有大花仙客来（*C. persicum* var. *giganteum*）和暗红仙客来（*C. persicum* var. *splendens*）。园艺品种按花型可分 5 种类型:

①大花型（Giganteum）:花大,花瓣全缘、平展,开花时反卷,叶缘锯齿较浅或不明显,有单瓣、复瓣、重瓣、银叶、镶边和芳香等品种。

②平瓣型（Papolio）:花瓣平展,较窄,边缘具细缺刻和波皱,叶缘锯齿显著。

③洛可可型（Rococo）:花瓣宽,边缘波皱有细缺刻,开花时呈下垂半开状态,香味浓,叶缘锯齿显著。

④皱边型（Ruffled）:花大,花瓣边缘有细缺刻和波皱,开花时花瓣反卷。

⑤重瓣型（Flore pleno）:瓣数 10 枚以上,不反卷,瓣稍短,雄蕊常退化。

目前,中国栽培的主要是传统的仙客来(主要是同源四倍体)和 F_1 代的大花、中花、微型品系的品种。

【产地与分布】原产于地中海东部沿岸、土耳其南部、克里特岛、塞浦路斯、巴勒斯坦、叙利亚等地。

【习性】喜腐殖质丰富的沙质土壤,宜微酸性(pH 值为 6),如酸度偏大(小于 pH 5.5),幼苗生长会受到抑制。仙客来喜湿润,但畏积水。喜光,但忌强光直射,若光线不足,叶子徒长,花色不正。秋冬春三季为生长期,生长适温为 12~20 ℃。不耐炎热,夏季温度在 30 ℃以上,球茎被迫休眠,超过 35 ℃,易受热腐烂,甚至死亡。冬季温度低于 10 ℃,花朵易凋谢,花色暗淡,5 ℃以下,球茎易遭冻害。在中国,夏季炎热地区皆处于休眠或半休眠状态,在夏季凉爽、湿润的昆明地区,不休眠继续生长。

【繁殖与栽培】仙客来可用播种和球茎分割法繁殖。

(1)播种繁殖

以9月上旬为宜,可用浅盆或播种箱点播,在18~20℃的适温下,30~60 d发芽。用30℃温水浸种4 h,可提前在播后15 d发芽。播种基质以壤土、腐叶土及河沙等量混合,按1.5~2.0 cm的距离点播于育苗盘中,播后覆盖0.5~1.0 cm,轻压,盖上遮阴覆盖物。调节播种期使植株在幼苗期越夏,避开休眠,可提早开花。

(2)球茎分割法

适用于优良品种的繁殖。选4~5年生球茎,切去球茎顶部1/3,随后将球茎分割成1 cm³的小块,经分割的球茎放在温度为30℃和相对湿度高的条件下,5~12 d,促进伤口愈合。接着保持20℃,促使不定芽形成。分割后的3~4周内土壤保持适当干燥,以免伤口分泌黏液,感染细菌,引起腐烂。一般分割后75 d形成不定芽,9个月后有10余片叶可用12~16 cm盆栽,养护2~3个月后开花。

(3)其他方法

还可采用叶插法和组织培养法繁殖仙客来。

当仙客来小苗长到4~5叶时(一般在3月份左右)可以上盆管理。第1次上盆可用口径8~10 cm的小盆或塑料营养钵,所用基质中加入一些腐熟的有机肥。宜浅栽,大部分球茎应埋入土中,只留顶端生长点部分露出土面。刚上盆后可适当遮阴,然后进入正常管理。注意在整个生长期间仙客来都应适当遮阴,不可暴晒。当长到十几片叶时,可进行第1次换盆,换入12~14 cm的盆中,进入9月份进行第2次换盆,换成16~18 cm的盆。在生长期间每半月追施1次液体复合肥,肥水浓度0.5%。仙客来的浇水要根据气候及植株的生长量合理进行,掌握见干见湿的浇水原则,浇水注意不要使叶面积水,生长期相对湿度以75%左右为宜,盆土要经常保持适度湿润,不可过分干燥。幼苗期温度稍低一些,叶片长到10枚左右时,适温为18℃,进入成苗达30枚时,温度可提高到20~22℃,从花梗伸长到开花保持在16~17℃较好。

【观赏与应用】叶挺硬开展,花蕾低垂,开放时亭亭玉立,具有动感;花色多彩,娇美秀丽,观赏价值极高,是高档盆花。加之其花期恰逢元旦、春节等传统节日,深受人们喜爱。下垂性的品种用作壁挂或吊挂观赏。也有作微型切花之用。

9.2.29 马蹄莲属 *Zantedeschia*

【别名】水芋、观音莲、海芋

【英文名】Calla lily

【科属】天南星科 马蹄莲属

【形态特征】马蹄莲为多年生草本植物,地下部具有肥大的深褐色肉质块茎,茎节部位发芽向上生长茎叶,向下长根,地上茎叶可高达1 m以上。叶基生,叶片心状箭形或戟形,先端锐尖,全缘,基部钝三角形,长15~45 cm,叶面鲜绿色,有光泽。花茎基生,花梗高出叶丛,顶端着生肉穗花序,外有白色近卵形佛焰苞,肉穗花序黄色,短于佛焰苞,呈圆柱形,上部着生雄花,下部着生雌花,雄花部分的长度为雌花的4倍,花有香气,花后结浆果。自然花期2—4月,果熟期6—8

月。冬春开花,夏季休眠。

【种类与品种】

(1)同属常见栽培种

①马蹄莲($Z. aethiopica$):株高可达70~100 cm。佛焰苞大,白色。肉穗花序鲜黄色,长约10 cm。花期3—5月。较耐寒,栽培最为普遍。主要用于冬春季切花生产。

②黄花马蹄莲($Z. elliottiana$):株高与马蹄莲相似或稍矮。叶绿色,有白色半透明斑点。佛焰苞大,长可达18 cm,黄色。有不少变种。花期5—6月。生育期要求温度比马蹄莲高。可盆栽或切花。

③红花马蹄莲($Z. rehmannii$):株高20~40 cm。叶披针形,有白色半透明斑点。佛焰苞稍短小,红色、粉红色或紫红色。花期5—6月。

④银星马蹄莲($Z. albomaculata$):叶片大,柄短,叶面有银白色斑点。佛焰苞乳白色,花期7月。

⑤热带马蹄莲($Z. tropicallis$):喉部具黑斑,有多种花色,如淡黄、杏黄、粉红色品种。

(2)常见栽培的园艺类型

①白柄种:块茎较小,生长缓慢。叶柄基部白绿色,佛焰苞阔而圆,色洁白,平展,基部无皱褶,花期早,花数多,1~2 cm直径的小块茎就能开花。

②绿柄种:块茎粗大,生长势旺,植株高大,叶柄基部绿色。花梗粗壮,略成三角形,佛焰苞长大于宽,花较小,黄白色,不太平展,基部有明显的皱褶,开花迟,块茎直径5~6 cm以上才能开花。

③红柄种:植株较为健壮,叶柄基部带有红晕,佛焰苞较绿柄种大,长宽相近,外观呈圆形,色洁白,基部稍有皱褶。花期中等。

【产地与分布】原产于非洲南部的河流旁或沼泽地中。

【习性】马蹄莲性喜温暖湿润和半阴环境,稍耐旱,但在冬季要求光照充足,否则影响开花。马蹄莲不耐寒,生长适温白天为15~24 ℃,夜间白花种不低于13 ℃,黄花种不低于16 ℃,0 ℃以下时块茎部分就会受冻。但冬季温度过低或夏季温度过高,植株叶会枯萎,进入休眠状态。在冬不冷、夏不热的亚热带地区,全年不休眠。马蹄莲要求有富含腐殖质、疏松、肥沃的沙质壤土,pH值5.5~7。生长发育良好的马蹄莲,在主茎上每展开1枚叶片,就可以分化2个花芽。夏季高温季节,会出现盲花或花芽不分化现象。一般具有一个主茎的块茎每年可出花6~8朵,但多数只有3~4枝切花。

【繁殖与栽培】繁殖以分球繁殖为主。植株进入休眠期后,剥下块茎四周的小球,另行栽植。分栽的大块茎经1年培育即可成为开花球,较小的块茎须经2~3年才能成为开花植株。也可播种繁殖,种子成熟后在备好的苗床或浅盆内播种,覆土盖没种子即可。发芽适温20 ℃左右,注意要适度遮光,湿度要大一些。

春秋均可栽植。床植行距25 cm,株距10 cm。用肥沃而略带黏质的土壤,如可用园土2份、砻糠灰1份、再稍加些骨粉或厩肥;也可用细碎塘泥2份、腐叶土(或堆肥)1份、加入适量过磷酸钙和腐熟的牛粪。植后覆土3~4 cm厚,20 d左右即可出苗。马蹄莲生长期间喜水分充足,要经常向叶面、地面洒水,并注意叶面清洁。每半月追施液肥1次。在养护期间为避免叶多影响采光,可去除外叶片,这样也利于花梗伸出。2—4月是盛花期,花后逐渐停止浇水;5月以后植株开始枯黄,应注意通风并保持干燥,以防块茎腐烂。待植株完全休眠时,可将块茎取出,晾干后贮藏,秋季再行栽植。播种繁殖时于花后采种,随采随播,培养2~3年后开花。

马蹄莲的促成栽培主要就是温度管理,若将块茎提前冷藏,并在立秋后播种,则可提早在10月份开花;一般在9月中旬下种的植株,可于12月开花;冬季促成则需严格保温或加温,马蹄莲对光照不敏感,只要保持温度在20℃左右,即可在元旦至春节期间开花;3月份开花的植株,更应持续保温或加温。

【观赏与应用】叶色翠绿,叶柄修长,苍翠欲滴,花茎挺拔,花朵苞片洁白硕大,宛如马蹄,秀嫩娇丽,象征着纯洁真挚,鲜黄色的肉穗花序立于莲座上,给人以纯洁感,是优良的盆花,也是重要的切花材料。在庭园中可用于花坛、花境、草坪等园林绿地。块茎可入药,预防破伤风和外治烫火伤。

9.2.30 大岩桐 *Sinningia speciosa*

【别名】洛仙花、大雪尼

【英文名】Gloxinia

【科属】苦苣苔科 大岩桐属

【形态特征】多年生球根花卉。地下具扁圆形的块茎,株高12~25 cm,全株密生白绒毛。块茎初为圆形,后为扁圆形,中部下凹,根着生在块茎的四周,为一年生。地上茎极短,绿色,常在二节以上转变为红褐色。叶对生,长椭圆形,肉质较厚,平伸,先端叶脉隆起,叶呈现锯齿状;叶背稍带红色。花梗肉质而粗,比叶长,高10~20 cm,每梗1花;花冠阔钟形,裂片矩圆形。花色有白、粉、大红、墨红、玫瑰

图9-20 大岩桐

红、洋红、紫、堇青、蓝等色,质呈丝绒毛状,下有丰厚柔软的椭圆形大叶片陪衬,极美丽。花期夏季。

【种类与品种】

(1)同属常见栽培种

①王后大岩桐(*S. regina*):叶面绿色,背面紫色,花从叶腋中抽出,一般4~6枝,花茎顶端有一朵下垂的花,花朵似拖鞋状,紫色,冠喉处有较深的紫斑。

②杂种大岩桐(*S. hybrida*):王后大岩桐等为其重要亲本,叶缘具浅齿,花期6—8月,花色艳丽,花期较长,为夏季室内盆栽佳品。

(2)常见栽培的园艺品种

①厚叶型(Crassifolia):花冠5裂,裂片圆,早花,花大型,质厚。

②大花型(Crandiflora):花具6~8枚裂片,比厚叶型花大,多花性,叶片稍小,叶数多,叶脉粗。

③重瓣型(Double gloxinia):花大,花瓣2~3层,多至5层,波状,重叠开放。

④多花型(Multiflora):花多,直立,花檐部8裂,花筒稍短,花梗也十分短。

【产地与分布】原产于南美巴西的热带雨林中。同属植物约75种,世界各地均有栽培。

【习性】喜温暖、潮湿；喜半阴，忌阳光直射；喜肥。生长适温 22~24 ℃，保持较高的空气湿度，冬季休眠期保持干燥，温度控制在 8~10 ℃。生长期照度在 5 000~6 000 lx 即可，避免雨水浇淋，以免引起腐烂。栽植盆土，以富含腐殖质、疏松肥沃、排水良好的微酸性土壤为宜。

【繁殖与栽培】以播种繁殖为主，也可扦插、分割块茎或组培繁殖。

①播种繁殖：大岩桐种子寿命约 1 年，只要温度在 18 ℃以上，可以随时播种，一般以 8—12 月播种最佳。因此时播种生长期环境适宜，生长旺盛，株形大，着花多，翌年 6 月即可开花。若迟至 3 月播种，则于 8—9 月开花，株小而花数少。从播种到开花需时 5~8 个月，分批播种可延长花期。播种用土，可以腐叶土 3、园土 2、河沙 2 的比例配合，再加入少量的过磷酸钙。种子细小，1 g 种子有 25 000~30 000 粒，播种时，种子先用细沙拌和，再把种子均匀地撒播在苗床内，播后不覆土，只轻轻予以压实。以 20~22 ℃条件下，10~15 d 发芽。当生出 2 片真叶时，及早分苗。

②扦插繁殖：可用茎插和叶插法。

a. 茎插：春天栽植块茎后，常发生数枚新芽，当芽高 4 cm 左右时，选留主芽生长开花，其余均可取之扦插。温度保持 21~25 ℃和遮阴保湿，约 3 周后生根。

b. 叶插：在温室中生长季均可进行，但以 5—6 月和 8—9 月效果最好。选生长充实的叶片，带叶柄切下，插入河沙中，保持 25 ℃，适当遮阴，经常喷水保湿，约 20 d，叶柄切口处愈合长出小块茎，即可上盆栽植。养护得当，上盆后 4~5 个月能够开花。扦插法能保持母本的优良性状，花数多，开花早，唯繁殖系数低，不能适应规模化生产的需要。

③分割块茎：在块茎休眠后，新芽抽出时进行。依抽生的新芽数目，用刀切成数块，每块至少带 1 个芽。伤口涂以木炭粉或硫黄粉后栽植。宜浅植，以浇水后块茎顶端露出土面为宜。初期要控制浇水，以免引起切口腐烂。当芽长至 3~4 cm 时，保留 1 个壮芽，去掉其余的芽。

④组织培养：为加速繁殖，可以叶片、叶柄或花梗为外植体进行组织培养，用 MS 培养基，附加苄基腺嘌呤（BA）0.5 mg/L 和萘乙酸（NAA）0.1 mg/L。

播种苗第一次分苗后，待幼苗生出 5~6 片真叶时上 7 cm 盆。每周追肥 1 次，注意追肥时不可使肥液沾染叶片，因大岩桐叶片上密被绒毛，沾染肥液会发生斑点或引起腐烂，可在追肥后喷 1 次清水，保持叶面的清洁。植株长大后，移至 10 cm 盆，最后定植于 14~16 cm 盆中。要施足基肥，恢复生长后，每周追施稀薄液肥 1 次，在盛花期前停止追肥。花期温度不可过高，适当通风，防止花梗细弱。春天开始遮去中午前后的强光。注意维持较高的空气湿度，夏遮阴防雨，可稍减少浇水量，秋天气温降低，逐渐减少浇水量，使植株逐步进入休眠期。当植株地上部分全部枯萎，即停止浇水，置通风透光处，使块茎在原盆中越冬，越冬温度 8~10 ℃。也可将块茎挖出，埋于湿沙中。

块茎经过休眠（约 1 个多月），根据对开花期的不同需要，可按时取出栽植，在温室内栽培，从栽植到开花，5~6 个月。栽植前先行催芽，将块茎密植于湿沙中，保持 18 ℃和较高的湿度，适当遮阴，1~2 周间生根发芽，即可栽入 10 cm 盆中，选留粗壮的 1 个主芽，其余的芽全部摘除，可用之扦插繁殖；苗株最后定植于 14~16 cm 盆中，栽植深度以浇水后露小块茎顶端为度。国外大规模现代化生产，大岩桐均作一、二年生栽培。每年进行播种，开花后休眠的块茎尽行弃去，不再贮藏和栽植。

【观赏与应用】小型盆花。大岩桐花朵大，花色浓艳多彩，花期可随栽植期的不同而异，故花期长,尤其能盛开于夏季室内花卉较少时。控制栽植期,可使它在"五一"和"十一"节日开放,为重大节日提供优美的室内布置材料。是极高雅的观花植物。

9.2.31 香雪兰 *Freesia refracta*

【别名】小苍兰、洋晚香玉

【英文名】Common freesia

【科属】鸢尾科 小苍兰属

【形态特征】多年生球根草本。株高 10~20 cm。球茎长卵形或圆锥形,白色,外被褐色纤维质皮膜。基生叶约 6 枚,二列状互生,线状剑形,质较厚,全缘。花茎细长,高 30~45 cm,顶生穗状花序,花序轴平生或倾斜,稍有扭曲,小花 5~10 朵,偏生一侧,疏散而直立;花漏斗状,长 5 cm,花瓣基部呈细长筒状,中部膨大,上部裂为 6 瓣,先端圆;具甜香;花色丰富,姿态轻盈。蒴果,种子黑褐色。花期 2—4 月。地下球茎一年生,每年更新。老球枯死,在老球上长出 1~3 个新球,每新球又有 1~5 个子球。

图 9-21 香雪兰

【种类与品种】同属约 20 种,常见栽培的种有:红花小苍兰 (*F. armstrongiis*):又名红花香雪兰、长梗香雪兰。叶长 40~60 cm,花茎强壮多分枝,株高达 50 cm;花筒部白色,喉部橘红色,花被片的边缘粉紫色;花期较迟。本种与小苍兰杂交育出许多园艺变种。花型有单瓣、重瓣,花色多样。

主要变种有:白花小苍兰(*F. refracta* var. *alba*),叶片与苞片均较宽;花大,纯白色,花被裂片近等大,花筒渐狭,内部黄色。鹅黄小苍兰(*F. refracta* var. *leichtinii*),叶阔披针形,4~5 枚,长约 15 cm,宽 1.5 cm,基部成白色膜质的叶鞘。花宽短呈钟状;有铃兰般的香气;花大,鲜黄色,花被片边缘及喉部带橙红色,一穗有花 3~7 朵。

香雪兰园艺品种非常丰富。花色有白、粉、桃红、橙红、淡紫、大红、紫红、蓝紫、鲜黄等色;此外,还有花朵大小、花期早晚和花茎长短等变化。

【产地与分布】原产南非好望角一带。世界各地广泛栽培。现代优良品种多来自荷兰。

【习性】香雪兰属秋植球根花卉,冬春开花,夏季休眠。性喜温暖湿润环境,能耐冷凉,但不耐寒,高温将造成休眠。生长发育最适温度为白天 20 ℃左右,夜间 15 ℃,最低 3~5 ℃。现蕾开花期以 14~16 ℃为宜。其耐寒力较弱,在长江流域及以北地区都不能露地越冬。要求阳光充足的条件,对于日照反应,花芽分化前期短日照有利于诱导花芽分化,而分化后的长日照条件有利于花芽发育和提早花期。要求疏松肥沃的土壤。

球茎在低温(8~10 ℃)、高湿(90%)下进行春化处理,可提前开花。春化处理后 25 ℃以上的高温有解除春化的作用。球茎栽植后基部抽生下出根,称为下根;新球茎生出后,其基部抽生的肉质、充实肥大的牵引根,称为上根。在新球茎的充实期,牵引根收缩。在栽培中,上、下根皆充分发育,植株才能生长旺盛,开花良好。故栽植时宜稍深些。

【繁殖与栽培】通常可用播种和分球繁殖,多以分球繁殖为主。进入休眠后,取出球茎,此

时老球茎已枯死,上面产生了1~3个新球茎,每个新球茎下又有几个新球茎,分别剥下、分级贮藏或冷藏后,8—9月时再行栽植。新球茎直径达1 cm以上,栽植后当年即能开花;小的新球茎则需培养1年后才能形成开花球。

香雪兰也可以播种繁殖,通常5月采种后及时播种于浅盆中。播后将盆移至背风向阳处,予以庇荫,保持湿润,最适发芽温度20~22 ℃。冬季移入温室越冬,约经3年培育方可开花。国外已育出播种繁殖的新品种:6—7月播种,次年2—3月开花,植株高达60~70 cm,极适于切花栽培。

香雪兰在福建、云南等冬季气温较高地区可全年露地栽培,长江流域在冷室或塑料大棚栽培,北方地区温室栽培。盆栽通常在秋季进行,盆土用腐叶土、壤土和沙等量混合,每盆栽5~7个种球。香雪兰有上、下根,故栽植时宜稍深些,2.5 cm左右。通常是栽种时只覆土1 cm,待真叶3~4 cm时再添土至2.5 cm。易感染病害,种前要进行土壤消毒。为使株形丰满低矮,宜晚栽,一般不迟于11月下旬—翌年2月上旬。栽植后放阳光充足处,保持盆土湿润,2周左右发芽,霜降后入室,常施稀薄液肥,注意通风和光照,于翌年2月便可开花,花期可长达1月余。

切花生产常采用促成栽培,促成栽培一般要用冷藏处理以完成春化过程,在10 ℃以下冷藏40 d,即可定植,从种植到开花大约需要3个月时间。抑制栽培可将解除休眠的种球湿润贮藏于2~5 ℃冷库中抑制其生长。

【观赏与应用】小苍兰花色鲜艳、香气浓郁,除白花外,还有鲜黄、粉红、紫红、淡紫、蓝紫和大红等单色和复色等品种。可盆栽用于室内点缀或布置花坛。也是冬季室内切花、插瓶的最佳材料。

9.3　其他种类(附表)

中文名	学 名	产 地	花 期	形 态	同属种	繁殖	应 用
绵枣儿	*Scilla sinensis*	欧、亚、非洲的亚高山带	春季	叶基生,总状花序顶生,蓝色	地中海绵枣儿、西伯利亚绵枣儿、聚铃花	种子,球茎	盆栽;花坛、草坪镶边
白头翁	*Pulsatilla chinensis*	中国	春季	羽状复叶基生,花单生,花白、红、紫色	日本白头翁、川滇白头翁、欧洲白头翁	分块茎,播种	庭院、盆栽
魔芋属	*Amorphophallus*	亚热带山区	春夏	叶多数,螺旋状排列,肉穗花序,苞片白		分块茎	盆栽
鸟胶花	*Ixia maculata hybrid*	南非	初夏	花红、粉、黄、橙、白色		分块茎	群植,花坛
六出花	*Alstromeria spp.*	南美	春夏	花红、粉红、黄、白色	智利六出花、深红六出花、美丽六出花	分块茎	切花、庭院栽培

续表

中文名	学 名	产 地	花 期	形 态	同属种	繁 殖	应 用
虎皮花	*Tigridia pavonia*	墨西哥、南美	夏	叶剑形,花莛自叶丛中抽生,花黄、白色		分栽小鳞茎	切花、盆花、花坛
狒狒花	*Babiana stricta*	南非	春夏	花红、紫红		分栽小鳞茎	花坛、盆花
圆盘花	*Achimenes* spp.	美洲热带	夏秋	花红、粉、白、紫色		分根茎、播种、扦插	盆栽
鸢尾蒜	*Ixiolirion tataricum*	我国新疆北部	春夏	叶基生,伞形花序顶生		分栽小鳞茎	岩石园、盆栽、切花
观音兰	*Tritonia crocata*	南非	春夏	花红、紫、粉色	杂种观音兰、金黄观音兰、波特氏观音兰	分栽小球茎	花境、切花
火星花	*Crocosmmia crocosmiflora*	非洲南部	夏	叶基生,圆锥花序,花大红色	帕氏火星花、黄火星花	分栽小球茎	花境、切花
火燕兰	*Sprekelia formosissima*	墨西哥	春夏	叶带状,花单生,花红色		分栽小鳞茎、播种	盆栽、切花
网球花	*Haemanthus coccineus*	非洲热带	夏秋	叶基生,球状伞形花序顶生,花血红色	白网球花、绣球百合、虎耳兰	分栽小鳞茎、播种	盆栽
延龄草	*Trillium tschonoskii*	亚洲	夏	叶3枚轮生,花单生		分根茎、播种	地被
尼 润	*Nerine* spp.	南非	春秋	花粉、红、白色		分栽小鳞茎	切花、盆花
亚马逊石蒜	*Eucharis grandiflora*	中南美洲	冬、春、夏	花白色		分栽小鳞茎、播种	花境、切花、盆花
大百合	*Cardiocrinum giganteum*	中国	夏	叶片卵状心形,花白色	大百合属、荞麦叶大百合	分栽小鳞茎、播种	花境、盆花
大百部	*Stemona tuberosa*	我国	早春	叶3~4枚轮生,花单生或总状花序,黄绿色		分块根、播种	地被,花坛
秋水仙	*Colchicum autumnale*	欧亚	早春	叶披针形,花淡粉红色		分栽小球茎、播种	地被
铃 兰	*Convallaria majalis*	欧洲	早春	叶基生,卵形,总状花序白色		分根茎	地被
艳山姜	*Alpinia zerumber*	我国南部	夏	叶革质,圆锥花序下垂,白色		分根茎	庭院、盆栽
火炬姜	*Nicolaia elatior*	东亚	夏	球果状花序顶生,花鲜红色		分块茎、播种	切花

续表

中文名	学 名	产 地	花 期	形 态	同属种	繁殖	应 用
姜 花	*Hedychium coronarium*	我国南部	夏秋	叶无柄,穗状花序,花极香白色		分根茎	地被
闭鞘姜	*Costus speciosus*	我国南部	夏秋	叶单生,穗状花序红色		分根茎	盆栽
宫灯百合	*Sandersonia aurantiaca*	南非	夏秋	叶纤细秀丽,花单生叶腋,黄色		播种	盆栽

思考题

1. 球根花卉是指什么?有哪些类型?

2. 球根花卉园林应用有哪些特点?

3. 球根花卉生态习性及生长发育规律是怎样的?

4. 球根花卉繁殖栽培要点有哪些?

5. 列举出 10 种常用球根花卉,说明它们主要的生态习性、生长发育规律、栽植深度、贮藏方法和应用特点。

彩 图

第 9 章彩图

第 *10* 章 室内观叶植物

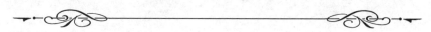

【内容提要】

本章介绍了室内观叶植物的概念、分类、繁殖与栽培管理要点,以及常见的室内观叶植物的生态习性、繁殖与栽培、观赏与应用等。通过本章的学习,了解常见的室内观叶植物种类,掌握它们的生态习性、观赏特点以及园林用途。

10.1 概　述

在室内条件下,经过精心养护,能长时间或较长时间正常生长发育,用于室内装饰与造景的植物,称为室内观叶植物。室内观叶植物以阴生观叶植物为主,也包括部分既观叶,又观花、观果或观茎的植物。

室内观叶植物是花卉学的一个分支,其应用融技术、艺术和科学于一体。在远离大自然的都市生活中,室内观叶植物能带来大自然气息,丰富生活情趣。在家庭、宾馆、办公楼、餐厅等公共场所,到处都能看到绿色的室内观叶植物。室内观叶植物除具有美化居室的功能外,还可以吸收二氧化硫等有害气体,起到净化室内空气的作用,这对营造良好的生活环境具有十分重要的意义。近年来,国内外市场对室内观叶植物的需求与日俱增,主要是生活水平的提高和家庭供暖系统的出现,为家庭摆放室内观叶植物提供了客观的可能性。此外,由于室内观叶植物奇异多变,几乎可以周年观赏,因而广受大众青睐,生产和销售呈直线上升,已成为我国花卉生产的重要组成部分。

10.1.1 范畴与类型

室内观叶植物种类繁多,差异很大,由于原产地的自然条件悬殊,不同产地的植物具有独特的生活习性,对光、温、水、土及营养的要求各不相同。另外,不同的室内空间和房间的不同区域,其光照温度、空气湿度也有很大的差异,因此室内摆放植物必须要根据具体的条件,选择合

适的种类和品种,满足各种植物的生态要求,使植物健壮生长,充分显示其固有的特性,达到最佳的观赏效果。

室内观叶植物是一类原产于热带和亚热带林荫中的植物,适合于在室内光线较弱、较高温度等条件下生长,且栽培管理方便。

10.1.2　生态习性

植物在生长的过程中,始终与周围的环境进行着物质和能量的交换。环境条件影响着植物的生长分布,最主要的环境条件为温度,阳光和水分。因此,栽培室内观叶植物,首先也需要了解他们原产地的环境条件,只有充分了解它们的生长环境,才能创造出更适合植物生长的环境条件。

温度。温度是决定植物生长分布的主要因素。室内观叶植物生长一般都需要较高的温度,大多数室内观叶植物适于在20~30 ℃的环境中生长。冬季往往是限制室内观叶植物生长和生存的一大障碍。由于原产地纬度的不同以及形态结构上的差异,各种植物所能忍耐的最低温度也有差别。在栽培上,必须针对不同类型的室内观叶植物对温度需求的差异而区别对待,以满足各自越冬需求。

光照。观叶植物多生长在林荫下,因此喜欢半阴或遮蔽的环境,对光照的要求比较弱,而且多数又不开花,对光照时间要求也不严格。遇到强光或直射光极易引起植物叶片焦灼或枯萎卷曲。对一些叶片具有斑纹色彩的,在散光下培养,更有利于色彩的充分表现,艳丽美观,过于遮蔽会引起植物叶片色彩消失。但不论叶片有无彩色,冬春两季应有适当光照,以利于植物健壮生长,增强抗逆能力。

水分。观叶植物的原产地,一般为湿热多雨的环境,许多品种又在林荫下生长。从形态特征来看,多是草本植物,因此对水分的要求比较大。然而,许多品种对空气湿度的要求比土壤浇水更为重要,尤其是附生性的气生植物、蕨类等更需要保持较大的空气湿度,否则很容易出现叶面粗糙、枝叶下垂的现象。但球根类及肉质茎类、仙人掌类植物对水分的要求又不同,适宜在较干燥的环境中生长,即使在夏天的高温时,过分浇水,也会引起烂根,寒冬更应保持相对干燥。

10.1.3　繁殖与栽培管理

1)繁殖

室内观叶植物种类繁多,形态各异,但其繁殖方法与其他花卉相似,有有性繁殖和无性繁殖两种方法。

（1）有性繁殖

①种子繁殖:与其他观花花卉相比,种子繁殖方法在室内观叶植物中并不多用。主要有3个方面的原因:其一,室内观叶植物大多容易用无性繁殖,且无性繁殖成苗快,而种子繁殖成苗慢。其二,许多观叶品种要想得到成熟种子,必须通过人工授粉才能实现。其三,种子繁殖后代

性状不易稳定,容易使一些彩斑性状消失,失去应有的观赏价值。但在育种上需要新品种或大量繁殖也使用种子繁殖这一方法。

室内观叶植物可采用种子繁殖的种类有棕榈科、百合科、凤梨科、天南星科、秋海棠科等,但其中很多品种要等到达到一定树龄时方可开花结果。

观叶植物种子繁殖采用成熟种子,并且以种子采后即播为宜,否则会影响种子的发芽率。有些品种播种前还必须用温水浸种处理才能取得较高的发芽率,如棕榈科观叶植物。播种时,将种子播于疏松而排水良好的介质上,然后覆盖上一层薄土,并用喷雾法或浸盆法使介质保持湿润状态。在温度 20～25 ℃,半阴条件下,经 1～2 个月种子即可出芽。出苗后,当长出 1～2 片真叶时可进行分盆种植,并注意喷施稀薄肥料,使小苗健壮成长。

②孢子繁殖:室内观叶植物中的蕨类植物,在自然界中多靠孢子繁殖,蕨类大多生长于遮蔽湿润的环境中,它的孢子成熟后,自然散落在地表阴湿的水苔上,发芽长成孢子体,所以在生产栽培上可以利用其特点,采用孢子播种繁殖。

孢子播种繁殖,首先要掌握好采收时期,大多数蕨类的孢子在夏末到秋天成熟,此时孢子囊由浅绿色逐渐变成浅棕色或黄色,在大多数孢子囊刚要脱落而孢子还没有扩散时采摘。将摘下的成熟孢子的叶片放入对折的干净报纸之中,保存于温暖干燥的环境中使孢子落下来,然后去掉杂质,装入纸袋,也可直接用刀刮下孢子并将其干燥后装入纸袋,以备播种,为了提高孢子的出芽率,最好将采集的新鲜孢子尽快播种。

蕨类的孢子在很多基质上都能生长,但要保证基质保水透气,最常用的基质是两份泥炭土和一份河沙的混合物,播种时用手轻轻振落孢子,使其均匀地落在装有基质的花盆中,由于孢子非常小,播后不用覆土,只要在盆面加盖玻璃片和报纸即可,以遮阴并防止水分蒸发,接着将盆放入盛有浅水的盆中,让盆土慢慢吸足水分,然后取出,放在半阴的环境中,此间一直不需浇水,待孢子变成浅绿色时,将报纸逐渐揭开,并将玻璃片垫高,以利通风。当叶长到 5～6 cm 时,经炼苗移植上盆,上盆后应放在半阴地方培养并充分浇水,以后每 1～2 周施一次稀薄的饼肥,使其生长快速而健壮。

(2)无性繁殖

几乎所有的观叶植物都可用无性繁殖的方法产生子代,因此它在观叶植物栽培中应用最多,常用的无性繁殖法有扦插、分株、压条和嫁接等。具体繁殖方法与步骤请参考第 4 章有关部分。

2)栽培管理

(1)基质

任何花木盆栽,首先要选用好栽培基质,所谓栽培基质就是固定植物,并为植物提供生长发育所需要的养分、水分等物质的东西,基质的肥力、保水性、排水性、透气性以及酸碱度,都直接影响着植物的生长发育。

栽培观叶植物主要作为室内观赏,使用的栽培容器又多是透气性差、有色彩的釉盘或塑料盆。因此,对栽培基质的要求比较严格,有别于栽培一般花卉。常用的几种基质有下述几种。

①河沙:河沙具有极强的排水性和良好的透气性,清洁卫生,但保水保肥能力差,呈中性,

必须与其他基质混合使用,一般宜选择沙粒较大的为佳。

②园土:一般黏质较重并具有一定的肥力,保水保肥性能也较好,但排水性稍差,多呈中性或微酸性,使用时可掺入一定数量的河沙,以增加透气性和排水性。

③腐殖土:常用的有取自森林表层底下枝叶经多年堆积腐败后形成的表土,或由人工把落叶堆积腐熟后而形成的腐殖土。腐殖土含有丰富的有机质,质轻,保水保肥和排水透气性都很理想,用它与其他土壤混合可以改良土质,是观叶植物理想的栽培基质。

④泥炭土:泥炭土是各种植物残体,在不利于分解的环境条件下未能充分腐熟,经过多年积累,形成一种不易分解的、稳定的有机堆积层,通常由未完全分解的植物残体、已完全分解的腐殖质和矿物质等 3 部分组成,其保水性、透气性都很好,但大多肥力差,酸性强。

⑤木屑:保水性强,透气性差,缺肥力,呈中性。是适合与其他基质混用的一种取材容易、价格低廉的基质。

⑥蛭石:经过高温处理状似云母的薄片,具有孔隙多,保水,透气性强,质轻,无菌等优点,呈中性,但缺肥力。是理想的基质。

⑦珍珠岩:经过高温处理的白色粗沙状小颗粒,具有很强的排水和透气性能,无菌,不含任何肥分,可作为改良多种基质物理性状的改良剂。

(2)上盆与换盆

①上盆:培育好的幼苗移植到盆钵里,是盆栽的开始,这项工作做得好坏对上盆后植株的生长发育关系甚为密切。

上盆前首先要对幼苗进行整姿,剪去细弱枝和病枝等。如果是高压苗,可根据盆栽要求对主干及其分枝进行修剪。然后把选好的花盆底部放置一些碎瓦片或者木炭,填上一层基质,把植株放入盆内,根系尽量要向四周伸展,填土,覆盖好根部,将植株轻轻向上提起,稍微轻压,使根系能更好地上下左右紧贴着基质。最后慢慢浇水,至水从盆底流出为止。

在新芽未长出之前,不宜过多浇水,更不能浇肥,否则盆土过湿容易烂根,一般掌握盆土干干湿湿,不干不浇的原则。平时,可给枝叶多喷水,刚上盆的幼苗不能让阳光照射,抽芽后才能逐步移至有阳光或半阴下培植,幼苗定型后才能搬入室内观赏。

②换盆:观叶植物多是热带植物,生长迅速,活力旺盛,盆栽观赏时养分虽可不断给予补充,但由于根系不断生成和衰老更新,而使有限的根系很快就堵塞,使透气性和排水性变差,植株居住环境变差。此外,不断地浇水施肥也会改变基质的物理性状和酸碱度,因此要使盆花生长健壮,必须一年换一次盆,至少要三年换盆两次。

换盆前可结合整形剪去弱枝、枯枝以及高矮不一的枝叶,然后用竹篾或小手铲沿着盆的内缘挖开盆土,两手提起花盆倒置过来,左手扶住植株,右手用小竹竿从盆底中间排水孔轻轻顶托,直至盆土脱离花盆。这样做不会伤害根部,切忌把植株硬拔出盆,脱盆后的植株,用剪刀把旧根烂根剪掉,用竹篾刮去根系的旧土才能换上新盆。新盆一般比原来的盆大一号。上新盆及上盆后的管理,所有的操作方法都和幼苗移植上盆一样。

在有温室和遮阴条件下,虽然可以常年进行,但最好掌握在植株萌发新叶之前 3—4 月换盆,亦可在秋末进行休眠时换盆。生长旺盛期间切勿换盆。

③施肥:要使室内观叶植物生长良好,达到枝繁叶茂,色泽鲜艳,就必须注意施肥,施肥是正常栽培管理的一项重要工作。

室内观叶植物是以赏叶为主要目的的,所以特别需要氮肥,如果缺乏氮肥,叶绿素形成不快,正常的光合作用不旺盛,叶面就会失去光泽。但是氮肥过多,也会引起植物徒长,生长衰弱,而且不利于一些斑叶性状的稳定,所以施用氮肥必须适量。磷钾肥也是室内观叶植物必不可少的,必须配合使用,此外,其他一些植物生长发育需要的营养元素,如铁、钙、镁、硼、铜、锌对室内植物生长也是必需的。它们参与植物生长过程中的许多方面,如果缺乏,容易引起缺素症影响植物的生长及观赏,如缺铁易发生黄化不利于叶片翠绿光亮;缺钙容易引起植株生长纤细,导致倒伏等。

室内观叶植物在种植时一般都需施足基肥,基肥大多采用经发酵的有机肥料,生长中还需进行追肥。追肥可采用速效的有机肥或无机肥料,有机肥中发酵的人粪尿或饼肥汁,因有臭味,都不在室内栽培中使用,仅作室外生产。目前国内外根据花卉对各种营养元素的需求,已生产有各种缓效性的花肥,含有花卉生长的各种元素,肥效时间持久且使用方便而卫生,在室内栽培中广泛使用。

施肥的原则与方法。施肥的原则要掌握适时、适当、适量,根据各个品种的需肥特点,把握施肥时期、施肥次数、施肥量以及施肥方法,施肥方法除了固体肥料埋施外,其他肥料都需用浇施或叶面喷洒。液肥用水稀释的浓度,随施肥的次数而不同,在生长旺盛期多施肥,以满足正常的生长和生理需求。如果每月施一次的浓度可高一些,若每周到半个月施一次的浓度应稍低,为一个月施一次的半量。其他的情况是生长期一般每周到一个月施一次浓度也应稀一些,做到宁稀勿浓。

在不同生长期,根据不同品种生长需要,可不定期地追施人工复合的缓效或速效化肥。同时,还可用专门生产的液体肥料,进行叶面喷施,叶面喷施植株迅速吸收,快速见效,可及时补充植物根部吸收养分的不足,尤其在植物旺盛生长期和表现缺乏微量元素时常用这种追肥方法。在冬季或休眠期一般不施肥,或每2~3个月施一次,即在冬季来临前使用,且以磷钾肥为主,以增强植株冬季抗寒能力,新植株或换盆的植株,一定要等到成活后才可施肥。

④防寒防冻:室内观叶植物冬季防寒防冻工作是正常栽培管理中的一个重要技术环节,这项工作处理得当与否,直接影响其栽培利用效果。因为室内观叶植物原产于热带亚热带地区,系统的发育过程中,形成了对低温的敏感性。温度太低,将表现为寒害或冻害。当温度低于正常的越冬温度,使其正常的生理活动受到影响,根的吸收能力减退或停止,地上部表现为嫩枝叶萎蔫,老叶枯黄脱落,若低温时间不长,尚可恢复,时间稍长便会引起植株死亡。当温度降至0 ℃以下时,大部分室内观叶植物即出现冻害,这时已完全危及植株体内生理机能,使细胞间隙水分结冰,细胞内原生质体失水凝结,失去活力,从而危及植物的生命。所以,冬季必须密切注意气温的变化,做好防寒防冻的各项工作。

首先,根据各种室内观叶植物的越冬要求分门别类,加强管理,尤其对一些耐寒能力差的品种必须要集中于有增温保温的场所,以避免寒风的侵袭,避过不利的低温期。

其次,根据秋末温度的变化,让其对低温有一个过渡及适应过程,即在秋冬之交,温度逐渐降低时,让室内观叶植物经过稍低气温逐步锻炼,这样可以明显地提高其耐寒的适应能力,使自身抗寒潜力得到充分发挥,从而提高对低温的抵御能力。同时,冬季低温期要避免温度变化高低不均,因为突然增高温度会使本来处于相对休眠状态的植株抽新芽,此时若温度突然降低,极易受冻。同样早春来临的气温变化不定,也得注意室内观叶植物防寒防冻,所以要待温度相对

稳定时才能进行正常的肥水管理。

再次，在栽培上做好水肥管理，以利于抗寒防冻工作，在冬季低温期要严格控制水分，使土壤处于相对干燥状态。对于大部分品种一般 5～7 d 或更长时间浇一次水，即可维持植物正常的生命活动之需，这样有利于植物体内细胞液浓度增高，提高其抗寒冷能力，在冬季一般不施肥或少施肥，以控制其生长，免遭冻害。另外在冬季低温来临前一个月左右，除正常的施肥管理外，要增施磷钾肥，使植株生长健壮，以提高植株抗寒越冬能力。

⑤病虫害：我国引种和栽培室内观叶植物的历史相对较短，所以目前发现的病虫害种类不如其他花卉多，但由于其形态和栽培利用方式上的特殊性，也容易引发多种病虫害。因此，在栽培管理中对病虫害的防治工作也应予以重视。

病虫害发生的特点。一般来说，病虫害发生的迟早首先取决于温度，而病虫害的危害严重程度，除了受温度影响外，主要取决于湿度。在较高温度下，病虫害发生的代数多，同时在较高土壤湿度下，病虫随水分传播，有利于病虫害的繁殖与发展，流行范围就广，比较适合室内观叶植物生长和装饰室内环境，除满足病虫发生的较高温度条件外，遮蔽和不透风，也助长了许多病虫害的发展和蔓延。此外，室内环境也不能够完全满足室内观叶植物生长的最佳条件，所以室内观叶植物多生长得不够健壮而比较嫩弱，抵抗力不强，也容易感染病虫害。

病虫害防治的原则与方法。与其他植物相比，室内观叶植物的病虫害防治更需贯彻以防为主，防重于治的原则。严格检疫制度，杜绝病虫害的来源，使病虫害发生降低至最低的可能性。因为新引入的植物往往会把病虫一起带来，所以从国外或外地引进或购进的，要通过检疫机构检查。从本地购买的，要选择无病虫害植株，如已购进可能带病虫的植株，应注意清除带病虫的枝叶，并且将其单独隔离种植一段时间，待确认无病虫后再进行利用。对于已经发现了病虫害的植株，则应把病虫害消灭在初发生之时，使其不致蔓延，千万不可等到危害严重时再进行防治，这样即使治好了植株，也失去了其应有的观赏价值。

病虫害的防治必须采用综合的技术措施。除了注意把握上述提及的原则和方法外，特别要注意栽培技术与日常的管理，努力改善栽培环境条件。保持适当的温湿度，注意通风遮阴以及正确的水肥管理等，使植株生长健壮，提高抵御病虫的能力，改善环境条件，随时注意环境卫生，加强通风透光，及时清除病虫枝叶及枯枝落叶等，使其不利于病虫害的生存和发展。至于药剂防治，对于室内观叶植物来讲，只能作为辅助措施。因为，即使它比较简单易行，并且能够在较短的时间内抑制和杀死病虫，消除病虫威胁，但如果药剂使用不当，容易出现药害，病虫也容易产生抗性，同时带来环境污染，尤其是摆放在室内时更需谨慎，应尽量选用无毒或低毒农药，如果使用有毒药剂防治，须将病株移至室外一定区域喷施后，经数小时方可移回原位。

⑥修剪整形：盆栽观叶植物随着植株的生长，会引起植株的变态而影响观赏，因此要相对保持植株的一定形态和整齐优美，修剪整形是一项不可或缺的技术管理。

修剪时间分为经常性和季节性两种。经常性修剪应根据日常管理中出现的变态，如因浇水、浇肥不慎而引起的焦叶黄叶现象，或有病虫害危害的枝叶，及时剪除，这种现象主要发生在草本植物。另一种是季节性修剪，应按照既定的要求进行修剪，这主要是多年生木本植物或藤蔓植物，为达到和保持一定的形态，每年应进行修剪。属常绿植物宜在每年的早春新芽萌发前修剪，落叶植物可在秋季、冬季修剪，开花的应在花后立即修剪。

修剪方法也要区分不同的植物种类，多年生草本植物种植 1～2 年后，因茎干下部叶片自然脱落,变得光杆难看,可从离地3～5 cm处剪去,促使萌发蘖芽,形成新的植株。藤蔓性植物生长迅速,容易形成错综混乱的现象,应当施以重剪,即把多出的枝蔓全部剪除,或从地面根茎处剪去。木本植物可按照枝型的要求减去畸形枝、徒长枝、重叠枝,并削除过密的梢芽和基部的蘖芽,才能保持上下匀称,植株整齐,树冠优美的形态。

10.1.4　应用特点

多数室内观叶植物都是在室内被广泛使用,对污染气体(如甲醛、苯)有一定的吸收能力,并且具有独特的净化粉尘的功能,且由于这些植物的形态特征优美,价格便宜,易于养护,实用价值比较高,是很多新装修房屋的主要装饰植物(如芦荟、绿萝、一叶兰、袖珍椰子);有些观叶植物适合书房的环境,有保护视力、杀菌、吸收灰尘和电脑辐射吸收力强的特点(如垂叶榕、仙人掌、绿萝和橡皮树)。

10.2　常见种类

10.2.1　蕨类

1)肾蕨 *Nephrolepis cordifolia*

【别名】蜈蚣草、石黄皮、圆羊齿

【英文名】Tuber Sword Fern

【科属】骨碎补科　肾蕨属

【形态特征与识别要点】地下具有直立生长的块茎,块茎上密生深棕色鳞毛,由块茎的主轴上可抽生出35 cm左右长的匍匐茎,匍匐茎在土壤表层横生,也能长出分枝,在分枝上又能形成新的块茎,使植株扩大蔓延。羽状叶从块茎主轴上丛生而出,整片复叶呈披针形。长25～70 cm,宽4～6 cm。在中肋两侧紧密排列着两排小叶,小叶无柄,基部有关节,先端钝,上半部分似耳状,基部圆形,边缘有稀疏的圆钝齿,叶肉纸质,淡绿色,无毛,复叶有柄,比较坚硬,密被棕色绒毛。蜈蚣草属于蕨类植物,不开花,也没有种子,繁殖器官是叶背面的孢子囊群。它们整齐地排列在小叶片的中脉两侧,呈褐色颗粒状,在放大镜下可以看到一个肾形的孢子囊盖,内含卵圆形的孢子,孢子呈粉面状,成熟后散落出来。

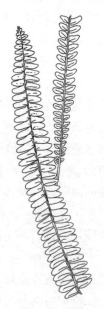

图 10-1　肾蕨

【生态习性与栽培要点】在原产地多生长在溪边林下的岩石缝中和阴湿处的朽木上,喜温暖而湿润的气候条件,不耐寒也怕暑热,3—9月的生长适温是18～26 ℃,9月到翌年3月的生长适温为12～18 ℃,冬季适温应保持在10 ℃以上。能忍耐短时间2～3 ℃的绝对低温,再低就会受冻,怕阳光暴晒,但也不能常年遮蔽。春夏秋三季,在树荫下,生长良好,如果全部遮蔽,小

叶容易脱落,冬季应多见阳光,并创造良好的通风条件。喜富含腐殖质的中性和微酸性土壤,既要通气利水,又要有一定的保水能力。不耐旱较耐水湿,但不能积水,耐肥力强,怕干风侵袭。

【观赏特点与园林应用】叶片碧绿,可做盆栽装饰。在温暖地区可作庭院林荫下点缀山石。叶片是插花的良好材料,作为装饰品。

2) 铁线蕨 *Adiantum capillus-veneris*

【别名】水猪毛

【英文名】Maidenfair, Southern Maidenfair Fern

【科属】铁线蕨科　铁线蕨属

【形态特征与识别要点】铁线蕨地下具有横生的根状茎,上面密生棕色披针形鳞片。复叶从根状茎上簇生而出,无地上茎,株高 15~40 cm,叶柄黑色纤细而光亮,状似铁线。全叶长 10~25 cm,宽 8~10 cm,为二回羽状复叶。在总叶柄上有长出分枝状小叶柄,小叶互生在分枝状小叶柄上。小叶的基部还有短柄,叶片扁扇形,顶端有多数小圆脸,基部楔形。不长孢子囊群的小叶先端不分裂,而有细锯齿,叶脉明显,呈扇骨状分布。

【生态习性与栽培要点】喜温暖而湿润的气候条件,不甚耐寒,冬季室温在 10 ℃以上时,叶片可保持翠绿,低于 5 ℃发黑变黄,生长适温为 15~24 ℃,怕暑热,不能在阳光下暴晒,但也不能完全遮蔽。在树荫环境下,生长良好,喜富含腐殖质的砂壤土,不能在黏土中生长,对土壤的 pH 值要求不严,需要充足的肥力。

图 10-2　铁线蕨

【观赏特点与园林应用】铁线蕨株型美观,叶色碧绿,适应性强,是室内盆栽观赏的优良材料,可用于各种室内装饰摆设。枝叶可制作插花和干燥花。

3) 鹿角蕨 *Platycerium wallichii*

【别名】蝙蝠蕨

【英文名】Platycerium grande, Commom staghorn fern

【科属】鹿角蕨科　鹿角蕨属

【形态特征与识别要点】株高 40~60 cm,根状茎较长,在地下横生,上面被有鳞片,叶片肉质丛生,呈扁片状。上半部分分叉裂开,自叶片中部先分成三叉,在分叉上再分成两叉,状似鹿角,叶片向水平方向延伸,自分叉处下垂,叶片上有短茸毛。初生的嫩叶为灰绿色,老叶变成灰褐色,在叶片背面生有圆形棕色的孢子囊群,是它们的有性繁殖器官。在植株的基部,还生有扁平盾状的不育叶。先端无分叉,表面光滑无毛,绿色,背面不着生孢子囊群。

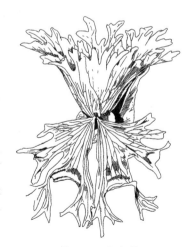

图 10-3　鹿角蕨

【生态习性与栽培要点】在原产地多附生在老树树皮的裂缝及树干的分权上,或地生在岩石的缝隙中。不耐寒,冬季适温在 15 ℃以上仍能生长,低于 8 ℃开始受冻。怕夏季酷暑,当气温升到 30 ℃时生长停止,进入休眠状态。在 20~22 ℃的气温下生长最快。耐阴性强,怕直射阳光,可常年在遮蔽环境下生长,对土壤要求很严,只能在腐殖质中生长。在一般土壤中,根系常常腐烂,盆土越浅越好,稍能抗寒,不耐水渍,如果盆土含水量多,又通气不良,根系很快就会腐烂死亡。

【观赏特点与园林应用】鹿角蕨叶形奇特,姿态优美盆栽悬挂在室内或公园的亭台上,也可附生在树桩上作室内观赏。

10.2.2　食虫类

1)猪笼草 *Nepenthes mirabilis*

【别名】食虫草

【英文名】Nepenthes

【科属】猪笼草科　猪笼草属

【形态特征与识别要点】多年生藤本植物,茎木质或半木质,约 3 m 高,攀缘于树木或者沿地面而生。叶一般为长椭圆形,末端有笼蔓,以便于攀缘。在笼蔓的末端会形成一个瓶状或漏斗状的捕虫笼,并带有笼盖。猪笼草生长多年后才会开花,花一般为总状花序,少数为圆锥花序,雌雄异株,花小而平淡,白天味道淡,略香;晚上味道浓烈,转臭。果为蒴果,成熟时开裂散出种子。猪笼草的叶片形状通常呈椭圆形至披针形,部分为盾形,长 10~25 cm,宽 4~8 cm。

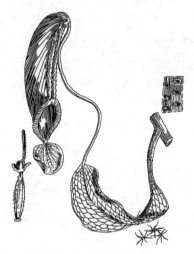

图 10-4　猪笼草

中脉的两侧具有若干根纵脉,部分猪笼草还具有明显的羽状脉。在植株的幼年时期,其叶片的分布方式近似轮生,整体呈莲座状;成年后其叶片转为互生。其叶片通常呈鲜绿色或黄绿色。叶片的质感又可分为纸质和蜡质;纸质的叶柄有时候还会覆上一层毛被,蜡质的叶柄则不具有毛被。

【生态习性与栽培要点】大多数猪笼草生活环境的湿度和温度都较高,并具有明亮的散射光。不耐寒。越冬温度要求在 12 ℃以上。

【观赏特点与园林应用】在叶片两面和茎上都均匀地分布着引路蜜腺。正如其名,这些蜜腺分泌的蜜液起到了为昆虫带路的作用,特别是蚂蚁这种爬行类的昆虫。昆虫沿着这些蜜腺的引导就会不知不觉地来到笼口,最终落入笼内。经常悬挂于室内,袋色可人,引人注目。

2)捕蝇草 *Dionaea muscipula*

【别名】茅膏菜

【英文名】Venus Flytrap

【科属】茅膏菜科　捕蝇草属

【形态特征与识别要点】一年生草本,花白色。丛生,花梗长约 30 cm,叶片长 7.5~15 cm,

莲座状心形叶,边缘有坚硬的刚毛,当昆虫触到两翼即合拢。

【生态习性与栽培要点】分布热带雨林及海拔 600 m 以下的潮湿旷地或水田边,喜高温高湿气候,不耐寒,越冬温度要求在 10 ℃ 以上。多采用播种法繁殖,温室内全年可播,盆栽介质。以疏松、透气及富含腐殖质如泥炭土,腐叶土和椰壳等为宜。室温保持在 20 ~ 25 ℃,并经常浇水和喷水,以保持盆栽介质和周围环境空气的湿度。在家庭室内,其植株生长较为困难,可常用一些死昆虫或切成小块喂养。

【观赏特点与园林应用】植株小巧玲珑,食虫方式独特有趣,可盆栽于室内赏玩。

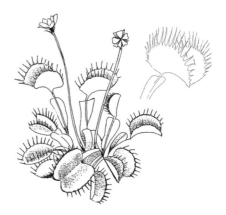

图 10-5　捕蝇草

10.2.3　天南星科

1）观音莲 *Sempervivum tectorum*

【别名】黑叶芋、黑叶观叶莲

【英文名】Widened Microsorium

【科属】天南星科　海芋属

【形态特征与识别要点】多年生草本,地下有肉质块茎。并容易分裂形成丛生状。株高 30 ~ 50 cm。叶为箭形盾状。长 25 ~ 40 cm,宽 10 ~ 20 cm,先端尖锐,有时尾状尖。叶柄长,浅绿色,近茎端紫色。主脉三叉状,侧脉直达缺刻。叶色浓绿,叶脉银白色对比鲜明。

【生态习性与栽培要点】本种为高温性种,喜高温湿润半阴的生长环境,生长适温在 20 ℃ 以上,气温在 18 ℃ 以下时,生长停滞而呈休眠状态,生长季节要求土壤湿润及高空气湿度。

盆栽土壤要求疏松排水,通气良好,富含腐殖质,可用园土、腐叶土和河沙的混合为基质。4—10 月为其生长期,此时要求土壤湿润即可,空气湿度要高。尤其盛夏蒸发量大,故需经常向叶面喷雾保持湿度,但盆土不

图 10-6　观音莲

能长期过湿,否则会引起地下块茎腐烂,秋末气温低于 15 ℃ 时即停止生长,地上部分逐渐枯萎,此时逐渐减少浇水,只需保持盆土湿润,置于无风、温暖干燥的地方,使其安全越冬。如果盆土湿度大,温度低,则块茎极易腐烂。

【观赏特点与园林应用】观音莲株型紧凑,叶片有丝质感并有金属光泽,适用于小盆栽置于书房、卧室和办公室。

2）花叶万年青 *Dieffenbachia picta*

【别名】黛粉叶

【英文名】Spotted Dieffenbachia

【科属】天南星科　花叶万年青属

【形态特征与识别要点】常绿灌木状草本。茎干粗壮多肉质，株高可达 1.5 m。叶卵状椭圆形，淡绿色，在叶面上散布白色小斑点、斑纹或斑块，叶长 20～25 cm，宽 8～15 cm，园艺品种甚多。

【生态习性与栽培要点】原产亚马孙河流域。世界各地有栽培，性喜高温高湿，明亮光照，半阴环境。生长适温为 20～30 ℃，耐寒性差，越冬温度为 8～10 ℃，要求疏松肥沃，排水良好的沙质土壤。盆栽土壤可用腐叶土、园土和河沙混合，另加少量腐熟有机肥作基质，浇水时，以宁湿勿干为原则，同时辅以叶面喷水，促使其生长旺盛。秋后开始控制水分，冬季则应保持盆土湿润，或偏干以利越冬，否则会引

图 10-7　花叶万年青

起落叶或根腐。耐肥力强生长快，但施肥过多，特别是氮肥过多，可致叶面斑纹不显，所以施肥要适量，一般每月可施稀薄液肥或颗粒肥一次，冬季停止施肥。

【观赏特点与园林应用】花叶万年青品种繁多，叶色优美，耐阴性强，宜盆栽装饰室内，可单株或高矮不同多株组合栽培。

3）合果芋 *Syngonium podophyllum*

【别名】箭叶芋

【英文名】Arrowhead Vine

【科属】天南星科　合果芋属

【形态特征与识别要点】常绿攀缘藤本，茎部长有气根，叶具长柄，叶形在幼龄期与成年期不同，幼龄期的新叶呈箭头形，绿色，较薄。成年为老叶时，分裂掌状，5～11 裂。

【生态习性与栽培要点】原产于中美洲及南美洲的热带雨林中，为近年流行的观叶植物。性喜高温多湿半阴环境，喜光，怕干旱，忌低温寒冷，生长适温为 16～26 ℃，越冬温度为 5 ℃。盆栽一般可用园土、泥炭土和腐叶土等量混合，加少量河沙做基质。喜多湿环境，春、夏、秋季水分供给要充足，浇水时要掌握宁湿勿干的原则，保持盆土经常

图 10-8　合果芋

湿润，并常向叶面喷雾，保持高湿度环境，这样既有利于植物生长，又使叶片亮丽，增加观赏效果。冬季则不向叶面喷水，保持土湿润即可，生长期每月施肥两次促进生长。

【观赏特点与园林应用】适合于一般盆栽,吊盆栽种和柱状栽培造型,也很适合水养。装饰客厅、书桌等。在室外半阴处作地被植物应用也很广泛。

10.2.4　棕榈科

1）袖珍椰子 *Chamaedorea elegans*

【别名】矮生椰子、矮棕

【英文名】Parlor palm

【科属】棕榈科　袖珍椰子属

【形态特征与识别要点】多年生常绿小灌木,茎干直立,单生,深绿色,上具不规则斑纹,叶一般着生于顶。羽状全裂,裂片披针形,深绿色,有光泽,花黄色,雌雄异株,肉穗花序,浆果黄色。

【生态习性与栽培要点】原产墨西哥、危地马拉。现各地广泛栽培,喜温暖湿润半阴环境,在强日照下,叶色枯黄,生长适温 20 ~ 30 ℃ , 13 ℃进入休眠,冬季不低于10 ℃。盆土可用园土、腐叶土并加入少量河沙混合的疏

图 10-9　袖珍椰子

松培养土。使用长效性肥料,结合叶面喷施营养液,效果更好。对水分吸收力强,夏季每天浇水两次。需要明亮的光照,如在长期光照不足的室内摆设,叶色褪淡,光泽度差。每隔 1 ~ 2 个月要放到光照明亮处培植一段时间,再移入室内。

【观赏特点与园林应用】袖珍椰子植株矮小,树形清秀,叶色浓绿,耐阴性强,适宜作室内盆栽观赏,也可作插花材料。

2）棕竹 *Rhapis excelsa*

【别名】观音竹

【英文名】Bamboo Palm

【科属】棕榈科　棕竹属

【形态特征与识别要点】丛生灌木,茎干直立,高可达 1 ~ 3 m,茎细,有节,不分枝,包以褐色网状纤维的叶鞘,叶聚生于茎端,掌状深裂几达基部,裂片长 20 ~ 25 cm,宽 2 ~ 3 cm,叶柄细长8 ~ 20 cm,边缘常有极细的齿,叶脉有时有疏刺,肉穗花序腋生,小花极多,单性,黄色,浆果球形。

【生态习性与栽培要点】盆栽可用腐叶土、园土和沙等量混合配制,种植时加入基肥。生长季节要适当遮阴,夏季更为重要,遮阴度 50% 左右,盆土以湿润为宜,不能积水,以防烂根。5—9 月为生长盛期。每月施肥 1 ~ 2 次。棕竹要求通风良好的

图 10-10　棕竹

环境,如通风不良易生蚧壳虫,同时注意修剪枯枝落叶,繁殖常用分株也可播种。

【观赏特点与园林应用】棕竹株型饱满,叶形优美,常作盆栽,南方地区也可地栽,宜在荫棚下种植。作园景时宜种植在亭荫处。

10.2.5 百合科

1)蜘蛛抱蛋 Aspidistra elatior

【别名】一叶兰

【英文名】Aspidistra

【科属】百合科 蜘蛛抱蛋属

【形态特征与识别要点】多年生常绿草本,根状茎粗壮。具节和鳞片状叶。叶单生,矩圆状披针形。长 7～10 cm,宽 7～10 cm,全缘深绿色。花期春季,花紫色,上部具 8 枚裂片,柱头盾状。雄蕊 8 枚,花丝短。

【生态习性与栽培要点】原产我国华南、西南地区,全国各地均引种栽培,常见生于林下阴湿处。喜温暖湿润及半阴环境。生长最适温为日温 20～22 ℃,夜温 10～13 ℃,适温性强,为 7～30 ℃,较一般观叶植物耐寒。对土壤要求不严,但以疏松肥沃的土壤为好。夏季高温需及时浇水,保持空气湿度在 60% 以上,土壤不能过湿,保持湿润即可,3—10 月为生长期,每半月施肥一次,常见病虫害有炭疽病和白蜡蚧壳虫。

图 10-11　蜘蛛抱蛋

【观赏特点与园林应用】形态高雅,四季常绿。可作室内盆栽,改变室内环境,净化空气,也可在庭院树荫下散植。

2)天门冬 Asparagus cochinchinensis

【别名】天冬、天冬草

【英文名】Radix Asparagi

【科属】百合科 天门冬属

【形态特征与识别要点】茎丛生,柔软下垂,多分枝,下部有刺,叶状枝扁线形,有棱,叶退化为鳞片状或刺状,生于叶状枝基部,花小,白色或淡红色,常 2 朵簇生于叶腋,有香气,花后结浆果,熟时鲜红色。

【生态习性与栽培要点】喜温暖湿润环境,喜阳光,也较耐阴,生长适温为 15～25 ℃。越冬温度为 5 ℃。喜排水良好,肥沃的沙质土壤。盆栽土壤可用园土、腐叶土、河沙等量混合使用。生长季节要给予充足水分,尤其夏

图 10-12　天门冬

季炎热时,不但要保持盆土湿润,而且要经常向叶面喷水,以及向地面洒水,保持较高的湿度,但不能积水,以免烂根。秋后减少浇水量,冬季保持盆土湿润即可,生长季节每月施肥 1~2 次,以促使枝繁叶茂,色泽浓绿。光照要充足,若长期在阴蔽处摆设,植株会纤细以致枯萎,所以在室内摆设一段时间后要放置在光照充足处保养一个时期,加强肥水管理,使其恢复生机。

【观赏特点与园林应用】天门冬全年青翠,株形美,是常见栽培的观叶植物,多作盆栽放置在会场,花坛边缘,也是切花的理想材料。

3)文竹 *Asparagus setaceus*

【别名】云片竹

【英文名】Asparagus Fern

【科属】百合科　天门冬属

【形态特征与识别要点】多年生草质藤本,茎蔓生,光滑,有时直立。生长 3~4 年后,枝蔓生成藤本。叶鳞片状淡褐色,叶枝状细线形,8~20 枝簇生,分层铺开,很像纤细的羽毛,生长于主茎上的鳞叶多呈刺状,花 1~4 朵着生枝端,白色,花期 6—7 月,浆果球形,熟时黑色。

【生态习性与栽培要点】喜温暖湿润,忌炎热及低温。不耐旱,忌烈日直射,需明亮的散光照射。生长适温 15~25 ℃,冬天保持 8~10 ℃。低于 3 ℃茎叶会冻死,空气湿度最好在 60% 以上。栽培用腐叶土、园土和河沙按 2:1:1 的混合配制,生长季节要充分供水等,土壤经常太湿,又容易烂根落叶,故保持湿润即可。秋后要减少水量,冬季保持盆土湿润,每月施 1~2 次氮、钾素薄肥,使枝繁叶茂。

图 10-13　文竹

【观赏特点与园林应用】文竹枝叶青翠,叶状枝平展如云片重叠,甚为雅致,宜盆栽陈设书房、客厅或作插花配叶。

4)金边吊兰 *Chlorophytum comosum*

【别名】镶边吊兰

【英文名】Var marginatum

【科属】百合科　吊兰属

【形态特征与识别要点】常绿宿根草本,根状茎短,具簇生圆柱形须根。叶条形至条状披针形,中部绿色,两侧黄白色,基部抱茎。顶部萌出带气根的小植株。总状花序,小花白色。

【生态习性与栽培要点】喜温暖半阴和空气潮湿的环境,在夏季初秋温度较高季节要避免阳光直射,否则叶片会枯焦,生长适温为 15~25 ℃,冬季不低于 5 ℃即可越冬。

图 10-14　金边吊兰

盆栽土常用腐叶土或泥炭土、园土土园土和河沙等量混合,并加入少量基肥,金边吊兰的肉质根储水组织发达,抗旱力较强。3—9月生长期间需水量大,要经常浇水及喷雾,增加湿度以利生长,秋后逐渐减少水量以提高抗寒力,生长旺盛期每月施薄肥一次。本种为斑叶种,氮肥不宜过多,否则叶斑逐渐变淡,叶变成全绿。常见的病虫害有炭疽病。

【观赏特点与园林应用】金边吊兰叶色美丽,株型雅致,做吊盆栽植,使匍匐枝悬垂。此外,它还有较强的吸收有害气体的功能,为净化空气的佳品。

10.2.6 龙舌兰科

1)富贵竹 *Dracaena sanderiana*

【别名】万年竹

【英文名】Lucky bamboo

【科属】龙舌兰科　龙血树属

【形态特征与识别要点】植株细长,直立不分枝,高可达1 m,叶长披针形,长18~20 cm,宽4~5 cm,浓绿色,叶柄梢状,长约10 cm。

【生态习性与栽培要点】性喜温暖,生长适温为18~24 ℃,冬季可耐2 ℃低温,对空气湿度要求70%~80%,喜含腐殖质的土壤。栽培土可用园土、腐叶土、泥炭土和沙按4∶2∶2∶1混合配制。生长期间要保持土壤充分湿润,但不能积水,冬季

图10-15　富贵竹

休眠期内,只要土壤略湿即可,如湿度低,则需向叶面喷雾增加湿度。生长期每半月施肥一次,多年老株每周一次,10月后停止施肥使其休眠,每年最好换盆一次,春季进行。富贵竹生性强健,只要将顶部或上部的枝干剪去,位于剪口以下的芽就会萌发出新的枝条,可以同出1~5个芽。富贵竹常见有炭疽病。

【观赏特点与园林应用】富贵竹的茎干可塑性强,可以根据需要造型,象征吉祥富贵。开运聚财。在公司、机关、宾馆等场合,作为吉祥物摆于大厅之中。家庭盆栽较少,多数瓶插培植。

2)龙舌兰 *Agave americana*

【别名】番麻

【英文名】Maguey

【科属】龙舌兰科　龙舌兰属

【形态特征与识别要点】植株高大,单叶簇生,披针形,长1~2.5 m,宽10~30 cm,肥厚,灰绿色,带白粉。先端具尖刺,缘有钩刺。花梗由叶丛中抽出,高可达6 m,花序可长达2 m,甚为壮观。花黄绿色,一生只开一次花。热带地区10~15年才开花。

图10-16　龙舌兰

【生态习性与栽培要点】原产墨西哥较干旱地区,现已广泛栽培。喜温暖干燥,阳光充足的环境。生长适温为 15 ~ 25 ℃,冬季气温不低于 5 ℃,才能正常生长,喜排水良好,肥沃而湿润的沙质土壤,也能适应酸性土。盆栽时需在盆底排水孔用数块瓦片或较大石块铺垫,加强排水。耐旱力强,需水不多,浇一次透水后,需待盆土干旱再浇水,若积水引起腐烂,生长期间每月施肥一次。龙舌兰常见病害有炭疽病。繁殖可将母株基部萌生的小株,带根挖出栽植。一般在春季进行,如恰遇开花,花后在花序上长出珠芽,可待珠芽长至 5 ~ 6 cm 时摘下种植。

【观赏特点与园林应用】龙舌兰叶片坚挺,常用于盆栽或花槽观赏,适宜布置小庭院和厅堂。因其耐干旱和耐阴的特点,目前在展厅室内点缀也十分相宜。

3)虎尾兰 *Sansevieria trifasciata*

【别名】虎皮兰、千岁兰

【英文名】Snake plant

【科属】龙舌兰科 虎尾兰属

【形态特征与识别要点】多年生,根茎匍匐,叶簇生,常 2 ~ 6 片成束,线状披针形,硬革质直立,先端有一短尖头,基部渐窄,形成有凹槽的叶柄。两面有浅绿色和深绿色相间的横向斑纹,稍被白粉。花白色,圆锥花序,有香气,花期春夏季。

【生态习性与栽培要点】原生于干旱的非洲及亚洲南部,世界各地均有栽培。喜温暖环境,对日照不拘,既耐日照又耐半阴,但以明亮光照最合适。生长适温为 20 ~ 30 ℃,能耐冬季 10 ℃ 以下低温,在极为恶劣的环境下也能生长,对土壤要求不严,一般土壤均能生长。虽然对日照不拘,但要注意的是,如长期置于室外光照不足处,而突然移到强光照下,叶片会发生灼伤,故需逐渐适应。盆栽植株生长期的水分供应,不要干旱过久,或长期浇水太勤,这都会使叶片褐化,叶尖黄化,在叶面上出现枯斑。需肥不多,每 1 ~ 2 个月施肥一次。虎尾兰最常见的病害是炭疽病。

图 10-17 虎尾兰

【观赏特点与园林应用】虎尾兰叶片挺拔,生命力强,是常见的室内盆栽花卉,适于案头、书架摆饰,也是花坛布置的良好材料。

10.2.7 竹芋科

1)孔雀竹芋 *Calathea makoyana*

【别名】蓝花蕉

【英文名】Peacock plant

【科属】竹芋科 肖竹芋属

【形态特征与识别要点】株高 30 ~ 60 cm,叶卵形,长 20 ~ 30

图 10-18 孔雀竹芋

cm,因其叶表面密集的丝状斑纹从中心叶脉伸向边缘,仿佛孔雀的尾羽,故称其为孔雀竹芋。其叶底色为灰绿色,斑纹为深绿色,叶背紫色,并带有同样斑纹,叶柄深紫红色,叶片有睡眠运动。即夜间它的叶片从叶稍部延至叶片均向上呈抱茎状的折叠起来,翌日阳光照射后又重新展开。

【生态习性与栽培要点】喜高温、高湿环境,不耐寒。生长适温为18~25℃,超过35℃或低于10℃,对其生长不利,越冬温度要求13~16℃,其他季节正常室温即生长良好,空气湿度最好为70%~80%。栽培土壤以轻松肥沃,排水良好为宜,可用腐叶土和泥炭土等量混合。生长期须充分保持盆土湿润,但过湿会引起根部腐烂甚至死亡,要特别注意。盛夏季节直射阳光会灼伤叶片,必须在半阴条件下养护,空气湿度越高越好,有利于叶片生长。生长期每半月施淡肥一次,冬季和盛夏暂停施肥。常见病害有叶枯病。

【观赏特点与园林应用】孔雀竹芋四季常绿,叶面具有美丽的斑纹,适合家庭栽培。可长期置于明亮散射光的茶几、书桌、窗台处。

2)紫背竹芋 Stromanthe sanguinea

【别名】马竹芋、条斑竹芋

【英文名】Calathea insignis

【科属】竹芋科 卧花竹芋属

【形态特征与识别要点】植株矮生,高60 cm,大叶种,叶长椭圆形长30~60 cm,宽10~20 cm,叶面具天鹅绒光泽,并有浅绿色和深绿色交织的斑马状的羽状条纹,叶背紫红色,花紫色。

【生态习性与栽培要点】原产巴西,各地均有分布。喜温暖潮湿和遮蔽环境,生长适温为18~25℃,越冬温度在13~16℃,对湿度要求高,湿度最好在70%~80%,特别是新叶长出以后要求湿度更高,这是室内布置较难解决的问题。栽培用富含腐殖质的沙质土壤,每年3—4月换盆,换盆时将过于

图10-19　紫背竹芋

挤迫的植株分株栽植,或疏去部分病患部分或全部盆土,增加基肥。浇水要充分并经常进行叶面喷水和地面洒水,以保持空气湿度。要避开中午的直射阳光,有充分的散光即可,冬季可多见阳光,适当控水,保持盆土湿润,常见病害有叶枯病。

【观赏特点与园林应用】主要作为室内盆栽花卉观赏,用于布置书房、客厅和卧室。

10.2.8　橡皮树 Ficus elastica

【别名】印度榕、印度橡皮树

【英文名】Indian rubber plant

【科属】桑科 榕属

【形态特征与识别要点】常绿大乔木,无毛,叶互生,厚革质,长圆形或椭圆形,长8~30 cm,宽4~11 cm。顶部短尖,基部圆形或狭,中脉粗,侧脉细,多而平行。近边缘处连接成一边脉,叶

柄粗,具托叶。花序成对腋生,花期8—10 月。

【生态习性与栽培要点】原产于亚洲热带湿润的森林地带,多分布在印度及马来西亚等国,现各地多栽培。适应性强,因其秋季开花,冬季结果,因此没有明显的休眠期,在30 ℃以上的气温下生长最快。生长适温为 20 ~ 25 ℃,怕暑热,不甚耐寒,冬季温度低于 5 ℃时易受冻害,但也能耐短时间5 ~ 6 ℃的低温。盆栽用土宜用腐叶土、园土和河沙等量混合,加入基肥。生长快,需肥水量大,必须保证肥水充足,一般每月施肥一次两次,保持较高的土壤湿度,秋后水肥要逐渐减少以利越冬。喜阳光,春至秋季应在阳光下栽培,冬季要更多地接受阳光。为了保持盆栽植株具有良好的株型和生长均匀,在苗长到 50 ~ 80 cm 时进行摘心,以促使萌发侧枝。侧枝长出后,选择分布均匀的 3 ~ 5 枝,以后每年对侧枝短剪一次,经 2 ~ 3 年,可获得株型丰满的植株。

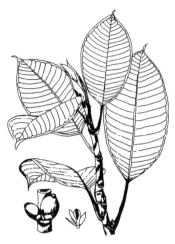

图 10-20　橡皮树

【观赏特点与园林应用】橡皮树树皮平滑,叶片较大,新叶红色颇为美观,多为室内盆栽。热带地区也可于花坛中心、草坪或道路旁栽植。

10.2.9　马拉巴栗 *Pachira glabra*

【别名】发财树、瓜栗

【英文名】Pachira aquatica

【科属】木棉科　瓜栗属

【形态特征与识别要点】半常绿性乔木,在原产地树高可达十余米,近地基部膨大,掌状复叶,小叶 4 ~ 7 片,长椭圆形,长 9 ~ 20 cm,宽 2 ~ 7 cm,小叶柄短全缘绿色,花单生叶腋,淡黄绿色,花期 7—8 月。

【生态习性与栽培要点】原产墨西哥,现各地广泛栽培。性喜高温和半阴环境,室外种植可全日照,但在室内明亮光照处亦可生长良好。适应能力强,对温度要求 20 ~ 30 ℃,温度低至 10 ℃也能适应,对土壤要求和湿度要求不严,有一定的耐旱能力。可用一般园土加入少量基肥种植即可。

图 10-21　马拉巴栗

夏天阳光猛烈时,保持 50% 的光照即可,如放置烈日下暴晒,叶色泛黄、叶尖、缘易枯萎,如光线过暗,易徒长,出现黄化或枯烂。生长期保持盆土湿润,不干不浇,如水分过多或积水,则生长不良或根茎腐烂。炎热天气干燥时,向叶面喷水,则叶色鲜绿光亮。生长季节,每月施复合肥 1 ~ 2 次,同时适量施用磷钾肥,促使茎干基部膨大。

【观赏特点与园林应用】马拉巴栗适应性强,茎基部膨大,叶形优美,叶色翠绿。盆栽可作家居、宾馆、办公楼的各种室内绿化美化布置。温暖地区也可作为园景树种植。

10.2.10 大戟科

1）红桑 *Acalypha wilkesiana*

【别名】铁苋菜

【英文名】Morus rubra

【科属】大戟科 铁苋菜属

【形态特征与识别要点】落叶灌木，株高 80～100 cm，
直立多分枝。叶互生，密集，卵形或椭圆形，先端锐尖，基部
深圆具钝齿，叶柄及叶腋有毛，叶古铜色并有各种红或紫色
斑。穗状花序柔弱，淡紫色，花期冬春季。

【生态习性与栽培要点】原产斐济群岛，我国华南地区
广为种植。园艺品种多有条纹、斑叶、金边、彩叶、卷叶、皱
叶等。喜温暖湿润，不耐寒，要求强光，冬季温度在 13 ℃以
上，否则生长不良。要求肥沃的土壤。盆栽土壤用富含腐
殖质，疏松微酸性的培养土，以后每年换盆换土一次。生长

图 10-22 红桑

季节土壤要充分湿润，夏季气温高，湿度低，会影响叶色，因
此应经常向叶面喷水和地面洒水。冬季生长缓慢，要减少浇水量，使土壤干燥，每月施肥 1～2
次，生长期间充分接受日光照射，可使颜色更鲜艳，培育过程中需经常进行摘心，促使分枝生长，
使株型丰满。

【观赏特点与园林应用】红桑叶色美丽，观赏期长，是热带庭院绿化的优良树种，也可盆栽
于室内观赏。

2）变叶木 *Codiaeum variegatum*

【别名】洒金榕

【英文名】Garden croton

【科属】大戟科 变叶木属

【形态特征与识别要点】直立分枝灌木，高 1～2 m，叶
的形状和颜色变化极大，线形至矩圆形，全缘或分裂，扁或
波状甚至螺旋状，有时中断，长 8～15 cm，宽度不等，淡绿
色、绿色、紫色，有时有黄色、红色斑点或斑块，有时变种的
中脉和脉上红色或紫色。总状花序腋生。

【生态习性与栽培要点】原产印度尼西亚。分布于亚
洲的马来西亚、太平洋群岛和澳大利亚北部地区，我国引

图 10-23 变叶木

种并普遍栽培。喜高温多湿环境，遇上低温，叶片很容易脱落，20 ℃才能抽芽生长。长时间
低温叶片会全部掉光，光线越强，叶片的色泽越漂亮。若长时间在遮蔽环境下栽培，美丽的
叶色难以完全显现出来，甚至变成紫黑色，失去光泽。生长适温为 25～28 ℃，室内越冬适

温为 10 ~ 15 ℃。栽培用土可用黏质肥沃培养土,盆底做好排水层,施以基肥,以后每年换盆一次。生长期要保持水肥供应,夏季干热,经常向叶面喷水或地面洒水,以增加环境湿度。冬季要保持盆土湿润。常见的病虫害有炭疽病和吹绵蚧壳虫害。

【观赏特点与园林应用】变叶木的叶形、叶色、叶斑千变万化,盆栽可布置于客厅或会场,在南方布置于庭院。叶片是良好的插花配材。

10.2.11　爵床科

1)白网纹草 *Fittonia verschaffeltii* var. *argyroneur*

【别名】费道草

【英文名】Silver net plant

【科属】爵床科　网纹草属

【形态特征与识别要点】匍匐蔓生多年生草本,株高约 20 cm,叶较小,椭圆形,纸质,呈十字对生,长 3 ~ 4 cm,宽约 2 cm。叶尖、叶基均为钝圆,茎枝、叶柄、叶背中脉密被绒毛,叶面上网脉呈银白色,叶肉绿色,非常美观。常见栽培的还有红网纹草,叶肉红色,网脉绿色。

图 10-24　白网纹草

【生态习性与栽培要点】原分布于中美洲南美洲,原生状态是匍匐生长的森林地被植物。喜高温疏荫环境,忌直射阳光,宜在中等光强的地方种植,在人工光照下也能生长良好。耐阴性强,对温度敏感,生长适温为 18 ~ 25 ℃,最理想的温度是 20 ℃,但不可低于 13 ℃,即使短暂低温也可导致落叶甚至枯死。忌盆土潮湿,喜疏松,排水良好且富含腐殖质的土壤。太潮湿会引起腐烂,故浇水必须掌握春夏秋三季宁干勿湿,但千万不能太湿或积水,也不可使盆土完全干燥,否则卷叶甚至脱落。阴天和冬季要保持盆土湿润,因性喜高湿的空气环境,故常需向四周喷水,保持空气湿度。

【观赏特点与园林应用】白网纹草常用于盆栽,室内点缀书桌、茶几、窗台十分相宜。也可作为室内吊盆和瓶景观赏。

2)黄脉爵床 *Sanchezia nobilis*

【别名】金脉爵床

【英文名】Sanchezia nobilis

【科属】爵床科　黄脉爵床属

【形态特征与识别要点】直立灌木、株高 1.5 ~ 2 m。盆栽的 70 ~ 90 cm,多分枝,叶对生,无柄,阔披针形,长 20 ~ 30 cm,宽 8 ~ 10 cm,先端渐尖,基部宽楔形。叶深绿色,叶脉金黄色,叶缘钝锯齿。花管状,黄色,簇生于短花茎上。花期夏季。

【生态习性与栽培要点】原产南美洲,我国南北方均有栽植。

图 10-25　黄脉爵床

性喜温暖,湿润半阴环境,忌直射强光,光线太弱会徒长,适生温度为20~30℃,若低于13℃则生长停滞,低于10℃可能受冻。空气,湿度要求,70%~80%,最低不少于50%。盆栽土壤宜用富含腐殖质的培养土,生长期间,浇水适量,使土壤保持湿润即可,不能过多,否则易使生长停滞,甚至烂根。冬季休眠时则应干燥。越冬时,只要保持盆土不完全干燥即可,炎夏时必须向叶面喷水。

【观赏特点与园林应用】黄脉爵床在园林中常用来布置花篱或丛植于庭院,也可盆栽作厅堂装饰。

10.2.12　鸭跖草科

1)吊竹梅 *Tradescantia zebrina*

【别名】吊竹兰、吊竹草

【英文名】Zebrina pendula

【科属】鸭趾草科　水竹草属

【形态特征与识别要点】多年生常绿蔓性草本。茎枝肉质,叶互生,长卵形,先端尖锐,基部钝,长5~7 cm,宽3~4 cm。叶片绿色,有纵长的紫红色及银色条纹,叶缘有紫红色斑边,叶背紫红色。花紫红色。

图10-26　吊竹梅

【生态习性与栽培要点】原产于南美洲,现各地广为栽培。喜温暖较凉爽气候及半阴环境,也可在较遮蔽环境中生长,生长适温为15~18℃,对土壤适应性强。盆栽土壤可用腐叶土、园土和河沙等量混合作为基质。生长季节要求较高的空气湿度,可采用叶面喷雾及地面洒水的方法,增加空气湿度。盆土过干,下部叶片易枯黄脱落。肥料需求不多,每月施1~2次薄肥即可。喜半阴,光照不宜太强,更忌直射,但也不宜长时间过于阴暗,否则徒长,影响观赏。为使生长茂盛,除采取上述措施外,还要注意进行修剪、摘心整形,使枝条分布均匀,造型美观。病害有叶斑病和炭疽病。

【观赏特点与园林应用】吊竹梅枝条悬垂,婀娜多姿。适合装点卧室、书房,可作吊盆栽培挂于窗前,或置于花架高几等处任其自然悬垂生长。

2)紫锦草 *Callisia gentlei* var. *elegans*

【别名】紫露草

【英文名】Setcreasea purpurea

【科属】鸭趾草科　紫露草属

【形态特征与识别要点】多年生草本,株高40~50 cm,常倒伏匍匐生长。叶长椭圆形,长10~20 cm,宽3~5 cm,先端尖,基部抱茎,叶缘有毛,紫红色总苞长卵形,呈蚌壳状。花淡紫色至粉红色。最大特点是全株植株呈紫红色。

图10-27　紫锦草

【生态习性与栽培要点】原产墨西哥。适应性强,全阳或半阴都能生长。如果过阴,叶色变为浅粉绿色且徒长。喜温暖,适生温度为 20～30 ℃,冬季不低于 0 ℃,耐旱性强,土壤不拘。栽培时水分不要太多,茎叶腐烂大都由于水分过多,长期潮湿造成。生长季节每月施肥 1 次,凉爽季节,给予充足的阳光,使叶色鲜艳。

【观赏特点与园林应用】紫锦草可用高盆栽植,自行蔓生,自然披散下垂,适于点缀窗台、几架。也可在园林中作地被。

3）紫万年青 *Rhoeo discolor*

【别名】蚌花、紫锦兰

【英文名】Oyster Plant

【科属】鸭趾草科　紫万年青属

【形态特征与识别要点】多年生多浆草本,茎短,叶簇生,长 30 cm,宽 8 cm,表面暗灰绿色,背面紫色,为其主要观赏部分。花序腋生,花梗极短不分叉,上密生成对的蚌壳状苞片,紫色,其中隐藏着白色小花,花后结蒴果。

【生态习性与栽培要点】原分布于美洲热带各地,现已广泛栽植。喜明亮漫射光照,生长适温为 16～26 ℃。冬季越冬温度最好是 10 ℃以上,5 ℃左右会受冻、枯萎。栽培土壤以富含腐殖质的壤土为好,可用园土、腐叶土、河沙按 2∶2∶1 配制。盆土需经常保持湿润,积水易引起茎腐烂,干燥时也会卷起。3—8 月为生长季节,每月可施稀薄肥一次。以分株繁殖为主,病害有炭疽病。

图 10-28　紫万年青

【观赏特点与园林应用】紫万年青观赏价值高,可作为盆栽置于室内,在园林绿化中常作花坛、花径或地被成片种植。

4）白绢草 *Tradescantia sillamontana Matuda*

【别名】白绢

【英文名】Tradescantia sillamontana Matuda

【科属】鸭趾草科　紫露草属

【形态特征与识别要点】多年生草本,全株绿褐色,茎长达 50 cm,全株被白色绢毛。叶长卵形,无柄,抱茎,叶面及叶缘密被白色长绢毛,呈淡绿色,带微褐色,叶背绢毛较稀,呈淡褐色。花少数,着生于茎顶,小,有两个叶状总苞片,苞片长达 1.5～2 cm,浅红色。

图 10-29　白绢草

【生态习性与栽培要点】原产南非,现各地引种栽培。喜温暖湿润,耐半阴或光线充足环境。土壤不拘,适应性强,以肥沃的沙质壤土为好,适宜温度为 5～25 ℃。盆栽以壤土为宜,需经常保持盆土湿润,并施以稀薄液肥,夏日宜适当遮阴,以防烈日暴晒。扦插繁殖,剪去茎枝,长

10～15 cm 插于土中,保持土壤湿润,极易生根。

【观赏特点与园林应用】白绢草宜盆栽观赏,其植株花叶俱美,是书柜、几架的良好装饰植物,夏季又可作为吊挂廊下的观叶花卉。

10.2.13　五加科

1)洋常春藤 *Hedera helix*

【别名】洋爬山虎

【英文名】Ivy

【科属】五加科　常春藤属

【形态特征与识别要点】常绿木质藤本,幼叶掌状五裂,长 7～12 cm,宽 5～7 cm,暗绿色,叶面无毛,背面有星状毛,叶卵形至椭圆形,不裂。

【生态习性与栽培要点】原产欧洲,现广为栽培。喜明亮的光照,怕阳光暴晒,只有在遮蔽环境下才能正常生长,但光照不足,则节间伸长,植株越长越瘦。本种喜凉爽气候一般要求 13～15 ℃,夏季气温在 25 ℃以上,即停止生长。

图 10-30　洋常春藤

但较耐寒,喜中性和微酸性土。常用吊盆种植,盆土要经常保持湿润。尤其吊盆栽植,容易干燥,如水分不足,植株基部的叶片常会脱落,需向叶片喷水。夏季高温生长缓慢,秋季生长旺盛,每半月施肥水一次,成型植株可减少施肥。常春藤常见病害有叶斑病。繁殖采用扦插,春夏秋,均可进行。

【观赏特点与园林应用】洋常春藤蔓枝叶茂密,叶片色彩丰富,适合盆栽和室内外垂直绿化,是家庭装饰和景观布置的良好材料。

2)圆叶南洋参 *Polyscias scutellaria*

【别名】圆叶福禄桐

【英文名】Polyscias balfouiana

【科属】五加科　南洋参属

【形态特征与识别要点】常绿灌木,茎枝表面有明显的皮孔,茎带铜色。叶为一回羽状,多呈 3 出复叶,小叶阔圆肾形,长宽约 10 cm,叶缘有粗钝锯齿或不规则浅裂,先端圆,基部心形,叶缘有不规则乳白色斑。

【生态习性与栽培要点】原产热带地区,现已广泛栽培。喜明亮光照,忌日光直射。但光照不足则易徒长,喜温暖不耐寒,适生温度为 22～28 ℃,要求冬季温度 20 ℃,低于 15 ℃则生长受影响。要求疏松富含腐殖质的沙质土壤

图 10-31　圆叶南洋参

可用园土、腐叶土和粗沙少许混合使用。圆叶南洋参在生长过程中没有明显的休眠期,但冬季生长极慢。从早春到秋末,每半月施薄肥一次,冬季则停止施肥。常见的病害有褐斑病和花叶病。繁殖以扦插为主,在早春结合修剪,取 8～10 cm 长的枝梢作插条。浇水后罩上塑料薄膜,置于明亮光照下,保持湿度,20～30 d 可生根。

【观赏特点与园林应用】圆叶南洋参可作为优良的室内观赏盆栽,也可作为绿篱或者庭院观赏植物。

10.2.14　凤梨科

1)姬凤梨 *Cryptanthus acaulis*

【别名】小凤梨

【英文名】Cryptanthus rubber

【科属】凤梨科　姬凤梨属

【形态特征与识别要点】地下具块状根茎,叶从根茎上紧密簇生而出,每处有叶 10 到数 10 片,向四周水平伸展。先端稍下垂,基部相互抱合,叶片呈条带状,先端渐尖,叶缘呈起伏波浪状,边缘有软刺。背面有白色鳞片状物,叶肉肥厚,呈革质状,表面绿褐色,背面淡绿褐色。姬凤梨为雌雄

图 10-32　姬凤梨

同株,花两性,花葶于叶簇中央抽生而出,呈短柱状,高度超出叶簇。花序呈莲座状,总苞片四枚,三角形,厚革质,花白色。

【生态习性与栽培要点】原产于南美洲热带国家,主要分布在巴西的原始森林中,在我国的南方专业园林中盆栽比较普遍。姬凤梨为热带森林中的附生植物,多生长在大树的树杈上和树皮缝隙中,喜高温高湿,在 30 ℃左右的气温下生长最旺,冬季室温不得低于 12 ℃,在 20 ℃左右的室温下可继续生长,怕直射阳光,在树荫环境下生长良好。冬季应充分见光,在干燥的环境中,叶片常常卷曲萎缩。要求疏松透气的含沙腐殖土,不耐盐碱干旱,也怕水渍,如果土壤含水多,又不通气,根系常会腐烂而造成整株死亡。

【观赏特点与园林应用】姬凤梨株态玲珑可爱,叶形雅致,叶色鲜艳。除盆栽和装饰瓶景欣赏外,还适用于吊盆垂悬和装饰盆景。

2)垂花凤梨 *Billbergia nutans*

【别名】狭叶凤梨

【英文名】Weeping pineapple

【科属】凤梨科　水塔花属

【形态特征与识别要点】株高 30～40 cm,地下具根状茎,由许多叶簇紧密丛生在一起而组成植株。每个叶簇的叶基相互抱合,无叶柄。叶片呈狭长条形,先端渐尖,上半部分呈拱形下垂,叶肉革质,灰绿色,并有不太

图 10-33　垂花凤梨

明显的灰白色条纹,中肋部位下凹,两侧的叶面稍向内折,叶缘疏生细小的毛刺状锯齿。垂花凤梨为雌雄同株,花两性,花葶从每个叶处的叶鞘中央抽身而出,细软而下垂。在花葶的先端着生穗状花序,花序的外面有舌尖形的纸质总苞片数枚,开花后不脱落,上部的 3 枚苞片淡红色,下部的几枚淡绿色,内含小花 6 ~ 12 朵。

【生态习性与栽培要点】原产于巴西,在我国江南各省盆栽比较普遍。垂花凤梨属于附生性植物,在原产地多生长在热带雨林的枯木及腐殖质上。极不耐寒,冬季室温不得低于 14 ℃,10 ℃以下就会受冻。生长适温为 22 ~ 28 ℃,怕夏季酷暑,当气温超过 32 ℃时,叶片的先端就会干尖。喜凉爽湿润的气候条件,在干燥的空气中,叶片常常失色而呈干燥状态。要求含腐殖质的中性和微酸性土壤,不耐贫瘠和干旱,较耐水湿。

【观赏特点与园林应用】供盆栽观赏,主要供观赏温室观花使用,也可陈设在宾馆、饭店和会堂。

思考题

1. 何谓室内观叶植物?简述室内观叶植物的繁殖栽培要点。
2. 举出室内观叶植物 8 ~ 10 种,简述其生态习性、繁殖方式与栽培要点、观赏特色与园林用途。

第*11*章　兰科花卉

【内容提要】

　　本章介绍了兰科花卉的概念、分类、基本形态特征、繁殖与栽培管理要点、应用特点,以及常见兰科花卉的生态习性、繁殖与栽培、观赏与应用等。通过本章的学习,了解常见的兰科花卉种类,掌握它们的生态习性、观赏特点以及园林用途。

11.1　概　述

　　兰花泛指兰科(*Orchidaceae*)中具观赏价值的种类,因形态、生理性、生态都具有共同性和特殊性而很自然地成为一类花卉。兰科是仅次于菊科的一个大科,是单子叶植物中的第一大科。全世界兰科植物约有700属,近2万种以及大量的变种、杂交种、品种等,主要分布在南美洲、亚洲、非洲的热带地区。中国大约有173属、1 200种和大量的变种、杂交种、品种,主要产于云南、四川、台湾、海南、广西、广东等省、自治区、直辖市,其次是贵州、海南、福建、江西、浙江、湖北、安徽、江苏以及甘肃、陕西、河南三省的南部亚热带地区。河南省的兰花主要分布在大别山的新县、鸡公山、桐柏以及伏牛山区。

11.1.1　范畴与类型

　　在我国,栽培兰花一般分为国兰和洋兰两大类。国兰多指地生兰,如春兰、蕙兰、墨兰、建兰、寒兰等。国兰叶姿秀雅,花香幽香清远,但花小、花少、花色淡雅而不鲜艳。洋兰多指原产于热带的附生兰,有气生根,花大、花多、花色鲜艳、色彩丰富,有些种类的花也有芳香气味但不同于国兰的清香。目前栽培较多的洋兰是蝴蝶兰、大花蕙兰、石斛兰、卡特兰、文心兰、万带兰、兜兰、独蒜兰、贝母兰等。

　　从植物形态上兰科植物分为以下3种:

　　地生兰　生长在地上,花序通常直立或斜上生长。亚热带和温带地区原产的兰花多为此

类。中国兰和热带兰的兜兰属花卉属于这类。

附生兰　生长在树干或石缝中，花序弯曲或下垂。热带地区原产的一些兰花属于这类。

腐生兰　无绿叶，终年寄生在腐烂的植物体上生活，如中药材天麻（*Gastrodia elata*）。

11.1.2　形态特征

1）花

所有兰科植物的花都是由7个主要部分组成的。萼片3枚、花瓣3枚及蕊柱1枚。一般两侧对称。

①萼片：已瓣化，形似花瓣。

②花瓣：有一片花瓣称为唇瓣，在多数情况下唇瓣是花中最华丽的花瓣，也是高度特化的花瓣。唇瓣有筒状的如卡特兰；有各种形态的口袋状的如兜兰。本来唇瓣是兰花的最上面的花瓣，但由于花梗、子房极复杂的旋转，使花扭转了180°，因而唇瓣成了兰花花朵最下面的一片花瓣。

③蕊柱：繁殖部分，是区别兰科与所有其他科植物的主要特点。蕊柱上有雌雄两部分性器官。雌性部分是柱头区，在蕊柱上部的一个黏性部位。雄性部分是在蕊柱顶端或靠近顶端有1个雄蕊生有花粉块。

兰科植物的花，对昆虫传粉的适应非常复杂，一般来说，兰花常大型而美丽，有香气，易引诱昆虫，花的蜜液多藏于唇瓣基部的距内或蕊柱的基部，昆虫进入花内采蜜时，落在唇瓣上，头部恰好触到花粉块基部的黏盘上，昆虫离开花朵时，带着一团胶状物和黏附其上的花粉块而去，至另一花采蜜时，花粉块恰好又触到有黏液的柱头上，完成授粉作用。

2）叶

兰科植物的叶片因种类不同而有较大差异。有的叶片呈棒状，如棒叶万带兰；有的叶片肥厚呈硬革质，如卡特兰；有的叶片呈细长的线性，如中国兰中的春兰；有的叶片大而薄软，如鹤顶兰。

3）茎

茎的形态差异较大，分为直立茎、根状茎、假鳞茎。

①直立茎：如万带兰的茎干直立或稍倾斜向上生长。

②根状茎：根状茎上有节，节上有根，并能长出新芽。可分株繁殖，如卡特兰。

③假鳞茎：一种变态茎，是在生长季节开始时从根状茎上生出的新芽，到生长季节结束时生长成熟。假鳞茎顶端或各节上生有叶片，并且是花芽着生的地方。假鳞茎的形态变化甚大，有的呈卵圆形至棒状，如卡特兰、虎头兰；有的呈细长条形，如石斛。在兰花栽培中，常常用假鳞茎栽培法繁殖优良的品种。

4）根

大多数兰花的根是圆柱状的,常常呈线形,分枝或不分枝。肉质根粗大而肥壮。绝大多数地生种类的根上有大量的根毛。附生兰花有气生根,其皮层的受光部分可以变成绿色进行光合作用。它还能防止水分散失和吸收水分。

根菌:在兰花的根组织内和根际周围有真菌,可分解和吸收养分水分供给兰花生长。附生兰的氮素营养只有靠这些根菌固定空气中的氮后再消化吸收了,因此兰花不施肥也能生长但生长速度慢。

5）种子

蒴果三棱状圆柱形或纺锤形,成熟时开裂。种子极多,微小,无胚乳,通常具膜质或呈翅状扩张的种皮,易于随风飘扬,传至远方,胚小而未分化。

11.1.3　生态习性

兰花种类繁多,分布广泛,生态习性差异较大。

（1）对温度的要求

栽培者习惯按兰花生长所需的最低温度将兰花分为 3 类。不同的属、种、品种有不同的温度要求,这种划分比较粗略,仅供栽培者参考。

①喜凉兰类。多原产于高海拔山区冷凉环境下,如喜马拉雅地区、安第斯山高海拔地带及北婆罗洲的最高峰吉拉巴洛山。它们不抗热,需一定的低温,适宜温度为冬季最冷月夜温 4.5 ℃,日温 10 ℃;夏季夜温 14 ℃,日温 18 ℃。例如堇花兰属(产于哥伦比亚)、齿瓣兰属、兜兰属的某些种(如 *P. insigne*、*P. villosum*)、毛唇贝母兰(*Coelogyne cristata*)、福比文心兰(*Oncidium forbosii*)等。

②喜温兰类或称中温性兰类。原产于热带地区,种类很多,栽培的多数属都是这一类。适宜温度为冬季夜深 10 ℃,日温 13 ℃;夏季夜温 14 ℃,日温 22 ℃。例如兰属、石斛属、燕子兰属、多数卡特兰、兜兰属某些种及杂种(如 *P. parishii*、*P. philippiensis*、*P. spiceramum*)、万带兰属某些种(如 *V. amesiana*、*V. coerula* 及 *V. cristata*)。

③喜热带类或称热带兰。多原产于热带雨林中。不耐低温,适宜温度为冬季夜温 14 ℃,日温 16 ~ 18 ℃;夏季夜温 22 ℃,日温 27 ℃。开美丽花朵的许多杂交种都是这一类,目前广泛栽培。如蝶兰属、万带兰属的许多种及其杂种,兜兰属的某些种(如 *P. bellatulum*、*P. callosum*)等以及许多属间杂种。

（2）对光照的要求

光照强度是兰花栽培的重要条件,光照不足导致不开花、生长缓慢、茎细长而不挺立及新苗或假鳞茎细弱;过强又会使叶片变黄或造成灼伤,甚至使全株死亡。热带或亚热带常有较充足光照,通常夏季均用遮阳来防止过度强烈阳光的伤害。不同属种对光照的要求不一,现介绍如下。

①兰属除夏天外可适应全光照,夏天需较低温度。

②蝶兰属及其杂交属 *Doritaenopsis* 每日只需 40% ~50% 的全光照 8 h,这一类兰花的叶较脆弱,强光照或雨林均易使叶受伤。

③卡特兰属、带状叶万带兰属、燕子兰属及 *Ascocenda* 等需全光照的 50% ~60% 及高温。

④不需遮光的种类较多,蜘蛛兰属及 *Aranthera* 必须有长时间的强光照,光照强度及时数不足便不开花;火焰兰属、*Renanopsis*、*Renantanda* 等在全日照下可正常生长;带状叶 *Renantanda* 及 *Kagawara* 在稍微隐蔽处生长良好。

(3)对水分的要求

喜湿忌涝,有一定耐旱性。其假鳞茎能贮藏水分,叶有厚的角质层和下陷的气孔,能保持水分,不易散失,附生兰的气生根能从潮湿的空气中吸收水分。要求一定的空气湿度,生长期要求为 60% ~70%,冬季休眠期要求 50%。地生兰要求空气湿度较低,附生热带兰要求空气湿度较高。

(4)对土壤的要求

地生兰要求疏松、通气、排水良好、富含腐殖的中性或微酸性(pH 5.5~7.0)土壤。热带兰对基质的通气性要求更高,常用水苔、蕨根类作栽培基质。

11.1.4　繁殖与栽培管理

1)繁殖要点

以分株繁殖为主,还可以播种、扦插和组织培养。

(1)分株繁殖

适用于合轴分枝的种类,在具假鳞茎的种类上普遍采用。如卡特兰属、兰属、石斛属、燕子兰属、树兰属、兜兰属、堇花兰属等在栽培几年后,或由于假鳞茎的增多,或由于分蘖的增加,一株多苗,便可分株。

分株的时间应在休眠期,一般在新芽未出土、新根未生长前,或花后休眠期。夏、秋开花的种类,在早春 2—3 月分株;早春开花的种类,则在花后或秋末分株。热带兰分株后难以忍受 15 ℃以下的低温,所以,当气温稳定在 18 ℃以上,相对空气湿度为 40% ~80%,可以进行热带兰的分株繁殖。在分株前要停止浇水,使根变软,增加其韧性,减少伤害。

分株的方法是在兰花假鳞茎之间寻找间隙比较大的地方,将植株分开,用剪刀剪开,剪刀要快,剪口要平,不能用力拉拽,否则伤口撕裂,易于感染病害。分开的兰株剪去烂根、枯叶,伤口处经过消毒,然后重新上盆。伤口处消毒一般是涂抹硫黄粉或炭末,也可以蘸杀菌剂消毒。

分株简而易行,一般在旺盛生长前进行。不同种类有不同方法。

①兜兰属:不具假鳞茎,分株常在换盆时进行,只需将全株从土中取出,用手将两苗扯开即成,一般 1~2 年换盆分株一次。

②兰属:是兰花中假鳞茎生长最快、通常用分株繁殖的种类。每年可从顶端假鳞茎上产生 1~3 个新假鳞茎,第二年又再产生,一般 2~3 年便可分株,分株常结合换盆进行,先将全株自盆内倒出,在适当位置剪成 2 至几丛,分剪时每丛最少要留 4 个假鳞茎才利于今后的生长,在这

4 个鳞茎中,1~2 个可以是无叶的后鳞茎。

③卡特兰属及相似属:卡特兰每年只有原来假鳞茎的前端长出 1 个假鳞茎,假鳞茎一般 6 年后落叶成后鳞茎,两个假鳞茎之间有一段粗而短的根茎,在根茎中部有一个休眠芽。分株要求栽培 5 年以上,具 5 个以上假鳞茎时才进行。按前端留 3~4 个、后端留 2~3 个的原则剪成两株。分株时注意将根茎上的休眠芽留在后段上,否则后段不易产生新的假鳞茎。不具叶的后鳞茎可割下作扦插繁殖。卡特兰及相似习性的种类,分株最好在能辨识根茎上的生活芽时进行。不需将植株取出,在原盆内选好位置割成两段,仍留在原盆中生长,待翌年春季旺盛生长前再将整株取出,细心将两株根部分开栽植。

(2)播种繁殖

主要用于育种,一般采用组织培养的方法播种在培养基上,种子萌发需要半年到一年,需 8~10 年才能开花。

在蒴果开裂前采收,先用沾有 50% 的次氯酸钾溶液的棉球做表面灭菌后,包于清洁白纸中放干燥冷凉处几天,使蒴果自然干燥并散出种子。兰花种子寿命短,室温下很快便丧失发芽力,应随采随播。干燥密封贮于 5 ℃下可保持生活力几周至几月。播种后置于光照充足但无直射日光的室内发芽,发芽最适温度为 20~25 ℃。

(3)扦插繁殖

可根据插穗的来源性质不同有下列几种方法。

①顶枝扦插:适用于具有长地上茎的单轴分枝种类,如万带兰属、火焰兰属、蜘蛛兰属及它们的杂种。剪取一定长度并带有 2~3 条气生根的顶枝作为插条,一般长度 7~10 cm,带 6~8 片叶,带 6~8 片叶,过短又不带气生根者成活慢、生长差。剪取插条时,母株至少要留 2 片健壮的叶,有利于萌生幼株。万带兰属的插条以 30~37 cm 长最好,蜘蛛兰属宜 45~60 cm。顶枝扦插不需苗床育苗,可采后立即栽插于大盆或地中,注意防雨、遮阳及保持足够空气湿度。

②分蘖扦插:兰花的许多属,主要是那些单轴分枝及不具假鳞茎的属,如万带兰属、火焰兰属、蜘蛛兰属等,当生长成熟后,尤其在将顶枝剪作扦插条或已生出的幼株被分割后,母株基部的休眠侧芽易萌发或分蘖,逐渐生根成为幼株。当生长至一定大小,即一般在具有 2~3 条气生根时,从基部带根割下作为插条繁殖。一株上的几个分蘖要一次全部割下,才能使母株再产生分蘖。

石斛属及树兰属常在地上枝近顶端的叶腋产生小植株,在生出几条完整的气生根后,连同母株的茎剪下,按株分段扦插繁殖。

③假鳞茎扦插:适用于具假鳞茎种类,如卡特兰属、兰属、石斛属等。剪取叶已脱落的后鳞茎作为插条,石斛属的假鳞茎细长,可剪为几段,兰属的每一后鳞茎作一插条。用 6-BA 羊毛脂软膏涂于 2~3 个侧芽上有助于侧芽萌发成新假鳞茎并生根成苗。插条可扦插于盛水藓基质的浅箱中,注意保湿,或包埋于湿润水藓中,用聚乙烯袋密封,悬室内温暖处,几周后即出芽生根。卡特兰后鳞茎有一个芽生于两假鳞茎间的平卧根茎上,分割时应使其留在后面一个假鳞茎上并使其不受损伤。

④花茎扦插:蝴蝶兰属、鹤顶兰属的花枝可作为插条来繁殖。鹤顶兰花枝的第一朵花以下还有 7 至多节,每节有一片退化叶及腋芽。在最后一朵花开过后,将花枝从基部剪下,去掉顶端有花部分后尚有 37~45 cm 一段,将其横放在浅箱内的水藓基质上,把两端埋入水藓中以防干

燥,2~3周后每节上能生出 1 个小植株。当小植株长 3~4 条根后,分段将各株剪下移栽盆内。

蝴蝶兰属的花茎扦插只能在无菌的玻璃容器内进行,和组织培养繁殖近似。

扦插基质一般用椰糠,或用水苔加蛇木屑,扦插时期一般在春、夏季,适宜温度为 25~30 ℃,50%~70% 的光照及较高的空气湿度。剪下的假鳞茎要选茎节上有芽眼的,每段保留 3~4 个节。剪口上涂抹硫黄粉或杀菌剂,防止茎段受病菌侵染。也可把茎段放置于阴凉处,让剪口干缩后插入基质中。一般将茎段的 1/3~1/2 插入基质中,扦插时注意茎段上下方向不要插反。扦插后放置于半阴、湿润及适宜的高温环境中。

(4)组织培养

Morel 于 1960 年首先把组织培养方法用于兰花繁殖,后经改进,现已广泛应用于卡特兰属、兰属、石斛属、燕子兰属、火焰兰属、万带兰属及许多杂交属。组织培养苗在上盆后,一般 3~5 年可开花。

兰花组织培养繁殖的外植体均取自分生组织,可用茎尖、侧芽、幼叶尖、休眠芽或花序,但最常用的是茎尖。外植体可在不加琼脂的 Vacin 及 Went 液体培养基中振荡培养。有时,外植体在几周内直接发育成小植株,为达到繁殖目的,应将其取出,细心将叶全部剥去后放回原处再培养,甚至形成原球茎。原球茎是最初形成的小假鳞茎,形态结构与一般假鳞茎相似。

2)栽培管理

兰科花卉对温度需求差异较大。原产于高海拔地区冷凉环境下的种类如堇花兰属(*Miltonia*)、兜兰属中的绿叶种、福比文心兰(*Oncidium forbosii*)等,需要一定的低温,适宜温度为:夏季温度为 14~18 ℃,冬季温度为 4.5~10 ℃;原产温带的兰花,如兰属、石斛属、多数卡特兰属、兜兰属等,需要较高的低温,适宜的温度冬季为 10~13 ℃,夏季为 16~22 ℃;而原产热带的兰花,如蝴蝶兰属、万代兰属(*Vanda*)、兜兰的某些种等,则需要较高的温度,夏季为 22~27 ℃,冬季 14 ℃以上。

兰科花卉对光照的要求差异也很大。蝴蝶兰属、火焰兰属等可以在全光照下生长,兰属的大部分种类除夏天要部分遮阴外,可适应全光照,而原产热带雨林地区的兰花如蝴蝶兰属、卡特兰属、石斛属等比较喜阴。

兰科花卉的栽培基质比较特别,传统的栽培用壤土、水苔、木炭等,后来又采用蕨根、树皮、椰壳和砖屑等,共同的特点是颗粒粗大,能保水但排水性能也很好,主要是因为兰花喜湿却又极不耐积水,同时很多种类根需暴露在空气中。兰花一般用专用兰盆栽培,兰盆除底部有透水孔外,侧壁也有孔洞。有些附生兰可用木框、木篮等栽培,或者直接附生在树木茎干上。

兰科花卉的浇水要十分注意,俗语曰"养兰浇水三年功"。应使用可溶性盐含量低的清洁水浇兰花,具体浇水时间、次数要根据气候、兰花种类、基质、盆栽器皿等确定,原则上要等基质表面变干再浇。一般来说,在盆面植料干而不燥,盆底孔润而不湿时,即为给兰株浇水的最佳时机。由于一般兰花基质透水性好,所以浇水的频率要比其他花卉高。兰花施肥原则是薄肥多施,肥料浓度过高很易伤苗,现多用缓释肥施肥,比较方便。夏季生长旺盛时多施,花前花后追施、休眠时期不施。

11.1.5　应用特点

目前,兰科花卉尤其是热带兰生产栽培在我国发展非常迅猛,已在全国形成规模庞大、效益良好的花卉产业。热带兰在花卉市场销售良好,作为优良的盆花和切花已进入千家万户,装扮着人们的日常生活。兰科花卉的应用形式主要是作盆花、切花,布置兰园,有些种类的原生种(石斛)还有药用价值。

11.2　常见种类

11.2.1　国兰类

附生、陆生或腐生草本。茎极短或变态为假鳞茎。叶草质,带状。总状花序直立或俯垂;花大而美丽,有香味;花被张开;蕊柱长;花粉块 2 个。蒴果长椭圆形约 50 种,分布于亚洲热带和亚热带。大洋洲和非洲地区也有分布。我国有 20 种及许多变种,分布于长江以南各省区。

传统上的"中国兰花",是指兰科(Orchidaceae)兰属(*Cymbidium*)的 5 种地生兰:春兰、蕙兰、建兰、墨兰、寒兰。

1) 春兰 *Cymbidium goeringii*

【别名】草兰、山兰、朵香

【英文名】Goering Cymbidium

【科属】兰科　兰属

【产地与分布】主要分布在中国的浙江、江苏、湖北、河南、江西、安徽、湖南、陕西、甘肃、四川、云南、贵州、广东、广西、台湾和西藏等地。日本、朝鲜半岛也有分布。

【形态特征】假鳞茎稍呈球形。叶 4 ~ 6 枚集生,狭带形,长 20 ~ 60 cm,少数可达 100 cm,宽 0.6 ~ 1.1 cm,边缘有细锯齿。花单生,少数 2 朵,花葶直立,有鞘 4 ~ 5 片,花直径 4 ~ 5 cm;浅黄绿色,绿白色,黄白色,有香气。萼片长 3 ~ 4 cm,宽 0.6 ~ 0.9 cm,狭矩圆形,端急尖或圆钝,紧边,中脉基部有紫褐色条纹。花瓣卵形披针形,稍弯,比萼片稍宽而短,基部中间有红褐色条斑;唇瓣 3 裂不明显,比花瓣短,先端反卷或短而下挂,色浅黄,有或无紫红色斑点,唇瓣有 2 条褶片。花期 2—3 月。

图 11-1　春兰

【品种分类】根据春兰花瓣和叶片的形状和颜色,园艺栽培上常将其分为梅瓣、荷瓣、水仙瓣、奇种(蝶瓣)、素心、色花和艺兰(花叶)等品种类型,宋梅、集圆、龙字、汪字4个春兰品种被称为春兰中的四大名花。

(1)梅瓣类

梅瓣型的春兰,萼片短圆,顶部有小尖,稍向内弯曲,形似梅花花瓣。花瓣短,边缘向内弯,合抱蕊柱之上,唇瓣短而硬,不向后翻卷。梅瓣型春兰在我国传统兰花中占有重要地位,品种也最多,目前有品种百余个。梅瓣类主要的品种有'宋梅''万字''集圆''逸品'等。

(2)荷瓣类

萼片宽大,短而厚,基部较窄,先端宽阔,似荷花花瓣,花瓣向内弯,唇瓣阔而长,翻卷。荷瓣春兰品种不多,主要品种有'郑同荷''绿云''翠盖荷''张荷素'等。

(3)水仙瓣类

萼片稍长,中部宽,两端狭窄,基部略呈三角形,形似水仙花瓣,花瓣短,有兜,唇瓣大而下垂,翻卷。常见的品种有'龙字''汪字''翠一品''春一品'等。

(4)奇种

奇种指萼片、花瓣、唇瓣畸形变异的种类,如常见的蝴蝶型变异。常见的品种有'四喜蝶''和合蝶''彩蝶''大圆宝蝶'。

(5)素心类

唇瓣为纯白色、绿白色或淡黄色,唇瓣无紫红色斑点,花萼、花瓣均为翠绿色。素心兰自古以来被视为珍品。常见的品种有'张荷素''鹤舞素'等。

(6)色花类

色花类指花萼、花瓣呈鲜艳色彩的种类。常见的品种有'红花春兰',萼片、花瓣均为紫红色;'黄花春兰',萼片、花瓣均为橙黄色。

(7)艺兰类

艺兰类主要指叶片上出现黄、白色斑纹,也称花叶品种。台湾栽培的这类品种有'富春水''军旗'等。

另外,春兰还有2个变种,即线叶春兰和雪兰。线叶春兰叶片细,边缘有细锯齿,质硬。花双生,无香气。常见品种有'翠绿''盖绿''线兰素'等。

雪兰又名白草。叶4~5片,较直立,长50~55 cm,宽0.9~1.0 cm,叶面光滑,边缘有细锯齿。花茎高20 cm,花双生,绿白色,花瓣长圆披针形,唇瓣长,反卷,有2条紫红色条纹。花期1—3月。

【生态习性】春兰多分布在亚热带山坡常绿阔叶树与落叶树的混交林、竹林林下或溪沟边,也是比较耐寒的地生兰之一。

春兰喜温暖环境,尤以冬暖、夏凉气候更为合适。其生长期适温为15~25 ℃,白天20~25 ℃,晚间15~18 ℃。短期低温下也能正常生长。花芽分化温度为12~13 ℃。春兰野生于林下,属喜阴性植物,在自然条件下对光照要求不高。夏季遮蔽度为70%~80%,冬季不遮或少遮。在人工栽培条件下,充足的散射光更适合春兰的生长和发育。长期生长在遮阴条件下,光照不足,常长出叶芽,光照稍强一些,可提早开花。

春兰喜生长于排水良好、腐殖质丰富的土壤和空气湿度较高的环境。生长期空气相对湿度应保持在80%,秋、冬季干燥时多喷雾,冬季空气相对湿度保持在50%~60%。

【繁殖】常用分株法和播种法繁殖。

分株一般结合换盆进行,2～3 年分株 1 次,以新芽未出土、新根未长出之前为宜。常在 3 月和 9 月前后进行。分株前几天最好不浇水,使盆土略干,分株盆栽后放半阴处养护。春兰种子细小,胚小,发育不全,在自然条件下种子发芽率极低,一般都将其播种到培养基上。

【栽培管理】

①栽培基质的准备:春兰为地生兰类,肉质根发达,栽培基质必须透气和透水,常见有腐叶土、泥炭土、山泥等。

②栽培容器的准备:初期栽培多用透气性好的瓦盆,新盆须用水浸泡几天才能应用。服盆后的兰株或展览时可用紫砂盆、瓷盆以及其他装饰盆。

③换盆:春兰以 2～3 年换盆 1 次为宜。春兰盆栽一般以 3～5 筒苗为宜,盆底孔用瓦片覆盖,上铺碎砖粒或浮石,上层加少量腐叶土或配好的混合基质,栽植时将兰根散开,植株稍向盆边,新株在中央,老株靠边。盆边留 2 cm 沿口,形成中间高四周低呈馒头状,土面用白色细石子或翠云草铺上,最后喷水 2～3 次,浇透为止,放半阴处养护恢复。

④浇水:春兰的根系为肉质根,因此,春兰的浇水不宜过勤,盆土不宜过湿,否则容易引起烂根。浇水,首先水质要好,以微酸性至中性(pH5.5～6.8)为宜,无论用什么水质,使用前都必须测定酸碱度。夏、秋高温干燥时需多喷雾,增加空气湿度,同样有利于兰株的生长发育。

⑤施肥:春兰在萌发新苗或老苗展现新叶时,需要充足的养分供给。在整个兰株生长期,以淡肥勤施为好,除开花前后和冬季不施肥外,每隔 2～3 周施肥 1 次,常用 0.1% 尿素和 0.1% 磷酸二氢钾溶液叶面喷洒或根施。施肥应在气温 15～30 ℃的晴天进行,阴雨天不施肥,如用有机肥,必须充分腐熟后才能施用,施肥时不能浇入兰心中。

【园林应用】春兰是国兰的主要代表种,在古代,春兰与梅、竹、菊称为花中"四君子",春兰的叶色鲜绿,常年青翠,叶姿潇洒飘逸,花色淡雅,花香清香四溢,醇正而幽远,被称为"天下第一香"。

春兰作为盆栽或与山石、树桩组成树石盆景,与盆、篮等容器组成的艺术装饰品,都十分别致。清雅、高洁的春兰,摆放在书房、客厅、餐厅或窗台,使整个房间更添诗情画意。在我国江南一带的古典园林中,常在山石旁、溪沟边和山坡上配植数丛春兰,花时清香阵袭,增加无限春意。

2)蕙兰 *Cymbidium faberi*

【别名】九节兰、夏兰、九子兰、蕙

【英文名】Faber Cymbidum

【科属】兰科　兰属

【产地与分布】蕙兰和春兰的分布相似,主要分布在我国的秦岭以南、南岭以北和西南地区。一般分布于海拔 1 000 m 左右的常绿阔叶林或落叶与常绿混交林树下,是比较耐寒的兰花之一。

【形态特征】蕙兰假鳞茎不显著,根粗而长。叶 7～9 片,长 25～80 cm,宽约 1 cm,直立性强,基部常对褶,横切面呈 V 字形,边缘有较粗锯齿。花茎直立,高 30～80 cm,有花 6～12 朵,花浅黄绿色,有香味,稍逊于春兰。花瓣稍小于萼片,花浅黄绿色,有香气,中裂片长椭圆形,有许多透明小乳突状毛,端反卷,唇瓣白色有紫红色斑点,花期 3—5 月。

【品种分类】蕙兰栽培历史悠久,有许多品种。蕙兰在传统上通常按花茎和苞片的颜色分成赤壳、绿壳、赤绿壳、白绿壳等。在花形上也和春兰一样,分成梅瓣、荷瓣、水仙瓣等类型。在花色上可分为彩心和素心。主要品种有'大一品''程梅''金岙素''温州素''上海梅''江南新极品''翠萼''送春''峨嵋春蕙'等。

【生态习性】蕙兰喜温暖环境,也较耐寒。生长适温为15~25 ℃,冬季能耐0~5 ℃低温。短期在5 ℃气温下也能生长,若冬季温度过高,对兰株生长和开花不利。蕙兰生长期喜半阴的环境。蕙兰常生长于排水良好、腐殖质丰富的山坡林地,根系不耐积水,喜空气湿度较高的环境。

【繁殖】分株一般结合换盆进行,2~3年分株1次,多在休眠期分株,以新芽未出土、新根未长出之前为宜,一般在3月进行,也可在9月分株。另外,蕙兰还常以顶芽为外植体进行组织培养繁殖。

图11-2 蕙兰

【栽培管理】蕙兰肉质根发达,不耐积水,栽培基质常用排水性和透气性良好的腐叶土、泥炭土或配制的培养土。栽培容器多用瓦盆,参加兰花展览时可用紫砂盆。盆栽蕙兰一般2~3年换盆一次,每盆栽3~5筒苗为宜,栽后喷水,放室内半阴处。在生长期及开花期适当多浇水,休眠期要少浇水。春季在早晨浇水,夏季在傍晚浇水为宜。7—9月要控制浇水量,稍偏干,可促进花芽分化。

蕙兰在生长期需要充足的养分供给。在整个兰株生长期,以薄肥勤施为好,除开花前后和冬季不施肥外,在5—9月,每隔2~3周施肥1次。无机化肥常用0.1%尿素和0.1%磷酸二氢钾溶液叶面喷洒或根施。有机肥常作基肥混入盆土中或将腐熟的有机肥液稀释后浇入根际。施肥应在气温15~30 ℃的晴天进行,阴雨天不施肥。

【园林应用】蕙兰花姿端庄挺秀,大而繁多,叶色翠绿,是我国栽培最普遍的兰花之一。蕙兰作为盆花观赏或与山石、树桩组成盆景,摆放在书房、客厅、餐厅或窗台,可美化居室环境。蕙兰在我国南方常用于布置兰园,或在园林绿化中种植在假山石旁边形成园林景观。

3)建兰 *Cymbidium ensifolium*

【别名】四季兰、剑蕙、雄兰、秋蕙、夏蕙、秋兰

【英文名】Common Cymbidium

【科属】兰科　兰属

【产地与分布】分布在广东、福建、广西、贵州、云南、四川、湖南、江西、浙江、台湾等省、自治区,其中以福建、浙江、江西、广东、台湾和四川等地的种质资源最丰富。东南亚及印度等地亦有分布。多生长于海拔200~1 000 m的山坡常绿阔叶林下腐殖质深厚的土壤中。

【形态特征】假鳞茎椭圆形,较小。叶2~6枚丛生,长30~60 cm,广线形,宽1.2~1.7 cm,叶缘光滑,略有光泽。花葶直立,高25~35 cm,花序总状,有花5~13朵,浅黄绿色至淡黄褐色,花直径4~6 cm,有香气。萼片短圆披针形,浅绿色,有3~5条较深的脉纹。花瓣略向内弯,互

相靠近,有紫红色的条斑;唇瓣宽圆形,3 裂不明显,中裂片端钝,反卷。花期 7—10 月。有些植株自夏至秋开花 2～3 次,故被称为四季兰。

【品种分类】建兰栽培历史悠久,品种也多。尤以福建、广东栽培更多。古代文献《金漳兰谱》和王贵学《兰谱》中记载了很多建兰品种。根据严楚江《厦门兰谱》中建兰分类的意见,将建兰分为彩心和素心 2 个变种。

①彩心建兰(var. *ensifolium*):花葶多为淡紫色,花被有紫红色条纹或斑点。山野采的多属此类。常见的品种有'银边建兰''温州建兰''大青''青梗四季兰''白梗四季兰'等十多个品种。

②素心建兰(var. *suxin*):素心建兰则花被无紫红色斑点条纹,花萼、花瓣及唇斑为纯色,多为栽培品种,野生者极少。常见的栽培品种有'龙岩素''永福素''铁骨素''凤尾素''观音素'等。

图 11-3　建兰

【生态习性】建兰的生长适温为 25～28 ℃,冬季温度以 5～14 ℃为宜,夏季白天温度应控制在 28 ℃以下,夜温应降至 18 ℃以下。建兰喜半阴的环境,在散射光下生长良好。建兰喜空气湿润,稍耐干旱。建兰的原产地雨量充沛,年降雨量在 1 800 mm 以上,空气相对湿度为 75%～80%。建兰根系粗壮,吸水能力强,假鳞茎圆大,贮水能力也强。

【繁殖】常用分株法和播种法繁殖。

①分株繁殖:通常在兰株长满盆,有 4 丛以上时分株。比较适宜的分株时间是在 3—4 月新芽没出土之前和 9—10 月新兰株基本成熟时。建兰的主产地一般在花后 15～20 d,在没有长出花芽和叶芽时分株效果很好。也可将无叶的假鳞茎进行分株繁殖。

②播种繁殖:建兰种子细小量大,在高温、高湿环境下寿命极短,种子必须随采随播。一般将种子播种在无菌培养基上。也可将种子播种在消过毒的培养土上,保持一定的湿度,室温保持在 20～25 ℃,几个月后可发芽。

【栽培管理】

①栽培基质及容器栽培:建兰常用的基质有腐叶土、泥炭土、沙、山泥、塘泥等,盆栽建兰多采用几种材料组成的混合基质。栽培容器多用瓦盆或陶盆,在室内摆放观赏时可用陶瓷盆或紫砂盆等套盆。在植株生长 2～3 年后,根系布满花盆,盆中兰株开始拥挤时,进行分株换盆。

②光照调节:在建兰的生长期应适当遮阴,夏天的遮阴度可为 60%～70%。冬天不遮或少遮。

③浇水:当栽培基质表面出现干白现象时即可浇水,浇水时沿盆边慢慢浇入或将兰盆放入水中浸湿后取出,每次浇水必须浇透,切忌将水浇入兰叶心部。建兰喜微酸性水,自来水因含氯,需存放 1～2 d 后使用。冬、春季气温低,以上午浇水为宜,夏、秋季高温时,应在早晨或傍晚浇。栽培基质宁干勿湿。温室内应经常喷雾提高空气湿度。

④施肥:建兰株丛密、叶片宽大、开花多,在地生兰中比较耐肥。在建兰的生长期,每 10～15 d 施肥一次,可用台湾产的"益多"1 000 倍液,美国产的"花宝"1 000 倍液或广西产的"喷施

宝"1 000 倍液喷施,要薄肥勤施。另外,要注意病虫害防治。

【园林应用】建兰叶姿秀雅,花形秀丽,花香醇厚幽远,是国兰中的佳品。建兰在我国南方可种植于庭院、门前、台阶和花坛,也可用于布置兰园。尤其在新春佳节,更增添节日气氛。盆栽可点缀客厅、书房、窗台、案头。建兰的叶给人以清新素雅的感受,开花时又有清香高雅的丰姿。

4) 墨兰 *Cymbidium sinense*

图 11-4 墨兰

【别名】报岁兰、拜岁兰、丰岁兰、入岁兰等

【英文名】Chinese Cymbidium

【科属】兰科　兰属

【产地与分布】墨兰原产我国,主要分布于福建、台湾、广东、广西、海南、云南等地,以广东、台湾栽培最多。越南、缅甸也有分布。常野生于海拔 350～500 m 的丘陵沟谷地带,生长地树林密度大,遮蔽度在 85% 以上,空气相对湿度常年为 75%～85%,土层比较深厚、疏松,腐殖质十分丰富。

【形态特征】假鳞茎椭圆形,根粗壮而长。叶 4～5 片丛生,剑形,叶长 50～100 cm,宽可达 3 cm,光滑全缘,深绿色,有光泽。花茎直立,粗壮,高 60～100 cm,通常高出叶面,着花 7～17 朵,苞片小,基部有蜜腺。萼片狭披针形,淡褐色,有 5 条紫褐色脉纹,花瓣短而宽,向前伸展,在蕊柱之上,唇瓣 3 裂不明显,先端下垂反卷,有 2 条平行黄色褶片。花期 1—3 月,少数秋季开花。

【品种分类】墨兰在我国栽培历史悠久,品种也比较多。根据墨兰的花期、花色及叶色将墨兰的品种分为三大类。

①墨兰:原变种常分为秋花形和报岁形两类。秋花形,花期早,一般在 9 月开花。报岁形在春节前后 1—3 月开花。秋花形常见的品种有'秋榜''秋香'等;报岁形常见的品种有'小墨''徽州墨''落山墨''富贵''十八娇'等。

②白墨:白墨变种是指花浅白色,无紫红色斑点或条纹,又称素心墨兰。常见的品种有'仙殿白墨''软剑白墨''绿仪素''翠江素''文林素''白凤'等。

③彩边墨兰:彩边墨兰指叶片边缘有黄色或白色条纹的品种。常见的品种有'金边墨兰''银边大贡'等。

【生态习性】喜温暖,不耐寒,生长适温,夏季在 25～30 ℃,冬季为 10～20 ℃。墨兰属阴性植物,生长期以散射光为主,6—9 月墨兰处于生长旺盛期,需要用遮阳网来遮光,遮蔽度要达到 85% 左右。春、秋季中午遮光 60%,冬季中午遮光 30%。墨兰是喜湿植物,生长期要求在排水良好的前提下,有足够的土壤水分供给。

【繁殖】常用分株法和组织培养法繁殖。

通常在兰株已长满盆时即可进行分株。一般品种兰株生长快,形成新芽多,3 年分株 1 次。墨兰的分株时间在开花后 15～20 d,兰株正处于没有花芽和叶芽时进行较好。组织培养墨兰常以顶芽为外植体,采芽后进行组织培养繁殖。

【栽培管理】

①栽培基质与容器：墨兰肉质根发达，栽培基质必须透水性、透气性好，否则易烂根死亡。我国南方，常见使用的基质是优质塘泥、腐叶土、泥炭土、蛭石和珍珠岩的混合基质。在广东地区栽培墨兰用的容器是兰盆，盆高 25 cm 以上，可供兰根生长，盆壁厚、隔热性能较好、盆底孔大、排水方便。

②换盆：墨兰假鳞茎的分蘖在 3 年内已达到最大生长量，从而孕蕾开花。花后 20 d，约在 3 月下旬换盆，在换盆前 5 ~ 7 d 停止浇水，然后小心将兰株倒出，进行换盆。

③浇水：墨兰较喜湿，每当盆土表面已干，盆底稍湿时，就应补充水分，要浇透水，浇水要均匀，以早晨或傍晚浇为好，夏、秋季节多喷雾，保持较高的空气湿度。冬季虽然气温下降，水分消耗减少，但墨兰正处于抽出花茎和开花阶段，仍需充足的水分。

④施肥：墨兰在国兰中也是比较喜肥的种类。盆栽后 1 个月可用四川产的"兰菌王"1 000 倍液，每周喷洒叶面 1 次，有促进生根发芽的效果。兰株生长期每 10 ~ 15 d 施肥 1 次，可用 0.1% 尿素和 0.1% 磷酸二氢钾或台湾产的"益多"1 000 倍液喷施。要做好病虫害防治工作。

【园林应用】墨兰现已成为我国较为热门的国兰之一。墨兰叶片浓绿油亮，叶姿挺拔潇洒，墨兰盆栽，摆放客厅、书斋、餐厅或窗台，使整个室内环境更显清新淡雅。墨兰正值春节开放，幽香阵阵，为节日增添了不少诗情画意。在南方气候温暖的庭院中，常配植于假山旁、小溪边和台阶两侧，春风轻拂，给人带来生机盎然之感。

5）寒兰 *Cymbidium kanran*

【别名】瓯兰

【英文名】Winter Cymbidium

【科属】兰科　兰属

【产地与分布】寒兰原产我国、日本和朝鲜半岛，我国主要分布于广东、广西、海南、福建、台湾、江西、湖南、云南、贵州等地，多生长于海拔 500 ~ 1 500 m 的常绿阔叶和落叶的混交林下或溪沟边，是比较喜温暖的兰花种类。

【形态特征】寒兰叶 3 ~ 7 枚丛生，直立性强，长 40 ~ 70 cm，宽 1 ~ 1.7 cm，叶全缘或有时近顶端有细齿，略带光泽。花葶直立，细而挺拔，高出叶丛，着花 8 ~ 10 朵，花疏生。萼片长，花瓣短而宽，清秀可爱，中脉紫红色，唇瓣黄绿色带紫色斑点，花有香气。花期因地区不同而有差异，自 7 月起就有花开，但一般集中在 11 月至翌年 2 月，凌霜冒寒吐芳，实在可贵，因此有"寒兰"之名。花香浓郁持久。

图 11-5　寒兰

【品种分类】根据花的颜色不同，可把寒兰品种分为 7 类，即红花类、绿花类、紫花类、白花类、桃红花类、黄花类、群色类等。

【生态习性】寒兰原产地的年平均温度多为 15 ~ 22 ℃，生长适温夏季为 26 ~ 30 ℃，冬季 10 ~ 14 ℃ 最为合适，寒兰是国兰中耐寒力最差的种类。喜半阴的环境，寒兰在原产地多生长在密林之下，遮蔽度为 80% ~ 90%。寒兰对光照的要求和墨兰相近。多生长在喜湿润的环境，要求较高的空气湿度。寒兰的生长期相对空气湿度需保持在80%左右。

【繁殖】寒兰主要用分株繁殖,以3—4月寒兰花后和9—10月新兰株基本成熟时进行效果最好。分株前1周最好少浇水,使盆土稍干,当根系变软时分株可减少根系损伤。

【栽培管理】

①栽培基质及容器:寒兰根系较少,栽培基质必须透水性和保水性要好。常用基质有腐叶土、山泥、泥炭土、塘泥块、树皮块等,或者选取几种基质按比例混合配制成培养土。栽培容器常用瓦盆或盆壁上带孔的塑料盆。

②换盆:寒兰一般2～3年换盆一次,换盆时结合进行分株繁殖。

③浇水:盆土应保持湿润,但含水量不宜过多,有"干兰湿菊"的说法。盆土稍干对兰株影响不大,若盆土太湿、长期积水,必定导致兰株根系腐烂。

④施肥:寒兰耐肥能力要比建兰差,生长期以淡肥为主,每10～15 d施肥1次,可用0.1%的尿素或0.1%的磷酸二氢钾喷施,也可用美国产的"花宝"1 000倍液或广西产的"喷施宝"1 000倍液喷施,切忌施肥过量和施用未经腐熟发酵的生肥。

【园林应用】寒兰叶态潇洒飘逸,花香纯正,开花正值元旦、春节。寒兰常用于盆栽观赏,点缀客室、书房、餐厅,显得十分典雅、清新。在南方,也可种植在庭院、假山、亭榭之间。

11.2.2　洋兰类

1)石斛兰属

附生草本。茎黄绿色,节间明显。花常大形而艳丽,单生、簇生或排列成总状花序,常生于茎的上部节上;花被片开展;侧萼片和蕊柱基部合生成萼囊;花药药柄丝状,药囊2室;花粉块4。约1 400种,我国约有60种。

图11-6　石斛兰

石斛兰 *Dendrobium nobile*

【别名】石斛、石兰、吊兰花、金钗石斛

【英文名】noble dendrobium

【科属】兰科　石斛兰属

【产地与分布】石斛分布于秦岭、淮河以南,从纬度而言,大多数种类都集中在北纬。从垂直看,海拔100～3 000 m的高度都有分布。

【形态特征】石斛兰为多年生落叶草本。假鳞茎丛生,圆柱形或稍扁,基部收缩;叶纸质或革质,矩圆形,顶端2圆裂;总状花序;花大、半垂,白色、黄色、浅玫红或粉红色等,艳丽多彩,十分美丽,许多种类气味芳香。

【品种分类】有'金钗石斛''密花石斛''鼓槌石斛''蝴蝶石斛'和大量杂交优良种。

【生态习性】常附生于海拔480～1 700 m的林中树干上或岩石上。喜温暖、湿润和半阴环境,不耐寒。生长适温18～30 ℃,生长期以16～21 ℃更为合适,休眠期16～18 ℃,晚间温度为10～13 ℃,温差保持在10～15 ℃最佳。白天温度超过30 ℃对石斛兰生长影响不大,冬季温度

不低于 10 ℃。幼苗在 10 ℃以下容易受冻。石斛兰忌干燥、怕积水,特别在新芽开始萌发至新根形成时需充足水分。但过于潮湿,如遇低温,很容易引起腐烂。天晴干热时,除浇水外,要往地面多喷水,保持较高的空气湿度。常绿石斛兰类在冬季可保持充足水分,但落叶类石斛可适当干燥,保持较高的空气湿度。

【繁殖】常用分株、扦插和组织培养繁殖。

【栽培管理】

①大田荫棚栽种法:选较阴凉潮湿的地方,用石头砌成高 9 cm 的长方形高畦,以防雨水冲刷畦土壤。用腐殖质填入畦内,将土壤弄细整平,在畦上搭 2 m 高的棚,棚南面挂草帘,以防烈日暴晒,然后将石斛分株栽于畦内,再盖上 2 cm 厚的细土。用小卵石压紧即可。为了加速繁殖,将石斛按株行距 15 cm×20 cm 直栽,只将先端露出土面,当茎节上萌发新芽及白色气生根后,挖出横排畦上,用小石块压于土面,上盖细土 0.5 cm 厚,待新植株长出 5 cm 高时便可分割移栽。

②岩石栽种法:选较阴湿、生长有苔藓植物的岩石,将 1.5 m 宽的厢面挖深 18 cm,将岩石放好,再将石斛分株后放在岩石凹处或固定在石缝里,用苔藓中泥土、牛粪、豆渣糊在根部,保证石斛生长有足够的养分。

③贴树法:早春或秋季贴栽,选树干粗、水分较多的阔叶树,如梓树、楠木、枫杨、银杏、梨树等贴栽。选择生长健壮、根多、茎色青绿的石斛株丛,剪去枯茎、断枝、老茎,将过长须根切短至1.5 cm 长,大株石斛分切,每丛留 5 株带叶嫩茎,选树干平处或凹处用刀砍一浅裂口将石斛株丛基部紧贴在砍口处,用竹钉钉牢。若贴树干较凸部位,则先用刀砍平再钉,用竹篾或绳索捆牢。枯朽树枝及皮处不能贴栽。固定后,用牛粪、豆渣及其他肥料拌成肥泥涂株在石斛根部及根周围树皮上(切忌糊在石斛茎基),以供生长需要,贴植数量可视树干的大小及树枝的多少而定。每株树可栽数丛至数百丛不等。

【园林应用】石斛兰花姿优美,色彩鲜艳,盆栽摆放阳台、窗台或吊盆悬挂客室、书房,凌空泼洒,别具一格。在欧美常用石斛兰花朵制作胸花,配上丝石竹和天冬草,真具有欢迎光临之意。至今,广泛用于大型宴会、开幕式剪彩典礼,使人感到和享受到贵宾待遇。许多国家都把石斛兰作为每年 6 月 19 日的父亲节之花。

2)卡特兰属

常绿草本。花径一般 10 cm,蕊柱长而粗,先端宽。唇瓣大,花粉红色。花期秋冬。一朵花可开放一个月之久。冬季室温保持 12～24 ℃,要求稍多的光照。卡特兰属是热带兰花,生长在热带或亚热带的兰科植物,大部分附生在森林的树干或崖壁阴湿处,或在多湿的森林或溪边树木上。

卡特兰 *Cattleya labiata*

【别名】卡特利亚兰

【英文名】Crimson cattleya

【科属】兰科　卡特兰属

【产地与分布】原产美洲热带,为巴西、阿根廷、哥伦比亚等国国花。

【形态特征】多年生草本植物。假鳞茎顶端抽生厚革质叶片 1～2 枚,中脉小凹,长圆形。

花茎短,从拟球茎顶上伸出,着花 1 至多朵,花径可达 20 cm;花色极为艳丽,从纯白至深紫色、朱红色,也有绿色、黄色以及各种过渡色和复色;萼片与花瓣相似,唇瓣 3 裂,基部包围蕊柱下方,中裂片伸展而显著。

【品种分类】卡特兰不同的品种,花期有较大的区别。一是冬花及早春花品种,花期多在 1—3 月,品种有'大眼睛''三色''加州小姐''柠檬树''洋港''红玫瑰'等。二是晚春花品种,花期多在 4—5 月,品种有'红宝石''闺女''三阳''大哥大''留兰香''梦想成真'等。三是夏花品种,花期在 6—9 月,品种有'大帅''阿基芬''海伦布朗''中国美女''黄雀'等。四是秋冬花品种,花期在 10—12 月,品种有'金超群''蓝宝石''红巴土''黄钻石''格林''秋翁''秋光''明之星''绿处女'等。五是不定期品种,花期不受季节限制,如'胜利''金蝴蝶''洋娃娃'等。

图 11-7　卡特兰

【生态习性】性喜温暖潮湿,光照充足,但不宜阳光直射;不耐寒;要求空气流通,需保持较高的相对湿度;冬季需 15 ℃以上才能正常生长,10 ℃时应减少浇水,8 ℃即发生冻害,日温差不可超过 10 ℃以上。栽培基质宜选用排水通气良好的材料。

【繁殖】用分株或无菌播种法繁殖。分株结合换盆进行,3~4 年分 1 次。分株时,取出植株,去掉蕨根等栽培基质,从缝隙处将根茎切开,每个子株应带 3 个以上芽;将纠缠在一起的根解开,剪去断根、腐根,重新栽植;盆底部填木炭块和碎砖块,以利排水;再加蕨根或水苔固定根系;置于弱光下缓苗。播种因种子细小,胚发育不全,必须在无菌条件下,播种于试管中培养基上,当苗高 3 cm,移出试管,栽于花盆里。

【栽培管理】盆栽常用泥灰、蕨根、树皮块或碎砖为基质,在春秋季多喷水、保持较高的空气湿度,冬季花芽发育期,需高温多湿,注意通风和遮阴,生长期每旬施肥 1 次。

【园林用途】卡特兰是珍贵及普及的盆花,可悬挂观赏,还是高档切花。花期长,一朵花可开放 1 个月之久,切花瓶插可保持 10~14 d。

3)红门兰属

陆生草本,具块茎或根状茎。唇瓣基部有距;花粉块粘盘藏在粘囊中;柱头 1 个。约 100 种,分布于北温带。我国约 16 种,分布于东北、西北和西南各省区。

广布红门兰 *Orchis chusua*

【别名】库莎红门兰

【英文名】Canton red door orchid

【科属】兰科　红门兰属

【产地与分布】生于海拔 500~4 500 m 的山坡林下、灌丛下、高山灌丛草地或高山草甸中。分布于东北、西北和西南等地。

【形态特征】植株高 5~45 cm。块茎长圆形或圆球形,肉质,不裂。茎直立,圆柱状。叶片长圆状披针形、披针形或线状披针形至线形,上面无紫色斑点。花序具 1 ~ 20 余朵花,多偏向一侧;花紫红色或粉红色;花瓣直立,斜狭卵形、宽卵形或狭卵状长圆形,长 5 ~ 7 mm,宽 3 ~ 4 mm,先端钝,边缘无睫毛,前侧近基部边缘稍臌出或明显臌出,具 3 脉;唇瓣向前伸展,较萼片长和宽多,边缘无睫毛,3 裂。花期 6—8 月。

【生态习性】广布红门兰一般生长在深山幽谷的山腰谷壁,透水和保水性良好的倾斜山坡或石隙,稀疏的山草旁,次生杂木林荫下。或有遮阴,日照时间短或只有星散漏光的地方。空气湿度大且空气能流通的地方,有时也生于山溪边峭壁之上。兰花宜种植于空气流通的环境。性喜阴,忌阳光直射,喜湿润,忌干燥,15 ~ 30 ℃最宜生长。35 ℃以上生长不良。5 ℃以下的严寒会影响其生长力,这时,兰花常处于休眠状态。如气温太高加上阳光暴晒则一两天内即出现叶子灼伤或枯焦。如气温太低又没及时转移进屋里,则会出现冻伤现象。兰花是肉质根,适合采用富含腐殖质的砂质壤土,排水性能必须良好,应选用腐叶土或含腐殖质较多的山土。微酸性的松土或含铁质的土壤,pH 值以5.5 ~ 6.5 为宜。

图 11-8　红门兰

【繁殖】在春秋两季均可进行,一般每隔三年分株一次。凡植株生长健壮,假球茎密集的都可分株,分株后每丛至少要保存 5 个连接在一起的假球茎。分株前要减少灌水,使盆土较干。分株后上盆时,先以碎瓦片覆在盆底孔上,再铺上粗石子,占盆深度为 1/5 ~ 1/4,再放粗粒土及少量细土,然后用富含腐殖质的沙质壤土栽植。栽植深度以将假球茎刚刚埋入土中为度,盆边缘留 2 cm 沿口,上铺翠云草或细石子,最后浇透水,置阴处 10 ~ 15 d,保持土壤潮湿,逐渐减少浇水,进行正常养护。

【栽培管理】

①兰棚:兰棚及兰房应选择背西朝东方向的场所,东南方向空旷,西背方向有高墙或大树。既能见初阳,又能挡烈日。周围小环境空气清洁,有一定湿度保证的院落。注意透风、受露、避烈日、忌烟等。

②浇水:在兰花生长盛期,夏季一旦缺水,则盆兰生长不良,兰花需八分干、二分湿。应本着"干则浇,湿则停,适当偏干"的浇水原则。必须浇透,不可浇半截水。浇水次数可视盆兰的植料而定。

③施肥:农家肥是很好的有机肥,但一定要堆放腐熟一年以上才能施用。可用这种肥液兑水 10 ~ 20 倍浇施,尽量施在盆沿处,不接触根部,不沾兰叶。

【园林应用】摆放在书房、客厅、餐厅或窗台,使整个房间更添诗情画意。

4)白及属

陆生草本。球茎扁平,上有环纹。叶薄纸质,一般集生于茎基部,有时仅有 1 叶。花较大,常数朵组成顶生总状花序;唇瓣 3 裂,无距。约 9 种,分布于东亚。我国有 4 种,产东部至西南部。

白及 *Bletilla striata*

【别名】连及草、甘根、白给、箬兰、朱兰、紫兰、紫蕙、百笠、地螺丝、白鸡娃、白根、羊角七

【英文名】Hyaeintn Bletilla

【科属】兰科　白及属

【产地与分布】白及原产中国，广布于长江流域各省。

【形态特征】花序具 3 ~ 10 朵花，常不分枝或极罕分枝；花序轴或多或少呈之字状曲折；花苞片长圆状披针形，长 2 ~ 2.5 cm，开花时常凋落；花大，紫红色或粉红色；萼片和花瓣近等长，狭长圆形，长 25 ~ 30 mm，宽 6 ~ 8 mm，先端急尖；花瓣较萼片稍宽；唇瓣较萼片和花瓣稍短，倒卵状椭圆形，长 23 ~ 28 mm，白色带紫红色，具紫色脉；唇盘上面具 5 条纵褶片，从基部伸至中裂片近顶部，仅在中裂片上面为波状；蕊柱长 18 ~ 20 mm，柱状，具狭翅，稍弓曲。花期 4—5 月。果期 7—9 月。有变种白花白及，花白色，园艺品种尚

图 11-9　白及

有蓝、黄、粉红等色。白及的花粉呈块状不易散开，所以在授粉上也不是很有利。

【生态习性】喜温暖、阴湿的环境，如野生山谷林下处。稍耐寒，长江中下游地区能露地栽培。耐阴性强，忌强光直射，夏季高温干旱时叶片容易枯黄。宜排水良好含腐殖质多的沙壤土。常生长于较湿润的石壁、苔藓层中，常与灌木相结合，或者生长于林缘、草丛有山泉的地方，也生于海拔 100 ~ 3 200 m 的常绿阔叶林下，栎树林或针叶林下。白及生长的石头均是砂岩类，这样白及才能吸收毛管水，从而牢牢地吸在上面。

【繁殖】常用分株繁殖。春季新叶萌发前或秋冬地上部枯萎后，掘起老株，分割假鳞茎进行分植，每株可分 3 ~ 5 株，须带顶芽，传统栽培主要靠分株繁殖，但分株繁殖周期长，繁殖效率低，而且耗种量大，很难满足大量栽培的需要。

【栽培管理】地栽前翻耕土壤，施足基肥。头年的冬季到次年的 3 月初种植，栽植深度 3 ~ 5 cm。生长期需保持土壤湿润，注意除草松土，每 2 周施肥 1 次。一般栽后 2 个月开花。花后至 8 月中旬施 1 次磷肥，可使块根生长充实。

【园林应用】主要用于收敛止血，消肿生肌。球茎含白及胶质黏液、淀粉、挥发油等。花有紫红、白、蓝、黄和粉等色，可盆栽室内观赏，也可点缀于较为遮蔽的花台、花境或庭院一角。

5）天麻属

腐生草本，块状根状茎肥厚，横生，表面有环纹。茎直立，节上具鞘状鳞片。总状花序顶生；花较小；萼片和花瓣合生成筒状，顶端 5 齿裂；花粉块 2，多颗粒状。约 30 种，分布于亚洲及大洋洲热带地区。我国有 3 种，分布于西南、华东、华北、东北和台湾地区。

天麻 *Gastrodia elata*

【别名】赤箭、独摇芝、离母、合离草、神草、鬼督邮、木浦、明天麻、定风草、白龙皮等

【英文名】Tall Gastrodia Tuber

【科属】兰科　天麻属

【产地与分布】产于云南、四川、贵州等地。分布吉林、辽宁、河北、河南、安徽、湖北、四川、贵州、云南、陕西、西藏等地。

【形态特征】多年生草本,根状茎横生,肥厚肉质,长椭圆形,表面有均匀的环节。茎直立,黄褐色,节上具鞘状鳞片。总状花序顶生;花黄褐色,萼片与花瓣合生成斜歪筒,口偏斜,顶端 5 裂。蒴果倒卵状长圆形。

【生态习性】生于林下阴湿、腐殖质较厚的地方。

【繁殖】常以块茎或种子繁殖。

【栽培管理】

①选育苗地:选择湿润透气和渗水性良好、疏松、腐殖质含量丰富的壤土或砂壤土,挖深 35 cm,长宽各 85 cm 的坑穴栽培。选地时尤以生荒地为好。土壤以 pH 5 ~ 6 为宜。忌黏土和涝洼积水地,忌重茬。此外还可利用防空洞、山洞、地下室等场所种植天麻。

②培育菌床:种植天麻先要培养好蜜环菌菌材或菌床。一般阔叶树均可用来作培养蜜环菌的材料,但以槲、栎、板栗、栓皮栎等树种为好。

图 11-10　天麻

③种子处理:选取当年挖出的天麻,除去商品麻,把所有麻种选出再筛选,拣除烂麻、畸形麻等劣质麻种,最后确定为个头相当、健壮、外观整齐、个头大、成色好、无创伤的天麻作为次年使用的麻种。

④种子繁殖:选择重 100 g 以上的天麻,随采随栽,抽穗时要防止阳光照射,开花时要进行人工授粉。授粉时间可选晴天 10 时左右,待药帽盖边缘微现花时进行。授粉后用塑料袋套住果穗。

⑤采收加工:一般在秋季 10—11 月采挖。挖出后用淘米水洗净泥沙和天麻表面的菌索,然后放蒸笼蒸 10 ~ 25 min,根据天麻大小而定。蒸好直接晾晒或烘干即可,注意阴雨天防止霉变。

【园林应用】根状茎入药,称"天麻",含香草醇、苷类和微量生物碱;有熄风镇痉,通络止痛作用,用以治疗高血压病、头痛、眩晕、肢体麻木、神经衰弱及小儿惊风等。

6) 杓兰属

陆生草本。叶茎生,幼时席卷。花两侧对称,唇瓣成囊状;内轮 2 个侧生雄蕊能育,外轮 1 个为退化雄蕊;花粉粒状不成花粉块。约 35 种,分布于北温带和亚热带,我国有 23 种,以西南部和中部最盛。本属有些植物花美丽,可栽培,供观赏。

扇脉杓兰 *Cypripedium japonicum*

【别名】仙履兰、拖鞋兰

【英文名】Japanese cypripedium

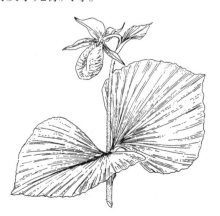

图 11-11　扇脉杓兰

【科属】兰科　杓兰属

【产地与分布】生于海拔 1 000 ~ 2000 m 的灌木林下、林缘、溪谷旁、遮蔽山坡等湿润和腐殖质丰富的土壤上。产中国陕西、甘肃、安徽、浙江、江西、湖北、湖南、四川和贵州等地,日本也有分布。

【形态特征】植株高 35 ~ 55 cm,具较细长的、横走的根状茎;茎直立,被褐色长柔毛,基部具数枚鞘,顶端生叶。叶通常 2 枚,近对生,位于植株近中部处,叶片扇形。花序顶生,具 1 花;花俯垂;萼片和花瓣淡黄绿色,基部多少有紫色斑点,唇瓣淡黄绿色至淡紫白色,多少有紫红色斑点和条纹;花瓣斜披针形,长 4 ~ 5 cm,宽 1 ~ 1.2 cm,先端渐尖,内表面基部具长柔毛;唇瓣下垂,囊状,近椭圆形或倒卵形。蒴果近纺锤形,疏被微柔毛。花期 4—5 月,果期 6—10 月。

【生态习性】兰花一般生长在深山幽谷的山腰谷壁,透水和保水性良好的倾斜山坡或石隙,稀疏的山草旁,次生杂木林荫下。或有遮阴,日照时间短或只有星散漏光的地方。空气湿度大且空气能流通的地方,有时也生于山溪边峭壁之上。兰花宜种植于空气流通的环境。性喜阴,忌阳光直射,喜湿润,忌干燥,15 ~ 30 ℃最宜生长。35 ℃以上生长不良。5 ℃以下的严寒会影响其生长力,这时,兰花常处于休眠状态。如气温太高加上阳光暴晒则一两天内即出现叶子灼伤或枯焦。如气温太低又没及时转移进屋里,则会出现冻伤的现象。兰花是肉质根,适合采用富含腐殖质的砂质壤土,排水性能必须良好,应选用腐叶土或含腐殖质较多的山土。微酸性的松土或含铁质的土壤,pH 值以 5.5 ~ 6.5 为宜。

【繁殖】在春秋两季均可进行,一般每隔三年分株一次。凡植株生长健壮,假球茎密集的都可分株,分株后每丛至少要保存 5 个连接在一起的假球茎。分株前要减少灌水,使盆土稍干。分株后上盆时,先以碎瓦片覆在盆底孔上,再铺上粗石子,占盆深度 1/5 ~ 1/4,再放粗粒土及少量细土,然后用富含腐殖质的砂质壤土栽植。栽植深度以将假球茎刚刚埋入土中为度,盆边缘留 2 cm 沿口,上铺翠云草或细石子,最后浇透水,置阴处 10 ~ 15 d,保持土壤潮湿,逐渐减少浇水,进行正常养护。

【栽培管理】

兰棚:兰棚及兰房应选择背西朝东方向的场所,东南方向空旷,西背方向有高墙或大树。既能见初阳又能挡烈日。周围小环境空气清洁,有一定湿度保证的院落。注意透风、受露、避烈日、忌烟等。若建在屋顶或楼层阳台,除上面遮阴外,靠西北方向主要张挂帘子以防午后落日斜照灼伤草叶。

装盆:上盆(或翻盆)时间一般在春季 3—4 月或秋季 10—11 月。花盆以口小、盆深、底孔大的为佳。新从山上挖来的野生苗需埋植于瓦盆(泥盆)中,这样兰花泥易干,通气性好,容易发根;2 ~ 3 年后方可换入紫砂盆或瓷盆。

浇水:浇水在兰花生长盛期,夏季一旦缺水,则盆兰生长不良,兰花需八分干、二分湿。浇水应本着"干则浇,湿则停,适当偏干"的原则。浇水必须浇透,不可浇半截水。浇水次数可视盆兰的植料而定。如火山石、红砖粒、浮水石等硬质疏水植料,每天可供水 1 次;塘泥、腐殖土等吸水性强的植料,则可两三天供水 1 次。

施肥:农家肥是很好的有机肥,但一定要堆放腐熟一年以上才能施用。可用这种肥液对水 10 ~ 20 倍浇施,尽量施在盆沿处,不接触根部,不沾兰叶。施用化肥时,要注意氮、磷、钾的平衡,并严格控制浓度。叶艺苗要控制叶绿素的合成,不宜施氮肥,也不可施含锰、镁的肥料(如钙镁磷肥等),因为锰、镁元素能加速叶绿素的合成。对于花艺兰,如果培育大瓣型花,可适量增施氮肥。

【园林应用】根、全草入药,能祛风,解毒,活血。可盆栽室内观赏,花色艳丽,亦可点缀于较为遮蔽的花台、花境或庭院一角。

思考题

1. 简述兰科花卉的含义和类型。
2. 兰科花卉的主要形态和生态习性特征有哪些?
3. 兰科花卉的繁殖方式及栽培要点有哪些?
4. 列举常见的兰科花卉,说明它们的生态习性、繁殖栽培要点及园林用途。
5. 简述国兰和洋兰的观赏特性的差异。

第 *12* 章 仙人掌类及多肉多浆植物

【内容提要】

　　本章介绍了多肉多浆植物的概念、类型、生态习性、繁殖与栽培管理、应用特点，以及常见的仙人掌科和多肉多浆植物的生态习性、繁殖与栽培、观赏与应用等。通过本章的学习，了解常见仙人掌类与多肉多浆植物的种类，掌握它们的生态习性、观赏特点以及园林用途。

12.1　概　述

12.1.1　范畴与类型

1）范畴

　　多肉多浆植物是指营养器官的某一部分（如茎、叶或根）具有发达的贮水组织，外形上粗大肥厚且多汁，能够在长期干旱条件下生存的一类植物，也称为多浆植物或多肉植物。通常包括仙人掌科、景天科、龙舌兰科、大戟科、百合科、萝藦科、番杏科、菊科、凤梨科、葫芦科、夹竹桃科、马齿苋科、辣木科、葡萄科、梧桐科、薯蓣科等50多个科。其中仙人掌科植物的种类较多，包括140多个属，2 000多个种，为了分类和栽培管理上的方便，常将仙人掌科植物合称为"仙人掌类"，而将仙人掌科以外的科合称为"多肉多浆植物"。实际上，广义的多肉多浆植物是将这两部分都包含在内的。本节后续提到的"多肉多浆植物"均指广义的范畴。

　　为了适应干旱的环境，多肉多浆植物具有发达的贮水组织，有些种类的表皮还呈角质化或被蜡质层，有些种类具有毛或刺，有些种类的叶片退化成刺状；在栽培过程中，人们还选育出了斑锦、缀化和石化的变异类型。多肉多浆植物不仅在形态上千奇百怪，在体积上也相差悬殊，高的可达几十米，矮的只有几厘米。此外，很多种类的花形与花色也具有极高的观赏价值，加之栽培管理较容易,因此多肉多浆植物在园林中的应用很广泛。

2)类型

从栽培上可分为地生类和附生类。地生类原产于荒漠或草原等干旱地区,喜欢排水良好的沙质土壤,植株的体积随种类不同而变化较大,形态有球状、柱状或莲座状等,多数多肉多浆植物属于此类。附生类原产于空气湿度较高的热带森林中,附生在树干及阴谷的岩石上,茎常具茎节,有的扁平带状,有的蛇状,有的三棱箭状,如昙花(*Epiphyllum oxypetalum*)、蟹爪兰(*Schlumbergera truncata*)、量天尺(*Hylocereus undatus*)。

从形态上可分为叶多浆植物、茎多浆植物和茎干状多浆植物 3 类。

叶多浆植物:贮水组织主要在叶部,叶为主体,肉质化程度较高,而茎不肉质化或肉质化程度较低,部分茎稍带木质化,如松鼠尾(*Sedum morganianum*)、生石花(*Lithops pseudotruncatella*)、龙舌兰(*Agave americana*)和芦荟属(*Aloe*)的大多数种类。

茎多浆植物:贮水组织在茎部,茎为主体,常呈柱状、球状、叶片状、鞭状,部分种类茎分节、有棱或疣状突起,有的具刺,少数种类有叶,但一般早落,如光棍树(*Euphorbia tirucalli*)、大花犀角(*Stapelia grandiflora*)和仙人掌科多数种类。

茎干状多浆植物:贮水组织主要在茎基部,形成膨大的块状、球状或圆锥状,称为"茎干",其外面常有木质化或木栓化的表皮,无节、无棱、无疣状突起,叶常直接从"茎干"顶端或从突然变细、几乎不肉质的细长枝条上长出,有些种类叶片早落,在极端干旱的季节,这种细长枝也早落,如龟甲龙(*Dioscorea elephantipes*)、笑布袋(*Ibervillea sonorae*)等。

12.1.2　生态习性

1)温度

多肉多浆植物的种类繁多,其对温度的要求也各不相同,但在旺盛生长期都喜欢较大的昼夜温差。多数种类需要较高的温度,生长期温度不能低于 15 ℃,适宜温度多在 15～30 ℃,温度过高则生长缓慢或停滞;休眠期的温度应不低于 5 ℃,喜欢温暖的种类则要求温度维持在 10～18 ℃。

2)光照

地生类多肉多浆植物对光照的要求都比较高,小苗比成年植株要求较低的光照强度。原产于热带森林的附生类多肉多浆植物终年不需要强光直射。

光周期对于观花的多肉多浆植物非常重要,如典型的短日照花卉,必须经过一定时间的短日照才能开花。

3)水分

大多数多肉多浆植物的原产地是干旱而少水的环境,忌积水。多肉多浆植物大多具有生长

期与休眠期交替的节律,生长期需要水分充足,休眠期需水少甚至不需水。

4)土壤与肥料

多肉多浆植物通常喜欢疏松透气、排水良好且有机质含量低的微酸性沙土或沙壤土,一般以 pH5.5~6.9 为宜。附生类喜欢含有一定量腐殖质的砂壤土。

5)空气

喜欢空气新鲜、流通的环境。

12.1.3 繁殖与栽培管理

1)繁殖

(1)扦插

此方法是多肉多浆植物最常用的繁殖方法,包括茎插、叶插和根插。茎插是指剪取植物的茎节或茎节的一部分以及蘖生的子球,在阴凉处晾至伤口干缩,然后插在疏松透气、排水良好且湿润的基质中,使其生根发芽而成为新植株,如仙人笔、虎刺梅、仙人掌等。叶插是将肥厚叶片的全部或部分直插、斜插或平铺在基质上,使叶基或切口处长出新的小植株,具体采用哪种方法依植物种类而定,如将石莲花的完整叶片平放在基质上,即可在叶基部长出小植株;再如将虎尾兰叶片切成小段,晾干伤口后插入基质,可在伤口处生根发芽。根插多用于百合科十二卷属根较为粗壮的玉扇、万象等种类,将比较成熟的肉质根切下,埋在沙床中,上部稍露出(也可紧贴土面将植株的地上部分切下,另行栽植,而将肉质根留在土中),保持一定的湿度和明亮光照,可以从根部顶端处萌发出新芽,形成完整的小植株。

(2)嫁接

此方法常用于根系不发达或生长缓慢的种类、珍贵稀有的畸变种类(如缺少叶绿素的斑锦品种、根系较弱的缀化品种等)以及为了造型或提高观赏性的情况。砧木要选择繁殖快、生命力强、植株健壮且与接穗亲和力强的同科、同属或同种植物,同时还要考虑接穗与砧木在形态上的适应性。嫁接常用的方法有平接法和劈接法。平接法是应用最广泛的一种嫁接方式,适用于球形或柱状的种类,通常砧木的粗度要略大于接穗,将砧木顶端与接穗基部用快刀削平,将削面吻合,注意两者的维管束至少要有部分接触,绑扎或适当施加压力以使两者紧密结合。劈接法适用于接穗为扁平叶状的种类。将砧木在适当高度处切去顶部,通过中心或偏向一侧自上而下做一切口,将接穗两侧面的皮部削掉呈楔形,插入砧木的切口,用仙人掌的刺或其他针状物固定,再绑扎或夹牢。此外,还可以采用插接法或斜接法。

(3)播种

播种用具、基质和种子都要事先经过杀菌处理。种子发芽的适宜温度通常为昼温 25~30 ℃,夜温 15~20 ℃。播种后宜采用浸盆法,以使基质湿润均匀,并注意保持湿度适中。

(4)分生繁殖

分生繁殖是指将具有自然分生幼株、幼芽或其他营养体能力的植株分成 2 个或 2 个以上个

体,重新分别栽植为新植株的繁殖方法,是植物界里最简便、最安全的方法,包括分株、吸芽分生、小植株分生、走茎分生、鳞茎分生和块茎分生。分株适用于能够从茎基或根茎处分蘖群生子株的种类,可以结合换盆进行,将原植株分成几个小植株(注意地上部分与地下部分要同时分开),分别栽植。吸芽分生适用于茎基或叶腋间能够滋生莲座状吸芽的种类,只要将吸芽分离出来栽植即可。小植株分生用于景天科落地生根属植物,其叶缘缺刻处可自然滋生小珠芽,在母株上就已生根,只需将其连根摘下,分别栽植即可。走茎分生适用于叶腋间能抽生细茎,并在细茎顶端滋生小植株的种类,将生长成形的小植株剪下栽植即可。鳞茎分生和块茎分生用于能够分生小鳞茎和小块茎的植物,只需将小鳞茎或小块茎取出,另行栽植,即可长成新植株。

2) 栽培管理

(1) 温度

大多数地生类多肉多浆植物在 5 ℃以上即可安全越冬,如置于温度较高的室内,也可继续生长。附生类则需要四季温暖,通常要求 12 ℃以上,但超过 30~35 ℃时,则生长缓慢。

(2) 光照

地生类多肉多浆植物在生长期要给予充足的光照,休眠期宜给予其干燥和低光照的条件。附生类冬季无明显休眠,需要充足的光照,其他时间应避免强光直射。对短日照花卉,为促使其开花,应给予一定时间的短日照。

(3) 水分

为使植株能够旺盛生长,在生长期应保证充足的水分,但一定不要积水,坚持“不干不浇,浇则浇透”的原则,以防烂根。休眠期应控制浇水,甚至可以不浇水。附生类的多肉多浆植物耐旱性稍差,且要求有一定的空气湿度,因此,在全年的管理中,应适当浇水和喷水。对于被绵毛、白粉、顶部凹入及莲座状生长的种类,宜采用浸盆法或沿盆边浇水的方法,防止植株上存水造成腐烂。

(4) 栽培基质与养分

地生类可选用粒径较小的碎砾石、矿渣或人工混合的疏松基质。附生类的基质可用沙、腐叶土及鸡粪等按一定比例混合。

在生长期,为加速植株生长,可每隔半月左右施一次低浓度(0.2%以下)的液肥,对于小巧别致、需要保持株型的种类应控制施肥。有机肥应充分腐熟后方可使用。施肥时还应注意不要施在茎、叶上。休眠期无须施肥。

(5) 空气

应保持空气流通,空气相对湿度适中,切忌空间闭塞及高温高湿,否则易患病虫害。

12.1.4　应用特点

1) 布置专类园

仙人掌类植物原产于南美洲和北美洲的热带、亚热带地区,而其他多肉多浆植物多数原产

于非洲,为了满足引种和研究等方面的需要以及广大植物爱好者的欣赏需求,很多植物园的大型温室里都设立了多肉多浆植物专区或专类园,常按照其原产地、科属或造景要求进行布置。

2)室外造景

在环境条件适宜的地区,可以在住宅小区、建筑物附近、广场、屋顶花园等处布置以多肉多浆植物为主体的景观,低矮的种类还可以用作地被或布置花坛,别具一番情趣。

3)作绿篱

霸王鞭(*Euphorbia neriifolia*)、龙舌兰、仙人掌(*Opuntia dillenii*)等在环境条件适宜的地区可用来作绿篱,不仅有绿化的效果,还有很好的防范作用。

4)配植于岩石园

多肉多浆植物中的多数种类具有耐干旱、瘠薄的特性,根据布景需要将其配植于岩石园,能够达到良好的观赏效果。

5)室内绿化、美化

多肉多浆植物不仅栽培管理容易,其千奇百怪的形态和奇异美观的花朵都具有极高的观赏价值,常以盆栽的形式在室内应用。可以根据空间的大小和观赏的需求来选择大型、中型、小型甚至是微型的多肉多浆植物,配以美观的容器,在绿化、美化室内环境的同时,还可以起到净化空气的作用。此外,以多肉多浆植物为主体制成组合盆栽和微型盆景也是目前常见的应用形式。

12.2　常见种类

12.2.1　仙人掌科

1)金琥 *Echinocactus grusonii*

【别名】象牙球

【英文名】Golden barrel cactus, Golden ball

【科属】仙人掌科　金琥属

【形态特征】"*Echinocactus*"由希腊文"*echinos*"(刺猬)和"*kactos*"(有刺的植物)组成,描述植株形态。

常绿草本,植株圆球形,绿色,单生或成丛,在原产地直径可达80 cm,球顶密被黄色绵毛,具排列整齐的纵棱21～

图12-1　金琥

37。刺座大,每刺座具金黄色辐射状硬刺 8 ~ 10,长 3 cm,中刺 3 ~ 5,较粗,稍弯曲,长 5 cm,形似象牙。花生于球顶部绵毛丛中,钟形,直径约 4 cm;黄色。花期 6—10 月。

【种类与品种】常见的变种与变型有:

白刺金琥(var. *albispinus*):刺座密生白色硬刺。

狂刺金琥(var. *intertextus*):金琥的曲刺变种,金黄色硬刺呈不规则弯曲,中刺较原种宽大。

短刺金琥(var. *subinermis*):也称为裸琥、无刺金琥,刺座上着生不显眼的淡黄色短小钝刺。

金琥冠(f. *cristata*):金琥的缀化变异种类。

金琥锦(f. *variegata*):金琥的斑锦变异种类,绿色球体上具黄色斑块。

裸琥冠(var. *subinermis* f. *cristata*):短刺金琥的缀化变异种类。

【产地与分布】原产于墨西哥中部干燥炎热的沙漠及半沙漠地区,我国各地多作室内栽培。

【习性】性强健。喜温暖、干燥的环境,不耐寒。喜阳光充足、通风良好的条件。喜肥沃且排水良好的石灰质砂壤土。忌水涝。

【繁殖与栽培】播种繁殖为主,以当年采收的种子播种发芽率较高。也可用子球扦插或嫁接法繁殖。

夏季高温时应适当遮阴。生长适温为 20 ~ 25 ℃,适宜的昼夜温差可加速其生长,冬季越冬温度 8 ~ 10 ℃。生长期给予充足水分,球面不可喷水,每 2 周追施稀薄液肥 1 次;休眠期应停止施肥,并保持盆土稍干。每年需换盆 1 次。

【观赏与应用】株形浑圆、端正,金色硬刺极具观赏性,生长健壮,养护简单,是优良的室内盆栽植物。小型个体可置于茶几、案头、窗台,大型个体可点缀厅堂。同时也是仙人掌科植物专类园必不可少的种类,易形成沙漠地带的自然风光。在条件适宜地区也可露地群植。

2)鸾凤玉 *Astrophytum myriostigma*

【英文名】Bishop's cap cactus, Bishop's hat, Bishop's miter cactus

【科属】仙人掌科　星球属

【形态特征】"*Astrophytum*"为希腊文,"*Astro-*"意为"星","*phytum*"意为"植物",指该属植物被有白色星状小点。

多年生肉质草本,植株单生,球形,具 3 ~ 8 棱,多为 5 棱,球体青绿色,密被白色星点。刺座无刺,有褐色绵毛。花生于球体顶部的刺座上,漏斗形;黄色或有红心。花期夏季。

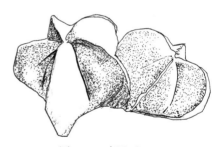

图 12-2　鸾凤玉

【种类与品种】园艺变种主要有三角鸾凤玉(var. *tricostotum*)、四角鸾凤玉(var. *quadricotatum*)、碧琉璃鸾凤玉(var. *nudum*)、鸾凤阁(var. *columnare*)等,并有多种斑锦变异类型。

【产地与分布】原产于墨西哥高山地区,我国各地多作室内栽培。

【习性】较耐寒。喜光照充足、干燥的环境,忌水湿。喜疏松、含石灰质的砂壤土。

【繁殖与栽培】播种繁殖,斑锦变异类型需嫁接。

生长期盆土应保持一定湿度,每月施肥 1 次,夏季应适当遮阴。秋冬季盆土应保持干燥。

【观赏与应用】株形奇特而美观,花亦有较高观赏价值,是仙人掌科星球属的著名代表种。多作室内盆栽观赏,也可布置专类园。

3）蟹爪兰 *Schlumbergera truncata*

【别名】蟹爪莲、锦上添花

【英文名】False Christmas cactus

【科属】仙人掌科　仙人指属

【形态特征】"*truncata*"意为"截形的"，指扁平茎节先端截形。

附生类常绿草本，多分枝，常下垂，茎节扁平，倒卵形或矩圆形，先端平截，边缘具2~4对尖锯齿，如蟹钳状。花生于茎节顶端，为两侧对称花，花瓣开张而反卷；紫红色，已育出的品种中还有粉红、淡紫、橙黄和白色等。花期12月—次年1月。

【产地与分布】原产于巴西东部的热带森林，我国各地多作室内栽培。

图12-3　蟹爪兰

（引自张树宝，李军.园林花卉［M］.北京：中国林业出版社.）

【习性】喜温暖、湿润且通风良好的环境，不耐寒。喜半阴，畏强光暴晒。典型的短日照花卉。喜疏松、排水良好且富含腐殖质的土壤。

【繁殖与栽培】嫁接和扦插繁殖。培育新品种时可采用播种法繁殖。

休眠期分别在夏季最炎热时和开花后，旺盛生长期分别在5月中下旬和10月上中旬。夏季应适当遮阴。生长适温为15~25℃，冬季温度应保持在10℃以上。生长期间要水分充足，并保持一定的空气湿度；每半月追肥1次。秋季短日照条件是花芽分化的关键时期，进入现蕾阶段应增施磷钾肥，不施或少施氮肥，注意疏蕾。花后的休眠期要停止施肥，盆土也应适当干燥。栽培中，常设立圆形支架，以保持优美的株形。

【观赏与应用】株形别致，花繁色艳，花期正值严冬，且适逢圣诞节和元旦，因此深受人们喜爱。适合用于窗台、阳台、厅堂的装饰，吊盆观赏也很美观。

4）令箭荷花 *Nopalxochia ackermannii*

【别名】孔雀仙人掌、荷花令箭

【英文名】Red orchid cactus

【科属】仙人掌科　令箭荷花属

【形态特征】"*Nopalxochia*"源于希腊文"*nopal*"，意为"一种仙人掌类植物"。

附生类常绿植物，灌木状，高达1 m以上，茎直立，绿色，扁平，披针形，形似令箭，基部呈圆柱状，中肋明显突起，边缘具圆钝粗齿。齿间凹入部位有刺座，具细刺。花单生于茎两侧的刺座中，呈喇叭状，直径10~20 cm；有紫红、红、粉、黄、白等色。浆果椭圆形，红色。花期5—7月，白天开放，单花期1~2 d。

【产地与分布】原产于墨西哥，我国各地多作室内栽培。

图12-4　令箭荷花

【习性】喜温暖湿润、通风良好的环境,不耐寒。忌强光直射。耐干旱。喜疏松肥沃、排水良好的微酸性土壤。

【繁殖与栽培】扦插或嫁接繁殖。也可以采用分株和播种法繁殖。

夏季避免阳光暴晒,并维持较高的空气湿度。春、秋、冬季可以放置在阳光充足的地方。生长适温 20 ~ 25 ℃,冬季温度不能低于 8 ℃。生长期浇水应本着盆土不干不浇的原则,适当追肥。立秋后应控制浇水。生长期及时修剪,以保持株形,并设立支架,以防倒伏。

【观赏与应用】植株秀丽,花色丰富而鲜艳,整体花期较长,是优良的室内盆花,可摆放于窗台、客厅或阳台,装饰效果颇佳。

5）昙花 *Epiphyllum oxypetalum*

【别名】月下美人、琼花

【英文名】Dutchman's pipe cactus , Queen of the night

【科属】仙人掌科　昙花属

【形态特征】"*Epiphyllum*"源于希腊文,意为"花生在扁平的叶状枝上","*oxypetalum*"意为"尖瓣的"。

附生类肉质灌木,悬垂或借助气根攀缘,老茎圆柱形,木质化,直立,分枝多数,茎节长,绿色,叶状侧扁,披针形至长圆状披针形,具一条两面突起的粗大中肋,边缘具波状圆齿。刺座生于齿间缺刻处,幼枝有毛状刺,老枝无刺。花单生于刺座,漏斗状,长 25 ~ 30 cm,直径 10 ~ 12 cm;白色,芳香。浆果长球形,紫红色,具纵棱。花期夏秋季,夜间开放,数小时即凋谢,因此有"昙花一现"之说。

【产地与分布】原产于墨西哥及中南美洲,我国各地多作室内栽培。

图 12-5　昙花

（引自张树宝、李军.园林花卉[M].北京:中国林业出版社.）

【习性】喜温暖湿润和半阴的环境,忌强光暴晒,不耐寒。喜排水良好、富含腐殖质的微酸性沙质土壤。

【繁殖与栽培】扦插繁殖为主。也可播种繁殖,需人工授粉方能结种。

生长适温 13 ~ 20 ℃。夏季宜置于无直射光的地方。生长期要求水分充足,并保持较高的空气湿度;每半月左右施肥 1 次,现蕾开花期,应增施磷、钾肥。冬季处于半休眠状态,要求光照充足,越冬温度 10 ℃左右,保持盆土适度干燥。栽培中应设立支架。为使昙花在白天开花,可以采用"昼夜颠倒"的方法进行处理。

【观赏与应用】花姿婀娜,芳香袭人,是珍贵的盆栽花卉,可用于装点客厅、阳台等。南方也可在室外栽培。花和嫩茎可入药。

12.2.2　景天科

1）长寿花 *Kalanchoe blossfeldiana*

【别名】矮生伽蓝菜、圣诞伽蓝菜、寿星花

【英文名】Flaming Katy，Christmas kalanchoe，Florist kalanchoe

【科属】景天科　伽蓝菜属

【形态特征】常绿直立肉质草本，高 10～30 cm，全株光滑无毛。肉质叶交互对生，长圆状匙形，上半部叶缘具圆钝齿，下半部全缘，深绿色而有光泽。圆锥状聚伞花序，小花高脚碟形，直径 1.3～1.7 cm，花瓣常 4 枚，亦有重瓣品种，观赏价值更高；有鲜红、桃红、橙红、粉、黄、白等色。花期 2—5 月。

图 12-6　长寿花

【产地与分布】原产于非洲马达加斯加岛阳光充足的热带地区，现栽培的多为园艺种。我国各地多作室内栽培。

【习性】喜温暖，不耐寒。短日照植物，喜阳光充足、通风良好而稍湿润的环境。耐干旱。对土壤要求不严，喜疏松肥沃的沙质壤土。

【繁殖与栽培】多用茎插法繁殖，也可以剪取健壮的叶片进行叶插。

盛夏应适当遮阴，冬季宜放在阳光充足的地方。生长适温 15～25 ℃，冬季室温宜保持在 12～15 ℃，不可低于 5 ℃。生长季浇水要做到见干见湿，20 d 左右施 1 次腐熟的液肥或复合肥料。冬季控水停肥。长寿花为短日照植物，自然的花芽分化期在 10 月中旬—翌年 3 月中旬，每天经短日照处理（光照 8～9 h），4 周左右即出现花蕾，可根据需要调节花期。生长较迅速，应适时换盆。

【观赏与应用】株型紧凑，花繁叶茂，花色丰富，观赏价值高，寓意长命百岁、福寿吉庆，是颇受欢迎的冬春季室内盆栽花卉，可用于点缀窗台、茶几、案头，也可用于装饰花槽、橱窗等，花、叶均美，效果极佳。花期调控较容易，且花期较长，生产上可常年供花。植株低矮、开花量大，春、夏、秋季可在室外布置花坛或作镶边材料。

2）石莲花 Echeveria glauca

【别名】玉蝶、莲花掌、宝石花、八宝掌

【英文名】Houseleek

【科属】景天科　石莲花属

【形态特征】"Echeveria" 源于一位墨西哥植物学家 "Atanasio Echeverríay Godoy" 的名字，"glauca" 意为 "蓝灰色的，蓝绿色的"。

图 12-7　石莲花

常绿肉质草本，根茎粗壮，半直立，生多数细长丝状气生根。叶肉质，呈莲座状排列于茎的上部，蓝灰色，被白粉，倒卵形或近圆形，长约 5 cm，先端圆钝近平截，中央有长约 1 mm 的小突尖，基部稍收缩成匙形，全缘，无叶柄。总状单歧聚伞花序腋生，具花 8～20 朵，小花钟形；外面粉红色或红色，里面黄色。花期 6—8 月。

【产地与分布】原产于墨西哥,我国各地多作室内栽培。

【习性】对环境条件要求不严,喜温暖、干燥、光照充足的条件,不耐寒。耐旱性较强。喜疏松肥沃、排水良好的砂壤土。

【繁殖与栽培】以扦插繁殖为主,也可以播种。

栽培管理容易。生长适温为 15～28 ℃。生长期可放在阳光充足处,要求通风良好,浇水应注意见干见湿,叶丛中心不可积水,以免烂心;20 d 左右施 1 次腐熟的稀薄液肥。冬季温度不低于 10 ℃,盆土应适当干燥。每年应换盆 1 次。

【观赏与应用】株形规整美观,酷似玉石雕琢成的莲花,既可观叶,又可观花,装饰性较强,是普遍栽培的室内花卉,适于布置几案、阳台等处。在气候条件适宜的地区也可用于布置岩石园或沙漠植物景观。

12.2.3　十二卷属 *Haworthia*

【科属】百合科　十二卷属

【形态特征】"*Haworthia*"源于一位植物学家的名字"Adrian Hardy Haworth"。

十二卷属植物有 150 余种,均为多肉多浆植物,园艺变种和杂交品种繁多。植株大多低矮,单生或丛生。叶子着生密集,常排列成莲座状或螺旋排列成圆柱状、三角形或两列状。总状花序松散,小花白绿色。

【种类与品种】按叶的质地和形态,可分为硬叶类和软叶类。

硬叶类的叶片质地较硬,叶面常被白色疣状突起,有时聚集成条状,具有反射强光的作用。常见的种类有:

图 12-8　条纹十二卷

条纹十二卷 H. fasciata:整株直径 5～7 cm。肉质叶排列成莲座状,新芽自植株基部抽出,群生。叶三角状披针形,先端渐尖,深绿色,叶背具由白色疣状突起聚集而成的横向条纹。

琉璃殿 H. limifolia:整株直径 8～10 cm。肉质叶呈螺旋状排列。叶深绿色,卵圆状三角形,先端急尖,正面凹背面圆突。叶上布满由细小疣突组成的瓦楞状横条纹,间距均匀,酷似琉璃瓦。

青瞳 H. glauca var. herrei:株高约 20 cm,多分枝。肉质叶螺旋状向上排列,植株呈圆筒状。叶深绿色,剑形,向上逐渐变尖,稍向内弯,叶背有明显突起。

软叶类的叶片质地较软,肥厚多汁,叶先端肥厚成半圆形或截形,有透明或半透明的"窗"状结构,光线可透过"窗"照射到植物体内。常见的种类有:

玉露 H. obtusa var. pilifera:肥厚的叶呈莲座状排列,翠绿色,先端钝圆,透明,有绿色的线状纹理,植株呈半球形。

康氏十二卷 H. comptoniana:别名"康平寿"。整株直径 5～9 cm。深绿色的肉质叶莲座状排列,开展,先端卵圆状三角形,表面有白色的网格状斑纹,叶缘具细齿,是十二卷属中的珍稀品种。

万象 H. maughanii:别名"毛汉十二卷"。肉质叶近圆筒形,自植株基部斜出,呈松散的莲座状排列,叶色深绿、灰绿或红褐色,表面粗糙。叶先端成水平截断状,透明或半透明,有浅色花纹。

绿玉扇 *H. truncate*:别名"截形十二卷"。肉质叶直立,稍向内弯,排成左右分开的两列,呈扇形,绿色至暗绿色。叶先端平截,半透明,表面粗糙,具细微的疣状突起,呈灰白色或具白色花纹。

【产地与分布】原产于南非,我国各地作室内盆栽。

【习性】多数种类习性强健。喜温暖,不耐寒。喜散射光充足的环境,忌阳光直射。耐干旱,忌潮湿。喜疏松肥沃、排水良好的砂壤土。

【繁殖与栽培】可采用分株、吸芽分生和叶插法繁殖,部分种类可以播种繁殖。

生长适温为 12~28 ℃,冬季温度应保持在 12 ℃以上。炎夏需遮阴,并保持通风。生长期在春、秋季,浇水要本着见干见湿的原则;盛夏高温和严冬低温都会使植株停止生长进入休眠或半休眠状态,应控制浇水。

【观赏与应用】种类繁多,形态别致,小巧玲珑,清秀可爱,是理想的小型室内盆栽植物,为广大多肉多浆植物爱好者所喜爱。以观叶为主,可搭配精致的栽植容器,装点窗台、茶几、书桌、阳台等。

12.2.4 番杏科

1) 生石花 *Lithops pseudotruncatella*

【别名】石头花

【英文名】Living stone, Stoneface

【科属】番杏科 生石花属

【形态特征】"*Lithops*"意为"岩石的","*pseud*"意为"假的,伪的","*otruncatella*"意为"稍截形的"。

小型多肉多浆植物,株高 1~5 cm,茎极短。肉质肥厚的叶对生,联结成倒圆锥体,顶部平或略突起,中央有裂缝,有蓝灰、灰绿、灰褐等颜色,顶部有颜色不同的斑点或花纹,外观酷似卵石。花自顶部裂缝中抽出,形似菊花,午后开放,直径 3~5 cm;多为黄色或白色。花期秋季。

【产地与分布】原产于非洲南部和西南部的干旱地区,我国各地多作室内栽培。

图 12-9 生石花

【习性】喜温暖,耐高温,不耐寒。喜阳光充足、通风良好的干燥环境,忌强光。耐干旱。喜排水良好的沙质壤土。

植株更新过程奇特:1~2 个新植株自中央裂缝生出,并逐渐长大,使老植株逐渐胀破,枯萎,自此新植株替代了老植株,即脱皮生长和分裂繁殖过程,这种情况通常发生在早春。每年春季开始生长,盛夏高温季节进入休眠或半休眠状态,秋季温度降低后恢复生长并开花,花谢之后进入冬季休眠期。

【繁殖与栽培】播种繁殖。

生长适温 20～25 ℃,冬季休眠期要求充足阳光,温度不低于 10 ℃。夏季休眠期应适当遮阴并减少浇水,生长旺季水分也不可过大,浇水时勿使叶缝进水,可采用浸盆的方法。脱皮过程中,切忌往植株上喷水。

【观赏与应用】生石花是奇特的拟态植物,外形小巧玲珑,品种繁多,色彩丰富,花朵也极具观赏性,是优良的室内小型盆栽植物,也可用于布置专类园。

2）露草 *Aptenia cordifolia*

【别名】心叶日中花、露花、心叶冰花、花蔓草

【英文名】Heartleaf iceplant, Baby sun rose

【科属】番杏科　露草属

【形态特征】"*Aptenia*"源于希腊文,"*a-*"意为"无","*ptenos*"意为"有翅的",意指露草的蒴果无翅,"*cordifolia*"意为"心形叶的"。

图 12-10　露草

多年生蔓性常绿草本,稍肉质,茎斜卧,铺散,长 30～60 cm,有分枝。肉质叶对生,心状卵形,长 1～2 cm,宽约 1 cm,先端急尖或圆钝具突尖头,基部圆形,鲜绿色,全缘。花单生于茎顶端或叶腋,形似菊花,直径约 1 cm,花瓣多数,狭小;粉红至紫红色。花期 7—8 月。

【产地与分布】原产于非洲南部,我国各地有栽培。

【习性】喜温暖、干燥、通风的环境,忌高温多湿。喜阳光充足。喜疏松肥沃、排水良好的沙质壤土。

【繁殖与栽培】扦插或播种繁殖。

管理粗放。忌强光直射,注意保持通风。生长适温为 15～25 ℃,冬季宜保持在 5～10 ℃。4—9 月为旺盛生长期,应保持水分充足,但不可积水,入秋后减少浇水。每月施一次稀薄的液肥,氮肥用量不可过大,否则影响开花。为保持株形优美,可适当摘心和修剪。

【观赏与应用】枝条柔软下垂,绿叶茂盛,繁花点点,既可观花又可观叶,适宜作垂吊花卉栽培,摆放于窗台、阳台或适当的盆架上,装饰效果好,也可以做种植钵的边缘垂悬材料或做地被材料。

12.2.5　虎刺梅 *Euphorbia milii*

【别名】虎刺、铁海棠、麒麟刺、麒麟花

【英文名】Crown of thorns, Christ plant, Christ thorn

【科属】大戟科　大戟属

【形态特征】"*Euphorbia*"源于人名,是古罗马时代的一名御医。

直立或稍攀缘性灌木,高达 1 m,体内有白色乳汁,茎稍肉质,有 5 条纵棱,上生锥状硬刺。叶常生于嫩枝上,倒卵形至长圆状匙形,先端圆而具小突尖,基部狭楔形,无柄。聚伞花序常 2～4 个生于枝上部的叶腋,排成二歧聚伞花序,总苞钟形,具 2 枚肾圆形苞片,鲜红色,观赏价

值高。花期7—8月,温室内冬季也可开花。

【产地与分布】原产于非洲马达加斯加岛,我国各地多作室内栽培。

【习性】喜温暖,耐高温,不耐寒。喜阳光充足。较耐旱,怕积水。喜疏松而排水良好的腐叶土。

【繁殖与栽培】扦插繁殖。

夏季忌强光暴晒;花前阳光充足,则花色鲜艳。若温度和光照条件适宜,可全年开花。生长适温15~28℃,低于10℃则落叶休眠。生长期需水分充足,并每月施1次稀薄的液肥。休眠期应保持盆土干燥。枝条不易分枝,需每年修剪、摘心。为形成优美的株形,在生长期间可设支架,并牵引绑扎。

【观赏与应用】花色鲜艳且观赏期较长,是良好的室内盆栽花卉,常用于点缀阳台、窗台等。乳汁有毒,且有硬刺,应摆放在远离儿童的地方。

图 12-11　虎刺梅

12.2.6　翡翠珠 *Senecio rowleyanus*

【别名】一串珠、绿(之)铃、项链掌

【英文名】String-of-pearls,String-of-beads

【科属】菊科　千里光属

【形态特征】"*Senecio*"源于拉丁文"senex",意为"老人",指植物通常被白毛,"*rowleyanus*"源于英国植物学家"Gordon Douglas Rowley"的名字,他是仙人掌类与多肉多浆植物方面的专家。

多年生常绿蔓性草本,茎绿色,细长,平卧地面或垂悬,长可达1 m以上。叶互生,较稀疏,鲜绿色,肥厚多汁,卵状球形至圆球形,可贮存水分,先端具小尖头,叶的一侧具有一条半透明的纵纹。头状花序,白色。

【产地与分布】原产于南非,我国各地多作室内盆栽。

【习性】喜凉爽的环境,忌高温,不耐寒。喜明亮的散射光,但畏强光直射。耐干旱,忌水涝。喜疏松透气、排水良好的土壤。

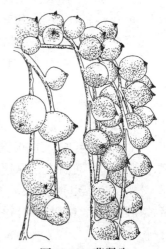

图 12-12　翡翠珠

【繁殖与栽培】扦插繁殖为主,也可以分株繁殖。

炎夏呈半休眠状态,需遮阴,其他季节在充足的散射光下生长良好。生长适温为18~22℃,冬季温度不低于5℃。生长期浇水应见干见湿,休眠期应停肥控水,并保持通风。根系分布较浅,盆底需垫厚一点的排水层。

【观赏与应用】绿铃串串,珠圆玉润,玲珑可爱,是理想的垂吊植物。常盆栽,装饰书桌、茶几、窗台,也可悬垂于窗前或其他适合立体绿化的场所。

12.3　其他种类（附表）

中文名 （别名）	学　名	产　地	花　期	形态（叶片着生、花或花序特点，花色或叶色及其他重要观赏特性）	同属种	繁殖	应　用
仙人掌 （仙桃）	*Opuntia dillenii*	美洲热带	夏季	常绿、灌木状，茎节扁平，肉质肥厚，椭圆形至倒卵形。刺座密生黄褐色针状刺。花单生；鲜黄色	黄毛掌	扦插	室内盆栽、专类园。可作砧木
仙人球 （花盛球、草球）	*Echinopsis tubiflora*	阿根廷、巴西	夏季	多单生，幼株球形，老株圆柱形，暗绿色，具纵棱 11～12。棱上刺座具针刺。花喇叭状；白色	大豪丸、短毛丸	扦插	室内盆栽、盆景、专类园。可作砧木
仙人指 （圆齿蟹爪兰）	*Schlumbergera bridgesii*	巴西	冬末	附生常绿肉质，多分枝，下垂，茎节扁平，边缘浅波状，顶部平截。花为辐射对称花；粉红色		嫁接、扦插	室内盆栽
量天尺	*Hylocereus undatus*	中美洲至南美洲北部	夏季	攀缘状灌木，多分枝，茎三棱形，边缘波浪状。花外瓣黄绿色，内瓣白色	多刺量天尺	扦插	专类园、垣篱。可作砧木
秘鲁天轮柱	*Cereus peruvianus*	巴西	夏季	植株圆柱形，乔木状，高达 3 m，茎多分枝，具肉质棱 6～9。刺座较稀。花漏斗形；白色		扦插	专类园。可作大型球类的砧木
鼠尾掌 （金纽）	*Aporocactus flagelliformis*	墨西哥	春夏季	茎丛生，细长下垂，长 1～2 m，直径 1 cm，具浅棱 10～14。细刺密集。花漏斗形；红色		扦插	室内盆栽
虹之玉	*Sedum rubrotinctum*	墨西哥	冬季	多年生肉质草本，多分枝。肉质叶互生，圆筒形至卵形，绿色，阳光充足时转为红褐色。小花淡黄红色	姬星美人、黄丽、乙女心	扦插	小型室内盆栽
熊童子	*Cotyledon tomentosa*	南非	夏秋	多年生肉质草本，多分枝。肥厚肉质叶交互对生，倒卵形，密被白色绒毛，先端具红褐色肉齿，似熊脚掌。总状花序；小花红色	银波锦	扦插	小型室内盆栽
观音莲	*Sempervivum tectorum*	西班牙、法国、意大利等国家的山区		株形规整。叶片莲座状着生，扁平细长，缘具小绒毛，叶先端渐尖。植株下部可抽生数个走茎，先端长有莲座状小叶丛	卷绢、紫牡丹	扦插、分株	室内盆栽

续表

中文名（别名）	学名	产地	花期	形态（叶片着生、花或花序特点，花色或叶色及其他重要观赏特性）	同属种	繁殖	应用
燕子掌	*Crassula argentea*	南非		常绿肉质亚灌木，高1～3 m，株形美观。叶对生，肥厚，卵圆形，先端圆钝，全缘，亮绿色		扦插	室内盆栽、盆景
库拉索芦荟	*Aloe vera*	非洲	夏秋季	茎较短。叶呈莲座状簇生，直立或近直立，肥厚多肉，狭披针形，基部宽阔，缘具白色小尖齿。总状花序；花淡黄色	木立芦荟、不夜城芦荟、翠花掌	分株、扦插	室内盆栽、专类园
龙舌兰	*Agave americana*	美洲热带	夏季	常绿肉质草本，茎较短。肉质叶呈莲座状排列，倒披针状线形，灰绿或蓝灰色，缘具刺状齿。圆锥花序，花黄绿色。有斑锦变异类型	鬼脚掌、雷神、乱雪、泷之白丝、吹上、剑麻	播种、分株	室内盆栽、布置花坛或草坪
佛手掌（舌叶花、宝绿）	*Glottiphyllum uncatum*	南非	春夏季	常绿肉质草本，茎极短，斜卧。肉质叶舌状，绿色，在茎上呈两列状叠生，株形酷似佛手。花自叶丛中抽出，形似菊花；金黄色		播种、扦插	室内盆栽
松叶菊（美丽日中花、龙须海棠）	*Lampranthus spectabilis*	南非	春夏季	茎纤细，红褐色，匍匐状，分枝多。叶对生，肉质，具三棱，似松叶。花单生，花瓣窄条形，形似菊花；紫红色至白色		播种、扦插	室内盆栽，布置花坛或专类园
彩云阁	*Euphorbia trigona*	非洲西部		肉质灌木，具短的主干，分枝垂直，表面有乳白色晕纹，具棱3～4，棱缘波形，具对生刺。叶匙形或倒披针形	白角麒麟	扦插	室内盆栽
蓝松	*Senecio serpens*	南非	冬季	常绿肉质草本，高15～20 cm。叶线状披针形，肉质，被白粉，蓝灰色。头状花序；白色	仙人笔	扦插	室内盆栽
吊金钱（爱之蔓）	*Ceropegia woodii*	南非	夏秋季	肉质蔓性常绿草本，具块茎，地上茎柔软下垂。肉质叶对生，心形或肾形，具灰白色花纹。花粉红色或淡紫色	吊灯花	扦插	室内悬垂盆栽
大花犀角（海星花）	*Stapelia grandiflora*	南非	夏季	肉质草本，茎四棱状，棱上有齿状突起。叶不发育或早落。花五裂张开，淡黄色，具淡紫色横斑纹，似豹纹		扦插、分株	室内盆栽

续表

中文名（别名）	学　名	产　地	花　期	形态(叶片着生、花或花序特点,花色或叶色及其他重要观赏特性)	同属种	繁殖	应　用
沙漠玫瑰	*Adenium obesum*	东非至阿拉伯半岛南部	春末至秋季	多肉灌木或小乔木,肉质茎膨大、短而粗。叶互生于枝顶,倒卵形。伞形花序顶生;花粉红至红色	多花沙漠玫瑰	播种、扦插	室内盆栽、专类园
树马齿苋（金枝玉叶）	*Portulacaria afra*	南非		常绿小灌木,茎肉质。肉质叶对生,倒卵状三角形,鲜绿色而有光泽。有斑锦变异类型	摩洛哥马齿苋	扦插	室内盆栽、盆景

思考题

1. 什么是多肉多浆植物？从形态上可以分为哪些类型？

2. 简述仙人掌类及多肉多浆植物的生态习性。

3. 仙人掌类及多肉多浆植物在园林中有哪些用途？

第 *13* 章　水生花卉

【内容提要】

　　本章介绍了水生花卉的范畴与类型、生态习性、繁殖与栽培技术要点、园林应用特点,以及常见水生花卉的生态习性、繁殖与栽培、观赏与应用等。通过本章的学习,了解常见水生花卉的种类,掌握它们的生态习性、观赏特点及园林用途。

13.1　概　述

13.1.1　范畴与类型

1)范畴

　　水生花卉,是指常年生活在水中,或在其生命周期内有一段时间生活在水中的观赏植物。通常这些植物的体内细胞间隙较大,通气组织比较发达,种子能在水中或沼泽地萌发,在枯水时期它们比任何一种陆生植物更易死亡。水生花卉集观赏价值、经济价值、环境效益于一体,在现代城市园林环境建设中发挥着积极的促进作用。随着我国园林花卉事业的迅速发展,水生花卉越来越受到人们的普遍重视。

　　我国幅员辽阔,地跨热带、亚热带、温带等气候带,地形变化极为丰富。湖泊、江河、水库等大小各异的水生生态星罗棋布,是许多水生花卉的故乡,也是世界水生花卉种类资源较为丰富的国家之一。据统计,有60余科,100余属,约300种。它们不仅具有较高的观赏价值,其中不少种类还兼有食用、药用的功能。如荷花、睡莲、王莲、鸢尾、千屈菜、萍蓬等,都是人们耳熟能详且非常喜爱的名花,并广泛应用于园林水景中;芡实、菱角、莼菜、香蒲、慈姑等,除了绿化水体环境外,还是比较常见的食用蔬菜,且具有药效和保健作用;而红柳、大柳、鹿角苔、皇冠草、红心芋等观赏水草则成为美化现代家居环境的新宠儿。

在植物生境的进化过程中,水生植物沿着沉水→浮水→挺水→湿生→陆生的进化方向演化,这和湖泊水体的沼泽化进程相吻合。这些水生植物在生态环境中相互竞争、相互依存,构成了多姿多彩的水生王国。

与陆生花卉相比,水生花卉在形态特征、生长习性及生理机能等方面有着明显的差异。主要表现在以下几个方面。一是具有发达的通气组织,可使进入体内的空气能顺利地到达植株的各部分,以满足位于水下器官各部分呼吸和生理活动的需要。二是植株机械组织退化,木质化程度较低,植株体比较柔软,水上部分抗风力较差。三是根系不特别发达,大多缺乏根毛,并逐渐退化。四是具有发达的排水系统,依靠体内的管道细胞、空腔及叶缘水孔等把多余的水分排出,从而维持正常的生理活动。五是营养器官明显变化,以适应不同的生态环境。六是花粉传粉存在特有的适应性变异,如沉水花卉具有特殊的有性生殖器官以适应水为传粉媒介的环境。七是营养繁殖普遍较强,有的利用地下茎、根茎、块茎、球茎等进行繁殖,有的利用分枝繁殖等。八是种子或幼苗要始终保持湿润,否则会失水干枯死亡。

2) 类型

水生花卉按其观赏部位可分为观叶与观花两类,但有些种类茎叶形状奇特,花朵又五彩缤纷,既可观叶,又可赏花。

按其生长习性,水生花卉可分为一年生草本和多年生的宿根和球根草本。一年生草本主要有芡实、水芹、黄花蔺、雨久花、泽泻、苦草等。多年生宿根类主要有旱伞草、灯心草、睡莲、莼菜、荇菜等。多年生球根类主要慈姑、芋属等。

按其生活方式与形态及对水分要求的不同,又可分为挺水型、浮水(叶)型、漂浮型与沉水型。

挺水型:植株一般较高大,绝大多数有明显的茎叶之分,茎直立挺拔,仅下部或基部根状茎沉于水中,根扎入泥中生长,上面大部分植株挺出水面。花开时挺出水面,甚为美丽,是主要的观赏类型。有些种类具有根状茎,或有发达的通气组织,生长在靠近岸边的浅水处,一般水深1~2 m,少数至沼泽地。最具代表性的即为大家非常熟悉的荷花、黄菖蒲、水葱、慈姑、千屈菜、菖蒲、香蒲、梭鱼草、再力花等,常用于水景园水池、岸边浅水处布置。此外,挺水花卉生活在湿地常见的还有广东万年青、花叶万年青、海芋、莎草、刺芋、泽芹、泽泻等。

浮水型:又称浮叶型。茎细弱不能直立,有的无明显的地上茎,但其根状茎发达,并具有发达的通气组织,体内贮藏有大量的气体,生长于水体较深的地方,多为2~3 m。花开时近水面,花大而美丽。叶片或植株能平稳地漂浮于水面上。多用于水面景观的布置,如王莲、睡莲、芡实等。其中王莲、睡莲是此类水生花卉的代表种。浮叶型水生花卉常见的还有田字萍、荇菜、莼菜、萍蓬草、菱、浮叶眼子菜、水薤等。如水薤,常植于池塘、溪涧,与周围景物相映,使人倍觉幽趣。

漂浮型:此种类型的水生花卉较少。植株的根没有固定于泥中,整株漂浮在水面上,随着水流波浪四处漂泊,在水面的位置不易控制。此类多数以观叶为主,用于水面景观的布置。最具代表性的种是凤眼莲与槐叶萍、满江红、水鳖、大漂、浮萍等。无锡寄畅园池塘中布满槐叶萍,好似铺上一层咖啡色地毯,其上飘浮几片荷叶,田园野趣,悠然醉人。

沉水型:此类水生花卉种类较多,但大多不为花卉爱好者所熟悉。根或根状茎生于泥中。

植物体生于水下,不露出水面,它们的花较小,花期短,生长于水中,无根或根系不发达,通气组织特别发达,这有利于在水中空气极为缺乏的环境中进行气体交换。叶多为狭长或丝状,植株各部分均能吸收水体中的养分。沉水花卉在水中弱光的条件下能生长,但对水质有一定要求,水质的好坏会影响其对弱光的利用。有的生长于水体较中心的地带,或人工栽植通常用于水族箱内装饰。其代表种是金鱼藻、狸藻、苦草、茨藻、黑藻、眼子菜、菹草、皇冠草、网草等。

国外对于水生花卉的分类方法与国内不同,通常分两种,一种是将水生花卉分为浅水、浮叶、浮水、沉水四类;另一种是将荷花、睡莲单独归类,即荷花、睡莲、浅水、沼生、浮水、沉水(生氧植物)。不论如何分类,这些丰富的水生花卉种类为水面景观的构造提供了大量的素材。如一些报纸、杂志、企业等推荐了用于现代园林水景布置的10种新优水生花卉,即花叶芦竹、花叶菖蒲、金叶黄菖蒲、花叶水葱、花叶香蒲、花叶鱼腥草、再力花、红莲子草、水生美人蕉、东方泽泻。

13.1.2　生态习性

(1)对光照要求

绝大多数水生花卉,特别是挺水型和浮水型,都喜欢光照充足、通风良好的环境,弱光下生长不良、黄化或落叶。但也有耐半阴者,如菖蒲、石菖蒲等。

(2)对温度要求

水生花卉因原产地不同,对温度的要求有很大的差别。一般挺水型、浮叶型和漂浮型对水温表现敏感,0 ℃以下处于休眠,25~28 ℃适应生长,35 ℃以上则停止生长。越冬的方式主要有种子越冬,根状茎、块茎或球茎泥土中越冬,冬芽水中越冬等。有些则需要在温室中越冬。沉水型由于长期生活在水中,受水温变化影响相对较小。

(3)对水分的要求

水生花卉虽然生活在水中,但其生长发育所需要的水分是一定的,水的质量、深浅、流动性等对其生长和景观效果有一定的影响。挺水型、浮叶型和漂浮型一般要求生长在60~100 cm的水中,少数可为2~3 m,近沼泽习性的水生花卉一般生长在20~30 cm的水中,湿生花卉只适宜种植在岸边潮湿地中。有些对水的深浅很敏感,如荷花和千屈菜,在1.2 m以下的水域生长良好,超过此限则不能生存。菖蒲、芦苇、莎草等也有类似的生活习性。水的流动可增加水中的氧气含量,并具有净化作用,完全静止的水面并不适合水生花卉的生长。

(4)对土壤的要求

水生花卉喜欢富含丰富腐殖质的酸性和弱酸性土壤,土壤pH值为5~7。

13.1.3　繁殖与栽培管理

1)繁殖技术要点

(1)有性繁殖

大多数水生花卉的种子干燥后即会丧失发芽力,需要在种子成熟后立即播种或贮藏于水中或湿润处。少数种类的水生花卉如荷花、香蒲等的种子,可在干燥条件下保持较长时间的生命

力。播种繁殖可在室内或室外进行,室内可以控制环境条件,能够提高发芽率和出苗率。室外则不易控制环境条件,往往影响发芽率。播种一般在水中进行,可以盆播,也可直接播种于栽培环境中。盆播时可将种子播种于培养土中,然后浸入水池或水槽中。浸入水中过程应由浅到深逐步进行,开始仅使盆土湿润,然后使水面高出盆沿,保持 0.5 cm 水层。水温保持 18 ~ 24 ℃,原产热带的水生花卉水温应稍高,但不超过 32 ℃。种子发芽速度因种类不同而异,耐寒性种类发芽较慢,需 3 个月到 1 年,不耐寒种类发芽较快,播种后约 10 d 即可发芽。以后随着种子萌发进程而渐渐增加水深,出苗后再分苗、定植。直接播种多在夏季高温季节进行,把种子裹上泥土沉入水中,条件适应时则可萌发生长。

(2)无性繁殖

水生花卉大多数植株成丛或具有地下根茎、块茎或球茎等,故一般采用分株或分球法进行无性繁殖,即分割新株或分切根茎、块茎、球茎等进行栽植。注意分根茎时要使每段带有顶芽及尾根,否则难以成株。时间宜在春季开始萌芽前进行,一些适应性强的种类也可在初夏进行分栽。

2)栽培技术要点

栽培水生花卉的土壤宜肥沃,富含腐殖质,土质黏重为好。盆栽或水池、水槽栽培可以用塘泥。地栽时,要注意在栽植前施足基肥。因为水生花卉一旦定植,追肥相对比较困难。尤其是新开挖的栽植地,栽植前必须加入塘泥和大量有机肥料,以满足水生花卉生长发育的需要。

种植深度因种类不同而异。同一种水生花卉要随着生长要求不断加深,在旺盛生长期达到要求的最深水位。

由于不同水生花卉对温度的要求不同,要采取相应的栽植和管理措施。原产热带的水生花卉,如王莲等在我国大部分地区需要在温室内栽培。其他一些不耐寒者,多用盆栽,成苗后置于需要处布置景观,天冷时移入贮藏处越冬。也可直接栽植,秋季掘出贮藏越冬。耐寒性种类如千屈菜、水葱、芡实、香蒲等,一般不需要特殊保护,对休眠期水位没有特别要求。

有地下根茎的水生花卉,长时间栽培会四处游走扩散。为了防止四处扩散,不至于与设计意图相悖,最好在栽植地设立种植池,防止蔓延到不需要的地方而影响景观效果。特别是漂浮型,因会随着风向游动,更应根据需要设置栽培范围,并加设拦截网,防止四处漂移,造成环境污染。

水生花卉对水体的净化能力是有限的。当栽培时间过长,特别是水体不流动的水境,水温增高,常引起藻类大量繁殖,造成水质浑浊,此时应注意防治。小范围内可用硫酸铜,分小袋悬置于水中,用量为 1 kg/m³。在大范围内则需要利用生物防治,可放养金鱼藻、狸藻等水草或螺蛳、河蚌等软体动物。

秋冬枯死后,要注意及时清除枯枝和残叶,既不影响景观,也不影响水质。

13.1.4 应用特点

1)水生花卉的应用价值

水生花卉在现代城市园林水景造景中是必不可少的材料。水生花卉不仅具有较高的观赏

价值,更重要的是它还能吸收水中的污染物,对水体起净化作用,是水体天然的净化器。

（1）景观价值

世界上两个著名的水景园是法国的凡尔赛宫园和我国的颐和园昆明湖。水生花卉在水景园中布置,能够给人一种清新、舒畅的感觉,不仅可以观叶、品姿、赏花,还能欣赏映照在水中的倒影,对景成双,使人感到奇幻,虚实对比,正倒相接,趣味无穷,令人浮想联翩。另外,水生花卉也是营造野趣的上好材料。在河岸密植芦苇林、大片的香蒲、慈姑、水葱、浮萍,能使水景野趣盎然,如苏州拙政园池塘浅水处片植芦苇,对前面的荷花及后面的假山,都起到了较好的衬托和协调作用,景观十分可人。又如,英国剑桥郡米尔顿乡间公园,原是一片废墟。当地政府投巨资建立了风景区,布置大量芦苇,深秋时的风景优雅宜人,呈现出"枫叶荻花秋瑟瑟"的意境。水生花卉造景最好以自然水体为载体或与自然水体相连,流动的水体有利于水质更新,减少藻类繁殖,加快净化。但不宜在人工湖、人工河等不流动的水体中做大量布置。种植时宜根据植物的生态习性设置深水、中水、浅水栽植区,分别种植不同种类的植物。通常深水区在中央,渐至岸边分别制作中水、浅水和沼生、湿生植物。考虑到很多水生花卉在北方不易越冬和管理不便,最好在水中设置种植槽,不仅有利于管理,还可以有计划地更新布置。

（2）生态价值

早在20世纪70年代,园林学家就注意到水生花卉在净化水体中的作用,并开始巧妙地应用于园林以治理污水。近30年来,我国对东湖、巢湖、滇池、太湖、洪湖、白洋淀等浅水湖泊的富营养化控制和人工湿地生态恢复的大量研究证明,水生花卉可以吸附水中的营养物质及其他元素,增加水体中的氧气含量,抑制有害藻类大量繁殖,遏制底泥营养盐向水中的再释放,以利于水体的生态平衡。近年来兴起的人工湿地系统,在净化城市水体方面表现突出,正是水生花卉生态价值的最好体现,人工湿地景观已成为城市中极富自然情趣的景观。据报道,1 hm^2 凤眼莲,24 h 内可从污水中吸附 34 kg 钠、22 kg 钙、17 kg 磷、4 kg 锰、2.1 kg 酚、89 g 汞、104 g 铝、297 g 镍等。此外,荷花、睡莲、纸莎草、水葱、浮萍、金鱼藻、芦苇、香蒲、慈姑等,也都有较强的净化污水的能力,可去除石油废水有机污染物。

（3）食用和药用价值

水生花卉不仅具有观赏价值,而且还有很高的食用价值和药用价值,芡实、菱角、莼菜、香蒲、慈姑等,除了绿化水体环境外,还是十分常见的食用蔬菜,且具有药效和保健作用。目前,对上述水生花卉营养成分组成、生理活性及其加工等都有广泛的研究和报道。

2）水生花卉的种植设计

水生花卉的栽植设计形式有两种,一是单一种植式,二是混合种植式。单一种植式,即在较大的水面种植荷花或芦苇等,一般多结合生产进行。混合种植式是指2种或2种以上的花卉种植于水面。此时既要考虑生态要求,又要考虑美化效果上的主次关系,形成绿化特色。如香蒲与慈姑配在一起观赏效果较好,比香蒲与荷花种在一起更相宜。因为香蒲与荷花高矮差不多,配在一起互相干扰,显得凌乱,而香蒲与慈姑配在一起,有高有低,搭配适宜,富于变化。

设计上要因地制宜,根据水面的大小、深浅及水生花卉的特点,合理搭配,选择集观赏、经济、水质改良为一体的水生花卉。如大的湖泊种植荷花和芡实很合适,小的水面则以种植叶形较小的睡莲更合适;沼泽和低湿地带宜种植千屈菜、香蒲、石菖蒲等;静水状态的池、塘等宜植睡莲、王莲;水深1 m左右,水流缓慢的地方宜植荷花,水深超过1 m的湖塘多植浮萍、凤眼莲等。

3)水生花卉在园林绿化中应用时应注意的问题

①要注意种植水生花卉的季节要求。夏天是种植和引进各种热带水生花卉的最佳季节。每年秋天是花卉种植的淡季,在天气变冷前,必须建好温室大棚,把夏天从南方引进的热带水生花卉全部搬进大棚里。

②要因地制宜,依山畔湖种植水生花卉。水生花卉在水面布置中,要考虑水面的大小、水体的深浅,选用适宜种类,并注意种植比例,协调周围环境。栽植的方法有疏有密,多株、成片或三五成丛,或孤植,形式自然。种植面积以占水面的30%~50%为好,不可满湖、塘、池种植,影响园林景观。种类又要多样化,应在水下修筑图案各异、大小不等、疏密相间、高低不等及适宜水生花卉生长的定植池,以防止各类植物相互混杂而影响植物的生长发育。

③水生花卉配置的原则是根据水面绿化布景的角度与要求,首先选择观赏价值高、有一定经济价值的水生花卉配植水面,使其形成水天一色、四季分明、静中有动的景观。

④水景中水生花卉的种植,应"以少胜多",留出较多的水面才更有佳趣。"少"指种类少与数量少两个方面。种类多数量少,会显得杂乱无章;种类少数量也少,则有孤芳自赏、单调乏味之感。所以,栽植水生花卉时,不要把池面种满,最多60%~70%的水面浮满叶子或花就足够了。否则,满池花卉使水面看不到倒影,便失去了扩大空间和美化的作用。大池可以成片种植任其蔓延,小池只能点缀角隅。直立的水生花卉如香蒲、芦苇、灯心草等,应作屏障充当背景为好,多在池角种植,并与浮水的成对比才显得有野趣。如秋季蒲棒褐黄,芦花风荡则尽显秋意。

总之,水生花卉作为观赏植物在园林建设、环境美化、经济开发等领域有其独特的作用,是整个园艺业和园林业不可或缺的一部分。尤其是睡莲、荷花作为水生花卉的主角,其观赏、茶用、药用等价值的研究开发由来已久,成果斐然。纵观国内外水生花卉的发展不难发现,目前水生花卉已形成了产品种类丰富、质量稳定、销售价格适宜、协会组织健全、信息传播快速等健康而稳定的发展局面,并将以长盛不衰的态势实现水生花卉产业的经济全球化和贸易自由化。

13.2 常见种类

13.2.1 荷花 *Nelumbo nucifera* Gaertn.

【别名】藕、莲花、莲、荷、中国莲,古称荷华、芙蕖、扶蕖、水芝、水华、水芸、水旦、泽芝、芙蓉、水芙蓉、草芙蓉、菡萏等。

【英文名】sacred lotus, hindu lotus

【科属】睡莲科 莲属

【形态特征】"*Nelumbo*"意为"莲花"(斯里兰卡语);"*nucif-era*"意为"坚果状的,核状形的",指荷花的种子坚果状,干后非

图13-1 荷花

常坚硬。多年生挺水水生花卉,植株高大。地下部分具有肥大多节的根状茎(藕),横生于水底泥中。藕的顶端具顶芽,由多层鳞片包裹,萌发后抽出白嫩细长具节的藕鞭,上生不定根并着生叶芽和花芽。鞭的末端长出新藕,称为主藕。主藕节上分生的支藕称为"子藕",只有2~3节。较大"子藕"节处再长出的小藕俗称"孙藕",仅1节。藕的节间内有多数孔眼,节部缢缩,生有鳞片及不定根,并由此抽生叶、花梗及侧芽。荷叶,古称蕸,指远离地下茎而得名。叶形状为盾状圆形,表面深绿色,被蜡质白粉背面灰绿色,全缘并呈波状。叶有3种:由种藕顶芽和侧芽最初长出的,形小柄细,浮于水面,称为钱叶。最早从藕鞭节长出的大于钱叶的几片叶,也浮于水面,称为浮叶;继而长大挺出水面,为立叶。这3种叶在出水前均对折卷成双筒状紧贴叶柄,统称卷叶。叶柄,古称"茄",指其在地下茎上承负荷叶,圆柱形,密生倒刺。花顶生,单生于花梗顶端,高托水面之上。花萼片4~5枚,近三角形,绿色,花后掉落。花蕾桃形、瘦桃形,暗紫、玫瑰红或灰绿色。花瓣多数,因品种而异。单瓣者仅20枚以内,复瓣20~50瓣,重瓣51~100瓣,重台者100余枚且雌蕊瓣化。极度重瓣者有近千瓣,雌雄蕊全部瓣化,多是特有的珍稀品种。花径最大可达30 cm,最小仅6 cm。偶有并蒂花,常视为珍品。花色有白、粉、深红、淡紫色、淡绿、黄、复色和间色等变化。花具芳香味。雄蕊多数;雌蕊离生,埋藏于膨大的倒圆锥状海绵质花托内。花托,表面具多数散生蜂窝状孔洞,受精后逐渐膨大,古称"莲房",今称为莲蓬。于花后膨大,每一孔洞内生一小坚果,俗称莲子,成熟时果皮青绿色,老熟时为深蓝色,干时坚固。果壳内有种子,两片胚乳之间着生绿色胚芽,俗称莲心,古称"薏"。群体花期6—9月,单花花期因花瓣数量不等而不同。单瓣、重瓣花期3~4 d,重台和千瓣者可达10 d以上。每日花于凌晨2时前后开放,夜幕降临闭合,次日再开闭。花谢后约30 d莲子始成熟,重瓣者结实很少或不结实。果熟期9—10月。在年度生育期内,先叶后花,单朵花依次而生,一面开花,一面结实,叶、蕾、花、莲蓬并存,最后长成新藕。

【种类与品种】同属相近种有黄荷花(又称美国莲或美国黄莲,*N. pentapetala*或*N. lutea*),分布在北美,以美国东北部为中心。近年来,园艺工作者用它与中国莲杂交,培育出了远缘杂交新品种。

荷花栽培品种很多,根据用途不同可分为藕莲、子莲和花莲三大系统。藕莲是以产藕为目的,根茎粗壮,生长旺盛,但开花少或不开花。子莲是以生产莲子为目的,根茎细弱且品质差,但开花多,以单瓣为主。花莲以观花为目的,主要特点是开花多,花色丰富,花型多变,群体花期长,根茎细弱,品质差,一般不作食用。花莲品种又分为若干系、类、型及品种。我国第一部荷花专著《缸荷谱》(杨钟宝,清代)记叙了33个荷花品种,其中小体形品种13个,并提出了品种分类标准。王其超、张行言两位教授编著的《中国荷花品种图志》记载了608个品种。根据种性、植株大小、重瓣性、花色、花径等主要特征分为3系、50群、23类及28组。其中,凡植于口径26 cm以内盆中能开花,平均花径不超过12 cm,立叶平均直径不超过12 cm,平均株高不超过33 cm者为小型品种。凡其中任一指标超出者,即属大中型品种。荷花品种绝大多数是2倍体,3倍体极罕见,天然3倍体品种是'艳阳天'。

①中国莲系:中国莲系是观赏莲的主体,由野生莲或子莲、藕莲演化而来,品种丰富多彩。根据株型分为大中花群和小花群。前者分为单瓣、复瓣、重瓣、重台和千瓣5类。每类又按花色分为红莲型、粉莲型、白莲型和复色莲型。中国莲尚无黄色。此类品种出现最早,多为传统品种。后者出现较晚,多为20世纪80年代培育的品种,分为单瓣、复瓣、重瓣和重台4类,分型同

前者。

Ⅰ.大中花群

a.单瓣类:单瓣红莲组;单瓣粉莲组;单瓣白莲组。

代表品种'青菱红莲''东湖红莲''白湘莲'。

b.复瓣类:复瓣粉莲组,代表品种'唐碗'。

c.重瓣类:重瓣红莲组;重瓣粉莲组;重瓣白莲组;重瓣洒锦组。

代表品种'红千叶''粉千叶''碧莲''大洒锦'。

d.重台:红台莲组,代表品种'红台莲'。

e.千瓣类:千瓣莲组,代表品种'千瓣莲'。

Ⅱ.小花群

f.单瓣类:单瓣红碗莲组;单瓣粉碗莲组;单瓣白碗莲组,代表品种'火花''童羞面''厦门碗莲'。

g.复瓣类:复瓣红碗莲组;复瓣粉碗莲组;复瓣白碗莲组,代表品种'案头春''粉碗莲''白云碗莲'。

h.重瓣类:重瓣红碗莲组;重瓣粉碗莲组;重瓣白碗莲组,代表品种'羊城碗莲''锦边莲''小玉楼'。

②美国莲系:原始种仅有黄莲花,属大花群、单瓣类、黄色莲组,其花鲜黄。

Ⅲ.大中花群

i.单瓣类:单瓣黄莲组,代表品种有大型单瓣黄色的'金莲花'、中型单瓣黄色的'金雀'等。

③中美杂种(交)莲系:为20世纪80年代以来培育的品种,大、中花群主要为单瓣类和复瓣类,小花群分为单瓣类、复瓣类、重瓣类。类下按色泽设红、粉、白、黄、复色等型。

Ⅳ.大中花群

j.单瓣类:杂种单瓣红莲组;杂种单瓣粉莲组;杂种单瓣黄莲组;杂种单瓣复色莲组,代表品种'红领巾''佛手莲''金凤展翅''舞妃莲'。

k.复瓣类:杂种复瓣白莲组;杂种复瓣黄莲组,代表品种'龙飞''出水黄鹂'。

Ⅴ.小花群

l.单瓣类:杂种单瓣黄碗莲组,代表品种'小金凤'。

m.复瓣类:杂种复瓣白碗莲组,代表品种'学舞'。

【产地与分布】原产中国,亚洲和大洋洲均有分布。考古发现证明,中国是中国莲的起源和分布中心。在柴达木盆地曾挖掘出距今1 000万年的荷叶化石,浙江余姚距今7 000年前的河姆渡文化遗址中挖掘出荷花花粉化石,河南郑州距今5 000多年前的仰韶文化遗址中发现两粒炭化莲子。南起海南岛,北达黑龙江省同江县,东临上海市和台湾省,西至新疆天山北麓,除青海省和西藏外,全国各地均有分布。主要分布在长江、黄河、珠江等三大流域,垂直分布可达海拔2 100 m。传统品种以浙江省杭州市和北京市较为集中。自20世纪80年代以来,湖北省武汉地区已经形成中国现代荷花品种资源中心和研究中心。济南、济宁、许昌、肇庆、孝感、洪湖等城市已经选定荷花为市花。除我国外,日本、苏联各加盟共和国、印度、斯里兰卡、澳大利亚等国也均有分布。

【习性】喜温暖,春季温度上升至13 ℃,地下茎开始萌动,生长适温为23～33 ℃,耐高温,当气温高达40 ℃时,还能花繁叶茂。缸、盆种植,只要容器内有水,-5 ℃左右不致受冻。荷花喜湿怕干,喜相对稳定的静水,整个生长期不能缺水。适宜水深0.3～1.2 m。荷花为阳性植物,喜强光照,极不耐阴。对土壤要求不严,但以pH值为6.5、富含有机质的黏性土壤为佳。长江流域的荷花,4月上旬发芽,中旬展浮叶,5月中下旬立叶挺水,6月上旬始花,6月下旬至8月上旬为盛花期,9月中旬末花期,7—8月为果实集中成熟期,9月下旬为地下茎成熟期,10月中下旬茎叶枯黄。整个生育期160～190 d,缸养或盆栽生育期为140 d左右。

【繁殖与栽培】常用营养(分藕)繁殖和有性(播种)繁殖。长江流域以3月下旬至4月上旬为分藕适期,南方稍早,北方稍迟。选择带有顶芽和保留尾节的藕段或整枝主藕作种藕,盆栽时,主藕、子藕、孙藕均可作种藕。播种繁殖多用于新品种选育,可随采随播。贮藏莲子也可,春秋两季播种。播种时将莲子凹入一端破一小口以便胚芽萌发,称为"破头"。然后浸种催芽,当长出2～3片幼叶时便可播种。栽培方式有塘植、缸植和盆植。塘植株行距2～3 m;缸植多用株形中等品种,缸的口径为0.5 m,高0.3 m左右;盆栽以碗莲品种为宜,花盆口径20 cm,高15 cm左右。无论塘、缸、盆植,栽后2～3 d始浇灌浅水,以便藕身固定泥中。随着叶片的生长而逐渐提高水位,水深以不淹没立叶为度。生长期间追施腐熟液肥数次。缸、盆植荷,北方冬季易受冻害,应移至室内或置于深水塘冰层以下,或将种藕挖出放置室内缸中假植。长江流域盆栽,冬季应加盖塑料薄膜。家庭阳台养碗莲,冬季搬至室内冷凉处,容器中不断水,便能安全越冬。

常见病害有斑枯病、褐纹病、腐败病。斑枯病、褐纹病可用70%甲基托布津或65%代森锌喷洒叶面。腐败病每公顷用25%可湿性多菌灵粉剂7.5 g进行土壤消毒。主要虫害有缢管蚜、莲潜叶摇蚊、大蓑蛾、铜绿金龟子等,应及时防治。

【观赏与应用】荷花婀娜多姿,高雅脱俗,是我国传统十大名花之一,其色、香、姿、韵极佳,有"水中芙蓉""花中君子"之美誉。荷花品种繁多,是当之无愧的水生花卉三姐妹(莲、睡莲和王莲)中的老大。无论是大片种植,还是缸栽于园林、庭院中,都有很高的观赏价值。荷花是先叶后花,花叶同出,并且一面开花,一面结实,蕾、花、莲蓬并存,与硕大的绿叶交相辉映。尤其是雨后斜阳,花苞湿润晶莹,茎叶随风摇曳,水珠在绿叶上滚动,如珍珠般折射出太阳光的七彩,光艳夺目,更加美艳绝伦。夏日炎炎,人们看见荷花,闻到那特有的清香,就会有暑气顿消,神清气爽之感。现在我国从南到北的湖荡、池塘、河滨和水田里,荷花处处都可生长。

莲籽的外壳坚硬,顽强的生命力使它抵抗了冰川期的严酷,在亿万年的沧海桑田之变后一直绽放到今天,所以是被子植物中起源最早并经受了亿万年前地壳变动而保留下来的少数野生植物之一。正是因为这坚硬的外壳,现代才有了千年古莲籽在中华重放花颜的美谈。

荷花具有色彩艳丽,风姿优雅,以及全身是宝的多功能特性,产生的文化现象也自然是多元的。诗人见之可产生诗情,画家见之便引起挥毫的画意,舞蹈家则模仿其风摆荷莲的舞姿,摄影家更是尽情地拍照,就连戏荷的鱼儿、弄蕊的蜂儿也围绕其侧,撒欢弄姿。

荷花栽培历史悠久。《诗经》中记载,早期多为食用、药用,后来观赏栽培逐渐发展起来。《尔雅》中记载荷花由野生引为栽培,对各部位的形态特征有过细致的观察和定名,并记有莲子煮食,可以轻身益气,令人身体强健。《齐民要术》《本草纲目》《农政全书》《群芳谱》《花镜》等古农书中,都有详细记载。

数千年来,荷花多元文化所体现的应用性、鉴赏性、圣洁性、宗教性等特征,反映出中华儿女

高尚而独立的品格和无私奉献精神。

在我国，农历 6 月 24 日为荷花的生日。古时，每逢这一天，江南苏州一带的人们画船箫鼓，集合于荷花荡，为荷花庆寿。迄今，人们仍喜欢在这一天成群结队地去观赏荷花。

荷花食文化丰富多彩。自古中国人民就视莲子为珍贵食品，如今仍然是高级滋补营养品，众多地方专营莲子生产。莲藕是很好的蔬菜和蜜饯果品。莲叶、莲花、莲蕊等也都是中国人民喜爱的药膳食品。传统的莲子粥、莲房脯、莲子粉、藕片夹肉、荷叶蒸肉、荷叶粥等举不胜举。秦汉时代，先民们将荷花作为滋补药用，迄今已有 2 000 年以上的历史。

荷花是圣洁的代表，更是佛教神圣净洁的象征。荷花作为佛教圣花，有其特殊地位，备受尊崇。荷花出淤泥而不染的特别属性，与人世间佛教信徒希望不受尘世污染愿望相一致。荷花出尘离染、清洁无瑕，故而中国人民和广大佛教信徒都以荷花"出淤泥而不染，濯清涟而不妖"的高尚品质作为激励自己洁身自好的座右铭。佛教多借莲花譬理释佛，明确莲花净土就是指佛国，佛理最高境界是到达"莲花藏界"，佛所坐之座位是"莲花座"。因此，莲花成为佛教圣物，佛事象征。佛教徒双手合十，恰如一朵未开的睡莲或荷花。这也是佛教尊重荷花的一种表现。

中国花文化中，无论诗文、绘画、音乐、舞蹈，还是日用器皿、工艺制品、建筑装饰、饮食、药用等，到处可见荷花的绚丽风采。荷花是最有情趣的咏花诗词对象和花鸟画的题材。三国时代曹植在《芙蓉赋》中所言"览百卉之英茂，无斯华之独灵"，荷花与被神化的龙及仙鹤一样，成为人们心目中崇高圣洁的象征。

荷花是友谊的象征和使者。中国古代民间就有春天折梅赠远，秋天采莲怀人的传统。唐时，荷花开始大举进入私家园林，成为园林文化艺术中的重要组成部分。李白《折荷有赠》写道："涉江玩秋水，爱此红蕖鲜。攀荷弄其珠，荡漾不成圆。佳人彩云里，欲赠隔远天。相思无因见，怅望凉风前。"古往今来，我国无论山岳、江河湖塘或是亭桥楼阁均留下不少以莲命名的名胜古迹。此外，古人常把大臣官邸称作"莲花池"，不仅是"夏赏绿荷池"，还借莲表达家道昌盛、吉祥如意和对园林式庭院官邸的赞美，以及人民对官员的美好期望。

荷花精神早已成为中华民族精神的有机组成部分，主要体现在圣洁文化和清廉文化上。北宋文学家、思想家周敦颐的《爱莲说》，道出了自己"予爱莲之出淤泥而不染，濯清涟而不妖，中通外直，不蔓不枝，香远益清，亭亭净植，可远观而不可亵玩焉"。这已成为传世名句，集中描述了莲花优雅风姿，芬芳气质，体现了荷花圣洁端庄、清净地伫立于碧水之上，表现出高雅风格、顽强的风骨。充分表达了作者对莲花倾慕之情，并将莲花完全人格化了，寓其为花中君子。清官包拯的故乡合肥包河之藕，内无丝，藕断丝不连，象征着包公断案秉公铁面无私。"藕断丝连"这句成语，则是描述荷花仙子与人间斩不断情思、割不断的恩爱，进一步体现了荷花的圣洁。

在园林中，荷花主要用于布置水景，在大片广阔水面上遍植荷花，可以形成"接天莲叶无穷碧，映日荷花别样红"的壮丽景观。如杭州西湖、武汉东湖、济南大明湖、承德避暑山庄、北京昆明湖和北海等地，都是以大水面广植荷花而著称。以承德避暑山庄的荷花造景为例，湖区的荷景遵循"虽由人作，宛如天开"的造园法则，并按荷花景香、色、姿的特点，灵活多变的构图，形成了以荷花为主景的多处诱人景观，如"冷香亭""香远溢清""曲水荷香""观莲所""银湖""青莲岛"等。全国园林水景中以杭州西湖的"曲苑风荷"和河北保定的"古莲花池"最负盛誉。20 世纪 80 年代以来，类似"曲苑风荷"的荷花专类园还有南京莫愁湖公园、扬州荷花池公园、深圳洪湖公园等多处，尤其是深圳洪湖公园，不仅兴建了荷花展览馆、荷花碑廊、濂溪桥、远香亭等园林建筑,还兴建了莲香湖、荷仙岛、映日潭、逍遥湖等景观,并规划兴建荷花珍品园,让游人一年四季都能欣赏到荷花的风韵。由我国著名的荷花专家王其超教授与广东省三水市西南镇合作创建的"荷花世界",是目前国内外最大的专类园,并设有睡莲专类园、王莲专类园等,为市民提供了一个夏日赏荷纳凉的好去处。此外,我国的洞庭湖、洪湖、广东番禺、中山、昆山、珠海、南海及澳门等地均建有荷花专类园,有力地推动了地方观光旅游事业的发展。

小水面可丛植,也可盆栽、缸植布置小水面或庭院中点缀。庭院水池植荷的典型代表景观以苏州拙政园、无锡寄畅园、常州近园、广东顺德清晖园、北京北海濠濮间等为著名。如苏州拙政园在仅 4 000 m² 的园内有"远香堂""荷风四面亭""芙蓉榭""留听阁"等 6 处,尤其是"芙蓉榭"强调了"田田八九叶,散点绿池初"之春季意境。小型碗莲可以在小型容器中,如瓷碗中栽培观赏,特别雅致。还可以布置荷花专类园,如春秋战国时的吴王夫差在太湖灵岩山离宫修建的玩花池种植荷花专供西施赏荷取乐。

荷花不仅是良好的观赏花卉,也是重要的经济作物,既可作蔬菜、食品,也可药用,还可用作包装材料或作某些工业原料。

13.2.2　睡莲 *Nymphaea tetragona* Georgi

【别名】水百合、水浮莲、子午莲、水芹花

【英文名】pygmy waterlily

【科属】睡莲科　睡莲属

【形态特征】"*Nymphaea*"源于拉丁语 Nymph,意为居住在水乡泽国的"仙女";"*tetragona*"是"有四个角的"意思,指花托的形状。在古希腊、古罗马,睡莲与中国的荷花一样,被视为圣洁、美丽的化身,常被用作供奉女神的祭品。在《圣经》新约中,也有"圣洁之物,出淤泥而不染"之说。

图 13-2　睡莲

睡莲为多年生浮水植物。地下部分具横生或直立的块状根茎,不分枝,生于泥中。叶丛生并浮于水面,圆形或卵圆形,边呈波状、全缘或有齿,基部深裂呈心脏或近戟型,表面浓绿色,背面带红紫色,叶柄细长。花较大,单生于细长的花梗顶端,浮于水面或挺出水面。萼片 4 枚,外面绿色,内面白色。花瓣有白、粉、黄、紫红、浅蓝色等及中间色。花有香味。花瓣多数。雄蕊多数,心皮多数,合生,埋藏于肉质的花托内。花期夏秋季,单朵花期 3～4 d。聚合果球形,成熟后不规则破裂,内含卵圆形的坚果(种子)。

【种类与品种】此属全世界有 40 种左右,大部分原产于北非和东南亚的热带地区,欧洲和亚洲的温带和寒带地区也有少量分布。我国有 7 种,目前各地栽培的睡莲均为近百年来自国外引进的品种。本属有很多种间杂种和栽培品种。

睡莲通常根据耐寒性分为两类,如下所述。

(1)不耐寒(热带)睡莲

原产于热带,喜阳光充足,通风良好,肥沃的砂质壤土,水质清洁及温暖的静水,适宜的水深为 25～30 cm。叶缘波状或有明显的锯齿,叶上有一个大缺裂,与叶柄之间有时生出小型植株。

开花时花梗将花伸出水面,大部分品种有香气。在我国大部分地区需温室栽培,主要种类有以下几种:

①红花睡莲(*N. rubra*):花深红色,夜间开放。原产印度,不耐寒。

②蓝睡莲(*N. caerulea*):叶全缘,花浅蓝色,白天开放。原产非洲,不耐寒。

③墨西哥黄睡莲(*N. mexicana*):叶浮生或稍高出水面,卵形或长椭圆形,表面浓绿色且具褐斑,边缘有浅锯齿。花浅黄色,略挺出水面。白天开放。原产墨西哥,不耐寒,不耐深水。本种是提供黄色基因的重要种质资源。

④埃及白睡莲(*N. lotus*):又称尼罗河白莲,是最古老的栽培种。叶缘具有尖齿,花白色,傍晚开放,午前闭合。原产非洲,不耐寒。

⑤南非睡莲(*N. capensis*):原产南非、东非、马达加斯加。花蓝色,大而香。

⑥厚叶睡莲(*N. crassifolia*):产云南。

目前,不耐寒睡莲栽培品种很多,"粉星""汤姆斯""马达美""日出"等。还有一些小型的品种如'红色芋''将军芋头''青虎睡莲''香水睡莲''青睡莲''四色睡莲',可用于水族箱的水景布置。

(2)耐寒性睡莲

华北地区露地栽培的睡莲都属于此类,原产于温带和寒带,耐寒性强,在根部泥土不结冻之处,可在露天水池中越冬。叶片圆形或近圆形,全缘。每年春季萌芽生长,夏季开花,花朵多浮于水面上,均属于白天开花的类型,下午或傍晚闭合,成熟后裂开散出种子,先浮于水面,而后沉入水底,冬季地上部茎叶枯萎。主要种类有:

①矮生睡莲(*N. tetragona*):又称子午莲,实际是欧洲白睡莲与小睡莲的杂交种。叶小而圆,表面绿色,背面暗红色。花白色,花径5～6 cm,每天下午开放到傍晚;单花期3 d。为园林中最常栽种的原种。原产我国,日本及西伯利亚也有分布。耐寒性极强,是培育耐寒品种的重要亲本。

②雪白睡莲(*N. candida*):根状茎直立不分枝或斜生。叶长圆形,全缘。花托呈四方形。花期为6—8月。原产我国新疆、中亚、西伯利亚等地,欧洲有分布。较耐寒。

③香睡莲(*N. odorata*):根茎横生,少分枝。叶圆形或长形,革质全缘,叶背面紫红色,花白色,具有浓香,午前开放。原产美国东部及南部。有红花及大花变种及很多杂交品种,是现在栽培睡莲的重要亲本。

④欧洲白睡莲(*N. alba*):根茎横生,黑色。叶圆形,全缘,幼时红色。花白色。白天开放。萼片和花瓣不易分开。原产欧洲及北非,颇耐寒。

⑤块茎睡莲(*N. tuberosa*):因花大白色呈杯状,英美等国称为玉兰睡莲。地下部分块茎平卧泥中,上生小型块茎。叶圆形,幼时紫色,花白色,午后开放,稍有香气。叶和花都高出水面。原产美国,有重瓣及其他变种。比较耐寒。

⑥星芒睡莲(*N. stellata*):又称明显睡莲、印度蓝睡莲、红心芋等。根状茎粗壮,叶圆形或近圆形,纸质,叶缘具有不规则缺裂状锯齿,叶面绿色,叶背带紫色。花青紫色、鲜蓝色或紫红色,花期7—10月,于中午前后开放。分布于中国云南南部、海南岛、湖北,印度、泰国、越南、缅甸也有分布。

目前生产上栽培的耐寒品种主要有:'洛桑''白仙子''海尔芙拉''格劳瑞德''科罗拉多'

'彼得''墨红'等。

我国植物学家对睡莲的关注度远不如荷花。国外的植物学家则对睡莲颇为关注,育种工作150多年前就已经开始,现今品种据国际睡莲水景园协会(IWGS)2001年出版的《睡莲品种名录》记载,已达上千个,其中在市场上广泛流行的有300多个。我国自20世纪90年代开始引种以来,现今已有300多个品种。国外的睡莲育种工作现在已经不仅是一些专家、学者的事情,而且许多水生花卉爱好者等也积极进行育种。蓝色花睡莲只出现在热带睡莲种或品种中,而耐寒睡莲一直没有蓝色。所以,培育出蓝色的耐寒睡莲成为育种家们的希望。泰国睡莲爱好者帕特-松潘茨(Pairat Songpanich)于2003年开始了杂交尝试,并于2007年培育出了世界上第一个蓝色耐寒睡莲品种(*Nymphaea* 'Siam Blue Hardy')。近年来,中国科学院武汉植物园及北京植物园的研究人员,已开始睡莲的育种工作,预计2~3年后,将会有一批新品种上市,让中国睡莲像荷花一样走向世界。

【产地与分布】原产于亚洲、美洲和大洋洲,我国分布于云南至东北,西至新疆。

【习性】喜阳光充足,通风良好,水质清洁,温暖的静水环境,水流过急不利于生长。要求腐殖质丰富的黏性土。每年春季萌芽生长,夏季开花。花后果实沉没水中。成熟开裂后的种子最初浮于水面,后而沉没。冬季地上茎叶枯萎,耐寒类的茎可以在不结冰的水中越冬。不耐寒类则应保持水温18~20 ℃,最适水深25~30 cm,一般为10~60 cm均可生长。

【繁殖与栽培】分株繁殖为主,也可播种。分株时,耐寒种通常在早春发芽前进行,不耐寒种对气温和水温的要求高,因此到5月中旬前后进行。分株时先将根茎挖出,挑选有饱满新芽的根茎,切成8~10 cm长,每根段至少带一个芽,然后进行栽植,顶芽朝上埋入土中。覆土深度以埋平芽眼为宜。栽好后,稍晒太阳就可注入浅水,以保持水温,但灌水不宜过深,否则会影响发芽。待气温升高,顶芽萌动后出叶2~4片时,随叶柄伸长逐渐加深水位,但不能淹没新生叶片。

睡莲也可以用播种繁殖。种子采收后,须在水中储存。如干藏将失去发芽能力。播种在3—4月进行,播种后覆土1 cm,灌水10 cm。播种后温度以25~30 ℃为宜,经15 d左右就可发芽,第二年即可开花。

睡莲需较多的肥料。生长期中,如叶黄,长势瘦弱,则要追肥。盆栽的可用尿素、磷酸二氢钾等做追肥。池栽的可用饼肥、农家肥、尿素等做追肥。饼肥、农家肥做基肥较好。在生育期间应保持阳光充足,如光照不足则影响开花。耐寒类可在池塘中自然越冬。但整个冬季不能脱水。盆栽睡莲如放在室外,冬季最低气温在−8 ℃以下要用杂草或薄膜覆盖,防止冻坏块根,放在室内可安全越冬。

常见的病虫害主要是炭疽病,可在发病初期喷洒25%炭特灵可湿性粉剂500倍液、25%使百克乳油800倍液、80%炭疽福美可湿性粉剂800倍液,7~10 d喷一次,连续2~3次。虫害主要是蚜虫和斜纹夜蛾,可用90%敌百虫1 200倍液加青虫菌800倍液喷杀。

【观赏与应用】睡莲是花、叶俱美的观赏植物。因其花色艳丽,花姿楚楚动人,在一池碧水中宛如冰肌脱俗的少女,故被人们赞誉为"水中女神"。古希腊、古罗马最初将睡莲敬为女神供奉,16世纪意大利的公园多用其来装饰喷泉池或点缀厅堂外景。现欧美园林中通常选用睡莲作水景主题材料。泰国、埃及、孟加拉国均以睡莲为国花。古埃及则早在2 000多年前就已栽培睡莲,并视之为太阳的象征,认为是神圣之花,历代王朝的加冕仪式、民间的雕刻艺术与壁画,

均以其作为供品或装饰品,包含了人们对睡莲的美好情思,并留下了许多动人的传说。

睡莲在园林中应用很早,在 16 世纪,意大利就把它作为水景园的主题材料。在 2 000 年前,中国汉代的私家园林中就曾出现过睡莲的身影,如博陆侯霍光园中的五色睡莲池。睡莲花叶俱美,花色丰富,开花期长,深为人们喜爱。作为水景主题材料,由于睡莲根能吸收水中的汞、铅、苯酚等有毒物质,还能过滤水中的微生物,是难得的水体净化的植物材料,因此在城市水体净化、绿化、美化建设中倍受重视。

我国大江南北的庭园水景中常栽植各色睡莲,或盆栽,或池栽,供人观赏。池栽分为天然水池和人造水池。天然水池由于形状不规则,水面大,水位深,无排灌系统,先要根据情况对池塘加以改造,种植耐深水品种。为避免品种混乱,可划分若干小区,每区一个品种。大面积种植在长势旺盛时,可呈现壮美景观。人造水池为混凝土结构,形状不一,可根据要求进行设计,并且排灌系统好,水位可以控制。这类水池可以盆栽沉水,水景材料可灵活摆放,便于设计和调整。比如以睡莲作为主题,配以王莲、芡实、荷花、荇菜、香蒲、鸢尾等材料,将它们按不同方式摆放,将会形成不同的水景效果。除池栽外,还可结合景观的需要,选用考究的缸盆,摆放于建设物、雕塑、假山石前,常可达到意想不到的特殊效果。睡莲中的微型品种可用于布置居室,将其栽在考究的小盆中,配以精致典雅的盆架,置于恰当的位置,那么这株小生命,碧油油的叶子,娇滴滴的花蕾,若隐若现的幽香,在室内灯光的沐浴下,与室内的其他装饰相映成趣,使人赏心悦目。炎炎夏日,清风徐来,碧波荡漾,一丛丛美丽的睡莲轻舞花叶,形影妩媚,好似凌波仙子,令人心旷神怡,不禁令人联想起"凌波不过横塘路,但目送,芳尘去""飘忽若神,凌波微步"等古人的诗句。

睡莲根茎富含淀粉,可食用或酿酒。全草宜作绿肥,其根状茎可食用或药用。根茎入药,可用作强壮剂、收敛剂,也可用于治疗肾炎病。

13.2.3　王莲 *Victoria amazornica* Sowerby.

【别名】亚马孙王莲

【英文名】royal water lily ; royal water platter

【科属】睡莲科　王莲属

【形态特征】"*Victoria*"意为罗马神话中的胜利女神;"*amazornica*"为产地名词的拉丁化,即亚马孙。多年生宿根大型浮叶草本,植株浮于水面。有直立的根状短茎和发达的不定须根,白色。王莲是水生有花植物中叶片最大的植物,其初生叶呈针状,长到 2 ~ 3 片叶呈矛状,至 4 ~ 5 片叶时呈戟形,长出 6 ~ 10 片叶时呈椭圆形至圆形,皆平展。到 11 片叶

图 13-3　王莲

后,叶缘上翘呈盘状,叶缘直立,叶片圆形,像圆盘浮在水面,直径可达 2 m 以上,有较高的观赏价值。世界上最大的王莲叶直径约 2.68 m。叶面光滑,绿色略带微红,有皱褶,背面紫红色,叶柄绿色,长 2 ~ 4 m,叶子背面和叶柄有许多坚硬的刺,叶脉为放射网状。叶片可承重 50 kg。花很大,单生,直径 25 ~ 40 cm,有 4 片绿褐色的萼片,呈卵状三角形,外面全部长有刺;花瓣数目很多,呈倒卵形,长 10 ~ 22 cm,雄蕊多数,花丝扁平,长 8 ~ 10 mm;子房下部长着密密麻麻的粗刺。

花甚芳香,花期为夏或秋季,日落而开,日出而合。傍晚伸出水面开放,第 2 d 清晨闭合。王莲花能在 3 d 之内呈现 3 种不同的姿态,第 1 d 白色,有白兰花香气,次日逐渐闭合,傍晚再次开放,花瓣变为淡红色至深红色,第 3 d 闭合并沉入水中。9 月前后结果,浆果呈球形,种子玉米状,黑色,有"水中玉米"之称。

【种类与品种】同属相近种有克鲁兹王莲(*Victoria cruziana*),又称巴拉圭王莲,叶片直径 1.5 ~ 1.6 m,直立,边缘高 12 ~ 18 cm,叶面生长期始终为绿色,叶背的叶脉为淡红色,花色较淡。分布于巴拿马、阿根廷及巴拉圭等地。克鲁兹王莲早在 20 世纪 50 年代就进入我国。

【产地与分布】原产南美洲亚马孙河一带,现世界各地均有引种栽培。

【习性】喜高水温(30 ~ 35 ℃)、高气温(25 ~ 30 ℃)、高湿(80%)、阳光充足的环境,喜肥沃土壤,不耐寒。

【繁殖与栽培】王莲的繁殖常用播种法,当年冬春播种的王莲,春季就能下水定植,夏季就可以开花。王莲的种子在 10 月中旬成熟,采集后洗净并用清水贮藏,否则失水干燥,丧失发芽力。长江中下游地区于 4 月上旬用 25 ~ 28 ℃加温进行室内催芽,可将种子放在培养皿中,加水深 2.5 ~ 3.0 cm,每天换水 1 次,播种后 1 周发芽。种子发芽后待长出第 2 幼叶的芽时即可移入盛有淤泥的培养皿中,待长出 2 片叶时,移栽到花盆中。6 月上旬,幼苗 6 ~ 7 片叶时可定植于露地水池内。

王莲属于大型多年生水生观赏植物,多作 1 年生栽培。株丛大,叶片更新快。要求在高温、高湿、阳光和土壤养分充足的环境中生长发育。幼苗期需要 12 h 以上的光照。王莲对水温十分敏感,生长适宜的温度为 25 ~ 35 ℃,其中以 21 ~ 24 ℃最为适宜,生长迅速,3 ~ 5 d 就能长出 1 片新叶,当水温略高于气温时,对王莲生长更有利。气温低于 20 ℃时,植株停止生长;降至 10 ℃,植株则枯萎死亡。

王莲的栽植台必须有 1 m³,土壤肥沃,栽前施足基肥。幼苗定植后逐步加深水面,7—9 月叶片生长旺盛期,追肥 1 ~ 2 次,并不断去除老叶,经常换水,保持水质清洁,使水面上保持 8 ~ 9 片完好叶。11 月初叶片枯萎死亡,采用贮藏室内越冬。

王莲的主要虫害有斜纹夜蛾和蚜虫。斜纹夜蛾的防治可用 90% 敌百虫原药 800 倍液喷洒。而蚜虫则用 50% 来蚜松乳油 1 000 倍液喷洒防治。幼苗定植期要预防鱼类啃食。

【观赏与应用】王莲在 1801 年,由捷克植物学家 Haenke 首先在玻利维亚境内的亚马孙河支流上发现,直到 1849 年才由英国园艺学家 Paxton 在温室中培育成功。它开的第一朵花作为礼品献给了维多利亚女皇。它以巨大的盘叶和美丽浓香的花朵而著称,观叶期 150 d,观花期 90 d。如今王莲已是现代园林水景中必不可少的观赏植物,也是城市花卉展览中必备的珍贵花卉,既具有很高的观赏价值,又能净化水体。家庭中的小型水池同样可以配植大型单株具多个叶盘的王莲,孤植于小水体效果好。在大型水体中多株栽培形成群体,则气势恢宏。不同的环境也可以选择栽种不同品种的王莲,如克鲁兹王莲株型小些,叶碧绿,适合庭院观赏;亚马孙王莲株型较大,更适合大型水域栽培。2008 年 8 月 10 日,西安植物园里 3 个分别为 40 kg、30 kg、25 kg 重的孩子坐在一片浮在水中央的大莲叶上,乐不可支、有说有笑,而莲叶并没有丝毫不堪承受的迹象,看着孩子们安全稳妥,所有人都难掩惊讶之情。王莲叶片能承重,是因为叶片背面长满了镰刀形的叶脉,这些叶脉很粗,基本上是中空的,浮力很大,它们像蜘蛛网一样均匀地分布着,因此能将叶片稳妥地撑在水面上,承重可达 100 kg。虽然王莲叶子承重能力强,但人站在上面不容易保持叶面均衡受力,为了保证安全,也为了让更多人看到王莲与众不同的美丽,并不允许游客自行尝试踩到莲叶上。其种子含丰富淀粉,可供食用。

13.2.4 莼菜 *Brasenia schreberi* J. F. Gmel.

【别名】马蹄草、水荷叶、水葵、水案板、露葵、湖菜、淳菜

【英文名】watershield

【科属】睡莲科　莼菜属

【形态特征】"*Brasenia*"是"莼菜属"的意思;"*schreberi*"为"盾状的、钝圆形的"意思,指叶片的形状似盾形。多年生宿根浮叶草本植物。株高约 1 m。须根系,主要分布在 10～15 cm以内的土层中。茎椭圆形,有发达通气组织,分地下匍匐茎和水中茎 2 种。地下匍匐茎多为白色,也有黄色或褐色,匍匐生长于水底泥中;水中茎细长,是地下茎节上丛生的不定根,分枝较多,秋末水中茎顶端形成粗壮节间较短、绿色或淡红色的休眠芽。叶互生,初发叶片卷曲,由胶质物包裹,叶展平后呈现钝圆形,全缘,大都浮于水面。叶长 15 cm 左右,叶宽 9 cm 左右。叶面绿色,光滑,背面暗红色或仅叶缘及叶脉处为暗红色。叶

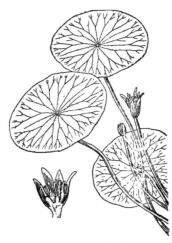

图 13-4　莼菜

柄长 20～30 cm,水深处可达 1 m。花两性,完全花,暗红色或淡绿色,萼片、花瓣各 3 片,子房上位,由伸长的花柄托出水面开放,受粉后花梗向下弯曲,花没入水中。果实近纺锤形,为聚合果,内含种子 1～2 粒。种子卵圆形、淡黄色。

【种类与品种】目前栽培的莼菜品种按莼菜花的食用部分可分为:

红色品种:花冠为暗红色,叶片背面全暗红色,嫩叶和卷叶也为暗红色,抗逆性较强。

绿色品种:叶片背面暗红色或仅叶缘为暗红色,嫩梢和卷叶绿色,抗逆性较差。

生产上较多采用红色种,其品种有'利川红叶'莼菜、'西湖绿叶'莼菜、'太湖绿色'莼菜、'太湖红叶'莼菜、'太湖一号'莼菜等。

'太湖红叶'莼菜,叶面深绿,叶背整张红色,但纵向主脉绿色,并有绿晕,叶大,长 8.7 cm,宽 6.5 cm,卷叶绿色,小级品种叶脉红色,中级和大级品种叶脉绿色或深褐色,卷合处有红晕。其生长势强,胶质厚,产量高,品质优。

【产地与分布】原产中国,主要分布在我国黄河以南的湖泊、池塘和沼泽中,四川、江苏、浙江、江西、云南、湖南、河南及西南各地均有栽培。

【习性】莼菜生长适温为 20～30 ℃,水质清洁、土壤肥沃、水深 20～60 cm 的水域中生长好,水面温度达 40 ℃时生长缓慢,气温低于 15 ℃时生长逐渐停止,同化产物向茎中贮运,休眠芽形成。遇霜冻则叶片和部分水中茎枯死,以地下茎和留存的水中茎越冬。

【繁殖与栽培】繁殖方法为有性(种子)繁殖和无性(根茎)繁殖两种。但种子繁殖能力差,多采用根茎繁殖。根茎繁殖一般采取无病虫的莼菜地下茎、短缩茎、水中茎做繁殖材料,每根需有 3～5 个节。越冬休眠芽也可作繁殖材料,但因温度较低,不便操作。栽后 1 个月内水深一般保持在 20 cm,此期不能换水。莼菜在整个生长过程中,不能缺水,而且要求保持水质清洁、清流

透明。冬季地上部分枯萎后,地下茎可越冬。

【观赏与应用】莼菜叶形美观,叶色有红有绿,小巧玲珑,清新秀丽。夏日紫红色的小花镶嵌于碧绿叶缝之中,与水面倒映的碧蓝天空、花草树木构成一幅生动的水景画。所以,不仅适宜于水景的单独布置,也可与其他水生花卉一起配置造景,且适合水草水族箱栽植。

莼菜为国家一级重点保护野生植物,已濒危。其在中国的种植历史可上溯到南北朝。它是一种珍稀名贵的野生水生蔬菜,有中国第一绿色食品,21世纪生态蔬菜、美容蔬菜,人类的免疫促进剂之称。其含有少量维生素 B_{12} 和多种氨基酸,以嫩茎和嫩叶供食用,柔滑可口,尤其以江苏太湖、杭州西湖、湖北利川等"莼菜之乡"盛产的莼菜最闻名,获得了国家原产地保护,目前已经出口到日本和韩国等国家。莼菜性味甘凉,有清热解毒、利尿、消肿、防癌和抗癌等功效,可治疗热痢、黄疸、痈肿等症。

13.2.5　萍蓬草 *Nuphar pumilum*（**Hoffm.**）**DC.**

【别名】水粟、萍蓬莲、黄金莲、鱼虮草、白鳞藕、冷骨风、荷根、水荷藕、百莲藕、水面一盏灯、水萍蓬、矮萍蓬等

【英文名】dwarf cowlily, yellow pond-lily, cowlily spatterdock

【科属】睡莲科　萍蓬草属

【形态特征】"*Nuphar*"意为"像睡莲的";"*pumilum*"是"矮生的"意思,指株形矮小。多年生宿根浮水植物。根状茎肥大,呈块状,横卧于泥中,内部白色呈硬海绵状。叶自根茎先端抽出,初生如荷叶,卵形或阔卵状,先端钝圆,基部深心形,成二远离的钝圆裂片,全缘,浮于水,称"浮水叶"。叶表面为亮绿色,有光泽,背面为紫红色,密生柔毛;叶脉呈多回二歧分叉,侧脉羽状。叶有长柄,具细毛。另有一种叶沉于水中,称"沉水叶",形较细长,膜质,半透明,叶缘皱缩。花单生于花梗顶端,突出水

图13-5　萍蓬草

面,革质,金黄色,直径为 2~4 cm。萼片 5 枚,革质,花瓣状,黄色,多数,10~18 枚,椭圆状卵形或楔状矩圆形,顶端截形或微凹,背面有蜜腺。雄蕊多数;子房上位,柱头盘状,有 8~10 个放射状浅裂。夏季开花,花期为 5—8 月。浆果近球形,内有宿存萼片和柱头种子多数,粟米状,革质,黄褐色,假种皮肉质。浆果在水中成熟,熟后崩裂,散出种子。

【种类与品种】同属有 25 种,常见栽培的有:

①贵州萍蓬草（*N. bornetii*）:浮叶圆形或心状卵形,基部弯缺。花黄色,花小,径约 3 cm。分布于我国贵州。

②中华萍蓬草（*N. sinensis*）:浮叶心状卵圆形,叶背面密生柔毛,叶柄长 40~70 cm。花黄色,花大,直径 5~6 cm。原产我国。

③欧亚萍蓬草（*N. Luteum*）:浮叶卵状椭圆形,厚革质,深绿色。花大,直径 4~6 cm,萼片黄色,花瓣多数,黄色,少数紫色。柱头凹下,10~12 裂。分布在欧洲、亚洲北部及非洲北部。

④日本萍蓬草（*N. japonicum*）:植株粗壮,浮叶长卵形至长椭圆形,叶背黄绿色,无毛,叶基二裂片距离很近。沉水叶波状。花黄色,杂有红色晕,直径 4~5 cm。分布在日本。

⑤美国萍蓬草(*N. adverna*)：叶亮绿色,水面叶厚,革质,长 15 ~ 30 cm,宽 12 ~ 23 cm。水中叶少而薄。花金黄色,有红色纹,花径 2 ~ 4 cm,花期 5—8 月。分布于美国南部及西部。

【产地与分布】原产我国,生于池沼、河流浅水中。北自黑龙江、吉林、辽宁,南至广东,东至福建、江苏、浙江,西至新疆均有分布。另外日本、西伯利亚、俄罗斯、欧洲也有分布,多为野生。

【习性】性强健,喜生于水呈流动状态的河池中,不需特殊管理。人工栽培要求温暖、湿润、阳光充足环境,对土壤要求不严,肥沃略带黏性土即可。适宜水深 30 ~ 60 cm,最深不要超过 1 m。生长适温 15 ~ 32 ℃,12 ℃以下停止生长。长江以南可在露地水池越冬,北方冬季需要越冬保护。

【繁殖与栽培】可用块茎或分株繁殖。块茎繁殖每年 3—4 月进行,切取带主芽的块茎 6 ~ 8 cm 为一段,或带侧芽的块茎 3 ~ 4 cm 为一段,埋于池底泥土中即成。分株繁殖多在 6—7 月进行,挖取地下茎,除去盆泥,露出茎段,用快刀切取带主芽或有健壮侧芽的地下茎,除去黄叶、老叶,保留心叶及几片功能叶,保留部分根系。营养充足的条件下,新、老植株很快进入生长阶段,当年即可开花。

生长期有蚜虫、斜纹夜蛾危害,要注意防治。

【观赏与应用】萍蓬草在自然条件下,浮叶碧绿如玉,黄色小花,娇小迷人,是点缀河川的天然良好材料。人工漪养,可作池塘布景,与睡莲、荷花、莼菜、香蒲、黄花鸢尾、水柳等水生花卉配植,形成多层次、绚丽多姿的景观。盆栽置于庭院建筑物、假山前,或居室前阳台摆放,极具观赏价值。若养于小木盆或鱼缸中,像碗莲一样,作为案头小品,亦富有情趣。如昆明世博园"中国馆"的内庭水池,池中石灯笼旁点缀萍蓬草,新黄娇嫩的花朵从水中伸出,有如"晓来一朵烟波上,似画真妃出浴时",花虽小如分币,但淡雅飘逸。若是大水面成片种植,景色亦蔚然壮观。根具有净化水体的功能。

种子富含淀粉,可供酿酒。荒年,种子及根状茎可食用充饥。根状茎可药用,味甘涩、无毒,可补虚健胃、调经,治体虚衰弱,消化不良,月经不调。

13.2.6 芡实 *Euryale ferox* Salisb.

【别名】鸡头果、鸡头米、鸡头子、刺莲藕

【英文名】Gordon euryale

【科属】睡莲科 芡属

【形态特征】"*Euryale*"意为"蛇尾状的",指果实;"*ferox*"为"有刺的、多刺的"意思,指植株具刺。一年生草本浮水植物,全株具刺。根状茎短肥。叶在短茎上,呈三角形螺旋状生出,即每隔120°生出一叶,三片叶360°,正好为 1 圈,不会相互重叠;初生叶较小,箭形,沉水,谓沉水叶。以后生长的叶较大,圆形,直径 1.5 ~ 2.3 m,浮于水面,称浮水叶。叶面绿,叶背紫,多皱纹,叶脉分枝处均被尖刺。叶柄长,中空,多刺。花单生叶腋,具长梗,通常伸出水面,径约 10 cm。花瓣多数,紫色,短于萼。雄蕊多数,子房下位,萼片 4 枚,外面绿色,内面

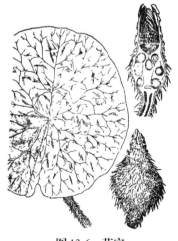

图 13-6 芡实

紫色。密被锐刺。花托多刺,浆果海绵质,形似鸡头。种子多数,种皮坚硬,假种皮富有黏性,花期7—8月,果期8—10月。种仁称为芡米。

【种类与品种】芡实的园艺变种或变型有'北芡'和'南芡'。北芡,即刺芡,在我国多分布在江苏苏北洪泽湖和宝应湖一带,适应性强,故称北芡。其花深紫色,叶背、叶柄、果实、果梗上皆密生锐刺。'南芡'又称'苏芡'。花有紫色者,称苏州'紫花芡',产于苏州封门外及太湖一带,为早熟品种,植株庞大,生长强健,除叶背脉上有刺外,全身光滑无刺,花为紫色;花瓣为白色者称苏州'白花芡',为晚熟品种,植株形态与紫花品种相似,产地相同,叶面更宽大,直径2.0 m有余。

【产地与分布】原产东南亚,广布于东南亚、苏联、日本、朝鲜、印度、孟加拉国等地。我国南北均产,引种栽培历史久远。1809年,印度加尔各答植物园园长罗克斯伯格(Roxburgh)将该种植物引进到欧洲。中国科学院北京植物园于1963年从瑞典引种首批芡实。

【习性】性喜温暖和水湿,生长适宜温度为20~30℃,全生长期为180~200 d,适宜水深为30~90 cm,土层应富含有机质。

【繁殖与栽培】气温在15℃以上时可播种催芽,15~20 d种子萌发。幼苗先生箭形叶,而后生圆形叶,经20~30 d植株逐渐长大,叶片生长迅速,叶柄粗壮,进入旺盛生长期,此时要求气温25~30℃,肥水充足。夏末秋初开始抽花,每株可开18~20朵,自花授粉,花后弯入水中发育,40~50 d后果熟。如气温低于15℃,果实难以成熟。熟透后果壳腐烂,种子会散落水中。为采收到种子,果熟前应用塑料袋套扎为妥。

有生产性栽培和观赏性栽培两种形式。生产性栽培通常水面较大,要经过播种催芽、育苗排秧、芡荡准备、确定横向和竖向、栽潭和扒潭、起苗定植、除草雍根、控水追肥以及采种留种等程序。而观赏性栽培相对就较为简便一些。在水池中砌筑1.2~1.5 m四方形的栽培槽,其高度一般低于水面25~30 cm。栽培基质通常用5份田园土掺入1份腐熟的粪肥拌匀配制,将槽填满后用水浸透,土面以低于槽缘10~15 cm为佳。在北京通常于5月中旬将培育的芡实苗移植于槽中央。

日常管理也简单,主要是时常拔除其他有害水草,及时防治病虫害。病害主要有霜霉病和叶斑病,虫害有蚜虫。

【观赏与应用】芡实观赏价值极高,叶片硕大无比,所谓"无比",是指它的叶片直径之大,到目前还没有哪种植物超过它。1996年国庆节,它与王莲一起布置于天安门广场,虽比王莲叶片还要大,但它叶缘不上卷,不出风头,不争春,静静地躺在天安门广场临时水池的角落里,供人欣赏。在江南庭园中,它常与睡莲、荷花、黄菖蒲等一起配植于水景中,富有自然色彩。也在水沟、池塘等中栽植,展叶或花期呈现江南田园风光。需注意的是,种有芡实的池内要禁止养鱼。

芡实全身都是宝,用途颇广。它的经济价值是王莲所不及的。种子可食,营养价值很高,种仁称芡米、鸡头米,新鲜种仁可生食或煮食,制干外销南洋。种仁含蛋白质、脂肪、碳水化合物等,还含有钙、磷、铁等营养物质。亦可入药,性温味甘涩,有健脾益肾、涩精的功效,主治脾虚、泄泻、遗精及带下等症。叶柄和花茎粗大,剥皮可凉拌或烹制美味佳肴,荤素皆宜。全株可作饲料和绿肥。

13.2.7　千屈菜 *Lythrum salicaria* L.

【别名】短瓣千屈菜、败毒草、对叶莲、水柳、水枝柳、水枝锦

【英文名】spiked loosestrife, purple lythrum, purple loosestrife

【科属】千屈菜科　千屈菜属

【形态特征】"*Lythrum*"意为"黑血",指花色；"*salicaria*"为"似柳叶的",指叶形。多年生宿根草本挺水植物,株高 50 ~ 120 cm。地下根茎粗硬,木质化。地上茎直立,四棱形,多分枝,基部木质化。单叶对生或轮生,披针形,全缘,无柄。长穗状花序顶生。小花多而密,生于叶状苞腋中。花序长达 40 cm 以上,花呈桃红、玫瑰红或蓝紫色。花萼长筒状,花瓣 6 枚。花期 6—10 月。

图 13-7　千屈菜

【种类与品种】园艺品种主要有'火烛',株高 90 cm 左右,花为玫瑰红色；'快乐',株高 45 cm 左右,花深粉色；'罗伯特',株高 90 cm 左右,花亮粉色。

同属植物有 35 种,中国有 4 种。常见的有帚枝千屈菜(*L. virgatum*),叶基部楔形,2 ~ 3 朵花组成聚伞花序。光千屈菜(*L. anceps*),小花 3 ~ 5 朵组成聚伞花序,全株无毛,分枝少。毛叶千屈菜(*L. salicaria* var. *tomentosum*),全株被绒毛,花穗大。品种有花穗大而深紫色的'紫花千屈菜'；花穗大而暗紫红色的'大花千屈菜'；花穗大而桃红色的'大花桃红千屈菜'。

【产地与分布】原产欧洲和亚洲的暖湿地带,美洲大陆及中国南北各地均有野生,我国四川、陕西、河南、山西、河北均有栽培。此外,阿富汗、伊朗、俄罗斯等国也有分布。

【习性】喜温暖及光照充足、通风好的环境,喜水湿,多生长在沼泽地、水旁湿地和河边、沟边。较耐寒,我国各地均可露地越冬。在浅水中栽培长势最好,也可旱地栽培。对土壤要求不严,以表土深厚富含大量腐殖质的土壤为好。极易生长,在土质肥沃的塘泥基质中花鲜艳,长势强。

【繁殖与栽培】以分株、扦插法繁殖为主。分株多在 4 月或深秋进行,将老株挖起,去掉老的不定根、茎,再用快刀分成若干块状丛,每块丛留芽 4 ~ 6 个,再行栽培。扦插应在生长旺盛期(6—8 月)进行,剪取长 7 ~ 10 cm 的嫩枝,去掉基部 1/3 的叶子插入鲜塘泥中,6 ~ 10 d 可生根,极易成活。亦可用播种繁殖,10 d 即可发芽。栽培管理比较简单。露地栽培或水池、水边栽植均可,只在冬天剪除枯枝和残叶,自然即可越冬。

【观赏与应用】"一枝红艳露凝香,云雨巫山枉断肠"这是诗人对千屈菜的赞赏。其林丛整齐清秀,花色雅致脱俗,观花期长,是一种优良的水生花卉,在园林配植中可做水生花卉园花境背景,亦可丛植于桥、榭、廊、亭及河岸边、水池中或园林道路的两边作为花境材料使用,花开时节,灿烂如锦,景致优雅宜人。如深圳洪湖公园莲香湖岸水边浅水处成片列植的千屈菜景观,不仅衬托了睡莲的艳美,同时也遮挡了单调枯燥的石岸,并对水面与岸上的景观起到了协调的作用。这样的景观非常漂亮,非常喜人,每到花期,吸引了众多游人的驻足观赏。昆明世博园中的"燕赵紫翠"景观,在小溪两侧拾级点缀千屈菜,潺潺泉水顺流而下,与周围的绿树、泉水、岩山等景物形成强烈对比,突出了主题,层次分明,景色优雅宜人。其生命力极强,管理也十分粗放,

但要选择光照充足、通风良好的环境。既可露地栽培,也能盆栽观赏。盆栽可用直径 50 cm 的无底洞花盆装入 2/3 的塘泥,栽植 4～5 株;也可用 20 cm 的小盆,栽 1～2 株。生长期应不断打顶促使其矮化,盆栽一般保持盆中有浅水。露地栽培可按园林设计要求,选择浅水区和湿地种植,株行距 30 cm×30 cm。生长期间要及时拔除杂草,保持水面清洁。为加强通风,应剪除过密、过弱枝,并及时剪除开败的花穗,促进新花穗萌发。

在通风良好、光照充足的环境下一般没有病虫害,在过于密植、通风不畅时会有红蜘蛛危害,应及时用杀虫剂防治。冬季露地栽培不用保护可自然越冬,盆栽的应剪除枯枝,保持湿润,一般 2～3 年分栽 1 次。

千屈菜全草药用,治肠炎、痢疾、便血,外用于外伤出血,可作切花用。欧洲用于明目,减轻浮肿和治鼻血。其叶可作蔬菜食用,也可发酵做酒。

13.2.8　石菖蒲 *Acorus tatarinowii* Schott.

【别名】山菖蒲、药菖蒲、岩菖蒲、水剑草、凌水档、十香和等

【英文名】Grassleafed Sweelflag

【科属】天南星科　菖蒲属

【形态特征】"*Acorus*"指草蒲属名;"*tatarinowii*"是人名拉丁化。多年生沼生挺水草本植物。植株较矮,20 cm 左右。根茎平卧,上部斜立,根茎多分枝具芳香,有多数不定根(丝根)。叶全部基生,叶片带状剑形,中部宽,中部以上渐狭,顶端渐尖,基部呈鞘状,对折抱茎。无明显中脉,直出平行脉多条,稍隆起;基部两侧有膜质的叶鞘,后脱落。花茎基生,三棱形。叶状佛焰苞为肉穗花序长的 2～5 倍,稀近等长。肉穗花序圆柱形,上部渐尖,直立或稍弯。花白色。果序增大,成熟时长 3.5～10 cm,直径粗 3～4 mm,结果时粗达 1 cm。果实成熟时黄绿色或黄白色。花期 2—5 月,果期 4—8 月。

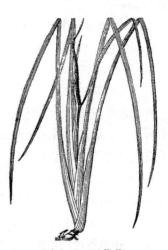

图 13-8　石菖蒲

【种类与品种】园艺品种有'奥风',株高 25 cm 左右,叶光滑,具淡绿色和米色细条纹。经常作为花境和水景材料应用,长势稳定,生长良好,也可作盆栽观赏。

【产地与分布】主产于我国,分布长江以南各省区。印度、泰国也有分布。

【习性】喜生长在山谷溪流的石头上或林中湿地,生长适温为 18～25 ℃。低于 15 ℃植株生长停止。南方的石菖蒲可在室外越冬,北方的石菖蒲则需要越冬处理。不耐阳光暴晒,否则叶片会变黄。不耐干旱。稍耐寒,在长江流域可露地生长。

【繁殖与栽培】以分株繁殖为主。4 月初,将地下茎连根挖起,去掉泥土、老根和茎后,分割成块状即可分栽。也可在生长期内分栽,但要保护好嫩叶及新生根,否则会影响成活率。选择湿地或栽于浅水处,3 年左右分栽一次。也可盆栽,每 2 年分栽一次。

【观赏与应用】株丛矮小,叶色深绿光亮,揉搓有芳香,耐践踏,是良好的林下阴湿地环境的地被观赏植物。除作挺水植物在水池中造景观赏外,还可作沉水植物或地被植物观赏。沉水栽培时,栽培床基质应选用直径 3～5 mm 砂粒,水体 pH 值以 6.5～7.0 为宜,水温为 15～25 ℃生

长最好。

石菖蒲根茎含挥发油,有化痰开窍、化湿行气、祛风利痹、消肿止痛作用。

13.2.9　黄菖蒲 *Iris pseudacorus* L.

【别名】黄花鸢尾、水生鸢尾

【英文名】yellow swordflag

【科属】鸢尾科　鸢尾属

【形态特征】"*Iris*"为"虹、虹彩"的意思,指属名;种名"*Pseudacorus*"是由"*pseudo*"和"*acorus*"复合而来的,其中"*acorus*"是菖蒲属的属名,而"*pseudo*"有"假的""像……的"之意,复合起来就是"像菖蒲的""假菖蒲的",指黄花鸢尾植株的形态和菖蒲属植物很相像。

图 13-9　黄菖蒲

植株高大、挺拔。根状茎肥粗且多节,叶片基生,茂密,长剑形,交互排列,叶长 60~100 cm,宽 1.5~2 cm,中肋明显,并具横向网状脉。花茎与叶等长或稍短于叶,3 分枝,每个分枝茎着花 4~12 朵,花径 7~10 cm,花瓣黄色,具有褐色或紫色斑点,每个垂瓣上具有深黄色带。蒴果长形,种子褐色。花期 4—6 月。蒴果长形,种子褐色。

【种类与品种】园艺变种有'巴斯黄菖蒲',花硫黄色;栽培品种有'金毛黄菖蒲',花深黄色;'白花黄菖蒲',花淡米色;'斑叶黄菖蒲',叶片上具白色或黄白色条纹,观赏价值较高。

【产地与分布】原产于南欧、北非及西亚各国,现世界各地引种栽培。

【习性】喜温暖、湿润和阳光充足的环境,但亦耐寒、稍耐干旱和半阴。适应性强,砂壤土及黏土都能生长,在水边栽植生长更好。生长适温 15~30 ℃,温度降至 10 ℃ 以下停止生长。冬季能耐 -15 ℃ 低温,长江流域冬季叶片不全枯。在北京地区,冬季地上部分枯死,根茎地下越冬。

【繁殖与栽培】主要用播种和分株繁殖。播种繁殖于 6—7 月进行,种子成熟,采后即播,成苗率较高;干藏种子播前先用温水浸种半天,床土用营养土较好,发芽适温 18~24 ℃,播后 20~30 d 发芽。实生苗 2~3 年开花。分株繁殖在春、秋季进行,将根茎挖出,剪除老化根茎和须根,用利刀按 4~5 cm 长的段切开,每段具 2 个顶生芽为宜;也可将根段暂栽在温沙中,待萌芽生根后移栽。

盆栽观赏时,盆栽土以营养土或园土为宜,分株后极易成活,盆土要保持湿润或有 2~3 cm 的浅水层。水边或池边栽种时,栽后要覆土压紧,防止被浪花冲走或被鱼咬食,影响扎根。摆放或栽种场所要通风、透光,夏季高温期间应向叶面喷水,生长期间应施肥 2~3 次,以腐熟饼肥或花卉复合肥为主。冬季应及时清理枯叶。盆栽和地栽苗,宜每两年分栽 1 次,起到繁殖更新作用。黄菖蒲病虫害不多。高温干旱的夏秋季节,于叶片初发锈病时用 15% 三唑酮可湿性粉剂喷洒;用 20% 杀灭菊酯乳油喷杀叶蜂。

【观赏与应用】黄菖蒲花色黄艳,花姿秀美,犹如金蝶飞舞于花丛中,是湿地水景中的佼佼者。由于黄菖蒲的适应性强,温带、热带、潮湿、干旱地区都能生长,因此,中国大部分地区都留

下了它美丽的景象。适应性强,其叶丛、花朵特别茂密,是目前各地湿地水景中使用量较多的花卉,无论配置在湖畔,还是在池边,其展示的水景景观,都具有诗情画意。春夏之交,用几支黄菖蒲瓶插点缀客厅,令人心旷神怡。如武汉植物园池畔群植的黄菖蒲,在绿树的衬托下,花态形如飞燕,翩翩起舞,靓丽可人。在西方水景中,常配植于规整的水池中,与蓝天、绿树、草地、建筑及睡莲相映,景观效果甚佳。

黄菖蒲苉是一味良药,干燥根茎可缓解牙痛,可调经,也可治腹泻。又可作为染料应用。

13.2.10　花菖蒲 *Iris kaempferi* Thunb.

图 13-10　花菖蒲

【别名】玉蝉花、日本鸢尾、玉琼花

【英文名】water flower

【科属】鸢尾科　鸢尾属

【形态特征】"*Iris*"是鸢尾属名;"*kaempferi*"为德国植物学家的人名拉丁化。多年生挺水草本植物,根状茎短粗,黄、白色,植株粗壮,基部棕褐色,纤维状枯死叶鞘。基生叶宽条形,长 50～90 cm,宽 8～18 mm,扁平直立,中脉明显突起是其明显特征。花茎直立坚挺,高 45～80 cm。苞片卵状披叶形,纸质,长 6～8 cm,有花 1～2 朵,直径跨度较大,自 8～20 cm 均有,外轮花被处下垂,3 瓣,宽卵状椭圆形,端钝,无髯毛;内轮花被片较小,3 瓣,色稍浅,较狭小,长椭圆形,以 3 片紧靠而又直立为特征。原种花为鲜红紫色,直径 15 cm。由日本育成之雄本玉蝉花类群,大花直径可超过 20 cm,有重瓣者,花色自白经淡红、淡蓝至红紫,并有镶边、复色等。花期 4—7 月。蒴果矩圆形,种子褐色,有棱。

【种类与品种】花菖蒲是鸢尾属中育种较早、园艺水平较高的种。目前绝大多数品种都是从种内杂交选育而成的,亦有少部分种间杂交育成的品种,尤其是黄色系的品种。如与欧洲原产的黄菖蒲进行种间杂交,选育出'爱知之辉'等著名品种。花菖蒲品种繁多,花色丰富,花瓣各异,花型多变,花朵硕大具有很高的观赏价值。目前栽培的(特别是在日本)主要是大花和重瓣的品种。花期尤其是群体花期较长,早生者可在 5 月上中旬始花,晚生者花期可延至 7 月。花菖蒲在日本栽培极盛,17 世纪的江户时代曾对花菖蒲进行了较为系统和规范的品种改良,目前已有近 600 个品种,还不包括在日本本土外育成的品种。花色有紫红、紫、蓝紫、黄白、黄等。花瓣也有重瓣和单瓣之分。5 月,日本一些地区已形成了过"鸢尾节"的习俗。目前,日本花菖蒲协会将日本选育的和部分外国选育的花菖蒲品种分为下述几个品系:花菖蒲原变种系、种间杂种系(群)、江户古花系、江户系、伊势古花系、伊势系、熊本古花系、长井古种系、长井系以及外国种系等。每一个品系都有极艳丽的一面。但是日本园艺学界对于花菖蒲品系和品种的划分有时过于细腻,实则很多品种和品系应该是可以合并的,但这对国内花菖蒲以至于花卉的分类还是有借鉴意义的。我国陆续从日本引进花菖蒲品种,其中以南京莫愁湖公园引种最多(200多个品种),并建立了国内规模最大的鸢尾专类园。

①花菖蒲原变种系:该种系实际上是花菖蒲在自然原生状态下产生的各种观赏价值较高的变异类型,或指 *I. ensata* var. *spontanea*,主要有野川、北野天使、初册别、蔷薇皇后等。在日本

东北部北海道的沼泽湿地上,仍有大量的野生花菖蒲原种存在。在这些野生种中,发现的各式各样的颜色、瓣形、瓣型和株型等变异的个体构成了这一品系,它们的血统仍有可能通过杂交等手段渗入其他的品系中。因此,在日本十分重视对花菖蒲原生地的保护。

②种间杂种系(群):该种系是在现代杂交育种技术充分发展的基础上得以大量产生和发展的。参与花菖蒲杂交的种有燕子花(*I. laevigata*)、黄菖蒲(*I. pseudocorus*),蝴蝶花(*I. japonica*)、溪荪(*I. sanguinea*)等。正是这些外来种源和血统的渗入,才新近产生了大量质感、风味与传统花菖蒲品种不同的观赏品系。主要品种有'金冠''金星''龙眼''月夜野'等。

③江户古花系:该系的历史十分悠久,它们是从江户时代开始直至昭和年间中日战争之前在日本关东地区育成的品系。江户系即为该品系的延续品系。该品系并不以豪华的大型花著称,目前大约有 200 个品种被保存下来。主要有'五月青天''葵祭''鹤羽''幽谷美人'等。

④江户系:从第二次世界大战至今的这段时间内育成的具有江户血统的品种,实则是江户古花系的一种延续。现代的江户系也渗入了许多别的品系的血缘,甚至是别的种的血缘。主要品种有'八重白菊''红霞''雷云''长相依''新莲台''樱之舞'等。

⑤伊势古花系:该品系是自江户时代后期开始,是在三重县的松阪地区选育出来的,本系统仅在极少数的人中流传。战后由三重大学的富野耕治教授推广和育成大量品种转而广为人知。该品系中部分近期育成和古花品种已经开始普及,但大多数仍然集中在松阪地区,基本上由松阪市的松阪三珍花会(花菖蒲协会)致力保存。该品系的显著特征就是垂瓣明显较旗瓣大而下垂,旗瓣较小,直立或斜立。主要品种有'月宫殿''夏姿''夕雾''红孔雀'等。

⑥伊势系:该品系是江户古花系的延续一样,也是伊势古花系的后期发展。该品系以纤细、纤巧的美丽姿态和花朵著称。该系统的品种在栽植时应与其他的系统如肥后系、外国品系等栽植在一起形成大片的景观,或者单独栽植在小型的庭院或精致的钵中观赏。近年来颜色比较鲜亮的粉色花也开始出现了。主要品种有'新秋月''雪岚''樱狮子''津之花'等。

⑦熊本古花系:该品系是江户时代末期至明治时期九州的肥后武士选育的武士系列。目前由熊本的望月会(花菖蒲协会)保存,故名。主要品种有'香炉峰''东云''锦木'等。

⑧长井古种系:该品系指在日本山形县长井市花菖蒲公园育成或搜集保存的品种,比较特殊,特色也很鲜明。有花形奇异的鹰之爪、长井小町、绣娘等,花色也十分独特。主要品种有'鹰爪''七夕''小樱姬'等。

⑨长井系:该品系指长井地区以外所育出的长井系的花菖蒲品种。代表品种有'长井山水紫明''长井古丽人''星美人'等。

【产地与分布】原产中国内蒙古、黑龙江、山东、浙江等地,俄罗斯、日本和朝鲜半岛也有分布。

【习性】原产地分布于湿草甸子或沼泽地,性喜水湿环境。性强健,耐寒性强,耐热、喜光,但北方需要加保护层越冬才能存活。喜微酸湿润土壤,在碱性土中生长不良,甚至逐渐衰亡。宜栽植于酸性、肥沃、富含有机质的砂壤土上和阳光充足的地方生长。

【繁殖与栽培】常用分株和播种法繁殖。近年,一些珍贵的、繁殖能力低下的品种也开始采用组培法进行繁殖。分株一般 2 ~ 4 年一次,宜在早春 3 月或花谢后进行。挖起母株,将根茎分割,各带 2 ~ 3 个芽,分别盆栽或露地栽植即可。注意控制温度,避免根茎腐烂。播种通常是 8 月底种子成熟后即采即播。发芽适温 18 ~ 24 ℃,播后 25 ~ 40 d 发芽。播种苗需培育 2 ~ 3 年后方能开花。若在播种后的冬季不让它休眠,则可提早到约 18 个月开花。由于栽培周期长,一般只在培育新品种时才使用。

花菖蒲喜水湿,尤其是生长旺季一定要保证水分充足,其余季节水分可相对少一些。通常栽植在池畔或水边,盆栽要充分浇水或将盆钵放于浅水中。生长期和夏季地下部休眠期也不宜过干,但水位要控制在根茎以下,12 月底地上部枯萎后,冬季盆土可略干燥。栽培土壤以微酸性为宜,栽植前可混合硫铵、过磷酸钙、硫酸钾等作基肥,亦可用农家肥,基肥必须与土壤拌匀。生长过程中追施 3～4 次肥。栽植时留叶片约 20 cm,将上部剪去后栽植,深度控制在 7～8 cm。

花菖蒲长势比较强健,病虫害不多,病害主要有叶枯病,可用 65% 代森锌可湿性粉剂 500 倍液喷洒,有时生长期会受蓟马和介壳虫为害。前者用 2.5% 溴氰菊酯乳油 4 000 倍液喷杀,后者用 40% 乐果乳油 1 000 倍液喷杀。

【观赏与应用】花菖蒲是鸢尾属内园艺化程度极高的一个种,其叶片翠绿剑形,花朵硕大,色彩艳丽,园艺品种繁多,观叶赏花兼备,是很好的水景绿化材料。无论以盆栽点缀景点,还是地栽设计,多用在专类园、花坛、水边配置、花带、花境、池畔或配置水景花园,都十分适宜,尽显自然飘逸之美,也可作切花应用。若用于布置水生鸢尾专类园,花期灿烂如霞,更加美艳。随着各种花菖蒲品种从日本不断引进,极大地拓宽了人们对鸢尾原先局限于马蔺、蝴蝶花等少数几种颜色较为淡雅的原种的认识,有人发出"原来鸢尾也可以这么艳丽"的惊叹,目前在水景园中大唱主角。在我国,随着人们对环境的要求和欣赏能力日益提高,花菖蒲美丽的花型、清秀的叶形、极好的群植效果,较广的适应性恰好符合了当前园林绿化的要求,特别是目前在绿地建设中"湿地"概念的引入应用,就更使沼泽性的花菖蒲成了现代园林中一种极好的植物,能在"湿地"完善、修复及人工湿地景观营造中一展身手,并可与其他鸢尾属植物根据地形变化、株高、花色的不同及耐湿程度的差异相互搭配布置成优美景观。

花菖蒲根茎入药或作染料,种子可作咖啡的代用品。

13.2.11　香蒲 *Typha orientalis* **Presl.**

【别名】蒲草、水蜡烛、水烛、狭叶香蒲、东方香蒲

【英文名】*oriental* cattail

【科属】香蒲科　香蒲属

【形态特征】"*Typha*"是"香蒲属"的属名;"*orientalis*"是"有方向的、定向的"意思,指花序直立向上。多年生宿根沼生挺水草本。株高 1.6～3 m。地下具肉质根茎。茎直立、粗壮。叶狭条形,宽 1～3 cm,基部鞘状抱茎。花单性同株,肉穗花序圆锥形,长 30～60 cm,呈蜡烛状,雌雄穗不相连接,雄花序在上部,长 20～30 cm,黄绿色、浅褐色至红褐色,雌花序在下部,长 10～30 cm,褐色至红褐色。子房线形,坚果褐色,种子多数。花期 5—8 月,果期 6—9 月。

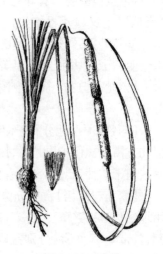

图 13-11　香蒲

【种类与品种】香蒲科仅有 1 属,18 种,我国香蒲植物资源南北分布广泛,以温带地区种类较多,共有 11 种。常见栽培类型有:

①狭叶香蒲(*T. angustifolia*)：株高1~3 m,叶狭线形,长90~180 cm,宽1~2 cm,肉穗花序呈蜡烛状,雌雄花序生于同一花轴上,雄花序在上部,浅棕色,雌花序在下部,绿色至棕色,二者间隔1~3 cm,不相连。小坚果长椭圆形,无沟,种子深褐色。

②宽叶香蒲(*T. latifolia*)：株高1.5~3 m,叶直立,阔线形,长100 cm,宽1~3.5 cm,肉穗花序呈蜡烛状,雌雄花序相连,生于同一花轴上,雄花序在上部,黄绿色、浅褐色至红褐色,雌花序在下部,绿色至棕红色。小坚果披针形,褐色。中国南北都有分布。

③小香蒲(*T. minima*)：是我国特有种。植株低矮,50~70 cm,茎细弱,叶线型,雌雄花序不连接。原产中国西北、华北,欧洲和亚洲中部有分布。

【产地与分布】分布于中国东北、华北、华东、陕西、云南、湖南、广东等地,欧洲、北美、大洋洲及亚洲北部地区也有分布。多生于水边沼地,但由于人类过度采摘,现在野外已很难觅其踪影。

【习性】性耐寒,喜光照,不耐阴,喜浅水湿地,对土壤水质要求不严,适应性强。

【繁殖与栽培】生产上多采用分株法或播种法。分株法,于每年4—6月进行,将香蒲地下的根状茎挖出,用利刀截成每丛带有6~7个芽的新株,分别定植即可。播种法,多于春季进行播种,播后不覆土,注意保持苗床湿润,夏季小苗成形后再分栽。

喜浅水湿地,对水质要求不严,对水的硬度、含盐量及pH值适应范围较广,但水位不宜过深,一般为10~30 cm,且水位变化幅度不宜过大,否则生长不良。对土壤要求不严,在沙土及黏土地上均可生长良好。生育期间不可缺水,以免过早开花,以不淹没大多数植株的假茎为度,并清除杂草,追肥两三次。越冬前清除枯死的枝叶,以免影响景观。

【观赏与应用】株形婆娑,叶绿穗奇,色泽淡雅,观叶、观花序俱佳。常用于配植园林水池、湖畔,构筑水景或点缀角隅处,可使水景野趣盎然,形成自然湿地的生态景观。宜作花境、水景背景材料,也可盆栽布置庭院。肉穗花序奇特可爱,称"蒲棒",是良好的插花材料。与黑心菊、鸢尾叶等花材配植在一起,有"清澈的溪水边风蒲猎猎,野花簇簇的感觉"。香蒲与玫瑰、文心兰、星辰花等花材配植在一体,有"红花相依情悠悠,祈祷共织好年华"之意。香蒲可吸附水中营养物质及其他元素,增加水体氧含量,抑制有害藻类繁殖,遏制底泥营养盐释放,可用于污水净化,保持水体生态平衡。香蒲植物作为一种多用途的水生花卉,其环境、经济价值在我国尚未受到应有的重视与开发利用。但在国外,尤其是在欧、美一些发达国家,香蒲植物得到了较好的开发与利用,特别是在城市生活废水治理方面,取得了良好的生态、环境和经济效益,节省了大量的污水处理费用。我国作为一个发展中国家,建设任务重,水环境污染严重,废水治理率低,利用香蒲这一廉价、丰富、有效的生物资源治理城市生活废水及工矿废水很有前途。

叶丛基部的嫩茎叶可做蔬菜食用,称为蒲菜。根茎先端的幼芽也可食用,称草芽。其味鲜美,符合当前人们食用野菜的习惯口味。幼叶家畜喜食,为良好饲料。蒲叶含纤维量高,韧性强,可以用来编制草袋、草包、草席等。花粉加蜜入药,称"蒲黄",在我国有着悠久的应用历史,具有活血化瘀、止血镇痛、通淋的功效,并治疗高血压、高血脂和冠心病等症。雌花称"蒲绒",作填充用。

13.2.12　雨久花 *Monochoria korsakowii* Regel et Maack

【别名】水白菜、蓝鸟花、浮蔷

【英文名】monochoria, korsakow monochoria

【科属】雨久花科　雨久花属

【形态特征】"Monochoria"是"雨久花属"的意思;"korsakowii"为人名拉丁化。多年生挺水草本。根状茎粗壮直立,具柔软纤维状须根。茎直立或斜上,从根状茎发出,高20~70 cm。全株光滑无毛,基部有时带有紫红色。叶基生和茎生,基生叶纸质,卵形至卵状心形,顶端急尖或渐尖,基部心形,全缘,具多数弧状脉。叶柄长达30 cm左右,有时膨大成囊状。茎生叶,叶柄渐短,柄下膨大成鞘状抱茎。顶生总状花序,有时再聚成圆锥花序;着花10余朵,具5~10 mm长的花梗;花被片椭圆形,长10~14 mm,顶端圆钝。花蓝紫色,花被6枚;雄蕊6枚,其中1枚较大。花药长圆形,浅蓝色,其余各枚较小,花药黄色。雌蕊1,长于雄蕊。花丝丝状,一侧具有延伸的裂齿。蒴果卵形,长10~13 mm,种子长圆形,长约1.5 mm,有纵棱。花期7—8月,果期8—9月。蒴果卵形。

图13-12　雨久花

【种类与品种】同属在中国南方习见栽培的有箭叶雨久花(M. hastate)。叶较小,箭形或三角状披针形,顶端锐尖。总状花序具花15~60朵,花蓝紫色带红点,两侧对称。花期稍晚,秋季开放。鸭舌草(M. vaginalis),别名水玉簪,株高20~30 cm。叶片卵形至卵状披针形。总状花序从叶鞘中抽出,不超过叶长,具花3~6朵,蓝色,略带红色。

【产地与分布】分布自黑龙江至安徽、江苏、浙江北部。野生于池塘湖边。

【习性】性强健,耐寒,多生于沼泽地、水沟及池塘的边缘。

【繁殖与栽培】以分株法繁殖为主,多在每年3—5月进行。亦可采用播种法进行育苗,在春季4—5月间沿池边、水体的边缘栽植,株行距25 cm左右。由于雨久花的种子成熟后常脱落沉入水底,经过休眠后翌年春天即可发芽出苗。因此,利用这种方法,也可获得品质优良的种苗。雨久花花谢后种子陆续成熟,落入土壤后第二年自行萌发。在我国东北经历冬季低温后,雨久花种子发芽率有所提高。雨久花单颗果实可以结种子200粒左右,而单株雨久花可结实650颗左右,这样,单株雨久花种子可达13万粒。

生长期注意及时清除杂草,可施肥促进生长。冬季要剪除枯枝黄叶。注意防治叶斑病、锈病等病害,并要及时控制蚜虫和红蜘蛛危害。

【观赏与应用】雨久花植株高大挺拔,是一种极美丽的观赏花卉。夏季开花,花大而美丽,淡蓝色,像一只飞舞的蓝鸟,活泼可爱,别具风韵。所以,又称为蓝鸟花。叶色翠绿、光亮、素雅,在园林水景布置中常与其他水生观赏植物搭配使用。也可盆栽观赏。

花序可作切花、插花材料。全草可作家畜、家禽饲料,也可作生产有机蔬菜的绿肥,亦可供药用,有清热解毒、消肿等功效。

13.2.13　凤眼莲 *Eichhornia crassipes*（Mart.）Solms

【别名】凤眼兰、水葫芦、水浮莲、洋雨久花

【英文名】common waterhyacinth, water hyacinth

【科属】雨久花科　凤眼莲属

【形态特征】"*Eichhornia*"来自人名,凤眼莲属;"*crassipes*"为"有粗柄的"意思,指叶柄膨大。多年生宿根淡水漂浮草本植物,漂浮水面或生于浅水中。植株 30~50 cm,须根发达,悬垂于水中。茎极短,根丛生于节上,具匍匐枝。茎节上生根,垂生水中,羽状根发达。叶基生,呈莲座状,直立,卵形、倒卵形至肾形,光滑,全缘,浓绿而有光泽。叶柄奇特,基部略带紫红色,中下部膨大为葫芦状气囊,内部具海绵质的通气组织,故能漂浮。花茎单生,高 20~30 cm。蓝紫色花集成短穗状花序,着花 6~12 朵。花序亭亭玉立,在碧翠的绿叶丛衬托下显示出丰腴的身姿,端庄而艳丽。花被漏斗状,紫堇色,径约 3 cm,6 片。花朵也十分奇特,上片较大,中央有深蓝色块斑,瓣心有一明显的鲜黄色,形如眼,故名凤眼莲。夏秋开花,花后花葶弯入水中结实。蒴果卵形,有棱,种子多数。

图 13-13　凤眼莲

【种类与品种】园艺变种有大花凤眼莲(*E.* var. *major*),花大,粉紫色。黄花凤眼莲(*E.* var. *aurea*),花黄色。原产南美,中国已经广为栽培。

同属种类有天蓝凤眼莲(*E. azurea*),株高 10~12 cm,茎粗壮。沉水叶线形至舌状,浮水叶排列成二列,圆状心形至菱形。穗状花序,花淡蓝色,深紫色喉部具黄色斑点。花期 7 月。原产南美热带。

【产地与分布】原产南美洲,我国引种,已广泛引种栽培。

【习性】对环境适应性很强,在水面、水沟、水田、泥沼、洼地、池塘、河流湖泊中均可生长,喜生于阳光充足、温暖和富含有机质的浅、静水中或流速不大的水体。不耐寒,长江以北地区需要移入有防寒设施的水池或室内越冬,温度保持 5 ℃以上。

【繁殖与栽培】主要用分株法繁殖,在生长季节随时可分株或掰分小芽,投入水中即可。也可播种。盆、皿栽培,可在底部先放入腐殖土,或塘泥,混入基肥后放水,水深宜 30 cm 左右,再投入植株。在秦岭、淮河以南可以露地越冬。在北方寒冷地区,一般霜降前移进温室用大缸栽植保存种苗。当气温不低于 20 ℃就可以进行分蘖繁殖了。将植株上的幼芽切下投入水中,很快就可以生根,生长迅速,繁殖很快。很少有病虫害,偶在花序上有蚜虫危害。

【观赏与应用】凤眼莲不仅叶色光亮,花色美丽,叶柄奇特,而且适应性强、管理粗放,又有很强的净化污水能力,可以清除废水中的砷、汞、铁、锌、铜等重金属和许多有机污染物质。因此,它是美化环境、净化水源的良好材料,是园林中装饰湖面、河沟、水体的良好花卉。如河道旁种植凤眼莲,以竹框之,紫花串串,使人倍觉环境清新、自然可亲。

凤眼莲可在富营养化的水体中显示出良好的净化作用。对富营养化水体的净化能力比耐性强的浮萍还要强两倍。据报道,养殖 1 个月凤眼莲的水体中总氮除去率可达 85.3%,总磷的除去率可达 73.6%,氯化物的除去率可达 83.8%,BOD 的降低速率达 92.3%,COD 的降低速率为 42.1%,水中溶解氧增加 28.6%。凤眼莲对金属离子的富集作用也很显著。实验的第 3 天,凤眼莲使养殖水体的铜离子的消失率达 53%,实验的第 6 天,养殖水体中的铜离子的消失率 75%。可见,根状茎与根的富集能力远高于叶丛的富集能力。凤眼莲对其他金属离子的富集作用亦相当显著。

风眼莲在富营养化的水体中能有效地抑制藻类及其他浮游生物的生长。养殖风眼莲的鱼塘水体仅散发出轻微的腥臭味,如无养殖风眼莲,鱼塘大量的藻类与浮游生物死亡,散发出强烈的腐臭味。

由于自身繁殖速度较快,尤其是高温季节在富营养的水体中,极易布满水面,需要视其生长情况进行打捞,以免塞满河道或其他水面。在室内水池、大盆缸、水族箱等中作点缀材料也很美观。在印度街头,卖花者常头顶一盆盆用玻璃瓶水养的风眼莲叫卖,水中还有金鱼在游弋。

风眼莲全草药用,性味淡、凉,清热解暑,凉血解毒,祛风除湿,利尿消肿。临床上用鲜草150~250 g 煲水饮主治中暑烦渴,肾炎水肿,小便不利等。鲜草洗净捣敷可治热疮。此外,风眼莲对金色葡萄球菌、白喉杆菌、伤寒杆菌均有抑制作用。也可作猪、禽、鱼等的良好饲料。

13.2.14　梭鱼草 *Pontederia cordata* L.

【别名】北美梭鱼草,小狗鱼草、眼子菜

【英文名】Pickerelweed

【科属】雨久花科　梭鱼草属(又称海寿花属)

【形态特征】"*Pontederia*" 为梭鱼草属名;"*cordata*" 指"心形的、圆形的"意思,指叶片形状。多年生挺水草本植物,株高 80~150 cm。根为须状不定根,长 15~30 cm,具多数根毛,新根白色,老根黄白色。地下茎粗壮,黄褐色,有芽眼。地上茎丛生。叶柄绿色,圆筒形,叶片较大,长可达 25 cm,宽可达 15 cm,深橄榄绿色。叶面光滑,呈橄榄色,大部分为倒卵状披针形。穗状花序顶生,长 5~20 cm,密生小花 200 朵以上,蓝紫色,直径约 10 mm,花被裂片 6枚,近圆形,裂片基部连接为筒状,上方 2 花瓣各有 2 个黄绿色斑点。花茎直立,通常高出叶面。果实初期绿色,成熟后褐色;果皮坚硬,种子椭圆形,直径 1~2 mm。花果期5—10 月。

图 13-14　梭鱼草

【种类与品种】园艺变种有披针形梭鱼草(*P. cordata* var. *lancifolia*),株高 1.2~1.5 m。叶片较窄,花蓝色。栽培品种有'白心梭鱼草'(*P. cordata* 'Alba'),花呈白色略带粉红;'蓝花梭鱼草'(*P. cordata* 'Caesius'),花呈蓝色。

同属栽培种有天蓝梭鱼草(*P. azurea*),株高 120 cm,叶心脏形,花天蓝色。产于美洲。

【产地与分布】原产北美,美洲热带和温带均有分布,我国华中等地有引种栽培,为优良的水生花卉,观赏价值极高。

【习性】喜温、喜阳、喜肥、喜湿,怕风不耐寒。在静水及水流缓慢的水域中均可生长,常栽在 20 cm 以下的浅水池或塘边。适宜生长发育的温度为 18~35 ℃,18 ℃以下生长缓慢,10 ℃以下停止生长,越冬温度不宜低于 5 ℃,否则必须进行越冬处理(灌水或移至室内)。梭鱼草生长迅速,繁殖能力强,条件适宜的前提下,可在短时间内覆盖大片水域。

【繁殖与栽培】为保证梭鱼草的生物学特性及生理习性,常采用分株法和种子繁殖。种子

繁殖,8—10 月种子不断成熟,应及时采摘。一般采用春季室内播种,在营养土上播种后,再覆 1 层沙,加水至满,温度保持在 25 ℃左右。分株繁殖可在春夏两季进行。一般自植株基部切开即可,栽入施足底肥的盆内,在水池中养护。或在春季将地下茎挖出,将其切成块状,每块保留 2~4 芽作繁殖材料。

幼苗期为浅水或湿润栽培;生长旺盛期,盆内保持满水。一般直接栽植于浅水中,或先植于花缸内,再放入水池。栽培基质以肥沃为好,对水质没有特别的要求,但尽量没有污染,池、塘最低水位不能少于 30 cm。在春秋两季各施 1 次腐熟的有机肥,亦可结合除草追肥 2~3 次。肥料要埋入土中,以免扩散到水域从而影响肥效。及时清除枯黄茎叶,以保证株型美观。

病害有叶斑病,虫害有蚜虫,注意防治。

【观赏与应用】梭鱼草植株高大挺拔,叶色翠绿,紫色的圆锥花序挺立半空,尤为动人,且观赏期长,是水景绿化的上品花卉,亦是目前我国应用较多的水生花卉之一。16 世纪从美洲引种到英国,发展很快。至今,欧美国家水景布置中,尤其在小庭园的水池中已经广泛应用,色调十分柔和悦目。

用于湿地景观布置,可群植于水池边缘、河道两侧、池塘四周或人工湿地,形成独特的水体景观,夏季花令时节,花序如蜡烛,花色淡蓝略紫,亦殊可人。或与千屈菜、花叶芦竹、水葱、再力花等间植,每到花开时节,串串紫花在片片绿叶的映衬下,别有一番情趣;或以 3~5 株点缀公园水面,或盆栽(长江以北地区)置于个性化的庭园水体中,像竹不是竹,似苇又不像苇,别具一格。

本种系从国外引进的水生花卉,其嫩叶可用来制作沙拉;种子经干燥后可像谷物那样磨成粉面以供食用。它还是一种蜜源植物。蓝色的花枝也是极佳的新颖切花材料,用其装点居室,更增添优雅的美感。

13.2.15　芦竹 *Arundo donax* **L.**

【别名】芦竹根,荻

【英文名】giantreed

【科属】禾本科　芦竹属

【形态特征】"*Arundo*"是"芦苇"的意思;"*donax*"为"柔软的"意思,指花序形态。多年生挺水草本,株高 2~6 m。具有发达根状茎,多节。茎秆较粗,多分枝。叶片扁平,灰绿色。圆锥花序较密,直立,长 30~60 cm。小穗含 2~4 个小花,长 10~12 mm。外稃具 1~2 mm 的短芒,背面中部以下密生白柔毛。内稃长约为外稃的1/2。花果期 9—12 月。

【种类与品种】园艺变种有花叶芦竹(*A. donax* var. *versicolor*),别名斑叶芦竹、彩叶芦竹、花叶玉竹等。根部粗而多结,根状茎粗壮近木质化。秆高 1~3 m,叶宽 1~3.5 cm。叶互生,排成两列,弯垂,具黄白色条纹。地上茎挺直,有间节,整体植株似竹。圆锥花序长 10~40 cm,小穗通常含 4~7 个小花,花似

图 13-15　芦竹

毛帚。初开带红色,以后转白色。因其叶片上有纵向的黄白色条纹,使得它比原种更具园林观赏价值,也是近年来在水体植物景观设计和施工中运用较多的一种优良水生花卉新品种。中国江苏、浙江、湖南、广东、广西、四川、云南等地有分布。生长强健,不择土壤,喜温喜光,耐湿较耐寒,但在北方需保护越冬。

【产地与分布】起源于地中海周围,较早出现在热带或亚热带的地方。引种到我国后,北起辽宁,南至广西、台湾都有它的踪迹,生长最多的地方是江浙地区。在郑州地区有引种。

【习性】适应性很强,也易于繁殖,它既耐旱又耐涝,既耐热又耐寒,在贫瘠土地、沼泽地、河滩地、河岸、沙荒地或普通的旷野地上都能生长。适应性很强,能在年降水量 300 ~ 4 000 mm 的范围内生存,在年均温在 9 ~ 28.5 ℃ 范围内正常生长,能适应 pH 值为 5.0 ~ 8.7 土壤环境。

【繁殖与栽培】地下根茎分切繁殖或扦插繁殖。挖出地下茎,清洗泥土和老根,用快刀切成块状,每块带 3 ~ 4 个芽,然后栽植。初期水位宜浅,以便提高水温和土温,并注意及时清除杂草。扦插一般在 8—9 月进行。植株剪取后,不能离开水,随剪随插。插床的水位 3 ~ 5 cm,约20 d 可生根。

常见有锈病危害,注意用三唑酮防治。虫害有介壳虫、叶螟等,可用氧化乐果防治。

【观赏与应用】芦竹的根茎生长于河岸上会连接成片,具有固定堤坝,防止水土流失的功能,河岸成片的芦竹林对生态环境和当地的小气候起到一定的调整作用。在湖南省常宁市丘岗紫色页岩山地上,腐殖质少,土壤层较薄,林木不易着根生长,而引种栽培连片芦竹林获得成功。研究表明,芦竹对土壤中镉的吸收作用显著,并大部分积累在根茎中。在土壤污染较严重的地区,通过种植芦竹可吸收和积累特定种类的重金属离子,对修复土壤有一定的作用。

园林中,芦竹植株挺拔,外形似竹。密生白柔毛的花序随风飘曳,姿态别致。变种花叶芦竹叶色依季节的变化,早春多黄白条纹,初夏增加绿色条纹,盛夏时新叶全部为绿色,观赏价值远胜于原种芦竹。主要用于水景园背景材料,也可点缀于桥、亭、榭四周,或盆栽于庭院观赏。有置石造景时,还可与群石或散石搭配。

花序可做插花材料,茎秆是制作乐器的良好材料,还可制作高级纸、人造丝或纺织工艺品。鲜嫩芦竹根可入药,清热泻火,可治疗肺热吐血、头晕、牙痛等。

13.2.16　再力花 *Thalia dealbata* Fraser.

【别名】水竹芋、塔利亚、水莲蕉

【英文名】Powdery thalia

【科属】竹芋科　再力花属(又称塔利亚属)

【形态特征】"*Thalia*"指再力花属;"*dealbata*"是"白色的、白粉的"的意思,指叶被白粉。多年生挺水常绿草本,株高 2 ~ 3 m。具根状茎。叶片呈卵状披针形,被白粉,灰绿色,边缘紫色,革质,长约 50 cm,宽 25 cm,全缘,叶柄长30 ~ 60 cm,叶鞘大部分闭合。花梗长,超过叶片 15 ~ 40cm,花紫堇色,径 1.5 ~ 2 cm,成对排成松散的圆锥花序,苞片常凋落;花期 7—10 月。

图 13-16　再力花

【种类与品种】同属种类还有膝曲水竹芋（*T. geniculata*），多年生常绿草本。株高 2 m。叶卵圆形至披针形，灰绿色，长 60 cm，叶柄可长至 1.8 m。花紫色，着生在疏松而下垂的圆锥花序上，花序长 20 cm 左右。

【产地与分布】原产美洲热带，我国华南及长江以南地区有栽培，现在长江以北地区也引种应用于水景中。

【习性】喜温、喜阳、喜肥、喜湿、怕风不耐寒，静水及水流缓慢的水域中均可生长，适宜在 20 cm 以下的浅水中生长，适温 15～30 ℃。在微碱性的土壤中生长良好。耐半阴，怕干旱。生长适温 20～30 ℃，低于 10 ℃停止生长。冬季温度不能低于 0 ℃，能耐短时间的-5 ℃低温。入冬后地上部分逐渐枯死，以根茎在泥中越冬。

【繁殖与栽培】常采用播种繁殖和分株繁殖。播种繁殖，种子成熟后可即采即播，一般以春播为主，播后保持湿润，发芽适宜温度 16～21 ℃，约 15 d 可发芽。分株繁殖，将生长过密的株丛挖出，掰开根部，选择健壮株丛分别栽植。或者以根茎分扎繁殖，即在初春从母株上割下带 1～2 个芽的根茎，栽入施足底肥的盆内，在水池中养护。

栽植时一般每丛 10 个芽、每平方米种植 1～2 丛。定植前施足底肥，以花生枯、骨粉为好。室内栽培生长期保持土壤湿润，叶面上需多喷水，每月施肥 1 次。露天栽植，夏季高温、强光时应适当遮阴。剪除过高的生长枝和破损叶片，对过密株丛适当疏剪，以利通风透光。一般每隔 2～3 年分株 1 次。

常有叶斑病危害，虫害有介壳虫，注意及时防治。

【观赏与应用】再力花是近年从国外引进的一种水生花卉新秀，为优良的大型湿地挺水植物，观赏价值极高。植株高大，形似碧竹，叶片青翠，紫色的圆锥花序挺立半空尤为动人，是水景绿化的上品花卉。广泛用于湿地景观布置，群植于水池边缘或水湿低地，形成独特的水体景观。或以 3～5 株点缀公园水面，或盆栽（长江以北地区）置于个性化的庭园水体中，像竹不是竹，似苇又不像苇，别具一格。也可成片植于池塘中，与睡莲等浮叶植物配植形成壮阔的景观。也可点缀于山石、驳岸等处，或盆栽放于门口、室内等处观赏。它与现代建筑风格的别墅也十分协调，配植于个性化的庭园水体中，同样可达到较好的清新淡雅、自然的装饰效果。

13.2.17　水葱 *Scirpus validus* Vahl.

【别名】苻蒿、莞蒲、葱蒲、莞草、蒲苹、水丈葱、冲天草、翠管草、管子草

【英文名】water chive, great bulrush, softstem bulrush

【科属】莎草科　水葱属（又名蔗草属）

【形态特征】"*Scirpus*"指蔗草属名；"*validus*"为"有效的，有用的"。多年生宿根挺水草本植物。株高 1～2 m，杆高大通直圆柱状，很像我们食用的大葱，但不能食用。杆呈圆柱状，中空。根状茎粗状而匍匐，须根很多。基部有 3～4 个膜质管状叶鞘，鞘长可达 40 cm，最上面的一个叶鞘具叶片。线形叶片长 2～12 cm。圆锥状花序假侧生，花序似顶生。苞片 1 枚，由秆顶延伸而成。花序具

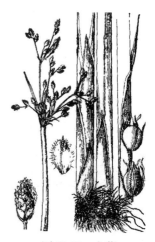

图 13-17　水葱

多条辐射枝,长达 5 cm。椭圆形或卵形小穗单生或 2 ~ 3 个簇生于辐射枝顶端,长 5 ~ 15 mm,宽 2 ~ 4 mm,上有多数的小花。雄蕊 3 条,花药线形,柱头两裂,略长于花柱。小坚果倒卵形,双凸状,长 2 ~ 3 mm。花果期 5—9 月。

【种类与品种】主要变种有南水葱(*S.* var. *laeviglumis* Tang et Wang),与原种的不同之处是鳞片上无锈色突起的小点,柱头 3。分布于广东、广西、福建、浙江、台湾等省。

栽培品种有'花叶水葱'(*S.* 'Zebrinus'),又称棍棒藨草,株高 1 m,圆柱形灰绿色茎秆上间隔镶嵌有米黄色环状条斑,聚伞花序,小穗褐色,花果期 6—9 月。比原种更具观赏价值。花叶水葱主要产地是北美,现国内各地引种栽培。

同属相近种有 200 多种,全世界分布,我国有 40 种,各地有分布。常见的有水毛花(*S. tri-angulatus*),秆丛生,高 60 ~ 100 cm,锐三棱形,基部有 2 叶鞘,无叶片。小穗 2 ~ 9,聚集成头状。产我国各地。栖霞藨草(*S. chuanus*),根状茎短,株高 60 ~ 80 cm。秆疏丛生,较粗壮,三棱形,有 2 ~ 3 叶鞘。产于我国山东。

【产地与分布】分布于我国东北、西北、西南各省。朝鲜、日本、大洋洲、美洲也有分布。本种在北京及河北地区有野生。

【习性】喜欢生长在温暖潮湿的环境中,喜阳光充足。自然生长在池塘、湖泊边的浅水处、稻田的水沟中。适宜生长温度为 15 ~ 30 ℃,10 ℃以上开始萌发,5 ℃以下地上部分逐渐枯萎,根茎部分潜在水土中越冬。生长期入水深度在 20 cm 左右,在清纯、清洁的水质中姿色更佳。较耐寒,在北方大部分地区地下根状茎在水下可自然越冬。

【繁殖与栽培】可用播种、分株方法繁殖。以分株繁殖为主。盆栽宜播种育苗。分株在初春,将植株挖起,抖掉泥土,剪去老根,用快刀切成若干块,每块带 3 ~ 5 个芽。露地种植,也可盆栽。水景栽植,选择适宜的位置,株行距 30 cm 左右,肥料充足时当年即生长发育成片。栽种初期宜浅水,以利提高水温促进萌发。水葱生长较为粗放,没有什么病虫害。冬季上冻前剪除上部枯茎。生长期和休眠期都要保持土壤湿润。每 3 ~ 5 年分栽一次。

【观赏与应用】水葱株丛挺拔直立,色泽淡雅,园林中水面绿化、岸边点缀及盆栽观赏。在水景园中主要做后景材料,茎秆挺拔翠绿,使水景园朴实自然,富有野趣。盆栽可以布置庭院,在小池中摆放几盆,或在花坛里布置,别具一格。水葱常与菰草、香蒲、芦苇等混植于湖畔,野趣尤浓。近几年引进的花叶水葱茎秆美丽、翠镶玉嵌,色泽奇特,观赏价值远胜于其原种——水葱,最宜在池、潭等静水中做后景材料,茎秆挺拔翠绿,使水景园朴实自然,富有野趣。

水葱具有净化水质的作用。茎秆可作插花线条材料,也用作造纸或编织草席、草包材料。茎入药,主治水肿胀满,小便不畅等。

13.2.18 旱伞草 *Cyperus alternifolius* subsp. *flabelliformis*(Rottb.)Kukenth

【别名】水竹、伞草、伞莎草、风车草

【英文名】umbrella plant, windmill cypressgrass

【科属】莎草科 莎属植物

【形态特征】"*Cyperus*"是"莎草"的意思;"*alternifolius*"为"侧生的"意思,指叶片。多年湿生、挺水植物。植株高度 40 ~ 160 cm。茎秆粗壮,直立生长,不分枝。茎三棱形,丛生,上部粗

糙,下部包于棕色的叶鞘之中。叶退化为鞘状,棕色,非常显著,约有 20 枚,宽 2～11 mm。叶状苞片呈螺旋状排列在径秆的顶端,向四面放射开展,扩散呈伞状。聚伞花序,有多数辐射枝,每个辐射枝端常有 4～10 个第 2 次分枝,小穗多个,密生于第 2 次分枝的顶端。小穗椭圆形或长椭圆状披针形,具 6 朵至多朵小花。花两性,无下位刚毛,鳞二列排列,卵状披针形,顶端渐尖,长约 2 mm,具锈色斑点,花药顶端有刚毛状附属物,花柱 3 枚。果实为小坚果,椭圆形近三棱形,长约 1 mm。果实 9—10 月成熟,花果期为夏秋季节。

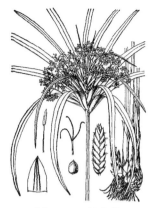

图 13-18　旱伞草

【种类与品种】园艺变种有矮旱伞草(*C. alternifolius* var. *nanus*),植株低矮,株高 20～25 cm,总苞伞状。银线旱伞草(*C. alternifolius* var. *striatus*),茎秆和总苞有白色线条,白绿相间。

同属相近种有大伞莎草(*C. papyrus*),又称埃及纸莎草,湿地多年生草本,高 2～3 m,茎秆粗壮,三棱形,伞状总苞片 3～10 枚。顶生花序细长下垂成伞形,每花枝顶端着生褐色小花。原产南欧及北非热带地区。

【产地与分布】原产于非洲马达加斯加和西印度群岛,我国南北各地均有栽培,但长江以北地区冬季会受冻而枯死。

【习性】性喜温暖、阴湿及通风良好的环境,耐阴性强,适应性强,对土壤要求不严格,以保水强的肥沃土壤最适宜,沼泽地及长期积水的湿地也能生长良好。生长适宜温度为 15～25 ℃,不耐寒冷,冬季室温应保持在 5～10 ℃。

【繁殖与栽培】主要有播种、扦插和分株等方法繁殖。种子繁殖,3—4 月将种子取出,均匀撒播在具有培养土的浅盆中,播后覆土弄平,浸透水,盖上玻璃,温度保持 20～25 ℃,10～20 d 便可发芽。分株繁殖一般在 4—5 月结合植株换盆时进行,将老株丛用利刀切割分成若干小株丛作繁殖材料。扦插一年四季都可进行,剪取健壮的顶芽茎段 3～5 cm,对伞状叶(苞片)略加修剪,插入沙中,使伞状叶平铺紧贴在沙土上,保持插床湿润和空气湿润,室温以 20～25 ℃ 为宜,20 d 左右在总苞片间会发出许多小型伞状苞叶丛和不定根。用伞状叶水插育苗也可以培育出大量的植株。

扦插用的基质除沙外,常用的还有最常见的园土。生产上还有用清水作扦插基质,而且扦插效果也较为理想。扦插方法也可反常规操作,即进行倒插。

可盆栽也可地栽。盆栽宜选用口径 30～40 cm 的深盆,盆底施基肥,放入培养土,中间挖穴栽植,栽后保持盆内湿润或浅水。也可沉水盆栽,将盆苗浸入浅水池中培养,生长旺盛期水深应高出盆面 15～20 cm。刚上盆的新植株应放置在荫棚下,以利植株缩短缓苗时期,并要求保持土壤经常湿润。生长期每 10～15 d 追施 1 次稀饼肥水或其他有机肥。同时,结合追肥及时清除盆内杂草,剪掉黄叶,保持株形美观。高温炎热的季节,应保持盆内满水,并避免强光直射。立冬前便可进温室越冬,室内越冬时应适当控制基质水分,并可稍见阳光。植株生长 1～2 年后,当茎秆密集、根系布满盆中时,应及时进行翻盆分株移栽。夏季应注意避开强光,否则茎叶容易发黄枯萎,甚至出现倒株现象。

常发生叶枯病,虫害有红蜘蛛,注意及时喷药防治。

【观赏与应用】旱伞草株丛繁密,苞叶伞状,婆娑别致,富有南国风味,是室内良好的观叶植

物。除盆栽观赏外,还是制作盆景的材料,也可水培或作插花材料。江南一带无霜期可作露地栽培,常配植于溪流岸边假山石的缝隙作点缀,更显挺拔秀丽,池中倒影,别具天然景趣,增添诗情画意。但是,栽植地光照条件要特别注意,应尽可能考虑植株生态习性,选择在背阴面处进行栽种观赏。盛夏季节在池塘中,茂密地生长着一丛丛的旱伞草,像是一把把撑开的绿色小阳伞,姿态优雅,秀美娴静。

13.3 其他种类(附表)

中文名 (别名)	拉丁学名	科 属	生态 类型	产地与 分布	形态特征	繁殖与栽培	应 用
芦 苇 (苇子)	*Phragmites communis*	禾本科 芦苇属	挺水	广布温带地区,中国多数省有分布	株高1~3 m,具粗壮根状茎,叶狭长,圆锥花序顶生,花期	分株,耐盐碱,耐酸,抗涝,能成片生长	作湖边、河岸低湿处的背景材料
茭 白 (菰)	*Zizania caduciflora*	禾本科 菰属	挺水	原产中国,亚细亚热带及亚热带	株高1~3 m,叶互生,线状。圆锥花序大,多分枝,颖果圆柱形,花果期秋冬季	播种,分株,喜高温多湿,喜生浅水中,忌连作,微酸性壤土	浅水区绿化结合生产布置水面
泽 泻 (水泻)	*Alisma orientale*	泽泻科 泽泻属	挺水	原产中国、日本、朝鲜	株高0.5~1.0 m,具块状球茎,叶椭圆形,基生。圆锥花序具长梗,花小白色,花期7~8月	分株或播种,喜温暖、通风良好的环境,浅水栽培	水边、水生园、沼泽园布置,也可盆栽
慈 姑 (茨菰)	*Sagittaria sagittifolia*	泽泻科 慈姑属	挺水	原产中国,广布亚热带、温带	株高1.2 m,肉质须根,匍匐茎、球茎、短缩茎,叶箭形,顶生圆锥花序,白色,花期7~9月	分球、播种,喜光,喜温暖,宜低洼肥沃浅水,需要通风透光,忌连作	水面、岸边、沼泽洼地布置,也可盆栽
节节菜	*Rotala indica*	千屈菜科 节节菜属	挺水	分布我国南北,印度、斯里兰卡、日本也有	株高10~30 cm,节上生根。叶对生,无柄,有一圈软骨质的狭边花小,腋生穗状花序,紫红色,花期8—11月	播种,分株,喜生于沼泽地、水田及湿地	水边、岸边、沼泽湿地布置,也可盆栽
菖 蒲 (臭蒲子)	*Acorus calamus*	天南星科 菖蒲属	挺水	原产中国和日本,广布世界温带及亚热带	根茎扁肥,横卧泥中,有芳香。叶二列状着生,花茎似叶稍细,佛焰苞较长,圆柱状锥形肉穗花序。花小,黄绿色	分株,春季进行。栽后适应性强,保持潮湿或一定水位即可	岸边或水面绿化,也可盆栽
灯心草 (水灯草)	*Juncus effusus*	灯心草科 灯心草属	挺水	广布全球,我国各省均有分布	株高40~100 cm,根茎横走。茎簇生,叶片退化呈刺芒状。花序假侧生,聚伞状,条状披针形。花期5~6月,果期6~7月	播种,分株,生长期及时除净杂草,适当施肥	水体与陆地接壤处的绿化,也可盆栽

中文名（别名）	拉丁学名	科 属	生态类型	产地与分布	形态特征	繁殖与栽培	应 用
大漂（漂）	*Pistia stratiotes*	天南星科大漂属	漂浮	原产我国长江流域，广布全球热带及亚热带	具横走茎，叶无柄，聚生于极度缩短不明显的茎上，倒卵状楔形，肉穗花序贴于佛焰苞中线处，花小，单性，无花被，花期夏秋季	分株。露地静水水池或流水水域放养，水温高时生长迅速	水池、池塘布置，可净化水体
荇菜（水荷叶）	*Nymphoides peltatum*	睡菜（龙胆）科荇菜属	漂浮	产北半球寒温带，我国东北、华北、华南	茎圆柱形，多分枝，地下茎匍匐状，叶圆形，漂浮水面，上部叶对生，其余互生，花腋生，黄色，花期6—7月	播种，分株，喜肥沃土，宜浅水或静水和光线充足的环境，初期水宜浅，后随苗的生长加深水位	各种水景绿化与净化材料
菱（菱角）	*Trapa bispinosa*	菱科菱属	浮水	产亚洲、欧洲温暖地区	株高0.2 m，叶2型，沉水叶羽状细裂，灰绿色，浮水叶聚生于茎顶，菱盘生于叶腋，花小，乳白色，坚果菱形，具4个短刺状角	播种，喜温暖、喜光照、耐深水	池塘、河道和水库等绿化结合生产，园林水景中布置水面绿化
田字萍（萍）	*Marsilea quadrifolia*	蘋科蘋属	浮水	广布世界热带、温带，主要分布在我国华北以南	株高0.05~0.2 m，根状茎匍匐细长，叶由4片倒三角形的小叶组成，呈十字形，叶脉扇形分叉	孢子、根状茎繁殖，幼年期沉水，成熟时浮水，喜池塘、沼泽、浅水，根状茎泥中越冬	水景园林的浅水、沼泽地中成片种植
浮叶眼子菜	*Potamogeton natans*	眼子菜科眼子菜属	浮水	广布北半球温带，我国南北有栽培	根茎白色具红斑。茎圆柱形不分枝。浮水叶卵形，革质，具长柄；沉水叶质厚，叶柄状，半圆柱状线形。穗状花序腋生，黄绿色，花期6—8月	种子自繁或根状茎繁殖，喜温暖湿润的池塘、沼泽的浅水	静水或缓流中布景
苦草（扁草）	*Vallissneria natans*	水鳖科苦草属	沉水	原产地中海，我国南北各地均有分布	具匍匐茎。叶基生，带状或线形，绿色或略紫红，无叶柄。雄佛焰苞卵状圆锥形，成熟的雄花浮于水面开放，雌佛焰苞筒状，花期秋季	播种或切取匍匐茎繁殖。好散射光，喜温暖，能耐低温	湖泊、水库、池塘及湿地背景并可净化水质，水族箱中点缀
金鱼藻（松针草）	*Ceratophyllum demersum*	金鱼藻科金鱼藻属	沉水	广布中国台湾及大陆各省区，世界各地广布	茎平滑而细长，可达60 cm，有疏生短枝，叶轮生，无柄，花小，单生，坚果扁椭圆状卵形，花果期6—9月	播种，分株	室内瓷缸或玻璃缸中养鱼的理想观赏材料

续表

中文名（别名）	拉丁学名	科 属	生态类型	产地与分布	形态特征	繁殖与栽培	应 用
狐尾藻	*Myriophyllum verticillatum*	小二仙草科狐尾藻属	沉水	我国南北淡水中常见，广泛分布于世界各地	植株大部沉水，沉水叶4枚轮生，挺出水面枝叶翠绿色，较沉水叶短。花挺出水面，花瓣4，极小，果卵形，具4条沟	分株，播种	栽于清净的水景区及室内观赏水族养殖的布景材料

思考题

1. 水生花卉按其生活方式与形态及对水分的要求不同如何分类？
2. 简述水生花卉的生态习性。
3. 简述水生花卉的繁殖与栽培要点。
4. 举例阐述水生花卉的观赏特点及在园林应用中的注意事项。

彩 图

第13章彩图

第 **14** 章 木本花卉

【内容提要】

本章介绍了木本花卉的范畴与类型、生态习性、繁殖与栽培技术要点、园林应用特点，以及常见木本花卉的生态习性、繁殖与栽培、观赏与应用等。通过本章的学习，了解常见木本花卉的种类，掌握它们的生态习性、观赏特点以及园林用途。

14.1 概 述

14.1.1 范畴与类型

木本花卉是指具有观赏价值的木本植物，包括其花、叶、茎、果和冠至全株均可观赏的乔木、灌木和藤木 3 种类型。它可分为常绿或落叶两类。

（1）乔木花卉

植株高大，通常自 6 m 至数十米，主干明显，植株高 20 m 以上为大乔木、11~20 m 为中乔木，6~10 m 为小乔木。多数不适于盆栽，其中少数花卉（如桂花、白兰、柑橘等）亦可作盆栽。

（2）灌木花卉

树体矮小，通常 6 m 以下或无明显主干，呈丛生状态，树冠较小，其中多数适于盆栽。如月季花、贴梗海棠、栀子花和茉莉花等。

（3）藤木花卉

枝条一般生长细弱，不能直立，能缠绕或攀附他物向上生长的木本植物称为藤木花卉，如紫藤、金银花等。在栽培管理过程中，通常设置一定形式的支架，让藤条附着生长。

14.1.2 生态习性

（1）对土壤的需求

在土壤的诸多因素中，以土壤的酸碱度最为重要。喜酸性土壤的木本花卉有杜鹃花、栀子花和茶花等；喜碱性土壤的木本花卉有黄护、银芽柳等，多数花木更喜欢在中性土壤中生长。

不同的花卉对土壤的肥沃程度有不同的喜好，有的花卉耐贫瘠（如金丝桃、刺槐等），若过多施肥会造成枝叶的过度生长，而开花不良；相反，山茶、玉兰、桂花和梅花等喜肥花，肥量不足则生长不良，花量减少。

土壤湿度也影响生长发育。落羽杉喜湿，而杜鹃、牡丹则忌大水湿涝。

（2）对温度的需求

木本花卉对温度的要求各不相同，特别是一些露地栽培的花木，虽然年平均气温可以满足生长需要，但极端高温或极端低温及其持续时间，以及满足植物休眠所需低温量的积累，都会影响花木正常生长。另外，温度的无常变化会使植物自身的生命节律紊乱。原产于寒温带及温带的花木往往需要一定量的低温积累后才打破休眠，翌年才能正常开花，若整个冬季气温偏高，不能满足所需的低温量，翌年开花便会异常。

（3）海拔

杜鹃花、梅花的某些种类，原产地分布的海拔较高，尤喜酸性土壤及冷凉、湿润的环境，栽培中应格外注意。

（4）光照

植物的生长发育受昼夜交替的光周期和光照强度的影响。低纬度地区的短日照植物在高纬度地区的长日照条件下栽培，生长期延长，休眠期推迟，入冬前枝条不充实，耐寒性差，易发冻害。而高纬度地区的长日照植物在低纬度的短日照条件下栽培，枝条生长短，有时出现二次生长，树势较弱，成为病虫害的易感体。木本花卉依对光照强度的不同可分为：阳性树种（如梅花、一品红）、阴性树种（如山茶、杜鹃）和中性树种（如樱花、桂花等）。

（5）空气湿度

南方的很多花木需要较高的空气湿度，在北方盆植时常因干燥而枯梢或不开花。北方花木在南方种植时会因高温、高湿发生多种病害。

14.1.3 繁殖与栽培管理

1）木本花卉的繁殖

木本花卉的繁殖方法分为有性繁殖和无性繁殖两类。播种繁殖在生产中应用较少，主要是为了培育砧木和育种使用，在商业生产中应用较多的是扦插和嫁接，也可用压条、分株和组培。

（1）有性繁殖

很多木本花卉的种子有休眠特性，在播种前需要一定的处理。处理方法有：①机械破皮或

酸处理：对种皮坚硬的种子可进行机械破皮或化学处理,如夹竹桃。②层积处理：使干燥的种胚吸胀,使酶活化,如蜡梅、紫荆。③变温处理或应用植物生长调节剂：如牡丹等种子具有胚根、胚轴双休眠的习性,胚根需经 1~2 个月 25~32 ℃的高温才能打破休眠,而胚轴需 1~3 个月 3~5 ℃低温或涂抹赤霉素才能解除休眠。

(2)无性繁殖

在花卉生产上,木本花卉常用嫁接、扦插、压条、分株繁殖,如牡丹、山茶、一品红等。

扦插是木本花卉繁殖中最常用的一种无性繁殖方法。木本花卉的扦插多采用枝插,根据其茎木质化程度的不同可分为半硬枝扦插和硬枝扦插两种。半硬枝扦插取当年生半木质化枝条,剪成带有 2~3 个芽(节)、长 10~15 cm 的插穗,只留顶部的 2 片叶,将下部 1/3 长度插入基质中。硬枝扦插在落叶后选择 1 年生、完全木质化的枝条,剪插穗并将其封蜡插入基质中。

嫁接通常采用枝接、芽接,也可用根接,此法在以芍药为砧木嫁接牡丹优良品种时常用。

分株繁殖对于一些灌木类木本花卉比较适宜,但繁殖系数小。

压条繁殖由于程序操作烦琐,在生产中较少应用,但对于一些不能使用扦插、嫁接繁殖的部分品种或珍贵苗木稀少的种类,可以采用压条繁殖,如山茶花、叶子花。

组培繁殖可以在大规模、工厂化生产中使用,但很多木本花卉的组培技术不成熟,如牡丹的组培繁殖,存在繁殖系数低、褐化等问题。

2) 木本花卉的栽培管理

(1)木本花卉的栽植

木本花卉栽植前先整地。移植或定植时间因种类而异,落叶类乔灌木一般在秋末落叶后或早春新梢萌发前进行。分裸根和带土球苗,注意尽量少伤根。苗木挖起后对根系进行适当修剪,以利新根和新梢的萌发。栽植坑的深度根据种类和苗木的大小而定。栽植前,坑底施有机肥。栽植深度以苗木根茎与地表相平为宜。种植后连续浇 1~2 次透水。常绿种类,在早春新梢萌发前或梅雨季节进行定植。一般为带土坨苗,并适当疏枝剪叶。栽植后适当在顶部遮阴,并经常喷水以提高空气湿度,减少叶面蒸腾,提高成活率。

(2)栽后管理

苗木栽植后立即灌水,最好能灌水两次。灌水后及时松土,改善土壤通透性,以促进根系的生长。另外,灌溉后要扶直苗干,平整圃地。缓苗后进行施肥。基肥以有机肥为主,常用的有厩肥、堆肥、饼肥、粪干等;追肥常用的有化肥、人粪尿、饼肥水等,施用浓度一般不超过 0.1%~0.3%。

在降雨或浇水后,及时进行中耕、除草等日常管理。

整形方式包括单干式(如广玉兰、大叶女贞);多干式(如牡丹);丛生式(如榆叶梅、棣棠、紫荆等)。修剪包括下述内容。

①摘心与剪梢：用手摘去嫩梢顶部的部分称摘心;用剪刀剪除已木质化的枝条的顶部,称剪梢。二者的目的在于消除顶端优势,促进侧枝形成,利于形成完美的株形;促使枝条组织充实;调节花期等。

②抹芽：与摘心的作用相反,目的在于剥去过多的侧芽,使养分相对集中,花多大而美丽。

③折枝和捻梢：作用在于抑制新梢徒长，促进花芽形成。

④曲枝：将直立生长的枝条用绳索向下拉平以削弱其长势，或拉向左、右使枝条分布均匀。

⑤剪枝：包括疏删修剪和短截修剪。疏删修剪即将枝条从基部完全剪除，主要是病弱枝、枯枝、交叉枝、密生枝等；短截修剪即将枝条先端去掉一部分，剪时要注意了解植物的开花习性和留芽的方向。扶桑、倒挂金钟、叶子花等在当年生枝条上开花的种类，应在春季修剪；而一些在二年生枝条上开花的花卉种类，如山茶、杜鹃等，宜在花后短截枝条，使之形成更多的侧枝。

14.1.4　应用特点

木本花卉一经开花，在适宜条件下能每年继续开花，并保持终生。但由于木本花卉幼龄期较长，因此在繁殖或购进种苗时，品种的选择要恰当，否则到开花时将会造成不可弥补的损失。木本花卉是多年生植物，植株能不断长高、分枝和增粗，因此在栽培前必须先了解各种木本花卉或品种的生长速度及植株大小，计划好株距。盆栽时需不断换盆。为保证植株的优美形态和不断开花，根据再生分枝的特性，每年应进行必要的修剪。木本花卉的配植，要遵循植物配置科学性和艺术性统一的原则。可与山水地形、建筑、园路、草地和林缘等相互衬托，在有限的空间中形成最接近大自然的园林景观。要了解配植树木所占的空间大小功能及造景方面的要求，选择适宜该环境条件的花木种类，精心设计，使其最大限度地发挥美化和保护环境的作用。木本花卉在园林中应用有下述几个特点。

①绿化的骨架。木本花卉改善、保护环境的生态作用远远大于草本花卉。

②种类多，形态变化丰富，叶型多，季相变化丰富；花型、花色丰富。有的花木能表现出春华秋实的季节特征，更应使其在季节变化中彰显其独有的多样性。有许多花木种类（特别是乔木类）不同年龄有不同的树姿，幼年、壮年和老年姿态各有妙趣。

③很多种类是花、叶、果兼具观赏，有些是香花植物，如梅花、桂花、蜡梅、米兰、茉莉、栀子、瑞香等均为重要的香花资源。

④寿命长。很多种类百年以上，如梅花、山茶花。

⑤抗性强。很多种类耐旱、耐湿、耐瘠薄、耐盐碱，耐空气污染，适应能力强，应用范围广，管理成本低。

⑥应用广泛。有的种类可作庭园或道路美化、绿篱、花坛布置或盆栽，有的种类可作庭园绿荫树、行道树。

⑦花期长。很多种类具有连续开花的特性，如月季花和四季桂等。

14.2　我国传统木本名花

14.2.1　桂花 *Osmanthus fragrans*

【别名】木犀、岩桂、九里香、丹桂

【英文名】Sweet Olive

【科属】木犀科　木犀属

【形态特征】常绿阔叶灌木至小乔木。株高可达 15 m，分枝性强，分枝点低。树皮粗糙，灰褐色或灰白色，纵裂或有明显菱形皮孔。单叶对生，革质，叶面有光泽或稍具光泽，叶表呈绿色或深绿色，叶背颜色较淡，叶长椭圆形，全缘、波状全缘、具锯齿或仅有顶端有齿。芽被鳞片，绿色，有的为暗紫红色。密伞形花序，基部有合生苞片，每花序有小花 3～9 朵，花梗纤细。雄蕊 2 枚，花丝极短，雌蕊柱头两裂，子房 2 室。花具有芳香。花色有浅黄白、浅黄、橙黄和橙红等。花期 9—10 月。核果 4—5 月成熟，暗紫蓝色，椭圆形，顶端渐尖，有喙。

图 14-1　桂花

【种类与品种】桂花经过长期的栽培，通过人工选择和天然杂交，产生了种类多样的变异性状和丰富的品种资源，形成了众多的品种。桂花品种的分类尚无统一标准，比较混乱。

（1）传统分类

桂花品种传统分类是根据花色和花期分类。如宋代陈景沂《全芳备祖》以花色来命名'丹'桂，明代李时珍《本草纲目》以花色将桂花品种分为'银'桂（白色）、'金'桂（黄色）和'丹'桂（红色），清代陈淏子《花镜》等以花色、花期将桂花分为'金'桂、'银'桂、'丹'桂、'四季'桂和'月月'桂等品种。也有根据花色、开花习性、花冠分裂形状、花期、花芽开放性、叶形、叶片质地及有无锯齿等几方面来分类的。也有以树形、枝形和叶形"三形"来分类，但营养器官的生长常因环境条件不同而有很大差异，此种分类方法也不够确切。

（2）现代分类

国内对桂花品种的分类较为一致的是以花期与花色分别作为第一、二级分类标准，分为两类（系）四品种群（型）。

四季桂类（系）—四季桂品种群（型），花色乳白、黄、橙，花期长。

秋桂类（系）—金桂品种群（型）：花色金黄。

银桂品种群（型）：花色乳白、淡黄白

丹桂品种群（型）：花色橙红。

不同类型主要品种介绍如下。

（1）四季桂品种群（Group）

①'月月'桂：丛生灌木，树体较小。叶片阔椭圆形，粗糙，少有光泽。花芽多单生，很少叠生。开花稀疏，花色淡黄，微香。花期长，除炎夏外，常年开花，以春、秋两季最盛。

②'日香'桂：灌木，分枝多，节间短。叶片狭长呈披针形，蜡质，具光泽。花芽分生在紫红色幼梢叶腋处。花淡黄色，花心有红点。花期长，9 月至次年 5 月，同一枝条各节都有开花习性。花香甚浓。

③'佛顶珠'：小灌木，树冠圆球形。叶长椭圆状披针形，较厚。叶腋内有花芽 1～2 个，花序紧密，顶生花序，状若佛珠。花银白至淡黄色，雌蕊退化，花后无实。花期自秋到翌春，花繁叶茂。

（2）金桂品种群（Thunbergii Group）

①'大花金'桂：灌木。叶倒卵形至椭圆形，先端尾尖至渐尖，叶面较平或呈 V 形。花瓣较厚，花萼微红，花金黄色，香气浓。花期 10 月上中旬。结实。

②'晚金'桂：小乔木，树冠卵形。叶卵状椭圆形，叶缘中上部有锯齿。花瓣圆阔，花梗紫红色，花黄色。花期 10 月中旬。结实多。

③'柳叶苏'桂：小乔木，树冠伞形。叶披针形，叶尖尾尖，有锯齿。花朵大，花冠裂片厚，花金黄色，雄蕊发育不完全。花期 9 月中下旬。

（3）银桂品种群（Latifolius Group）

①'籽'桂：小乔木，树冠圆头形。叶长椭圆形，先端较宽，平均长 13.8 cm、宽 4.6 cm。叶多为全缘或近先端有细锯齿，网状脉明显。花柠檬黄色，渐转乳白色，香气淡。花期 9 月下旬至 10 月上旬。结实。

②'早银'桂：小乔木，树干灰白色，具菱形皮孔。叶阔椭圆形，平展，主脉明显。叶多为全缘，叶尖钝圆或刺状。花梗长，花朵大，花密集，花色乳黄至柠檬黄，香气浓郁。花期 8 月下旬至 9 月上旬。不结实。

③'白洁'：树干灰白，皮孔密而突出。叶长椭圆形，叶片边缘有一条极为明显的黄白色带痕。花色浅黄至乳白，花瓣大而厚，与花梗连接处有一小红点。花香极浓郁。不结实。

④'九龙'桂：叶长椭圆形至长披针形，多年生小枝自然扭曲呈龙游状。

（4）丹桂品种群（Aurantiacus Group）

①'大花丹'桂：树冠球形。叶披针形，全缘或具疏齿，先端渐尖。花冠直径 1.2 cm 以上，花色橙红。花期 9 月上中旬。不结实。

②'籽丹'桂：树冠半球形。叶长椭圆状披针形，先端略呈尾尖，全缘或具少数疏锯齿。花量繁多，花色橙红。花期 9 月中下旬。结实。

③'桃叶丹'桂：叶长椭圆状披针形，近似桃叶。全缘或中上部有疏齿。花橙红色，子房退化，不结实。

【产地与分布】桂花原产我国西南部喜马拉雅山东段，印度、尼泊尔、柬埔寨也有分布。在四川、广东、广西、湖北、江西、浙江、安徽等地均有野生桂花生长。现广泛栽培于长江流域及以南地区。

【习性】耐高温，不很耐寒，但也有一定的耐阴能力。在富含腐殖质的微酸性沙质壤土中生长良好，土壤不宜过湿，尤忌积水，在黏重土上也能正常生长，但不耐干旱。桂花对空气湿度有一定的要求，开花前夕要有一定的雨湿天气。革质叶有一定的耐烟尘污染的能力，但污染严重时常出现只长叶不开花的现象。

桂花每年春、秋两季各发芽一次。春季萌发的芽生长势旺，容易分枝；秋季萌发的芽，只在当年生长旺盛的新枝顶端上，萌发后一般不分叉。花芽多于当年 6—8 月形成，有二次开花的习性。通常分两次在中秋节前后开放，相隔 2 周左右，最佳观赏期 5～6 d。

【繁殖与栽培】

（1）繁殖

①播种繁殖：播种能获得大量生长健壮、根系发达的桂花实生苗，果实变为紫色时采收，清除果肉，及时进行混沙贮藏，使种子后熟，当年 10—11 月秋播或翌年 2—3 月春播。

②扦插繁殖：桂花扦插可分为硬枝扦插和嫩枝扦插。硬枝扦插通常在11月上旬至翌年1月下旬进行，嫩枝扦插在5—9月下旬进行。插条用激素进行处理，能显著促进生根，其中以吲哚乙酸(IBA)使用效果最好，萘乙酸(NAA)次之。

③嫁接繁殖：桂花嫁接通常用枝接，多行靠接与切接。常用的砧木有女贞、小叶女贞、水蜡、小蜡、流苏树和小叶白蜡等。小叶女贞栽培广泛，接后成活率高，生长快，但寿命短；也可用桂花播种苗作砧木，取代女贞或小叶女贞等异种或异属砧木，以提高砧穗的亲和力。嫁接后25 d 左右苗木即可成活发芽。

④压条繁殖：桂花压条繁殖一般有地面压条和空中压条法两种。地面压条法每年3—5月进行，选母株下部2~3年生枝压入土中，半年后压条生根。空中压条法在3—4月进行，选2~3年生枝环割后包以苔藓等保湿材料，通常3个月后发根，10月生根枝与母株分离即可。

（2）栽培管理

桂花主根不明显，侧根和须根均很发达，栽植成活率高。在长江流域以南地区，一般于10月上旬至11月中旬秋植桂花；在长江流域以北地区，以2月下旬至3月底春植效果好。桂花更适宜大苗栽植，宜浅栽而不能深植。栽种时必须带完整的土球，同时要求适当修剪。

桂花不耐涝渍，排水不良对桂花生长有明显的不利影响。梅雨季节和台风天气需注意排涝。在桂花花芽发育时期(6—8月)，为促使花芽发育，应控制灌水。9月上中旬，花芽开始萌动时，宜保持土壤湿润，适量浇水，以利于正常开花。

桂花有两次萌芽、两次开花的习性，耗肥量大，应于11—12月施以基肥，使翌春枝叶繁茂，有利于花芽分化。7月二次枝发前施追肥，有利于二次枝萌发，使秋季花大茂密。

幼龄桂花树具有较强的生长势，一般不宜强剪。若要培育独干桂花，应及时除去根部和主干上的萌蘖。成年桂花树要进行疏枝，并适度短截，去弱留强，以增强枝势。老年桂花树要回缩修剪骨干枝，短截内膛纤细枝，疏除外围密生枝。

北方可盆栽桂花，但要注意防寒越冬。每隔2~3年进行换盆与修根。

【观赏与应用】

（1）栽培历史

我国桂花栽培历史悠久。文献中最早提到桂花的是先秦古籍《山海经·南山经》，谓"其首曰招摇之山，临于西海之上，多桂，多金玉。"屈原(约前340—前278)《楚辞·九歌》也载有"援北斗兮酌桂浆"。自汉代至魏晋南北朝时期，桂花已成为名贵花木与上等贡品。在汉初引种于帝王宫苑，获得成功。唐、宋以来，桂花栽培开始盛行。唐代文人植桂十分普遍，吟桂蔚然成风。宋之问的《灵隐寺》诗中有"桂子月中落，天香云外飘"的名句，故后人亦称桂花为"天香"。唐宋以后，桂花广泛在庭院栽培观赏。元代倪瓒的《桂花》诗中有"桂花留晚色，帘影淡珠光"的诗句，表明了窗前植桂的情况。桂花民间栽培始于宋代，昌盛于明初。我国历史上的五大桂花产区湖北咸宁、江苏苏州、广西桂林、浙江杭州和四川成都均在此间形成。

我国桂花于1771年经我国广州至印度传入英国，此后在英国迅速扩展。现今欧美许多国家以及东南亚各国均有栽培，以地中海沿岸国家生长最好。

（2）应用

桂花树姿典雅，碧叶如云，四季常绿，是我国人民喜爱的传统园林花木，尤以金秋时节，香飘十里，令人陶醉。于庭前对植两株，即"两桂当庭""双桂留芳"，或玉兰、海棠、牡丹和桂花同栽庭前,取"玉堂富贵"之意,是传统的配植手法;或应用于园林绿化中,将桂花植于道路两侧、假山、草坪、院落等地;如选用山岭、丘陵、山谷等特殊地势和地形,大面积栽植形成桂花山、桂花岭,也是极好的景观;也可与秋色叶树种混植,有色有香,是点缀秋景的极好树种;淮河以北地区桶栽或盆栽桂花,可用来布置会场、大门。也可作为切花材料。

14.2.2　牡丹 *Paeonia suffruticosa*

【别名】富贵花、花中之王、木芍药、洛阳花、谷雨

【英文名】peony

【科属】芍药科　芍药属

【形态特征】

Paeonia 是牡丹植物的古名,*suffruticosa* 是亚灌木的意思。

图14-2　牡丹

牡丹为落叶半灌木。根系肉质,粗而长,须根少。当年生枝较光滑,黄褐色。叶呈二回羽状复叶,具长柄,顶生小叶多呈广卵形,端三至五裂,基部全缘,表面绿色,叶背有白粉。花单生枝顶,花径 10~30 cm,萼片绿色,宿存;野生种多为单瓣,栽培种有复瓣、重瓣及台阁花型;花色丰富,有黄、白、紫、深红、粉红、豆绿、雪青、复色等变化;雄蕊多数,心皮 5 枚,有毛;花期 4—5 月。蓇葖果,8—9 月成熟,开裂,种子黑褐色。

【种类与品种】

(1)主要变种

矮牡丹(var. *spontanea*),形似牡丹,但植株矮小。小叶较窄,顶生小叶宽卵形或近圆形,叶柄及叶轴均生短柔毛。花多重瓣,白至粉色。在陕西、山西有分布,生于山坡疏林中。

(2)同属其他种及变种

①紫斑牡丹(*P. rokii*):花大,白色,基部有深紫色斑块。节间长,植株较高,生长强健,抗性强。野生于四川北部、甘肃及陕西南部,现已广泛引种。

②黄牡丹(*P. lutea*):植株矮小,花常单生,金黄色,心皮 3~6。在云南、四川和西藏有分布。因其花为黄色而有特殊价值,可作杂交亲本培育开黄色花的牡丹品种,如美国、法国、日本等国引种后通过杂交培育了很多黄色牡丹品种。著名的植物分类学家 Rehder 将这一类杂交种命名为 P. X *lemoinei*(杂种黄牡丹)。黄牡丹的一个变种为大花黄牡丹(var. *ludlowii*),发现于西藏东南部一个海拔 2 700~3 200 m 的大峡谷中。花径有 12.5 cm。在英国已大部分代替了黄牡丹,我国也开始引种并用于育种。

③杨山牡丹(*P. ostii*):植株高约 1.5 m,小叶卵状披针形,多达 15 枚,花单生枝顶,白色。分布于河南嵩县杨山、湖南龙山、陕西留坝、湖北神农架、甘肃两当、安徽巢湖市等地。

④紫牡丹(*P. delavayi*):植株高约 1.5 m,叶小,披针形至长圆披针形,花 2~3 朵,紫红至红色。分布于云南西北部、四川东南部和西藏东南部。

（3）品种分类

据不完全统计，世界牡丹品种有 1 000 个以上，我国牡丹品种有 600 个以上。目前，主要有以下几种分类方法：

①二元分类法：中国牡丹专家周家琪和李嘉珏根据以演化关系为主，形态应用为辅，二者兼顾的原则，提出了牡丹芍药品种的二元分类系统，即 2 系 9 群 6 亚群 2 类 14 型。2 系指牡丹系（Tree Peony Series）和芍药系（Herb Peony Series），其中牡丹系下有 7 个品种群，6 个亚群，2 种花瓣类别，14 种花型。

Ⅰ. 牡丹系的 7 个品种群和 6 个亚群：牡丹系包括中国中原牡丹品种群（含延安牡丹亚群和保康牡丹亚群中国西北牡丹品种群、中国江南牡丹品种群（含凤丹牡丹亚群）、中国西南牡丹品种群（含天彭牡丹亚群和丽江牡丹亚群）、欧洲牡丹品种群、美国牡丹品种群、日本牡丹品种群（含寒牡丹亚群）。

a. 中国中原牡丹品种群（Cultivar's Group of Tree Peony From Central Plains of China）：以矮牡丹血统为主，兼有紫斑牡丹、杨山牡丹血统。是我国最大的品种群，形成历史最早，品种最多，变异也最丰富，以河南洛阳、山东菏泽为其栽培中心。

b. 中国西北牡丹品种群（Cultivar's Group of Tree Peony From Northwest China）：主要由紫斑牡丹演化而来，花瓣基部具有黑紫斑或棕褐、紫红斑特征。

c. 中国江南牡丹品种群（Cultivar's Group of Tree Peony From South Yangtze River of China）：主要由杨山牡丹形成的品种及其与中原牡丹杂交或中原牡丹南移后驯化形成的品种组成。其中以其变种药用牡丹（var. *lishizhensis*）为主形成的‘凤丹’品种系列起源较纯，单独划分为一个亚群。

d. 中国西南牡丹品种群（Cultivar's Group of Tree Peony From Southwest China）：是中原牡丹西移、西北牡丹南移并与当地牡丹相互杂交的产物。

e. 欧洲牡丹品种群（Cultivar's Group of Tree Peony From Europe）：主要分布在法国、英国等地，由引进的中国中原牡丹经驯化及与黄牡丹杂交的后代、紫牡丹与大花黄牡丹杂交形成的品种等组成。

f. 美国牡丹品种群（Cultivar's Group of Tree Peony From American）：由欧洲、日本、中国引进的品种，以及紫牡丹、黄牡丹等野生原种与其多代杂交形成的品种系列。

g. 日本牡丹品种群（Cultivar's Group of Tree Peony From Japan）：由引进的中国中原牡丹经驯化并按日本人的爱好进行选育的系列品种。其特色是花色鲜艳，花朵扁平，花梗坚挺，花瓣质地厚，重瓣性不强。其中初冬开花的寒牡丹划分为一个亚群。

Ⅱ. 牡丹系的 2 种花瓣类型：在品种群内按照花瓣起源的差异划分为千层类和楼子类 2 类。

a. 千层类（Hundred-Petals Section）：重瓣、半重瓣花的花瓣以自然增多为主，兼有雄蕊瓣化瓣，呈向心式有层次的排列，由外向内花瓣逐层变小。全花扁平状。

b. 楼子类（Crown Section）：重瓣、半重瓣的内花瓣以离心式排列的雄蕊瓣化瓣为主，外瓣宽大，一般 2～4 轮，内瓣狭长，细碎或皱曲。全花高起呈楼台状。

千层类和楼子类中的台阁品种又可分为千层台阁亚类和楼子台阁亚类。

Ⅲ. 牡丹系的 14 种花型：在各类及亚类内，根据花瓣数量的不同以及雌雄蕊的瓣化程度不同划分为不同花型。千层类、楼子类中单花亚类分为 10 个花型，台阁亚类划分为 4 个花型，共 14 型。

a. 单瓣型(Simple Form)：花瓣宽大，2～3轮，雌雄蕊正常，如'泼墨紫''黄花魁''墨洒金''瑶池砚墨''黑天鹅'等品种。

b. 荷花型(Lotus Form)：花瓣4～5轮，形状大小相近，雌雄蕊正常，如'似荷莲''红云飞片''西瓜瓤''大红袍''大红一品'品种。

c. 菊花型(Chrysanthemum Form)：花瓣6轮以上，自外向内逐渐变小，雄蕊正常，数量减少，如'紫二乔''胜荷莲''美人面''红艳艳''葛巾紫'等品种。

d. 蔷薇型(Rose Form)：花瓣极度增多，自外向内逐渐变小，雄蕊基本消失或少量残留，雌蕊正常或稍瓣化，如'大棕紫''鹅黄''青龙卧墨池'等。

e. 金蕊型(Golden-stamen Form)：外瓣宽大，1～2轮，雄蕊花药增大，花丝变粗，雄蕊群金黄色，雌蕊正常，此型品种稀少。

f. 金心型(Golden-center Form)：外瓣宽大，2～5轮，由外向内渐小，内瓣小，排列紧密，多有花药残留，中心有深色条纹，瓣间稀有正常雄蕊，花心有正常雄蕊，雌蕊正常，如'淑女妆''娇红'等品种。

g. 托桂型(Anemone Form)：外瓣2～3轮，雄蕊成狭长的花瓣，雌蕊正常或退化变小，如'粉盘托桂''粉狮子'等品种。

h. 金环型(Golden-circle Form)：外瓣宽大，雄蕊大多瓣化，高耸，雌蕊正常或瓣化，如'姚黄''赵粉''烟笼紫''孩儿红''腰系金'等品种。

i. 皇冠型(Crown Form)：外瓣宽大平展，雄蕊几乎全部瓣化成群，高耸，雌蕊正常或瓣化，如'魏紫''蓝田玉''首案红''白玉''墨魁''醉杨妃''玉兔天仙''青心白'等品种。

j. 绣球型(Globular Form)：雄蕊充分瓣化，与外瓣大小及形状相似，雌蕊多瓣化或退化，全花球状，如'银粉金鳞''假葛巾紫''绿蝴蝶''蓝翠楼''豆绿''状元红'等品种。

k. 初生台阁型(Primary Proliferation Form)：下方花雌蕊正常或稍瓣化，上方花一般雌雄蕊正常，如'花红重楼''火炼金丹''脂红'等品种。

l. 彩瓣台阁型(Color-petalled Proliferation Form)：下方花雌蕊瓣化，颜色比花色深，并带绿纹，雄蕊多瓣化，上方花雌雄蕊正常或稍瓣化，如'罗春池''青山卧云''佛头青''金花状元''霓虹焕彩''锦绣九都'等品种。

m. 分层台阁型(Stratified Proliferation Form)：下方花雌蕊瓣化如正常花瓣，雄蕊瓣化较正常花瓣短小，上方花雄蕊亦多瓣化成短瓣，雌蕊瓣化或退化，全花有明显的分层结构，如'蓝绣球''紫玉'等品种。

n. 球花台阁型(Globular Proliferation Form)：下方花雄蕊、雌蕊及上方花雄蕊变瓣与正常花瓣无异，上方花雌蕊瓣化或退化，全花球状，如'紫重楼''胜丹珠'等品种。

②株型分类法：牡丹按株型可以分为直立型、开张型、半开张型3种类型。直立型枝条开展角度小，向上直伸，通常节间长，生长势强；开张型枝条开展角度大，株幅大于株高，生长势较弱；半开张型介于二者之间。

③分枝习性分类法：牡丹按分枝习性分为单枝型和丛枝型两种。单枝型当年生枝节间长，仅基部形成1～3个混合芽，芽以上的一年生枝当年枯死，这类品种植株高大。丛枝型当年生枝节间短，新芽多，发枝强，这类品种植株较矮。

④花色分类法：牡丹按花色分为黄、白、红、粉、紫、黑、蓝、绿和复色。

⑤花期分类法：牡丹按花期分为早花品种(4月下旬至5月初开花)、中花品种(5月上旬至5月中旬开花)、晚花品种(5月中旬至5月下旬开花)和秋冬花品种(春天开花后,秋天或冬天再次开花)四类。

⑥栽培分布分类法：牡丹按栽培分布分为中原牡丹品种群、西北牡丹品种群、西南牡丹品种群和江南牡丹品种群。

【产地与分布】原产中国,主要分布在陕西、甘肃、河南、山西等省海拔800~2100 m的高山地带,立地条件多为阴坡或半阴坡,生长在腐殖质层较厚的林缘或灌木丛中。栽培种遍及全国,以河南洛阳、山东菏泽最为著名,其次是甘肃的临夏与临洮、陕西的西安与延安、四川的彭州、江苏的盐城、浙江的杭州、湖北的襄阳、安徽的亳州与铜陵以及北京等地。

【习性】牡丹喜凉恶热,具有一定的耐寒性;喜向阳和干燥,惧烈风,宜中性或微碱性土壤,忌黏重土壤;最适生长温度18~25 ℃,生存温度不能低于-20 ℃,最高不超过40 ℃。花芽为混合芽,分化一般在5月上中旬开始,9月初形成。植株前三年生长缓慢,以后加快,四至五年生时开花,开花期可延续30年左右。黄河中下游地区,2至3月上旬萌芽,3至4月上旬展叶,4月中旬至5月中旬开花,10月下旬至11月中旬落叶,进入休眠。一年生枝只有基部叶腋有芽的部分充分木质化,上部无芽部分秋冬枯死,谓之"牡丹长一尺,退八寸"。牡丹花芽需满足一定低温要求才能正常开花,开花适温为16~18 ℃。

【繁殖与栽培】

(1)繁殖

牡丹常用分株、嫁接繁殖,也可播种、扦插和压条繁殖。

①分株繁殖:农谚有"春分分牡丹,到老不开花"的说法,因此时气温升高较快,枝芽虽已萌动,但根系还不能供应充足的水分和养分,只能消耗植株本身的贮藏物质,植株长势衰弱。所以,生产上分株多在寒露(10月8—9日)前后进行,暖地可稍迟,寒地宜略早。黄河流域多在9月下旬至10月下旬进行。分株时选择四至五年生的健壮母株掘出,去泥土,置阴凉处2~3 d,待根变软后,顺自然走势,从根颈处分开。若无萌蘖枝,可保留枝干上潜伏芽或枝条下部的1~2个腋芽,剪去上部;若有2~3个萌蘖枝,可在根颈上留3~5 cm剪去,伤口用1%硫酸铜或400倍多菌灵浸泡,然后栽植,壅土越冬。分株每3~4年进行一次,每次可得1~3株苗,繁殖系数低。目前,生产上多采用将压条、分株和平茬相结合的方法(简称双平法),方法是秋季将牡丹分株栽植,将枝条平曲压埋,促进枝条上的不定芽萌发生长,第二年秋季全部平茬,第三年秋季挖出进行分株,一般每个母株可形成8~10株新苗。

②嫁接繁殖:牡丹嫁接适期为初秋后重阳前,过迟不宜,自处暑(8月23—24日)到寒露(10月8—9日)均可嫁接,但以白露(9月7—8日)到秋分(9月23—24日)为宜,尤以白露前后嫁接成活率最高。嫁接所用砧木,宋代用野生牡丹,明代用芍药根,清代用牡丹根,现在常用芍药根或牡丹根作砧木。芍药根短粗,质软,易嫁接,生长快,但寿命较短,分株少;牡丹根细,质硬,不易嫁接,但分株多,寿命长,抗逆性强。生产上多用'凤丹'作砧木。一般采用枝接,也可用芽接。枝接时,将芍药或牡丹根挖出,在阴凉处放半天,使之失水变软,然后嫁接。一般采用切接,若砧木较粗,用劈接。接后绑紧,外涂泥浆,栽植深度与切口平,壅土至接穗上端2~3 cm以防寒越冬,翌春扒开壅土。秋分时用带木质部的单芽切接,取萌蘖枝上的芽片,接后栽植,接口入地6~8 cm。

③播种繁殖：牡丹播种繁殖主要用于药用牡丹、培育实生砧木苗和新品种选育。由于种子具坚硬种皮，可用50℃温水浸种24 h或用浓硫酸浸泡2~3 min，也可用95%酒精浸泡30 min，以软化种皮，促进萌发。在5℃条件下层积种子或用赤霉酸(GA_3）100~300 mg/L处理，也可打破休眠，促进萌发。生产上常采用即采即播方法，于8月下旬至9月中旬播种，播深4~6 cm，培土10~15 cm，翌春平土。由于种子有上胚轴休眠习性，当年只能长根，苗不出土，经一定时间的低温(1~10℃，60~90 d)打破休眠，春天发芽出苗。因此，播种不能过迟，否则当年发根少，翌年春季出苗不旺。

(2)栽培

①栽培地点：选择光照充足、地势高、排水良好、土质肥沃的沙壤作为栽培用地。

②栽植时期：一般在秋季(寒露前后)结合分株，待伤口阴干后栽植，使土与根系密接，栽后浇一次水。入冬前根系有一段恢复时期，能长出新根。一般不在春季栽植，但当需要延长牡丹栽植季节时，也可春栽，但需要采取措施，精心养护。

③浇水：牡丹根系有较强的抗旱能力，一般干旱不需浇水，但特别干旱时应浇水。北方地区在春季萌芽前后、开花前后和越冬前要保证水分充分供应，雨季要注意排水防涝。

④施肥：牡丹喜肥，施用腐熟的堆肥、厩肥、油饼等最为适宜。根据牡丹需肥的规律，一年内需施肥3次，分别在早春萌芽后、谢花后和入冬前施入，称作花肥、芽肥、冬肥。花肥、芽肥以速效肥为主，冬肥以长效肥为主。

⑤植株管理：牡丹干性弱，一般采用丛状树形，每株定5~7个主枝(股)，其余枝条疏除。每年从基部发出的萌蘖，若不作主枝或更新枝使用，应除去。成龄植株在10—11月剪去枯枝、病枝、衰老枝和无用小枝，缩剪枝条1/2左右，并注意疏去过多、过密、衰弱的花蕾，每枝最好仅留一个花芽。

⑥病虫害防治：牡丹主要病害有褐斑病、红斑病、锈病、炭疽病、菌核病、紫纹羽病等，主要害虫有根结线虫、蝼蚁、天牛等，要注意及时进行药剂防治和人工防治。

⑦催延花期：采取人为措施可使牡丹在同一年内形成的花芽提早开花(早于自然花期)称为催花(促成)栽培，使去年形成的花芽延迟开花(晚于自然花期)称为延迟(抑制)栽培(表14-1)。促成栽培的关键，一是植株的花芽必须基本形成，二是植株已经具有一定的营养基础，三是给予适宜的环境条件。牡丹促成栽培时，对植株的要求是株龄4~7年，枝龄2~3年，枝长15 cm以上。催花过程中的温度、湿度和光照调节是否得当是能否成功的关键。温度控制前期(从萌动到翘蕾，约15 d)白天7~15℃，夜间5~7℃为宜；中期(从翘蕾到圆桃期前，约20 d)白天15~20℃，夜间10~15℃为宜；后期(圆桃期以后，约20 d)白天18~23℃，夜间15~20℃。相对空气湿度一般控制在70%~80%，光照强度保持5 000 lx左右即可满足要求，在催花后期每天晚上补光4~5 h(300~500 lx)，对提高成花质量有良好效果。

表14-1　牡丹周年开花的栽培类型与花期

栽培类型	栽培环境	花期	生育期/d	备注
一般栽培	露地	自然花期(4月上旬至5月中旬)	55~58	
延迟(抑制)栽培	露地	初夏	50~52	用半重瓣品种
	冷库或人工气候室	仲夏至初秋(5月下旬至9月上旬)	40~45	

栽培类型	栽培环境	花　期	生育期/d	备　注
催花(促成)栽培	露地	秋季(9月上中旬至11月中旬)	32~40	北株南催
	露地	冬季(1月上中旬至3月中下旬)	45~65	
	塑料大棚	早春(3月下旬至4月上中旬)	70~73	用早花品种
	塑料大棚	初冬(11月中下旬至1月上旬)	40~50	辅助加温
	温室	冬季(1月上中旬至3月中下旬)	55~65	用早花品种

注:生育期是指花芽萌动到开花的天数。(引自包满珠.花卉学[M].3版.北京:中国林业出版社,2011.)

【观赏与应用】

(1)栽培历史

牡丹是我国特产的传统名花,最早是作为药用栽培的,其根皮入药,称丹皮。成书于东汉的《神农本草经》。南北朝时牡丹开始作为观赏栽培,隋代观赏品种形成,此期已有'飞来红''袁家红''醉颜红''一拂黄''云红'等品种。唐代时牡丹成为皇宫御苑的珍贵名花,并渐次扩展栽培于达官贵人的花园及寺庙中。唐末,栽培地域扩展到洛阳、杭州及东北牡丹江一带。宋代牡丹栽培中心移至洛阳,栽养和欣赏牡丹已成为民间风尚。欧阳修的《洛阳牡丹记》)是全世界第一部牡丹专著,其后又有周师厚的《洛阳花木记》、张邦基《陈州牡丹记》、陆游《天彭牡丹谱》等牡丹专著问世。元代时牡丹发展处于低潮。至明代,其栽培中心又转移到安徽亳州。薛凤翔在所撰《亳州牡丹史》中分类列举了271个品种,记述了140多个品种的花色和形态特征。清代牡丹栽培中心逐渐移到曹州(今山东菏泽),又有余鹏年《曹州牡丹谱》和赵世学《新编曹州牡丹谱》等牡丹专著问世。

中国牡丹在唐代就已经传至日本,1656年,传至欧洲,荷兰、英国、法国等陆续引种,20世纪传至美国。从此,各国相继用中国牡丹和紫牡丹、黄牡丹杂交,培育出了一批色彩和性状优异的新品种,尤以法国和美国育成的一批黄色品种十分珍贵。

(2)应用

牡丹雍容华贵,国色天香,艳冠群芳,自古以来,凡名园古刹多植牡丹,现在各类城市园林绿地中也广泛应用。

牡丹无论孤植、丛植、片植都很适宜,在园林中多布置在突出的位置,建立专类园或以花台、花坛栽植为好,也可种植在树丛、草坪边缘或假山之上,居民庭院中多行盆栽观赏。盆栽催延花期,可四季开花。案头牡丹、牡丹盆景、牡丹切花市场前景也非常好。

14.2.3　杜鹃 *Rhododendron simsii*

【别名】映山红、满山红、山鹃

【英语名】Azalea

【科属】杜鹃花科　杜鹃花属

【形态特征】杜鹃花为常绿或落叶灌木,稀为乔木、匍匐状或垫状。主干直立,单生或丛生,枝条互生或近轮生。单叶互生,常簇生枝端,全缘,罕有细锯齿,无托叶,枝、叶有毛或无。花两性,常多朵顶生组成总状、穗状、伞形花序,花冠辐射状、钟状、漏斗状、管状,4~5裂;花色丰富,喉部有深色斑点或浅色晕;花萼宿存,4~5裂;雄蕊10枚,不等长;子房上位,5~10室。花期3—6月。蒴果开裂为5~10果瓣,种子细小,有狭翅,果10月前后成熟。

图14-3　杜鹃

【种类与品种】

(1)同属其他种

我国较珍贵的原产种有:

①云锦杜鹃(*Rh. fortunei*):常绿灌木。顶生总状伞形花序,疏松,有花6~12朵,花大芳香,淡玫瑰红色。5月开放。

②大白杜鹃(*Rh. decorum*):常绿灌木。花冠白色,6~8裂,花序顶生。

③大树杜鹃(*Rh. protistum var. giganteum*):常绿大乔木,被誉为"世界杜鹃花之王"。叶大,花序大,每序有鲜玫瑰紫色花20~24朵。

④马缨花(*Rh. delavayi*):常绿灌木。顶生伞形花序,圆形,紧密,有花10~20朵,花冠钟形,肉质,深红色。

⑤泡泡叶杜鹃(*Rh. edgezvorthii*):常绿灌木。叶面有泡状隆起,下面密生绵毛,花有香味。

⑥乳黄杜鹃(*Rh. lacteum*):常绿灌木。顶生总状伞形花序,有花15~30朵,密集,花冠乳黄,宽钟状。

⑦羊踯躅(*Rh. molle*):落叶灌木。叶面皱,花金黄色。植株有毒。

⑧滇南杜鹃(*Rh. hancockii*):常绿灌木。花单生枝顶叶腋,白色,叶有光泽,花香素雅。

⑨锦绣杜鹃(*Rh. pulchrum*):半常绿灌木。花1~5朵,顶生,粉红色,有深紫斑点。

(2)栽培品种分类

在我国,杜鹃花根据形态、性状、亲本和来源,分为东鹃、毛鹃、西鹃和夏鹃4个类型。

①东鹃:来自日本,包括石岩杜鹃(*R. obtusum*)及其变种。品种很多,体型矮,高1~2m,枝纤细紊乱,叶薄色淡,花期4—5月。品种有'新天地''雪月''日之出''碧上'以及能在春、秋两次开花的'四季之誉'等。

②毛鹃:俗称毛叶杜鹃,包括锦绣杜鹃、白花杜鹃(*R. mucronatum*)及其变种、杂种。株高2~3m,枝粗壮,幼枝密被棕色刚毛,叶长椭圆形,多毛,花大、单瓣。品种有'玉蝴蝶''琉球红''紫蝴蝶''玲珑'等。

③西鹃:最早在荷兰、比利时育成,系皋月杜鹃(*R. indium*)、杜鹃花、白花杜鹃等反复杂交而成。株型紧凑,花色丰富,花期长,但怕晒怕冻,2—5月开花。品种有'皇冠''锦袍''天女舞''四海波'等。

④夏鹃:原产印度、日本。枝叶纤细,分枝稠密,树冠丰满整齐,叶狭小,自然花期5—6月。传统品种有'长华''大红袍''陈家银红''五宝绿珠''紫辰殿'等。

【产地与分布】杜鹃花属有800余种,以亚洲最多,其中我国有600余种,占全世界种类的75%,主要集中分布于云南、西藏和四川,是杜鹃花属的发祥地和世界分布中心;新几内亚、马来西亚约有280种,在杜鹃花的次生分布中,几乎全为附生灌木型。此外,北美分布有24种,欧洲

分布有 9 种,大洋洲 1 种。

我国杜鹃花以长江以南地区种类较多,长江以北很少,新疆、宁夏属干旱荒漠地带,均无天然分布。

【习性】杜鹃花喜凉爽、湿润气候,畏酷热干燥,最适宜生长的温度为 15 ~ 25 ℃,气温超过 30 ℃ 或低于 5 ℃ 则生长趋于停滞。杜鹃花一般在春、秋两季抽梢,以春梢为主。喜阳光,但忌烈日暴晒。要求富含腐殖质、疏松、湿润、pH 值为 5.5 ~ 6.5 的酸性土壤,在黏重或通透性差的土壤中生长不良。

【繁殖与栽培】

(1)繁殖

杜鹃花以扦插、嫁接繁殖为主,也可以进行播种和压条繁殖。

①扦插繁殖:杜鹃花扦插繁殖一般于 5—6 月取当年生半木质化枝条,剪去下部叶片,若枝条过长,可截去顶梢。扦插基质宜用兰花泥、河沙、蛭石、珍珠岩、泥炭等,浅插,入土深度以 2 ~ 4 cm 为宜,插后浇透水,置于荫棚下管理,一般 20 ~ 30 d 可生根。

②嫁接繁殖:西鹃多采用嫁接繁殖。砧木选用 1 ~ 2 年生毛鹃,以'玉蝴蝶''紫蝴蝶'最好,接穗选用 3 ~ 4 cm 长的嫩梢,嫁接方法可以用切接、劈接、腹接等。嫁接时间一般选在 4—5 月。

③播种繁殖:杜鹃花播种繁殖主要用于新品种培育。种子成熟后,常绿杜鹃应随采随播,落叶杜鹃可将种子沙藏,翌年春播。种子撒播后,薄覆一层细土,表面覆盖保湿,置于阴处,气温 15 ~ 20 ℃,约 20 d 即可出苗。

(2)栽培管理

野生杜鹃和栽培品种中的毛鹃、东鹃、夏鹃可以盆栽,也可在略庇荫处地栽,西鹃全部盆栽,下面介绍盆栽杜鹃花的栽培管理。

①栽培场地:地栽场地不能积水,土壤以酸性为宜,盆栽场地忌水泥地,室外场地应注意排水防涝,同时应注意 7—8 月暴雨袭击,室内场地应注意通风,防止病虫害滋生。

②培养土配制:杜鹃花为喜酸植物,以园土 30%、沙 20%、泥炭 28%,椰糠或锯木 20%、珍珠岩 20% 效果较好。配制培养土时,还可加入腐熟的油饼、少量复合肥及微肥。培养土混合均匀后应进行严格的消毒杀菌。

③盆的选用与上盆:为使杜鹃花根系透气和降低成本,一般选用瓦盆,加之杜鹃花根系浅,扩张缓慢,因此应适苗适盆,以免浇水失控。一般 1 ~ 2 年生杜鹃花植株用 10 cm 口径盆,3 ~ 4 年生用 15 ~ 20 cm 的盆,5 ~ 7 年生用 20 ~ 30 cm 的盆。上盆时,应在盆底垫入碎瓦片或 3 cm 厚的大块煤渣,以利于根系透水透气。上盆压土时,应从盆壁向下压,以免伤根,上盆后应透浇一次酸化水,然后放于阴凉处。

④浇水与施肥:杜鹃花浇水主要根据天气、植株大小、盆土干湿、生长发育的需要灵活掌握。生长旺盛期多浇水,梅雨季节防止盆面积水,7—8 月高温期随干随浇,并于午间、傍晚向地面洒水,冬季生长缓慢,5 ~ 7 d 浇水一次。肥料要薄肥勤施,主要在 3—5 月,可用沤熟的稀薄液肥、菜籽饼等,20 d 左右施一次,同时为防止盆土碱化,一个月施一次 1% ~ 2% 的硫酸亚铁液。

⑤修剪与整形:盆栽杜鹃花应从幼苗期及时进行修剪,以加快植株成形和矮化,最终形成 3 ~ 4 个一级枝,每个一级枝上有 2 ~ 4 个二级枝。一般植株成形后,平时主要是剪除病枝、弱枝

及重叠紊乱的枝条,均以疏剪为主。

⑥花期调控:杜鹃花芽分化之后,移入 20 ℃的环境中 15～20 d 可开花,品种间差异较大。圣诞节(12 月下旬)用花的杜鹃花自冷藏室(4～5 ℃)移出后,必须在 11 月上旬置于 15 ℃温室中,才能如期开花。若要国庆节开花,则需先置于 3～4 ℃低温冷室内,9 月中旬取出即可。使用植物生长调节剂可促其花芽形成,如用 B₉ 以 0.15% 的浓度喷施,每周 1 次,2 个月后花芽即充分发育。杜鹃花在促成栽培以前至少需要 4 周 10 ℃或更低的温度冷藏。在此期间,植株应保持湿润,不能过分浇水,同时保持每天 12 h 的光照,以减少落叶。

⑦病虫害防治:杜鹃花常见的病害是褐斑病,主要发生在梅雨季节,是引起落叶的主要原因。防治方法是在花前、花后喷施 800 倍液托布津,并注意改善光照、通风条件,随时摘除病叶并烧毁。常见的虫害是红蜘蛛,6—8 月高温干燥时尤为突出,可用 1 000 倍液三氯杀螨醇喷杀,每周 1 次,连续 3 次。

【观赏与应用】

(1)栽培历史

杜鹃花用于栽培观赏大致始于唐代,据《丹徒县志》载:"相传唐贞元元年(785)有外国僧人自天台钵盂中以药养根来种之。"此记载为江苏镇江鹤林寺的野生杜鹃花。北宋苏轼也曾在诗中多次提及,如"当时只道鹤林仙,能遣秋光放杜鹃"。诗人白居易对杜鹃花最为推崇:"花中此物是西施,芙蓉芍药皆嫫母",并曾于 819 年前后移栽山野杜鹃于厅前,经多次引种方获成功,820 年乃作《喜山石榴花开》:"忠州州里今日花,庐山山头去年树。已怜根损斩新栽,还喜花开依旧数。"清代陈淏子在《花镜》中总结了杜鹃花的习性和栽培经验:"杜鹃性最喜阴恶肥,每早以河水浇之,置之树荫之下,则叶青翠可观,亦有黄、白二色者。春鹃亦有长丈余者,须种以山黄泥,浇以羊粪水方茂。若用映山红接者,花不甚佳。切忌粪水,宜豆汁浇。"张泓在《滇南新语》中记述了云南的南杜鹃:"逸西楚雄、大理等郡盛产杜鹃,种分五色,有蓝者,蔚然天碧。"

18 世纪,瑞典植物学家林奈在《植物种志》中建立了杜鹃花属 *Rhododendron*。19 世纪,欧美国家开始从我国云南、四川等地大量采集杜鹃花种子、标本,进行分类、栽培和育种,在近百年的研究中,培育出数以千计的品种。20 世纪 20 年代,我国上海、无锡、青岛、丹东等地开始从国外引进栽培品种。对国内的资源调查,1940 年秦仁昌教授在《西南边疆》中介绍了云南的高山常绿杜鹃花,1942 年方文培教授在《峨眉植物图志》中记述了峨眉山杜鹃花多种,并对杜鹃花进行分类研究。目前,我国的杜鹃花资源已引起各界的重视,与此同时也有大量的西洋杜鹃涌入我国市场。

(2)应用

杜鹃花为传统十大名花之一,被誉为"花中西施",以花繁叶茂、绮丽多姿著称。西鹃是优良的盆花,毛鹃、东鹃、夏鹃均能露地栽培,宜于林缘、溪边、池畔及岩石旁成丛成片种植,也可疏林下散植,还可建杜鹃花专类园,杜鹃花也是优良的盆景材料。

14.2.4　山茶花 *Camellia japonica*

【别名】华东山茶、茶花、耐冬、曼陀罗、海石榴

【英文名】Common camellia

【科属】山茶科　山茶属

【形态特征】山茶为常绿灌木或小乔木,高可超过 10 m。叶革质,互生,椭圆形,边缘锯齿稀,波状,叶面有光泽,光滑无毛。两性花,顶生或腋生,花梗极短,花芽外有鳞片,被茸毛;花瓣 5 ~ 7 片,多可达 60 余片;花径 6 ~ 10 cm;花色有朱红、桃红、粉红、红白相间和纯白等色;雄蕊多数,基部连成筒状,有时退化或瓣化。花期 10 月至翌年 3 月。蒴果。

图 14-4　山茶花

【种类与品种】

(1)山茶属分类及同属其他种

关于山茶属的分类系统,不同分类学家的观点各异。目前比较认可的是张宏达和闵天禄的分类体系。张宏达在 1981—1998 年建立了亚属分类等级,将山茶属划分为 4 个亚属和 20 组;闵天禄于 2000 年发表了山茶属植物新系统,新建了山茶属 2 个亚属、14 组和 119 种的系统大纲,界定了亚属和组的概念和范围,将已合格发表的 300 余种山茶属植物名称订正归并为 119 种。

同属主要种还有下述种类。

①云南山茶(C. reticulata):云南山茶又名滇山茶、大茶花、曼陀罗、云南茶花。分布于云南、四川西南部和贵州西部,常见于海拔 1 200 ~ 3 600 m 的阔叶林或混交林中。

常绿乔木,高 5 ~ 15 m。树皮灰褐色,光滑无毛。单叶互生,革质,多宽椭圆形,长 5 ~ 14 cm,宽 2 ~ 7 cm,边缘具锐齿。叶面深绿色,背面淡黄绿色。花两性,冬末春初开花,常 1 ~ 3 朵着生于小枝顶叶腋间,无花梗或具极短花梗;苞片 5 ~ 7 枚,覆瓦状排列,密被褐色短茸毛;萼片常为 5 ~ 7 枚,分两轮呈覆瓦状排列;花瓣原始单瓣型 5 ~ 7 枚,园艺重瓣品种 8 ~ 60 枚,分 3 ~ 9 轮呈覆瓦状排列,直径 4 ~ 22 cm,花瓣匙状或倒卵形;花色有大红、紫红、桃红、红白相间等;雄蕊多数,长 2 ~ 4 cm,基部合成筒状或束状,连生于花瓣基部;雌蕊 1 枚,上位子房,3 ~ 5 室,每室有胚珠 1 ~ 3 颗。蒴果扁球形,直径 3 ~ 7 cm,外壳厚木质,有种子 3 ~ 10 粒,黑色,富含脂肪,子叶肥厚,无胚乳。

②茶梅(C. sasanqua):灌木。叶小,宽 2 ~ 4 cm,长 5 ~ 8 cm,椭圆至披针形,先端渐尖,叶近无柄。花单生,白色或红色,花径 3 ~ 9 cm,子房被银白色柔毛。

③金花茶(C. chrysantha):小乔木。叶长椭圆形,长 10 ~ 15 cm,宽 3 ~ 5 cm,两面粗糙,网脉明显。花金黄色,花径 5 cm。金花茶原产我国广西,越南北部也有分布,是世界濒危保护物种,也是重要的育种种质资源。

(2)山茶属植物品种

国际茶花协会(International Camellia Society, ICS)1993 年版的《国际茶花品种登记大全》(The International Camellia Register)一书提出了山茶属植物品种登录的主要原则,如品种定名以最早正式刊物上发表的有描述的名称为准等。根据登录原则对世界各地的 32 000 个品种进行订正,有效登录名称 22 100 个,别名 9 900 个。虽然当时我国山茶的名称未及时调查、统一、分类、登录工作未能与国际接轨,但是我国园艺界分别对云南山茶、山茶、茶梅和金花茶的名称做了初步的统一规范。

①云南山茶品种：1981年,在《云南山茶花》一书中公布云南山茶品种105个,后又进一步进行了收集和整理,迄今栽培的品种已有130个以上,主要有下述种类。

'狮子头'('Shizitou'):花鲜红色,重瓣,花径10~15 cm。雄蕊多数,分5~9组混生于曲折的花瓣中,故有'九心十八瓣'之称。

'恨天高'('Hentiangao'):产大理,又名'汉红菊瓣',是云南山茶中的珍品。植株矮小,生长缓慢,花桃红色,花径9~11 cm。

'童子面'('Tongzimian'):叶片内曲呈V形,长5~9 cm,宽3~4 cm。初花淡粉红色,略带红晕,似幼童脸色,故称童子面。

另还有'紫袍'('Zipao'),'大理'茶('Dalicha'),'松子鳞'('Songzilin'),'牡丹'茶('Mudancha'),'大玛瑙'('Damanao'),'通草片'('Tongcaopian')[又称'菊瓣''国嵋'茶('Guomeicha')]等,都是云南山茶的著名品种。

②山茶品种：据《世界名贵茶花》(1998)中介绍,山茶品种(含国外)已达400个,主要有下述种类。

'绿珠球'('Luzhuqiou'):花色洁白,初放时花中心有一枚绿珠状球瓣。

'花牡丹'('Huamudan'):花色鲜红,上洒白色斑块。

'皇冠'('Huangguan'):花白色,上洒鲜红色斑块,瓣缘波形皱边。

'吉祥红'('Jixianghong'):花大色红,大瓣2~3轮,小瓣内卷成球形,瓣上洒白纹。

【产地与分布】山茶原产我国西南至东南部,日本也有分布。长江流域以南地区栽培广泛,世界各地均有栽培。

【习性】山茶耐阴、喜光。喜温凉气候,最适生长温度18~24 ℃,不耐严寒和高温酷暑,长时间高于35 ℃或低于0 ℃会造成灼伤、冻害、落花落蕾和花芽无法分化。抗干旱,不耐湿。喜排水良好、疏松肥沃、富含有机质且pH 5~6.5的壤土。

【繁殖与栽培】

(1)繁殖

①播种繁殖：山茶10月蒴果成熟,采收后经晒干待果皮裂开,收集暴出的种子,经沙藏后于次年春季播种。

②嫁接繁殖：常采用苗砧芽嫁接法,即当播种的野生山茶花幼苗达到4~5 cm高时,挖取用劈接法进行嫁接。接穗选择生长良好的半木质化枝条。将接穗削成正楔形,放入湿毛巾中。将挖取的砧木幼苗去净泥沙,然后在幼苗子叶上方1~1.5 cm处剪断,顺子时合缝线将茎纵劈一刀,深度与接穗所削的斜面一致;将削好的接穗插入砧木劈口之中,对准一边形成层,用塑料薄膜带扎紧,将接好的苗子以8 cm×2 cm的行株距种植于苗床中。也有采用靠接法的,一般于5月底,选择'白秧'茶(山茶的白花品种)二年生扦插苗或野山茶实生苗作砧木,将盆栽砧木支撑至接穗等高处靠拢,砧木和接穗在接口处各削去2~4 cm,深达木质部,对准二者形成层再用塑料条绑扎紧实即可。接后晴天常向盆中浇水,防止砧木干死,约90 d后,接口愈合,剪断接口以下的接穗和接口以上砧木,盆培或地栽即可。

③扦插繁殖：以6月中旬和8月底左右最为适宜。选择树冠外围发育充实、叶片完整、叶芽饱满的当年生半木质化枝条为插穗,长8~10 cm,先端留2片叶。剪取时,基部尽可能带一点老枝,插后易形成愈伤组织,发根快。插条随剪随插,插入基质3 cm左右,扦插时要求叶片互相交

接,插后用手指按实。插床需遮阴,每天喷雾叶面,保持湿润,温度维持在20~25 ℃,插后约3周开始愈合,6周后生根。当根长3~4 cm时移栽上盆。扦插时使用0.4%~0.5%的吲哚丁酸溶液浸蘸插条基部2~5 s,有明显促进生根的效果。

(2)栽培管理

山茶花栽培分为地栽和盆栽。其中地栽要选择有一定庇荫环境之地。温暖地区一般秋植较春植好。施肥要掌握好3个关键时期,即:2—3月间施追肥,以促进春梢和花蕾的生长;6月间施追肥,以促使二次枝生长,提高抗旱力;10—11月施基肥,提高植株抗寒力,为翌春新梢生长打下良好的基础。清洁园地是防治病虫害、增强树势的有效措施之一。冬耕可消灭越冬害虫。全年需进行中耕除草5~6次,但夏季高温季节应停止中耕,以减少土壤水分蒸发。山茶花的主要虫害有:茶毛虫、茶细蛾、茶二叉蚜等。主要病害有:茶轮斑病、山茶藻斑病及山茶炭疽病等。防治方法是:清除枯枝落叶,消灭侵染源。加强栽培管理,以增强植株抗病力,药物防治。

山茶盆栽时应选用通透性好的素烧盆。盆栽土应人工配制,以保证疏松、透气,土壤呈酸性适宜。山茶从营养生长到生殖生长的过程中,需要的养分较多,应施足缓效基肥,如牛角、蹄片等。管理中还要追施速效肥,以保证生长健壮,特别是从5月起,花芽开始分化,此时每隔15~20 d施一次肥,以满足花蕾形成所需的养分。春季干旱要及时浇水,雨季要注意排水。花蕾长到大豆大时,摘去一部分重叠枝和病弱枝上的花蕾,留蕾要注意大、中、小结合,以控制花期和开花数量。夏秋两季应使山茶处于半阴半凉而又通风的环境中,以确保栽培和开花质量。

【观赏与应用】

(1)栽培历史

在古代,山茶被称作海石榴、曼陀罗等。由于山茶天生丽质,故备受人们爱戴,并被引进庭院和宫室之中。公元138年,汉武帝建上林苑,山茶作为各地所献的奇花异卉之一,栽植于园中。隋炀帝十分喜爱茶花,在其《宴东堂诗》中,就有"雨罢春花润,日落暝霞辉。海榴舒欲尽,山樱开未飞。"唐、宋、元、明、清都有山茶的诗句和栽培记载。如唐代诗人李白的诗句:"鲁女东窗下,海榴世所稀。珊瑚映绿水,未足比光辉。"宋代诗人陆游的《山茶》:"东园三月雨兼风,桃李飘零扫地空。唯有山茶偏耐久,绿丛又放数枝红。"山茶栽培的盛事,还可从云南、贵州、四川、广西等许多地方志的物产篇中得到印证。可见,我国山茶栽培至少有2 500多年的历史。

(2)应用

山茶盆栽具有很高观赏价值。在园林中,可孤植、群植或用于假山造景,也可建设山茶景观区和专类园,还可用于城市公共绿化、庭园绿化、茶花展览以及插花材料等。

14.2.5　现代月季 *Rosa hybrid*

【别名】蔷薇、玫瑰

【英文名】Miniature Rose

【科属】蔷薇科　蔷薇属

【形态特征】月季为常绿或半常绿灌木,直立、蔓生或攀缘,大都有皮刺。奇数羽状复叶,叶缘有锯齿。花单生枝顶,或成伞房、复伞房及圆锥花序;萼片与花瓣5,少数4,栽培品种多为重瓣;萼、冠的基部合生成坛状、瓶状或球状的萼冠筒,颈部缢缩,有花盘;雄蕊多数,着生于花盘周

围;花柱伸出,分离或上端合生成柱。聚合果包于萼冠筒内,红色。

【种类与品种】现代月季是指1867年第一次杂交育成茶香月季系新品种'天地开'('La France')以后培育出的新品系及品种,是当今栽培月季的主体,新品种层出不穷。现代月季几乎都是反复多次杂交培育而成的,其主要原始亲本有我国原产的月季花、香水月季、野蔷薇、光叶蔷薇及西亚、欧洲原产的法国蔷薇、百叶蔷薇、突厥蔷薇、察香蔷薇、异味蔷薇9个种及其变种。

图14-5 月季

现代月季也包含几个群,是按植株习性、花单生或多朵成花序及花径大小而划分的。

①大花(灌丛)月季群(Large-flowered Bush Roses, GF群):大花月季群即杂交茶香月季系(Hybrid Tea Roses, HT),自'天地开'育成起,至今已育成了大量品种。大花月季群有许多优点,深受人们喜爱,已成为栽培月季的主流,约占当今主栽品种的3/4。

②聚花(灌丛)月季群(Cluster-flowered Bush Roses, C群):聚花月季群即丰花月季系(Floribunda Roses, Fl),最初由野蔷薇和中国月季杂交而来,性状介于双亲之间,与大花月季群相似,主要区别为花径较小且多花聚生。植株最低者如'欢笑'('Bright Smile'),高仅60 cm;最高者如'Anne Harkness',达1.2 m,直立而多分枝,花数多至30朵集生,花梗较长而花径较小,一般花径6~8 cm,色彩鲜艳。聚花月季群耐寒,抗热性强,也抗病,生长健旺,多数无香或微香,是花境、花坛的优秀材料,也可盆栽或作切花,近年来发展较快,是仅次于大花月季群的栽培最多的一类。

③壮花月季群(Grandiflora Roses, G群):壮花月季群是大花月季群与聚花月季群品种杂交而成的,兼具双亲的特点,即一枝多花且花大,故又称聚花大花月季(Large-flowered Floribundas)。

④攀缘月季群(Climbing Roses, Cl群):攀缘月季群无一定的亲本组合,是各群月季的混合群,凡茎干粗壮,长而软,需设立支柱才能直立的攀缘性月季均归入该群。如我国云南原产的巨花蔷薇(R. gigantea),长达15 m,花大,径10~13 cm,乳黄色。攀缘月季群一般单花或有较小的花序,花朵大,每年开一次花或不断开花。

⑤蔓性月季群(Rambler Roses, R群):蔓性月季群其形态有时很难与某些野生的攀缘种或攀缘月季区分。其主要区别在于典型的蔓性月季群每年只开一次花,花期比攀缘月季群晚几周,多在仲夏以后才开放,花多达150朵,花小或很小,径4 cm以下。蔓性月季群的大部分由亚洲的野蔷薇、光叶蔷薇、(R. luciae)及欧洲原产的田野蔷薇(R. urvensis)和少数其他种杂交而成。蔓性月季群种类不多,栽培不广,常用作覆盖墙壁或围栅。

⑥微型月季群(Miniature Roses, Min群):微型月季群是株矮花小的一类。许多早期品种与中国月季相似,也可能来自中国月季的矮生芽变后代。株高仅25 cm,一枝多花,粉色,径4 cm。

⑦现代灌木月季群(Mordern Shrub Roses, MSR群):现代灌木月季有不同的来源。一般

指现代栽培的野生种及其第一、二代杂交后代,一些古典月季及其后代,形态与古典月季非常相似,能够生长成大的灌丛。

⑧地被月季群(Ground Cover Roses):地被月季群是指那些分枝特别开张披散或匍匐地面的类型,是很好的地被植物材料。

【产地与分布】蔷薇属植物有200余种,我国有82种及许多变种,其中部分种原产我国,部分种原产西亚及欧洲。目前世界各地均广泛栽培。

【习性】月季性喜温暖湿润、光照充足的环境。光照不足时生长细弱,开花少甚至不开花,夏季烈日下宜适当遮阴。适宜的相对空气湿度为70%~75%。生长发育的适宜温度为白天20~28℃,夜间16℃左右,一般在5℃以下或35℃以上停止生长,也能忍受-15℃的低温。性喜富含有机质、疏松透气、排水良好的微酸性沙质壤土。生长环境要通气良好,无污染,若通气不良易发生白粉病,空气中的有害气体,如二氧化硫、氯、氟化物等均对月季有毒害。

【繁殖与栽培】

(1)繁殖

月季多用扦插或嫁接法繁殖,也有采用分株及播种法繁殖的。

硬枝、嫩枝扦插均易成活,一般在春、秋两季进行。

嫁接采用枝接、芽接、根接均可,砧木用野蔷薇、刺玫等。芽接多在6—9月进行,芽接可用"T"形芽接法或"门"形芽接法。接芽选当年生开花后生长健壮、品质优良母株上的枝条,接前2d对砧木和接芽母株充分灌水,以利皮层剥离。一般接后10d即可检查成活率,接芽叶柄一触即落者证明已接活,3周后剪除接芽上的砧木,接芽萌发40~50d即可开花,但在10月嫁接成活的芽一般不剪砧,第2年春季剪砧,以促进新芽萌发。枝接一般在春季3月进行,砧木离地3~6cm剪断,利用切接法进行。

(2)切花栽培

①品种选择:切花月季品种应选择花形优美、花枝长而挺直、花色鲜艳带有绒光、生长强健、抗逆性强、产量高且能周年开花等特点。

②栽培环境:要求光照充足,通风良好,有适宜的温度和空气湿度保障。栽培床一般宽120~125cm,每行4株,8~10株/m^2,有时考虑到株间透光、肥水管道配置和田间管理方便等因素,也可采用双行定植,此时床宽60~70cm。栽培基质要求疏松透气、富含有机质,pH值6.5左右,如利用泥炭、锯末、谷壳、畜粪堆肥等材料按一定的比例配制而成,每立方米基质中加过磷酸钙500~1000g,表土层厚度25cm以上。

③定植:定植时要将根系舒展开,嫁接部位应高于土表3cm左右。如果使用盆栽苗,定植时必须将原有土团打散,使在盆内形成的卷曲根系分散开再栽种。栽种后要及时灌水,并且要充分,使根系与栽培基质紧密结合。

④浇水与施肥:浇水与施肥在切花月季栽培中非常重要,肥水不足会导致生长发育不良,产量低,品质差。定植后的浇水原则应掌握见干见湿,旺盛生长期应给予充足的水分,有条件时使用滴灌法浇水。浇水量根据不同地区、不同基质条件、植株不同发育阶段和不同季节而定。

施肥除了定植时施入底肥外,还要在不同时期进行追肥,科学施肥应参考对栽培基质和叶片测定的结果,结合滴灌进行。一般每年每平方米追施氮70g、磷50g、钾60g。

⑤通风与光照:利用栽培设施生产月季切花,通风极为重要,尤其在室内温度过高时要及

时通风,降低温度和湿度,减少白粉病等病害的发生。月季喜光照充足,但在夏季烈日下因光照强度太高应适当遮阴,而冬季由于日照时间短且强度弱,又有防寒物的保护,还经常出现阴天和下雪,造成室内光照不足,因此应采取补光措施,以提高切花品质和单位面积花枝产量。

⑥修剪:

a. 摘心与整枝:嫁接苗定植后要利用摘心和整枝来调节和控制其生长发育。一般幼苗长出新梢并在顶端形成花蕾时,保留下部5片叶进行摘心,促进侧芽萌发生枝,这样经过反复摘心处理后,下部枝条会发育成强壮枝条,形成开花母枝。开花母枝多生长健壮发育充实,中部腋芽圆形饱满,而枝条顶端和基部腋芽呈尖形,尖形芽发育的花枝短且花小,剪去顶端有尖形芽的枝段,由圆形芽发育的花枝长而花大色艳。

b. 夏季修剪:夏季修剪的主要作用是降低植株高度,促发新的开花母枝。包括剪除开花枝上的侧芽和侧蕾,以节省养分供给花枝发育,剪除砧木上的萌蘖,剪除病虫枝条等。

c. 冬季修剪:冬季在休眠期进行一次重剪,目的是使月季植株保持一定的高度,去掉老枝、过弱枝、冗枝、枯枝等。根据品种不同,一般在距地面45~90 cm处重短截。在我国北方温室或塑料大棚内栽培,有加温设施条件时,不经过休眠同样能生产出高品质的切花。

⑦采收与处理:月季切花要适时采收。红色系品种和粉色系品种花朵最外1~2轮花瓣张开时采收,黄色系品种切花采收可早些,而白色系品种要晚些采收。采收过早则花茎尚未吸足水分而发生弯颈现象,采收过迟则不利于打扎、包装和运输,也会缩短瓶插寿命。

月季花枝采收后要立即浸入清水中,使其吸足水分,放入4~6 ℃室温下冷藏,并进行分级和包装处理。一般按照花色、花枝长短、花蕾开放程度等综合因素进行分级打扎,每10支或25支为一扎,用透明薄膜、玻璃纸或报纸进行包装。

(3)盆花栽培

盆栽月季应选择适宜的种或品种,矮株型、短枝型或微型月季均适宜盆栽。最好使用口径13~20 cm、深20~27 cm的花盆进行栽种。栽培时期、栽培基质等与切花月季基本一致。苗木可选择扦插苗,也可选择嫁接苗。早期上盆多为裸根小苗,应注意保护细根和幼叶,上盆后先浇透水。对于多年生盆栽月季应每2~3年换一次盆,以满足其生长发育的需要。盆栽月季每开一次花要修剪一次,剪后追施肥水,冬季休眠期进行一次重剪,避免植株生长过高。

(4)露地栽培

庭院或园林绿地栽种月季非常广泛,主要栽培种类有聚花月季群、攀缘月季群、蔓性月季群、现代灌木月季群和地被月季群等。栽培要选择地势高燥、光照充足、表土层深厚的地方,定植时应挖穴栽植,土壤不良应及时客土,施入有机肥和磷肥。栽植时期最好选在休眠期,如在生长期应对苗木进行修剪,栽后要马上浇水。

【观赏与应用】

(1)栽培历史

月季是世界最古老的花卉之一。据资料记载波斯人早在公元前1 200年就用来作为装饰;6世纪,古希腊女诗人Sappho已将月季誉为"花中皇后"。我国栽培月季历史悠久,南北朝梁武帝时代(502—549)在宫中已有栽培,他曾手指蔷薇对其宠姬丽娟曰:"此花绝胜佳人笑也。"唐宋以来栽培日盛,有不少记叙、赞美的诗文。苏东坡有"花落花开无间断,春来春去不相关"和"唯有此花开不厌,一年常占四时春"的诗句,明代王象晋的《群芳谱》中就记载了很多月季品

种。近200年来,欧美一些花卉业发达国家,在月季育种方面取得了辉煌成就,先后培育出了数以百计的品种。近年我国的主要栽培品种,基本上是引进的国外品种,但是一年多次开花的现代月季均有中国月季花的血统。

(2)应用

月季应用非常广泛,有"花中皇后"之美誉,深受人们喜爱。根据其不同生长习性和开花特点,也各有用途。攀缘月季和蔓性月季多用于棚架绿化美化,如用于拱门、花篱、花柱、围栅或墙壁上,枝密叶茂,花葩烂漫;大花月季、壮花月季、现代灌木月季及地被月季等多用于园林绿地,花开四季,色香俱备,无处不宜,孤植或丛植于路旁、草地边缘、林缘、花台或天井中,也可作为庭院美化的良好材料;聚花月季和微型月季等更适于作盆花观赏;现代月季中有许多种和品种,花枝长且产量高,花形优美,具芳香,最适于作切花,是世界四大切花之一。

14.2.6 梅花 *Prunus mume*

【别名】春梅、红绿梅、干枝梅

【英文名】Plum blossom

【科属】蔷薇科 李属

【形态特征】梅花为落叶小乔木,稀灌木,高4～10 m;树皮浅灰色或带绿色,平滑;常具枝刺,一年生枝绿色。叶卵形至宽卵形,基部楔形或近圆形,边缘具细尖锯齿,两面有微毛或仅背面脉有毛,叶柄上有腺体。花1～2朵腋生,花梗短,长1～3 mm,常无毛;花萼通常红褐色,但有些品种的花萼为绿色或绿紫色;萼筒宽钟形,无毛或有时被短柔毛;萼片卵形或近圆形,先端圆钝;花瓣倒卵形,白色至粉红色;雄蕊短或稍长于花瓣;子房密被柔毛,花柱短或稍长于

图14-6 梅花

雄蕊;花具芳香,早春先于叶开放。核果近球形,熟时黄色,密被短柔毛。果味极酸,核面具小凹点。

【种类与品种】中国梅花现有300多个品种。陈俊愉教授自20世纪40年代起便对梅花的分类进行了研究,确立了中国梅花品种分类系统,此系统的分类依据是品种演化与实际应用兼顾,以前者为主,将梅花分为3种系5类18型。

(1)真梅种系

真梅种系由梅花野生原种或变种演化而来,没有其他物种血统。具典型梅枝、梅叶,开典型梅花,有典型梅花香气。真梅种系按枝姿分为3类,即直枝梅类、垂枝梅类和龙游梅类。

①直枝梅类:直枝梅类枝正常直上或斜出,是梅花中最普遍及种类最多的一类,又以花型、花萼颜色及花瓣颜色分为9型。

江梅型:花单瓣,颜色有白、浅红至桃红,如'江梅''大叶青'。

宫粉型:花复瓣至重瓣,花开后花瓣内扣呈碗形,或平而呈碟形,萼一般紫色,花瓣粉色至大红。宫粉型常生长健旺而花繁,是切花的优良品种,如'小宫粉''徽州台粉'等。

玉蝶型:花复瓣至重瓣,萼紫绿色,瓣近白或纯白色,如'北京玉蝶''素白台阁'等。

朱砂型:花单瓣、复瓣至重瓣,萼紫色,花瓣紫红色,如'粉红朱砂''银边飞朱砂'等。

绿萼型:花单瓣、复瓣至重瓣,萼绿色,花纯白或近白色,如'小绿曹''豆绿萼'。

洒金型:一树上开白色、粉色及白粉相间的花,单瓣或复瓣,又称为跳枝梅,如'单瓣跳枝''复瓣跳枝''晚跳枝'等。

黄香型:花较小而密生,单瓣、复瓣至重瓣,花心微黄色,极香,如'曹王黄香''单瓣黄香'等。《花镜》有"黄香梅,一名湘梅,花小,而心瓣微黄,香尤烈"的记载。

品字梅型:每花能结数果,如'品字'梅、'炒豆品字'梅等花果兼用品种。

小细梅型:花小至特小,白、黄或红色,单瓣,偶无瓣,如'北京小''黄金''淡黄金'等。

②垂枝梅类:小枝自然下垂或斜垂,开花时花向下,别具一格,分5型。

粉花垂枝型:花单瓣至重瓣,单色,如'粉皮垂枝''单红垂枝'等。

残雪垂枝型:花复瓣,萼紫色,瓣白色,如'残雪'。

白碧垂枝型:花单瓣或复瓣,萼绿色,如'双碧垂枝'。

骨红垂枝型:花单瓣至重瓣,萼紫色,花深紫红色,如'骨红垂枝''锦红垂枝'等。

五宝垂枝型:花复色,萼紫色,如'跳雪垂枝'等。

③龙游梅类:小枝自然扭曲。花复瓣,白色,仅1型。

玉蝶游龙型:如'龙游'梅等品种。

(2)杏梅种系

杏梅种系枝叶介于梅、杏之间,小枝褐色似杏,叶比梅大,花亦较大,无香或微香,果大,果核上有小凹点。杏梅种系仅1类。

杏梅类分2型。

①单花杏梅型:枝叶似杏,花单瓣,如'燕'杏梅、'中山'杏梅等。

②春后型:树势旺,花中大至大,红、粉、白等色,复瓣至重瓣,如'送春''丰后'等。

(3)樱李梅种系

樱李梅种系形态近于紫叶李而远于梅,叶紫褐色,花叶同放,花大,紫红或粉红,略有李花香。樱李梅种系仅1类。

樱李梅类仅1型。美人梅型:如'美人'梅、'小美人'梅等。

【产地与分布】梅花原产我国,华东、华南、华中至华西均有野生,以四川、云南、西藏为分布中心。

现中国各地均有栽培,但以长江流域以南各省最多,江苏北部和河南南部也有少数品种,某些品种已在华北引种成功。日本和朝鲜也有。

【习性】梅花喜温暖而适应性强,如在北京选在背风向阳处也能生存,但-15℃以下即难以生长。耐酷暑,我国著名的"三大火炉"城市南京、武汉、重庆均盛栽梅花,广州、海口也有栽培。

梅花性喜土层深厚,但在瘠薄土中也能生长,以保水、排水性好的壤土或黏土最宜,pH值以微酸性最适,但也能在微碱土中正常生长。忌积水,积水数日则叶黄根腐而致死,在排水不良土中生长不良。喜阳光,遮蔽则生长不良并开花少。喜较高的空气湿度,但也耐干燥。但怕空气污染,因而市区内很难生长。

【繁殖与栽培】

(1)繁殖

梅花常用嫁接繁殖,砧木常用梅、桃、杏、山杏、山桃等实生苗。嫁接方法多样,成活率均较

高,早春可将砧木去顶行切接或劈接,夏秋采用单芽腹接或芽接。扦插繁殖也能生根,成活率根据品种而异,目前应用尚不普遍。播种繁殖多用于单瓣或半重瓣品种,或用于砧木培育及育种。李属的种子均有休眠特性,需层积或低温或赤霉酸(GA₃)处理后才能发芽。

（2）栽培管理

梅花栽培无特殊要求,应选择适宜环境才能生长良好。施肥按一般原则于花后、春梢停止生长后及花芽膨大前施 3 次。

梅花切花栽培宜选生长势强、花多而密的宫粉型为主,以(2~3)m×(2~3)m 株行距密植,幼苗即短剪,培育成灌丛型。每年都要对当年生枝条短剪,供插瓶及其他装饰用。落叶后要施足肥料,以恢复树势,来年花谢后施肥以磷肥为主。

露地栽植亦选择土质疏松、排水良好、通风向阳的高燥地,成活后一般天气不旱不必浇水。每年施肥 3 次,入冬时施基肥,以提高越冬防寒能力及备足明年生长所需养分,花前施速效性催花肥,新梢停止生长后施速效性花芽肥,以促进花芽分化,每次施肥都要结合浇水进行。冬季北方应采取适当措施进行防寒。地栽尤应注意修剪整形,合理地整枝修剪有利于控制株型,改善树冠内部光照条件,促进幼树提早开花。修剪以疏剪为主,最好整成美观自然的开心形,截枝时以略微剪去枝梢的轻剪为宜,过重易导致徒长,影响来年开花。多于初冬修剪枯枝、病枝和徒长枝,花后对全株进行适当修剪整形。此外,平时应加强管理,注意中耕、灌水、除草、防治病虫害等。

桩景栽培梅花需要进行重剪,使形成矮小树体,细枝可用棕丝蟠扎,粗枝需刀刻、斧劈、火烤弯曲造型。用老果梅作砧木嫁接,可适当多靠接几枝,然后进行造型,经过数年艺术加工和细心培养,桩景即可成功。

梅花开花时期受温度影响大。花芽形成后需一段冷凉气候进入休眠,经休眠的花芽在气温升高后才发育开放。开放的时间与温度高低和有效积温有关,故可用控制温度催延花期。一般用增温或加光促其提前开花,低温冷贮延迟开花,具体处理时间与温度应根据不同品种及各地气候通过试验后确定。

【观赏与应用】

（1）栽培历史

梅是我国特有的传统名花。从古籍记载,最初利用果实调味及食用,《尚书·说命下》有"若作和羹,尔唯盐梅"句。1975 年在安阳殷墟商代铜鼎中发现有梅核,证明我国在 3 200 年前已有梅的应用,初期无疑是以果作食用。后来才逐渐有栽培记载,为花、果兼用。初汉的《西京杂记》载有"汉初修上林苑,远方各献名果异树,有朱梅、胭脂梅",并记有'朱'梅、'胭脂'梅、'紫花'梅、'同心'梅、'紫蒂'梅、'丽枝'梅等品种,故知当时已把梅作名果及奇花栽培了。西汉末年,扬雄的《蜀都赋》中有"被以樱、梅,树以木兰"句,可知在 2 000 年前庭园中已种梅。自此,从南北朝、隋、唐、宋、元、明直至近代,艺梅、赏梅、咏梅之风不衰,留有众多咏梅佳句及专著。

（2）应用

梅花是有中国特色的花卉,历代与松、竹合称"岁寒三友",又与菊、竹、兰并称花中"四君子"。最宜植中国式庭园中,春节前后,冬残春来时节,虽在冰天雪地间,梅花却"凌寒独自开",表现出"寒梅雪中春,高节自一奇"的骨气。孤植于窗前、屋后、路旁、桥畔尤为相宜,成片丛植更为壮观,如南京梅花山、杭州西湖孤山、武汉东湖磨山梅园、无锡梅园都很有名,在名胜、古迹、寺庙中配以古梅树则更显深幽高洁。

梅花寿命长,耐修剪,易发枝,是树桩盆景的绝妙材料,可以在苍劲树梢上开出生机勃勃的群花。

14.3 一般木本花卉

14.3.1 蜡梅 *Chimonanthus praecox*

【别名】蜡梅、蜡木、唐梅、黄梅

【英文名】Wintersweet

【科属】蜡梅科 蜡梅属

【形态特征】蜡梅为落叶灌木,株高达 4 m。幼枝四方形,老枝近圆柱形。叶对生,椭圆状卵形至卵状披针形,纸质至近革质。花通常着生于二年生枝条叶腋内,先花后叶,花色似蜜脾,芳香。花被片圆形、长圆形、倒卵形、椭圆形或匙形,无毛,花丝比花药长或等长,花药内弯,无毛,花柱长达子房 3 倍,基部被毛。花期 11 月至翌年 3 月。

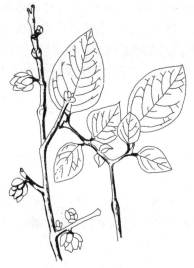

图 14-7 蜡梅

【种类与品种】

(1)主要品种

蜡梅品种分类尚无统一的标准,大都以花型、中轮花被片的形状及颜色、花心色泽、花径大小进行分类。

①'小花'蜡梅('Parviflorus'):花径仅 0.9 cm,外轮花被片淡黄色,内轮花被片具浓红紫色斑纹。国内栽培较少,国外主要用作切花。

②'狗牙'蜡梅('Intermedius'):又称'狗蝇'蜡梅。花径 2.5~2.7 cm,花被片狭椭圆形,顶端钝尖,内轮花被片具紫红斑或全为紫红色,盛开时呈钟状,外轮花被片稍翻卷,花色金黄而较淡,香味淡,花期早。多作砧木用。

③'檀香'蜡梅('Tan Xiang'):花径 2.6~2.7 cm,花被片倒卵状椭圆形,顶端钝,翻卷,内轮花被片具紫红晕或少量紫红斑,盛开时花被片呈钟状展开,花色鲜黄,花期中。

④'馨口'蜡梅('Grandiflorus'):花径 3.0~3.6 cm,花被片椭圆形,顶端圆,内轮花被片有紫红色条纹,盛开时花被片内抱,深黄色,花期早,花期长,花朵较疏。其叶较宽大,长达 20 cm。

⑤'素心'蜡梅('Concolor'):花径 3.5 cm 左右,花被片椭圆状倒卵形,盛开时平展,尖端向外翻卷,内轮花被片金黄色,香味较浓,花期中。

⑥'荷花'蜡梅('He Hua'):花径 4.2~4.4 cm,花被片顶端尖,盛开时呈钟状展开,内轮花被片全为鲜黄色。花期中。

⑦'虎蹄'蜡梅('Hu Ti'):花径 3.1~3.5 cm,花被片狭椭圆形,顶端圆钝,外轮花被片翻卷,内轮花被片具紫红斑晕,盛开时展开,深金黄色。花期早。

此外,尚有不少变种及栽培品种,如'吊金钟''黄脑壳''早黄'等,它们在花色、着花密度、花期、香气、生长习性等方面各有特点。

（2）同属其他种

蜡梅属共 4 种,其他 3 种为柳叶蜡梅、亮叶蜡梅和西南蜡梅。

①柳叶蜡梅(*Ch. salicifolius*)：柳叶蜡梅为落叶灌木。叶表被短糙毛,叶背无白粉。中部花被片较窄,内花被片无紫纹。

②亮叶蜡梅(*Ch. nitens*)：亮叶蜡梅又称山蜡梅,为常绿灌木。叶表无短糙毛,叶背多少有白粉。

③西南蜡梅(*Ch. campanulatus*)：西南蜡梅为常绿灌木。叶表无短糙毛,叶背无白粉。

【产地与分布】蜡梅原产我国,主要分布河南西南部、陕西南部、湖北西部、四川东部及南部、湖南西北部、云南北部及东南部以及浙江西部等地,以湖北、四川、陕西交界地区为分布中心。在湖北神农架、陕西丹凤和石泉、鄂西、川东至今仍有大片野生蜡梅林,应是蜡梅原产地和分布中心。湖南、浙江亦有野生报道。现全国均有栽培,以河南鄢陵栽培最盛。日本、朝鲜也有,欧美各国近来引种渐多。

【习性】蜡梅性喜阳光,也耐半阴。怕风,较耐寒,在不低于−15 ℃时能安全越冬,北京以南地区可露地栽培,花期遇−10 ℃低温,花朵受冻害。好生于土层深厚、肥沃、疏松、排水良好的微酸性沙质壤土上,在盐碱土中生长不良。耐旱性较强,怕涝,故不宜在低湿洼地栽培。

【繁殖与栽培】

（1）繁殖

蜡梅常采用播种、分株、嫁接繁殖,也可采用压条、扦插、组织培养繁殖。

①播种繁殖：蜡梅种子含水量大,失水后生活力降低,因此 7—8 月采种后应立即播种,当年发芽成苗。也可采种后沙藏或干藏,翌年春季播种,干藏者先用 45 ℃温水浸种 1 d,播种时先整好苗圃地,点播,或开沟条播,覆土厚度 4—5 mm。注意浇水、除草,每隔 20—30 d 施清淡薄肥一次;苗期注意排水防涝。'狗牙'蜡梅因易结实,为主要种源,多作砧木,或作育种材料。

②分株繁殖：蜡梅分株繁殖多在春季叶芽萌发前或秋季落叶后进行,在距地面约 20 cm 处剪除上部枝条,以方便操作,节约养分。分出的植株每丛 2 ~ 3 根茎较好。

③嫁接繁殖：蜡梅嫁接繁殖以'狗牙'蜡梅为砧木,采用切接、劈接、芽接、腹接、靠接等方法。切接、劈接多在春季叶芽麦粒大小时(7 ~ 10 d)进行,过早或过晚成活率都低。切接、劈接时,一般在距地面 10 cm 处嫁接,为了加速整形及造型需要,也常在 1 m 左右处嫁接。接后用泥封接口然后埋土,现多用塑料袋套住嫁接部位,半个月后再破袋、去袋。河南鄢陵嫁接蜡梅现在多采用改良切接法,即在切砧木或削接穗时,仅切去很薄的一层皮(约为砧木直径的 1/10),然后将砧穗的形成层对齐,绑扎套袋即可。此法成活率极高。

蜡梅的芽接、腹接和靠接多在生长季节(6 月中旬—7 月中旬)进行。腹接后要套塑料袋,经 20 ~ 25 d 愈合,发新枝后及时解绑剪砧。除普通靠接外,河南鄢陵嫁接蜡梅创造了一种盖头皮靠接法,接口愈合较好。方法是先在砧木适当部位把枝梢剪去,将断面对称两侧由下而上削成带皮层的斜切面,长 4 ~ 5 cm,深达木质部,然后把接穗一侧削成稍带木质部的切面,比砧木切面稍长,最后将接穗夹盖在砧木上,与砧两侧切面的形成层对齐,用塑料条绑扎紧,成活后剪去接口下部的接穗即可。

④其他繁殖方法：蜡梅压条繁殖是传统的繁殖方法,在生长季节进行。蜡梅因枝条生根较慢,所以扦插很少应用,使用高浓度的生长素粉剂处理,成活率可达 80% 以上。

（2）栽培管理

蜡梅宜选择排水良好、光照充足的地方，春季或秋季栽植均可，夏季移植必须带土球。蜡梅耐旱，有"旱不死的蜡梅"之农谚，故不是特别干旱，一般不需特别浇水，雨季应注意排水。每年在冬初或早春花后各施一次肥料即可。盆栽时注意控水，防止烂根。

蜡梅自然生长枝条杂乱，易生根蘖，树形欠佳，因此要进行整形修剪。栽植后要重剪，然后选择主干，培养成有主干的开心型或无主干的丛状。生长季注意摘心，促进分生侧枝，雨季及时疏去杂枝、无用枝和根蘖等。花谢后及时修剪，枝条剪留 15～20 cm，摘去残花，防止结实，则枝粗花繁。对各主干枝回缩时，剪口下留斜生中庸枝，以削弱顶端优势。

树桩盆景有疙瘩梅（又称蜡梅老兜，上留少数枝条，剪成各种形状，形似梅花桩，换盆将兜逐步露出，久之即成苍劲古雅的树形）、悬枝梅（久经修剪的老兜上盆，剪除其上枝条，兜上泥土保持湿润促发新枝，选其中的 4～5 枝靠接优良品种，成活后剪砧即成悬枝）、曲干龙游梅（干弯曲，枝条经捏弯造型成龙游形）等类型。整形的方法是在春天芽萌动时用刀整理树干形成基本骨架，6 月再用手扭拧新枝使成一定形姿而固定下来。

【观赏与应用】

蜡梅花黄似蜡，晶莹透彻，清香四溢，凌寒怒放，傲霜斗雪，广泛应用于园林中。既可布置大面积的蜡梅林、蜡梅岭、蜡梅溪等景观，又常配植在厅堂入口两侧、窗前屋后、墙隅、山丘斜坡、广场草坪边缘、道路两旁等处，还惯与南天竹搭配在假山旁，构成山石小景，在严冬时节形成一幅绿叶黄花红果相映的色香喜人景观。蜡梅对二氧化硫、氯气等有害气体有较强抗性，宜在工矿区栽植。蜡梅用于园艺盆景及造型，也是极好的材料。此外，蜡梅也可用作切花材料，瓶插寿命持续月余，市场前景较好。

14.3.2　栀子花 *Gardenia jasminoides*

【别名】栀子、黄栀子、山栀子

【英文名】Cape jasmine

【科属】茜草科　栀子属

【形态特征】栀子花为常绿灌木。枝干丛生，小枝绿色，花浓香，盛开时枝头如雪，花冠高脚碟状。花期4—6月。果实具六纵棱。

【种类与品种】栀子花常见的变种、变型有：

①大花栀子（f. *grandiflora*）：大花栀子花大，重瓣。

②玉荷花（var. *fortuneana*）：玉荷花花较大。

③水栀子（var. *radicans*）：水栀子又名雀舌栀子，植株矮小，花小，重瓣。

④单瓣水栀子（f. *simpliciflora*）：单瓣水栀子与水栀子近似，但花为单瓣。

图 14-8　栀子花

⑤斑叶栀子花（var. *aureovariegata*）：斑叶栀子花叶上具黄色斑纹。

【产地与分布】原产我国长江流域以南地区，四川蒲江县等地还有野生栀子花生长，现各地

栽培较为普遍。

【习性】栀子花喜温暖、湿润气候,不耐寒,好阳光,也耐阴,宜肥沃、排水良好、pH 5~6 的酸性土壤,不耐干旱瘠薄,对二氧化硫抗性较强,易萌芽,耐修剪。

【繁殖与栽培】

(1)繁殖

栀子花主要采用扦插、压条繁殖,也可采用分株和播种繁殖。扦插繁殖以嫩枝作插穗,一般夏秋进行,20 d 左右可生根。压条繁殖多在春季进行,选 2~3 年生枝。分株和播种繁殖均以春季进行为佳。

(2)栽培管理

栀子花是典型的酸性土指示植物,忌碱性土。盆栽时,生长期宜经常浇以矾肥水,要及时清理落叶。4—5 月为栀子花孕蕾和花蕾膨大期,要及时追施氮、磷结合的肥料 1~2 次。浇水要及时,但不可过湿,夏季多浇水以提高湿度,入秋后浇水不宜过多,否则会造成黄叶甚至落叶。

栀子花栽培注意防治介壳虫、蚜虫和烟煤病,介壳虫和蚜虫可用 1 000 倍乐果或敌敌畏喷杀,烟煤病用 0.3 波美度石硫合剂或 1 000 倍多菌灵喷雾。

【观赏与应用】

栀子花枝叶繁茂,叶色四季常绿,花芳香素雅,绿叶白花,格外清丽可爱,是绿化城市的优良树种、保护环境的抗性树种,也是装扮阳台、居室的花卉佳品,还可盆栽或作切花。

14.3.3　茉莉花 *Jasminum sambac*

【英文名】Arabian jasmine

【科属】木犀科　茉莉属

【形态特征】茉莉为常绿灌木。枝细长,有棱角。叶对生,单叶,叶片纸质。聚伞花序顶生,花冠白色。果球形,呈紫黑色。花期 5—11 月,果期 7—12 月。

【产地与分布】原产印度、伊朗、沙特阿拉伯,现广泛栽培于亚热带地区。我国多在广东、广西、福建及长江流域的江苏、湖南、湖北、四川等地栽培。

图 14-9　茉莉花

【习性】茉莉喜光,稍耐阴,夏季光照强的条件下,开花最多且最香。喜温暖气候,不耐寒,最适生长温度为 25~35 ℃,在 0 ℃ 或轻霜等冷胁迫下叶片受害。喜肥,在肥沃、疏松、pH 5~7.0 的沙壤中生长为宜。

【繁殖与栽培】

(1)繁殖

茉莉可采用压条、扦插和分株繁殖。扦插繁殖在气温 20 ℃ 以上进行,20 d 左右即可生根。压条繁殖 5—6 月间进行,20~30 d 开始生根,2 个月后可与母株割离成苗,另行栽植,当年开花。

（2）栽培管理

茉莉盆栽要注意浇水得当,用水不宜偏碱,盛夏每天早、晚浇水,如果空气干燥,需补充喷水;冬季休眠期控制浇水量,如果盆土过湿,会引起烂根或落叶。栽培中可采取施稀矾肥水或换盆施肥等方法,生长期间需每周施稀薄饼肥一次,开花期可勤施含磷较多的液肥。春季换盆后,要常摘心整形,盛花期后要重剪,以利萌发新枝,使植株整齐健壮,开花旺盛。

大田种植茉莉,要掌握茉莉花的习性,加强大田管理。在剪花后,秋季浇水抗旱,每月施一次复合肥。入冬后,将茉莉花齐土以上的茎秆全部剪除。2 ℃时,蔸上盖稻草或薄膜,其上覆土,以安全保温过冬。春季回暖时,去土揭膜揭草,每2~3年挖蔸换新土移栽一次。

【观赏与应用】茉莉枝叶茂密,常作树丛、树群的下木,也可作花篱植于路旁。花朵颜色洁白,香气浓郁,是最常见的芳香性盆栽花木。

14.3.4　金花茶 *Camellia nitidissima*

【英文名】Golden camellia

【科属】山茶科　山茶属

【形态特征】金茶花为灌木,高2~3 m,嫩枝无毛。叶革质,长圆形或披针形,或倒披针形,基部楔形,上面深绿色,发亮,无毛,下面浅绿色,无毛,有黑腺点,中脉及侧脉7对,在上面陷下,在下面突起,边缘有细锯齿,花黄色,腋生,苞片5片,散生,阔卵形,宿存,萼片5片,卵圆形至圆形,花瓣8~12片,近圆形,蒴果扁三角球形,种子6~8粒,花期11—12月。

【种类与品种】金花茶组全球有24种5变种,其中我国广西南部和西南部产21种5变种,云南河口产1种;越南产3种,特有种2种。

【产地与分布】金花茶种类的分布区,主要在北回归线以南。向北可分布到我国广西平果和田东两县,南达广西防城和越南和平省,西至广西龙州县,云南河口和越南凉山、和平等省,东至广西邕宁区。

图14-10　金花茶

【习性】金花茶喜生于沟谷遮蔽的乔木林下或灌木丛中,其湿度大,光照少的生态环境,在向阳山坡生长不良,是一种耐阴性的树种。对土壤要求不严,微酸性至中性土壤中均可生长。耐瘠薄,也喜肥。耐涝力强。

【繁殖与栽培】金花茶的繁殖方法有播种繁殖和扦插繁殖、组织培养。扦插繁殖和组织培养能保持母本的遗传特性,可提早开花结实,而且繁殖速度快,材料省,是繁殖金花茶的主要方法。

金花茶是国家一级保护植物之一,其花金黄色,耀眼夺目,仿佛涂着一层蜡,晶莹而油润,而且点缀于玉叶琼枝间,风姿绰约,金瓣玉蕊,美艳宜人,令人赏心悦目。

【观赏与应用】金花茶露地栽植时,应选择土壤肥沃、排水良好的微酸性之地,pH值在

5.5～6之间。种植时间2—3月春植以小苗为主,11月后秋植,效果较好。一般花前10—11月,花后4—5月,施肥2～4次,肥料主要采用复合肥、堆肥,并结合适量磷肥。金花茶生长缓慢,不宜强度修剪;树冠发育均匀,也不需特殊修剪,只需剪除病虫枝、过密枝、弱枝和徒长枝。新植苗,为确保成活,也可适度修剪。摘蕾是栽培管理的重要一环,一般每枝最多保留3个花蕾,并保持一定间距,这样可减少植株养分消耗过大,影响开花。花期可达半年之久,应及时摘去凋萎的花朵,减少养分消耗,增强树势。主要病害有褐斑病、黄化病及枝上苔藓寄生;虫害为红蜘蛛以及各种介壳虫、刺蛾、蔷薇叶蜂等,应加强防治。金花茶不仅观赏价值高,而且具有一定的营养价值和药用价值。金花茶也是一种野生木本食用油料的经济林树种。

14.3.5　茶梅 *Camellia sasanqua*

【别名】茶梅花

【英文名】Sasanqua camellia

【科属】山茶科　山茶属

【形态特征】小乔木,嫩枝有毛。叶革质,椭圆形,长3～5 cm,宽2～3 cm,先端短尖,基部楔形,有时略圆,无毛,侧脉5～6对,在上面不明显,在下面能见,网脉不显著;边缘有细锯齿,叶柄长4～6 mm,稍被残毛。花大小不一,直径4～7 cm;苞及萼片6～7,被柔毛;花瓣6～7片,阔倒卵形,宽6 cm,红色;雄蕊离生,长1.5～2 cm,子房被茸毛,花柱长1～1.3 cm,3深裂几及基部。蒴果球形,种子褐色,无毛。

图 14-11　茶梅

【种类与品种】茶梅可按照品种发生的起源分为3个品种群,分别为普通茶梅品种群(Sasanqua group)、冬茶梅品种群(Hiemalis group)、春茶梅品种(Vernalis group)。

【产地与分布】茶梅原产于日本,中国也有分布。现在全国从北到南,均有茶梅栽培。

【习性】茶梅喜温暖潮湿、耐阴、适于酸性砂质壤土。茶梅是耐热性树种,喜光又耐阴,有一定的耐寒性。茶梅虽有喜湿润的习性,但切忌渍水,要求排水良好。

【繁殖与栽培】茶梅的繁殖方法,分有性繁殖和无性繁殖两种。有性繁殖即种子繁殖,生产中常采用无性繁殖,一般多采用扦插,较少采用嫁接。

茶梅有盆栽和地栽两种栽培形式。盆栽主要用于观赏,也用于小苗培大,还适用于反季节绿化。地栽用于小苗培大、母本培育和园林绿化。

【观赏与应用】茶梅四季常绿,枝条茂密,叶色油亮,花若繁星,花色艳丽,姿色俱佳,而且群体的花期长久,秋冬至春延绵不断,许多品种还有香气,是优良的木本花卉。茶梅的应用不仅是盆栽、盆景、花卉装饰,而且日益广泛地应用于园林绿化。

14.3.6　玫瑰 *Rosa rugosa*

【别名】徘徊花、刺客、穿心玫瑰

【英文名】Rose

【科属】蔷薇科　蔷薇属

【形态特征】落叶直立丛生灌木,高达 2 m;茎枝灰褐色,密生刚毛与倒刺。小叶 5 ~ 9,椭圆形至椭圆状倒卵形,长 2 ~ 5 cm,缘有钝齿,质厚;表面亮绿色,多皱,无毛,背面有柔毛及刺毛;托叶大部附着于叶柄上。花单生或数朵聚生,常为紫色,芳香,径 4 ~ 6 cm。果扁球形,径 2 ~ 2.5 cm,砖红色,具宿存萼片。花期 5—6 月,7—8 月零星开放;果 9—10 月成熟。

【种类与品种】玫瑰变种:

①紫玫瑰 var. *typca* Reg.：花玫瑰紫色。

②红玫瑰 var. *rosea* Rehd.：花玫瑰红色。

③白玫瑰 var. *alba* W. Robins.：花白色。

④重瓣紫玫瑰 var. *plena* Reg.：花重瓣,玫瑰紫色,香气浓。

⑤重瓣白玫瑰 var. *Albo-plena* Rehd.：花重瓣,白色。

图 14-12　玫瑰

【产地与分布】原产于中国北部,现各地有栽培,以山东、江苏、浙江、广东为多,山东平阴、北京妙峰山涧沟、河南商水县周口镇及浙江吴兴等地都是著名的产地。

【习性】玫瑰适应性强,耐寒、耐旱,对土壤要求不严,喜光、凉爽而通风及排水良好之处,喜肥沃的中性或微酸性轻壤土。

【繁殖与栽培】以分株、扦插繁殖为主。

玫瑰大多以地栽为主,也有少量盆栽。在黄河流域及其以南地区可地栽,露地越冬。在寒冷的北方地区应盆栽,室内越冬。在秋季落叶后至春季萌芽前均可栽植,应选地势较高、向阳、不积水的地方栽植,深度以根距地面 15 cm 为宜。盆栽时采用腐叶土、园土、河沙混合的培养土,并加入适量腐熟的厩肥或饼肥、复合肥。栽后浇 1 次透水,放庇荫处缓苗数天后移至阳光下培养。无论地栽、盆栽均应阳光充足。适宜生长温度 12 ~ 28 ℃,可耐-20℃的低温。栽植前在树穴内施入适量有机肥,栽后浇透水。地栽玫瑰对水肥要求不严,一般有 3 次肥即可。一是花前肥,于春芽萌发前进行沟施,以腐熟的厩肥加腐叶土为好。二是花后肥,花谢后施腐熟的饼肥渣,以补充开花消耗的养分。三是入冬肥,落叶后施入厩肥,以确保玫瑰安全越冬。盆栽玫瑰在生长期可施稀薄肥水,10 ~ 15 d 施 1 次。玫瑰耐旱,一般地栽的平时不浇水,炎夏或春旱时 20 ~ 30 d 浇 1 次。玫瑰一般不需修剪,对老株修去过密枝、干枯枝、病虫枝即可。

【观赏与应用】色艳花香,适应性强,最宜作花篱、花坛、花境及地被栽植。

14.3.7　紫荆 *Cercis chinensis*

【别名】满条红、裸枝树

【英文名】Chinese redbud

【科属】云实科　紫荆属

【形态特征】落叶乔木,高达 15 m,经栽培后,通常为灌木。叶互生,近圆形,先端急尖或骤尖,基部深心形,两面无毛。花先于叶开放,4～10朵簇生于老枝上;小苞片 2 个,阔卵形,长约 2.5 mm;花玫瑰红色,长 1.5～1.8 cm;花梗细,长 1.5～1.8 cm。荚果条形,扁平,长 5～4 cm,宽 1.3～1.5 cm,沿腹缝线有狭翅;种子 2～8 粒,扁,近圆形,长约 4 mm。

【种类与品种】紫荆的变型有以下 2 种:

①白花紫荆 *f. alba* Hsu:花白色。上海、北京、河南等地偶见栽培。

②短毛紫荆 *f. pubescens* Wei:枝、叶柄及叶背脉上均被短柔毛。

【产地与分布】紫荆原产我国东南部,北至河北,

图 14-13　紫荆

南至广东、广西,西至云南、四川,西北至陕西,东至浙江、江苏和山东等省区都有栽培。

【习性】紫荆喜光照,有一定的耐寒性。喜肥沃、排水良好的土壤,不耐淹。萌蘖性强,耐修剪。

【繁殖与栽培】紫荆播种、分株、扦插或嫁接繁殖。

紫荆喜肥,肥足则枝繁叶茂,花多色艳,缺肥则枝稀叶疏,花少色淡。应在定植时施足底肥,以腐叶肥、圈肥或烘干鸡粪为好,与种植土充分拌匀再用,否则根系会被烧伤。正常管理后,每年花后施一次氮肥,促长势旺盛,初秋施一次磷钾复合肥,利于花芽分化和新生枝条木质化后安全越冬。植株生长不良可叶面喷施 0.2% 磷酸二氢钾溶液和 0.5% 尿素溶液。

紫荆在园林中常作为灌丛使用,故从幼苗抚育开始就应加强修剪,以利形成良好株形。幼苗移栽后可轻短截,促其多生分枝,扩大营养面积,积累养分,发展根系。翌春可重短截,使其萌生新枝,选择长势较好的 3 个枝保留,其余全部剪除。生长期内加强水肥管理,对留下的枝条摘心。定植后将多生萌蘖及时疏除,加强对头年留下的枝条的抚育,多进行摘心处理,以便多生二次枝。

【观赏与应用】紫荆宜栽庭院、草坪、屋旁、街边、岩石及建筑物前,用于小区的园林绿化,具有较好的观赏效果。

14.3.8　一品红 *Euphorbia pulcherrima*

【别名】圣诞花、猩猩木、象牙红、老来娇

【英文名】Poinsettia

【科属】大戟科　大戟属

【形态特征】一品红为灌木。植株茎光滑,含乳汁。叶片互生,全缘或浅裂。杯状花序顶生,聚伞状排列,总苞淡绿色,有黄色腺体,下方有一大型红色的花瓣状总苞片,是观赏的主要部分。

【种类与品种】一品红最早栽培的品种近于野生种,经过百余年的选育,已经育成了不同高度、自然分枝型及不同总苞

图 14-14　一品红

片色彩的品种,其中四倍体品种具有总苞片厚硬、平展而不下垂等特点。一品红根据分枝习性不同分为标准型和多花型两大类,每类中均有一些主要品种,每一品种又因芽变和人工选择衍生出不同色彩的品种。

1)标准型一品红

最早栽培的品种以'Early Red'为典型代表,幼时不分枝,近于野生种,植株高。现栽培的有下述品种。

①'Eckespoint C-1':1967年育成,中等高度,枝粗壮,具大而平展的红色总苞片,为晚熟品种,需75~80 d短日照,有白、粉、红色及复色品种,由它芽变而来的'Jingle Bells',苞片深红色带粉色斑点。

②'Paul Mikkelsen':1961年育成,植株较高,茎粗壮,在不利条件下叶与总苞片不易脱落,也有白、粉、复色品种,由它而来的'Mikkel Swiss'为四倍体。

2)多花型一品红

多花型或称为自然分枝型,生长到一定时期不经人工摘心便自然分枝,形成一株多头的较矮植株,更适于盆栽观赏。

①'Annette Hegg':1967年首次展出,为最重要的优良品种。枝虽细,但硬直,摘心后能分生6~8个花枝,需65~70 d短日照。根系强健,抗根腐力强,叶与总苞片经久不脱落,总苞片红色。由它衍生出许多品种,如总苞片深红色的'Dark Red Annette'、粉色的'Pink Annette Hegg'、白色的'White Annette Hegg'、粉白二色相间的'Marble Annette Hegg'及更耐低温的'Annette Hegg Lady'。

②'Mikkel Rochford':1968年在英国育成,需66~71 d短日照。也有各种色彩和四倍体品种,如生长强壮、总苞片厚而鲜红色的四倍体'Mikkel Super Rochford',总苞片鲜橘红色且硬的'Mikkel Vivid Rochford'、白色的'Mikkel White Rochford'及纯粉色的'Mikkel Fantastic'等。

【产地与分布】原产中美洲,后传至欧洲、亚洲各地,现在全世界各地广泛栽培。

【习性】一品红性喜温暖湿润及光照充足的环境。生长发育的适宜温度为20~30 ℃,怕低温,更怕霜冻,12 ℃以下停止生长,35 ℃以上生长缓慢。为典型的短日性植物,每天12 h以上的黑暗便开始花芽分化,花芽分化期间,总苞片充分发育成熟之前若中断短日照条件,则发育停止并转为绿色。对土壤要求不严,以疏松肥沃、排水良好的沙质壤土为佳,pH 5.5~6.5。对肥料需求量较大,尤以氮肥重要,但不耐浓肥,土壤盐分过高易造成伤害。

【繁殖与栽培】

(1)繁殖

一品红以扦插繁殖为主,多采用嫩枝扦插。插条选取品种纯正的母本植株。扦插一般在7月中旬至9月下旬进行,基质可用蛭石、泥炭等。要求严格消毒,可使用高锰酸钾或其他杀菌剂,做到基质清洁无菌。插条采取后马上剪成插穗并插于苗床上,不使插穗失水萎蔫。生根温度21~22 ℃,保持基质和空气湿润,7 d开始形成愈伤组织,14~21 d开始生根,也可以使用生根剂处理,有助于生根。新枝长到 10 cm 左右时即可分栽上盆,栽培基质可用等量的泥炭、珍珠岩和壤土混合而成。

(2)栽培管理

一品红盆花栽培方式一般有两种:一是标准型,利用标准品种,不摘心,使每株形成一花;二是多花型,利用自然分枝品种或标准品种,经过摘心后每株形成数个花枝。

栽培一品红盆花从幼苗开始注意肥水的管理,幼苗期间生长不良会降低成株品质。一般在扦插后 1 周,愈伤组织开始形成时追施 0.06% 硝酸铵,再 1 周开始生根后施用一次完全肥料。以后肥料的浓度根据施肥方式而异,每次浇水可结合施肥进行,一般使用含氮 250 mg/L、磷 40 mg/L、钾 130 mg/L 的化肥。若每周施一次肥,浓度可以加大一倍或更高,但是氮的总浓度不能超过 750 mg/L。科学的施肥指标最好根据植株组织或土壤成分测定结果来确定,也可以根据盆内植株生长发育状况及叶片状况来确定。如成熟叶片色浅或呈黄绿色表明缺氮;叶脉间呈黄色表明缺镁;叶色深绿而发育不良则缺磷;基部及中部叶尖或叶缘枯死为肥料过浓而致;上部成熟叶边缘变黄并不断扩展,最后变褐色,则为缺钼元素;基部叶变黄转褐可能是 pH 值低于 5.5 所致;上部叶出现斑点或幼叶畸形可能是 pH 值过高。

一品红不耐干旱,又不耐水湿,浇水要根据天气、盆土和植株生长情况灵活掌握,一般浇水以保持盆土湿润又不积水为度,但在开花后要减少浇水。浇水要注意均匀,防止过干过湿,否则会造成植株下部叶子发黄脱落,或枝条生长不均匀。

进行多花型一品红盆栽时,要因不同地区灵活进行。扦插苗上盆后,幼苗长到一定高度时进行摘心,促发侧枝,待侧枝长大后再适时摘心,摘心次数根据预留花枝数目而定,注意摘心应尽量提早进行,以利后期生长,同时在摘心后适当遮阴并保持适宜的空气湿度,更有利于侧芽的萌发和生长。一品红生长期容易徒长,控制植株高度是栽培的关键。植株的高度受品种、生长期长短、光照、温度等的影响,由于低温等原因,达不到植株应有高度时,可在 10 月中旬对叶面喷施浓度为 20 mg/L 的赤霉酸,同时赤霉酸还有延缓叶、总苞片和花序脱落的作用。花芽开始分化时,茎尖保留 6～7 个未伸长的节间,应采取措施加以控制,防止生长过高,生产上常使用多效唑、A-Rest 和乙烯丰等。注意使用植物生长调节剂不宜浓度过高,否则会使叶片出现不良症状,如扭曲、皱缩等,苞片显著变小,降低观赏价值。

利用光照处理可以调控一品红的花期,短日照处理能提前开花,长日照处理可以延迟开花,我国多采用短日照处理的方法。一般栽培时,大约在预定花期前 3 个月进入短日照处理,若自然条件下不能满足,应及时人工遮光至自然日照合适时为止。在我国北方,秋冬季用花则不需要人工遮光处理。

【观赏与应用】一品红是冬季和春季重要的盆花和切花材料,花色艳丽、花期很长,又正值国庆节、圣诞节、元旦、春节期间开放,深受人们欢迎。在温暖地区还可用于园林绿地,布置花坛、花境等,是装饰宾馆、学校、会议室、接待室等的良好材料,又可作为切花材料,制作花篮、花束、插花等。

14.3.9　海桐 *Pittosporum tobira*

【别名】海桐花、山矾、七里香、宝珠香、山瑞香

【英文名】Mock orange

【科属】海桐科 海桐属

【形态特征】常绿灌木。高 2～6 m，树冠圆球形。叶革质，倒卵状椭圆形，长 5～12 cm，先端圆钝，基部楔形，边缘反曲，全缘，无毛，表面深绿而有光泽。顶生伞房花序，花白色或淡黄绿色，径约 1 cm，芳香。蒴果卵形，长 1～1.5 cm，有棱角，熟时 3 瓣裂，种子鲜红色。花期在 3 月，10 月果熟。

【种类与品种】海桐的品种有银边海桐 'Variegatum'，叶边缘有白斑。

【产地与分布】分布于长江流域以南各省，习见于庭院、园林绿地栽培观赏；亦见于日本及朝鲜。

【习性】适应性强，喜光，也耐阴，耐寒冷，亦耐暑热。对土壤的适应性强，对有毒气体抗性强。

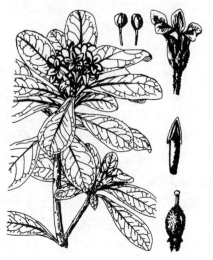

图 14-15 海桐

【繁殖与栽培】海桐多采用播种繁殖，也可扦插繁殖。3 月中旬播种，幼苗生长较慢，实生苗一般需 2 年生方宜上盆，3～4 年生方宜带土团出圃定植。扦插于早春新叶萌动前剪取 1～2 年生嫩枝，截成每 15 cm 长一段，插入湿沙床内。稀疏光照，喷雾保湿，约 20 d 发根，1 个半月左右移入圃地培育，2～3 年生可供上盆或出圃定植。

海桐栽培容易，无须特殊管理。露地移植一般在 3 月份进行。如秋季种植，应在 10 月前后。大苗在挖掘前必须用绳索收捆，以防折断枝条，且挖掘时一定要带土球。小苗可裸根移植。盆栽海桐每年春季换盆一次，盆土应加入含有机质较多的新培养土。海桐分枝能力强，耐修剪，开春时需修剪整形，以保持优美的树形。如欲抑制其生长，繁其枝叶，应于长至相应高度时剪其顶端。亦有将其修剪成为各种形态者。空气湿度 50% 左右。合适的生长温度为 15～30 ℃。夏季消耗大量水分，应经常浇水；冬天如果所处温度较低，浇水量相应减少。生长季节每两星期施一次肥。海桐虽耐阴，但栽植地不宜过阴，植株不可过密，否则易发生吹绵蚧为害，开花时常有蝇类群集，应注意防治。

【观赏与应用】海桐枝叶繁茂，树冠球形，下枝覆地；叶色浓绿而有光泽，经冬不凋，初夏花朵清丽芳香，入秋果实开裂露出红色种子，颇为美观。通常作绿篱栽植，也可孤植、丛植于草丛边缘、林缘或门旁、列植在路边；也是理想的花坛造景树，或作造园绿化树种。

14.3.10 八角金盘 *Fatsia japonica*

【别名】八金盘、八手、手树

【英文名】Japanese aralia

【科属】五加科 八角金盘属

【形态特征】常绿灌木，高达 5 m，常呈丛生状。幼嫩枝叶具易脱落的褐色毛。单叶互生，近圆形，掌状 7～9 裂；裂片卵状长椭圆形，缘有锯齿，表面有光泽；叶柄长 10～30 cm。花小，白色，球状伞形花序聚生成顶生圆锥状复花序。浆果紫黑色，花期 7—9 月；果熟期翌年 5 月。

【种类与品种】八角金盘的品种有下述几种。

①银边八角金盘'Albo-marginata'：叶片有白色斑点。

②银斑八角金盘'Variegata'：叶片有白色斑纹。

③黄网纹八角金盘'Aureo-reticulata'：叶脉黄色。

④黄斑八角金盘'Aureo-variegata'：叶片有黄色斑纹。

⑤裂叶八角金盘'Lobulata'，叶片掌状深裂，各裂片又再分裂。

【产地与分布】原产日本，我国长江流域及其以南各地常见栽培。

【习性】八角金盘喜阴；喜温暖湿润气候，不耐干旱，耐寒性
不强，在淮河流域以南可露地越冬；适生于湿润肥沃土壤。

【繁殖与栽培】扦插繁殖，也可播种或分株繁殖。八角金盘
幼苗移栽在3—4月进行，栽后搭设荫棚，并保湿，每年追施肥4 ~
5次。4—10月为八角金盘的旺盛生长期，可每2周左右施1次

图 14-16　八角金盘

薄液肥，10月以后停止施肥。在夏秋高温季节，要勤浇水，并注
意向叶面和周围空间喷水，以提高空气湿度。10月份以后控制浇水。若盆栽，应每1 ~ 2年翻
土换盆1次，一般在3—4月进行。翻土换盆时，盆底要放入基肥。盆土可用腐殖土或泥炭土2
份，加河沙或珍珠岩1份配成，也可用细沙栽培。

【观赏与应用】八角金盘植株扶疏，叶大而光亮，是优良的观叶植物，最适于林下、山石间、
水边、桥头、建筑附近丛植，也可于阴处栽培为绿篱或地被，在日本有"庭树下木之王"的美誉。

14.3.11　三角梅 *Bougainvillea spectabilis*

【别名】九重葛、三角花、宝巾花、叶子花

【英文名】Great bougainvillea

【科属】紫茉莉科　叶子花属

【形态特征】三角梅属于攀缘性灌木，无毛或稍有柔
毛，茎木质化，有强刺。叶全缘平滑，绿色有光泽，呈长椭
圆状披针形或卵状长椭圆形，乃至阔卵形，长10 ~ 20 cm，
基部楔形。苞片大型，椭圆状披针形，多为红色或紫色，
长2.5 cm以上，苞片脉显著。花期夏季，花期极长。

【产地与分布】原产巴西，世界各地广泛栽培，我国
华南、西南地区有露地栽培，北方地区多有盆栽。

图 14-17　三角梅

【习性】三角梅性强健，喜温暖湿润、阳光充足的环
境，不耐寒，冬季室内温度不能低于7 ℃，较耐炎热，气温达到35 ℃时还能正常生长。南方地区
可露地越冬。生长期间要求水分供应充足，干旱容易出现落叶、落花现象。喜光，若光照不足，植
株新枝生长细弱，花少叶黄。三角梅喜欢富含腐殖质的肥沃土壤，pH值为5.5 ~ 7.0时生长正常。

【繁殖与栽培】

（1）繁殖

三角梅多采用扦插繁殖。扦插时期3—7月，选发育充实、腋芽饱满的枝条剪成插穗，插后

在25℃左右、相对空气湿度70%~80%条件下1个月左右即可生根。对于不易生根的品种,也可以采用嫁接和空中压条繁殖。

(2)栽培管理

三角梅在热带地区露地栽培时,一般采用大苗栽种,坑穴要大并施入足量有机肥。栽种后马上浇水,第二年就能开花。北方地区需进行盆栽,繁殖成活后及时上盆,盆栽用土以壤土、堆肥土、腐叶土、腐熟的牛马粪等混合而成,上盆时可加上适量的骨粉。初上盆时需要遮阴,缓苗后移入阳光充足处养护。欲在"十一"期间开花,可以提前40~50 d进行短日照处理。多年生植株每年春季需换盆,同时进行适当修剪,剪除细弱枝条,对过长枝进行短截或造型。夏季和花期要满足水分需求,花后适当减少浇水量,生长期每10 d追施一次有机液体肥料,花期增施若干次磷肥,能增强植株抗性,花大色艳。三角梅开花期落花、落叶较多,要及时清理,保持植株整洁美观。5年左右对植株重剪更新一次,将枯枝、密枝、病虫枝剪除,老枝更新复壮,促发新枝,保持植株树姿美观,开花繁盛。

【观赏与应用】三角梅的观赏部位是苞片,其苞片似叶,花于苞片中间,故称之为"叶子花"。三角梅树势强健,花形奇特,色彩艳丽,缤纷多彩,花开时节格外鲜艳夺目。特别是冬季室内当嫣红姹紫的苞片开放时,大放异彩,热烈奔放。深受人们喜爱。中国南方常用于庭院绿化,做花篱、棚架植物,花坛、花带的配置,均有其独特的风姿。三角梅具有一定的抗二氧化硫的功能,是一种很好的环保绿化植物材料。也常用来制作盆景,可布置春、夏、秋花坛,是"五一""十一"的重要花材,有时也用作切花。

14.3.12　南天竹 *Nandina domestica*

【别名】南天竺,红杷子,天烛子,红枸子,钻石黄,天竹,兰竹

【英文名】Heavenly bamboo

【科属】小檗科　南天竹属

【形态特征】常绿小灌木。茎常丛生而少分枝,高1~3 m,光滑无毛,幼枝常为红色,老后呈灰色。叶互生,集生于茎的上部,三回羽状复叶,长30~50 cm;二至三回羽片对生;小叶薄革质,椭圆形或椭圆状披针形,长2~10 cm,宽0.5~2 cm,顶端渐尖,基部楔形,全缘,上面深绿色,冬季变红色,背面叶脉隆起,两面无毛;近无柄。圆锥花序直立,花小,白色,具芳香;萼片多轮,外轮萼片卵状三角形,长1~2 mm,向内各轮渐大,最内轮萼片卵状长圆形,长2~4 mm;花瓣长圆形,长约4.2 mm,宽约2.5 mm,先端圆钝;雄蕊6,长约3.5 mm,花丝短,花药纵裂,药隔延伸;子房1室,具1~3枚胚珠。果柄长4~8 mm;浆果球形,直径5~8 mm,熟时鲜红色,稀橙红色。种子扁圆形。花期3—6月,果期5—11月。

图14-18　南天竹

【产地与分布】产于福建、浙江、山东、江苏、江西、安徽、湖南、湖北、广西、广东、四川、云南、贵州、陕西、河南。日本也有分布。北美东南部有栽培。

【种类与品种】常见栽培变种有：玉果南天竹，浆果成熟时为白色；绵丝南天竹，叶色细如丝；紫果南天竹，果实成熟时呈淡紫色；圆叶南天竹，叶圆形，且有光泽。

【习性】南天竹喜光，耐半阴。喜温，耐寒。耐旱，耐湿。耐修剪。喜湿润、肥沃的砂壤土。

【繁殖与栽培】南天竹的繁殖方法有播种、扦插和分株。南天竹栽培容易，管理粗放。喜湿润环境，但又怕积水，冬季处于半休眠状态，一般要少浇水，否则会引起徒长，影响来年正常开花结果。花期浇水要适量，以免引起落花。每年的5—9月，可以每隔半个月施1次稀薄饼肥水。

【观赏与应用】南天竹茎干丛生，枝叶扶疏，秋冬叶色变红，有红果，经久不落，是赏叶观果的佳品。可用于布置花坛、花境，也可制作盆景。

14.3.13　贴梗海棠 *Chaenomeles speciosa*

【别名】皱皮木瓜、贴梗木瓜、铁脚梨

【英文名】Flowering quince

【科属】蔷薇科　木瓜属

【形态特征】落叶灌木，高达2 m，枝条直立开展，有刺；小枝圆柱形，微屈曲，无毛，紫褐色或黑褐色，有疏生浅褐色皮孔；叶片卵形至椭圆形，稀长椭圆形，基部楔形至宽楔形，边缘具有尖锐锯齿，花先叶开放，3~5朵簇生于二年生老枝上；花梗短粗，长约3 mm或近于无柄；花直径3~5 mm；萼筒钟状，外面无毛；萼片直立，半圆形稀卵形，长约萼筒之半，先端圆钝，全缘或有波状齿，及黄褐色睫毛；花瓣倒卵形或近圆形，基部延伸成短爪，猩红色，稀淡红色或白色；雄蕊45~50，长约花瓣之半；花柱5，基部合生，无毛或稍有毛，柱头头状，约与雄蕊等长。果实球形或卵球形，味芳香；萼片脱落，果梗短或近于无梗。花期3—5月，果期9—10月。

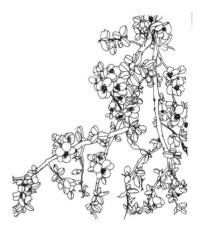

图14-19　贴梗海棠

【产地与分布】产于陕西、甘肃、四川、贵州、云南、广东。缅甸亦有分布。

【习性】贴梗海棠喜光，稍耐阴，耐寒，耐干旱，耐轻度盐碱，不耐水湿。对土壤要求不严，但喜排水良好的肥厚壤土，不宜在低洼积水处栽植。

【繁殖与栽培】贴梗海棠的繁殖可用播种、扦插、高压、嫁接4种方法。贴梗海棠栽培管理较简单。因其开花以短枝为主，故春季萌发前需将长枝适当短截，整剪成半球形，以刺激多萌发新梢。夏季生长期间，对生长枝还要进行摘心。栽培管理过程中要注意旱季浇水，伏天最好施一次腐熟有机肥，或适量复合肥料（N、P、K元素）。盆栽催花，可在9—10月间掘取合适植株上盆，先放在阴凉通风处养护一段时间，待入冬后移入15~20 ℃温室，经常在枝上喷水，约25 d后即可开花，可用作元旦、春节观赏。贴梗海棠生长过程中很容易发生病虫危害，如海棠锈病、网蝽和蚜虫等，应注意防治。

【观赏与应用】贴梗海棠用于盆栽或庭院栽植。可在风景区、公园等处丛植、片植，也可做花篱。果实可入药，花枝、果枝可用于插花。

14.3.14　红花檵木 *Loropetalum chinense* var. *rubrum*

【别名】红继木、红桎木

【英文名】Chinese fringe flower

【科属】金缕梅科　檵木属

【形态特征】灌木,有时为小乔木,多分枝,小枝有星毛。叶革质,卵形,上面略有粗毛或秃净,干后暗绿色,无光泽,下面被星毛,稍带灰白色,侧脉约 5 对,在上面明显,在下面突起,全缘;叶柄长 2~5 mm,有星毛;托叶膜质,三角状披针形,早落。花 3~8 朵簇生,有短花梗,白色,比新叶先开放,或与嫩叶同时开放,花序柄长约 1 cm,被毛;苞片线形,萼筒杯状,被星毛,萼齿卵形,花后脱落;花瓣 4 片,带状;蒴果卵圆形,被褐色星状绒毛,萼筒长为蒴果的 2/3。种子圆卵形,黑色,花期 3—4 月。

图 14-20　红花檵木

【产地与分布】红花檵木主要分布于长江中下游及以南地区。

【习性】红花檵木喜光,喜温暖,稍耐阴,耐旱,耐寒冷,耐修剪,耐瘠薄,萌芽力和发枝力强,耐修剪。

【繁殖与栽培】繁殖方法主要采用嫁接繁殖、扦插繁殖和播种繁殖。红花檵木移栽前,施以腐熟有机肥为主的基肥,结合撒施或穴施复合肥,注意充分拌匀,以免伤根。生长季节用中性叶面肥 800~1 000 倍稀释液进行叶面追肥,每月喷 2~3 次,以促进新梢生长。南方梅雨季节,应注意保持排水良好,高温干旱季节,应保证早、晚各浇水 1 次,中午结合喷水降温;北方地区因土壤、空气干燥,必须及时浇水,保持土壤湿润,秋冬及早春注意喷水,保持叶面清洁、湿润。红花檵木具有萌发力强、耐修剪的特点,可在早春、初秋等生长季节进行轻、中度修剪,也可根据需要进行修剪整形。

【观赏与应用】红花檵木树态多姿,耐修剪蟠扎,叶色鲜艳,花开瑰丽,是花、叶俱美的观赏植物,广泛用于色篱、模纹花坛、灌木球、彩叶小乔木、桩景造型等。

14.3.15　连翘 *Forsythia suspensa*

【别名】黄花杆、黄寿丹

【英文名】Weeping forsythia

【科属】木犀科　连翘属

【形态特征】落叶灌木。枝开展或下垂,棕色、棕褐色或淡黄褐色,小枝土黄色或灰褐色,略呈四棱形,疏生皮孔,节间中空,节部具实心髓。叶通常为单叶,或 3 裂至三出复叶,叶片卵形、宽卵形或椭圆状卵形至椭圆形,长 2~10 cm,宽 1.5~5 cm,先端锐尖,基部圆形、宽楔形至楔形,叶缘除基部外具锐锯齿或粗锯齿,上面深绿色,下面淡黄绿色,两面无

图 14-21　连翘

毛;叶柄长 0.8 ~ 1.5 cm,无毛。花通常单生或 2 至数朵着生于叶腋,先于叶开放;花萼绿色,裂片长圆形或长圆状椭圆形,花冠黄色,裂片倒卵状长圆形或长圆形;在雌蕊长 5 ~ 7 mm 的花中,雄蕊长 3 ~ 5 mm,在雄蕊长 6 ~ 7 mm 的花中,雌蕊长约 3 mm。果卵球形、卵状椭圆形或长椭圆形,表面疏生皮孔;果梗长 0.7 ~ 1.5 mm。花期 3—4 月,果期 7—9 月。

【产地与分布】产于河北、山西、陕西、山东、安徽西部、河南、湖北、四川。生山坡灌丛、林下或草丛中,或山谷、山沟疏林中,海拔 250 ~ 2 200 m。我国除华南地区外,其他各地均有栽培,日本也有栽培。

【习性】连翘喜光,有一定程度的耐阴性;喜温暖湿润气候,也很耐寒;耐干旱瘠薄,怕涝;不择土壤,在中性、微酸或碱性土壤均能正常生长。

【繁殖与栽培】连翘的繁殖主要采用种子繁殖、分株繁殖、压条繁殖、插条繁殖。连翘栽培管理容易。当种子繁殖的实生苗苗高达 20 cm 时,进行除草、松土和间苗。间苗要求每穴留苗 2 株,并要注意适时浇水。苗高 30 ~ 40 cm 时,可施稀人粪尿 1 次。在生长期,应结合除草松土再施 1 ~ 2 次肥。有条件的可施农家肥和化肥(磷、钾肥),促使多结果,早成熟。成年树应适当剪去一部分徒长枝和老枝,以利再生枝条。在秋末落叶时,可剪去过于密集的和枯老的枝条,对已结果多年的衰老枝进行短截。随时剪去基生徒长枝条。

【观赏与应用】连翘具有经济、观赏和药用价值。连翘萌发力强,树冠盖度增加较快,能有效防止雨滴击溅地面,减少侵蚀,具有良好的水土保持作用,是国家推荐的退耕还林优良生态树种和黄土高原防治水土流失的最佳经济作物。连翘树姿优美、生长旺盛。早春先叶开花,且花期长、花量多,盛开时满枝金黄,芬芳四溢,令人赏心悦目,是早春优良观花灌木,可以做成花篱、花丛、花坛等,在绿化美化城市方面应用广泛,是观光农业和现代园林难得的优良树种。

14.3.16　紫藤 *Wisteria sinensis*

【别名】藤萝、朱藤、木笔子

【英文名】Chinese wisteria

【科属】豆科　紫藤属

【形态特征】紫藤为大型缠绕性木质藤本。花叶同时开放,总状花序下垂,侧生于一年生枝,花序长 15 ~ 30 cm,花冠蝶形,花紫色或深紫色。花期 4—5 月。

【种类与品种】园艺变种及变型或品种有:'百花'紫藤('银藤')、'重瓣百花'紫藤、'粉化'紫藤、'重瓣'紫藤、'丰华'紫藤等。

【产地与分布】原产我国,自然分布范围极广,我国绝大部分地区均可露地越冬,北起辽宁、宁夏,南至广东、广西、云南,东起沿海,西到湖南、四川、贵州。

【习性】紫藤适应性强,喜温暖气候,也能耐 -25 ~ -20 ℃的低温。阳性树种,喜欢充足的光照,但也能耐半阴。喜欢湿润气候,又具较强的耐旱能力。对土壤要求不

图 14-22　紫藤

严,以深厚、肥沃、湿润的砂壤土或壤土为佳,也能耐瘠薄,并具有一定的耐碱能力。此外,对 SO_2、Cl_2、HF、粉尘等有害物质具有较强的抗性。

【繁殖与栽培】

(1)繁殖

紫藤可采用多种方法进行繁殖。3 月中下旬枝条萌芽之前,取 1~2 年生粗壮枝条,剪成 15~20 cm 长的插穗,插于准备好的苗床,基质以沙壤土为好,也可以用洁净的细河沙、珍珠岩、蛭石等。株行距(6~8)cm×(25~30)cm,扦插深度为插穗长度的 2/3 左右,插后灌一次透水,覆盖塑料薄膜,以后经常浇水,保持土壤湿润,15~20 d 即可成活,成活率较高。气温升高后,逐渐打开塑料薄膜以通风降温,直至全部撤除。5—7 月追肥 2~3 次,以有机肥为主(如豆饼水、人粪尿等),也可追施尿素等速效性化肥或根外追肥。当年株高可达 0.5~1.0 m,2 年后可出圃。紫藤根上容易产生不定芽,故可进行根插。3 月中下旬挖取 0.5~2.0 cm 粗的根系,剪成长 10~12 cm 的插穗,插入苗床,扦插深度保持插穗的上切口与地面相平。其他管理措施同枝插,唯一需要注意的是萌芽后要及时选定 1~2 个芽作为培养对象,其余全部抹除。

紫藤极易结果,果熟期 11—12 月,取种后沙藏,翌春 3 月露地播种,播种方式可采用开沟点播,株行距 20 cm×30 cm,当年株高可达 0.5~1.0 m,秋季或翌春即可移栽。

(2)栽培管理

紫藤栽培除常规的水肥管理外,要特别注意整形修剪,秋冬落叶之后,适当进行重剪,剪除过多的细弱枝条,有利于翌年花繁叶茂。

【观赏与应用】

紫藤主要用于庭园中的棚架、篱垣,也可以让其缠绕在已经枯死的古树名木上,以形成老态龙钟、枯木逢春的景观,或者使其爬上人工焊成的亭廊骨架,以形成别具特色的绿色亭廊,还可以在庭园中孤植、片植,使之长成灌木状,效果都很好。

14.3.17　迎春花 *Jasminum nudiflorum*

【别名】黄素馨、金腰带

【英文名】Winter jasmine

【科属】木犀科　茉莉属

【形态特征】迎春花为落叶灌木。株高 0.3~5 m,枝细长,拱曲弯垂,幼枝绿色,光滑有棱。叶对生,小叶常为 3,偶有 5 或单叶。聚伞花序顶生,花萼裂片 5,花期 5—6 月。

【种类与品种】

主要变种:垫状迎春(var. *pulvinatum*),别名藏迎春,小灌木,高 0.3~1.2 m,多分枝,密集成垫状,小枝先端近刺状,原产我国云南、四川及西藏交界处。

同属其他栽培种:

①探春(*J. floridum*):探春又名迎夏,半常绿灌木。株高约 1 m,幼枝绿色,光滑有棱。叶互生,小叶常为 3,偶有 5

图 14-23　迎春花

或单叶。聚伞花序顶生,花萼裂片5。花期5—6月。

②云南黄馨(*J. mesnyi*):云南黄馨又名南迎春,常绿藤状灌木。不耐寒,花期4月,延续时间长,北方可温室栽培。

③素方花(*J. officinale*):素方花为常绿缠绕藤木。小枝具棱或沟,无毛。聚伞花序,花白色。

【产地与分布】主要分布于华南至长江流域地区,北方各地均为盆栽。

【习性】迎春喜光,稍耐阴,耐寒,喜湿润但怕涝,耐盐碱。

【繁殖与栽培】迎春多以扦插繁殖为主,硬枝或嫩枝扦插均可,也可用压条、分株繁殖。春、夏、秋三季均可进行扦插繁殖,剪取半木质化枝条插入沙土中,保持湿润,约20 d生根。压条繁殖时将较长的枝条浅埋于沙土中,不必刻伤,40～50 d后生根,翌年春季与母株分离移栽。分株繁殖在春季萌芽前或春末夏初进行。

迎春栽培简单,春季移植时带宿土,地上枝干截除一部分。在生长过程中,注意土壤不能积水和过分干旱,开花前后适当施肥2～3次。欲培养独干直立的树形,可用竹竿扶持幼树,使其直立生长,并注意摘去基部芽,待长到所需高度时,摘心促分枝,形成下垂之拱形树冠。每年开花后修剪整形,保持树老枝新,开花繁茂。为防止新枝过长,5—7月可保留基部几对芽摘心2～3次,以形成更多的开花枝条。

【观赏与应用】迎春株型铺散,枝条长而柔弱,下垂或攀缘,碧叶黄花,早春开花,金黄可爱,冬季鲜绿的枝条在白雪映衬下也很美丽,宜配置湖边、溪旁、堤岸、桥头、墙隅,或在草坪、林缘、坡地、台地、悬崖、阶前等做边缘栽植,特别适于宾馆、大厦顶棚布置,也可盆栽、制作盆景及作切花材料。在南方可与蜡梅、山茶、水仙等同植一处,构成新春佳景;在北方可与松、竹、银芽柳等同栽,构成北方四季均可观赏的动态景观。

14.3.18 棣棠 *Kerria japonica*

【别名】地棠花、黄棣棠

【英文名】Miracle marigold bush

【科属】蔷薇科 棣棠花属

【形态特征】棣棠为落叶灌木。株高1～2 m,小枝绿色,圆柱形,无毛,常拱垂,嫩枝有棱角。叶互生,三角状卵形或卵圆形,顶端长渐尖,基部圆形、截形或微心形,边缘有尖锐重锯齿,两面绿色,上面无毛或稀疏柔毛,下面沿脉或脉腋有柔毛。单花,着生在当年生侧枝顶端,花瓣黄色,花期4—6月,果期6—8月。

【种类与品种】

主要变种:单瓣棣棠(var. *simplex*)单瓣棣棠为落叶灌木。枝拱形,叶亮绿色,花金黄色,毛茛花状,单瓣,仲春至春末开放。

同属其他栽培种:

图14-24 棣棠

①重瓣棣棠花(var. *pleniflora Witte*)。落叶灌木。小枝绿色,有条纹,略呈曲折状,花金黄色顶生于侧枝上,重瓣,花期4—5月,湖南、四川和云南有野生,我国南北各地普遍栽培。

②金边棣棠花(f. *aureo-variegata Rehd*):金边棣棠花为落叶灌木,叶边呈黄色。

【产地与分布】原产中国秦岭以南地区以及日本。现各地均有栽培。

【习性】棣棠喜温暖湿润气候,喜阳光充足,稍耐阴,生长适温为15~28℃,耐寒,耐湿。对土质要求不严,以肥沃、疏松的砂壤土为佳。

【繁殖与栽培】棣棠多采用分株和扦插繁殖。分株繁殖一般在早春或晚秋进行,从母株上分割带有1~2枝干的新株,取出移栽。留在土中的母株可于第二年再分株。硬枝扦插以早春3月为宜,用未发芽的一年生枝条中下段做插穗,剪成10~12 cm的小段,基部剪成"马蹄"形,然后插在苗床上。嫩枝扦插以6月为宜,选用当年生半木质化的粗枝壮枝,留2~3片叶,插条长10~12 cm,如果露地扦插要适当遮阴。

棣棠小苗可裸根移植。栽培管理简易,树形宜用丛状形。花芽在新梢上形成,故宜每隔2~3年剪除老枝1次,以促进发新枝多开花。剪后加强肥水管理,尽快促发新枝,恢复树形。

【观赏与应用】棣棠株形丰满,小枝细长下垂,春季叶片鲜嫩翠绿,入夏繁花压枝,一片光辉灿烂之景,在园林中可丛植于篱边、墙际、水畔、坡地、林缘和草坪边缘,或作为花篱,与假山配植也很适宜。

14.3.19 含笑 *Michelia figo*

【别名】小叶含笑、含笑梅、香蕉花

【英文名】Banana shrub

【科属】木兰科 含笑属

【形态特征】含笑为常绿灌木。植株分枝紧密,小枝上有褐色毛。叶片革质互生,倒卵状椭圆形,全缘,叶柄极短。花单生于叶腋,直立,乳黄色,有水果香味,不完全开张。花期3—4月。蓇葖果卵圆形,外面有疣点。

【种类与品种】同属其他栽培种如下所述。

①云南含笑(M. *yunnanensis*):云南含笑别名皮袋香。高达4 m,全株被深红色平伏毛。花白色,极芳香。花期3—4月,果期8—9月。产于云南中部、南部。

②峨眉含笑(M. *wilsoni* i):峨眉含笑花黄色,花期3—5月。

图14-25 含笑

③深山含笑(M. *maudiae*):深山含笑花白色,花期2—3月。

【产地与分布】主要分布于华南至长江流域地区,北方各地均为盆栽。

【习性】含笑喜温暖湿润条件,喜半阴,不耐强光照射,喜肥沃酸性土壤,不耐石灰质土壤,耐寒能力较弱。

【繁殖与栽培】含笑多采用分株、扦插、压条和播种繁殖。分株繁殖一般在每年春季进行。扦插成活率较高,6月左右进行,选用当年生半木质化的枝条,剪成2~4 cm长的插条。苗床基

质可用沙土或苔藓等材料,插后遮阴,早晚喷水,1个月左右即可生根。嫁接繁殖多使用辛夷作砧木,采取切接、劈接等方法。

含笑喜肥水。幼苗栽植,无论地栽还是盆栽,都必须带土团。地栽选择半阴环境,并施入大量有机肥。盆栽用土要求含腐殖质丰富,pH 5.0左右。夏季天气炎热,空气干燥,应避免暴晒,并经常地面喷水,保持较高的空气湿度,但又不能使盆内积水。冬季室内保持在12 ℃以上,防止冻害。

【观赏与应用】含笑是著名芳香观赏花木,花开馥郁动人,适于庭园、小游园、公园及园林绿地丛植,栽于花坛、花境,或配植于林缘和草坪边缘等。

14.3.20　红枫 *Acer palmatum* ‘Atropurpureum’

【别名】红颜枫

【英文名】Palmate maple

【科属】槭树科　槭树属

【形态特征】红枫为落叶小灌木,枝细长,呈紫色、紫红色或略带灰色,光滑;单叶交互对生,常丛生于枝顶,叶5~9掌状深裂,基部心形,叶的裂片呈狭长的椭圆形,顶端锐尖,裂缘有缺刻状的缘齿。杂性花,顶生伞房花序,花小。花期5月,果10月成熟。

【产地与分布】分布于长江流域,现栽培较广泛。

【习性】红枫性喜阳光,适合温暖湿润气候,怕烈日暴晒,较耐寒,稍耐旱,不耐涝,适生于肥沃疏松排水良好的土壤。

【繁殖与栽培】红枫可采用嫁接和扦插繁殖。嫁接宜用2~4年生的鸡爪槭实生苗作砧木,靠接、芽接在砧木生长最旺盛的时候进行,接口容易愈合;枝接又分为老枝嫁接和嫩枝嫁

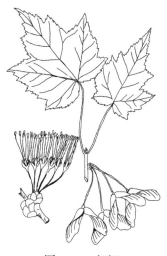

图14-26　红枫

接,老枝嫁接在春季砧木腋芽膨大时进行,嫩枝嫁接在6—8月进行,砧木和接穗选取当年生半木质化的枝条,成活率高。扦插一般在6—7月梅雨季节进行,选取当年生优良枝条,剪取约20 cm长,插后保持土壤和空气湿度,适当遮阴,大约1个月可陆续生根。移植后逐渐接受光照,加强肥水管理。

红枫栽培管理要求较高,栽培地要精耕细作。小苗在苗圃地培育,需经过多次移栽,促发侧根,较大苗木包括出圃苗都应带土球移栽,植后要及时浇水,植穴应施足底肥,以腐熟的有机肥为主。定植后每年春夏生长季节宜施腐熟的速效性肥2~3次,夏季气候干旱时,应结合施肥进行灌水,并且勤中耕、勤除草,以保持土壤适当湿润,入秋后土壤干燥为宜。

【观赏与应用】红枫树是非常美丽的观叶树种,其叶形优美,红色鲜艳持久,枝序整齐,层次分明,错落有致,树姿美观,广泛用于园林绿地及庭院做观赏树,以孤植、散植为主,也易于与景石相伴,观赏效果佳。

14.3.21　瑞香 *Daphne odora*

【别名】睡香、蓬莱紫、风流树

【英文名】Winter daphne

【科属】瑞香科　瑞香属

【形态特征】瑞香为常绿直立灌木;枝粗壮,通常二歧分枝,小枝近圆柱形,紫红色或紫褐色,无毛。叶互生,纸质,长圆形或倒卵状椭圆形,先端钝尖,基部楔形,边缘全缘,上面绿色,下面淡绿色,两面无毛,花外面淡紫红色,内面肉红色,无毛,数朵至 12 朵组成顶生头状花序,果实红色。花期 3—5 月,果期7—8 月。

图 14-27　瑞香

【种类与品种】

(1)主要变种

①金边瑞香(var. *aureo*):金边瑞香叶缘金黄色,花外面紫红色,内面粉白色。

②毛瑞香(var. *atrocaulis*):毛瑞香花白色,花被外侧密生黄色绢毛。

③蔷薇红瑞香(var. *rosacea*):蔷薇红瑞香花淡红色。

(2)同属其他栽培种

①白瑞香(D. *paphyracca*):白瑞香花簇生,白色。

②黄瑞香(D. *giraldii*):黄瑞香为小灌木,花黄色。

【产地与分布】原产于我国长江流域及陕西、甘肃、贵州、云南、广西、广东、福建、台湾及四川等地,多生于山坡林下。

【习性】瑞香喜温暖、湿润、凉爽的气候环境,不耐严寒;忌暑热;喜弱光,忌烈日直射,适生于半阴地;喜质地疏松、排水良好的肥沃沙壤土,在黏重土及干旱贫瘠地生长不良;忌积水地。

【繁殖与栽培】瑞香多采用扦插繁殖。选用当年生的健壮顶部嫩枝作插穗,把选好的枝条截成 5~7 cm 长的段,带踵并保留顶部 2~3 片叶插于疏松的酸性沙质壤土或火烧土中。插后应在插床上方搭荫棚遮阴,扦插苗生根后,可喷施 1/2MS 营养液或其他稀释液肥,每 10~15d1次,掌握薄肥勤施的原则。待苗高 10~15 cm,根系较为发达时,即可分植入盆。

瑞香喜阴凉通风的环境,不耐寒,怕高温伴随的高湿,尤其是在烈日照射过后,遇上潮湿天气易引起萎蔫,甚至死亡,要求排水良好,富含腐殖质的肥沃土壤,忌积水。地栽时应选在半阴环境且排水良好的环境;盆栽时盆土宜选用肥沃、疏松、透气好的沙壤土,可选用腐叶土、园土和沙混合配制的培养土,最好加入适量的腐熟的饼肥。花期应施一些磷、钾肥,花后则以施氮肥为主,保证营养生长的需要。春季 2—4 月花期过后,瑞香开始萌发生长新枝叶,此时不能缺水。瑞香抗病性较强,偶有蚜虫、红蜘蛛为害,要注意防治。

【观赏与应用】瑞香是著名的早春花木,株形优美,花朵极芳香。最适于林下路边、林间空地、庭院、假山岩石的阴面等处配植,日本的庭院中也十分喜爱使用瑞香,多将它修剪为球形,种于松柏之前供点缀之用。萌芽力强,耐修剪,也容易造型。

14.3.22　紫叶小檗 *Berberis thunbergii* var. *atropurpurea*

【别名】红叶小檗

【英文名】Red barberry

【科属】小檗科　小檗属

【形态特征】紫叶小檗为落叶灌木。幼枝淡红带绿色,老枝暗红色具条棱。叶菱状卵形,先端钝,基部下延成短柄,全缘,表面黄绿色,背面带灰白色,具细乳突,两面均无毛。花2~5朵成具短总梗并近簇生的伞形花序,或无总梗而呈簇生状,花被黄色,花瓣长圆状倒卵形,花期4—6月,果期9月。

【种类与品种】

同属其他栽培:金叶小檗(*Berberis thumbergii* 'Aureus')叶色金黄亮丽,结红果,果实经冬不落。

【产地与分布】原产华北、华东以及秦岭以北,现我国各地广泛栽培。

【习性】紫叶小檗具有较强的适应性,喜阳,耐半阴,但在光线稍差或密度过大时部分叶片会返绿。耐寒也耐旱,不耐水涝,耐修剪,对各种土壤都能适应。

图14-28　紫叶小檗

【繁殖与栽培】主要采用扦插法,也可用分株、播种法。扦插可用硬枝插和嫩枝插两种方法。六、七月取半木质化枝条,剪成10~12 cm长,上端留叶片,插于砂或蛭石中,保持湿度在90%左右,温度25 ℃左右,20 d即可生根。分株时间除夏季外,其他季节均可进行。秋季种子采收后,洗尽果肉,阴干,然后选地势高燥处挖坑,将种子与沙按1∶3的比例放于坑内贮藏,第二年春季进行播种,也可采收后进行秋播。

紫叶小檗适应性强,耐寒、耐旱。喜光线充足及凉爽湿润的环境,亦耐半阴。宜栽植在排水良好的砂壤土中。盛夏季节宜放在半阴处养护,其他季节应让它多接受光照;浇水应掌握间干间湿的原则,不干不浇。此植物虽较耐旱,但经常干旱对其生长不利,高温干燥时,如能喷水降温增湿,对其生长发育大有好处。

【观赏与应用】紫叶小檗春季开黄花,秋天缀红果,叶色常年多变,是花、果、叶皆美的观赏花木,现已广泛应用于公园、街道、庭园等处的绿化和盆景植物栽培之中。紫叶小檗也是园林绿化的重要色相树种,既可丛植于园路、隅角、花丛边缘,也可点缀于山石、池畔、草坪之间;既可作自然、整形花篱,也可用于条、板、块的整形图案栽培中。

14.3.23　九里香 *Murraya exotica*

【别名】千里香、月橘、木万年青

【英文名】Orange jasmine

【科属】芸香科　九里香属

【形态特征】九里香为常绿灌木或小乔木,高可达8 m。枝白灰或淡黄灰色,但当年生枝绿色。奇数羽状复叶互生,小叶倒卵形成倒卵状椭圆形,顶端圆或钝,边全缘,平展。花序通常顶生,或顶生兼腋生,花多朵聚成伞状,为短缩的圆锥状聚伞花序;花白色,芳香,花瓣5片,长椭圆形,盛花时反折;果橙黄至朱红色,阔卵形或椭圆形,花期4—8月,也有秋后开花,果期9—

12 月。

【产地与分布】原产于我国台湾、福建、广东、海南及广西。现亚洲热带及亚热带地区也有栽培,长江流域以北只能盆栽。

【习性】九里香性喜温暖、湿润气候,喜光,也耐半阴,不耐寒、稍耐干旱,忌积涝。对土壤要求不严,但以疏松肥沃、含大量腐殖质、排水良好的中性土为好。

【繁殖与栽培】九里香可采用播种和扦插繁殖。播种,冬季采收的种子要沙藏到第二年春播,春季采收的种子随采随播。播后保持苗床湿润,大约 3 周即可发芽、出苗,培育至第二年春换床分栽。扦插在 3—4 月或 7—8 月进行,选取一年生的优良枝条,长约 12 cm,具 4 ~ 5 节,剪口要平整,插后保持土壤湿润,极易生根。

图 14-29　九里香

九里香对水分要求较高,浇水要适度,孕蕾前适当控水,促其花芽分化,孕蕾后及花果期,土壤以稍偏湿润而不渍水为好。喜肥,植前施入有机肥,生长期半月左右施 1 次氮磷钾复合肥,忌单施氮肥,否则枝叶徒长而不孕蕾。花后修剪,将枯枝、徒长枝、过密枝疏剪。

【观赏与应用】九里香枝叶繁密,四季青翠,花色洁白芳香,果实红艳,观赏性佳,适合作绿篱,也可孤植或丛植于路边、一隅。

14.3.24　木香 *Rosa banksiae*

【别名】七里香、木香花

【英文名】Banks' rose

【科属】蔷薇科　蔷薇属

【形态特征】木香为落叶或半常绿攀缘小灌木,高可达6 m;小枝圆柱形,无毛,有短小皮刺;老枝上的皮刺较大,坚硬,经栽培后有时枝条无刺。小叶 3 ~ 5,稀 7,连叶柄长 4 ~6 cm;小叶片椭圆状卵形或长圆披针形,先端急尖或稍钝,基部近圆形或宽楔形,边缘有紧贴细锯齿,上面无毛,深绿色,下面淡绿色,中脉突起,沿脉有柔毛;花小型,多朵成伞形花序,花重瓣至半重瓣,白色,倒卵形,先端圆,基部楔形;花期 4—5 月,果期 8—9 月。

图 14-30　木香

【产地与分布】产我国西南部,现南方各地均有栽植。

【习性】木香对土壤要求不严,喜排水良好、土层深厚肥沃的沙质土壤;较耐寒,适宜在背风向阳之地栽植;耐旱,忌潮湿积水。

【繁殖与栽培】木香一般采用扦插、压条、嫁接等方法繁殖。扦插繁殖时,一般于 11 月中旬

至 12 月初进行,可选用生长健壮的当年生枝条,取长 12 ~ 15 cm 充实饱满的枝条,3 ~ 4 节,插入苗床的深度为条长的 2/3 为宜,扦插后应及时覆土,浇透水,并做好防寒越冬。嫩枝扦插可在 5—6 月份进行,选 10 ~ 15 cm 长的基部带踵的半木质化枝条,上部留 2 片叶扦插,注意遮阴保湿。压条繁殖宜在初春至初夏期间进行,可选用 2 年生枝条,入土部分用刀刻伤,以提高发根能力。进行嫁接繁殖时,可选用 2 年生野蔷薇、十姊妹花等作为砧木,在 12 月—翌年 1 月进行嫁接,或 2—3 月在露地切接。也可用芽接法、根接法等方法。

木香春季萌芽后施 1 ~ 2 次复合肥,以促进花大味香,入冬后可在根部周围开沟施腐熟的有机肥,并浇透水。修剪一般在夏末秋初或花后进行,冬春也可进行修剪,但只剪去徒长枝、枯枝、病虫枝和过密枝,以利通风透光。

【观赏与应用】木香是重要的攀缘植物,花开时白如垂瀑,黄若披锦,花香沁人,极具观赏价值。园林中广泛用于花架、格墙、篱垣和崖壁的垂直绿化。

14.3.25　垂丝海棠 *Malus halliana*

【别名】垂枝海棠

【英文名】Hall crabapple

【科属】蔷薇科　苹果属

【形态特征】垂丝海棠为落叶小乔木,高达 5 m,小枝细弱,圆柱形,紫色或紫褐色;叶片卵形或椭圆形至长椭卵形,先端长渐尖,基部楔形至近圆形,边缘有圆钝细锯齿,伞房花序,具花 4 ~ 6 朵,花梗细弱,长 2 ~ 4 cm,下垂,有稀疏柔毛,紫色;花瓣倒卵形,粉红色,花期 3—4 月,果期 9—10 月。

图 14-31　**垂丝海棠**

【种类与品种】主要变种如下所述。

①白花垂丝海棠(var. *spontanea*):白花垂丝海棠叶较小,椭圆形至椭圆状倒卵形,花朵较小,淡粉红色或近白色,花柱 4,花梗较短。

②重瓣垂丝海棠(var. *parkmanii*):重瓣垂丝海棠花红色或粉红色,半重瓣,花梗深红色。

【产地与分布】原产于华北、华东及西南地区;华南地区有栽培。

【习性】垂丝海棠性喜阳光,不耐阴,也不甚耐寒,喜温暖湿润环境,适生于阳光充足、背风之处。土壤要求不严,微酸或微碱性土壤均可成长。

【繁殖与栽培】垂丝海棠的繁殖可采用分株、扦插、压条等方法。分株繁殖可在秋季落叶后或早春萌芽前,将茎基部已生根的萌蘖苗切离母体,另行栽植。扦插繁殖一般在深秋至初冬,选取发育充实的 1 年生枝条,截成 10 ~ 12 cm 长的枝段进行扦插。盖塑料薄膜拱棚保温越冬,注意适时喷水保湿;翌春可先发根后发芽,成活率很高。压条繁殖在春、夏季,常自茎基部萌生多数萌蘖而形成徒长枝。可于 5—8 月将这些枝条下侧刻伤后,压入土中,生根后于翌春或秋季切离母体。

垂丝海棠宜生活在光照充足、空气流通的环境。生长适温为 15～28 ℃。地栽植株冬季能耐−15 ℃的低温。夏季盆栽要适当遮阳,同时喷水增湿降温。生长季节要有充足的水分供应,以不积水为准。春、夏应多浇水,夏季高温时早晚各浇一次水;秋季减少浇水量,抑制生长,有利于越冬。

【观赏与应用】海棠种类繁多,树形多样,叶茂花繁,丰盈娇艳,可地栽装点园林。可在门庭两侧对植,或在亭台周围、丛林边缘、水滨布置;若在观花树丛中作主体树种,其下配植春花灌木,其后以常绿树为背景,则尤绰约多姿,显得漂亮。若在草坪边缘、水边湖畔成片群植,或在公园游步道旁两侧列植或丛植,亦具特色。海棠不仅花色艳丽,其果实亦可观。至秋季果实成熟,红黄相映高悬枝间。每当冬末春初,庭园中有几株挂满红色小果的海棠,不仅为园林冬景增色,同时也为冬季招引小鸟提供上好的饲料。

14.3.26 小叶女贞 *Ligustrum quihoui*

【别名】小叶冬青、小白蜡

【英文名】Purpus Privet

【科属】木犀科 女贞属

【形态特征】小叶女贞为落叶灌木,高 1～3 m。小枝淡棕色,圆柱形,密被微柔毛,后脱落。叶片薄革质,形状和大小变异较大,披针形、长圆状椭圆形、椭圆形、倒卵状长圆形至倒披针形或倒卵形,先端锐尖、钝或微凹,基部狭楔形至楔形,叶缘反卷,上面深绿色,下面淡绿色,圆锥花序顶生,近圆柱形,花白色,花期5～7月,果期8—11月。

【产地与分布】小叶女贞产于陕西南部、山东、江苏、安徽、浙江、江西、河南、湖北、四川、贵州西北部、云南、西藏察隅。现分布于我国中部、东部和西南部地区。

【习性】小叶女贞喜阳,稍耐阴,对土壤要求不严,耐轻度盐碱。不耐严寒,耐干旱,忌涝。对二氧化硫、氯气等有毒气体抗性强,萌蘖力强,耐修剪。

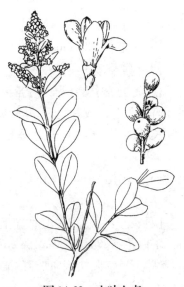

图 14-32 小叶女贞

【繁殖与栽培】小叶女贞多采用播种、扦插和分株繁殖。播种前将种子进行温水浸种48 h,即可播种。播后马上覆盖细细的土,轻轻踩实,覆盖草帘,浇 1 次透水。扦插繁殖多在秋季进行,选择健壮、无病虫害的 2 年生优质的植株,采集木质化较好的新梢,剪成 10 cm 的插条,将插条下部分叶片全部去掉,上部留 2～3 片叶即可。插后用清水进行喷雾,浇透水后用塑料膜覆盖,床上面搭遮阴棚。分株选择春秋两季。分株繁殖在春季芽萌动前,将母株根际周围的萌蘖苗挖出,带根分栽。或将整株母株挖出,用利刀将其分割成几丛,每丛有 2～3 个枝干并带根,分丛栽植。

小叶女贞喜欢略微湿润至干爽的气候环境,耐寒,夏季高温期度夏困难,不能忍受闷热,否则会进入半休眠状态,生长受到阻碍。最适宜的生长温度为 15～30 ℃。

【观赏与应用】小叶女贞枝叶紧密、圆整又耐修剪,是做绿篱的好材料,根据景观需要经过人工整形及修剪可成为形态各异的球形或云片形,丛生或独干,每株可存有几个至几十个球或云片,也可以片植在林缘或与其他色叶灌木配植成各种图案。

14.3.27　倒挂金钟 *Fuchsia hybrida*

【别名】灯笼花、吊钟海棠

【英文名】Fuchsia

【科属】柳叶菜科　倒挂金钟属

【形态特征】倒挂金钟为多年生亚灌木,茎直立,高 0.5 ~ 2 m,多分枝,幼枝带红色。叶对生,卵形或狭卵形,中部的较大,先端渐尖,基部浅心形或钝圆,边缘具远离的浅齿或齿突,花两性,单一,稀成对生于茎枝顶叶腋,下垂,花瓣色多变,紫红色、红色、粉红、白色,排成覆瓦状,宽倒卵形,长 1 ~ 2.2 cm,先端微凹,花丝红色,伸出花管外,花药紫红色,长圆形,倒卵状长圆形,花期 4—12 月。

图 14-33　倒挂金钟

【种类与品种】同属其他栽培种如下所述。

①短筒倒挂金钟(*F. magellanica*):短筒倒挂金钟别名短筒吊钟海棠。株高约 100 cm,枝条下垂,带紫红色,幼时具细毛。叶对生或轮生,卵状披针形。花单生叶腋,花梗红色,被毛,细长下垂,长约 5 cm;萼筒短,绯红色;花瓣蓝紫色、玫瑰紫及茄紫色等。

②白萼倒挂金钟(*F. alba-coccinea*):白萼倒挂金钟别名白萼吊钟海棠,萼筒长,白色,萼裂片翻卷,花瓣红色。

③三叶倒挂金钟(*F. triphylla*):低矮丛生灌木,株高 20 ~ 50 cm。叶常 3 枚轮生,表面绿色,背面鲜赤褐色,叶脉上密布绒毛。花朱红色,长 4 cm,萼筒长,上方扩大,花瓣甚短。

【产地与分布】原产于墨西哥,广泛栽培于全世界,在中国广为栽培,尤在北方或在西北、西南高原温室种植。

【习性】倒挂金钟喜凉爽湿润环境,怕高温和强光,忌酷暑闷热及雨淋日晒。以肥沃、疏松的微酸性土壤,且宜富含腐殖质、排水良好。冬季要求温暖湿润、阳光充足、空气流通;夏季要求干燥、凉爽及半阴条件,并保持一定的空气湿度。夏季温度达 30 ℃时生长极为缓慢,35 ℃时大批枯萎死亡。冬季温度不低于 5 ℃,弱低于 5 ℃,则易受冻害。

【繁殖与栽培】倒挂金钟常用扦插繁殖,只要温度适宜,一年四季均可扦插。种条宜选择当年生无病虫害、尚未木质化的枝条。插穗长 8 ~ 10 cm,上部留 2 片真叶,然后扦插。

栽培管理中的一个重要环节是适时摘心,一般苗期宜进行 2 ~ 3 次摘心。这样培养的植株分枝多而均匀,开花繁茂,且株型丰满。

【观赏与应用】倒挂金钟花形奇特,开花时,垂花朵朵,婀娜多姿,如悬挂的彩色灯笼,花期长,观赏性强,气候适宜地区可地栽布置花坛,也可丛植于花境、草坪边缘。

14.3.28　鸡蛋花 *Plumeria rubra* 'Acutifolia'

【别名】缅栀、蛋黄花

【英文名】Frangipani

【科属】夹竹桃科　鸡蛋花属

【形态特征】鸡蛋花为落叶小乔木,高约5 m,最高可达8 m;枝条粗壮,带肉质,具丰富乳汁,绿色,无毛。叶厚纸质,长圆状倒披针形或长椭圆形,叶面深绿色,叶背浅绿色,两面无毛;聚伞花序顶生,无毛;花萼裂片小,卵圆形,顶端圆,不张开而压紧花冠筒;花冠外面白色,花冠筒外面及裂片外面左边略带淡红色斑纹,花冠内面黄色,直径4~5 cm,花冠筒圆筒形,花冠裂片阔倒卵形,顶端圆;花期5—10月,果期栽培极少结果,一般为7—12月。

图14-34　鸡蛋花

【种类与品种】同属其他栽培种如下所述。

①红鸡蛋花(*P. rubra*):红鸡蛋花花冠红色,喉部黄色。

②白鸡蛋花(*P. alba*):白鸡蛋花花冠白色。

③钝叶鸡蛋花(*P. obtusa*):钝叶鸡蛋花叶片长卵圆形,叶尖圆钝。花白色,冠喉部黄色斑纹小。

【产地与分布】原产于南美洲,现广植于亚洲热带和亚热带地区。我国广东、广西、云南、福建等省区有栽培。

【习性】鸡蛋花喜光,耐半阴;喜高温、湿润的气候,生长适温为23~30 ℃,不耐寒,耐湿,耐干旱。耐薄瘠,对土壤要求不高,喜在石灰岩地区生长。

【繁殖与栽培】鸡蛋花主要通过扦插繁殖。在热带亚热带适宜露地栽培的地方,一年四季均可以进行扦插。选取1~2年生粗壮枝条,从分枝基部剪取长20~30 cm枝段扦插入培养土中。隔1天喷水1次,使基质保持湿润。鸡蛋花对土壤要求不严,宜种植在含腐殖质较多的疏松土壤中,前期适当遮阴处理,以后逐步适应露地生长。培养露地绿化的大规格苗木,应选用规格大些的粗壮枝条作插穗;苗期适当摘去侧芽,以培育较高的大苗主干。鸡蛋花也可播种繁殖。鸡蛋花蓇葖果的种子成熟后会自然裂开,把果荚里的种子取出,在防雨的阴棚中播于沙壤培养土苗床中。种子发芽适温为18~24 ℃,一般随采随播。

在南方温暖地区,鸡蛋花可在露地种植。春、夏、秋季均可栽培。种植时,应选择富含有机质的沙质壤土,栽培处宜阳光充足、排水良好。定植前,结合土壤深翻施放基肥。生长季节每个月追施1次有机复合肥,冬季停止施肥。干旱季节要注意及时浇水,保持土壤湿润,梅雨季节注意排水防涝,大雨之后及时松土锄草。

【观赏与应用】鸡蛋花生势强健,枝干古朴,花期长,花清香淡雅,是优良的木本花卉,适合于公园、校园、小区及庭园等地孤植,或滨水配植,效果颇佳。

14.3.29　扶桑 *Hibiscus rosa-sinensis*

【别名】朱槿、朱槿牡丹

【英文名】China rose

【科属】锦葵科　木槿属

【形态特征】扶桑为常绿灌木。茎直立而多分枝,树冠近圆形。干皮灰色,表面粗糙,叶互生,阔卵形,形似桑叶,边缘有锯齿及缺刻,基部近全缘。花大,单生于上部叶腋间,有单瓣与重瓣之分。单瓣花呈漏斗状,多为玫瑰红色,直径 10 cm 左右,雄蕊筒及柱头超出花冠之外;重瓣者,花重瓣,花冠非漏斗状,呈红、黄、粉等色,雄蕊及柱头不突出冠外。花期5—11月。

图14-35　扶桑

【种类与品种】

主要变种:斑叶扶桑(var. *cooperi*),叶片上有红色和白色斑,为观叶变种。

同属其他栽培种如下所述。

①吊灯扶桑(H. *schizopetalus*):吊灯扶桑为常绿直立灌木。小枝细瘦,常下垂,平滑无毛。叶椭圆形或长圆形,两面均无毛。花单生于枝端叶腋间,花梗细瘦,下垂;花瓣5,红色,深细裂作流苏状,向上反曲;雄蕊柱长而突出,下垂。

②黄槿(H. *tiliaceus*):黄槿为常绿灌木或乔木。树皮灰白色。叶革质,近圆形或广卵形。花顶生或腋生,常数花排列成聚伞花序,花冠钟形,花瓣黄色。

③木芙蓉(H. *mutabilis*):木芙蓉为落叶灌木或小乔木。叶宽卵形至圆卵形或心形。花单生于枝端叶腋间,花初开时白色或淡红色,后变为深红色。

④木槿(H. *syriacus*):木槿为落叶灌木。小枝密被黄色星状茸毛。叶菱形至三角状卵形。花单生于枝端叶腋间,花钟形,淡紫色。

【产地与分布】原产于东印度和我国,全世界热带、亚热带、温带地区广泛分布。我国分布于长江以南地区,现在各地广为栽培。主要分布于华南至长江流域地区,北方各地均为盆栽。

【习性】扶桑性喜温暖湿润,生长适宜温度18~25℃,不耐寒,要求光照充足,适宜肥沃而排水良好的微酸性壤土。

【繁殖与栽培】扶桑可以采用扦插、播种及嫁接繁殖,以扦插繁殖较为常用。扦插多在春季进行,基质以粗沙或蛭石为宜。北京地区在3—4月结合修剪,用剪下的枝条剪成插穗,插穗要充实饱满,长 10~15 cm,带 2~3 个芽,保留上端2片叶。插后适当遮阴,空气湿度80%,温度控制为18~25℃,20 d 左右生根,45d 后即可上盆栽植。采用播种繁殖时,由于扶桑的种子较硬,要提高发芽率,需将种皮刻伤或腐蚀,一般在浓硫酸中浸5~30 min,用水洗净后再播。发芽适宜温度25~35℃,2~3 d 即可发芽。一些杂交种,尤其是夏威夷扶桑的新品种,性衰弱,需用嫁接繁殖,砧木选用同属中生长强健的种,引入新品种也常采用嫁接繁殖。

扶桑生长期给予充足的光照,生长适温20~28℃,每隔15 d 追肥1次。苗高15 cm时开始摘心1~2次,促发新梢,增多着花部位。夏季避免烈日直射,中午前后应遮阴,炎热天气向叶面洒水。开花以后对植株重剪,诱发新梢。深秋移入低温温室养护,越冬温度8℃以上。每隔2~3年换盆。

【观赏与应用】扶桑花期长,花大而艳,有红色、粉红、橙黄、白色等,花量多。长江流域以南可将其露地用于园林绿化,高大品种适宜于道路绿化或植为花篱,低矮品种是布置花坛、花境或庭院应用的良好材料。

14.3.30 炮仗花 *Pyrostegia venusta*

【别名】黄鳝藤

【英文名】Flame vine

【科属】紫葳科 炮仗藤属

【形态特征】炮仗花为落叶藤本,具有3叉丝状卷须。叶对生;小叶2~3枚,卵形,顶端渐尖,基部近圆形,全缘,圆锥花序着生于侧枝的顶端,花冠筒状二唇形,长约4 cm,橙红色,5裂,花期4—6月,果期9—10月。

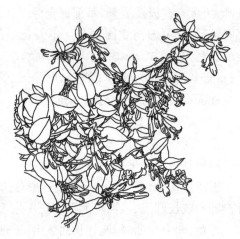

图14-36 炮仗花

【产地与分布】原产于南美洲巴西,在热带亚洲已广泛作为庭园观赏藤架植物栽培。我国广东(广州)、海南、广西、福建、台湾、云南(昆明、西双版纳)等地均有栽培。

【习性】炮仗花喜光,喜通风良好温暖高湿气候,不耐寒。生长适温18~28 ℃,越冬温度5 ℃以上,短期能耐2~3 ℃低温,耐修剪。喜肥沃、湿润、酸性土壤。

【繁殖与栽培】炮仗花多采用压条和扦插繁殖。压条在春、夏、秋三季均可进行,采用普通压条法。主要利用落地的藤蔓,将叶腋处刻伤压土。压条后20~30 d可产生新根,2~3个月后剪离母体,即可定植。春、夏压条的当年均可开花。扦插繁殖宜在春、夏两季进行。选择一年生无病虫害的粗壮枝条或老茎作插穗扦插于育苗床,插后灌透水。

由于炮仗花生长快、开花多、花期长,因此肥、水要足。生长季节一般两周左右施1次腐熟稀薄的豆饼水或复合化肥,促使其枝繁叶茂,花满枝头。夏季气温高,浇水要充足,同时要向花盆附近地面上洒水,以提高空气湿度。

【观赏与应用】炮仗花多用作花廊、花架、围墙、低层建筑墙面或屋顶作垂直绿化材料。矮化品种,可盘曲成图案形,作盆花栽培。每当春季开花时节,朵朵橙红色的小花,星星点点地点缀在绿墙上,就像一串串鞭炮,给圣诞、元旦、新春等中外佳节增加了节日气氛。

14.3.31 龙船花 *Ixora chinensis*

【别名】英丹、木绣球、山丹

【英文名】Chinese ixora

【科属】茜草科 龙船花属

【形态特征】龙船花为常绿灌木,高0.8~2 m,无毛;小枝初时深褐色,有光泽,老时呈灰色,具线条。叶对生,披针形、长圆状披针形至长圆状倒披针形,顶端钝或圆形,基部短尖或圆形;花序顶生,多花,具短总花梗;总花梗与分枝均呈红色,花冠红色或红黄色,花丝极短,花药长圆形,基部2裂,花期5—7月。

【种类与品种】主要栽培种及变种如下:

①大王龙船花(I. duffii 'Super King'),叶卵状披针形或长椭圆形,先端突尖,叶片大,花冠鲜红色,伞形花序可达5cm以上,是龙船花属中花序较大的品种。

②博尔博奈卡龙船花(I. borbonica),叶披针形,淡蓝色,披有淡绿色斑点,是龙船花属中唯一的观叶种类。

图14-37　龙船花

③洋红龙船花(I. casei),原产克罗尼西亚,叶倒长卵形,先端突出;花冠洋红色,花瓣宽大。比较耐高温,对低温敏感。夏秋季为盛花期。

④黄龙船花(I. lutea),原产印度,又名黄仙丹,属小叶品种,叶倒卵形,先端尖。花瓣小,花冠黄色,花序多,分枝多,株型紧密。花期春、夏和秋季。

⑤大黄龙船花(I. collinea 'Cillettes yellow'),大叶品种,株高一般40~60 cm,阔叶椭圆形,花冠黄色,花期从夏季到秋季。

⑥尖叶龙船花(I. solicifoia),叶披针形,叶脉凹入,夏、秋季开花,花冠鲜红色,点缀黄橙色。

⑦香龙船花(I. odorata),花淡粉红色,基部红色,花香浓郁。

⑧小花龙船花(I. parviflora),花白色。

⑨霞玉龙船花(I. williamsii cv. AureoRosea),双色种。

⑩艳红龙船花(I. williamsii cv. Declorens),花鲜深色。

⑪矮龙船花(I. williamsii cv. DwarfSalmon),叶小、紧密、长椭圆形,花橙红色。

【产地与分布】原产于我国南部地区和马来西亚,现广泛分布于我国广东、广西、台湾、福建等省区。

【习性】龙船花喜光,稍耐阴;喜温暖至高温、湿润的气候,生长适温为22~30 ℃,不耐寒,怕干旱,不耐水湿。土壤以肥沃、疏松、排水良好的酸性砂壤土为佳。

【繁殖与栽培】龙船花可用播种、扦插或高压等方法繁殖。以扦插法为主,时间以春夏之交较适合,在高温高湿环境中扦插生根较快。插穗宜选取1年生健壮而未着花的顶芽或枝条,每段10~15 cm扦插于沙床中,保持湿度,适当遮阴。个别品种如大王龙船花扦插成活率较低,宜采用高压法繁殖,也可采用播种繁殖,但苗木培育期较长。

龙船花喜湿怕干,茎叶生长期需充足水分,保持盆土湿润,有利于枝梢萌发和叶片生长。但长期过于湿润,容易引起部分根系腐烂,影响生长和开花。如土壤过于干燥或时干时湿,水分供给不及时,会产生落叶现象。春、夏、秋季为龙船花生长开花期,应加强水肥管理,每30~40 d施肥1次,各种有机肥料或无机复合肥均理想。

【观赏与应用】龙船花聚生成团,花色繁多,花姿娇艳,花期长,适合用于公园、花坛、住宅小区、道路旁绿化,也可与其他树种配植于庭院、风景区,高低错落,颇具观赏性。

14.3.32 绣球荚蒾 *Viburnum macrocephalum*

【别名】木绣球、八仙花

【英文名】Chinese snowball Viburnum

【科属】忍冬科 荚蒾属

【形态特征】绣球荚蒾为落叶或半常绿灌木,高达
4 m;树皮灰褐色或灰白色;芽、幼枝、叶柄及花序均密被
灰白色或黄白色簇状短毛,后渐变无毛。叶临冬至翌年
春季逐渐落尽,纸质,卵形至椭圆形或卵状矩圆形,边缘
有小齿。聚伞花序直径 8～15 cm,全部由大型不孕花组
成,第一级辐射枝 5 条,花生于第三级辐射枝上;萼筒筒
状,无毛,萼齿与萼筒几等长,矩圆形,顶钝;花冠白色,
辐状,裂片圆状倒卵形,筒部甚短,花期 4～5 月。

图 14-38 绣球荚蒾

【种类与品种】主要变型:琼花(*f. keteleeri*),枝广
展,树冠呈球形。老枝灰黑色,叶对生、卵形、椭圆形或
近圆形,长 5～8 cm,边缘有细齿,背面疏生星状毛。聚
伞花序集成伞房状,中央为可孕花,边缘为 8 朵大型不孕花,花瓣顶端常凹缺。

【产地与分布】分布于福建、江西、湖南、湖北、香港和西南地区,江苏、浙江、江西和河北等
省均见有栽培。

【习性】绣球荚蒾为阳性树种,稍耐阴,耐寒性强。宜肥沃、湿润及排水良好的微酸性土壤
或中性沙质土壤,忌黏重土。

【繁殖与栽培】绣球荚蒾多采用分株、扦插和压条繁殖。分株繁殖一般在 2—3 月的休眠期
进行。分株时先把母株上的大部分土抖去,确定好新芽和萌蘖根,将盘结在一起的根系分解开,
尽可能少伤根,用利刀将分蘖苗和母株相连部分切割开,分别栽植即可。扦插一般在早春 3 月
时结合修枝整形作硬枝扦插,插条应从生长健壮的无病虫害枝条上剪取。扦插前通过修枝整形
积攒下的枝条等,经合理的方法贮藏后都可以用来选作插穗。为保证通气透水性良好,确保成
活率,选择河沙、蛭石或珍珠岩为基质最为理想。并注意适当遮阴和换气。压条繁殖在春天把
枝条弯曲一部分埋在土中,将埋入土中部分刻伤。待根生出后与其成苗切割开来就产生了一株
新的植株。

绣球荚蒾的栽培介质以腐殖土为佳。春、夏季施肥 2～3 次。栽培可调节花色,土壤呈酸
性,钾肥多或含铅,铁元素多时呈蓝色;土壤呈碱性,可在土中浇灌明矾水。花后修剪整枝,夏季
需阴凉,通风。冬季落叶后换土 1 次。短日、连续低温 30 d 以上花芽才能分化,花芽分化后需
20 ℃以上才能开花。

【观赏与应用】树姿美观,盛花时花团锦簇,适宜园林绿地、园路旁、草坪、旷地、池畔水边、
假山石旁等处孤植,丛植或列植,也可对植于亭台及建筑物出入口两侧。

14.3.33　佛手 *Citrus medica* var. *sarcodactylis*

【别名】五指柑、佛手柑

【英文名】Fingered citron

【科属】芸香科　柑橘属

【形态特征】佛手柑为常绿灌木或小乔木,高达丈余,茎叶基有长约 6 cm 的硬锐刺,新枝三棱形。单叶互生,长椭圆形,有透明油点。花多在叶腋间生出,常数朵成束,其中雄花较多,部分为两性花,花冠五瓣,白色微带紫晕,春分至清明第一次开花,常多雄花,结的果较小,另一次在立夏前后,9—10 月成熟,果大,皮鲜黄色,皱而有光泽,顶端分歧,常张开如手指状,故名佛手,肉白,无种子。

图 14-39　佛手

【产地与分布】原产于亚洲西南部,现我国长江以南各地有栽种。

【习性】佛手为热带、亚热带植物,喜温暖湿润、阳光充足的环境,不耐严寒、怕冰霜及干旱,耐阴,耐瘠,耐涝。以雨量充足、冬季无冰冻的地区栽培为宜。最适生长温度 22 ~ 24 ℃,越冬温度 5 ℃以上,年降水量以 1 000 ~ 1 200 mm 最适宜,年日照时数 1 200 ~ 1 800 h 为宜。适合在土层深厚、疏松肥沃、富含腐殖质、排水良好的酸性壤土、砂壤土或黏壤土中生长。

【繁殖与栽培】佛手可用扦插、嫁接、高压繁殖。扦插繁殖在春、夏、秋 3 季均可,选取上年或当年生长健壮的青绿色枝梢,将枝条的 2/3 入土斜插入深耕整地的砂壤土中,然后压实。嫁接繁殖可用香橼、柠檬等柑橘类做砧木,剪取生长健壮的佛手枝条作接穗,常规的劈接、芽接或靠接都可获得良好种苗。高空压条繁殖的具体技术是:选择健壮佛手植株 2 ~ 3 年生枝条,上、下环剥树皮 2 ~ 3 cm,刮净黄色的形成层,用 2/3 无草根、草籽的肥土加 1/3 的干牛粪、腐熟的锯木、草木灰,用水均匀调成泥团。用相当于环剥处树枝粗度 4 倍的泥团包住环剥部位,再用长、宽约 30 cm 的塑料薄膜密封包扎好,3 ~ 5 个月发根老化后,便可移栽。

佛手盆栽技术管理主要有下述几点:

①盆土的配制:盆土要采用疏松、肥沃的沙壤土。

②合理整形修剪。

③加强肥水管理。

④搞好疏花疏果。

⑤注意防治病虫害。

地栽一般可比盆栽提前 1 年结果,且产量明显提高。地栽的密度一般掌握在 2 m×(2 ~ 2.5)m,且一年四季均可栽植,冬季气温偏低的地区,为减轻冻害,一般以春植为宜。秋植和冬植一般在新梢老熟后均可种植,其栽培管理与盆栽基本相似。

【观赏与应用】佛手的叶色泽苍翠,四季常青,果实色泽金黄,香气浓郁,形状奇特似手,千姿百态,让人感到妙趣横生。佛手在园林中的应用形式主要有佛手盆景、天然林、专类园、绿化带。

思考题

1. 木本花卉有哪些特点?
2. 木本花卉在园林中应用特点有哪些?
3. 试述我国传统木本花卉的观赏特点及园林用途。
4. 试举 8～10 种常见木本花卉,简述其观赏特点及园林用途。

彩　图

第 14 章彩图

参考文献

[1] 中国花卉协会.2016 中国花卉产业发展报告[M].北京:中国林业出版社,2019.

[2] 薛秋华.园林花卉学[M].武汉:华中科技大学出版社,2015.

[3] 苏金乐.园林苗圃学[M].2 版.北京:中国农业出版社,2010.

[4] 张福墁.设施园艺学[M].2 版.北京:中国农业大学出版社,2010.

[5] 朱西儒,曾宋君.商品花卉生产及保鲜技术[M].广州:华南理工大学出版社,2001.

[6] 赵兰勇.商品花卉生产经营[M].北京:中国林业出版社,1999.

[7] 林锋.花卉生产[M].沈阳:沈阳出版社,2011.

[8] 王莲英,秦魁杰.花卉学[M].2 版.北京:中国林业出版社,1990.

[9] 付玉兰.花卉学[M].北京:中国农业出版社,2013.

[10] 陈发棣,郭维朋.观赏园艺学[M].2 版.北京:中国农业出版社,2015.

[11] 黄凌云.盆栽花卉的土壤要求与管理[J].农家科技,2005(4).

[12] 朱丽娟,邵峰,刘王锁,等.浅谈盆栽花卉的管理技术[J].防护林科技,2011(5).

[13] 李龙梅.花卉栽培[M].北京:科学出版社,2017.

[14] 刘燕.园林花卉学[M].3 版.北京:中国林业出版社,2016.

[15] 包满珠.花卉学[M].3 版.北京:中国农业出版社,2011.

[16] 张树宝,李军.园林花卉[M].北京:中国林业出版社,2013.

[17] 中国科学院中国植物志编辑委员会.中国植物志(第28—80 卷)[M].北京:科学出版社,
1980—2002.

[18] 金秋琼,倪惠强,陆建萍.温室观赏型南瓜栽培管理技术[J].上海农业科技,2012(4).

[19] 周厚高,游天建,王文通,等.彩叶草的品种分类与园林应用[J].广东园林,2011(3):57-61.

[20] 王意成.700 种多肉植物原色图鉴[M].南京:江苏科学技术出版社,2016.

[21] 王成聪.仙人掌与多肉植物大全[M].武汉:华中科技大学出版社,2011.

[22] 黄献胜,黄以琳.彩图多肉花卉观赏与栽培[M].北京:农村读物出版社,2001.

[23] 黄献胜,黄以琳.彩图仙人掌花卉观赏与栽培[M].北京:中国农业出版社,1999.

[24] 谢维苏,徐民生.多浆花卉[M].北京:中国林业出版社,1999.

[25] 徐晔春.盆栽花草[M].汕头:汕头大学出版社,2008.

［26］南方农业编辑部.十二卷植物（一）多姿的类型［J］.南方农业,2012(04)：44.

［27］姚一麟,吴棣飞,王军峰.多肉植物［M］.北京：中国电力出版社,2015.

［28］中国农业百书编辑部编.中国农业百科全书观赏园艺卷［M］.北京：农业出版社,1996.

［29］黄秋生.国外水生花卉的发展状况［J］.中国花卉园艺,2003(5)：33.

［30］刘艳,李冬玲,任全进.几种新优水生花卉的观赏和利用［J］.中国野生植物资源,2004,23(3)：26-27.

［31］李尚志.现代水生花卉［M］.广州：广东科技出版社,2003.

［32］李尚志.水生植物造景艺术［M］.北京：中国林业出版社,2000.

［33］汪舟明,崔娜欣.梭鱼草与再力花［J］.花木盆景·花卉园艺,2006(4)：15.

［34］王庆祥.水族造景与水草鉴赏［M］.上海：上海科学技术出版社,2005.

［35］王意成,等.水生花卉养护与应用［M］.南京：江苏科学技术出版社,2004.

［36］喻勋林,曹铁如.水生观赏植物［M］.北京：中国建筑工业出版社,2005.

［37］赵家荣,秦八一.水生观赏植物［M］.北京：化学工业出版社,2003.

［38］中国科学院植物研究所.中国高等植物图鉴（第一至四册）［M］.北京：科学出版社,2011.

［39］中国数字植物标本馆.

［40］中国植物图像库.

［41］朱家楠.拉汉英种子植物名称［M］.2版.北京：科学出版社,2006.

［42］潘远智,车代弟.风景园林植物学［M］.北京：中国林业出版社,2018.

［43］中国科学院植物研究所.中国高等植物图鉴（第一册）［M］.北京：科学出版社,1972.

［44］中国科学院植物研究所.中国高等植物图鉴（第二册）［M］.北京：科学出版社,1972.

［45］中国科学院植物研究所.中国高等植物图鉴（第三册）［M］.北京：科学出版社,1974.

［46］中国科学院植物研究所.中国高等植物图鉴（第四册）［M］.北京：科学出版社,1975.

［47］浙江植物志编辑委员会.浙江植物志（第六卷）［M］.杭州：浙江科学技术出版社,1993.

［48］丁宝章,王遂义.河南植物志（第三册）［M］.郑州：河南科学技术出版社,1997.

［49］芦建国,杨艳容.园林花卉［M］.北京：中国林业出版社,2006.

［50］北京林业大学园林学院花卉教研室.花卉学［M］.北京：中国林业出版社,2002.

［51］傅玉兰.花卉学［M］.北京：中国农业出版社,2001.

［52］上海科学院.上海植物志：上卷［M］.上海：上海科学技术文献出版社,1999.